Michael Schön

Forstwirtschaft und Gefäßpflanzen der Roten Liste

Arten – Standorte – Flächennutzung

3., unveränderte Auflage

Herbert Utz Verlag · München

Biologie

Zugl.: Diss., 1995

Bibliografische Information der Deutschen Nationalbibliothek:
Die Deutsche Nationalbibliothek verzeichnet diese Publikation in der Deutschen Nationalbibliografie; detaillierte bibliografische Daten sind im Internet über http://dnb.d-nb.de abrufbar.

frühere Ausgabe: ISBN 978-3-89675-375-5

ISBN 978-3-8316-8123-5

Printed in EU
Herbert Utz Verlag GmbH, München
www.utzverlag.de

Vorwort

Das Thema "Naturschutz im Wald" ist erst vor relativ kurzer Zeit vom Naturschutz als wichtiges "Arbeitsgebiet" entdeckt und aufgegriffen worden. Auffallend ist jedoch die Dominanz des Biotop- und zoologischen Artenschutzes. Erst jetzt findet der Schutz natürlich ablaufender Prozesse (Prozeßschutz) eine stärkere Beachtung (siehe insbesondere SCHERZINGER, 1996). Dagegen spielen Aspekte des botanischen Artenschutzes, ausgenommen sind hier nur die von forstlicher Seite geschätzten seltenen Baumarten, bisher kaum eine Rolle in der Diskussion; Pflanzenarten werden eher "zufällig" über den Schutz von Waldgesellschaften oder Lebensräumen seltener Tierarten erhalten.

Diese Arbeit* soll einen ersten Ansatz zum botanischen Artenschutz, genauer den Schutz von Gefäßpflanzen der Roten Liste, im Wald liefern, wobei das Bundesland Baden-Württemberg besondere Berücksichtigung findet. Aufgrund der Mannigfaltigkeit der Arten und Standorte und der Vielfältigkeit der forstwirtschaftlichen Maßnahmen in Wäldern ist es natürlich nicht möglich, Vollständigkeit zu erreichen, so daß zwangsläufig nur ausgewählte Aspekte genauer behandelt, andere nur gestreift werden können, während wieder andere unberücksichtigt bleiben müssen.

Manchem Leser mag das relativ statische Schutzkonzept der Arbeit auffallen. Dieser Ansatz stellt sich jedoch von allein ein, da die hier behandelten Arten (und Standorte) aufgrund ihres isolierten und kleinflächigen Vorkommens in einen Prozeßschutz nur schwer einzubinden sind, denn Prozeßschutz setzt große Flächen voraus und nimmt zudem auf einzelne Arten (und Standorte) keine Rücksicht. Zudem ist Prozeßschutz nicht in der Lage, anthropogene Sonderstandorte, welche häufig wichtige Wuchsorte seltener Arten darstellen, zu erhalten.

Andererseits muß auch gesehen werden, daß der hier dargestellte Artenschutz nur eine mögliche Schutzstrategie unter vielen ist, um Arten eines Ökosystems zu erhalten. Gleichzeitig soll es aber auch Aufgabe dieser Arbeit sein, neben den Möglichkeiten von Schutzmaßnahmen auch deren Grenzen aufzuzeigen.

Darüber hinaus ist ein wichtiges Ziel dieser Arbeit, die historischen Grundlagen für das Vorkommen von gefährdeten Gefäßpflanzen an einem Standort aufzuzeigen, ein Aspekt, der erst in neuerer Zeit ausreichende Berücksichtigung in Gefährdungsanalysen findet.

---

*Von der Forstwissenschaftlichen Fakultät der Albert-Ludwigs-Universität Freiburg 1995 angenommene Inaugural-Dissertation (leicht verändert)

Danksagung

Herrn Prof. Dr. A. Reif danke ich für die Vergabe des Themas, seine zahlreichen Anregungen und seine stete Bereitschaft, auftretende Probleme rasch und unbürokratisch zu lösen. Mein weiterer Dank gilt Frau Prof. B. Koch für die Übernahme des Korreferates. Dank geht auch an Freunde und Kollegen, die mich in vielfacher Hinsicht unterstützt haben. Es sind dies: Regina Bogenschütz, Dipl.-Forstw. Regina Ostermann, Heike Pfeifer, Anke Simon, Dipl.-Forstw. Wendelin Eisele, Dipl.-Forstw. Frank Habeck, Dipl.-Forstw. Jörg Liesen, Dipl.-Forstw. Uwe Sayer und Markus Setzepfand. Ohne sie wäre es nicht möglich gewesen die Arbeit im diesem Umfang vorzulegen. Dipl.-Biol. Werner Ackermann (München) und Dr. Walter Durka (Bad Lauchstädt/Bayreuth) danke ich für ihre Bereitschaft das Softwareprogramm SORT stets meinen Wünschen entsprechend anzupassen und zu erweitern.

Weiterer Dank geht an die Leiter und Mitarbeiter der Staatlichen Forstämter Bruchsal-Ost, Hechingen, Immendingen, Kehl und Schönau i. Schwarzwald sowie die Weideinspektion Schönau für ihre umfassende Hilfsbereitschaft. Insbesondere dem Leiter des Staatlichen Forstamtes Tuttlingen (Herr V. Cerny) und Mitarbeitern bin ich zu großem Dank verpflichtet, ermöglichten sie mir doch die häufige Übernachtung in der "Ghai-Hütte". Auch sonst bestand von ihrer Seite stete Bereitschaft, auf Fragen hin alle Hebel in Bewegung zu setzen, um diese umfassend beantworten zu können.

Für hilfreiche Informationen über das Integrierte Rheinprogramm sorgte Herr Dipl.-Biol. H.-M. Staeber (LfU Karlsruhe). Für die Überlassung von Ganglinienblättern danke ich der Landesanstalt für Umweltschutz Baden-Württemberg (Karlsruhe) und Herrn H. Junker von der Oberrheinagentur Projektgruppe Lahr.

Für die Hilfe bei der Auswahl der in situ untersuchten Rote Liste-Arten bedanke ich mich bei Dr. W. Bücking (FVA Freiburg) und Dr. M. Witschel (BNL Freiburg).

Dipl.-Fostw. Frank Habeck (Freiburg), Dr. K. H. Harms (LfU Karlsruhe), Dr. W. Herter (Mössingen), W. Karl (†, Bund Naturschutz Alb-Neckar, Bezirksgruppe Zollernalb), Dipl.-Forstw. Regina Ostermann (Freiburg) und Dr. M. Witschel (BNL Freiburg) teilten mir freundlicherweise Fundorte von Rote Liste-Arten mit und erleichterten dadurch erheblich die Suche.

Weiterhin bin ich folgenden Herren für die zum Teil umfangreiche Überlassung von Vegetationsaufnahmen mit *Daphne cneorum* und/oder Zusatzinformationen über diese Art zu Dank verpflichtet: Prof. Dr. A. Bresinsky (Regensburg), Dr.-Ing. H. Heimeier (Bund Naturschutz Alb-Neckar), Dr. W. Herter (Mössingen), W. Karl (†, Bund Naturschutz Alb-Neckar, Bezirksgruppe Zollernalb), Dipl.-Biol. W. Lorenz (Regensburg), Dr. N. Müller (Augsburg), Prof. Dr. Th. Müller (Steinheim) und Dr. M. Witschel (Freiburg).

Großer Dank gilt dem Umweltministerium Baden-Württemberg ohne dessen umfangreiche Finanzierung der Arbeit im Rahmen des Forschungsvorhabens "Biotopschutzprogramm für gefährdete waldbewohnende Pflanzen in Baden-Württemberg" (O.-Nr. U 22-91.08) deren Durchführung nicht möglich gewesen wäre.

Schließlich geht mein besonderer Dank an meine Frau Susanne Fendler für ihr Verständnis für meine häufige Abwesenheit und die ständige Belegung des Computers. Darüber hinaus war sie stets bereit das Manuskript penibel Korrektur zu lesen. Die Schuld für immer noch vorhandene Fehler verbleibt trotzdem allein beim Verfasser.

Allen danke ich nochmals für ihre Unterstützung und schließe in diesen Dank auch diejenigen ein, die hier nicht namentlich erwähnt wurden.

Inhaltsverzeichnis

Teil B: Ökologie, Gefährdung und Schutz ausgewählter Rote Liste-Arten

Abbildungsverzeichnis

Tabellenverzeichnis

1. Einleitung

Die Forstwirtschaft geriet in den letzten Jahren zunehmend ins Kreuzfeuer der Kritik seitens des Naturschutzes und damit unter den Druck der Öffentlichkeit. Insbesondere die Auswertung der Roten Liste der Gefäßpflanzen der Bundesrepublik Deutschland durch KORNECK & SUKOPP (1988), mit dem Versuch Verursacher und Gefährdungsursachen zu quantifizieren, führten im Vergleich zur Auswertung von 1978 (SUKOPP et al., 1978) zu einem starken Anstieg der Bedeutung von Forstwirtschaft und Jagd für die Gefährdung höherer Pflanzenarten. So weisen SUKOPP et al. (1978: 108) der Forstwirtschaft und Jagd die (Mit-)Verantwortung für den Rückgang von 84 Gefäßpflanzenarten zu (10,2% der 1978 gefährdeten Arten). Genau 10 Jahre später sind es bereits 338 Arten oder 47,5% der gefährdeten Spezies (KORNECK & SUKOPP, 1988: 168). (Ähnliches gilt auch für die Gefährdung terrestrischer und semiterrestrischer Biotoptypen, von denen die Forstwirtschaft etwa 23% (Jagd und Hege: etwa 8%) gefährden soll, und damit nach der Landwirtschaft an zweiter Stelle in der Rangfolge der Verursacher steht (RATHS et al., 1995)).
Die Forstwirtschaft wäre demnach - nach der Landwirtschaft - der zweitwichtigste Verursacher des Artenschwundes. Dieser Rang ergibt sich, indem den aufgelisteten Pflanzenarten ohne weitere Gewichtung, Kategorien von Verursachern zugeordnet werden. Bei genauer Betrachtung der Zuordnungsmethode, die zu diesen Ergebnissen führte, zeigt sich eine Änderung der Schätzkategorien der Autoren. Dies hat eine höhere Einstufung der Bedeutung von "Forstwirtschaft & Jagd" für die Gefährdung von Gefäßpflanzen zur Folge als dies vor 10 Jahren der Fall war.
Ein Vergleich zwischen der Auswertung von 1978 mit jener von 1988 zeigt, daß der größte Teil des Artenzuwachses sich aus Spezies zusammensetzt, die ihren Verbreitungsschwerpunkt im Nichtwald-Bereich besitzen, das heißt, die aus pflanzensoziologischen Klassen wie zum Beispiel Trocken- und Halbtrockenrasen (Festuco-Brometea), Mooren (Oxycocco-Sphagnetea, Scheuchzerio-Caricetea) oder Borstgrasrasen (Nardo-Callunetea) stammen. Dagegen ist der Anteil der Arten mit Schwerpunkt in Waldgesellschaften, an deren Gefährdung Forstwirtschaft und Jagd beteiligt sind, "nur" um 11 Arten angestiegen.
Es stellt sich die Frage, wie die Verfasser zu solchen Aussagen gelangen konnten. Zur Beantwortung dieser Frage ist es notwendig, die Methodik der Datengewinnung genauer zu betrachten. Dies klärt gleichzeitig den "Härtegrad" der Datenbasis. Sowohl in SUKOPP et al. (1978) als auch in KORNECK & SUKOPP (1988) wird ausdrücklich auf den Umfang der Datenbasis hingewiesen:

1. "In der Regel beruhen die Angaben [über die Rückgangsursachen] auf allgemeinen Beobachtungen; nur ausnahmsweise ist der Rückgang einer Art, sind die dafür verantwortlichen Ursachen anhand wiederholter Messungen der Populations- und Standortsveränderungen im mitteleuropäischen Areal näher studiert worden" (SUKOPP et al., 1978: 90f; KORNECK & SUKOPP, 1988: 128).
2. Die "Zusammenstellung der Rückgangsursachen stützt sich überwiegend auf die summarische Auswertung zahlreicher Einzelbeobachtungen" (SUKOPP et al., 1978: 91; KORNECK & SUKOPP, 1988: 128).
3. "Bei dem jetzigen Kenntnisstand können die Ursachen nicht gewichtet werden: Ökofaktoren, die in 80 bis 90% der Fälle den Rückgang einer Art bewirken, stehen neben solchen, die nur in 10 bis 20% dafür verantwortlich sind" (SUKOPP et al., 1978: 107; KORNECK & SUKOPP, 1988: 130).
4. "Die hier vorgenommene Aufgliederung der Rückgangsursachen kann keinen Anspruch auf allgemeine Gültigkeit [...] erheben" (SUKOPP et al., 1978: 91; KORNECK & SUKOPP, 1988: 128).

Es zeigt sich also, daß die Auswertungsergebnisse nur sehr pauschaler Natur sind (Ausnahmen bestätigen hier eher die Regel), was auch bei der Auswertung der Roten Liste der Biotoptypen der BRD durch RATHS et al. (1995) hervorgehoben wird. Eine Gültigkeit, die auch auf Einzelfälle

zutrifft oder eine Gültigkeit in einem regionalen oder lokalen Bertachtungsrahmen, ist aus den Daten in der Regel nicht ableitbar. Das bedeutet, daß die Angaben zur Gefährdungsursache und/oder zum Verursacher(komplex) zumeist nicht generell zutreffen müssen. Eher müßte man von einer potentiellen Gefährdungsmöglichkeit sprechen. Diese Feststellungen ergeben sich zwangsläufig, denn die Angaben beziehen sich auf die gesamte Fläche der Bundesrepublik Deutschland (vor der Wiedervereinigung). Eine Regionalisierung der Daten, beispielsweise auf Bundeslandebene, sollte und konnte nicht angestrebt werden. Das ist Aufgabe der Roten Listen der jeweiligen Bundesländer, soweit dort eine weitergehende Auswertung überhaupt erfolgt.
Weiterhin zeigt sich, daß sich bei KORNECK & SUKOPP (1988: 149f) hinter dem Verursacher "Forstwirtschaft & Jagd" ein heterogener Komplex von verschiedenen Gefährdungsfaktoren wie Jagd, Aufforstung von Freiland, Änderung der landwirtschaftlichen Nutzung, Waldbau, Waldwegebau, natürliche Sukzessionsprozesse und dergleichen mehr verbirgt. Eine notwendige Differenzierung dieses (und anderer) Komplexe(s) unterbleibt. Das führt rein rechnerisch zu einer hohen Beteiligung der Forstwirtschaft am Artenschwund.
Vertreter der Forstwirtschaft übten daraufhin scharfe Kritik, unter anderem an den Leitbildern des Naturschutzes (SCHMIDT, 1993; VOLK, 1994), an den Auswertungsergebnissen der Roten Liste der Gefäßpflanzen (zum Beispiel KLÖCK, 1990; VOLK, 1990; VOLK, 1992) und speziell an der Schuldzuweisung gegenüber dem Verursacher Forstwirtschaft (zum Beispiel SPAHL & VOLK, 1983; VOLK & SCHLENSTEDT, 1991; VOLK, 1994). Bei ihrer Argumentation "nutzten" die Autoren jedoch häufig nur die regionalen Unterschiede in den Gefährdungsursachen einer Art, um eine Schuldzuweisung zu widerlegen. Selten werden jedoch Vorschläge angeführt, die zu einer differenzierteren Sicht der Dinge beitragen (zum Beispiel FISCHER, 1992). Zur Erreichung dieses Zieles sind mehrere Schritte notwendig:

- Es muß gezielt die Biologie und Ökologie von Rote Liste-Arten untersucht werden, das heißt, der häufig anzutreffende "bequeme Umweg" über die Vegetationsverhältnisse (abgebildet durch pflanzensoziologische Aufnahmen) zur Eruierung der Ökologie einer Art muß einen anderen Stellenwert erhalten. Denn die Synsoziologie einer Art ist nur ein Mosaikstein in der Ökologie einer Spezies (nämlich Teilaspekte der Synökologie), wenn auch einer mit einem hohen Informationsgehalt.
- Die bedrohten Pflanzenarten müssen in Hinblick auf ihre ökologischen Ansprüche untersucht werden. Hierzu gehört die Herausarbeitung der artspezifischen aut-, dem- und synökologischen Amplituden und Schwerpunkte. Dies ermöglicht die Herausarbeitung von Schlüsselfaktoren, die eine besondere Bedeutung für den Fortbestand einer Art oder einzelner Populationen besitzen. Auf die Notwendigkeit einer verstärkten Forschung zur Erstellung von "Biographien gefährdeter Pflanzen" wiesen bereits KORNECK & SUKOPP (1988: 186) hin (vergleiche ARBEITSKREIS FORSTLICHE LANDESPFLEGE, 1993: 109; BEIRAT FÜR NATURSCHUTZ UND LANDSCHAFTSPFLEGE BEIM BMU, 1995).
- Es muß eine stärkere Differenzierung bei der Bewertung von Verursachern und Gefährdungsursachen stattfinden. Diese Differenzierung muß räumlich in Form einer Regionalisierung erfolgen, denn eine Pflanzenart ist nicht im gesamten Verbreitungsgebiet gleich stark gefährdet (vergleiche DIERßEN, 1986; NETTMANN, 1991; FISCHER, 1992). Auch können sich die Verursacher und Gefährdungsursachen zeitlich ändern.
- Eine weitere Untergliederung des Verursacherkomplexes "Forstwirtschaft & Jagd", sowie der Gefährdungsursachen ist notwendig. Die Ermittlung historischer Bedingungen für das Vorkommen, den Rückgang, oder das Aussterben einer Art am jeweiligen Standort ist häufig ein zentraler Punkt für das Verständnis des Verbreitungsbildes der Spezies (vergleiche SCHMIDT, 1993). Weiterhin müssen Maßnahmen der Forstwirtschaft von anderweitig bedingten Einflüssen (zum Beispiel natürliche Sukzessionserscheinungen) abgekoppelt werden (vergleiche VOLK & SCHLENSTEDT, 1991).
- Es muß diskutiert werden, inwieweit eine Änderung von Leitbildern im Naturschutz notwendig

ist, denn viele historisch und/oder ökonomisch bedingte Wandlungen haben irreversible Standortveränderungen bewirkt.
■ Erst anhand derartiger Basisdaten ist es möglich, die Gefährdung einer Art exakter abzuschätzen. Es müssen nach Möglichkeit quantifizierende Zusammenhänge zwischen Rückgangsursachen und Ökologie einer Art hergestellt werden. Erst eine derart räumlich, zeitlich und ursächlich aufgefächerte Betrachtungsweise erlaubt eine sachliche Diskussion zwischen Naturschutz, Forstwirtschaft, Jagd und anderen Landschaftsnutzern.

Unter anderem aus diesen Punkten resultiert eine Gliederung der vorliegenden Arbeit in vier Teile, die unterschiedliche Betrachtungsweisen und -ebenen repräsentieren:

Teil A befaßt sich mit den charakteristischen Standortansprüchen einer großen Anzahl von Rote Liste-Arten. Hierzu wurden entsprechende Vegetationsaufnahmen mittels der Zeigerwertzahlen nach ELLENBERG (ELLENBERG et al., 1991) ausgewertet. Die Ergebnisse dieses Teiles sind allgemeiner Natur und dienen dazu die typischen Standorte (und Pflanzengesellschaften) von Rote Liste-Arten zu kennzeichnen. Darüber hinaus lassen sich Aussagen über das Potential eines Standortes Gefäßpflanzen der Roten Liste zu beherbergen machen.
Teil B beschäftigt sich ausführlich mit Biologie, Ökologie, Gefährdung und Schutz von drei konkreten Rote Liste-Arten. Aus zeitlichen (und finanziellen) Gründen ist es nur möglich, einige wenige Arten intensiv am Standort zu untersuchen. Diese Pflanzenarten sind als Beispiele zu verstehen, an welchen beispielhaft Verursacher einer Gefährdung, Gefährdungsursachen differenziert und konkret aufgezeigt werden. Zusätzlich zeigen detaillierte Untersuchungen über die Biologie und Ökologie dieser Arten zum Teil die biologischen und ökologischen Gründe für deren besondere Sensibilität gegenüber anthropogenen Einwirkungen. Durch die Auswahl von Arten verschiedener Vegetationstypen (zum Beispiel verschiedene Waldvegetation), die hier als Leitarten fungieren, können unterschiedliche negative und positive Einflüsse der "Forstwirtschaft & Jagd" und anderer Verursacher verdeutlicht werden.
Teil C beschreibt und beurteilt das Verhältnis zwischen Naturschutzansprüchen und Ansprüchen der Forstwirtschaft an einen Standort anhand ausgewählter Forstbezirke in Baden-Württemberg. Die Auswahl soll den Einfluß der Forstwirtschaft und Jagd auf die Bestände gefährdeter Gefäßpflanzen und/oder von Waldgesellschaften untersuchen. Bei der Auswahl wurden bewußt keine "besonderen" Gebiete ausgesucht, da diese durch den Naturschutz und/oder der Forstwirtschaft häufig schon einer Sonderbehandlung unterliegen. Es wurden weitgehend "normale" Gebiete untersucht, da nur dies eine spätere Verallgemeinerung der Ergebnisse gewährleistet, wenn auch die speziellen Standortansprüche von Rote Liste-Arten eine gewisse Vorauswahl von Standorttypen festlegt. Um ein größeres Spektrum forstwirtschaftlicher (und jagdlicher) Einflüsse zu erfassen, wurden Forstbezirke ausgewählt, die sich hinsichtlich des geologischen beziehungsweise pedologischen Substrates voneinander unterscheiden.
Teil D stellt unter anderem eine Zusammenfassung und Verallgemeinerung der vorhergehenden Teile A bis C dar, greift darüber hinaus aber bis dahin noch nicht angesprochene allgemeine Gefährdungsmöglichkeiten von Rote Liste-Arten durch forstliche (und jagdliche) Maßnahmen und Lösungsansätze auf.

2. Methoden

2.1 Auswahl von Rote Liste-Arten

Untersuchungen über Biologie, Ökologie, Gefährdung und Schutzmöglichkeiten von Arten müssen verschiedene Methodenansätze verfolgen, um möglichst vielen Arten gerecht werden zu können. Aufgrund der großen Anzahl gefährdeter Pflanzenarten muß eine Untersuchung dieser Arten unterschiedliche Bearbeitungsintensitäten umfassen. Neben einer detaillierten Erforschung einiger weniger Arten muß auf einer weniger umfangreichen Untersuchungsebene eine größere Anzahl von Arten untersucht werden, um ein Spektrum vorhandener Standorttypen abzudecken. Auf einer anderen Ebene erfolgen Sichtung und Auswertung vorhandener Literatur. Hier bietet sich vor allem die Sammlung von Vegetationsaufnahmen an, da die sich in vielfältiger Weise auswerten lassen. Diese abgestufte Bearbeitungsintensität ergibt sich zwangsläufig aufgrund stets vorhandener zeitlicher, personeller und finanzieller Begrenzungen. Andererseits ist es hierdurch möglich, das Wissen über die Syntaxonomie (Schwerpunkt und Amplitude), sowie über Standortbedingungen (Schwerpunkt und Amplitude) von zahlreichen Rote Liste-Arten beträchtlich zu vermehren. Die Auswahl einzelner Arten für die jeweilige Ebene der Bearbeitungsintensität erfolgte dabei nach folgenden Kriterien:

1. Kriterium: Um für die Ebene der Literaturauswertung in Frage zu kommen, muß die Rote Liste-Art nach KORNECK & SUKOPP (1988) durch den Verursacher Forstwirtschaft und Jagd gefährdet sein, das heißt, auch Arten mit einem Verbreitungsschwerpunkt außerhalb des Waldes finden Berücksichtigung. Zusätzlich muß die Art in Baden-Württemberg autochthone Vorkommen haben. (Ergebnisse in Teil A).
2. Kriterium: Für die "mittlere" Untersuchungsintensität muß zusätzlich die Bedingung erfüllt sein, daß die Spezies nach Literaturangaben in der Pflanzenformation Wald einen Verbreitungsschwerpunkt besitzt. (Ergebnisse in Teil B und C).
3. Kriterium: Um für die Stufe intensiver Bearbeitung gewählt zu werden, muß die Rote Liste-Art zusätzlich in Baden-Württemberg mindestens stark gefährdet sein (Gefährdungskategorie 2) und damit dringender Schutzmaßnahmen bedürfen, ohne daß diese bisher genau formuliert werden konnten, da ein entsprechendes Wissen über diese Art bisher fehlte. (Ergebnisse in Teil B).

Eine 80 Arten umfassende Liste, welche mindestens die Kriterien 1 und 2 erfüllte, wurde der Bezirksstelle für Naturschutz und Landschaftspflege in Freiburg (Herrn Dr. M. Witschel) und der Forstlichen Versuchsuchs- und Forschungsanstalt Baden-Württemberg, Abteilung Botanik und Standortskunde in Freiburg (Herrn Dr. W. Bücking) vorgelegt mit der Bitte um Auswahl von Arten, die von besonderem Interesse für den botanischen Artenschutz sind. Aus den von diesen ausgewählten Arten wurden folgende Gefäßpflanzen (subjektiv) für eine Untersuchung ausgewählt (eine objektive Auswahl aus einer derart umfangreichen Artenliste ist nicht möglich):

- Steinröschen (*Daphne cneorum*) (umfangreiche Literaturauswertung, intensive Freilanduntersuchung)
- Schwarze Johannisbeere (*Ribes nigrum*) (umfangreiche Literaturauswertung, Freilanduntersuchung)
- Eibe (*Taxus baccata*) (umfangreiche Literaturauswertung)

Bei allen Arten handelt es sich nach Angaben aus OBERDORFER (1990) um Rote Liste-Arten mit Verbreitungsschwerpunkt im Bereich des Waldes. Die Arten fungieren hier als Leitarten für unterschiedliche Waldtypen, Naturräume und Standorte, so daß auch mit Ergebnissen über verschiedene Gefährdungseinflüsse durch die Verursacher Forstwirtschaft, Jagd und andere gerechnet werden kann.

2.2 Literaturauswertung

Die Auswertung von Literatur ermöglicht eine zusammenfassende Darstellung ansonsten weitverstreuter Daten. Selten ist es möglich, eine Monographie über eine Art zu erstellen, da zumeist nur wenige Daten vorliegen. Nur in bestimmten Ausnahmefällen, wie zum Beispiel bei der Eibe (*Taxus baccata*), ist dies möglich. Dagegen stellt die Auswertung von Vegetationsaufnahmen aus dem Gebiet der heutigen BRD mit darin enthaltenen Rote Liste-Arten eine günstige Ausgangsbasis dar, um relativ rasch Informationen über diese Arten zu erhalten. Neben der Syntaxonomie (Schwerpunkt und Amplitude) der betrachteten Art kann mittels der Angaben bei ELLENBERG et al. (1991) (siehe unten) eine weitergehende Analyse des Aufnahmematerials erfolgen. Dies ermöglicht neben einer Auswertung zahlreicher Arten auch die Ermittlung qualitativer bis halbquantitativer Standortansprüche zahlreicher Arten in bezug auf bestimmte Umweltparameter. Die Kenntnis der Syntaxonomie und Standortansprüche einer (Rote Liste-) Art stellt eine Grundbedingung für Schutz- und Pflegemaßnahmen dar.
Das Auffinden entsprechender Vegetationsaufnahmen erfolgte über eine systematische Sichtung erreichbarer Literatur. Die

vorgefundenen Vegetationstabellen und Einzelaufnahmen wurden auf relevante Rote Liste-Arten hin durchgesehen, indem ein Vergleich mit einer Liste vorgenommen wurde, welche in alphabetischer Reihenfolge alle in Betracht kommenden Rote Liste-Arten (siehe Anhang 1), inklusive deren Synonyme, enthält.
Die derartig selektierten Aufnahmen wurden in ein Computerprogramm zur Verarbeitung von Vegetationsaufnahmen eingegeben (ACKERMANN & DURKA, 1995). Die Nomenklatur der Arten richtet sich dabei nach OBERDORFER (1990) für die Phanerogamen, nach FRAHM & FREY (1983) für die Bryophyten, nach WIRTH (1980) für die Lichenen.
Vielfach waren Vegetationstabellen aufgrund unvollständiger Aufnahmen ("und weitere Arten") oder einer bestimmten Aufnahme nicht zuzuordnende Arten nicht auswertbar. Auch weisen viele soziologische Aufnahmen im Bereich des Tabellenkopfes häufig nur wenige oder gar keine Zusatzdaten auf. So wird beispielsweise das Aufnahmejahr nur selten angegeben. Daher wurde das Aufnahmejahr bei fehlender Angabe auf das Jahr vor der Veröffentlichung datiert. Auch fehlt häufig eine Angabe der verwendeten Nomenklatur, was teilweise eine Identifizierung bestimmter Arten erschwerte.
Bei Abschluß der Dateneingabe existierten Dateien von 215 Arten mit insgesamt 13124 Vegetationsaufnahmen. Die Aufnahmen verteilen sich jedoch sehr ungleich auf die einzelnen Arten. Von einigen Spezies sind nur wenige Aufnahmen vorhanden, während von anderen Arten über 500 eingegebene Aufnahmen existieren. Diese Unterschiede in der Anzahl eingegebener Vegetationsaufnahmen liegt unter anderem darin begründet, daß "häufige" Rote Liste-Arten (zum Beispiel *Drosera rotundifolia*) zahlreicher in Vegetationsaufnahmen auftreten als "seltene" Rote Liste-Arten (zum Beispiel *Kochia laniflora*).
Aus Platzgründen muß hier auf eine Wiedergabe der erarbeiteten Vegetationstabellen verzichtet werden. Ebenfalls aus Raumgründen wurden im Text zumeist nur die wissenschaftlichen Artnamen verwendet. Die dazugehörigen deutschen Pflanzennamen (Gefäßpflanzen) befinden sich in Anhang 7 und können dort bei Bedarf nachgeschlagen werden.

2.2.1 Auswertung mittels Zeigerwertzahlen

Anhand der von ELLENBERG et al. (1991) und BRIEMLE & ELLENBERG (1994) vorgelegten Zeigerwertzahlen für Phanerogamen (und Kryptogamen) kann eine Charakterisierung bestimmter Standortansprüche einer Art (beziehungsweise einer Pflanzengesellschaft) erfolgen. Folgende, in der Regel neunstufige Zeigerwertskalen wurden für das ökologische Verhalten einer Art, das heißt den Standortansprüchen einer Art unter Konkurrenzbedingungen am Standort, verwendet:

- **Lichtzahl**: Die Lichtzahl charakterisiert das Vorkommen einer Art in bezug auf die relativen Beleuchtungsverhältnisse an einem Standort. Die Skala reicht von Tiefschattenpflanzen (Zeigerwert 1) bis hin zu Vollichtpflanzen (Zeigerwert 9).
- **Feuchtezahl**: Die Feuchtezahl gibt das ökologische Verhalten einer Spezies im Gefälle der Bodenfeuchtigkeit an. Dabei kennzeichnet die Feuchtezahl 1 Arten, die auf Standorten mit extremer Trockenheit vorkommen, und die Feuchtezahl 9 Pflanzenarten, die nasse Bodenverhältnisse anzeigen. Die Feuchtezahlskala verfügt zusätzlich über die Zeigerwertzahlen 10-12 für Wechselfeuchtezeiger, Wasser- und Unterwasserpflanzen.
- **Reaktionszahl**: Die Reaktionszahl beschreibt das Vorkommen einer Art in Beziehung zum pH-Wert des Bodens und damit zumeist eng korreliert dessen Kalkgehalt. Die Skala reicht von Starksäurezeigern (Zeigerwert 1), die ausschließlich auf stark sauren bis sauren Böden auftreten, bis hin zu Arten, die ausschließlich auf kalkreichen Böden zu finden sind (Zeigerwert 9).
- **Stickstoffzahl**: Die Stickstoffzahl macht Angaben zu den Ansprüchen einer Spezies in bezug auf die Mineralstickstoffversorgung während der Vegetationsperiode am Standort. Die neunteilige Skala reicht von Arten stickstoffärmster Standorte (Zeigerwert 1) bis hin zu Pflanzenarten übermäßig mit Stickstoff versorgter Standorte (Zeigerwert 9).

Da in dieser Arbeit nur jene Aufnahmen ausgewertet werden, die eine der ausgewählten Rote Liste-Arten (siehe Anhang 1) enthalten, kann die Ermittlung des mittleren Zeigerwertes und des Zeigerwertspektrums der Gesellschaften gleichzeitig das ökologische Verhalten der jeweiligen Rote Liste-Art charakterisieren. Diese Methode kann mit ZÓLYOMI (1989: 349) als "indirekte Methode zur Feststellung des ökologischen Optimums und der ökologischen Amplitude von Pflanzenarten" bezeichnet werden.
Die zusätzliche Auswertung von Aufnahmen in Gesellschaften in denen die jeweils ausgewählte Rote Liste-Art zwar ihren soziologischen Schwerpunkt hat, jedoch in den jeweiligen Vegetationsaufnahmen nicht vorhanden ist (→Kontrollgruppe), ist nicht zielführend. Denn seltene Arten sind unter anderem dadurch gekennzeichnet, daß diese aus verschiedenen Gründen (zum Beispiel aufgrund geringer generativer Vermehrungsrate) nicht alle ihnen zusagenden Standorte auch besiedelt haben. Diese fehlende "Biotopsättigung" läßt es nicht sinnvoll erscheinen, jeweils eine Kontrollgruppe aufzunehmen, da hierdurch keine bedeutenden Unterschiede in bezug auf die analysierten Zeigerwerte zu erwarten sind.
Die Ermittlung (mittlerer) Zeigerwerte ersetzt zwar keine Messungen am Standort, sie zeigen jedoch Tendenzen und Limitierungen wichtiger abiotischer, beziehungsweise biotischer Parameter auf (vergleiche dazu die Einführung bei ELLENBERG et al., 1991). Zudem erlaubt diese Methodik eine Ermittlung der Standortbedingungen einer großen Zahl von Rote Liste-Arten, wie sie von in vivo-Untersuchungen wegen des hohen Zeit- und Finanzbedarfs nicht geliefert werden kann. Aufgrund der einheitlichen Berechnungsmethodik sind die erhaltenen mittleren Zeigerwerte sämtlicher ausgewerteter Rote Liste-Arten (siehe Anhang 2 und 3) direkt miteinander vergleichbar, sieht man einmal von den unterschiedlichen Stichprobenumfängen ab.

Bei der Berechnung der Werte für jede Vegetationsaufnahme wurde eine arithmetische Mittelwertbildung vorgenommen, bei der der Deckungsgrad einer Art keine Berücksichtigung fand (sogenannte ungewichtete, "qualitative" Auswertung). Arten der Baumschicht gingen dabei mit in die Berechnung ein. Bei Mehrfachvorkommen einer Art in geschichteten Beständen wurde nur eine Schicht in die Berechnung einbezogen. Der Zeigerwert der jeweils analysierten Rote Liste-Art ging nicht mit in die Mittelwertberechnung ein. Die mittleren Zeigerwerte wurden von der Software auf zwei Dezimalstellen genau berechnet, die weitere Auswertung der Daten erfolgte jedoch zur Vermeidung einer Scheingenauigkeit mit auf- beziehungsweise abgerundeten Werten mit einer Dezimalstelle Genauigkeit (das Verbindungsintervall (p) zwischen aufeinanderfolgenden Intervallklassen beträgt somit p=0,1).
In die Auswertung von Teil A in dieser Arbeit, wurden die mittleren Zeigerwerte sämtlicher ausgewerteter Rote Liste-Arten (siehe Anhang 2), unabhängig von der Anzahl vorliegender Vegetationsaufnahmen, verwendet. **Alle folgenden Aussagen über Eigenschaften und Standortansprüche von Rote Liste-Arten beziehen sich ausschließlich auf die in Anhang 2 (beziehungsweise Anhang 3) aufgelisteten Arten!**
Die mittleren Zeigerwerte (inklusive Standardabweichung, Minimum und Maximum) von Rote Liste-Arten, von denen in der Regel mindestens 50 Vegetationsaufnahmen (eine Aufnahme repräsentiert somit maximal 2% des Aufnahmekollektivs) für die Auswertung vorlagen, sind im Anhang 3 wiedergegeben. Bei der graphischen Wiedergabe von Zeigerwertspektren wurden die Häufigkeiten der Intervallklassen relativiert, das heißt, in Prozentwerte umgewandelt, so daß diese direkt miteinander vergleichbar sind. Um die Spektren mehrerer Zeigerwerte einer Art, beziehungsweise die Spektren eines Zeigerwertes mehrerer Arten übersichtlich abzubilden, wurden die Verteilungen als Häufigkeitspolygone (Frequenzpolygone) dargestellt. Diese Art der Darstellung ist nach KÖHLER et al. (1992: 22f) als Vergleich mehrerer Verteilungen ordinalskalierter Daten zulässig.
Die Abgrenzung von Standorten, die von Natur aus bewaldet wären, sind in den weiter unten dargestellten Ökogrammen nach den Angaben aus AUGUSTIN (1991), BÖCKER et al. (1983) und WARNEKE (1993) für die (ungewichteten) mittleren Zeigerwerte von Wald- und Forstgesellschaften erstellt worden und durch eine fette, scharze Linie markiert.
An dieser Stelle sei darauf hingewiesen, daß die Berechnung von mittleren Zeigerwerten methodenbedingt das Erreichen der niedrigsten und höchsten Zeigerwertzahlen (also 1 und 9, bei der Feuchtezahl 12) weitgehend ausschließt, so daß mittlere Zeigerwerte etwas anders interpretiert werden müssen als die von ELLENBERG et al. (1991) mitgeteilten Zeigerwertzahlen von Pflanzenarten.

2.2.1.1 Kritische Anmerkungen zur Zeigerwertberechnung

Die neunteilige Zeigerwertskala der Pflanzenarten Mitteleuropas nach ELLENBERG et al. (1991) und BRIEMLE & ELLENBERG (1994) als auch die fünfteilige Skala für die Arten der ungarischen Flora nach ZÓLYOMI et al. (1967) stellt eine Ordinalskala dar, das heißt, daß jeweils betrachtete Merkmal (hier: Zeigerwert) eines Untersuchungsobjektes (hier: Vegetationsaufnahme) läßt sich nach der Intensität der Merkmalausprägung in einer Reihenfolge mit numerisch nicht definierten Intervallen bringen; die Merkmale sind also nicht stetig verteilt (siehe SACHS, 1993: 10). Die Festlegung der Rangplätze (vergleiche BORTZ et al., 1990: 67f) schwankt dabei je nach Zeigerwert zwischen "objektiven Rangreihen", bei der die Merkmalausprägung durch zahlreiche Messungen gestützt wird (zum Beispiel Licht- und Reaktionszahl; siehe ELLENBERG et al., 1991: 12, 17) bis hin zu "subjektiven Rangreihen," die weitgehend auf dem subjektiven Eindruck des Bearbeiters beruhen (zum Beispiel Stickstoffzahlen 3-7; siehe ELLENBERG et al., 1991: 18).
Das ordinale Skalenniveau erlaubt streng mathematisch ausschließlich die Berechnung des Median (Zentralwert) und des Dichtewertes (Modalwert) als Lageparameter, sowie der Variationsbreite (Spannweite) und der Interquartilabstände als Streuungsmaße (vergleiche KÖHLER et al., 1992: 8). Das "Problem" des Anwenders bei der Verwendung des Median besteht darin, daß der Zentralwert nur aus diskreten ganzzahligen Werten (natürliche Zahlen) besteht, wie sie durch die Zeigerwertskala vorgegeben sind. MÖLLER (1992) versucht dieses Manko dadurch zu beheben, daß zusätzlich zum Median dessen Lage innerhalb der Mediank1asse angegeben wird. Diese Methode ist zwar mathematisch korrekt, erschwert jedoch eine weitergehende Auswertung der Daten, da mit Zahlenpaaren weitergearbeitet werden muß.
KOWARIK & SEIDLING (1989, zitiert in MÖLLER, 1992) versuchen diesen Nachteil dadurch zu vermeiden, daß durch Interpolation in der Medianklasse eine (positive) rationale Zahl errechnet wird. Diese Form der Berechnung ist wie die nachfolgend zu besprechende Berechnungsart der Mittelwertbildung zwar ebenfalls mathematisch unzulässig, besitzt jedoch gegenüber der im folgenden zu besprechenden Mittelwertbildung (zusätzlich) praktische Nachteile.
Die Bildung des arithmetischen Mittelwertes ist in dieser Arbeit die verwendete Berechnungsmethode. Diese Form der Zeigerwertberechnung ist in der Literatur die am häufigsten angewandte Methode zur Charakterisierung des ökologischen Verhaltens von Pflanzengesellschaften beziehungsweise Pflanzenarten. Mathematisch betrachtet, ist dies jedoch unzulässig, da eine Mittelwertbildung mindestens das Vorliegen intervallskalierter Merkmalausprägungen voraussetzt, also eine stetige Verteilung der Zeigerwertzahlen verlangt. Theoretisch (mathematisch) gesehen, ergeben die errechneten Mittelwerte daher keinen Sinn, denn diese Werte entbehren der entsprechenden Datengrundlage (Intervallskala). Allerdings besitzt die Mittelwertberechnung folgende Vorteile, die (entgegen der Theorie) für eine Verwendung des arithmetischen Mittelwertes sprechen:

■ In der Literatur finden sich fast ausschließlich Zeigerwertangaben, die das Verhalten von Arten oder Pflanzengesellschaften durch einen Mittelwert wiedergeben. Dies macht einen direkten Vergleich der Daten möglich.
■ Ein Vorteil gegenüber dem Median ist darin zu sehen, daß (positive) rationale Zahlen anstelle natürlicher Zahlen auftreten. Diese "Spreitung" der Verbindungsintervalle ergibt einen höheren Informationsgehalt, auch wenn diese Spreitung statistisch gesehen gar nicht möglich ist.
■ Das wichtigste und stärkste Argument für eine Beibehaltung des Mittelwertes besteht darin, daß sich in der Praxis gezeigt hat, daß die errechneten Mittelwerte mit gemessenen Parametern zumeist eng korreliert sind (siehe ELLENBERG et al., 1991: 27ff). Es kann also davon ausgegangen werden, daß der Mittelwert bestimmte Umweltfaktoren relativ genau beschreibt, so daß auch MÖLLER (1992: 27f), der der Mittelwertbildung sehr kritisch gegenübersteht, zu dem Ergebnis kommt, daß es "zu empfehlen [sei], das arithmetische Mittel von Zeigerzahlen nur dann durch mathematisch unbedenkliche Methoden zu ersetzen, wenn diese zu einer mindestens ebenso guten ökologischen Aussage führen".

2.3 Vegetationskundliche Methoden

2.3.1 Vegetationsaufnahmen

Bei der Untersuchung von Rote Liste-Arten wurden, soweit dies notwendig erschien, am Wuchsort Vegetationsaufnahmen nach der Methode von BRAUN-BLANQUET (1964) durchgeführt. Dabei bedeuten die verwendeten Artmächtigkeitszeichen:

r	=	1 Individuum, Deckung < 5%;
+	=	2-5 Individuen, Deckung < 5%;
1	=	6-50 Individuen, Deckung < 5%;
2	=	>50 Individuen, Deckung <5% oder Individuenzahl beliebig, Deckung 5-25%
M	=	> 50 Individuen, Deckung < 5%;
A	=	Individuenzahl beliebig, Deckung 5-15%;
B	=	Individuenzahl beliebig, Deckung 16-25%;
3	=	Individuenzahl beliebig, Deckung 26-50%;
4	=	Individuenzahl beliebig, Deckung 51-75%;
5	=	Individuenzahl beliebig, Deckung 76-100%;
v	=	Art in Aufnahmefläche vorhanden, aber ohne Deckungsangabe.

2.3.2 Sigmasoziologische Aufnahmen an *Ribes nigrum*-Wuchsorten

Zur Charakterisierung der Standorte von *Ribes nigrum* im Oberrheingebiet erwiesen sich klassische Vegetationsaufnahmen als unzureichend, da diese Art im Untersuchungsgebiet häufig im Übergangsbereich verschiedener Gesellschaften anzutreffen ist. Daher war es nur in relativ wenigen Fällen möglich, homogene Aufnahmeflächen auszuscheiden. Dies und die Tatsache, daß die Schwarze Johannisbeere in "unattraktiven", anthropogenen, häufig degradierten Gesellschaften wächst (Pappelforste, stark entwässerte Bruchwälder), mag den Mangel an Vegetationsaufnahmen mit dieser Art aus dem süddeutschen Raum erklären.
Um zu einer Charakterisierung aktueller *Ribes nigrum*-Standorte in der südlichen und mittleren Oberrheinebene zu gelangen, wurde ein sigmasoziologischer Ansatz verfolgt, um Aussagen über die Standortbedingungen an aktuellen *Ribes nigrum*-Wuchsorten machen zu können. Hierzu wurden in der Umgebung der Wuchsorte pflanzensoziologische Aufnahmen gemacht. Die Aufnahmen wurden sortiert und bestimmten Einheiten (Assoziation, Gesellschaft) zugeordnet. Anhand der dabei ermittelten Charakter- beziehungsweise Differentialarten konnten die Vegetationseinheiten in der Umgebung von *Ribes nigrum*-Polykormonen aufgenommen und kartiert werden.
Hierzu wurde jeweils ein Polykormon als Zentrum eines Kreises mit einem Durchmesser von 40m ($r=20m \rightarrow 1256m^2$) gewählt, ein Durchmesser, der sich als ausreichend erwies, um die Vegetationsverhältnisse um ein Polykormon herum zu kennzeichnen. Insgesamt wurde das Gesellschaftsinventar im Umfeld von 51 *Ribes nigrum*-Polykormonen erfaßt, so daß rechnerisch eine Gesamtfläche von 6,4ha kartiert wurde. Eine feinere Aufschlüsselung in einer flächenbezogenen Auswertung mit drei Radien (20m, 10m, 5m) ergibt Informationen über "abgestufte" Habitateigenschaften der Polykormone. Aufgrund von Ungenauigkeiten bei der zeichnerischen Fixierung der Kartierungsergebnisse, bei der planimetrischen Auswertung, sowie durch Rundungsfehler wird jedoch des weiteren mit folgenden Flächenbezügen gearbeitet: 6,3ha (für r=20m); 1,5 ha (für r=10m); 0,4 ha (für r=5m). Die Verwendung von Einheitskreisen ist notwendig, um die Daten der einzelnen Aufnahmen exakter miteinander vergleichen zu können.
Die im Probekreis vorgefundenen Gesellschaften wurden im Prinzip nach der Methode von BRAUN-BLANQUET (1964)

aufgenommen und kartiert; der oben verwendete Begriff "Individuen" ist nur durch den Ausdruck "(Klein-)Bestände" zu ersetzen. Die Kartierung der Vegetation innerhalb eines Probekreises erfolgte auf kariertem Papier. Aufgrund des bekannten Flächeninhaltes der Probefläche (1256m²) und der bekannten Fläche eines Karos läßt sich der absolute (und nachfolgend der relative) Flächenanteil einer jeden Gesellschaft ermitteln.

2.4 Populationsbiologische und -ökologische Methoden

Untersuchungen zur Biologie einer Art sind eine Grundvoraussetzung, um weitergehende Forschungen beispielsweise über die Ökologie oder die Durchführung von Schutz- und Pflegemaßnahmen sinnvoll anzugehen. Ohne die Kenntnis biologischer, insbesondere populationsbiologischer (und -ökologischer) Charakteristika einer Art können schwerwiegende Fehlplanungen entstehen, die dann "an der Art vorbei" durchgeführt werden (vergleiche URBANSKA, 1992: 324ff; DRING & FROST, 1971).

Die verwendeten Methoden stellen im Rahmen dieser Arbeit keinen Selbstzweck dar, sondern zielen stets darauf ab, auswertbare Datensätze zu liefern, um den Einfluß von "Forstwirtschaft & Jagd" (und anderer wichtiger den Standort beeinflussende Faktoren) zu dokumentieren, beziehungsweise Auswirkungen zukünftiger Eingriffe prognostizieren zu können. Zusätzlich sollen die methodischen Ansätze Informationen liefern, wie fundierte Schutz- und/oder Pflegemaßnahmen durchzuführen sind. Die im folgenden angeführten Methoden beziehen sich ausschließlich (soweit nicht explizit vermerkt) auf das Steinröschen (*Daphne cneorum*).

2.4.1 Blütenbiologie und -ökologie

Aspekte der Blütenbiologie und -ökologie einer Art können wichtige (Teil-)Erklärungen zum Beispiel über die Ursache der Seltenheit einer Art liefern (vergleiche KARRON, 1987; BIERZYCHUDEK, 1981). So finden sich in der Literatur über *Daphne cneorum* häufig Hinweise auf eine sehr geringe sexuelle Reproduktionsrate (zum Beispiel AUBERT, 1943; WITSCHEL, 1986). Um vorhandene "Engpässe" in der Fortpflanzung dieser Art aufzudecken, wurde die Blütenbiologie und -ökologie dieser Art untersucht:

Die Ermittlung von Blütenzahlen pro Blütenstand erfolgte während der Blütezeit (Mai-Anfang Juni) 1992 bis 1995 an verschiedenen Wuchsorten von *Daphne cneorum* in Baden-Württemberg durch Auszählen von insgesamt 1431 Blütenständen. Aufgrund der schwierigen Abgrenzung von Individuen war eine Zählung der Anzahl von Blütenständen auf Individuenbasis zumeist nicht möglich.

Die Messung der Kronröhrenlänge erfolgte mittels eines dafür hergestellten Lineals mit einer Meßgenauigkeit von 0,5 mm. Es wurden stets sämtliche geöffneten Blüten eines Blütenstandes vermessen. Die Kronröhrenlängenmessungen wurden an Individuen verschiedener Wuchsorte durchgeführt.

Zur Feststellung potentieller Bestäuber wurden zwischen 1992 und 1994 jeweils Anfang bis Ende Mai warme Strahlungstage als Beobachtungstermine ausgewählt. Auf Nachtexkursionen während dieser Zeit sollten nachtaktive Blütenbesucher festgestellt werden. Als potentielle Bestäuber wurden jene Arten gewertet, bei denen beobachtet werden konnte, wie deren Mundwerkzeuge in die Kronröhre einer Blüte eingeführt wurden. Zudem wurde die Anzahl besuchter Blüten eines Blütenstandes festgehalten. Auch auf aufeinanderfolgende Anflüge verschiedener Blütenstände wurde geachtet (→Blumenstetigkeit). Die Nomenklatur der Arten richtet sich nach EBERT et al. (1991, 1994) (tagaktive Lepidopteren), STRESEMANN (1976) (Arthropoda) und BOGON (1990) (Gastropoda).

Der Nachweis zuckerhaltiger Flüssigkeit (Nektar) in den Blüten erfolgte durch Absaugen dieser Flüssigkeit vom Blütengrund mit Hilfe einer Glaskapillare. Die gesammelte Flüssigkeit mehrerer Blüten wurde mit einigen Tropfen konzentrierter Schwefelsäure (H_2SO_4) versetzt. Anschließend wurden einige Tropfen 5%-ige Phenollösung (C_6H_5OH) dazugegeben. Bei Vorhandensein von Mono- oder Disacchariden erfolgt eine Orangefärbung der Flüssigkeit.

Da in Literatur-Angaben zu *Daphne cneorum* zumeist eine Selbstbestäubung angenommen wird (zum Beispiel HEGI, 1926; AUBERT, 1943), sollte diese Annahme durch Handbestäubungsexperimente untersucht werden. Hierzu wurden die noch geschlossenen Blütenstände durch übergestülpte Pergamenttüten geschützt. Nach Öffnung der Blüten erfolgte eine unterschiedliche Behandlung der Blütenstände. Bei einem Teil der Blütenstände wurde keine weitere Manipulation vorgenommen, um eine potentiell mögliche Autogamie festzustellen. Anderen Blüten wurde mit einer Pinzette reifer Fremdpollen (Feststellung einer Xenogamie) oder reifer Pollen aus Blüten des eigenen Individuums (zur Dokumentation einer Geitanogamie) auf die Narbe gebracht. Zuvor wurden die zu bestäubenden Narben mit einer 20-fach vergrößernden Lupe auf bereits anhaftenden Pollen hin untersucht. Waren diese pollenfrei, wurde eine Handbestäubung durchgeführt und der vollständig handbestäubte Blütenstand mit einer Pergamenttüte vor Fremdeinwirkungen geschützt.

Von 1992 bis 1995 wurden jeweils ab Ende Mai Fruktifikationsraten festgestellt, da ab diesem Zeitpunkt die Fruchtknoten sichtbar angeschwollen waren. In der Regel befanden sich nur noch befruchtete Blüten im Blütenstand. Da die abgefallenen Blüten im Blütenstand sehr gut sichtbare Abbruchstellen hinterlassen, läßt sich exakt die Anzahl ursprünglich vorhandener Blüten bestimmen. Die Erhebung fand an Wuchsorten aller Teilareale von *Daphne cneorum* statt, so daß die Ergebnisse für ganz Baden-Württemberg als repräsentativ anzusehen sind. Die Erfassung der Fruktifikationsraten einzelner Individuen war aufgrund der Schwierigkeit, diese eindeutig abzugrenzen, nicht möglich.

2.4.2 Dichtebestimmung

Die Dichte einer Art oder eines anderen Objektes läßt sich mit Hilfe der Point-Centered-Quarter-Methode (PCQ-Methode) bestimmen (siehe MÜHLENBERG, 1989: 111f). Hierzu wird von einem Punkt ausgehend in jeweils vier Quadranten (NE, SE, SW, NW) die Entfernung zum nächsten Bezugsobjekt (hier: *Daphne cneorum*-Individuen) gemessen. Pro Meßpunkt erhält man vier Meßwerte (Entfernungen). Über die von allen Messungen gemittelte Distanz (md) wird die absolute Dichte nach der Formel

$$\text{Absolute Dichte} = \frac{\text{Fläche}}{(\text{md})^2}$$

berechnet, wobei die Fläche der Größe einer gewählten Bezugsfläche (zum Beispiel 100 m^2) entspricht, und $(md)^2$ die gleiche Maßeinheit wie die Bezugsfläche besitzen muß (dem obigen Beispiel entsprechend in m^2).
Bei der Dichtebestimmung wurde darauf geachtet, daß die Dichte von Individuen gemessen wurde und nicht die langen (unterirdisch) verlaufenden Sprosse eines Individuums, die in einen anderen Quadranten hineinreichten.

2.4.3 Altersbestimmung

Der während eines Jahres gebildete Sproßabschnitt zeigt entlang seiner Achse eine unterschiedliche Beblätterungsdichte. Aufgrund der Häufung der Blätter und nach deren Seneszens der Häufung der Blattspurstränge am Sproßende läßt sich das Alter eines Sprosses bestimmen. Bei blühenden Sprossen treten zusätzlich in Verzweigungswinkeln verholzte Reste des ehemaligen Blütenbodens hinzu. Das ermöglicht es, blütenbildende Jahre und Perioden ohne Blütenstandsbildung zurückzuverfolgen.
Den Einfluß der Mahd auf die "Altersstruktur" von Sprossen erfolgte dadurch, daß vor der Mahd das Alter einzelner markierter Sprosse bestimmt wurde. Nach erfolgtem Schnitt wurde die Altersbestimmung der Sprosse wiederholt.
Die Feststellung des absoluten Alters eines Individuums ist nicht möglich, da keine klar trennbaren Jahrringzuwächse im Sproß oder der Wurzel vorhanden sind. Zudem wäre eine Zerstörung der Pflanze notwendig, was nicht im Sinne einer non-destruktiven Methodik wäre. Die Angaben zur Alterstruktur von *Daphne cneorum*-Individuen beziehen sich somit ausschließlich auf das beobachtete (maximale) Alter der oberirdischen Sproßabschnitte.

2.4.4 Lichtmessung

Der Lichtfaktor ist ein wichtiger ökologischer Parameter, da autotrophe Pflanzenarten auf ein ausreichendes Lichtangebot angewiesen sind. Insbesondere bei Arten mit hohem Lichtbedürfnis bedingt die Einschränkung des Lichtangebotes wichtige physiologische und morphologische Veränderungen. Veränderungen des Lichtklimas an einem Standort werden häufig durch die Forstwirtschaft verursacht; zum Beispiel durch Aufforstung von Standorten mit stark beschattenden Baumarten (zum Beispiel Fichte).
An zahlreichen Standorten von *Daphne cneorum* wurden integrierende Lichtmessungen über 24 Stunden mit Hilfe der bei FRIEND (1961) beschriebenen Ozalid-Papier-Methode (Ozalid-Papier=Lichtpauspapier) durchgeführt. Hierbei fanden die Verbesserungen der Methode durch WASNER (1976) und BOGENRIEDER (1989: 31f) Berücksichtigung.
Zusammengefaßt beruht diese integrierende Lichtmessung im Prinzip darauf, daß halbtransparente, lichtempfindliche Ozalid-Papierstapel (Typ Sepia HT der Firma Kalle, Niederlassung der Hoechst AG, Wiesbaden) durch Licht gebleicht werden, wobei die belichteten Papierlagen gleichzeitig als Filter für die darunter befindlichen Papiere wirken. Die Bleichung und deren Intensität werden durch Entwicklung der Papiere in konzentriertem Ammoniakdampf sichtbar gemacht. Je größer die eingestrahlte Lichtmenge, desto tiefer liegende Papiere im Stapel werden noch gebleicht. UV- und IR-Strahlung beeinflussen dabei den Bleichungsvorgang nicht.
Die Zahl der gebleichten Ozalid-Papiere in einem Stapel ist eine Funktion der eingestrahlten Lichtmenge, die anhand einer Eichkurve (siehe WASNER, 1976) bestimmt werden kann. Unveröffentlichte Untersuchungen an der Universität Bayreuth bestätigen die von WASNER (1976) aufgestellte Eichkurve. Im Bereich oberhalb von 2000 luxxh ist die Zahl der gebleichten Blätter dem Logarithmus der eingestrahlten Lichtmenge streng proportional.
Zur Lichtmessung wurden die Ozalid-Papier-Stapel in einem Schnappdeckelgläschen direkt über einem *Daphne cneorum*-Individuum hangparallel an einem dünnen Bambusstab mit Draht befestigt. Gleichzeitig wurde in größtmöglicher Nähe dazu im Freiland ebenfalls eine Probe dem Licht ausgesetzt. Der daraus ermittelte Freilandlichtwert wurde später als 100%

Freilandlichtmenge gewertet und mit dem Meßergebnis am *Daphne cneorum*-Standort ins Verhältnis gesetzt. Der errechnete Wert stellt somit eine relative Beleuchtungsrate (Prozent Lichtmenge vom Freilandwert) dar.

2.4.5 Predation von *Daphne cneorum*-Früchten (post dispersal predation)

Der Predation von Früchten und Samen kommt im Lebenszyklus vieler Arten eine große Bedeutung zu. Um die Bedeutung dieses Faktors (hier: post-dispersal predation) zu untersuchen, wurden am 08.06.1993 jeweils 5x20 Früchte von *Daphne cneorum* an einem Standort geklumpt ausgelegt. Hierbei wurden zwei verschiedene Bodenoberflächenstrukturtypen unterschieden:

1. Offene Standorte ohne Vegetation
2. Vegetationsbedeckte Standorte

Jeweils 100 (5x20) Früchte pro Standorttyp wurden vier Tage lang täglich aufgesucht und die verbliebenen Früchte gezählt. Aufgrund der beobachteten Verringerung der Fruchtzahl lassen sich streng genommen zwar keine Aussagen über den Predationsdruck machen (die Früchte sind zunächst einmal nicht mehr am ausgelegten Ort), aber aufgrund von Beobachtungen vor Ort und an anderen Wuchsorten darf angenommen werden, daß der überwiegende Teil der fehlenden Früchte einem Raubfraß zum Opfer gefallen ist (näheres siehe Ergebnisteil).

2.4.6 Samenbankuntersuchungen

Ende April 1993 wurden an vier Standorten von *Daphne cneorum* jeweils drei Bodenproben in der Nähe von Steinröschenpflanzen unter Verwendung eines Stechzylinders entnommen. Je nach Bodentyp erfolgte eine Entnahme von (5) 10-15cm des oberen Bodenhorizontes nach Entfernung der Moos- oder Streuschicht. In diesen oberen Bodenschichten befindet sich erfahrungsgemäß der größte Teil der potentiell vorhandenen langlebigen Samen (vergleiche zum Beispiel FISCHER, 1987).
Die Proben wurden anschließend getrocknet und von Wurzel- und Rhizommaterial gereinigt. Die drei entnommenen Bodenkerne eines Standortes wurden dann zu einer Mischprobe vereinigt. Diese wurden in Pikierschalen überführt, die mit handelsüblicher Gartenerde gefüllt waren. Die Bodenproben wurden mit einer maximalen Schichtdicke von 0,5 cm aufgebracht. Die Pikierschalen wurden in Südexposition gelagert und regelmäßig mit kalkhaltigem Wasser bewässert. Die aufkommenden Keimlinge wurden so lange in der Schale belassen, bis eine Determination der Pflanze möglich war.

2.4.7 Keimungsraten von Samen

Anfang Juni 1993 wurden Früchte von *Daphne cneorum* gesammelt, um die Keimungsrate der Samen zu ermitteln. Die Früchte wurden nach einmonatiger trockener Lagerung in Wasser eingelegt. Nach erfolgter Quellung des Fruchtfleisches wurde dieses entfernt, so daß die Samen freilagen. Diese wurden gewogen und anschließend 4x25 Samen in Petrischalen auf feuchte Filterpapierscheiben übertragen. Die Schalen wurden bei Zimmertemperatur regelmäßig belüftet und befeuchtet.
Anfang September 1993 wurden zwei Schalen mit Aluminiumfolie umwickelt. Eine Schale wurde weiterhin bei Zimmertemperatur gelagert, die zweite Schale bei 5 °C (Dunkelstratifikation). Anfang Oktober 1993 wurde die Folie entfernt und beide Petrischalen bei Zimmertemperatur gelagert. Die Versuche wurden bis Anfang Januar 1995 durchgeführt.

2.4.8 Bestimmung der potentiellen Keimungsrate

Mit Hilfe des bei MOORE (1973) beschriebenen Tetrazolium-Testes (TTC-Test) ist es möglich, die potentielle Keimungsrate von Samen zu bestimmen. Das Vorliegen einer Dormanz bei den zu prüfenden Samen beeinflußt den Test nicht.
Das Verfahren beruht darauf, daß ein 2, 3, 5-Triphenyltetrazoliumchlorid-Molekül mit Wasserstoffionen reagiert, die durch die Aktivität von Dehydrogenasen (wichtige Enzyme im Atmungsprozeß) entstanden sind. Das Produkt dieser Reaktion ist ein wasserunlöslicher, roter Farbstoff (Formazan).
Mit Hilfe dieser Methode kann daher das atmende (lebende) Gewebe des Embryos rot gefärbt werden. Erfolgt eine Rotfärbung des Embryos, dann wird der Samen als potentiell keimfähig angesehen.

Der Test verläuft dergestalt, daß einige Tage vorgequollene Samen (Aktivierung des Zellstoffwechsels) mit einer 0,1-1%igen wässrigen TTC-Lösung versetzt werden. In Abhängigkeit von der herrschenden Raumtemperatur liegt die Inkubationszeit zwischen 30 min (40 °C) und etwa 24 h (15 °C). Nach Ablauf der Inkubationszeit wurden die Samen aufgeschnitten und der Embryo unter einem Binokular auf eine etwaige Rotfärbung hin untersucht.
Die Prüfung der potentiellen Keimfähigkeit erfolgte an frisch geernteten Samen, sowie an 1 und 2 Jahre alten Samen (Lagerung bei Zimmertemperatur in Pergamenttüten).

2.4.9 Verbißaufnahme

An Primärstandorten von *Daphne cneorum* im Oberen Donautal wurden 1993 und ergänzend 1994 alle sichtbaren und zugänglichen Individuen dieser Art auf einen Verbiß hin untersucht. Da sich nur unverbissene und stark verbissene Pflanzen fanden, konnte eine Differenzierung zwischen schwachem und starkem Verbiß unterbleiben. Bei der Datenerhebung wurde streng darauf geachtet, daß Individuen und nicht mehrere Polykormonteile eines Individuums, deren Verbindung zum Beispiel durch Schuttmaterial verdeckt war, gezählt wurden.

2.4.10 Vitalitätsansprache von *Ribes nigrum*-Polykormonen

Als zusätzliches Kriterium für die Standortqualität in bezug auf *Ribes nigrum* wurde neben der sigmasoziologischen Aufnahmemethodik die Vitalität (als Ausdruck der vegetativen Entwicklung) der zentralen, im Probekreis gelegenen Polykormons der Schwarzen Johannisbeere bestimmt. Auf Vitalitätsunterschiede in Abhängigkeit vom Entwässerungsgrad weist zum Beispiel HÜGIN (1990: 16) hin. Die Ansprache von vitalen Pflanzen und solchen mit verringerter Vitalität erfolgte anhand der Schätzung des Deckungsgrades der *Ribes nigrum*-Blätter bezogen auf die Fläche, die von dem gesamten Polykormon eingenommen wurde. Dies entspricht zwar nicht dem Blattflächenindex eines Individuums, charakterisiert aber auf methodisch einfache Weise den Anteil photosynthetisch aktiven Gewebes im Vergleich zum besetzten Areal des Polykormons. Als zusätzliche (Neben-)Kriterien wurde die relative Anzahl von Totästen, sowie die mittlere und maximale Höhe eines Polykormons erhoben (vergleiche PASSARGE, 1978).

2.5 Forst- und umweltgeschichtliche Untersuchungen

"Die Geschichte hat die Aufgabe, die Vergangenheit zu erforschen und zu erklären und daraus ggf. für Gegenwart und Zukunft Folgerungen zu ziehen. Ihre Bedeutung hat daher die Historia besonders als Lehrmeisterin auf Gebieten, deren Grundlagen weit in die Vergangenheit zurückreichen, und deren Entwicklungstendenzen auch heute noch und für die Zukunft wesentlich sind.
Es gibt wenige Zweige der Wissenschaft, die in so starkem Maße auf der historischen Grundlage aufbauen wie Forstwirtschaft und -wissenschaft. In der Forstwirtschaft Mitteleuropas kommt der geschichtlichen Entwicklung eine ganz besondere Bedeutung für die Gegenwart zu.
Die Begründung liegt in der langfristigen und großflächenhaften Natur des Forstwesens, die in der Verbindung mit dem Menschen überzeitliche elementare Verfahren der Waldbehandlung und der Waldnutzung bewirkt hat.
[...] Die frühere waldwirtschaftliche Behandlung der Waldbestände ist vielfach für die Gegenwart von Bedeutung. Wie der Wald früher - gut oder schlecht - behandelt wurde, läßt sich noch heute erkennen. Die Leistungen und Fehler der Waldbenutzung früherer Generationen beeinflussen oft noch das heutige Wald- und Bestandsbild. Ob der gegenwärtige Wald einen dem Standort entsprechenden Hochleistungswald oder einen dürftigen Nadelholzkrüppelbestand zeigt, kann durch die Vergangenheit und ihre Auswirkungen bedingt sein. Schäden, die in früheren Jahrzehnten, ja Jahrhunderten verursacht wurden, wirken sich noch heute aus." (MANTEL, 1990: 23).
Verallgemeinert man dieses Zitat auf alle übrigen Ökosysteme, so kann man mit JÄGER (1994: 12) festhalten, daß "alle Prozesse der Umweltgeschichte, die nicht rein naturbedingt sind, [...] auf den Menschen [zurückgehen], der damit zu einem übergeordneten Faktor wird."
Aus diesen Zitaten wird die große Bedeutung der historischen Entwicklung eines Standortes und seiner Vegetation deutlich. Dies trifft insbesondere auf das Vorkommen und Aussterben von Rote Liste-Arten an einem bestimmten Wuchsort zu, wie es die weiteren Ausführungen noch deutlich zeigen werden. Hierdurch wird erst ein Verständnis der heutigen Situation möglich. Im Unterschied zur forstgeschichtlichen Betrachtungsweise, die Bedeutung und Auswirkung der menschlichen Tätigkeit letztlich auf Baumindividuum und Baumbestand konzentriert, soll hier der Schwerpunkt auf dem anthropogenen Einfluß und dessen Bedeutung für Gefäßpflanzen der Roten Liste liegen. Hieraus ergeben sich zum Teil Bewertungen, die einer naturnah orientierten Forstwirtschaft diametral entgegengesetzt sein können.
Die in dieser Arbeit vorgelegten forst- und umweltgeschichtlichen Untersuchungen beruhen auf der mehr oder weniger intensiven Auswertung von Forsteinrichtungswerken und dem forstlichen Kartenmaterial. Zusätzliche, bei den jeweiligen

Forstämtern vorhandene Schriften, sind soweit dies notwendig ist, mit berücksichtigt. Darüber hinaus ist eine umfangreiche Literatursichtung durchgeführt worden, die zusätzlich historische (zum Beispiel vegetationskundliche oder floristische) Informationen lieferte. Als weitere ergiebige Quelle erwiesen sich historische Karten unterschiedlichen Alters, die teilweise eine chronologisch detaillierte Verfolgung der Veränderung, oder auch Stabilität einer Flächeneinheit ermöglicht.

2.6 Sonstige Methoden

2.6.1 Blattanatomie und Stomatadichte

Anatomie und Stomatadichte von *Daphne cneorum*-Blättern wurde durch mikroskopische Quer- beziehungsweise Längsschnitte bestimmt. Die Stomatadichtebestimmung wurde bei bekannten Maßen eines Okulargitternetzes bei entsprechender Vergrößerung durch Auszählung festgestellt.

Teil A:
Standortansprüche von Rote Liste-Arten

3. Charakterisierung der Standorte von in Baden-Württemberg vorkommenden bedrohten Pflanzenarten mittels Zeigerwerten

3.1 Einleitung

Spezifische abiotische und/oder biotische Parameter sind maßgeblich für das Vorkommen oder Fehlen von Pflanzenarten an einem Standort verantwortlich, vorausgesetzt historische Faktoren überlagern diese nicht. Solche Parameter wären klimatische Faktoren, wie zum Beispiel Licht und Temperatur, oder Bodenfaktoren, wie Bodenfeuchte oder pH-Wert. Jede Art besitzt im Gradienten dieser Faktoren in spezifischen Bereichen ihren ökologischen Schwerpunkt. Dieser Schwerpunkt entsteht jedoch nicht ausschließlich aufgrund der abiotischen Standortfaktoren, sondern ein wesentliches Element bei der Standortwahl einer Art sind die interspezifischen Konkurrenzverhältnisse am jeweiligen Standort. Die interspezifische Konkurrenz bedingt insbesondere für Pflanzenarten der Roten Liste eine Verdrängung auf extremere Standorte, wo die Art unter suboptimalen Bedingungen lebt. Vor allem gefährdete Arten sind dadurch gekennzeichnet, daß sich ihr ökologisches Optimum stark von ihrem physiologischen Optimum unterscheidet. Aufgrund der Fähigkeit, extreme Standortbedingungen zu dulden, können sie an solchen Standorten überleben.
Die von ELLENBERG in den fünfziger Jahren für die Gefäßpflanzen Mitteleuropas entwickelten Zeigerwertzahlen für wichtige abiotische Standortfaktoren geben den konkurrenzbedingten (ökologischen) Schwerpunkt einer Art durch eine Zahl wieder. Bei den Faktoren handelt es sich um die "klimatischen" Faktoren Licht, Wärme und Kontinentalität und um die Bodenfaktoren Feuchte, pH-Wert und Stickstoffverfügbarkeit (siehe ELLENBERG et al., 1991: 67ff). Jeder Zeigerwert ist in neun Stufen unterteilt (Feuchtezahl: 12 Stufen), wobei diese einen Gradienten von "viel nach wenig" oder umgekehrt angeben (Schatten→Licht, trocken→naß, sauer→basisch, stickstoffarm→stickstoffreich). Für die einzelnen (mittleren) Zeigerwerte gelten des weiteren folgende Abkürzungen: mittlere Lichtzahl=mL-Zahl, mittlere Feuchtezahl=mF-Zahl, mittlere Reaktionszahl=mR-Zahl, mittlere Stickstoffzahl=mN-Zahl.
Zur Charakterisierung der Standortbedingungen einer Art können unter anderem Vegetationsaufnahmen herangezogen werden, in denen diese Art vorhanden ist. Mit Hilfe der Zeigerwertzahlen kann für jede Vegetationsaufnahme ein mittlerer Zeigerwert errechnet werden (siehe Kapitel 2.2.1). Bereits eine Mittelwertbildung (→ökologisches Optimum) und dessen Schwankungsbreite (→ökologische Amplitude, Toleranzbereich) ergibt bei einer ausreichenden Anzahl von Aufnahmen für viele Arten "individuelle" Kennwerte. Daher wird in den folgenden Kapiteln zunächst das Verhalten von Rote Liste-Arten gegenüber einzelnen Zeigerwerten besprochen. Die Interpretation dieser Parameter liefert hauptsächlich Informationen über die Standorte und Standortansprüche der 215 untersuchten, in Baden-Württemberg vorkommenden Rote Liste-Arten.
Kombiniert man mehrere Zeigerwerte zu einer Matrix, so läßt sich die Lage jeder einzelnen Art in dieser Matrix darstellen und mit den Positionen anderer Arten vergleichen. Diese Diagramme werden als Ökogramme bezeichnet, da die jeweilige Lage der Arten deren ökologischen (konkurrenzbedingten) Schwerpunkt wiedergibt.
Das bekannteste Ökogramm ist das Reaktion-Feuchte-Ökogramm, in dem die Positionen der in Mitteleuropa auftretenden Waldgesellschaften am übersichtlichsten dargestellt werden können, da eine maximale Spreizung der einzelnen Gesellschaften stattfindet. Dies zeigt, daß die Faktoren Feuchte und pH-Wert für die Waldgesellschaften wichtige differenzierende Standortfaktoren darstellen, die im hohen Maße zu deren Gliederung beitragen. Zusätzlich zur Standortcharakterisierung sind die Ökogramme dazu geeignet, die Positionen von Pflanzengesellschaften darzustellen (siehe ELLENBERG et al., 1991: 58f). Dies ermöglicht es, die Rote Liste-Arten aufgrund ihrer Lage im

jeweiligen Ökogramm bestimmten Syntaxa zuzuordnen. Auf dieselbe Art und Weise lassen sich weitere Ökogramme konstruieren, beispielsweise ein Licht-Feuchte-Ökogramm. Da jedes Ökogramm ein anderes Verteilungsmuster der gefährdeten Arten und somit andere Informationen über diese Arten liefert, werden nachfolgend mehrere Ökogramme dargestellt und besprochen.
Um die Positionen der Arten in Beziehung zu Waldgesellschaften zu bringen (siehe Kapitel 2.2.1), wurde in jedes Ökogramm der Bereich, der von Natur aus von Wald- und Gebüschgesellschaften eingenommen wird, als schwarzer Rahmen dargestellt. Im folgenden werden vier verschiedene Ökogramme dargestellt: Reaktion-Feuchte-, Stickstoff-Feuchte-, Licht-Feuchte- und Licht-Stickstoff-Ökogramm (im folgenden kurz als R-F-, N-F-, L-F- und L-N-Ökogramm bezeichnet).

3.2 Die einzelnen Zeigerwerte

Zur allgemeinen Charakterisierung der Standorte und der Standortansprüche der 215 ausgewählten, in Baden-Württemberg vorkommenden Rote Liste-Arten werden Minima, Maxima, Spannweiten (Amplituden) und die mittleren Zeigerwerte (mL, mF, mR, mN) herangezogen.

3.2.1 Extremwerte

Die mittleren Zeigerwerte der Rote Liste-Arten zeigen unterschiedliche Wertespannen. Um die ökologische Bedeutung der Variationsbreiten zu verstehen, müssen hier kurz die minimal und maximal erreichten mittleren Zeigerwerte angesprochen werden (Tab. 1), da diese in den weiter unten angeführten Ökogrammen die Gesamtamplitude der einzelnen Faktorenzahlen bestimmen. Aufgrund der Mittelwertbildung fehlen in aller Regel die Zeigerwertzahlen 1 und 9 (12), so daß die Standortcharakterisierungen dieser Auswertung nicht mit den bei ELLENBERG et al. (1991: 67ff) angegebenen Bedeutungen deckungsgleich sind. Daher muß eine mL-Zahl von etwa ≥7 als Zeichen für lichtreiche Standorte (Licht- bis Vollichtbedingungen) interpretiert werden. Eine mF-Zahl von etwa ≤3 zeigt extrem trockene Standorte an, während eine mF-Zahl von ungefähr ≥7 auf nasse Bedingungen hinweist. Mittlere R-Zahlen von ≤3 kennzeichnen stark saure Standorte, dagegen sind mR-Zahlen ≥6,5 typisch für kalkreiche Böden. Nährstoffarme Standorte werden durch mN-Zahlen von ≤3 angezeigt. Stickstoffreiche (eutrophe) Verhältnisse sind ungefähr bei mN-Zahlen ≥5 anzunehmen.

	Mittlere L-Zahl	Mittlere F-Zahl	Mittlere R-Zahl	Mittlere N-Zahl
Minimum	4,1 (Polystichum setiferum)	2,5 (Festuca duvallii)	1,8 (Trichophorum cesp. germ.)	1,4 (Carex pauciflora)
Maximum	8,2 (Carex limosa/Scheuchzeria palustris)	11,1 (Utricularia ochroleuca)	7,7 (Onobrychis mont., Orobanche elat., Peucedanum als.)	6,6 (Polystichum setiferum)
Spannweite	4,1	8,6	5,9	5,2

Tab. 1: Minima, Maxima und Spannweiten der mittleren Zeigerwertzahlen nach Auswertung von Vegetationsaufnahmen von 215 in Baden-Württemberg vorkommenden Rote Liste-Arten.

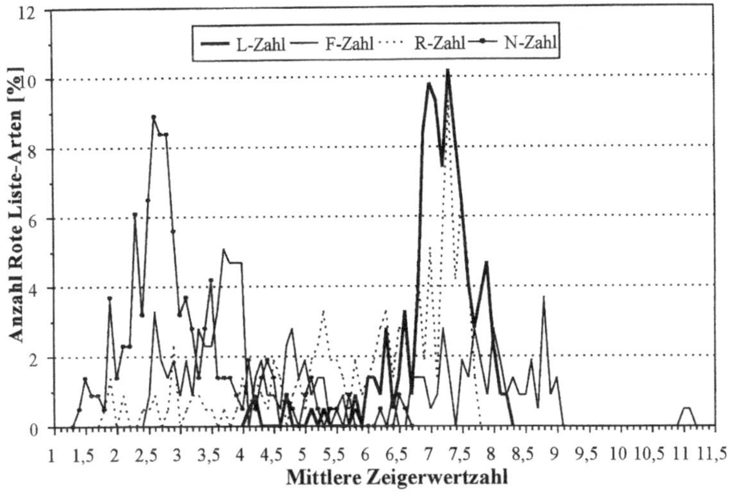

Abb. 1: Verteilung der mittleren Zeigerwertzahlen von 215 in Baden-Württemberg vorkommenden Rote Liste-Arten in bezug auf den Lichtfaktor (L-Zahl), den Bodenwassergehalt (F-Zahl), den pH-Wert (R-Zahl) und die Stickstoffverfügbarkeit (N-Zahl).

Die ermittelten Minima und Maxima stimmen relativ gut mit den von BÖCKER et al. (1983) mitgeteilten Werten für mitteleuropäische Pflanzengesellschaften überein. Abweichungen ergeben sich vor allem dadurch, daß die Autoren mittlere Zeigerwerte von Gesellschaften berechneten, während in dieser Arbeit die mittleren Zeigerwerte sich, der soziologischen Amplitude der jeweiligen Art entsprechend, aus den Werten mehrerer Gesellschaften zusammensetzen. Zudem sind bestimmte Wertebereiche aufgrund der charakteristischen Standortansprüche von gefährdeten Arten in der Regel nicht vertreten (niedrige mL- und hohe mN-Zahlen).

3.2.2 Mittlere Reaktionszahlen

Das Verhalten von Rote Liste-Arten gegenüber dem pH-Wert in der Rhizosphäre wird durch die R-Zahl wiedergegeben. Abb. 1 ist zu entnehmen, daß viele der ausgewerteten Arten neutrale bis basische (kalkreiche) Standorte (mR-Zahl etwa ≥7) bevorzugen. Die hohe Anzahl basiphiler Arten erklärt sich damit, daß die Kalkböden besonders artenreich sind und viele dieser Arten gleichzeitig gefährdete Arten darstellen. Die Spezies (sehr) saurer Standorte (mR-Zahl etwa ≤3,5) sind absolut gesehen gering vertreten. Im Vergleich mit der Anzahl der insgesamt vergebenen Zeigerwertzahlen 1-3 bei ELLENBERG et al. (1991: 42) für alle Gefäßpflanzen sind sie hier jedoch leicht überrepräsentiert.

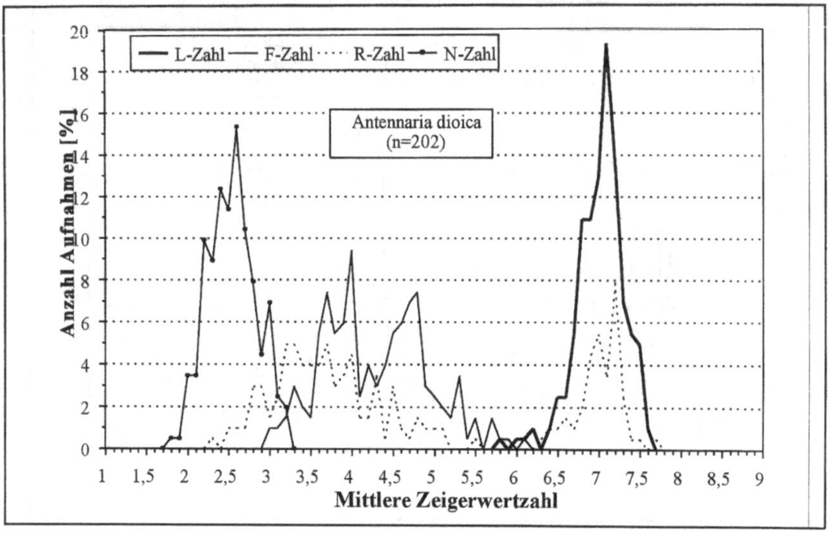

Abb. 2: Spektren der mittleren Zeigerwerte von 202 Vegetationsaufnahmen mit *Antennaria dioica*. Man beachte die bimodale Verteilung der mR-Zahlen. Die Art benötigt lichtreiche, trockene bis mäßig trockene, stickstoffarme, basenreiche oder saure Standorte.

Im Gegensatz zu den übrigen Zeigerwerten finden sich relativ viele Arten im "mittleren" Bereich der R-Zahlen, obwohl, wie weiter unten noch ausgeführt wird, die "mittleren" Standorte von den meisten Rote Liste-Arten nicht besiedelt werden. Dieser Widerspruch ist jedoch nur scheinbar vorhanden. Er hat einerseits methodische Gründe (Berechnungsmethode), andererseits wird an dieser Stelle nur ein Standortfaktor isoliert betrachtet. Gefährdete Arten, die sich in bezug auf die R-Zahl im "mittleren" Standortbereich (mR-Zahl etwa ≥4 bis ≤6) befinden, sind in aller Regel ebenfalls Spezies, deren ökologische Ansprüche in irgend einer Form extrem sind:

■ Der Lichtfaktor ist ein entscheidender abiotischer Faktor, der es diesen Arten ermöglicht auf schwach sauren bis neutralen Böden, welche von Natur aus Waldgesellschaften tragen, zu existieren (zum Beispiel *Armeria elongata*, *Trollius europaeus*, *Veronica longifolia*). Diese Arten treten auf diesen Standorten schwerpunktmäßig in unbestockten Ersatzgesellschaften auf.
Bei anderen Arten (zum Beispiel *Ribes nigrum*, *Thelypteris palustris*; siehe Kapitel 6 und 12) ist der Feuchtefaktor extrem ausgebildet, so daß die Arten sich am Rande des Existenzbereiches von Waldgesellschaften befinden. Bei Arten wie *Dactylorhiza majalis*, *Elatine alsinastrum* oder *Lysimachia thyrsiflora* bedingen deren ökologische Ansprüche an die beiden Faktoren Licht und Feuchte deren Fehlen im mittleren Standortbereich.

■ Eine Besonderheit stellen Arten wie *Antennaria dioica* oder *Thesium pyrenaicum* dar. Sie haben aufgrund der Mittelwertbildung "mittlere" mR-Zahlen, wonach sie sehr saure und kalkreiche Standorte meiden müßten. Erst eine Auswertung der Amplitude der mR-Zahlen zeigt, daß diese Arten "mittlere" Bodenreaktionen eher meiden und die beiden Extreme (saure und kalkreiche Böden) bevorzugen; die Kurven zeigen einen bimodalen (zweigipfligen) Verteilungstyp (Abb. 2), das heißt, innerhalb der ökologischen Amplitude dieser Arten existieren zwei Optima. Zur Beschrei-

bung dieser Zeigerwertverteilung ist der Mittelwert (und die Standardabweichung) wenig geeignet. Bei mehrgipfligen Verteilungen ist der Dichtewert (Modalwert) aussagekräftiger, der den Wert angibt, der in der Stichprobe am häufigsten auftritt (SACHS, 1993: 25). Im Fall von *Antennaria dioica* wären die beiden Dichtewerte 3,5 (3,2/3,3/3,7→3,5) und 7,2 (Abb. 2) die geeigneten Parameter zur Lagebeschreibung der ökologischen pH-Optima, das heißt, die Standortansprüche bedingen sich in den beiden Extrembereichen (sauer und basisch). Ähnlich, wenn auch weniger extrem in den sauren Bereich hineingehend, trifft dies auch auf *Thesium pyrenaicum* zu (Dichtewert 5,4 und 7,3).
Die Form der bimodalen Verteilung der mR-Zahlen findet sich in unterschiedlich ausgeprägtem Maße bei zahlreichen anderen Arten, die, wie die beiden oben genannten Arten, ebenfalls aus Konkurrenzgründen auf die extremeren Standorte abgedrängt werden (zum Beispiel *Botrychium lunaria*, *Carlina acaulis* ssp. *simplex*, *Daphne cneorum*, *Gentiana lutea*, *Juniperus communis*, *Phyteuma orbiculare*, *Pinus sylvestris*). Für diese Arten ist der pH-Wert als solcher kein das Vorkommen bestimmender Faktor. Erst deren geringe Konkurrenzkraft, in Verbindung mit dem Vermögen extreme Standortbedingungen zu ertragen, läßt diese Arten in die beiden (Extrem-) Bereiche ausweichen.

3.2.3 Mittlere Feuchtezahlen

Die Verteilung der mF-Zahlen aller in Abb. 1 zusammengestellter Rote Liste-Arten zeigt deutlich zwei Schwerpunktvorkommen. Ein Teil der Arten konzentriert sich auf die trockenen Standorte (mF-Zahl etwa ≤4), während andere Spezies vor allem auf nassen Standorten vorkommen (mF-Zahl etwa ≥7). Beide Bereiche sind aufgrund des starken Wassermangels oder -überschusses keine Waldstandorte, oder die Waldgesellschaften sind relativ lichtreich. Die gefährdeten Arten sind im Vergleich mit der Anzahl der von ELLENBERG et al. (1991: 42) vergebenen F-Zahlen 1-4 und 7-12 deutlich überrepräsentiert. 80% aller hier behandelten Rote Liste-Arten fallen in diese Bereiche, während nur etwa 67% aller Gefäßpflanzen Mitteleuropas die entsprechenden F-Zahlen zugewiesen wurden.
Im "mittleren" (frischen bis feuchten) Bereich finden sich nur relativ wenige Arten, und dann sind diese zumeist lichtliebend und somit auf weitgehend unbestockte Ersatzgesellschaften beschränkt (zum Beispiel *Arnica montana*, *Cirsium tuberosum*, *Trollius europaeus*).
Eine Besonderheit zeigt die mF-Zahl-Kurve von *Serratula tinctoria*, welche eine bimodale Verteilungsform zeigt (Abb. 3), worauf auch ZÓLYOMI (1964, zitiert in ZÓLYOMI et al., 1967) hinweist. Auf mäßig trockenen bis mäßig frischen Standorten (Dichtewert 4,5) werden dabei schwach saure Böden bevorzugt, während auf feuchten bis sehr feuchten Standorten (Dichtewert 6,6) die pH-Ansprüche der Art mehr im neutralen bis basischen Bereich liegen.
Ein ebenfalls zweigipfliges Verteilungsmuster bei der F-Zahl zeigen zum Beispiel *Calluna vulgaris*, *Vaccinium myrtillus* oder *Vaccinium vitis-idaea*, während sie in bezug auf die R-Zahl auf stark saure Standorte beschränkt sind, da diese Arten physiologisch auf eine Ammonium-Stickstoff-Ernährung angewiesen sind (siehe zum Beispiel BOGNER, 1968). Aufgrund entsprechender physiologischer und morphologischer Anpassungen ist der Bodenwassergehalt für diese Arten relativ unwichtig. Aufgrund der interspezifischen Konkurrenz werden diese Gefäßpflanzen jedoch auf die extrem nassen und trockenen Standorte abgedrängt. Dagegen zeigt zum Beispiel *Pinus sylvestris* sowohl in bezug auf die Feuchte als auch die Bodenreaktion ein zweigipfliges Optimum (vergleiche MAYER, 1992: 127).

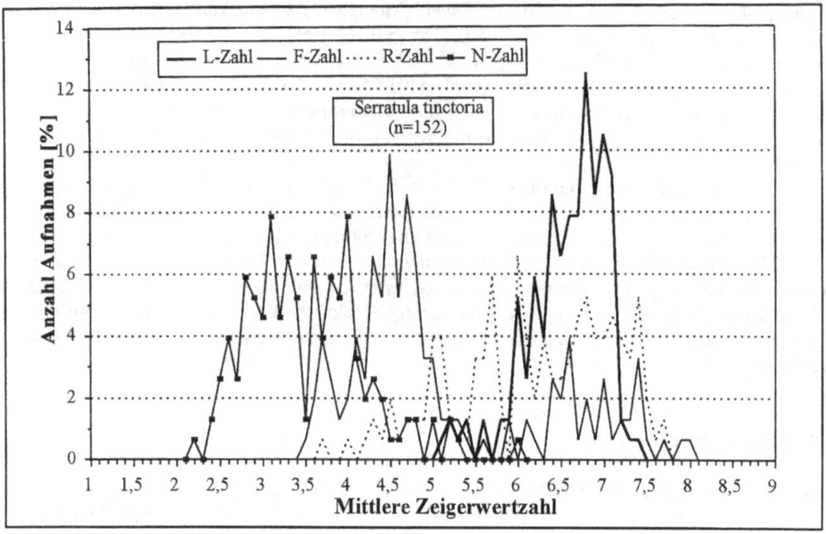

Abb. 3: Spektren der mittleren Zeigerwerte von 152 Vegetationsaufnahmen mit *Serratula tinctoria*. Man beachte die bimodale Verteilung der mF-Zahlen. Die Art benötigt mäßig lichtreiche bis lichtreiche, mäßig trockene bis mäßig frische, schwach saure oder feuchte bis sehr feuchte, basische Standorte mit relativ schlechter Stickstoffversorgung.

3.2.4 Mittlere Lichtzahlen

Rote Liste-Arten sind durch ein hohes Lichtbedürfnis gekennzeichnet (mL-Zahl ≥6,5; Abb. 1), wobei Trifolio-Geranietea-Arten (zum Beispiel *Dictamnus albus*, *Inula hirta*, *Melampyrum cristatum*, *Serratula tinctoria*, *Vicia cassubica*) eine Mittelstellung (mL-Zahl zwischen 6 und 7) zwischen den Waldgesellschaften und den lichtreichen, unbestockten Gesellschaften (mL meist ≥7) einnehmen (Abb. 4).
Rote Liste-Arten, deren mL-Zahl ≤6 ist, sind entweder Spezies relativ lichter Waldgesellschaften (zum Beispiel *Orchis pallens*, *Osmunda regalis*, *Ribes nigrum*), oder es sind saprophytische Pflanzenarten (meist Orchideen), die unabhängig vom Lichtklima existieren können (zum Beispiel *Corallorhiza trifida*, *Epipogium aphyllum*). Dagegen sind nur wenige chlorophyllhaltige Rote Liste-Arten schattenertragend und kommen in den entsprechenden (Wald-)Gesellschaften vor (zum Beispiel *Listera cordata*, *Mattheuccia struthiopteris*, *Polystichum setiferum*, *Taxus baccata*).
Die große Bedeutung des Lichtklimas für viele gefährdete Arten zeigt sich unter anderem darin, daß die Schwankungsbreite (und Standardabweichung) der mL-Zahlen der vier untersuchten Zeigerwerte zumeist am geringsten ist (starker positiver Exzeß der mL-Zahl-Kurve). Die Mehrzahl der Arten besitzt bezüglich der Ansprüche an das Lichtklima einen sehr engen Toleranzbereich (stenopotente Arten). Die relative Lage des ökologischen Optimums liegt bei hohen Lichtintensitäten (polystenopotente Arten). In bezug auf den Lichtfaktor kann die ökologische Potenz der Arten somit als ausgeprägt stenök charakterisiert werden.

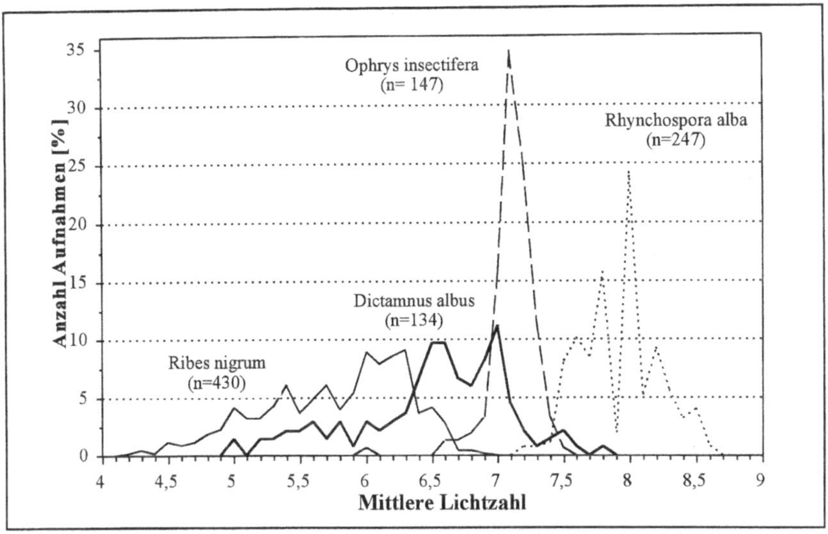

Abb. 4: Spektren der mittleren Lichtzahlen von *Ribes nigrum* ((Bruch-)Waldart, n=430 Aufnahmen), *Dictamnus albus* (Saumart, n=134 Aufnahmen), *Ophrys insectifera* (Halbtrockenrasenart, n=147 Aufnahmen) und *Rhynchospora alba* (Schlenkenart, n=247 Aufnahmen).

Eng verbunden mit dem Lichtfaktor ist der Wärmehaushalt eines Standortes. Insbesondere auf trockenen Böden bedingt eine hohe Einstrahlung eine hohe Wärmezufuhr, so daß der überwiegende Teil der Rote Liste-Arten lichtreicher, trockener Standorte ebenfalls hohe Ansprüche an den Wärmehaushalt des Standortes stellt (thermophile Arten).
Eine Verringerung der Lichtintensität am Standort, beispielsweise durch Aufforstung beeinflußt zahlreiche andere Standortfaktoren. So hat eine Beschattung Auswirkungen auf den Bodenwassergehalt (→F-Zahl) durch Verringerung der Evapotranspiration, was gleichzeitig die Mineralisation (→N-Zahl) durch Verbesserung der mikrobiellen Zersetzung der organischen Substanz fördern kann. Allgemein bewirkt Beschattung eine deutliche Verbesserung des Wasser- und Mineralstoffhaushaltes eines Standortes. Dies bedingt nachfolgend eine Veränderung der Konkurrenzverhältnisse zwischen den Arten (Rote Liste-Arten sind konkurrenzschwache Arten!), was sich unter anderem im Deckungsgrad einer Art bei unterschiedlichen Lichtverhältnissen niederschlägt (siehe HAKES, 1987: 113ff).

3.3.5 Mittlere Stickstoffzahlen

Neben dem Lichtklima ist für die Mehrzahl der Rote Liste-Arten die Höhe des Nährstoff- und speziell des Stickstoffangebotes (→N-Zahl) am Standort ein besonders wichtiger Faktor. 70% aller ausgewerteten Arten treten schwerpunktmäßig auf stickstoffarmen Standorten (mN-Zahl etwa ≤3,5) auf. Dies sind im Vergleich mit der Anzahl der bei ELLENBERG et al. (1991: 42) vergebenen N-Zahlen 1-3 (etwa 37% aller Gefäßpflanzen) überproportional viele Arten.

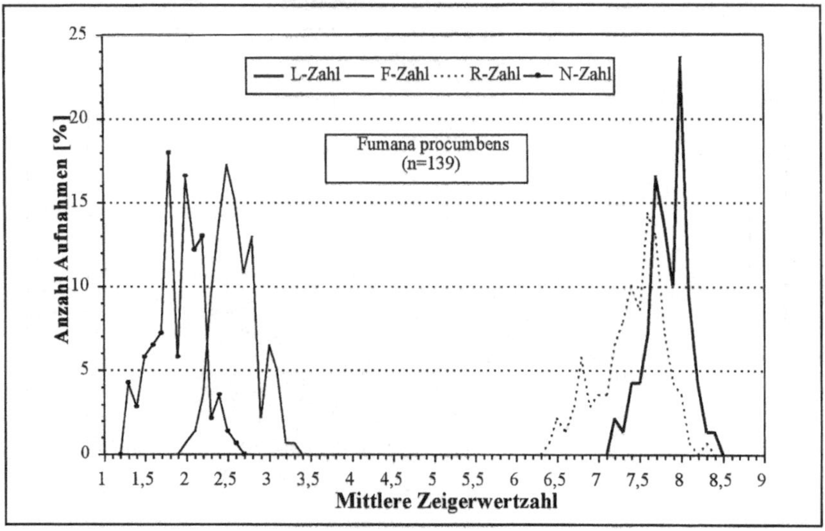

Abb. 5: Spektren der mittleren Zeigerwerte von 139 Vegetationsaufnahmen mit *Fumana procumbens*. Die Art benötigt sehr lichtreiche, extrem trockene, sehr stickstoffarme und basenreiche Standorte.

Die N-Zahl ist eine stark abhängige Größe. So ist sie zum Beispiel vom herrschenden Lichtklima abhängig, denn an vielen Standorten bedingt die hohe Strahlungsintensität gleichzeitig eine starke Erwärmung mit nachfolgender Austrocknung des Bodens, so daß die Mineralisation der organischen Substanz (als wichtigstem Stickstofflieferanten) stark behindert wird (zum Beispiel an den Standorten von *Euphorbia seguieriana*, *Fumana procumbens*, *Potentilla arenaria*, *Pyrola chlorantha*) (Abb. 5). Auf nassen Standorten ist es dagegen der ständig hohe Bodenwassergehalt, der durch niedrige Temperaturen und anaerobe Verhältnisse insbesondere die Nitrifikationsrate gering hält (zum Beispiel an den Standorten von *Andromeda polifolia*, *Carex pauciflora*, *Pinguicula vulgaris*, *Scheuchzeria palustris*) (Abb. 6). Um auf stickstoffarmen Böden existieren zu können, benötigen die Arten ein besonders hohes Lichtangebot (hohe Energiezufuhr). Daher ist der überwiegende Teil der gefährdeten Arten stickstoffarmer Standorte auch sehr lichtbedürftig (hohe mL-Zahl), so daß ELLENBERG, HERM. (1986) gefährdete Pflanzenarten kurz als "lichtbedürftige Hungerkünstler" charakterisiert. Die große Bedeutung der Faktoren Licht und Stickstoffangebot zeigt sich auch darin, daß es für diese beiden Parameter keine Arten mit bimodaler Verteilung der Licht- und Stickstoff-Zeigerwertzahlen gibt.

An dieser Stelle muß noch auf die Bedeutung von Stickstoffeinträgen für stickstoffarme Standorte und deren Arten eingegangen werden. Vor allem ELLENBERG, HERM. (1983, 1985, 1986) ist auf die mögliche Problematik zwischen Stickstoffeintrag und den ökologischen Ansprüchen gefährdeter Gefäßpflanzen näher eingegangen. Das Thema läßt sich dabei in zwei Problemkreise einteilen: die Aufgabe historischer Nutzungsformen und der anthropogene Stickstoffeintrag speziell über Immissionen.

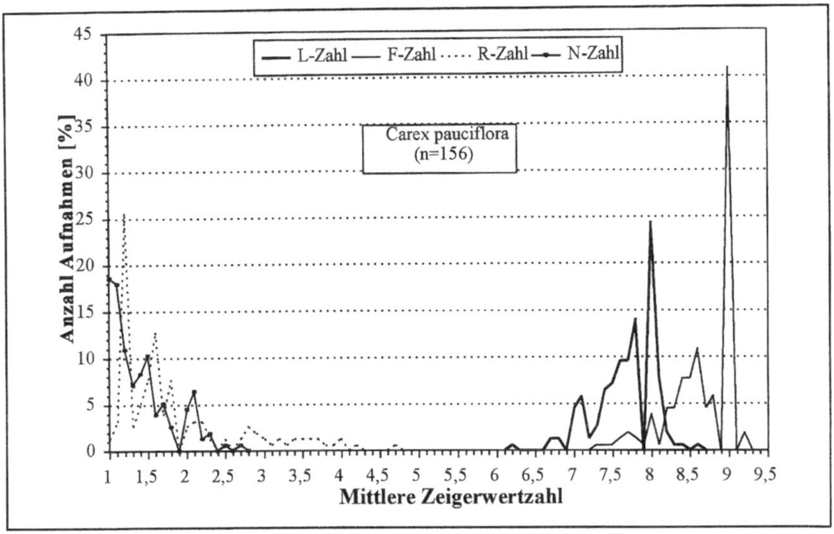

Abb. 6: Spektren der mittleren Zeigerwerte von 156 Vegetationsaufnahmen mit *Carex pauciflora*. Die Art benötigt sehr lichtreiche, dauernasse, extrem stickstoffarme und extrem saure Standorte.

Die Aufgabe historischer Nutzungsformen (Waldweide, Waldstreunutzung, Plaggenhieb auf Heiden, Mahd ohne Düngung, Beweidung von Ödland, Nieder- und Mittelwaldbewirtschaftung) führt auf diesen Standorten langfristig zu einer Milderung extrem ausgebildeter Faktoren. Einerseits findet kein regelmäßiger Nährstoffentzug durch Ernte der oberirdischen Biomasse mehr statt, so daß sich der Boden wieder mit Nährstoffen anreichern kann. Andererseits verbessert sich an vielen Standorten zusätzlich der Wasserhaushalt, indem zum Beispiel Niederwälder in Hochwälder überführt werden, so daß durch stärkere Beschattung des Bodens eine Verringerung der Transpiration der Bodenvegetation und ein langsameres Austrocknen des Bodens stattfindet. Auch die Aufgabe ehemals extensiv genutzter Ödlandflächen bewirkt durch die ablaufende Sukzession eine Entwicklung der Standortfaktoren in Richtung "mittlerer" Bedingungen. Diese Entwicklungen ermöglichen im allgemeinen das Auftreten konkurrenzkräftiger (häufig hochwüchsiger) Arten, die die konkurrenzschwachen (zumeist niedrigwüchsigen) bedrohten Arten beschatten und dadurch verdrängen. Auch im Wald erfolgt aufgrund einer Standortverbesserung ein dichterer Kronenschluß, wodurch lichtreiche, thermophytische Standorte verschwinden. Die Bedeutung einer pfleglichen Waldbewirtschaftung im Sinne der Forstwirtschaft (zum Beispiel Verbesserung des Boden- und Humuszustandes durch entsprechende Baumartenwahl) ist für viele Rote Liste-Arten als negativ zu bewerten, da die Extremfaktoren, auf die diese Arten angewiesen sind, abgeschwächt werden ("Standortnivellierung").

Der anthropogene Stickstoffeintrag über Emmissionen ist ein Prozeß, der etwa seit den fünfziger Jahren stetig ansteigt. Gegenwärtig wird allgemein mit einem Eintrag von etwa 40 kg N/ha x a gerechnet. ELLENBERG, HERM. (1987) befürchtet, daß insbesondere die Pflanzenarten stickstoffarmer Standorte durch die hohen Stickstoffeinträge bedroht sind, da deren Biotope nun von konkurrenzkräftigeren Arten stickstoffreicherer Standorte besiedelt werden können. Er spricht davon,

daß auf praktisch allen Flächen ein "kleines Waldklima" entsteht (ELLENBERG, HERM., 1983), wodurch besonders extreme Standorte unwiederbringlich verlorengehen. Denn in ein Ökosystem eingetragene Nährstoffe bleiben in der Regel in diesem System erhalten, da sie in den Nährstoffkreislauf des Ökosystems aufgenommen werden, so daß diese einen Standort dauerhaft verändern können. Nährstoffausträge durch regelmäßige Entnahme von Biomasse als gegensteuernde Maßnahme erscheint bei Andauern der Stickstoffeinträge langfristig nicht möglich. Zudem sind derartige Eingriffe nur auf kleinen, ausgewählten Flächen möglich.
Die Standortnivellierung stellt eine Bedrohung aller gefährdeten Arten stickstoffarmer Standorte dar, weil diese Spezies sehr konkurrenzschwach sind. Geringe Standortveränderungen können das Konkurrenzgefüge in deren Biozönosen besonders leicht stören, da bereits geringe Stickstoffeinträge aufgrund der Stickstoffarmut der Standorte ausgeprägte Wirkung zeigen kann. Bei fortdauerndem Bestehen dieser hohen Stickstoffeinträge erscheint langfristig das Überleben vieler Rote Liste-Arten fraglich.

3.3 Kombinierte Wirkungen von Standortfaktoren

3.3.1 Faktorenkombination Reaktion und Feuchte

Die Kombination der Parameter Reaktion und Feuchte ist die bekannteste Verknüpfung von Standortfaktoren mit Pflanzengesellschaften. Die Lage der Pflanzengesellschaften läßt sich anhand dieser Darstellung am übersichtlichsten abbilden. Es ergeben sich für 213 in Baden-Württemberg vorkommende Rote Liste-Arten deutliche Schwerpunktvorkommen (Abb. 7):

Standorte:

▪ In bezug auf den Bodenwassergehalt werden insbesondere trockene und nasse Standorte besiedelt (etwa 50% aller Arten).

▪ Bei der mR-Zahl ist die Verteilung weitgehend indifferent, das heißt, es finden sich Arten im gesamten pH-Wert-Spektum von sehr sauer bis basisch (kalkreich). Eine gewisse Artenhäufung findet sich nur im trocken-basischen Bereich, da diese Standorte besonders artenreich sind. Eine sichtliche "Ausdünnung" zeigt sich im trocken-sauren Bereich des Ökogramms; Standorte die von Natur aus relativ artenarm sind.

Syntaxonomie:

▪ Die Mehrzahl der untersuchten Rote Liste-Arten (etwa 70%) befindet sich im R-F-Ökogramm auf Standorten, die von Natur aus Waldgesellschaften tragen würden.

▪ Allerdings finden sich viele Arten schwerpunktmäßig im Randbereich von Waldstandorten. Dabei handelt es sich hauptsächlich um Gesellschaften folgender syntaxonomischer Einheiten: Alnetea glutinosae, Dicrano-Pinion, Pyrolo-Pinetum, Quercetalia robori-petraeae, Quercetalia pubescenti-petraeae und Cephalanthero-Fagenion.

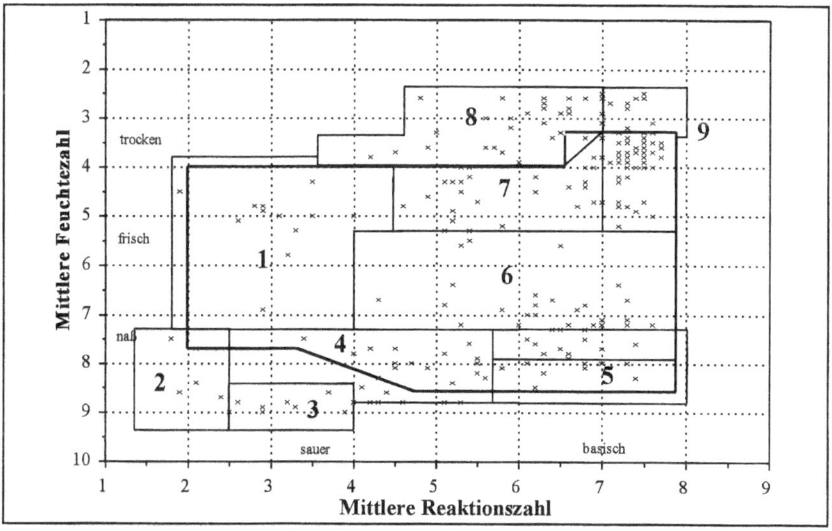

Abb. 7: Reaktion-Feuchte-Ökogramm. Die Positionen der einzelnen Rote Liste-Arten (n=213) sind durch Kreuze gekennzeichnet. Aufgrund von Überlagerungen können einzelne Kreuze mehrere Arten repräsentieren. Der Bereich innerhalb des fett eingezeichneten Rahmens markiert den Bereich, der von Natur aus von Wald- und Gebüschgesellschaften eingenommen wird. Die übrigen Rahmen kennzeichnen die Lage von in diesem Zusammenhang wichtigen, unbewaldeten (Ersatz-)Gesellschaften. 1: Nardo-Callunetea, 2: Oxycocco-Sphagnetea, 3: Scheuchzerietalia, 4: Caricetalia fuscae, 5: Tofieldietalia, 6: Molinietalia, 7: Arrhenatheretalia, 8: Sedo-Scleranthetea (ohne Seslerio-Festucion), 9: Festuco-Brometea. Überschneidungen der Syntaxa aufgrund unterschiedlicher Nährstoffversorgung (N-Zahl) wurde nur für 5 und 6 berücksichtigt.

■ Bei Rote Liste-Arten, die im R-F-Ökogramm schwerpunktmäßig auf "gemäßigten" Waldstandorten verbreitet sind, handelt es sich jedoch nicht zwangsläufig um Waldarten. Vielmehr ist die Mehrzahl dieser Arten auf Ersatzgesellschaften angewiesen, das heißt, auf menschlich bedingte unbestockte Pflanzengemeinschaften. Aus Abb. 7 wird deutlich, wie gering der Anteil natürlich waldfreier Standorte im Ökogramm ist, und wie niedrig gleichzeitig die Anzahl von gefährdeten Arten ist, die ihren Verbreitungsschwerpunkt auf von Natur aus unbestockten Standorten besitzen. Syntaxonomisch handelt es sich dort vor allem um Gesellschaften der Einheiten Oxycocco-Sphagnetea, Scheuchzerietalia palustris, Sedo-Scleranthetea, Festucetalia valesiacae und Xerobromion. Dagegen ist die Mehrzahl der Standorte der Nardo-Callunetea-, Caricetalia fusca-, Tofieldietalia-, Mesobromion- und Koelerio-Phleion-Gesellschaften anthropogen und auch nur durch kontinuierliche menschliche Eingriffe zu erhalten.

3.3.2 Faktorenkombination Stickstoff und Feuchte

Die Kombination des Stickstoff- und Feuchtefaktors (und weitere Faktorenkombinationen) findet man nur selten in der Literatur dargestellt (zum Beispiel REIF et al., 1985; RICHERT & REIF, 1992), da die Mehrzahl der Pflanzengesellschaften durch diese Faktorenkombination(en) weniger stark aufgefächert werden können. In dieser Untersuchung interessieren jedoch zusätzlich auch die Gemeinsamkeiten bedrohter Arten in bezug auf bestimmte Standortbedingungen, so daß eine Parameterkombination zu suchen ist, die eine möglichst starke Agglomeration der Spezies im Ökogramm bedingt. Im N-F-Ökogramm ergeben sich für die untersuchten Rote Liste-Arten folgende Schwerpunkte (Abb. 8):

Standorte:

- Rote Liste-Arten besiedeln bevorzugt trockene und nasse Standorte.
- Die große Mehrzahl der Arten (etwa 70%) konzentriert sich auf Substrate, mit einer geringen Menge an pflanzenverfügbaren Stickstoff; das heißt, Rote Liste-Arten besiedeln bevorzugt stickstoffarme Standorte.
- Rote Liste-Arten, die auf gut mit Stickstoff versorgten Böden ihren Schwerpunkt besitzen, konzentrieren sich auf nasse Standorte. Dies setzt eine entsprechende physiologische und morphologische Anpassung an einen hohen Bodenwassergehalt voraus. Hierdurch sind diese Arten den konkurrenzkräftigeren Gefäßpflanzen stickstoffreicher, frischer bis feuchter Standorte gegenüber im Vorteil.

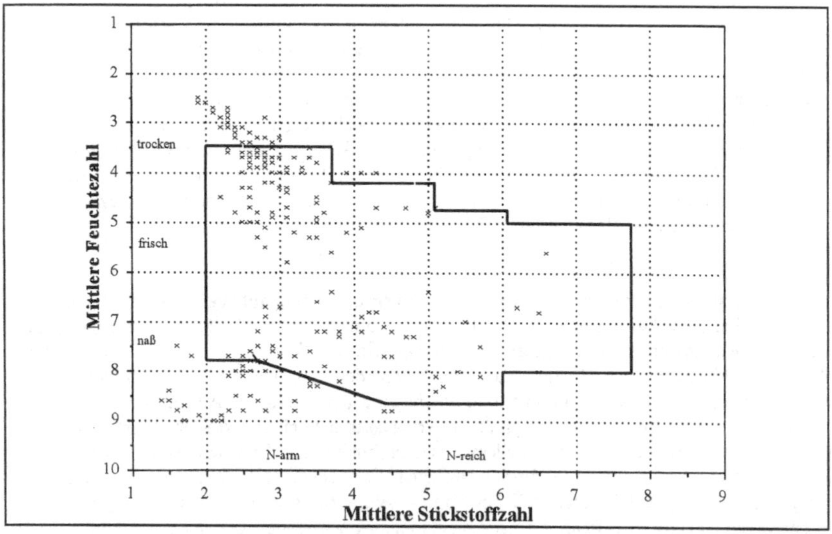

Abb. 8: Stickstoff-Feuchte-Ökogramm. Die Positionen der einzelnen Rote Liste-Arten (n=213) sind durch Kreuze gekennzeichnet. Aufgrund von Überlagerungen können einzelne Kreuze mehrere Arten repräsentieren. Der Bereich innerhalb des fett eingezeichneten Rahmens markiert den Bereich, der von Natur aus von Wald- und Gebüschgesellschaften eingenommen wird.

Syntaxonomie:

■ Kombiniert man die Faktoren Stickstoffverfügbarkeit und Feuchte, kommen die soziologischen Schwerpunkte von mehr als 30% aller Rote Liste-Arten nicht in Waldgesellschaften zu liegen. Der überwiegende Teil der übrigen Arten befindet sich im Übergangsbereich von Waldgesellschaften und unbestockten Gesellschaften. Syntaxonomisch handelt es sich um die bereits weiter oben angeführten Einheiten.

■ Nur ein kleiner Teil der Rote Liste-Arten (<5%) haben im N-F-Ökogramm ihren Schwerpunkt in Pflanzengesellschaften "mittlerer" Standorte (mF-Zahl etwa 5-7 und mN-Zahl ≥4). Als Beispiele seien hier *Mattheuccia struthiopteris*, *Populus nigra* und *Ulmus minor* genannt. *Mattheuccia struthiopteris* befindet sich als Charakterart des Stellario-Alnetum mit einer mF-Zahl von 6,7 bereits im Übergangsbereich zu den Naßwaldgesellschaften und benötigt insofern schon relativ extreme Standortbedingungen. *Populus nigra* als typische Art des Übergangsbereiches zwischen dem Salicetum albae und Querco-Ulmetum minoris ist eine ausgesprochene Lichtbaumart (mL-Zahl 6,6). Zudem benötigt sie zur Keimung Rohböden, so daß diese beiden Ansprüche der Art bereits relativ extreme Standortbedingungen erfordern. Dagegen ist *Ulmus minor* als Charakterart des Querco-Ulmetum minoris eine weitgehend typische Art "mittlerer" Standorte, wenn auch der Wasserhaushalt ihrer Standorte bestimmte Arten ausschließt. Der Hauptgrund für die Aufnahme der Feldulme in die Roten Listen beruht auf ihren starken Rückgang durch das "Ulmensterben", wenn auch der Verlust vieler Standorte durch Regulation und Ausbau der großen Flüsse, sowie die Bevorzugung anderer Baumarten auf den entsprechenden Standorten durch die Forstwirtschaft ihren Anteil am Rückgang dieser Baumart haben. Insofern nimmt *Ulmus minor* eine Sonderstellung unter den hier untersuchten Rote Liste-Arten ein.

3.3.3 Faktorenkombination Licht und Feuchte

Für eine standörtliche und soziologische Gliederung von Waldstandorten ist das L-F-Ökogramm nur wenig geeignet. Dagegen eignet es sich sehr gut zur Darstellung der Unterschiede zwischen potentiellen Waldstandorten und den Standortschwerpunkten von Rote Liste-Arten. Der Lichtfaktor erweist sich als ein Schlüsselfaktor. Die ausgewerteten gefährdeten Arten zeigen folgende Schwerpunktvorkommen (Abb. 9):

Standorte:

■ Es werden vor allem trockene und nasse Standorte besiedelt.

■ Annähernd alle Arten (über 90%) sind ausgesprochen photophil/heliophil (mL-Zahl ≥6,5).

Syntaxonomie:

■ Etwa die Hälfte aller Rote Liste-Arten hat ihren Verbreitungsschwerpunkt außerhalb des potentiellen Waldbereiches, das heißt auf natürlichen Offenstandorten. Diese weitgehend baum- und strauchfreien soziologischen Einheiten wurden bereits weiter oben angeführt (siehe Abb. 7).

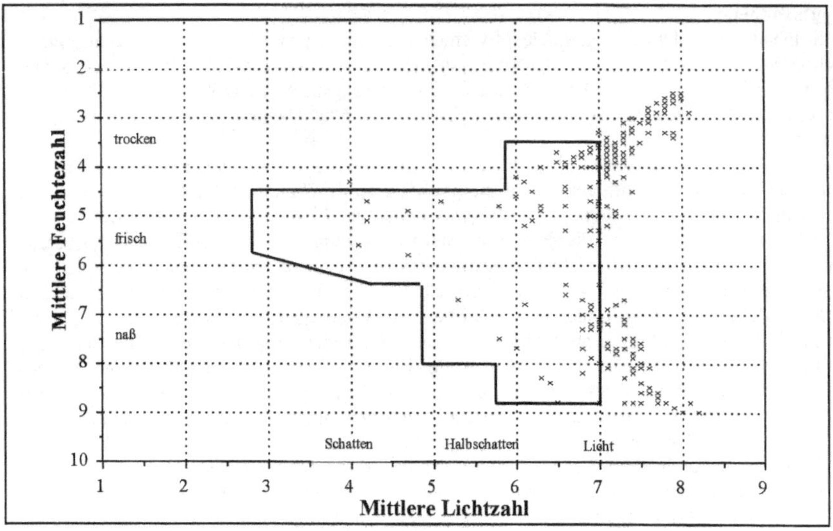

Abb. 9: Licht-Feuchte-Ökogramm. Die Positionen der einzelnen Rote Liste-Arten (n=213) sind durch Kreuze gekennzeichnet. Aufgrund von Überlagerungen können einzelne Kreuze mehrere Arten repräsentieren. Der Bereich innerhalb des fett eingezeichneten Rahmens markiert den Bereich, der von Natur aus von Wald- und Gebüschgesellschaften eingenommen wird.

▪ Insbesondere auf trockenen Standorten finden sich viele Arten im Übergangsbereich zwischen Wald- und unbestockten Standorten. Die in diesem Bereich vorhandenen Wälder sind aufgrund der für diesen Vegetationstyp extremen Standortbedingungen relativ lichtreich, da viele Baumarten hier standörtlich bedingt oder von Natur aus eine lichte Kronenstruktur ausbilden. Dies ermöglicht ein bedingt günstiges Lichtklima für die Krautschicht (und Strauchschicht), in welcher der größte Teil der bedrohten Arten wächst. So finden sich zum Beispiel in den Gesellschaften des Cephalanthero-Fagenion viele Festuco-Brometea-Kennarten (insbesondere Mesobromion-Arten). Die Orchideen-Buchenwälder stellen für viele dieser Arten eines ihrer natürlichen Vorkommen (Primärstandorte) dar. Aufgrund des suboptimalen Lichtklimas erreichen diese Arten jedoch ihre größte Vitalität (→ökologisches Optimum) in Festuco-Brometea-Gesellschaften.

▪ Nur sehr wenige Arten haben ihren ökologischen Verbreitungsschwerpunkt tatsächlich in Waldgesellschaften. Der größte Teil dieser Arten ist kennzeichnend für unbestockte, anthropogene Pflanzengesellschaften (Ersatzgesellschaften). Auf trockenen Standorten sind dies vor allem Nardo-Callunetea-, Sedo-Scleranthetea- und Festuco-Brometea-Gesellschaften, während auf nassen Standorten vor allem Nardo-Callunetea-, Molinietalia-, Caricetalia fuscae- und Tofieldietalia-Gesellschaften typische Vegetationseinheiten gefährdeter Arten darstellen.

3.3.4 Faktorenkombination Licht und Stickstoff

Die bisher dargestellten Ökogramme zeigten, daß die Mehrzahl der Standorte von Rote Liste-Arten durch extreme Bodenwassergehalte, Lichtreichtum und Stickstoffarmut gekennzeichnet sind. Eine

Kombination der Standortfaktoren Licht und Stickstoffverfügbarkeit in einem L-N-Ökogramm ergibt eine maximale Agglomeration der Arten (Abb. 10):

Standorte:

■ Über 90% aller Rote Liste-Arten benötigt unter Konkurrenzbedingungen lichtreiche Standorte (mL-Zahl ≥6,5).

■ Die Standorte von fast dreiviertel der Rote Liste-Arten müssen stickstoffarm sein, um deren Existenz dauerhaft sichern zu können.

Syntaxonomie:

■ Fast 50% der ausgewerteten gefährdeten Arten haben ihren Verbreitungsschwerpunkt außerhalb potentieller Waldgesellschaften, der überwiegende Teil der übrigen Arten konzentriert sich auf den nährstoffarmen (trockenen oder nassen) Flügel von lichtreichen, unbestockten Ersatzgesellschaften, die zumeist aufgrund historischer Nutzungsweisen entstanden sind. Waldgesellschaften, in denen Rote Liste-Arten prinzipiell auftreten können, müssen daher deren spezifischen Ansprüchen bis zu einem gewissen Grad erfüllen. Diese Bedingungen erfüllen jedoch nur jene Gesellschaften, die waldbaulich häufig nur noch bedingt oder gar nicht bewirtschaftbar sind.

3.4 Zusammenfassung der Standortcharakteristika von Rote Liste-Arten

Fassen wir die Ergebnisse der Zeigerwertauswertungen und der Ökogramme zusammen, so lassen sich für die 215 ausgewerteten und in Baden-Württemberg vorkommenden Rote Liste-Arten folgende ökologische Separationsfaktoren festhalten (Abb. 11):

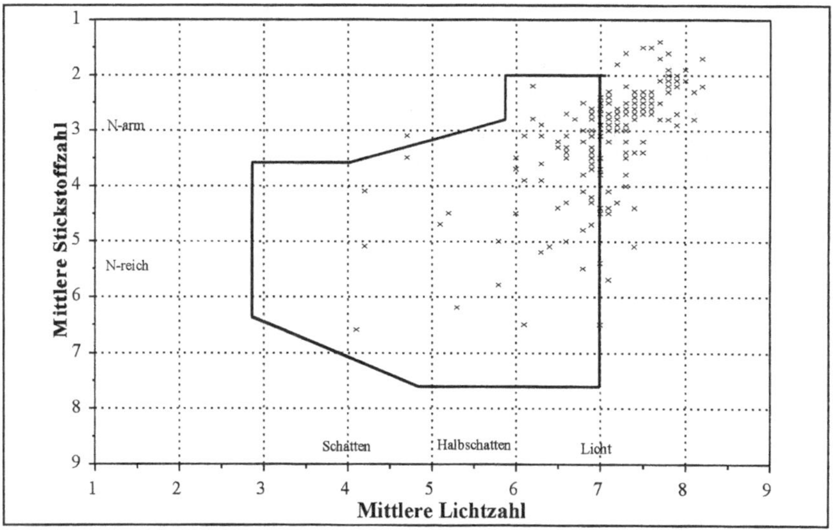

Abb. 10: Licht-Stickstoff-Ökogramm. Die Positionen der einzelnen Rote Liste-Arten (n=215) sind durch Kreuze gekennzeichnet. Aufgrund von Überlagerungen können einzelne Kreuze mehrere Arten repräsentieren. Der Bereich innerhalb des fett eingezeichneten Rahmens markiert den Bereich, der von Natur aus von Wald- und Gebüschgesellschaften eingenommen wird.

1. Der Lichtfaktor stellt einen Schlüsselfaktor dar, der den größten Teil der untersuchten bedrohten Arten als Spezies ausweist, die ihren standörtlichen Schwerpunkt nicht in Waldgesellschaften besitzen. Dies schließt zwar ein Vorkommen in Waldgesellschaften nicht aus, doch bieten diese Standorte für die meisten Arten nur suboptimale Bedingungen (Vitalitätsminderung). Die überwiegende Mehrzahl der Rote Liste-Arten sind ausgesprochen lichtliebend (photophil/heliophil).
2. Der Lichtfaktor ist häufig eng mit dem Wärmehaushalt eines Standortes verbunden. Gefährdete Arten trockener Standorte stellen an die thermischen Bedingungen eines Standortes hohe Ansprüche (Arten: thermophil; Standorte: xerotherm).
3. Im Falle der Feuchte zeichnen sich klar zwei Verbreitungsschwerpunkte ("Flügel") ab. Es werden hauptsächlich die beiden Extreme bevorzugt, das heißt, die Arten benötigen nasse oder trockene Standorte. Der Wald als Vegetationstyp besitzt an diesen Standorten seine Trocken- beziehungsweise Nässegrenze (Arten: (hydro-) hygrophil oder xerophil; Standorte: (hydro-) helophytisch oder xerotherm).
4. Ebenso wie beim Lichtfaktor sind die Arten der Roten Liste in bezug auf die Sickstoffverfügbarkeit am Standort weitgehend auf nur einen Extrembereich beschränkt. Es werden größtenteils Standorte besiedelt, die eine geringe Nährstoffverfügbarkeit (insbesondere Stickstoff und Phosphor) besitzen (Arten: ombrotraphent/oligo- bis mesotraphent; Standorte: ombro-/oligo- bis mesotroph).
5. Rote Liste-Arten, die auf potentiellen Waldstandorten ihr Schwerpunktvorkommen haben, befinden sich zumeist in Ersatzgesellschaften. Arten, die ihren soziologischen Schwerpunkt in natürlichen Waldgesellschaften besitzen, sind anteilsmäßig nur sehr gering vertreten.
6. Der überwiegende Teil der bedrohten Arten ist in der Hierachie der Hemerobiestufen als a-, oligo- oder β-euhemerob einzustufen. Standorte und (Ersatz-)Gesellschaften dieser Arten wurden (werden) häufig nur extensiv vom Menschen genutzt, wenn auch deren Entstehung häufig auf einer anthropozoogenen Standortdegradation beruhte. Allgemein kann man die untersuchten Rote Liste-Arten als hemerophob bis schwach hemerophil charakterisieren.

Eine Kurzcharakteristik der Standorte der ausgewerteten Rote Liste-Arten könnte somit lauten: Bei Rote Liste-Arten handelt es sich um Spezies, die ihren Verbreitungsschwerpunkt (konkurrenzbedingt) auf lichtreichen, stickstoffarmen, trockenen (und dann meist thermisch begünstigten) oder nassen Standorten besitzen. In Termini der Ökologie gesprochen, sind diese Arten stenopotent in bezug auf deren Toleranzbereich und oligosteno- oder polystenopotent in bezug auf die Lage ihres ökologischen Optimums. Allgemein kann damit die ökologische Potenz der gefährdeten Arten als stenök bezeichnet werden.
Der Vegetationstyp Wald fehlt wegen der ungünstigen Standortbedingungen, oder es handelt sich um Trocken- oder Naßwälder, die aufgrund ihrer Struktur Rote Liste-Arten von Natur aus relativ lichtreiche Verhältnisse bieten. Im potentiellen Wuchsbereich von Waldgesellschaften sind die Mehrzahl der bedrohten Arten auf waldfreie, extensiv genutzte Ersatzgesellschaften angewiesen.

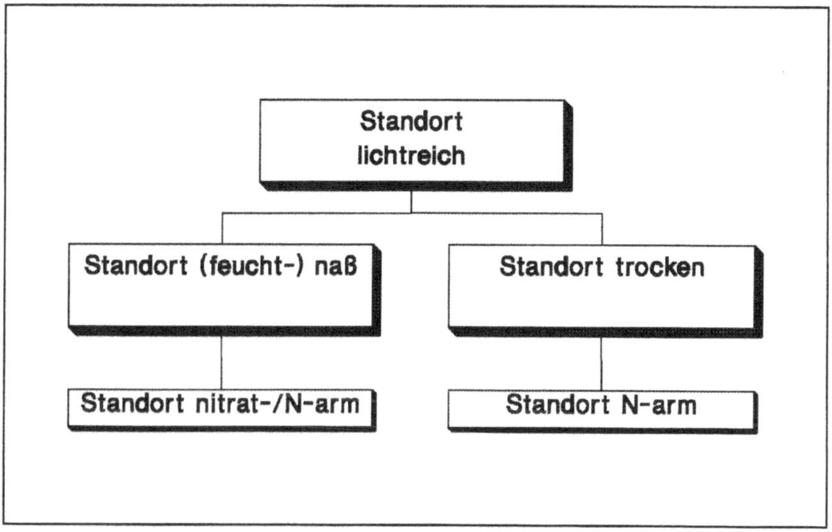

Abb. 11: Wichtige Standortfaktoren, die ein Vorkommen der untersuchten, in Baden-Württemberg vorkommenden Rote Liste-Arten (n=215) voraussetzen und ermöglichen.

Teil B:
Ökologie, Gefährdung und Schutz ausgewählter Rote Liste-Arten

4. Biologie, Ökologie, Gefährdung und Schutz des Steinröschens (*Daphne cneorum* L.) unter besonderer Berücksichtigung von Baden-Württemberg

Das Steinröschen, Heideröschen oder Reckhölderle (*Daphne cneorum*) ist eine stark gefährdete Art (Gefährdungskategorie 2), sowohl in der Bundesrepublik Deutschland insgesamt (KORNECK & SUKOPP, 1988) als auch in Baden-Württemberg (HARMS et al., 1983). Über diese seltene Art finden sich nur wenige, weitverstreute Informationen. Während über die Syntaxonomie von *Daphne cneorum* noch die ausführlichsten Daten vorliegen (WITSCHEL, 1986), sind kaum Informationen zur Biologie und Ökologie dieser Art vorhanden. Dieses Wissen ist jedoch Voraussetzung, um das Steinröschen effektiv schützen und die Standorte entsprechend pflegen zu können.
Die Erarbeitung dieses Wissens soll Ziel dieser Arbeit sein. Ein weiteres Ziel soll die Feststellung von Verursachern und Gefährdungsursachen sein, die zum Rückgang von *Daphne cneorum* beigetragen haben oder noch dazu beitragen. Diese sollen auf regionaler Ebene benannt werden. Zudem soll eine Gewichtung der einzelnen Verursacher und Gefährdungsursachen durchgeführt werden.

4.1 Biologie von *Daphne cneorum*

Über die Biologie des Steinröschens oder Reckhölderle (*Daphne cneorum*) in der BRD liegen uns nur wenige Daten vor. Bei HEGI (1926) finden sich einige Angaben zu Wuchsform, Blüten, Früchten und Samen. Kurze Erwähnung findet die Biologie dieser Art bei SEBALD et al. (1992b: 27f) und WITSCHEL (1986). Ausführlichere Angaben zu Blütenbiologie, Befruchtungsraten und zur Verbreitungsbiologie finden sich, über ein Vorkommen im Schweizer Jura, bei AUBERT (1943).
Zum Vergleich mit den eigenen Daten sind hauptsächlich die Angaben von AUBERT (1943) verwertbar, da sich die Ökologie von *Daphne cneorum* in ihren anderen Teilarealen (zum Beispiel Ukraine, Polen, Atlantikküste) teilweise von jener in Süddeutschland, der Schweiz und Österreich unterscheidet (vergleiche WITSCHEL, 1986; AYMONIN, 1959).

4.1.1 Wuchsform und damit zusammenhängende Erscheinungen

Daphne cneorum ist ein klonal wachsender, holziger Chamaephyt, der unter Bildung zahlreicher, mehr oder weniger langer, reich verzweigter, am Ende beblätterter und bogig aufsteigender Sprosse eine Wuchshöhe von 10-40 (50) cm erreicht. Die Primärachse ist stark gekrümmt, so daß eine ausgeprägte plagiotrope Wuchsrichtung vorhanden ist. Häufig sind Teile der plagiotropen Achsen in den Boden verlagert. Die ledrigen, wintergrünen (teilweise auch zweijährigen) Blätter besitzen ein zweischichtiges Palisadenparenchym, sind hypostomatisch und beidseitig stark kutinisiert. Die Stomata (Helleborus-Typus) sind tief in die untere Epidermis eingesenkt. Die mittlere Stomatadichte liegt bei 215/mm^2 (±32, n=20 Blätter). Der Bau des Blattes zeigt also die charakteristischen Kennzeichen xerophytischer Arten (STRASBURGER, 1983: 191f). Die Stomatadichte liegt damit im Bereich vieler an trockene und warme Standorte angepaßter Arten, wie zum Beispiel *Hypochaeris maculata* (WELLS, 1976), *Hippocrepis comosa* (FEARN, 1973) oder *Sesleria albicans* (DIXON, 1973).
Daphne cneorum ist mit einer kräftigen, tief in den Boden reichenden Hauptwurzel ausgestattet, die eine ausgeprägte stärkehaltige Wurzelrinde besitzt. Das stark entwickelte Speicherparenchym ermöglicht *Daphne cneorum* eine zum Teil jahrzehntelange vegetative Überdauerung unter ungünstigen Standortbedingungen, wie sie zum Beispiel durch Beschattung eines Standortes

entstehen können.
Je nach Standortverhältnissen kann die Sproßmorphologie Abwandlungen erfahren. Bei an Felskanten, in Felsspalten oder auf Schotterflächen wurzelnden Individuen finden sich zum Beispiel Zweige von teilweise über 1m Länge. Pflanzen auf beweideten Wacholderheiden, die von Schafen verbissene wurden, sind knapp 7cm hoch, während Individuen an Böschungen nicht beweideter Sekundärstandorte ausgedehnte "Polster" von bis zu 50cm Höhe bilden können.
Die Wuchsform großflächiger *Daphne cneorum*-Individuen, die weitgehend auf lichtreiche Sekundärstandorte beschränkt sind, ähnelt jener von *Arctostaphylos uva-ursi* (siehe REMPHREY et al., 1983). Es läßt sich bei großflächig ausgebildeten Individuen eine zentrale Wuchszone von einer peripheren Wuchszone unterscheiden. Während der zentrale Bereich aus steil aufsteigenden Sprossen besteht, sind jene der Randzone niederliegend, und nur das (beblätterte) Sproßende wächst orthotrop. Bei weniger wüchsigen Individuen (was die Mehrzahl der Pflanzen darstellt) verwischen diese Zonen jedoch, bis nur noch Kriechsprosse anzutreffen sind.
Auf geneigten Flächen ohne ausgeprägte Böschungen nähert sich die Geometrie des klonal wachsenden Individuums der Kreisform, wenn auch kein exakt zentrifugales Wachstum vorliegt. Es läßt sich vielmehr beobachten, daß *Daphne cneorum*-Sprosse stets hangabwärts und/oder hangparallel wachsen, nie jedoch hangaufwärts. Die eingenommene Fläche von (gut ausgebildeten) Individuen an Fels- und Böschungskanten zeigt häufig eine lineare Ausdehnung. Hier erfolgt das Wachstum bevorzugt in seitliche Richtung. Eine Ausnahme stellen jene Individuen dar, die auf beweideten Flächen am Rande von tiefen Dolomitsandlöchern wachsen.
Als Beispiel diene hier ein Standort nördlich Trochtelfingen (TK 7621/4). Es handelt sich um ein seit einigen Jahren wieder beweidetes Gentiano-Koelerietum mit einer lockeren bis lichten, anthropogenen Kiefernbestockung (vergleiche Abb. 27) mit einem teilweise hohen Fichtenanteil. Auf dieser Fläche wurde etwa bis zum Beginn des 2. Weltkrieges von der einheimischen Bevölkerung Dolomitsand (zur Mörtelproduktion) in Handarbeit gewonnen. Die Ränder der dabei entstandenen Löcher stellen auf solchen Flächen einen bevorzugten Wuchsort von *Daphne cneorum* dar. Das Steinröschen wurzelt meist im Bereich der oberen Felskante der Dolomitsandlöcher, während die Sprosse in die Löcher hineinwachsen und in Ermangelung eines ausreichenden aufrichtenden Stützgewebes ohne zu wurzeln an den Wänden der Löcher herunterhängen. Die Sprosse können dabei beträchtliche Längen von bis zu 70 cm erreichen. Viele Sprosse gelangen dadurch in sehr schattige Regionen. Dies bewirkt ein Ausbleiben der Blütenbildung, was bei einigen Individuen seit über 17 Jahren nachweislich der Fall ist (Tab. 2). Die häufig nur noch spärlich beblätterten Sproßenden erhalten teilweise nur noch 6% des Freilandlichtes.
Eine Verzweigung des Sproßendes findet ausschließlich nach der Bildung eines Blütenstandes statt. Gleichzeitig werden Proventivknospen gebildet, die bei Verletzung der Pflanze (zum Beispiel durch Steinschlag, Verbiß) eine erneute Sproßbildung ermöglichen. Wie bei *Teucrium montanum* (KÄSTNER, 1989), so ist auch bei *Daphne cneorum* die Ausbildung einer sproßbürtigen Bewurzelung nur spärlich ausgebildet.

Pflanze Nr.	1	2	3	4	5	6	7	8
Letzte Blütenbildung [a]	7	>8	9	>12	13	14	>14	>17

Tab. 2: Letzte Blütenbildung bei beschatteten *Daphne cneorum*-Individuen in Dolomitsandlöchern nördlich von Trochtelfingen (TK 7621/4). Angaben in Anzahl der Jahre ohne Blütenbildung bis 1993.

4.1.1.1 Diskussion

Es gibt keine Angaben in der Literatur über die Wuchsform von *Daphne cneorum*. Die Wuchsform sehr großer und vitaler Individuen, die bezeichnenderweise auf Sekundärstandorten zu finden sind, läßt zwei verschiedene Wuchszonen erkennen: eine zentrale und eine periphere Zone. Aufgrund der Ausbildung zweier verschiedener Wuchszonen läßt sich auf verschiedene Wuchsstrategien schließen, wie dies von REMPHREY et al. (1983) für *Arctostaphylos uva-ursi* beschrieben wurde.
Die innere (zentrale) Zone ist der Bereich, in dem die Fläche, auf dem das Individuum wächst, zu sichern ist. Die Aufrechterhaltung dieser Raumbesetzung erfolgt durch dichtes, den Erdboden stark beschattendes Wachstum der beblätterten Sprosse. Hierdurch werden potentielle Konkurrenten am Wuchsort, etwa in Form keimender Diasporen infolge Lichtmangels erfolgreich unterdrückt.
Der äußere (periphere) Bereich ist dagegen durch mehr oder weniger langkriechende Sproßabschnitte charakterisiert, deren Funktion darin besteht, die Umgebung des von *Daphne cneorum* bereits eroberten Terrains zu kolonisieren, und damit die Wuchsfläche des Individuums auszudehnen.
Daphne cneorum vereint somit zwei verschiedene Strategien der Raumbesetzung klonal wachsender Arten (vergleiche DOUST, 1981; URBANSKA, 1992: 136ff). Die zentrale Zone entspricht dem Phalanx-Typ, der einer relativ kompakten Wuchsform entspricht. Dagegen zeigt der periphere Bereich eine Tendenz zum Guerilla-Typ des klonalen Wachstums, bei dem Sprosse (locker) auf der umgebenden Fläche verteilt werden.
An den Primärstandorten (Oberes Donautal) finden sich nur relativ selten Pflanzen, deren Sprosse frei die Felswände herunterhängen. Dagegen ist dieses Verhalten häufig im Raum Trochtelfingen auf (ehemals) beweideten Flächen mit tiefen Dolomitsandlöchern zu beobachten, was als Fluchtstrategie interpretiert werden kann, die dazu dient einem Verbiß durch Schafe zu entgehen. Aufgrund nicht ausreichend vorhandenen Stützgewebes ist diese einmal eingeschlagene Wuchsrichtung nicht mehr umkehrbar. Das Fehlen dieses Verhaltens bei den ebenfalls stark verbißgefährdeten *Daphne cneorum*-Individuen des Oberen Donautales erklärt sich damit, daß die Gemse als Verbißverursacher auch noch extreme Wuchsorte erreichen kann, so daß diese Form der Fluchtstrategie unwirksam bleiben muß.
Das Hineinwachsen in die Dolomitsandlöcher bewirkt jedoch zumeist innerhalb weniger Jahre einen Ausfall der Blütenbildung, da die Sprosse in Regionen vordringen, wo sie nur noch wenig Sonnenlicht erhalten. Hier erfolgt dann nur ein vegetatives Wachstum der Sproßenden ohne die Bildung von Verzweigungen. Ein Individuum kann jahrzehntelang an solch relativ lichtarmen Standorten ausharren, ohne abzusterben, wenn auch die Vitalität der Pflanzen sichtlich unter den herrschenden Bedingungen leidet (schwache Beblätterung, keine Blütenbildung, dünne Sprosse).
Dieses Ausharrungsvermögen des Steinröschens an stark beschatteten Standorten stellt für die Erhaltung dieser Art eine sehr günstige Eigenschaft dar. Hierdurch ist es möglich, Wuchsorte durch entsprechende Bestandesauflichtung zu revitalisieren die viele Jahre und Jahrzehnte über stark beschattet wurden. Speziell bei den angeführten Pflanzen im Bereich der Dolomitsandlöcher dürfte eine Auflichtung der Kiefernbestockung, sowie die Entfernung von Fichten zwar eine Vitalisierung und erneute Blütenbildung bewirken, doch aufgrund der Lage dieser Individuen werden die Früchte in die Löcher hineinfallen und somit aufgrund der lichtarmen Verhältnisse nicht zur generativen Fortpflanzung der Art beitragen können.
Dagegen ist die Möglichkeit einer erneuten generativen Vermehrung von stark beschatteten Individuen an "normalen" Standorten durchaus gegeben. Eine derartige Reaktivierung und Vitalisierung dokumentiert die Tab. 3 (am Ende des Kapitels). Hier entsprossen einem Steinröschenindividuum nach Entfernung einer beschattenden Fichte (1991) den nun stark belichteten Sproßteilen zahlreiche neue Triebe. Die Intensität dieser Triebneubildung zeigt sich an der Zunahme des Deckungsgrades von *Daphne cneorum* um fast 70% innerhalb eines Jahres (jedoch ohne Blütenbildung). 1993 stagnierte der Deckungsgrad, allerdings bildeten ältere Sproßabschnitte Blütenstände aus. Neben einem hohen Überdauerungsvermögen zeigt diese Art also bei einer Verbesserung des Standortfaktors Licht ein hohes vegetatives Regenerationspotential.

Die Möglichkeit einer erneuten Blütenbildung kann zudem potentiell eine generative Fortpflanzung der Population ermöglichen.

4.1.2 Altersstruktur von *Daphne cneorum* in Baden-Württemberg

Eine Altersbestimmung an 97 Individuen verschiedener Wuchsorte ergab, daß etwa 46 % der ausgezählten Sprosse mindestens 11 bis 27 Jahre alt sind. 54 % aller Sprosse haben ein Alter zwischen 5 und 10 Jahren (Abb. 12). Es wurde kein Individuum gefunden, das ausschließlich über Sprosse verfügte die jünger als 5 Jahre sind, das heißt, es fanden sich trotz intensiver Suche keine Jungpflanzen.

Es ist wichtig, zu betonen, daß hier das maximale Alter von Sprossen, nicht von Individuen bestimmt wurde. Es ist davon auszugehen, daß sämtliche ausgezählten Individuen ein bedeutend höheres Alter haben. Denn die oberirdischen Sproßachsen können durch Verbiß oder andere mechanische Einwirkungen verkürzt werden und somit einer scheinbaren Verjüngung unterworfen werden.

Als Beispiel für eine derartige "Verjüngung" von Individuen kann ein Wuchsort bei Zimmern (TK 8018/3) angeführt werden. Dieser beeindruckendste *Daphne cneorum*-Bestand in Baden-Württemberg wurde im Rahmen einer Pflegemaßnahme der Bezirksstelle für Natur- und Landschaftsschutz Freiburg in Zusammenarbeit mit dem Forstamt Immendingen im Herbst 1991 gemäht. Die in einem Mesobrometum wachsenden *Daphne cneorum*-Pflanzen wurden dabei mit abgemäht. In Abhängigkeit von der Schnitthöhe wurden bis zu 9 Jahreszuwächse entfernt (Abb. 13).

Das Ergebnis der Untersuchung über die Altersstruktur von *Daphne cneorum* anhand von Sproßdatierungen läßt es nicht möglich erscheinen, die wahre Altersstruktur der Populationen zu ermitteln. Im Laufe von Jahren ist die Wahrscheinlichkeit einer Beschädigung mit nachfolgendem Absterben eines Sprosses hoch. Es besteht prinzipiell auch die Möglichkeit, daß ein abgetrenntes Polykormonstück sich zu einem neuen Individuum etabliert. Es darf also nicht ohne weiteres die Schlußfolgerung gezogen werden, daß die Länge eines Sprosses in direkter Beziehung zu dessen Alter steht.

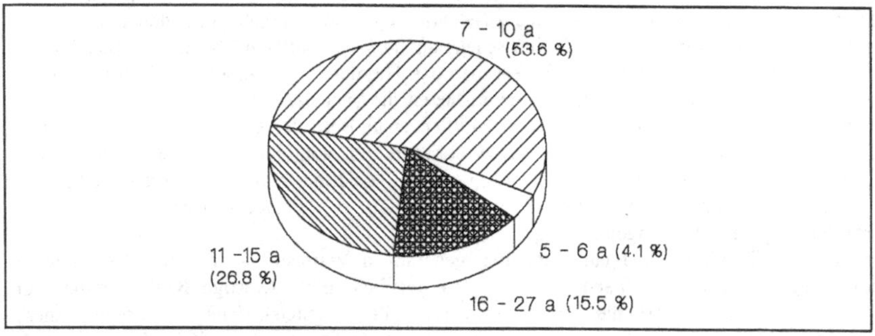

Abb. 12: Altersstruktur von *Daphne cneorum*-Sprossen im Jahre 1992 in Baden-Württemberg (n=97 Individuen).

Die Längen der jährlichen Zuwächse sind nämlich unter anderem stark von den herrschenden Lichtbedingungen abhängig. So wurde in der Nähe des oben genannte Wuchsortes bei Zimmern an einer Forststraßenböschung ein *Daphne cneorum*-Exemplar gefunden, dessen Sprosse etwa 10jährig waren. Der durch eine Rutschung freigelegte Wurzel(?)-Stock besaß jedoch einen Durchmesser von 4 cm. Das läßt auf ein wesentlich höheres Alter schließen. FISCHER (1992) nimmt an, daß ein Stämmchen von 1 cm Durchmesser einem Alter von etwa 100 Jahren entspricht. Diese Angabe ist jedoch spekulativ, da *Daphne cneorum* sowohl bei den Sprossen als auch im Bereich der Wurzeln keine auszählbaren Jahresringe bildet und somit eine absolute Altersbestimmung nicht möglich ist. Die in Abb. 12 dargestellte Altersstruktur kann daher allenfalls Aussagen über das Mindestalter einer Pflanze machen.
Anhand von Sproßdatierungen läßt sich aber beispielsweise der "Erfolg" der Fluchtstrategie von *Daphne cneorum*-Sprossen im Bereich der Dolomitsandlöcher belegen. Die Altersstruktur der Sprosse dieser Individuen ist deutlich zu den höheren Altersklassen hin verschoben, das heißt, eine Beschädigung der Sprosse fand wesentlich seltener oder gar nicht statt. Die Pflanzen auf der beweideten Fläche zeigen dagegen aufgrund wiederholten Verbisses eine deutliche Häufung von Sprossen junger Altersklassen.
Eine weitere Möglichkeit der Anwendung von Sproßdatierungen besteht darin, den Erfolg von Pflegemaßnahmen zu belegen, vorausgesetzt, es findet keine Mahd oder Beweidung statt. Dies vorausgesetzt, sollte sich die Altersstuktur zugunsten der jüngsten Klassen erhöhen, was eine Etablierung von jungen Pflanzen (nicht zu verwechseln mit jungen Trieben aus älteren Sprossen!) bedeuten würde. Dies ist jedoch nur an jenen Standorten möglich, an denen *Daphne cneorum* nicht verbissen wird, das heißt, vor allem an den Sekundärstandorten. Bei einer Pflege der Fläche mittels Mahd oder Beweidung ist die Anlage von Dauerbeobachtungsflächen und/oder eine Dichtebestimmung von *Daphne cneorum*-Individuen unumgänglich, um mögliche Abundanzänderungen feststellen zu können.

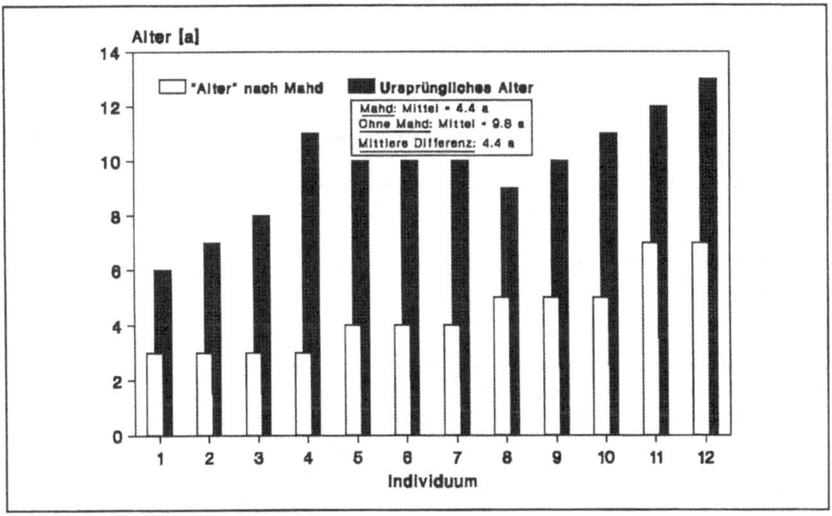

Abb. 13: Einfluß von Mahd auf die Altersdatierung von 12 markierten *Daphne cneorum*-Pflanzen. Das "Alter" nach Mahd entspricht den noch vorhandenen Jahreszuwächsen an den markierten Sprossen nach erfolgter Mahd. Das "ursprüngliche Alter" stellt die Anzahl der Jahreszuwächse der markierten Sprosse vor der Mahd dar.

4.1.3 Phänologie

Die Blattorgane dieses Zwergstrauches sind teilweise wintergrün, das heißt, sie werden nach erfolgter Überwinterung und Entfaltung der neuen Blätter abgeworfen (siehe im folgenden Abb. 14). Die im Vorjahr gebildete Beblätterung wird erst im Laufe der darauffolgenden Vegetationsperiode durch die sich von etwa Mitte April bis Anfang Mai entfaltenden neuen Blätter ersetzt. Erst wenn die diesjährigen Blattorgane voll entfaltet und entwickelt sind (Juni/Juli), beginnen die vorjährigen Blätter abzufallen. Eine Tendenz zur Ausbildung immergrünen Laubes zeigt sich darin, daß einzelne Blätter auch eine zweite Vegetationsperiode über am Sproß verbleiben können.

Mit Beginn der Öffnung der terminal befindlichen Knospen (Ende März-Mitte Mai), deren Anlage im Vorjahr (etwa Ende Juli bis Anfang August) erfolgte, kommen gleichzeitig die Blütenstände zum Vorschein. In Abhängigkeit von den Lichtverhältnissen am Wuchsort gelangen diese von Anfang bis Mitte Mai (besonnte Standorte), oder erst Ende Mai bis Anfang Juni (schattige Standorte) zur Vollblüte (siehe auch Abb. 28). Nur sehr vereinzelt finden sich auch noch Mitte bis Ende Juli Blütenstände. An einem Wuchsort ist die Blütezeit selten länger als drei Wochen (vergleiche ANGRÜNER, 1989).

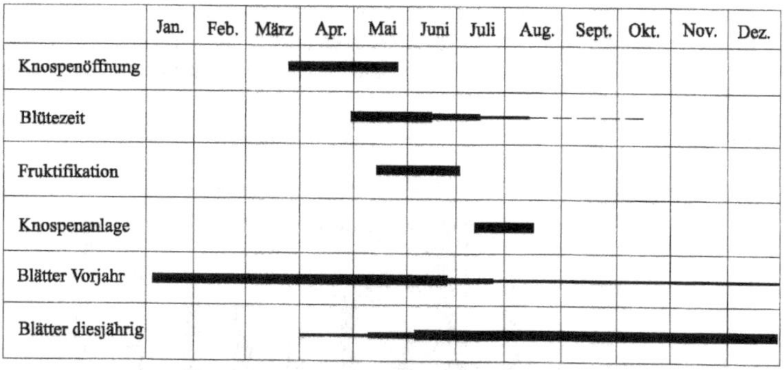

Abb. 14: Phänologiediagramm von *Daphne cneorum* für die Jahre 1992 bis 1994 in Baden-Württemberg.

Nach erfolgter Bestäubung und Befruchtung der Blüten findet in kurzer Zeit, das heißt innerhalb von etwa drei Wochen, die Bildung einer gestielten, einsamigen Beere statt. Die noch grünen Früchte fallen nachfolgend von der Mutterpflanze ab (näheres siehe Kapitel 4.1.7.1.1). Mit fortschreitender Fruchtreife findet ein verstärktes Längenwachstum des blütentragenden Sproßabschnittes statt (kein postfloraler Wachstumsschub!), sowie die Ausbildung neuer Verzweigungen durch Bildung beblätterter Sprosse (meist 2-4), die dem Terminalbereich des ehemaligen Blütenstandes entspringen. Nur an den neu gebildeten Verzweigungen befinden sich die Anlagen zur Knospenbildung, während das ehemalige (blütentragende) Sproßende keine Knospe bildet (→sympodiales Sproßsystem).

In der Literatur (zum Beispiel ELLENBERG et al., 1991: 100; WITSCHEL, 1986) findet man immer wieder die Angabe, daß *Daphne cneorum* eine immergrüne Belaubung habe. GRADMANN (1936) erkannte die Belaubung als wintergrün. SEBALD et al. (1992b: 27) bezeichnen die Blätter von

Daphne cneorum als mehrjährig, was nur auf einen Teil der Blätter zutrifft. In der Regel sind die Blätter teilweise wintergrün und werden nach vollständiger Entfaltung der neuen Blattorgane abgeworfen, zum Teil sind die Blätter aber auch zweijährig (sehr selten dreijährig).
Aufgrund der wintergrünen Belaubung ist es der kleinwüchsigen Art möglich, im Winter in Perioden günstiger Assimilationsbedingungen (niedrige Vegetation!) auszunutzen.

4.1.4 Blütenbiologie

Während nichtblühende Pflanzen des Steinröschens sehr unauffällig sind, leuchten einem die rosaroten, intensiv nach Nelken duftenden Blüten schon von weitem entgegen. Die Blüten sind zu mehreren in einem doldigen Blütenstand angeordnet. Ein Sproßende produzierte zwischen 1992 und 1995 im Durchschnitt 10 Blüten pro Blütenstand (Minimum: 2, Maximum: 23; n=1431 Blütenstände) (Abb. 15), wobei die Anzahl der Blüten in einem Blütenstand unabhängig von der Größe eines Individuums ist.
Die entfalteten Blüten besitzen eine mittlere Kronröhrenlänge von 11,6 mm (±1,3; Min.: 9; Max.: 14,5; n=119 Blüten) (Abb. 16), eine Beobachtung, die für die Blütenökologie von *Daphne cneorum* Bedeutung hat. Die Blüten produzieren einen intensiv nach Nelken duftenden Geruchsstoff, sowie am Blütengrund sichtbare Mengen von Nektar. Nach AUBERT (1943) befinden sich die floralen Nektarien im unteren Teil des Ovars.
Eine Einzelblüte hat eine Lebensdauer von nur wenigen Tagen. Da sich jedoch die Blüten eines Blütenstandes zumeist nicht synchron öffnen, sondern zunächst die äußeren und zuletzt die innersten Blüten eines Blütenstandes, erfolgt dadurch eine Verlängerung der Blütezeit. Zudem blühen die einzelnen Blütenstände eines Individuums zu unterschiedlichen Zeiten, kann das Individuum zum Teil über einen Zeitraum von fast einem Monat blühen, wenn diese Blühdauer im Vergleich mit anderen Arten auch am unteren Ende der Blühdauerskala liegt (vergleiche zum Beispiel FÜLLEKRUG, 1968/69; HARVEY & MEREDITH, 1981).

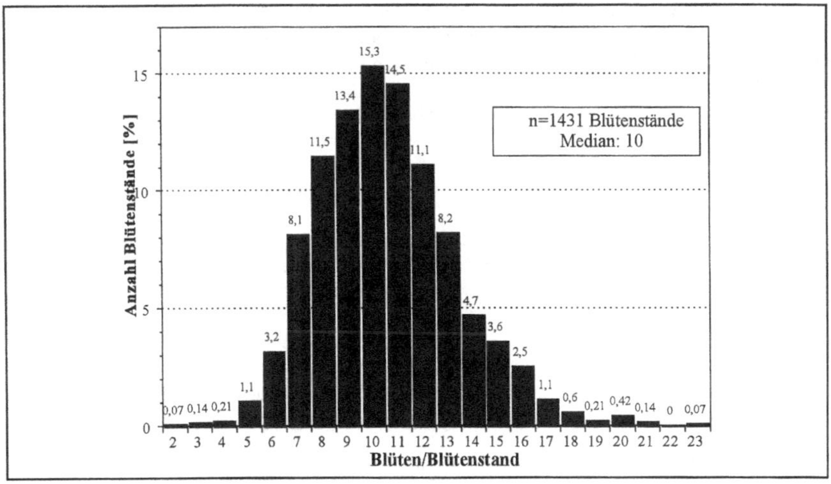

Abb. 15: Blütenzahlen pro Blütenstand bei *Daphne cneorum* (1992-1995) in Baden-Württemberg unter Angabe des Stichprobenumfanges (n) und des Median.

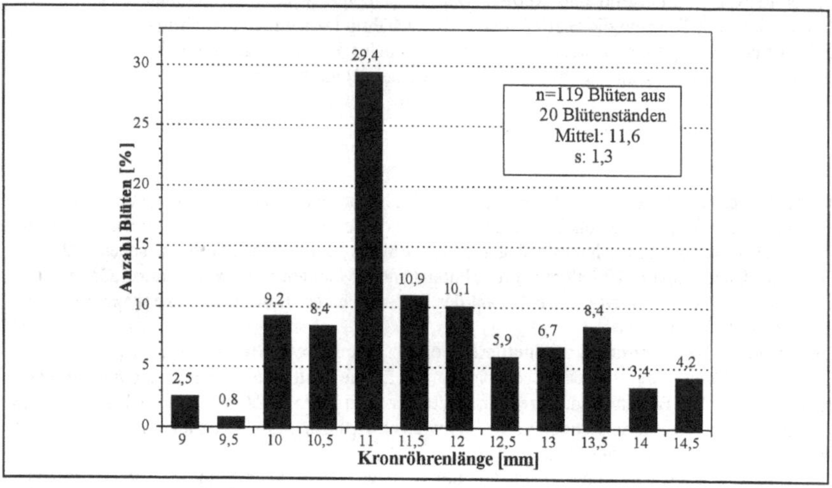

Abb. 16: Kronröhrenlängen von geöffneten *Daphne cneorum*-Blüten (1992) in Baden-Württemberg unter Angabe der Stichprobenumfanges (n), des arithmetischen Mittelwertes (Mittel) und der Standardabweichung (s).

4.1.5 Blütenökologie

Aussagen über die Bestäubungsrate der Blüten sind kaum möglich, denn die reifen, in zwei Etagen angeordneten (2x4) Staubgefäße, deren Öffnung von oben nach unten erfolgt, entladen bereits bei geringer Erschütterung Pollenkörner auf die Narbe der eigenen Blüte. Diese Beobachtung spricht zunächst für eine Autogamie.

Die durchgeführten Bestäubungsexperimente sollten Aufschluß geben über die Art und Weise des Bestäubungsvorganges bei *Daphne cneorum*. Aufgrund der Versuchsergebnisse läßt sich folgendes festhalten: *Daphne cneorum* ist selbstkompatibel, aber nicht autogam in dem Sinne, daß diese Bestäubungsart dominiert (reduzierte Fruchtbildung). Die reguläre Bestäubungsart stellt die Xenogamie dar, wobei der Pollen entomogam übertragen wird.

Die Beobachtungen zeigen, daß tagaktiven Lepidopteren die größte Bedeutung als Bestäuber zukommt. Nachtfalter und andere langrüsselige Insekten können jedoch ebenfalls in Betracht gezogen werden, wenn deren Bedeutung aber wahrscheinlich gering ist. Vor allem aufgrund des auch nachts anhaltenden Blütenduftes erscheint eine olfaktorische Attraktion von Nachtfaltern denkbar (vergleiche ERHARDT, 1991). Bisher konnte jedoch nur in einem Fall ein nicht näher identifizierter Nachtfalter an den Blüten von *Daphne cneorum* beobachtet werden.

Folgende tagaktive Falterarten konnten nektarsaugend an den Blüten von *Daphne cneorum* beobachtet werden:

- *Erynnis tages* (Dunkler Dickkopffalter, Hesperiidae)
- *Carterocephalus palaemon* (Gelbwürfeliger Dickkopffalter, Hesperiidae)
- *Anthocaris cardamines* (Aurorafalter, Pieridae), mehrfach
- *Gonepteryx rhamni* (Zitronenfalter, Pieridae)
- *Artogeia napi* (Rapsweißling, Pieridae), mehrfach

- *Clossiana dia* (Hainveilchen-Perlmutterfalter, Nymphalidae)
- *Hemaris fuciformis* (Hummelschwärmer, Sphingidae), mehrfach
- *Papilio machaon* (Schwalbenschwanz, Papilionidae), mehrfach

Viele der mehrfach beobachteten Schmetterlinge zeigten eine hohe Blumenstetigkeit. Im allgemeinen wurden mehrere Blüten eines Blütenstandes besucht. Anschließend sind meist weitere Blütenstände eines Individuums besucht worden, um darauffolgend die Blüten weiterer *Daphne cneorum*-Pflanzen anzufliegen. Als weitere potentielle Bestäuber von untergeordneter Bedeutung konnten beobachtet werden:

- *Bombylius* c.f. *major* (Diptera, Bombyliidae)
- *Idolus pecipennis* (Coleoptera, Elateridae)
- *Meligethes seneus* (Coleoptera, Nitidulidae), sehr häufig
- *Olibrus liquidus* (Coleoptera, Phalacridae)

Die Blütezeit von *Daphne cneorum* ist stark abhängig von äußeren Faktoren, vor allem vom am Standort herrschenden Lichtklima. Je lichtärmer ein Standort ist, desto später liegt die Hauptblütezeit. Sie erfolgt bei westlich exponierten Beständen deutlich später als an Wuchsorten mit Süd- oder Südwest-Exposition. Auch die partielle Beschattung eines Individuums bewirkt eine Verzögerung der Blütezeit im stärker beschatteten Teil der Pflanze. Ab einer mittleren relativen Beleuchtungsrate von etwa 26% erfolgt keine Blütenbildung mehr (siehe Abb. 28). Die ersten blühenden Pflanzen finden sich meist an besonders licht- und wärmeexponierten Standorten, wie beispielsweise Böschungskanten in Süd- und Südwest-Lage.

4.1.5.1 Diskussion

Untersuchungen von AUBERT (1943) über die Bestäubungsrate bei *Daphne cneorum* ergaben einen Anteil von 63 % bestäubter Blüten (n=186 Blüten aus 28 Blütenständen), wobei diese Angaben aufgrund der Erschütterungsempfindlichkeit der Staubgefäße nur mit Vorsicht zu übernehmen sind. AUBERT (1943), HEGI (1926) und die meisten anderen Autoren geben an, daß die Blüten autogam sind. Dies wird aus der Beobachtung abgeleitet, daß während der Blütezeit von *Daphne cneorum* keine Insekten an den Blüten beobachtet werden konnten. Dagegen nimmt SPINNER (zitiert in AUBERT, 1943) eine Bestäubung durch Nachtfalter an. AYMONIN (1959) und FISCHER (1992) erwähnen Bienen, Hummeln und Schmetterlinge als potentielle Bestäuber, ohne dieses selbst beobachtet zu haben. SEBALD et al. (1992b: 27) führen Schmetterlinge als Bestäuber an. EBERT et al. (1994: 161) geben den Hummelschwärmer (*Hemaris fuciformis*) als Blütenbesucher an. AUBERT (1943) bestreitet eine Entomogamie und geht von einer reinen Autogamie aus. Die gebildeten olfaktorischen Exkrete interpretiert er daher auch als Abfallprodukte, die bei der Assimilation entstehen. Diese Substanzen sollen "zufällig" im floralen Bereich ausgeschieden werden, da dies an dieser Stelle am schnellsten erfolgen kann. Über die Funktion des Nektars hat sich AUBERT (1943) dagegen ausgeschwiegen.

In bezug auf die angenommene Fremdbestäubung scheiden die von einigen Autoren erwähnten Bienen und Hummeln häufig bereits aus morphologischen Gründen aus. Sie können nicht dem Kreis der Bestäuber angehören, da ihre Mundwerkzeuge häufig nicht über eine ausreichende Länge verfügen, um den Blütengrund auf regulärem Wege zu erreichen (siehe zum Beispiel VON HAGEN, 1994). Hier kommen nur langrüsselige Arten in Frage, die sich vor allem aus der Ordnung der Lepidoptera rekrutieren. Diese Folgerung aus den gemessenen Kronröhrenlängen (Abb. 16) konnte durch direkte Beobachtung bestätigt werden. Die Hauptbestäuber von *Daphne cneorum* sind tagaktive Lepidopteren (vergleiche die Angaben zu *Dianthus deltoides* und *Viscaria vulgaris* bei JENNERSTEN, 1984, aber auch zu *Dianthus deltoides* bei ERHARDT, 1991).

Die Fernanlockung der tagaktiven Falter erfolgt vermutlich über die leuchtend rosarote Blütenfarbe.

Eine Nahorientierung der Falter durch die von der Blüte ausgeschiedenen Geruchsstoffe ist wahrscheinlich. Ob die Blüten von *Daphne cneorum* über UV-Muster verfügen, ist unbekannt (vergleiche ROSEN & BARTHLOTT, 1991).
Aufgrund des frühen Blühzeitpunktes von *Daphne cneorum* kommen nur relativ wenige tagaktive Falterarten als Bestäuber in Frage. Viele der oben angeführten Arten bevorzugen rötliche Blüten niedrigwüchsiger Pflanzenarten in lückigen oder niedrigen Mesobromion-Beständen und daran angrenzenden Geranion sanguinei-Säumen (siehe EBERT & RENNWALD, 1991). Dies sind Bedingungen, die auf *Daphne cneorum*-Wuchsorte zutreffen, wenn es sich auch nicht immer um die angeführten Gesellschaften handelt. Aber viele Arten dieser Verbände bilden auch den Artengrundstock in den von *Daphne cneorum* bevorzugt besiedelten Erico-Pinion-Gesellschaften (näheres siehe Kapitel 4.3).
Vergleicht man die Blütezeit der Arten der Gattung *Daphne* in Mitteleuropa miteinander, so weist *Daphne cneorum* eine sehr späte Blütezeit auf. Nimmt man jedoch Bezug auf das Nektar- und Pollenangebot zum Zeitpunkt der Hauptblütezeit des Steinröschens, so finden sich vor allem in jenen Gesellschaften, in denen *Daphne cneorum* vorkommt, nur wenige entomogame Arten mit geöffneten Blüten (vergleiche ANGRÜNER, 1989; KRATOCHWIL, 1988; LACK, 1982). Insbesondere Arten mit roter Blütenfarbe fehlen vollständig.
Um der zu dieser Jahreszeit noch häufig wechselnden Witterung, insbesondere Kälteeinbrüche und Regenperioden, begegnen zu können, wurden mehrere Strategien entwickelt, um kürzere ungünstige Zeiträume zu überbrücken, und dadurch einen möglichst großen Bestäubungserfolg zu sichern:

- Bevorzugung thermisch begünstigter Süd- bis Südwest-exponierter Hangstandorte
- Frühe Blütezeit
- Zur Blütezeit fehlende oberirdische (Sproß-) Konkurrenz
- Bildung zahlreicher Blütenstände auf kleiner Grundfläche
- Ausscheidung olfaktorisch wirksamer Substanzen
- Nektarproduktion
- Blühdauerverlängerung innerhalb einer Infloreszens und eines Individuums

Die deutliche Präferenz für stärker geneigte süd- bis südwest-exponierte Standorte (siehe Abb. 22) bedingt bereits im (Vor-)Frühling eine starke Erwärmung des Standortes von *Daphne cneorum* (vergleiche HÄCKEL, 1990: 280). Dies hat nicht nur für die frühe Blütezeit dieser Art eine große Bedeutung (vergleiche SCHEMSKE et al., 1978), sondern bedingt ebenfalls eine "Konzentration" der zu diesem Zeitpunkt noch relativ seltenen potentiellen Bestäuber an diesen Standorten (vergleiche hierzu die Flugzeiten tagaktiver Lepidopteren in der Schwäbischen Alb bei EBERT & RENNWALD, 1991). Zudem können nasse Blüten(stände) an südwest-exponierten Standorten rasch trocknen. Dies ist insofern bedeutungsvoll, als daß die Blüten keine Schließbewegungen ausführen können, wie dies bei vielen Frühblühern der Fall ist (Thermonastie). Wasser in Blüten führt relativ rasch zum Platzen von Pollen und allgemein zu Fäulniserscheinungen (KRATOCHWIL, 1988).
Das Erscheinen der Blüten zu dieser relativ frühen Jahreszeit bewirkt eine Umgehung interspezifischer Konkurrenz um Bestäuber (vergleiche LEVIN & ANDERSON, 1970; CAMPBELL, 1985), insbesondere wenn diese nur in geringer Zahl vorhanden sind. Die frühe Blütezeit des niedrigwüchsigen Zwergstrauches bedingt zudem eine ausgezeichnete Sichtbarkeit der Infloreszenzen und somit eine hohe Attraktionswirkung auf Bestäuber, denn zu diesem Datum haben die oberirdischen Teile der umgebenden Vegetation noch kaum mit dem Wachstum begonnen. Somit ist die Krautschicht noch sehr niedrig (fehlende Sproßkonkurrenz), und die Blütenstände sind optisch und thermisch optimal exponiert.
Weiterhin bewirkt die Anordnung der Blüten in Dolden, sowie die Konzentration zahlreicher Infloreszenzen auf einer relativ kleinen Grundfläche (weitgehend Phalanx-Typ der Raumbesetzung!) eine zusätzliche Anlockung von Bestäubern, insbesondere über größere Distanzen, so daß *Daphne cneorum* während der Blütezeit den Blühaspekt der jeweiligen Pflanzengesellschaft bestimmt,

worauf auch ANGRÜNER (1989) hinweist.
Die Produktion von Duftstoffen (olfaktorische Anlockung) und insbesondere die Ausscheidung von Nektar erhöht ebenfalls die Besucherrate von Bestäubern, da zu dieser Jahreszeit energiereiche Nahrung in Form von Nektar noch Mangelware darstellt.
Die Verlängerung der Blütezeit durch asynchrone Blütenöffnung innerhalb eines Blütenstandes und auch innerhalb eines Polykormons kann dahingehend interpretiert werden, daß ungünstige Witterungsperioden überbrückt werden können, so daß der vollständige Ausfall einer Fremdbestäubung aufgrund des Ausbleibens von stark witterungsabhängigen Lepidopteren vermieden wird. Zudem wird eine gewisse zeitliche Verteilung des Ressourcenbedarfs erreicht, der nach STEBBINS (1974, zitiert in WYATT, 1982) insbesondere bei Arten mit "ungünstiger" Infloreszenzarchitektur (wie zum Beispiel Dolden) negativ ins Gewicht fällt, da die Menge an zur selben Zeit benötigten Ressourcen bei synchron blühenden, nahe beieinander stehenden Blüten sehr viel höher ist als bei "ausgedehnten" Blütenständen (zum Beispiel Trauben) mit nacheinander sich öffnenden Blüten (ähnliches trifft auf die Fruchtreifung zu). Bei *Daphne cneorum* findet sich eine Art Mittelweg, indem ein Individuum nicht vollkommen synchron blüht, gleichzeitig aber durch Vorhandensein zahlreicher Blütenstände keine reduzierte Attraktion von Bestäubern stattfindet.
Zusammenfassend erscheint *Daphne cneorum* im Prinzip gut an eine entomogame Bestäubung (durch Lepidopteren) angepaßt. Neben der Möglichkeit einer Autogamie als "Notmaßnahme" erscheint die entomogame Xenogamie als die von dieser Spezies favorisierte Bestäubungsart. Hierauf weist im übrigen auch das sehr weite Pollen-Ovar-Verhältnis bei dieser Art hin (vergleiche CRUDEN, 1977).
Die Ergebnisse der Handbestäubungsexperimente waren nicht ergiebig genug, um eine definitive Aussage darüber zu machen, ob der Reproduktionserfolg bei *Daphne cneorum* bestäuberlimitiert ist (vergleiche BIERZYCHUDEK, 1981).

4.1.6 Fortpflanzung und Vermehrung

4.1.6.1 Fruktifikation

Nach erfolgter Bestäubung der Narbe und Befruchtung des Ovars beginnt der Fruchtknoten deutlich sichtbar anzuschwellen. Die Fruktifikation erfolgt dabei sehr rasch. Innerhalb von etwa drei Wochen nach der Befruchtung ist sie abgeschlossen.
Die Untersuchung der Fruktifikationsraten von Blütenständen ergab nur einen geringen Anteil befruchteter Blüten. Sie lag zwischen 29,9% und 15,0% (Tab. 4). 48,7% bis 70,7% der untersuchten Blütenstände zeigten eine Fruktifikationsrate von ≤20% (Abb. 17), und zwischen 21% und 47,9% der ausgezählten Blütenstände bildeten keine Früchte aus (siehe Tab. 5 im Anhang 4). Dabei schwankt die Rate innerhalb der Blütenstände eines Individuums normalerweise zwischen 0% und 100%. Die Fruktifikationsrate ist dabei unabhängig von der Anzahl der Blüten in einem Blütenstand.

Jahr	∑ Individuuen	∑ Blütenstände	∑ Blüten	∑ Früchte	Fruktifikationsrate [%]
1992	25	244	2645	793	29,9
1993	16	335	3432	929	27,1
1994	19	338	3614	764	21,1
1995	15	413	4184	627	15,0

Tab. 4: Mittlere Fruktifikationsraten bei *Daphne cneorum* von 1992 bis 1995 in Baden-Württemberg.

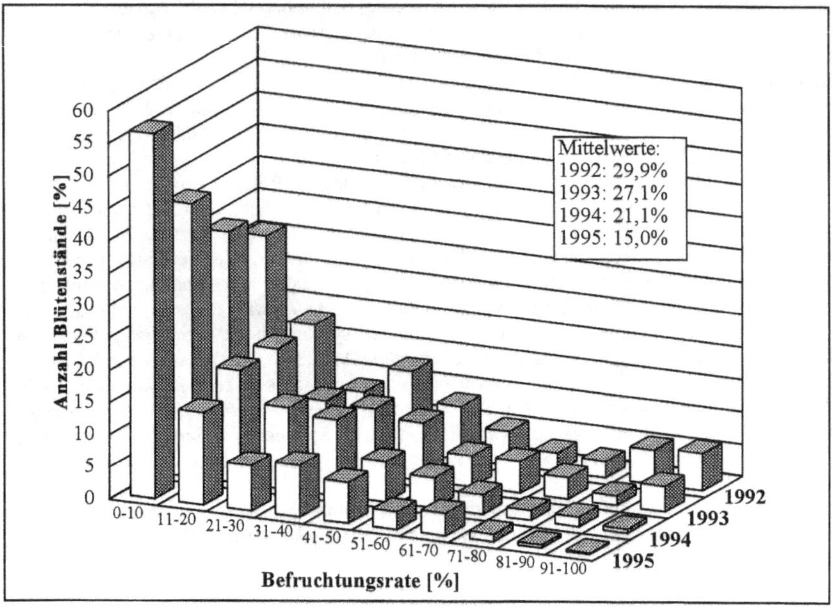

Abb. 17: Fruktifikationsraten [%] von *Daphne cneorum*-Blütenständen Ende Mai bis Mitte Juni von 1992 bis 1995 in Baden-Württemberg. Die Befruchtungsraten wurden in 10%-Klassen eingeteilt unter Angabe des arithmetischen Mittelwertes. Die genauen Werte sind der Tab. 5 (Anhang 4) zu entnehmen.

4.1.6.1.1 Diskussion

Bei *Daphne cneorum* ist entgegen der Auffassung von BERTSCH (1947, zitiert in WITSCHEL, 1986) ein Fruchtansatz vorhanden. Damit ist widerlegt, daß *Daphne cneorum* in Baden-Württemberg nicht fruktifiziert. Dieser Eindruck kann leicht entstehen, da die Zeit zwischen Befruchtung und Fruchtbildung nur kurz ist, und die noch unreifen, kurz gestielten Früchte erschütterungsempfindlich sind und sich bei Berührung von der Pflanze lösen können. Ein Umstand auf den auch AUBERT (1943) hinweist.

AUBERT (1943) bestimmte bei insgesamt 3248 Blüten von 13 Pflanzen eine mittlere Fruktifikationsrate von 12 % (Minimum: 1,3%; Maximum: 23,8%). WITSCHEL (1986) gibt für Baden-Württemberg eine Rate von 10-20 % an. LUFTENSTEINER (1982: 21) weist nur pauschal auf eine geringe Fruktifikationsrate bei dieser Art in Niederösterreich hin. Die beiden erstgenannten Autoren verweisen auf die Abhängigkeit der Fruktifikationsrate von klimatischen Faktoren. Vor allem bei warmer und trockener Witterung während der Blüte- und Fruchtzeit soll nach AUBERT (1943) und WITSCHEL (1986) eine höhere Fruchtbildungsrate erzielt werden.

Die über vier Jahre erhobenen Fruktifikationswerte liegen zumeist über den Angaben der angeführten Autoren. Dies läßt sich auf die oben genannten klimatischen Verhältnisse zurückführen. Frühling und Frühsommer 1992 und 1993 waren überdurchschnittlich warme und trockene Monate, was den Fruchtansatz erhöht. Dagegen bewirkten die kühlen und regenreichen Monate Mai und Juni

der Jahre 1994 und 1995 einen deutlichen Einbruch bei der Fruktifikationsrate. Sie ging gegenüber den Vorjahren um bis zu 14,9% zurück. Die Fruktifikationsrate und damit das generative reproduktive Potential dieser Art ist als (sehr) gering einzustufen und stark witterungsabhängig (vergleiche zum Beispiel die Angaben zu anderen Arten bei WILMANNS & RUPP, 1966; GREIG-SMITH & SAGAR, 1981: *Carlina vulgaris*; DIXON, 1982: *Sesleria albicans*; NILSSON, 1983: *Platanthera bifolia, P. chlorantha*; VERKAAR et al., 1986: *Scabiosa columbaria*; KRATOCHWIL, 1988: *Pulsatilla vulgaris*; OLESEN & WARNCKE, 1992: *Comarum palustre*).
Wie bereits mehrfach angemerkt, ist die Ausbildung reifer Früchte bei *Daphne cneorum* sehr selten, so daß zum Beispiel LUFTENSTEINER (1982: 21) bei der Untersuchung der Verbreitungsbiologie dieser Art die grünen Früchte als ausgereift ansah. Die Rate reifer Früchte liegt in Baden-Württemberg maximal im Promillebereich. Normalerweise sind die Samen von einem grünen, trocken-ledrigen Fruchtfleisch umgeben und nicht wie die Samen reifer Früchte von einem weichen, schleimigen Fruchtfleisch umgeben, was nach AUBERT (1943) die Bedingung für eine ektochore Verbreitung durch (Weide-)Tiere ist.
Andererseits darf aus einer fehlenden Fruchtreife nicht sogleich auf eine unzureichende Samenreife geschlossen werden. So berichten BRICKEL & MATHEW (1976, zitiert in TAN, 1980), daß die Samen von unreifen *Daphne mezereum*-Früchten besser keimen als jene aus reifen Früchten. FEARN (1973) gibt für *Hippocrepis comosa* an, daß zur Zeit der Samenverbreitung noch zahlreiche Samen grün und nicht keimfähig sind, diese aber im Laufe des Winters graduell reifen und im Frühling keimbereit sind. Insofern sollte der frühe Verlust von *Daphne cneorum*-Früchten nicht vorschnell als Abortion angesehen werden (siehe STEPHENSON, 1981; STEPHENSON & WINSOR, 1986).

4.1.6.2 Diasporenverbreitung

Experimente zur Verbreitung von *Daphne cneorum*-Früchten weisen klar das Vorhandensein einer Myrmekochorie nach. Dazu wurden unreife Beeren auf eine Ameisenstraße von *Formica rufa* (Trochtelfingen, TK 7621/3) und *Camponotus ligniperda* (Zimmern, TK 8018/3) gestreut. Diese wurden innerhalb kurzer Zeit aufgenommen und forttransportiert .

4.1.6.2.1 Diskussion

Nach der Auffassung verschiedener Autoren kann die Verbreitung der Früchte durch Vögel, Ameisen, Menschen und Weidevieh erfolgen. AUBERT (1943) nimmt an, daß eine Ektochorie vor allem durch Weidetiere und (seltener) durch den Menschen als wahrscheinlichstes Verbreitungsagens in Frage kommt. WITSCHEL (1984) erwähnt zusätzlich die Möglichkeit eines endochoren Transportes der Samen durch Schafe. Einer Myrmekochorie wird nur eine geringe Bedeutung beigemessen, gleiches gilt für eine angenommene Ornithochorie, die noch von keinem Autor beobachtet werden konnte.
Bereits BADEL (zitiert in HEGI, 1926: 719) hatte beobachtet, daß schon den unreifen Früchten von Ameisen "eifrig nachgestellt" wird. Im Gegensatz zur Frucht von *Carex humilis* (KRAUSE, 1940) werden *Daphne cneorum*-Früchte gern von Ameisen aufgenommen. Der Anreiz scheint in diesem Fall das (unreife) Fruchtfleisch zu sein, da ein Elaiosom nicht ausgebildet ist. Die Fruktifikation findet zu einem Zeitpunkt statt, an dem Nahrungsressourcen (insbesondere in Form von Früchten) noch knapp sind. Mit dem Erscheinen der Steinröschenfrüchte tritt somit die erste "Mastzeit" im Jahr an diesen Standorten auf (vergleiche HARPER, 1990).
Myrmekochorie besitzt jedoch keine große Reichweite. So fand KJELLSSON (1985) bei *Carex pilulifera* einen myrmekochoren Transport der Diasporen zwischen 0 m (Rücktransport!) und 1,4 m. Diese Entfernungen werden teilweise bereits durch barochore Verteilung der Früchte (bis 40 cm) überschritten. HUGHES & WESTOBY (1992) berichten über eine mittlere Reichweite myrmekochorer Verbreitung von 1,1m (Spanne: 0,06m-11m). Andererseits hat ein Diasporentransport durch

Ameisen den Vorteil, daß die Verbreitungseinheiten häufig an potentiell konkurrenzarme Standorte transportiert werden wie BOND & STOCK (1989) nachweisen konnten.
Die geringe Ausbreitungskraft der Myrmekochorie bedingt für eine *Daphne cneorum*-Population weitgehend nur die Möglichkeit einer Homogenisierung von Individuen am jeweiligen Standort, jedoch nicht die Möglichkeit eines Ferntransportes. Dieser fehlende Ferntransport erscheint jedoch primär nicht durch den Verbreiter (die Ameise) bedingt, sondern eher aufgrund der großen Entfernung zwischen den einzelnen, *Daphne cneorum* potentiell zusagenden Standorten. Wäre die Myrmekochorie der primär limitierende Faktor bei der Verbreitung von Arten, so wäre die weite Ausbreitung zahlreicher anderer myrmekochorer Arten (zum Beispiel *Hepatica nobilis*) nicht möglich gewesen. Aufgrund der vielfach großen Entfernung zwischen den potentiell zusagenden Standorten sind für einen Ferntransport von *Daphne cneorum*-Diasporen jedoch wirksamere Verbreitungsagentien notwendig. Hier ist vor allem an Weidetiere zu denken, wenn auch WITSCHEL (1986) davor warnt, diese Verbreitungsart zu überschätzen. In Baden-Württemberg kam dabei vermutlich Schafen und Ziegen eine besonders hohe Bedeutung zu, da fast alle *Daphne cneorum*-Sekundärstandorte früher extensiv beweidet wurden. AUBERT (1943) mißt der ektochoren Verbreitung durch Weidetiere im Schweizer Jura eine entscheidende Bedeutung bei.
Es sei an dieser Stelle darauf hingewiesen, daß im Oberen Donautal zwischen Tuttlingen und Sigmaringen insbesondere zwischen 1100 und 1200 eine rege Bautätigkeit herrschte. Während dieser Zeit wurde ein großer Teil der zahlreich vorhandenen Burganlagen errichtet (siehe SCHMITT, 1990). Wie Lithographien des Malers E. Simon (in SCHMITT, 1990: 153, 176, 242) aus der Mitte des letzten Jahrhunderts zeigen, fand wohl auch in der Umgebung der Burgen und Burgruinen eine Beweidung statt. Insofern war das Donautal auch schon "früher" kein abgeschiedener und unberührter Ort. Vermutlich waren also viele Primärstandorte von *Daphne cneorum* durchaus für Weidetiere zugänglich. Eine endo- oder ektozoochore Verbreitung durch diese Tiere wäre also prinzipiell möglich gewesen. Ornithochore Verschleppung von Samen ist ebenfalls denkbar, läßt sich aber nur schwer nachweisen. Der "Vorteil" dieser Verbreitungsart ist jedoch darin zu sehen, daß große Distanzen überbrückt werden können (vergleiche zum Beispiel BALGOOYEN & MOE, 1973). Die Ausbreitung von *Daphne cneorum* von ihren postglazialen Rückzugsgebieten aus (vor allem Oberes Donautal) auf Sekundärstandorte ließe sich mit einer ekto- und/oder endozoochoren Verschleppung der Diasporen durch Weidetiere am überzeugendsten erklären.

4.1.6.3 Keimungsraten von *Daphne cneorum*-Samen

Bei der Untersuchung der Keimfähigkeit von *Daphne cneorum*-Samen (Kennwerte siehe Tab. 6 in Anhang 4) werden drei Natürlichkeitsstufen unterschieden:
1. Die potentielle Keimungsrate gibt die maximal möglichen Keimungsprozente an. Indem mit Hilfe der Chemikalie Tetrazoliumchlorid die Lebensfähigkeit des Samengewebes geprüft wird, läßt sich diese ermitteln (siehe Kapitel 2.4.8).
2. Die "in-vitro"-Keimungsrate versucht, im Labor Samen mit unterschiedlichen Vorbehandlungen unter mehr oder weniger kontrollierten Bedingungen zur Keimung zu bringen.

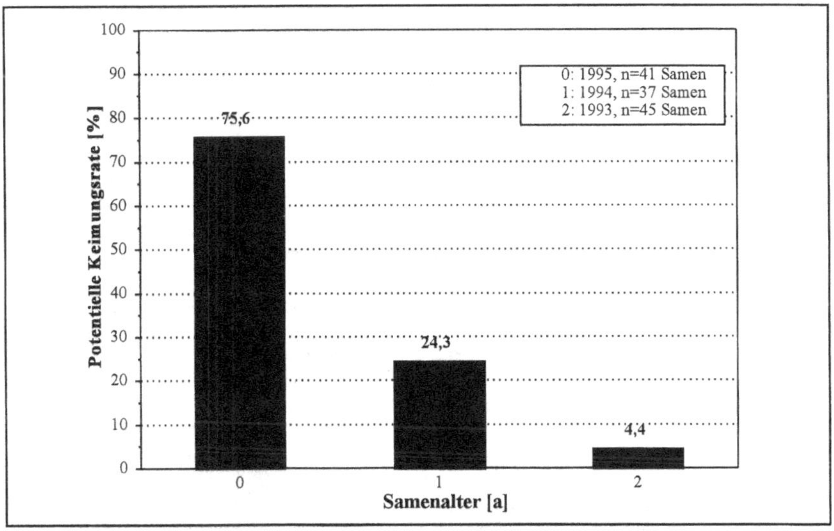

Abb. 18: Potentielle Keimungsrate von unterschiedlich lange gelagerten *Daphne cneorum*-Samen. Samenalter 0 Jahre: Samen frisch geerntet (1995), Samenalter 1 Jahr: Einjährige Samen (1994), Samenalter 2 Jahre: Zweijährige Samen (1993). Zur Methodik siehe Kapitel 2.4.8.

3. Bei der Feststellung der "in-situ"-Keimungsrate werden Samen gezielt an *Daphne cneorum*-Standorten ausgebracht und das (Keim-)Verhalten der Samen unter natürlichen Bedingungen beobachtet.

Zu 1: Die Prüfung der Samen auf ihre potentielle Keimfähigkeit ergab für unterschiedlich lange gelagertes Material verschiedene Werte (Abb. 18). Frisch geerntete Samen zeigen eine potentielle Keimungsrate von annähernd 76%. Bei einjährigem Material sinkt diese auf 24% ab, um bei dreijährigen Samen eine Rate von 4,4% zu erreichen.

Zu 2: Die frisch gesammelten (reifen und unreifen) Früchte von *Daphne cneorum* wurden vom Mesokarp befreit und anschließend bei Zimmertemperatur (teilweise nach vorheriger einmonatiger Stratifikation bei 5° C) in Petrischalen auf feuchtem Filterpapier gelagert. Die schwarze, dickwandige Samenschale stellt kein Hindernis für Wasser dar. Bereits nach zwei Tagen feuchter Lagerung ist das fast immer gut entwickelte Endosperm und der Embryo innerhalb der Samenschale vollständig aufgequollen. Auch nach sechsmonatiger Inkubation erfolgte in keinem Fall eine Keimung der Samen, auch nicht beim kältestratifizierten Material (nach HEGI, 1926: 719 wird die Keimung durch Kälteeinwirkung gefördert). Nur bei einem Samen platzte die Samenschale auf, so daß das Endosperm sichtbar wurde. Eine weitere Entwicklung konnte nicht beobachtet werden, was die Beobachtungen von TAN (1980) bestätigt. Auch bei diesem Autor erfolgte bei den Samen nach einmonatiger Stratifikation bei 0°C in feuchtem Sand und anschließender sechmonatiger Wartezeit keine Keimung.

Zu 3: An einem Primär- und einem Sekundärstandort von *Daphne cneorum* wurden an verschiedenen markierten Stellen (vegetationsfrei/mit Vegetation, lichtreich/schattig) Früchte in maximal 0,5cm Bodentiefe ausgesät. Auch nach dreijähriger Beobachtungszeit konnten keine Keimlinge beobachtet werden.

4.1.6.3.1 Diskussion

Die Ergebnisse der Untersuchungen zeigen, daß die potentielle Keimungsrate der *Daphne cneorum*-Samen direkt nach der Fruktifikation im Vergleich weitgehend normale Prozentwerte besitzt (vergleiche DIXON, 1982; FEARN, 1973; WELLS & BARLING, 1971). Dreiviertel aller Samen enthalten lebensfähige Embryonen und intaktes Endosperm. Bereits einjähriges Samenmaterial zeigt eine starke Einbuße seines Keimungspotentials, während zwei Jahre alte Samen eine vernachlässigbar geringe potentielle Keimfähigkeitsrate besitzen.
Die "in vitro"-Versuche mit frisch geernteten Samen zeigten keine Keimung, auch nicht nach vorheriger Stratifikation bei 5°C (vergleiche TAN, 1980: 0°C). Die Erfolglosigkeit mag an den künstlichen Versuchsbedingungen gelegen haben, doch zeigten die Aussaatexperimente, daß auch unter natürlichen Bedingungen ein Keimungserfolg nicht beobachtet werden konnte. Die mehrfache intensive Suche an *Daphne cneorum*-Wuchsorten konnte weder Keimlinge noch Jungpflanzen dieser Art ausfindig machen. Auf das weitgehende Fehlen von Keimlingen und Jungpflanzen weist auch AUBERT (1943) hin, welcher nach ausgiebiger Suche nur eine einzige Jungpflanze fand.
Zusammenfassend ist festzuhalten, daß die potentielle Keimungsrate frischer Samen zwar hoch ist, die tatsächliche Keimungsrate des Materials jedoch als extrem gering (bis nicht vorhanden?) bezeichnet werden muß. Eine Keimung erscheint zudem nur im selben Jahr möglich (→Herbstkeimer). Folgt man dagegen den Untersuchungen von SILVERTOWN (1981) über die Beziehungen zwischen Samen-/Fruchtgewicht, Keimzeitpunkt und Lebensformtyp von Halbtrockenrasenarten, so wäre *Daphne cneorum* als Frühjahrskeimer einzustufen. Dies stimmt jedoch nicht mit den hier vorliegenden Ergebnissen überein.
Ursache für das Fehlen von Keimlingen scheint also darin zu liegen, daß die Bedingungen, die eine Keimung des Samen begünstigen, sehr spezifischer Natur sein müssen. Das Haupthindernis liegt vermutlich im Fehlen geeigneter Schutzstellen ("safe site"). Offensichtlich sind sowohl an den Sekundär- wie auch an den Primärstandorten von *Daphne cneorum* Schutzstellen für die Keimung (und Etablierung von Keimlingen) extrem selten. Die (erste) kritische Phase im Lebenszyklus von *Daphne cneorum* liegt (heute) somit bei der Keimung des Samens. Schutzstellen müssen in früherer Zeit an den Sekundärstandorten sehr viel häufiger vorhanden gewesen sein, da eine alleinige vegetative Ausbreitung nicht die Vielzahl von Wuchsorten erklären kann (siehe Kapitel 4.1.7.5). Die Ursache kann zwar nur vermutet werden, ist aber wahrscheinlich in der Beweidung der Standorte zu sehen, welche zahlreiche offene, lichtreiche Standorte entstehen ließ.

4.1.6.4 Bodensamenbank

Als Samenbank, welche ein Teil der Diasporenbank darstellt, soll hier die Quantität und Qualität von *Daphne cneorum*-Samen an einem gegebenen Standort verstanden werden. Insbesondere der keimfähige Samenvorrat im Boden steht hier im Vordergrund des Interesses. Gerade dieser Teil im Lebenszyklus einer Pflanze findet häufig nur eine geringe Beachtung, obwohl auch dieser Ausschnitt durchaus zum floristischen Inventar eines Standortes gezählt werden kann (siehe POSCHLOD, 1993).
Eine Bodensamenbank kann prinzipiell von jeder Art, die Samen produziert, angelegt werden. Dabei ist zwischen einer temporären und einer ausdauernden (persistenten) Samenbank zu unterscheiden (URBANSKA, 1992: 54). Während die erstere nur eine Lebensdauer von maximal einem Jahr besitzt, werden die langlebigen Samen in Form einer dauerhaften Samenbank über längere Zeit im Boden konserviert und zumeist auch akkumuliert. Eine weitere Differenzierung (siehe hierzu zum Beispiel THOMPSON & GRIME, 1979) soll hier unterbleiben, da die durchgeführten Untersuchungen eine weitere Unterteilung für das Verhalten von *Daphne cneorum*-Samen unnötig machen.
Bodenproben von zwei Primär- und zwei Sekundärstandorten von *Daphne cneorum* die drei Jahren unter Beobachtung standen enthielten in bezug auf sämtliche gekeimten Pflanzenarten sehr unterschiedliche, im Vergleich mit anderen Untersuchungen trockener Kalkstandorte (zum Beispiel FISCHER, 1987; POSCHLOD & JACKEL, 1993) extrem geringe Vorräte an Diasporen. Während die

Mischproben des Sekundärstandortes zwischen Geisingen und Zimmern (TK 8018/3) aus einem Mesobrometum caricetosum humilis im Vergleich mit den übrigen Proben viele keimfähige Diasporen enthielten (33 Keimlinge), war deren Zahl aus den Bodenproben eines sekundären Xerobrometums bei Trochtelfingen ("Flachsbühl", TK 7621/3) bereits sehr viel geringer (6 Keimlinge). Die Diasporenvorräte der untersuchten Primärstandorte (Gelber Fels/TK 7919/3, Bandfelsen/TK 7920/1) aus einem Coronillo vaginalis-Pinetum ließen sich nicht aktivieren. Keimlinge von *Daphne cneorum* ließen sich in keiner der untersuchten Proben nachweisen. Wie die Untersuchung der potentiellen Keimungsrate von *Daphne cneorum*-Samen ergeben hat, ist eine hohe Keimfähigkeit weitgehend nur in dem Jahr, in dem die Fruchtreife erfolgt, möglich, so daß *Daphne cneorum* nur eine temporäre oder nur sehr kleine und kurzlebige persistente Samenbank ausbildet. Der Aufbau einer umfangreichen Bodensamenbank erscheint nicht möglich.
Parallel zu dieser "in vitro"-Untersuchung wurden 1993 in situ-Versuche durchgeführt, die eine Aktivierung der Bodensamenbank direkt an Standorten von *Daphne cneorum* erreichen sollten (vergleiche GOLDBERG & WERNER, 1983; PFADENHAUER & MAAS, 1987), eine Maßnahme, die beispielsweise im Rahmen eines Pflegeprogrammes eine kleine Population vergrößern oder genetisch vitalisieren könnte. Aber sowohl an den Sekundär- als auch an den Primärstandorten von *Daphne cneorum* ließen sich auf den mechanisch vegetationsfrei gehaltenen Versuchsflächen keine Keimlinge des Steinröschens nachweisen. Auch in unmittelbarer Nachbarschaft zur an die Freifläche angrenzenden Vegetation, ein Standort der nach RYSER (1993) zum Beispiel von *Primula veris* als Schutzstelle ("safe-site") benötigt wird, konnten keine Keimlinge von *Daphne cneorum* beobachtet werden.
Zusammenfassend erscheint die Rekrutierung von neuen Steinröschen-Individuen aus der Bodensamenbank zur "Auffrischung" einer Population als wenig erfolgversprechend, da deren Aktivierung nicht oder nur schwer möglich ist (siehe voriges Kapitel).

4.1.6.5 Vegetative Vermehrung

Eine weitere Möglichkeit neben der generativen Fortpflanzung ist die vegetative Reproduktion. Die einzige Form der vegetativen Vermehrung bei *Daphne cneorum* könnte darin bestehen, daß bewurzelte Sprossen von der Mutterpflanze abgetrennt werden (erzwungene Fragmentation) (siehe URBANSKA, 1992: 253f). Zwar findet sich teilweise eine Bewurzelung von Sprossen, die in Kontakt mit dem Mineralboden stehen, doch scheinen diese meist nicht in ausreichendem Maße zu erstarken, um die Selbständigkeit des abgetrennten Teiles zu sichern. Zudem findet sich keine "Cluster-Bildung" von Individuen an den Wuchsorten, was auf eine vegetative Reproduktion hinweisen würde. Zumeist sind die einzelnen Pflanzen relativ weit voneinander getrennt, so daß eher eine myrmekochore Verbreitung als eine vegetative Vermehrung durch Fragmentation anzunehmen ist. Eine Flächenausdehnung eines Individuums durch vorprogrammierte Selbstklonierung, etwa in Form einer Fragmentation der Mutterpflanze an vorgebildeten Stellen, konnte nicht beobachtet werden. Allerdings kann selbst bei Sproßabschnitten, die zum Teil Jahrzehnte von Streu bedeckt waren, bei Belichtung dieser Teile eine intensive Neubildung von Trieben stattfinden. Dies ließ sich anhand von Freilegungsexperimenten nachweisen. Hierzu wurde bei drei Individuen an einem Standort bei Geisingen (TK 8018/3) die in der Streuschicht verborgenen Sproßabschnitte freigelegt. Neu austreibende Konkurrenzvegetation wurde während der folgenden Monate mechanisch entfernt. Bei allen freigelegten Sprossen fanden sich daraufhin mehrere neue Triebe, die den freigelegten Sproßsystemen aus Proventivknospen entsprungen sind. Ein eindrucksvolles Beispiel für die Regenerationskraft einer einzelnen *Daphne cneorum*-Pflanze bot eine nahe Hüfingen (TK 8016/4) in einer Aufforstung gelegene Dauerbeobachtungsfläche, wo nach der Entfernung einer beschattenden Fichte zahlreiche neue Sprosse produziert wurden (siehe Kapitel 4.1.1.1 und Tab. 3 am Ende des Kapitels).

4.1.7 Predation

Bei carnivoren Arten bedeutet eine Predation meist auch den Tod des erbeuteten Individuums. Im Gegensatz dazu bewirken herbivore Arten zumeist nur eine partielle Beschädigung einer Pflanze. Die Schäden können durch Regenerationserscheinungen bis zu einem gewissen Umfang wieder behoben werden. Nur Keimlinge und Jungpflanzen werden aufgrund ihres schwach ausgebildeten Wurzelwerkes und geringen Anzahl photosynthetisch aktiven Gewebes meist letal geschädigt.
In der mitteleuropäischen Kulturlandschaft sind großflächig Landschaften durch diesen Faktor (Beweidung!) anthropozoogen entstanden. Viele der dabei entstandenen Gesellschaften wären ohne diesen Einfluß von Natur aus gar nicht oder nur sehr kleinflächig vorhanden.
Daphne cneorum ist an ihren Sekundärstandorten häufig in Gesellschaften zu finden, die ehemals extensiv mit Schafen und Ziegen beweidet wurden. Einen Eindruck über das Ausmaß der Beweidungsintensität im ehemaligen Württemberg vermitteln die zumeist im letzten Jahrhundert erschienenen Oberamtsbeschreibungen (zum Beispiel KÖHLER, 1839). Aktuell werden bei Trochtelfingen wieder einige Gentiano-Koelerieta, in denen auch das Steinröschen vorkommt, mit Schafen beweidet. An diesen Standorten läßt sich ein deutlicher Verbiß (Blätter und Sprosse) von *Daphne cneorum*-Pflanzen beobachten. Aufgrund ihres hohen Regenerationsvermögens bewirkt der Verbiß jedoch nicht den Tod des Individuums. Pflanzen, die für Weidetiere nur schwer zugänglich sind, bleiben dabei verschont. Diese bedingte Verbißresistenz ermöglichte es der Art auch, sich in (prä-) historischer Zeit auf solche durch Beweidung entstandene Standorte auszudehnen.
Viele Individuen von *Daphne cneorum* an Primärstandorten (Donautal) werden intensiv von Gemsen verbissen. Auf diese Problematik soll jedoch erst später bei der Betrachtung der Gefährdungsursachen an den Primärstandorten näher eingegangen werden (siehe Kapitel 4.6.1). Hier sei nur erwähnt, daß der Verbiß an diesen Orten als sehr viel negativer und gravierender eingestuft werden muß als jener durch Weidetiere an den Sekundärstandorten.
Folgende Arten rufen am Steinröschen meist nur unbedeutende Beschädigungen an Blättern und Blüten hervor (siehe hierzu auch die Abbildung in SEBALD et al., 1992b: 28):

- *Armadillidium vulgare* (Kugelassel, Isopoda, Crustaceae)
- *Zebrina detrita* (Große Turmschnecke, Gastropoda, Enidae)
- *Capaea hortensis* (Weißmündige Bänderschnecke, Gastropoda, Helicidae)
- *Arion ater* (Große Wegschnecke, Gastropoda, Arionidae)
- *Arion subfuscum* (Braune Wegschnecke, Gastropoda, Arionidae)
- *Anchinia cristalis* (Raupe) (Palpenmotte, Lepidoptera, Gelechiidae)
- *Idolus pecipennis* (Coleoptera, Elateridae)
- *Meligethes seneus* et spec. (Coleoptera, Nitidulidae)
- *Olibrus liquidus* (Coleoptera, Phalacridae)

Der Befall der Spitzenblätter durch die Gallmücke *Dasyneura daphnes* (Diptera) verursacht rotgefärbte, längliche Gallen (siehe BUHR, 1964: 428). Da die Gallbildung jedoch nur relativ selten auftritt und zudem nur die Blätter der Sproßspitzen nicht blühender Sprosse erfaßt, ist eine negative Beeinflussung der Vitalität von *Daphne cneorum* nicht anzunehmen.
Fraßspuren an Früchten ("pre-dispersal predation"), die zumeist von Schnecken verursacht werden, konnten bisher nur selten beobachtet werden. Dagegen spielt die Beschädigung oder Vernichtung von (barochor verbreiteten) Früchten ("post-dispersal predation") eine nicht zu unterschätzende Rolle, wie ein Experiment an einem Sekundärstandort zwischen Geisingen und Zimmern (TK 8018/3) belegt (Abb. 19). Innerhalb von vier Tagen wurden 65,3% aller geklumpt ausgelegten Früchte verschleppt oder an Ort und Stelle gefressen. Eine Differenzierung zwischen vegetationsfreien und mit Vegetation bedeckten Standorten zeigt, daß Früchte auf vegetationsfreiem Erdboden innerhalb kürzester Zeit von Predatoren gefunden werden. Die meisten Früchte (insbesondere das Endosperm und der Embryo) wurden an Ort und Stelle gefressen. Bereits am dritten Tag waren sämtliche 100 Früchte vollständig vernichtet. Dagegen ist der Verlust von

Früchten innerhalb vegetationsbedeckter Stellen deutlich geringer, obwohl auch hier nach vier Tagen 48% der Diasporen nicht mehr aufzufinden waren.
Der Terminalbereich (Knospenbereich) von *Daphne cneorum*-Sprossen wird von den Raupen der Gelechiide *Anchinia cristalis* (Lepidoptera) befallen. Bereits WÖRZ (1954: 188) schreibt in seiner "Lepidopterenfauna von Württemberg": "Raupe im Mai bis Mitte Juni in versponnenen Spitzenblättern oder im Blattwinkel von *Daphne mezereum, cneorum, gnidium*". Beobachtungen von Dr. W. Herter (Mössingen, mündl. Mitteilung) an *Daphne cneorum*-Exemplaren am Neusiedler See zeigten auch dort einen Befall mit *Anchinia cristalis*.
Durch eigene Beobachtungen konnte an *Daphne cneorum* keine abgelegten Eier festgestellt werden. Es scheint, daß die Präimaginalstadien von *Anchinia cristalis* die Pflanze aktiv aufsuchen, sich in die Knospenregion begeben und dort entweder die vorjährigen Spitzenblätter umspinnen, um sich eine geschützte Höhle zu schaffen, oder bei bereits geöffneten Blüten diese entsprechend umspinnen. Die sich entwickelnden Blätter und Fruchtknoten werden sukzessive von der Raupe gefressen. Die Blütenblätter werden in der Regel nicht verzehrt, da diese häufig vertrocknet in der umsponnenen Höhlung vorzufinden sind. Auch die Vegetationspunkte (→Verzweigung) werden nicht beschädigt.
Im Oberen Donautal wurden *Daphne cneorum*-Pflanzen auf den Befall von *Anchinia cristalis* hin gezielt untersucht. Weiterhin wurde an anderen Orten auf einen vorhandenen Befall geachtet, aber es wurden keine quantitativen Daten erhoben. Es zeigte sich, daß die Befallrate zwischen Populationen und auch innerhalb der Individuen einer Population extrem variiert. Neben unversehrten Pflanzen finden sich massiv befallene Individuen, deren Sproßenden zu über 90% von *Anchinia cristalis* befallen sein können. Es fanden sich zwar im gesamten Verbreitungsgebiet von *Daphne cneorum* befallene Pflanzen, doch waren die Befallsraten an den Sekundärstandorten meist bedeutend geringer als bei den Individuen im Bereich der Primärstandorte. Dieser Insektenfraß kann zu einer Unterdrückung der Fruktifikation und einer weitgehenden Vernichtung von

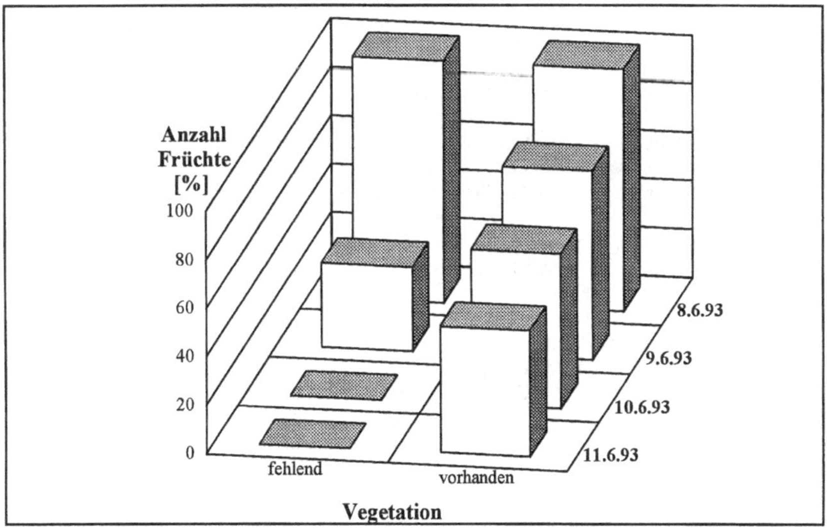

Abb. 19: Potentielle Predationsrate [%] ("post-dispersal predation") bei *Daphne cneorum*-Früchten an einem Sekundärstandort der Baaralb. Für den Versuchsansatz wurden 5x20 (100) Früchte (fehlende Vegetation) und 10x20 (200) Früchte (vorhandene Vegetation) geklumt ausgelegt. Auf der Abzisse bedeutet fehlende Vegetation: Offener Boden ohne Vegetation, vorhandene Vegetation: Bodenoberfläche mit Vegetation bedeckt.

neugebildeten Blättern führen. Da die Vegetationspunkte jedoch nicht beschädigt werden, können im Juni neue beblätterte Sprosse (Verzweigungen) gebildet werden.

4.1.7.1 Diskussion

Über Predatoren an ausgewachsenen *Daphne cneorum*-Pflanzen finden sich nur sehr wenige Hinweise in der Literatur. Die oben genannten, pollenfressenden Coleopteren bewirken (neben einer zufälligen Bestäubung der Blüten?) eine Reduktion des Pollens, was sich aber aufgrund der hohen Blütenzahl eines Individuums nicht entscheidend negativ auswirken dürfte.
Auch die angeführten Schnecken und Kugelasseln erscheinen nicht als bedeutungsvolle Predatoren. Diese haben nur auf Individuenbasis eine gewisse Bedeutung. Der (negative) Einfluß des Palpenspinners *Anchinia cristalis* auf *Daphne cneorum* ist ebenfalls begrenzt, zumal diese Art nach WÖRZ (1954: 188) auch die wesentlich häufigere *Daphne mezereum* befällt, wenn auch über die mögliche Bevorzugung einer dieser Arten keine Beobachtungen vorliegen. Die Population von *Daphne cneorum* erscheint durch die Raupe dieses Schmetterlings nicht gefährdet zu sein. Für einzelne Individuen kann aber ein bedeutender Teil der generativen Reproduktion ausfallen.
Große Bedeutung besitzt dagegen die Vernichtung von Früchten nach erfolgter barochorer Verbreitung. Die Predatoren beeinflussen dabei die Anzahl der produzierten Samen und nicht den Verbreitungsprozeß und dessen Muster (HARPER, 1990: 458). Der Effekt ist also der gleiche, als wenn die Pflanze weniger Samen produziert.
Die relativ früh im Jahr (Ende Mai bis Anfang Juni) erfolgende Fruktifikation von *Daphne cneorum* erhöht wahrscheinlich die Verlustrate der Diasporen, denn nach der Nahrungsknappheit des Winters stellen die Früchte des Steinröschens eine der wenigen Nahrungsquellen für zahlreiche Insekten (und möglicherweise Kleinsäuger) dar. Insbesondere die kurze "Reifesaison" dieser Art bedingt einen plötzlichen (und ersten) Reichtum an Nahrung (siehe HARPER, 1990: 58).
Die Ergebnisse des "Predations"-Experimentes müssen jedoch vorsichtig interpretiert werden. Während die Früchte an vegetationsfreien Orten nachweislich einer Predation zum Opfer gefallen sind, erfolgte dieser Nachweis nur für 41,7% der verschwundenen Früchte an vegetationsbedeckten Stellen (=20% aller dort ausgelegter Früchte). Der Rest kann zum Beispiel durch Ameisen abtransportiert worden sein (Myrmekochorie), was eine spätere Zerstörung allerdings nicht ausschließt. Kleine Ameisen konnten dabei beobachtet werden, wie sie Samen an Ort und Stelle öffneten und leerfraßen. Selbstverständlich sind auch andere Insektenfamilien als potentielle Predatoren anzusehen.
Verwendet man die ermittelten Werte als Rechengrundlage, so fallen die Früchte auf offenen Standorten, wie sie verbreitet unterhalb von Wegböschungen auftreten, Räubern vollständig zum Opfer. Aber auch Früchte, die in vegetationsbedeckte Bereiche fallen, enden zu über 30% im Verdauungstrakt eines Predators.
Verwendet man die ermittelten Werte, so bedeutet dies, daß von 100 produzierten Blüten im Mittel 30 (15) Blüten fruchten (Fruktifikationsrate 30% bis 15%). Von diesen 30 (15) Früchten werden maximal 21 (11) Früchte die Chance erhalten, eine geeignete Schutzstelle ("safe-site") zum Keimen zu finden. Benutzt man den mittleren Anteil aller entfernten Früchte (65,3%) so bleiben sogar nur noch 10 (5) Früchte übrig, was einer effektiven Fruktifikationsrate von 10% (5%) entsprechen würde.
Vergleicht man diese Zahlen mit Literaturangaben, so ergibt sich sogar noch eine relativ positive Bilanz, denn es können durchaus Verluste von 95% und mehr auftreten (vergleiche zum Beispiel ANDERSEN, 1989; VERKAAR et al., 1986; GREIG-SMITH & SAGAR, 1981; NAYLOR, 1985; HARVEY & MEREDITH, 1981).
ANDERSEN (1989) weist darauf hin, daß ein hoher Verlust von Samen durch Räuber nur dann eine Auswirkung hat, wenn unter anderem die Etablierung von Keimlingen durch die Anzahl der Schutzstellen nicht limitiert ist und die Verluste den Erhalt oder Aufbau einer großen Samenbank entgegenwirken. Aber gerade diese Bedingungen sind bei *Daphne cneorum* gegeben, denn nach den

hier vorgelegten Untersuchungsergebnissen existieren weder zahlreiche Etablierungsmöglichkeiten von Samen noch eine (umfangreiche) Bodensamenbank. Von dieser Warte aus betrachtet, bewirkt ein hoher Predationsdruck auf die Früchte keinen nennenswerten Effekt auf die Steinröschenpopulation, da ganz andere Faktoren die Predation überlagern. Da *Daphne cneorum* aber eine langlebige Art ist, die unter entsprechenden Bedingungen jedes Jahr blüht und fruchtet, erscheint die Notwendigkeit einer jährlichen Etablierung von Jungwuchs nicht zwingend notwendig (vergleiche Mastjahre bei zahlreichen Baumarten). Es fällt jedoch auf, daß die Populationen von *Daphne cneorum* nur in sehr seltenen Fällen (in Baden-Württemberg scheinbar gar nicht) durch Jungwuchs aus sexueller Fortpflanzung genetisch bereichert werden. Inwieweit jede Population möglicherweise nur einem einzigen Klon, entstanden durch vegetative Vermehrung, angehört, wäre nur durch eine Analyse der Isoenzymmuster der Populationsmitglieder möglich (dies wurde zum Beispiel von ASPINWALL & CHRISTIAN, 1992 für die reliktische Art *Filipendula rubra* nachgewiesen). In diesem Zusammenhang ist auch auf die häufig räumlich isolierte Lage der einzelnen *Daphne cneorum*-Populationen einzugehen. Da viele tagaktive Schmetterlinge, also die Hauptbestäubergruppe, meist nur geringe Flugdistanzen zurücklegen (selten >1km, siehe zum Beispiel SCOTT, 1975; SMOLIS & GERKEN, 1987; WATT et al., 1977) und der transportierte Pollen nicht unbegrenzt lange keimfähig ist, kann zwischen den einzelnen Steinröschen-Populationen leicht eine genetische Isolation und Inzucht entstehen, was (theoretisch) ein Aussterben der Art beschleunigen kann.

4.2 Verbreitung von *Daphne cneorum*

4.2.1 Allgemeine Verbreitung

Die Gesamtverbreitung von *Daphne cneorum* ist auf Europa beschränkt. Die Art ist von der spanischen und französischen Atlantikküste über die Pyrenäen, Südfrankreich, Schweiz, Süddeutschland, Tschechei, Slowakei, Österreich, Rumänien, Ungarn, Serbien und Norditalien verbreitet. In Polen und der Ukraine befindet sich ein weiteres Areal. Eine Karte der Gesamtverbreitung findet sich bei WITSCHEL (1986). Das gesamte Areal von *Daphne cneorum* ist stark disjunkt mit zahlreichen isolierten Teilarealen, was besonders deutlich wird, wenn man genauere Verbreitungskarten dieser Art betrachtet (Frankreich: DUPONT, 1990, Pfalz: LANG & WOLFF, 1993; Baden-Württemberg: SEBALD et al., 1992b; Bayern: SCHÖNFELDER & BRESINSKY, 1990; Tschechei: SLAVIK, 1990; Schweiz: WELTEN & SUTTER, 1982; Nord-Österreich: NIKLFELD, 1979; Kärnten: HARTL et al., 1992; Ungarn: BARTHA, 1992).

4.2.2 Verbreitung in Süddeutschland

4.2.2.1 Rheinland-Pfalz, Hessen und Bayern

In Rheinland-Pfalz existieren nach LANG & WOLFF (1993) nur noch zwei aktuelle Fundorte von *Daphne cneorum* in zwei Quadranten (von ehemals 9 Quadranten) hart an der Grenze zu Frankreich, wo sie Anschluß finden an die Vorkommen in den Vogesen (bei Bitche).
Aus Hessen ist nach Witschel (1986) nur ein Fundort bei Frankfurt bekannt, wo die Art seit etwa 70 Jahren ausgestorben ist.
In Bayern existieren nach SCHÖNFELDER & BRESINSKY (1990: 340) von *Daphne cneorum* in 67 Quadranten von 37 Meßtischblättern Vorkommen. Die Art hat damit in diesem Bundesland ihre größte Verbreitung in der BRD. Es lassen sich 3 (4) voneinander getrennte Areale erkennen. Die Standorte konzentrieren sich entlang des Lech und der Isar, sowie am Südrand der Frankenalb nahe Regensburg.

4.2.2.2 Baden-Württemberg

Aktuelle Fundorte von *Daphne cneorum* finden sich in nur 24 TK 25-Quadranten von insgesamt 12 Meßtischblättern (Abb. 20). Abb. 21 zeigt das heutige Verbreitungsbild dieser Art. Zugleich sind hier ausgestorbene Wuchsorte nach WITSCHEL (1984, 1986), ADE et al. (1990) und Aufnahmematerial zu MÜLLER, T. (1980) mit eingezeichnet. Diese zeigen ein ehemals ausgedehnteres und vor allem zusammenhängenderes Areal als dies heute der Fall ist. In Abb. 21 wurden all jene Wuchsorte in ein Schwerpunktvorkommen einbezogen, deren Entfernung zum nächsten Vorkommen 4 km Luftlinie nicht überschreitet. Ein Schwerpunktvorkommen wurde nur eingezeichnet, wenn dieses mindestens 5 voneinander getrennte Wuchsorte umfaßt. Das Steinröschen findet sich aktuell in Baden-Württemberg in folgenden Naturräumen: Hochrheintal, Hegaualb, Baar, Baaralb, Oberes Donautal, Hohe Schwabenalb, Mittlere Kuppenalb und Obere Gäue. Das *Daphne cneorum*-Areal hat dabei drei Verbreitungsschwerpunkte und vier Nebenvorkommen:

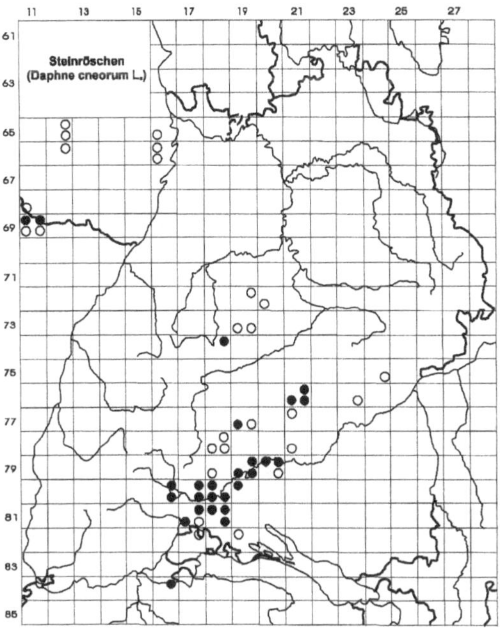

Abb. 20: Verbreitung des Steinröschens (*Daphne cneorum* L.) in Baden-Württemberg und der Pfalz auf der Basis von Meßtischblattquadranten (TK 1:25000). Ausgefüllte Kreise bezeichnen aktuelle (1995) Vorkommen. Offene Kreise symbolisieren ausgestorbene bzw. verschollene Fundorte (zum Teil nach Angaben aus LANG & WOLFF, 1993; SEBALD et al., 1992b und ADE et al., 1990).

■ Im Oberen Donautal zwischen Mühlheim a.d.D. und Gutenstein mit einem deutlichen Schwerpunkt südlich der Donau zwischen Beuron (Spaltfelsen) und Hausen (Bischofsfelsen). Bei diesen Wuchsorten handelt es sich um Primärstandorte dieser Art, das heißt Standorte, an denen diese Pflanze von Natur aus, ohne Zutun des Menschen heimisch ist. Erwähnt sei hier, daß die Steinröschen-Vorkommen dort enden, wo der jungpliozäne (vor- und frührißeiszeitliche) Lauf der Donau stark vom heutigen Verlauf abweicht (vergleiche die Abbildung bei GEYER & GWINNER, 1991: 319).

■ Eng begrenzt im Bereich nördlich von Trochtelfingen (Mittlere Kuppenalb), wo neben zahlreichen Sekundärstandorten (Gentiano-Koelerieta welche zum Teil mit Kiefer bestockt sind, sekundäre Xerobrometa) eventuell auch einige wenige Primärvorkommen (Xerobrometa) vorhanden sind (vergleiche WITSCHEL, 1986 ; MÜLLER, T., 1980).

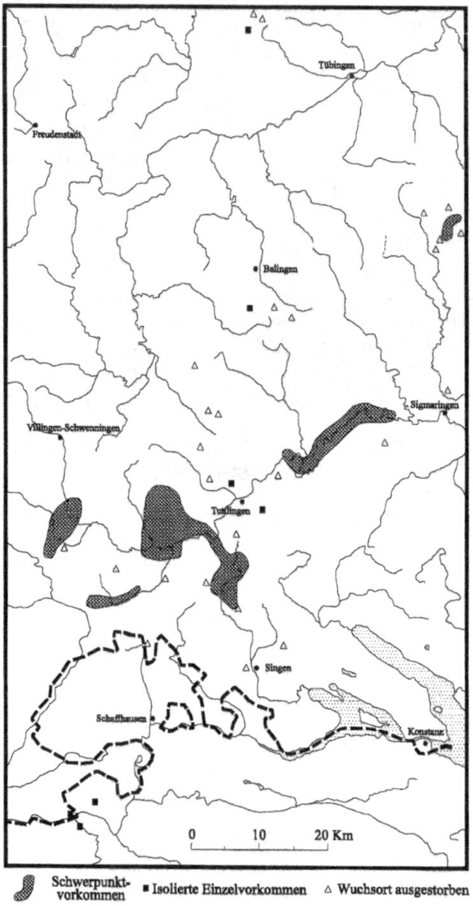

Abb. 21: Aktuelle Verbreitung von *Daphne cneorum* in Baden-Württemberg mit Angabe ausgestorbener und verschollener Wuchsorte in der Umgebung aktueller Vorkommen zur Verdeutlichung eines ehemals geschlosseneren Areals (zum Teil nach Angaben aus SEBALD et al., 1992b; WITSCHEL, 1984, 1986 und ADE et al., 1990).

- Das ausgedehnteste Areal befindet sich im Bereich Ippingen-Geisingen-Immendingen-Engen. Hierbei handelt es sich wohl in aller Regel um anthropogen bedingte Vorkommen, die sich sehr häufig im Übergangsbereich zwischen geschlossenem Buchen-Hochwald (auf Weißjura) und der landwirtschaftlichen Nutzfläche (auf Braunjura) befinden. Diese Übergangsflächen sind durch einen lichten Kiefernschirm mit xerothermer Bodenvegetation charakterisiert (siehe WITSCHEL, 1980, 1982, 1984).

■ Die übrigen Vorkommen sind meist isoliert und nur kleinflächig und individuenarm ausgebildet (Abb. 21), wobei allerdings das Vorkommen am Buchberg nahe Blumberg einen Primärstandort darstellen könnte (vergleiche dazu WITSCHEL, 1980; HANTKE, 1984). Weitere isolierte Fundorte liegen nahe Herrenberg (Verbreitungskarte in ADE et al., 1990), nahe Hausen am Tann und bei Herdern an der Grenze zur Schweiz.

4.3 Gesellschaftsanschluß

Nach SEIBERT (1985) und OBERDORFER (1990: 660) ist *Daphne cneorum* eine Ordnungscharakterart der Schneeheide-Kiefernwälder (Erico-Pinetea). Als erste Annäherung an die herrschenden Umweltbedingungen an *Daphne cneorum*-Standorten soll hier die Synsystematik dieser Art in der BRD beleuchtet werden. Wichtig ist hierbei die Differenzierung zwischen der soziologischen Amplitude, das heißt dem gesamten Verbreitungsspektrum und dem soziologischen Schwerpunkt, also die Herausstellung jener Gesellschaften, in denen das Steinröschen bevorzugt anzutreffen ist. Hierzu wurden Vegetationsaufnahmen aus der Literatur und unveröffentlichtes Aufnahmematerial verwendet (siehe Tab. 7 in Anhang 5). Bei der Besprechung der einzelnen Vegetationseinheiten geht es ausschließlich um jene Bestände, die *Daphne cneorum* enthalten, das heißt, es sind keine allgemeingültigen Aussagen, die auf die gesamte Gesellschaft zutreffen müssen. Soweit Aufnahmematerial vorhanden ist, werden im folgenden die ungewichteten mittleren Zeigerwertzahlen angegeben. Dabei bedeutet: L: Lichtzahl, T: Temperaturzahl, K: Kontinentalitätszahl, F: Feuchtezahl, R: Reaktionszahl, N: Stickstoffzahl, n: Anzahl der ausgewerteten Aufnahmen (siehe auch Kapitel 4.4.2).

4.3.1 Pflanzensoziologische Amplitude

Die synsystematische Gesamtverbreitung von *Daphne cneorum* in der BRD beschränkt sich auf fünf Klassen des pflanzensoziologischen Systems. Insgesamt findet sich das Steinröschen in folgenden 18 Gesellschaften (Anordnung nach der soziologischen Progression nach OBERDORFER, 1990: 25ff):

K: Festuco-Brometea (Trocken- und Steppenrasen, Halbtrockenrasen, basiphile Magerrasen der planaren bis hochmontanen Stufe)
- **O:** Festucetalia valesiacae (Kontinentale Steppenrasen)
  - **V:** Cirsio-Brachypodion (Subkontinentale Halbtrockenrasen)
    - **A:** Adonido-Brachypodietum pinnati [Garchinger Heide]
- **O:** Brometalia erecti (Submediterrane Trocken- und Halbtrockenrasen)
  - **V:** Mesobromion erecti (Trespen-Halbtrockenrasen)
    - **A:** Mesobrometum, montan-präalpine Rasse (=Gentiano vernae-Brometum) [Baar- und Hegaualb]
    - **A:** Mesobrometum, montan-präalpine *Brachypodium rupestre*-Rasse des Lechtals [Lech- und Isar-Schotterterrassen]
    - **A:** Koelerio-Seslerietum [Baar- und Hegaualb]
    - **A:** Gentiano-Koelerietum [Mittlere Kuppenalb (Trochtelfingen)]
    - **A:** Viscario-Avenetum pratensis [südliche Frankenalb]
  - **V:** Xerobromion (Submediterrane Trespen-Trockenrasen)
    - **A:** Xerobrometum [Mittlere Kuppenalb (Trochtelfingen)]
    - **A:** Pulsatillo-Caricetum humilis [Oberes Donautal, südliche und mittlere Frankenalb, Lech- und Isar-Schotterterrassen]

K: Seslerietea albicantis (Alpigene Kalk-Magerrasen)
O: Seslerietalia albicantis (Blaugras- und Rostseggen-Fluren)
V: Caricion ferrugineae (Rostseggen- und Buntreitgras-Halden)
A: Laserpitio-Calamagrostietum variae [Baar- und Hegaualb]

K: Nardo-Callunetea (Europäische Borstgras-Triften und Heiden)
O: Vaccinio-Genistetalia (Heidekraut-Gesellschaften)
V: Genistion pilosae (Subatlantische Ginsterheiden)
A: Genisto pilosae-Callunetum [Pfälzer Wald]

K: Trifolio-Geranietea sanguinei (Helio-thermophile Saumgesellschaften, Staudenhalden, Laubwiesen)
O: Origanetalia vulgaris (Wirbeldost-Gesellschaften)
V: Trifolion medii (Mesophile Klee-Saumgesellschaften)
A: Trifolio-Agriminietum eupatoriae [südliche Frankenalb]
V: Geranion sanguinei (Blutstorchschnabel-Saumgesellschaften, Steppenheide)
A: Geranio-Peucedanetum cervariae [Hochrheintal]

K: Erico-Pinetea (Schneeheide-Kiefernwälder und Alpenrosen-Latschengebüsche)
O: Erico-Pinetalia
V: Erico-Pinion
A: Cytiso nigricantis-Pinetum [Baar- und Hegaualb, südliche und mittl. Frankenalb]
A: Coronillo vaginalis-Pinetum [Baaralb, Oberes Donautal, Hohe Schwabenalb]
A: Erico-Pinetum [südliche Frankenalb, Lech- und Isar-Schotterterrassen]
A: Molinio-Pinetum sylvestris [Lech- und Isar-Schotterterrassen]

K: Vaccinio-Piceetea (Boreal-alpine Nadelwälder und Zwergstrauch-Gebüsche)
O: Piceetalia (Boreal-alpine Nadelwälder und subalpin-alpine Zwergstrauch-Gebüsche)
V: Piceion abietis (Fichten-Tannen- und Fichten-Wälder)
UV: Vaccinio-Piceenion (Fichtenwälder)
A: Asplenio-Piceetum [Hohe Schwabenalb]

K: Querco-Fagetea (Europäische Sommerwälder und Sommergebüsche)
O: Quercetalia pubescenti-petraeae (Wärmegebundene Eichenmischwälder)
V: Poentillo albae-Quercion petraeae (Ostmitteleuropäische subkont. Eichentrockenwälder)
A: Cytiso nigricantis-Quercetum roboris [südliche Frankenalb]

4.3.2 Nebenvorkommen

Daphne cneorum besitzt eine starke Bindung an nur wenige Assoziationen. Betrachtet man die Nebenvorkommen, so läßt sich beobachten, daß es sich sehr häufig um Kontaktgesellschaften handelt, in die diese Art einstrahlt (einzelne Subassoziationen des Cytiso- und Coronillo-Pinetum, die Nebenvorkommen darstellen, werden aus Gründen der Übersichtlichkeit bei den Schwerpunktvorkommen behandelt). Die Nebenvorkommen zeigen in bezug auf die mittleren Zeigerwerte folgende Spannen: L: 5,7-7,2; T: 4,2-5,7; K: 3,6-4,1; F: 3,3-4,5; R: 6,1-8,0; N: 2,5-3,5. Als Nebenvorkommen können die unten folgenden Assoziationen angesehen werden.

4.3.2.1 Adonido-Brachypodietum pinnati

Diese subkontinentale Assoziation ist in Tab. 7 (Anhang 5) nicht durch Aufnahmen belegt. In geringer Stetigkeit findet sich *Daphne cneorum* jedoch in Tab. 95, Spalte 3a bei OBERDORFER & KORNECK (1978). Es handelt sich dabei um Aufnahmen aus der Garchinger Heide, die der präalpinen *Festuca stricta*-Rasse der unteren bayerischen Hochebene zugeordnet werden. Als charakteristische Kontaktgesellschaften finden sich häufig Erico-Pinion-Gesellschaften. Nach SCHUHWERK (1990) handelt es sich jedoch aus verschiedenen Gründen nicht um ein Adonido-Brachypodietum (zum Beispiel wird *Brachypodium pinnatum* durch die präalpine Art *Brachypodium rupestre* ersetzt). Die Frage nach der korrekten Zuordnung muß im Rahmen dieser Arbeit offen bleiben. Einen Eindruck der floristischen, vegetationskundlichen und standörtlichen Verhältnisse (inklusive eines Vegetations- und Bodenprofils) in den 50er Jahren dieses Jahrhunderts vermittelt die Arbeit von RIEMENSCHNEIDER (1956).

4.3.2.2 Viscario-Avenetum pratensis (Tab. 7, Spalte 210-216)

(L: 7,2; T: 5,6; K: 3,8; F: 3,7; R: 6,1; N: 2,5; n=7)

Von dieser Assoziation liegen sieben Aufnahmen aus der südlichen Frankenalb südlich der Donau von ZIELONKOWSKI (1972, 1973) vor. In ihr dominieren die Gräser, insbesondere *Avena pratensis*; Azidophyten treten verstärkt auf. Das Viscario-Avenetum stellt eine Ersatzgesellschaft saurer Eichen- und Eichen-Kiefern-Wälder dar. Die Blühphänologie der Gesellschaft (inklusive *Daphne cneorum*) ist ANGRÜNER (1989) zu entnehmen. Die Böden dieser Gesellschaft sind von mittlerer Gründigkeit, oberflächlich stärker entkalkt und schwach sauer. Das Auftreten von *Daphne cneorum* im Viscario-Avenetum ist unabhängig von der Neigung und Exposition des Standortes. Nach ZIELONKOWSKI (1973: 33) wurden die Standorte des Viscario-Avenetum früher extensiv mit Schafen und Ziegen beweidet. In Verbindung mit den relativ tiefgründigen Böden müssen diese Bestände als Sekundärstandorte angesprochen werden. Sie sind den Primärstandorten (Weltenburger Enge) benachbart und von dort aus wohl anthropozoogen auf diese Standorte verschleppt worden.

4.3.2.3 Koelerio-Seslerietum (Tab. 7, Spalte 177-185)

(L: 7,1; T: 4,8; K: 3,8; F: 3,8; R: 7,7; N: 2,7; n=9)

Diese in den Mesobromion-Verband gehörende Assoziation findet sich an meist steilen, schuttreichen Weißjura α/β-Hängen in luftfeuchten W- bis N-Lagen der Schwäbischen Alb. Typisch für diese meist nur kleinflächig ausgebildeten Bestände ist ihr Reichtum an präalpinen Arten wie zum Beispiel *Carex sempervirens* und *Aster bellidiastrum*. *Daphne cneorum* tritt nur relativ selten in dieser Gesellschaft auf. Aufgrund der Expositionsverhältnisse (Schatthänge) blüht die Art entweder sehr verzögert, oder die Blütenbildung unterbleibt vollständig. Allgemein zeigt die Art eine deutlich verminderte Vitalität. Vorkommen in S-SW-Expositionen sind zumeist durch eine starke Horizontüberhöhung (Beschattung) charakterisiert.
Die Natürlichkeit dieser meist stark mergeligen Standorte erscheint zweifelhaft (vergleiche WITSCHEL, 1989); diese dürften weitgehend anthropogenen Ursprungs sein. Insbesondere die hier betrachteten Flächen mit *Daphne cneorum* finden sich ausschließlich an Böschungen von Forststraßen. Als Kontaktgesellschaften finden sich häufig Fichtenforst-Gesellschaften (vergleiche KORNECK, 1960).

4.3.2.4 Laserpitio-Calamagrostietum variae (Tab. 7, Spalte 171-175)

(L: 6,5; T: 4,9; K: 3,6; F: 4,1; R: 7,6; N: 3,0; n=5)

Die jurassischen Buntreitgrashalden stellen nach OBERDORFER (1974/76a) eine verarmte präalpine Gesellschaft des Caricetum ferrugineae auf frischen, schattseitigen Mergelhalden der Schwäbischen Alb dar. Es ist dies, wie übrigens der größte Teil aller Gesellschaften in denen *Daphne cneorum* auftritt, eine azonale Gesellschaft. Das Steinröschen findet sich nur selten in dieser Gesellschaft auf Weißjura β (Baaralb) oder Weißjura ζ2 (Hegaualb). Bei allen Standorten dürfte es sich um Sekundärstandorte handeln, die einer Pflege in Form von Mahd, Entfernung von Gehölzanflug oder Zurückdrängung von Fichtenanpflanzungen bedürfen (siehe WITSCHEL, 1986). *Daphne cneorum* blüht in dieser Gesellschaft nur, wenn der seitliche Lichteinfall aus südlicher bis südwestlicher Richtung den Wuchsort noch ausreichend beleuchtet und erwärmt.

4.3.2.5 Genisto pilosae-Callunetum

Das Genisto pilosae-Callunetum ist eine Assoziation saurer Standorte. *Daphne cneorum* kommt in dieser Gesellschaft im Pfälzer Wald auf Buntsandstein an einem Waldrand bei Ludwigswinkel vor (WITSCHEL, 1986) und stellt eine Fortsetzung der ehemals ausgedehnteren Vorkommen bei Bitche und Umgebung (Vogesen) dar. *Daphne cneorum* befindet sich in Genisto-Callunetum in einer basenreichen Ausbildung, worauf Arten wie *Euphorbia cyparissias*, *Carex flacca* oder *Festuca guestfalica* hinweisen (siehe WITSCHEL, 1986).
Wie bereits beim Viscario-Avenetum, so zeigt auch hier das Vorkommen von *Daphne cneorum* an, daß der pH-Wert des Bodens für diese Art weniger bedeutsam ist als der Lichtreichtum und die Nährstoffarmut des Standortes. Hierauf weisen auch die Wuchsorte in der Tschechei hin, wo das Steinröschen in (basenreichen) Dicrano-Pinion-Gesellschaften auftritt. ZÓLYOMI (1989) gibt die Art (hier in der ssp. *arbusculoides*) aus Westungarn an, wo sie in einem Genisto nervatae-Pinetum sylvestris callunetosum auf podsolierten Böden der Hochterrasse wächst. Die gemessenen pH (H_2O)-Werte lagen zwischen 4,3 und 4,5. Entsprechend zeigt *Daphne cneorum* in bezug auf die Reaktionszahl eine bimodale Verteilung, wenn auch die kalkreichen Standorte sehr viel zahlreicher vorhanden sind (vergleiche ZÓLYOMI, 1989).

4.3.2.6 Trifolio-Agrimonietum eupatoriae (Tab. 7, Spalte 209)

(L: 7,2; T:5,7; K:3,9; F:3,8; R:6,5; N:2,7; n=1)

Die hier wiedergegebene Aufnahme stellt eine Kontaktgesellschaft zum weiter oben angeführten Viscario-Avenetum dar (ZIELONKOWSKI, 1972), in die *Daphne cneorum* nur ausnahmsweise einstrahlt. Die Böden dieser Gesellschaft sind tiefgründige, humusreiche Braunerden mit Mull als Humusform (ZIELONKOWSKI, 1973: 42) und sind somit wie das Viscario-Avenetum als Sekundärstandorte einzustufen.

4.3.2.7 Geranio-Peucedanetum cervariae (Tab. 7, Spalte 208)

(L: 6,4; T: 5,7; K: 3,9; F: 3,5; R: 7,1; N: 2,5; n=1)

In trocken-warmen Saumgesellschaften ist das Steinröschen nur sehr selten anzutreffen. Das seltene Vorkommen im Geranio-Peucedanetum und damit in der eigentlichen Steppenheide im Sinne von

R. GRADMANN (siehe MÜLLER, T., 1977) erklärt sich vor allem aus der Struktur dieser Gesellschaft, die vorwiegend aus relativ hochwüchsigen Stauden besteht, die einen vergleichsweise dichten Vegetationsschluß bewirken, so daß niedrigwüchsige Arten wie zum Beispiel *Daphne cneorum* ausgedunkelt werden (vergleiche auch die relativ niedrige mittlere Lichtzahl der Aufnahme).

4.3.2.8 Molinio-Pinetum sylvestris (Tab. 7, Spalte 168-170)

(L: 6,5; T: 5,2; K: 4,0; F: 4,5; R: 7,3; N: 3,5; n=3)

Auch die Steinröschen-Vorkommen in der typischen Subassoziation des Pfeifengras-Kiefernwaldes auf Kalkpaternien der Isarschotterterrassen mit 15-60 cm mächtiger Feinsand- oder Sand-Auflage (siehe SEIBERT, 1962) sind als Nebenvorkommen zu betrachten. Sie stellen nach SEIBERT (1962: 37) eine natürliche Dauergesellschaft dar. Das seltene Vorkommen von *Daphne cneorum* in dieser in Süddeutschland auf Bayern beschränkte Assoziation verdeutlicht die synthetische Tabelle 258 in SEIBERT (1985), in der die Art mit einer Stetigkeit von nur 2% auftritt. Auch bei BRESINSKY (1959, Tab. 5: 131) findet sich das Steinröschen im Molinio-Pinetum des Lechtals auf älteren Terrassenabschnitten auf Sandböden oder Kiesböden mit Sandauflage, die vom Wasserhaushalt her (siehe mittlere Feuchte-Zahl) bereits günstiger sind als jene auf den höherliegenden Erico-Pinetum-Standorten, ebenfalls mit nur geringer Stetigkeit (vergleiche Seibert, 1958: 40ff für das Isartal). In Tab. 5 bei MÜLLER, N. (1991: 107) fehlt die Art vollständig. Die Assoziation steht meist mit dem Erico-Pinetum (dem Verbreitungsschwerpunkt von *Daphne cneorum* in Bayern) in Kontakt. Da nach BRESINSKY (1959: 142) der Schneeheide-Kiefernwald durch forstliche Maßnahmen (zum Beispiel Unterbauung mit Fichte, Einbringung von Kiefern) in einen Pfeifengras-Kiefernwald umgewandelt werden kann, bleibt es offen, ob es sich stets um natürlich entstandene Molinio-Pineta oder um anthropogen umgewandelte Erico-Pineta handelt.

4.3.2.9 Asplenio-Piceetum (Tab. 7, Spalte 176)

(L: 5,7; T: 4,2; K: 3,7; F: 4,4; R: 7,0; N: 3,2; n=1)

MÜLLER, T. (1975) beschreibt aus dem Traufgebiet der Hohen Schwabenalb natürliche Fichtengesellschaften. Die hier mitgeteilte Aufnahme stammt aus dem Naturschutzgebiet Untereck aus 920 m ü. NN in Nordexposition eines 60° steilen Hanges. Wie MÜLLER, T. (1975: 244) selbst betont, handelt es sich bei den Aufnahmen der Subassoziation von *Valeriana tripteris* nur noch bedingt um ein Asplenio-Piceetum. Sie steht dem Coronillo-Pinetum hylocomietosum nahe, eine Subassoziation, die allerdings ebenfalls suboptimale Standorte für das Steinröschen darstellt. Aufgrund der hohen Dynamik dieser Traufstandorte (Bergstürze, Rutschungen) ist die Aufnahme von 1961 als historisch anzusehen (schriftliche Mitteilung T. MÜLLER, 1993).

4.3.2.10 Cytiso nigricantis-Quercetum roboris (Tab. 7, Spalte 1)

(L: 6,6; T: 5,6; K: 4,0; F: 3,5; R: 7,8; N: 2,8; n=1)

Ein Vorkommen des Steinröschens im Cytiso-Quercetum robori ist durch eine Aufnahme von GAUCKLER (1938) aus der südlichen Frankenalb belegt. Es ist bezeichnend, daß *Daphne cneorum* in der wärmebegünstigsten und lichtreichsten Subassoziation mit *Dictamnus albus* auftritt. Die Assoziation steht im direkten Kontakt zum Cytiso-Pinetum. Das Vorkommen des Steinröschens kann daher als Einstrahlung aus dem Geißklee-Kiefernwald in das Cytiso-Quercetum gedeutet werden.

4.3.3 Schwerpunktvorkommen

In den oben beschriebenen Gesellschaften kommt *Daphne cneorum* nur mit sehr geringer Stetigkeit vor (Nebenvorkommen). In den folgenden Assoziationen ist das Steinröschen meist mit höherer Stetigkeit vertreten, oder sie wächst ohne Vitalitätsminderung bei relativ niedriger Stetigkeit. Mit der Bezeichnung "Schwerpunktvorkommen" soll jedoch nicht der Eindruck erweckt werden, daß die Art in diesen Gesellschaften häufig ist. Viele der folgenden Assoziationen sind von Natur aus kleinflächig ausgebildet und selten. Zudem ist für das Steinröschen bezeichnend, daß es an zahlreichen potentiell geeignet erscheinenden Standorten (und ihren Gesellschaften) nicht anzutreffen ist. Die Art bleibt also auch in den Schwerpunktgesellschaften eine seltene Art.
Innerhalb der Schwerpunktvorkommen ergeben sich folgende Spannen der mittleren Zeigerwertzahlen: L: 6,8-7,6; T: 4,6-5,6; K: 3,8-4,2; F: 3,1-4,1; R: 7,5-7,7; N: 2,3-2,7.
Der Verbreitungsschwerpunkt von *Daphne cneorum* läßt sich nicht nur geographisch, sondern auch weitgehend soziologisch in vier Gruppen einteilen:

▪ Hochrheintal, Südwest-Alb:	Cytiso-Pinetum, montan-präalpines Mesobrometum
▪ Mittlere Kuppenalb (Trochtelfingen):	Xerobrometum, Gentiano-Koelerietum
▪ Oberes Donautal:	Coronillo-Pinetum, Pulsatillo-Caricetum humilis
▪ Frankenalb, Lech-Isar-Schotterebene:	Cytiso-, Erico-Pinetum, Pulsatillo-Caricetum humilis, montan-präalpines Mesobrometum

4.3.3.1 Hochrheintal und Südwest-Alb

4.3.3.1.1 Cytiso nigricantis-Pinetum (Tab. 7, Spalte 6-50)

(L: 6,8; T: 5,3; K: 4,0; F: 3,7; R: 7,6; N: 2,7; n=45)

Der Geißklee-Kiefernwald ist in der BRD vom Hochrhein (mit Fortsetzung im Schweizer Mittelland ;vergleiche SOMMERHALDER, 1992; SCHMID, 1936) über das Bodenseegebiet, die Südwest-Alb bis hin zum Frankenjura verbreitet. Aufgrund seiner geographisch weiten Verbreitung bei meist nur kleinflächigen Vorkommen lassen sich nach MÜLLER, T. (1980) und WITSCHEL (1986) mehrere Rassen unterscheiden: a) *Thesium rostratum*-Rasse des Hochrhein und der Hegaualb, b) *Arctostaphylos uva-ursi*-Rasse des Bodenseegebietes (hier ohne *Daphne cneorum*), c) *Onobrychis montana*-Rasse der Baaralb und d) *Cytisus supinus*-Rasse des Frankenjura. Im Rahmen unserer Betrachtung ist jedoch die standörtliche Gliederung dieser Assoziation wichtiger. Mit MÜLLER, T. (1980) unterscheiden wir drei Subassoziationen:

- Typische Subassoziation
- Subassoziation mit *Carex flacca*
- Subassoziation mit *Hylocomium splendens*

■ Typische Subassoziation (Tab. 7, Spalte 6-19, 36-37)

(L: 6,9; T: 5,4; K: 4,0; F: 3,4; R: 7,7; N: 2,6; n=16)

Das Cytiso-Pinetum typicum repräsentiert die trockenste und nährstoffärmste Untereinheit des Geißklee-Kiefernwaldes (vergleiche die mittleren Zeigerwerte). Sie findet sich (mit darin vorkommender *Daphne cneorum*) nur sehr selten im Hochrheintal und in der Baaralb. Ihren Schwerpunkt hat sie in der Hegaualb auf Weißjura ζ2o, den Oberen Zementmergeln, in Südexposition. Ähnlich wie von WITSCHEL (1982) aus der Baaralb beschrieben, stellen sich die Flächen der Hegaualb ebenfalls als schmale Streifen zwischen dem eigentlichen Hochwald und der landwirtschaftlichen Nutzfläche dar.

■ Subassoziation mit *Carex flacca* (Tab. 7, Spalte 20-35, 38-45)

(L: 6,8; T: 5,3; K: 4,0; F: 3,7; R: 7,6; N: 2,7; n=24)

Der Verbreitungschwerpunkt von *Daphne cneorum* innerhalb dieser Assoziation liegt im Cytiso-Pinetum caricetosum flaccae der Baar- und Hegaualb. Die Differentialarten dieser Subassoziation zeigen (stark) wechseltrockene Verhältnisse an, die durch einen hohen Mergelgehalt der Rendzinen hervorgerufen werden. Die Standorte sind meist südwestexponierte, stark bis schwach geneigte Hänge auf Weißjura ζ2, Weißjura α oder Weißjura β-Schutt. Das Steinröschen blüht und fruchtet in dieser wie in der vorhergehenden Untereinheit. Aufgrund der leichten Beschattung dieser Standorte durch die Kiefernbestockung sind die Polykormone des Steinröschens jedoch nie sehr ausgedehnt und bilden meist keine dichten Polster. Die beigefügte Aufnahme mit *Carex sempervirens* vermittelt bereits zur folgenden Subassoziation.

■ Subassoziation mit *Hylocomium splendens* (Tab. 7, Spalte 46-50)

(L: 6,1; T: 5,0; K: 3,9; F: 4,2; R: 7,2; N: 3,1; n=5)

Das Cytiso-Pinetum hylocomietosum findet sich an weniger stark geneigten Flächen in der Baar- und Hegaualb. Entweder handelt es sich um Schatthänge, oder die Standorte sind durch eine starke Horizontüberhöhung von einem größeren Strahlungsgenuß abgeschirmt. Aufgrund der meist stark entwickelten Moosschicht und einem mäßig trockenen bis mäßig frischen Wasserhaushalt stellt sich auf den relativ tiefgründigen Rendzinen zumeist ein Moder als Humusform ein (Moder-Rendzina). *Daphne cneorum* wächst in dieser Gesellschaft nur selten und mit deutlich herabgesetzter Vitalität in Form kleiner Polykormone und verzögerter oder fehlender Blütenbildung. Die Subassoziation ist als Nebenvorkommen innerhalb des Cytiso-Pinetum anzusehen.

4.3.3.1.1.1 Zur Natürlichkeit der Cytiso-Pineta der Südwest-Alb

An dieser Stelle muß auch auf die Naturnähe der Geißklee-Kiefernwälder im behandelten Gebiet eingegangen werden, da dies auch für die Bewertung dieser Standorte in Hinblick auf *Daphne cneorum* wichtig ist.

Wie MÜLLER, T. (1980) betont, dürfte die große Mehrzahl der Vorkommen als anthropogen bedingt einzustufen sein (siehe auch die Aussage bei PHILIPPI & SCHREINER, 1961). Die große Stetigkeit und Deckung von Sträuchern des Berberidion, sowie die große Anzahl von Trifolio-Geranietea-Arten läßt eher den Schluß zu, daß diese Föhrenwälder eine sehr stabile

Ersatzgesellschaft auf Cephalanthero-Fagenion-Standorten darstellen. Bezeichnenderweise sind wärmeliebende Querco-Fagetea-Arten zahlreich in diesen Cytiso-Pineten vertreten (siehe Tab. 7 in Anhang 5). Die Rendzinen dieser Standorte weisen mit ihrer mittelgroßen bis großen Entwicklungstiefe ebenfalls auf einen potentiellen Laubholzstandort hin. Während auch SEIBERT (1985) diese Auffassung teilt, vertritt KRAUSE (1970) die Meinung, daß es sich bei den Nadelwäldern des Baarrandes aus edaphischen und klimatischen Gründen um echte Reliktföhrenwälder handelt.
Die Entstehung und heutige Stabilität dieser Kiefernwälder dürfte auf die anthropozoogenen Einflüsse der letzten Jahrhunderte zurückgehen. So schreibt BAUMANN (1937: 137), daß bereits um 1500 im Raum Immendingen die Forche künstlich eingebracht wurde, was durch neuere forstarchivarische Forschungen bestätigt wurde (KÄTZLER, 1979). Neben einer regelmäßig wiederkehrenden Plünderung der Wälder, so zum Beispiel 1796, als nach BAUMANN (1937: 116) fast der gesamte Wald der Brennholznot zum Opfer fiel, bewirkte die intensive Waldweide mit Rindern, Schafen und Ziegen eine starke Degradation des Bodens. Welche Ausmaße diese Bodenzerstörung erreicht haben muß, ersieht man daraus, daß nach BAUMANN (1937: 126) um 1847 die Geisinger Bevölkerung aufgefordert wurde, in den umliegenden Wäldern Isländisch Moos (=die Strauchflechte *Cetraria islandica*) zur Brotbereitung zu sammeln. Gleichzeitig herrschte ein immenser Bedarf an Holzkohle für die zahlreichen umliegenden Eisen-Hüttenwerke (siehe zum Beispiel SATTLER, 1981; SPITZ, 1930). Zu alldem kam die Beweidung der Flächen mit Rindern, Schafen und zahlreichen Ziegen hinzu (siehe BAUMANN, 1937; KÖNIGL. STAT. LANDESAMT, 1905). Die Beweidung und der Verbiß aufgrund hoher Wilddichten bewirkten eine starke Unterdrückung des Laubholzjungwuchses. Insbesondere das Wildproblem ist auch heute noch für die Forstwirtschaft aktuell, wenn dadurch auch die Cytiso-Pineta weitgehend laubholzfrei gehalten werden (siehe KAMPRATH, 1990). Diese Einflüsse bewirkten die Entstehung extremer Standorte, indem die Böden stärker erodierten, die verlichteten Bestände einen erhöhten Strahlungsgenuß erhielten und aufkommender Jungwuchs rasch vernichtet wurde. Insgesamt wurde der Standort in bezug auf den Wasser-, Wärme- und Nährstoffhaushalt extremer, eine Situation, die Kiefernbestockung fördert.

4.3.3.1.2 Mesobrometum, montan-präalpine Rasse der Südwest-Alb (Tab. 7, Spalte 186-204)

(L: 7,2; T: 5,4; K: 3,9; F: 3,4; R: 7,6; N: 2,5; n=19)

Diese Assoziation findet sich normalerweise an S bis SW-exponierten schwach bis stark geneigten Weißjura α/β-Hängen der Baaralb, weniger häufig in der Hegaualb (selten in der Baar auf Trigonodus-Dolomit des Muschelkalk). Die Mehrzahl der Flächen bilden den Übergang zwischen intensiv genutzten landwirtschaftlichen Flächen und dem schmalen Cytiso-Pinetum-Streifen vor dem eigentlichen Buchen-Hochwald. Das Mesobrometum (dessen montan-präalpine Rasse auch als Gentiano vernae-Brometum bezeichnet wird; siehe OBERDORFER & KORNECK, 1976) stellt somit eine Kontaktgesellschaft des Geißklee-Kiefernwaldes dar und ist häufig ausgedehnter als der Kiefernwald. Die Assoziation ist ausschließlich anthropozoogen durch eine Kombination aus Beweidung und Mahd entstanden (siehe BAUMANN, 1937; KREIDLER, 1941; LOHRMANN, 1933). Das Mesobrometum dieser Ausbildung mit *Carex humilis* stellt eine Ersatzgesellschaft wärmeliebender Buchengesellschaften dar. Im Mesobrometum erreicht *Daphne cneorum* ihre größte Vitalität, angezeigt durch Bildung zahlreicher Polykormone, die zum Teil hohe, ausgedehnte "Polster" bilden. Die individuen- und blütenreichsten Standorte in Baden-Württemberg befinden sich in dieser Assoziation.

4.3.3.2 Mittlere Kuppenalb (Trochtelfingen)

4.3.3.2.1 Xerobrometum (Tab. 7, Spalte 116-136)

(L: 7,6; T: 5,6; K: 4,0; F: 3,1; R: 7,5; N: 2,3; n=21)

Die Vorkommen von *Daphne cneorum* bei Trochtelfingen liegen fernab von allen anderen Wuchsorten (vergleiche dazu *Trinia glauca* in WITSCHEL, 1991). Neben sehr wenigen großflächigen (linear ausgedehnten) Trockenrasen gibt es zahlreiche extrem kleinflächige Vorkommen (wenige m^2) auf Felsnasen. Die Standorte sind extrem flachgründig (Syrosem) und haben als geologisches Ausgangssubstrat stets die Dolomit- und Zuckerkornfazies des Weißjura δ/ϵ, der durch sandig zerfallendes Gestein gekennzeichnet ist. Entsprechend extrem sind die abiotischen Standortbedingungen in bezug auf den Wasser- und Nährstoffhaushalt. Auch die extremen Temperaturen an diesen Standorten haben einen Einfluß auf die Artenzusammensetzung dieser meist südexponierten Gesellschaft, die auf flachen bis extrem steilen Standorten vorkommt. Entsprechend lückig, das heißt aber auch konkurrenzarm, ist die Vegetation ausgebildet. *Daphne cneorum* zeigt an diesen Standorten jedoch keine sichtbaren Wassermangel- oder Hitzeschäden. Vielmehr finden sich meist gut ausgebildete, blütenreiche "Polster", was vermutlich auf das tiefreichende Wurzelsystem zurückzuführen ist.
Stellt man die Frage nach der Naturnähe der Xerobrometum-Standorte, so muß die überwiegende Mehrzahl als anthropozoogen angesehen werden. So sind beispielsweise die Trockenrasen-Bestände am "Flachsbühl" (TK 7621/3) durch die Nutzung der flach unter dem Boden anstehenden Kalkfelsen entstanden. Noch heute sind an einigen Stellen Reste von Sprenglöchern sichtbar. Bei den vielen kleinflächigen Vorkommen läßt sich die Natürlichkeit dieser Felsnasen kaum nachweisen. Der extreme Einfluß des Menschen dürfte hier wohl den Ausschlag für die Entstehung gegeben haben (Dolomitsandgraben, Schafbeweidung). Nur an sehr wenigen Stellen dürften diese Xerobrometa natürlich sein. Insbesondere das isolierte Vorkommen von *Daphne cneorum* und noch mehr das von *Trinia glauca* spricht für diese Vorstellung, die von WITSCHEL (1991) vertreten wird. Von diesen punktuellen Vorkommen haben sich dann unter anderem diese beiden Arten auf die neugeschaffenen, konkurrenzarmen Standorte ausgedehnt.

4.3.3.2.2 Gentiano-Koelerietum (Tab. 7, Spalte 205-207)

(L: 7,6; T: 5,6; K: 4,0; F: 3,1; R: 7,5; N: 2,3; n=3)

Von dieser Assoziation liegen keine Aufnahmen in der Literatur vor. Daher wurden drei eigene Aufnahmen eines beweideten Gentiano-Koelerietum beigefügt. Die bei WITSCHEL (1986) angeführten Aufnahmen sind dem Xerobrometum anzuschließen, worauf WITSCHEL (1991) hinweist. Im Gegensatz zum Xerobrometum sind die Gentiano-Koelerieten meist (groß-) flächig ausgebildet. Die meisten Flächen wurden nach WITSCHEL (1991) bereits jahrhundertelang mit Schafen beweidet. Der Niedergang der Schafzucht begann nach diesem Autor um 1840, gefolgt von einer Aufforstungswelle, die bis etwa 1930 andauerte (vergleiche GÖTZ, 1977 für das Gebiet der Münsinger Alb). Aus diesem Grunde sind heute auch viele Gentiano-Koelerieten mit Kiefer bestockt. Mit Fichte aufgeforstete Flächen lassen aufgrund der starken Schattwirkung dieser Art nur noch die ursprüngliche Beweidung erahnen. Daß der heutige Waldanteil um 1797 wesentlich geringer war, läßt sich sehr gut der "Schmidt´schen Karte von Südwestdeutschland", Blatt 60 (Trochtelfingen) entnehmen.
Daphne cneorum kommt im Gentiano-Koelerietum in Bezug auf die Individuenzahl sehr viel häufiger vor als in den Xerobrometum-Beständen. Im letzteren sind die Pflanzen aber häufig vitaler

und blütenreicher. Insbesondere auf neuerdings wieder beweideten Flächen findet ein gewisser Verbiß des Steinröschens statt. Erfolgt die Beweidung jedoch kontrolliert und extensiv, erscheint der Bestand nicht gefährdet, zumal das Steinröschen über ein gutes Regenerationsvermögen verfügt. In aufgeforsteten Gentiano-Koelerieten hat die Art häufig mit dem gedrosselten Lichtverhältnissen zu kämpfen, was sich in einer allgemeinen Vitalitätsminderung bemerkbar macht. Daher kann *Daphne cneorum* auch nicht als (seltene) Charakterart von "Heidewäldern" angesehen werden, wie bei GÖTZ (1977) angegeben. Hier wäre eine großzügige Auflichtung der Bestände dringend erforderlich.

4.3.3.3 Oberes Donautal

4.3.3.3.1 Coronillo vaginalis-Pinetum (Tab. 7, Spalte 51-86)

(L: 7,0; T: 5,0; K: 4,0; F: 3,5; R: 7,7; N: 2,5; n=36)

Der Scheidenkronwicken-Kiefernwald des Oberen Donautales ist die Schwerpunktgesellschaft *Daphne cneorums* in diesem Naturraum (im Schweizer Jura setzt sich diese Gesellschaft fort; siehe SOMMERHALDER,1992). Die Gesellschaft ist durch die Scheidenkronwicke (*Coronilla vaginalis*) und mehrere Differentialarten gut gegenüber dem Cytiso-Pinetum abgegrenzt. Im Gegensatz zu den Geißklee-Kiefernwäldern der Südwest-Alb sind die Standorte dieser Assoziation extremer, das heißt flachgründiger und meist steiler. Das Coronillo-Pinetum stellt eine natürliche Waldgesellschaft dar, in der die Kiefer von Natur aus dominiert (siehe LOHRMANN, 1959; KÄTZLER, 1979; MÜLLER, T., 1980). Es handelt sich stets um kleinflächig ausgebildete Bestände, an denen die Kiefer zum Teil mit nur wenigen Exemplaren beteiligt ist (siehe die Abbildung bei LOHRMANN, 1959).
Das Coronillo-Pinetum läßt sich ähnlich wie der Geißklee-Kiefernwald nach dem Wasserhaushalt des Standortes in vier Subassoziationen untergliedern:

- Subassoziation mit *Carex flacca*
- Typische Subassoziation
- Subassoziation mit *Festuca pallens*
- Subassoziation mit *Hylocomium splendens*

■ Subassoziation mit *Carex flacca* (Tab. 7, Spalte 54-57)

(L: 7,0; T: 5,0; K: 4,1; F: 3,9; R: 7,8; N: 2,5; n=4)

Das Coronillo-Pinetum caricetosum flaccae findet sich nur außerhalb des Oberen Donautales, wird aber der Übersichtlichkeit halber erst an dieser Stelle besprochen. In der Tab. 7 (Anhang 5) sind Aufnahmen auf Weißjura β der Baaralb wiedergegeben. Die Flächen sind S-SW-exponiert und im Mittel steiler als jene des Cytiso-Pinetum. Entsprechend höher ist auch die eingestrahlte Energiemenge. Obwohl diese stark wechseltrockenen Standorte extremeren Bedingungen ausgesetzt sind als die des Geißklee-Kiefernwaldes, werden die Bestände von MÜLLER, T. (1980) als weitgehend anthropogenen Ursprungs eingestuft. Aufgrund der Seltenheit dieser Subassoziation in der Baaralb findet sich auch *Daphne cneorum* nur an wenigen Standorten in ihr (Nebenvorkommen).

■ Typische Subassoziation (Tab. 7, Spalte 58-63)

(L: 7,1; T: 5,0; K: 4,0; F: 3,3; R: 8,0; N: 2,3; n=6)

Die Typische Subassoziation mit darin auftretendem Steinröschen ist weitgehend auf nach SW- bis NW-ausgerichteten, sehr steile Lagen im Bereich der Albtraufzone beschränkt (siehe MÜLLER, T., 1980) und stellt wie die Subassoziation mit *Carex flacca* ein Nebenvorkommen dar. Um jedoch den Scheidenkronwicken-Kiefernwald geschlossen abzuhandeln, wird auch die Typische Subassoziation hier behandelt. Auch diese Untereinheit ist meist nur sehr kleinflächig vorhanden. Mit der Typischen Subassoziation erreicht das Coronillo-Pinetum, und mit ihr *Daphne cneorum*, das höchste Vorkommen in Baden-Württemberg (900-990 m ü. NN).

■ Subassoziation mit *Festuca pallens* (Tab. 7, Spalte 64-86)

(L: 7,0; T: 5,1; K: 3,9; F: 3,4; R: 7,7; N: 2,5; n=23)

Diese Subassoziation des Coronillo-Pinetum ist die typische Gesellschaft auf den Felsen des Oberen Donautales und auch *Daphne cneorum* hat hier ihren Schwerpunkt. Sie ist durch zahlreiche Arten des Diantho-Festucetum und Drabo-Hieracietum gekennzeichnet. Entsprechend sind die Standorte extrem flachgündig (Syrosem-mullartige Rendzina), sehr trocken und nährstoffarm. MÜLLER, T. (1980) ist der Auffassung, daß diese Standorte von einer autochthonen Kiefernrasse besiedelt werden. Die südwest- bis nordwest-exponierte Gesellschaft ist im Mittel 37° geneigt und somit sehr steil und schwer zugänglich. Innerhalb dieser Subassoziation läßt sich floristisch gut zwischen Beständen unterscheiden, die nördlich der Donau auftreten (mit *Cytisus nigricans*, Geranion sanguinea-Arten und reduzierter Stetigkeit der Differentialarten der Subassoziation), und solchen, die sich südlich der Donau befinden, worauf MÜLLER, T. (1980) hinweist. Ab Gutenstein und östlich davon fehlt das Coronillo-Pinetum ebenso wie *Daphne cneorum*.

■ Subassoziation mit *Hylocomium splendens* (Tab. 7, Spalte 51-53)

(L: 6,5; T: 4,6; K: 3,9; F: 4,0; R: 7,3; N: 2,8; n=3)

Innerhalb der Subassoziation von *Hylocomium splendens* an steilen Schatthängen tritt *Daphne cneorum* nur sehr selten (Nebenvorkommen) und mit deutlich verringerter Vitalität auf. Das Steinröschen dürfte in der Regel aus der Subassoziation mit *Festuca pallens* partiell in diese Subassoziation eingewandert sein.

4.3.3.3.2 Pulsatillo-Caricetum humilis (Tab. 7, Spalte 87-104)

(L: 7,2; T: 5,0; K: 3,9; F: 3,1; R: 7,7; N: 2,4; n=18)

Der Erdseggenrasen im Bereich des Oberen Donautales ist eine der Sonnenstrahlung voll ausgesetzte süd- bis südwestexponierte, extrem steile Flächen besiedelnde Dauergesellschaft des Xerobromion. Sie ist insbesondere durch die dealpine Art *Leontodon incanus* gekennzeichnet (vergleiche OBERDORFER & KORNECK, 1976). Dies veranlaßt SCHUHWERK (1990) dazu, die Assoziation als reliktische Form des Xerobrometums anzusprechen. Sie steht häufig in Kontakt zum Coronillo-Pinetum (festucetosum pallentis) und ist dieser Assoziation auf den Felsen des Oberen Donautales häufig vorgelagert. Trotz der hohen Energieeinstrahlung und der nur initialen

Bodenentwicklung (Syrosem-Protorendzina) zeigt *Daphne cneorum* eine hohe Vitalität und ist ausgesprochen resistent gegenüber hohen Temperaturen und extremen Wassermangel.
Das Pulsatillo-Caricetum humilis des Oberen Donautales ist eine Gesellschaft, in der *Daphne cneorum* von Natur aus relativ häufig vorkommt. Zwei Aufnahmen von SEBALD (1983) wurden, dem Vorschlag des Autors folgend, ebenfalls dem Pulsatillo-Caricetum humilis zugeordnet, besonders da das vorhandene Aufnahmematerial eine Zuordnung zum Bromo-Seslerietum nicht zuließ.

4.3.3.4 Frankenjura, Lech- und Isar-Schotterebene

In Bayern tritt *Daphne cneorum* schwerpunktmäßig in vier verschiedenen Assoziationen auf:

4.3.3.4.1 Cytiso nigricantis-Pinetum (Tab. 7, Spalte 2-5)

(L: 6,8; T: 5,5; K: 4,2; F: 3,4; R: 7,7; N: 2,6; n=4)

Der Geißklee-Kiefernwald des Frankenjura mit darin vorkommender *Daphne cneorum* ist auf südwest- bis westexponierte, steile Weißjurahänge beschränkt, die zwischen 390 und 430 m ü. NN liegen, und gehört damit zu den niedrigsten Vorkommen dieser Assoziation. Nach GAUCKLER (1938: 29) befinden sich 90% aller Cytiso-Pinetum-Bestände des Frankenjura auf Dolomitstandorten. Gaukler (a.a.O. S. 35f) maß im Geißklee-Kiefernwald eine mittlere relative Beleuchtungsrate von 48%, was für *Daphne cneorum* bereits leicht suboptimale Bedingungen darstellt (vergleiche Abb. 29). Vergleicht man die Aufnahmen mit denen aus der Südwest-Alb, so muß man die Frankenjurabestände zur typischen Subassoziation des Cytiso-Pinetum stellen. Ob es sich ebenfalls um weitgehend sekundäre Vorkommen handelt, kann von hier aus nicht beurteilt werden. Die Böden sind dem Rendzina-Typ zuzuordnen. Ihre Gründigkeit liegt meist zwischen 15-20 cm bei einem Skelettgehalt von 8% bis 49% und einem pH-Wert des feinsandigen Substrates von (7,0) 7,1 bis 7,3 (GAUCKLER, 1938: 29).

4.3.3.4.2 Erico-Pinetum sylvestris (Tab. 7, Spalte 145-167)

(L: 6,9; T: 4,6; K: 3,8; F: 4,1; R: 7,4; N: 2,5; n=23)

Häufiger findet sich *Daphne cneorum* im Schneeheide-Kiefernwald des Alpenvorlandes auf flachgründigen Kalkschottern der Flußterrassen von Lech und Isar (siehe BRESINSKY, 1959, LORENZ, 1993; MÜLLER, N., 1991; SEIBERT, 1958, 1962). Das Erico-Pinetum stellt in Bayern die Schwerpunktgesellschaft von *Daphne cneorum* dar. Die Schneeheide-Kiefernwälder der steilen Moränen-, Molasse- und Dolomithänge am Alpenrand unterscheiden sich dabei deutlich von denen der Flußschotterterrassen (BRESINSKY, 1959; LORENZ, 1993; ZÖTTL, 1952). Die Baumschicht dieser Gesellschaft ist meist sehr licht ausgebildet. Wird diese dichter (zum Beispiel auf tiefgründigeren Böden), so vermag sich *Daphne cneorum* unter anderen nicht mehr durchzusetzen (BRESINSKY, 1959: 141). Daher erreicht das Steinröschen vor allem in der *Erica*-reichen Ausbildung des Erico-Pinetum auf besonders flachgründigen Böden ihre höchste Stetigkeit (BRESINSKY, 1962).
Eine Entfernung der Bestockung (mit anschließender Beweidung) wandelt diese Bestände in Mesobrometa um (siehe unten), worauf BRESINSKY (1959) hinweist. GAUCKLER (1966) gibt aus der südlichen Frankenalb Erico-Pinetum-Bestände um 400 m ü. NN an, in welchem das Steinröschen mit einer Stetigkeit von III vorhanden ist. Die Vorkommen von *Daphne cneorum* in

den Isarauen nördlich von Mittenwald um 850 m ü. NN konzentrieren sich auf die Subassoziation mit *Globularia cordifolia* auf Protoborowinen (siehe LORENZ, 1993). Auf diesen Standorten wird die Waldkiefer (*Pinus sylvestris*) weitgehend durch die Spirke (*Pinus uncinata*) ersetzt. Die Gesamtverbreitung der Assoziation in Bayern ist SCHUHWERK (1990) zu entnehmen; sie ist deckungsgleich mit der Verbreitung von *Erica herbacea*.

4.3.3.4.3 Pulsatillo-Caricetum humilis (Tab. 7, Spalte 105-115)

(L: 7,3; T: 5,4; K: 4,0; F: 3,4; R: 7,7; N: 2,4; n=11)

Diese Assoziation des Xerobromion wird von OBERDORFER & KORNECK (1976) als *Bromus erectus*-Rasse der Isar- und Lechtalschotter bezeichnet. SCHUHWERK (1990) faßt die Gesellschaft als reliktische Ausbildung des Xerobrometum mit *Hieracium hoppeanum macranthum* auf. Im südlichen Frankenjura tritt die Gesellschaft in der Subassoziation mit *Sesleria albicans* auf. GAUCKLER (1938: 35f) gibt für diese Subassoziation einen mittleren Skelettgehalt der sehr flachgründigen Rendzina von 61% und einen pH-Wert von 7,1 an. Der Lichtreichtum wird durch eine relative Beleuchtungsrate von 92% ersichtlich. *Daphne cneorum* erscheint in dieser xerothermen Gesellschaft als seltener (Frankenjura) bis zerstreuter (Lech, Isar) Begleiter. Bei einigen Beständen des südlichen Frankenjura weist GAUCKLER (1938) darauf hin, daß diese sekundärer Natur und durch (Schaf-)Beweidung entstanden sind.

4.3.3.4.4 Mesobrometum, montan-präalpine *Brachypodium rupestre*-Rasse (Tab. 7, Spalte 137-144)

(L: 7,1; T: 5,2; K: 4,0; F: 3,8; R: 7,6; N: 2,3; n=8)

Von dieser Assoziation liegen in der Literatur bisher nur wenige Aufnahmen von BRESINSKY (1959) und MÜLLER, N. (1991) vor. *Daphne cneorum* tritt in dieser Gesellschaft, die früher häufig beweidet wurde (BRESINSKY, 1966), bevorzugt in der Subassoziation mit *Erica herbacea* auf. Floristisch unterscheidet sich diese vom Erico-Pinetum nur durch das Fehlen einer Kiefernbestockung, mag also ursprünglich dieser Assoziation angehört haben und ist erst durch die Beseitigung der Bestockung und nachfolgender (Schaf-) Beweidung entstanden. BRESINSKY (1959: 147f) betont, daß die Heidewiesen des Lechfeldes, welche weitgehend dem Mesobrometum entsprechen, schon aufgrund ihre räumlichen Lage (auf älteren Terrassenabschnitten) nicht das Produkt einer primären Sukzession sein können. Sie dürften größtenteils anthropogenen Ursprungs sein, entstanden durch die Entfernung der Kiefernbestockung mit nachfolgender Schafbeweidung und Streumahd.

4.4 Standortbedingungen

4.4.1 Exposition, Inklination und Mikroklima

Für *Daphne cneorum* und die in diesem Zusammenhang behandelten Gesellschaften stellen die Klimadaten der Klimastationen im Untersuchungsgebiet nur Eckdaten dar. Entscheidend ist für diese Standorte mit ihrer extrazonalen Vegetation das Gelände- (Meso-) und vor allem das Klein- oder Mikroklima.

Exposition und Hangneigung haben einen entscheidenden Einfluß auf den Strahlungsgenuß eines Standortes (BRZOSKA, 1937; BAUMGARTNER, 1960; HÖLZER, 1978; HÄCKEL, 1990). Dabei erhalten nach HÄCKEL (1990: 273) Südhänge mit etwa 45° Neigungswinkel die größte Jahressumme eingestrahlter Energie.

Eine Analyse der Hangausrichtungen und -neigungen der in Tab. 7 (Anhang 5 und 6) wiedergegebenen Vegetationsaufnahmen läßt die Präferenz für süd- bis westexponierte, schwach bis sehr steil geneigte Hänge erkennen (Abb. 22). Insbesondere Süd- und Südwestlagen werden dabei bevorzugt. Berücksichtigt man die Vitalität von *Daphne cneorum* (gemessen an der Blütezeit, Blühintensität und der Ausbildung der Polykormonstruktur), so korreliert eine hohe Vitalität mit einer Süd- bis Südwest-Exposition. Westhänge bedingen beim Steinröschen vielfach bereits eine Vitalitätsminderung. Nur in Fällen mit einer geringen Horizontabschirmung und niedriger Vegetation sind solche Standort für diese Art noch gut geeignet.

Errechnet man für die einzelnen Expositionen den jährlichen Strahlungsgenuß (=jährliche Strahlungssumme; nach Angaben aus LESER & KLINK, 1988: 147ff), so erhält man einen Eindruck von den zugeführten Energiemengen der einzelnen Hangrichtungen. Es sei hier betont, daß es sich nur um eine allererste Näherung handeln kann, da der wichtige Faktor der Horizontüberhöhung (=Horizontabschirmung), das heißt die Einschränkung des Horizontes durch das umgebende Gelände, nicht berücksichtigt werden kann. Die errechnete extraterrestrische Hangbestrahlung wurde der geographischen Breite des Aufnahmeortes angepaßt. Zudem wurden Besonnungsabzüge vorgenommen, die die Reduktion der Strahlungssumme durch Bewölkung berücksichtigen (=mittlere gemessene Sonnenscheindauer, Bezugsstationen: Tübingen, Sigmaringen, München und Regensburg).

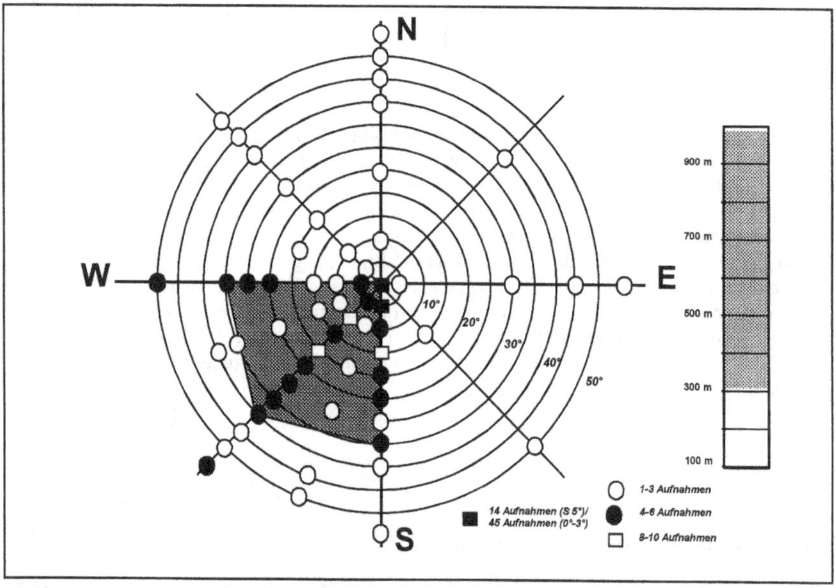

Abb. 22: Expositions-Inklinationsdiagramm und Höhenverteilung von *Daphne cneorum*-Standorten in Süddeutschland. Standorte mit Neigungen ≥60°(-80°) sind durch Symbole oberhalb des 50°-Kreises dargestellt. Grundlage der Darstellung sind die Angaben zu Tab. 7 (Anhang 6).

Als Mittelwerte errechnete sich für Süd- und Südwest-Expositionen 664-721 kWh/m²xa, nordwest- und nordexponierte Standorte erhalten nur noch Werte von 166-376 kWh/m²xa, also wesentlich geringere Einstrahlungswerte. Die zumeist ebenen oder sehr schwach geneigten Vorkommen der Lech-Isar-Schotterebene erreichen Werte um 561 kWh/m²xa. Eine Berücksichtigung der am Standort auftretenden Abschattungsbeträge reduziert diese Werte selbstverständlich noch. Dennoch wird aus den Beträgen die extreme Einstrahlung an süd- und südwestexponierten Standorten sichtbar. Die Auswirkungen von Expositionsunterschieden zeigt BAUMGARTNER (1960) am Beispiel des Laubaustriebes und der Ausaperung am Großen Falkenstein im Bayerischen Wald und BIEDERBICK (1991) für die Verteilung von Pflanzengesellschaften im Göttinger Wald. Insbesondere in Frühjahr und Herbst treten nach HÄCKEL (1990: 273) die größten Bestrahlungsunterschiede zwischen Süd- und Nord-Hängen auf. Dies bedeutet für *Daphne cneorum*, daß die Standorte früh schneefrei und warm sind, was eine günstige Voraussetzung für die frühe Blütezeit dieser Art darstellt. Auffallend ist das weitgehende Fehlen östlicher Expositionen (Abb. 22). Theoretisch entsprechen die Einstrahlungswerte den Einstrahlungssummen der Westexpositionen. Praktisch sind diese jedoch nicht gleichgestellt. Hier sind die in westliche Richtung exponierten Standorte begünstigt, was jedoch nicht durch die Summenwerte der direkten Einstrahlung erfaßt wird. Nach BIEDERBICK (1991: 100) geht die thermische Begünstigung westlicher Expositionen "auf den Anstieg des Energieanteiles zurück, der im Verlauf des Tagbogens der Sonne in fühlbare Wärme transformiert wird".

Ein Vergleich von Temperaturangaben (und Evapotranspirationsmessungen) von MARTIN (1938) am Stiegelesfels (Oberes Donautal), an dem sich auch *Daphne cneorum*-Standorte befinden, mit eigenen Temperaturmessungen und Erhebungen an anderen Xerothermstandorten, wie dem Isteiner Klotz (LITZELMANN, 1959), Mainzer Sand (LÖTSCHERT & GEORG, 1977, 1980) oder dem Kaiserstuhl (LEUSCHNER, 1989), veranschaulicht die thermische (und hygrische) Ähnlichkeit der Standorte (Tab. 8).

Berücksichtigt man die Besonderheiten der jeweiligen Untersuchungsjahre (relativ kühler Sommer/Extremjahr), so sind diese verschiedenen Standorte durchaus mit *Daphne cneorum*-Standorten vergleichbar. Auch die Evapotranspiration des Stiegelesfels-Standortes ($\leq$1,7cm³/h, 10cm über BOF) und aus dem Mainzer Sand ($\leq$1,6cm³/h, 5cm über BOF) liegen nahe beieinander. Diese Verdunstungsmengen erhöhen sich noch bei verstärkter Windeinwirkung, was aufgrund der exponierten Lage der Standorte häufig auftritt. Hierdurch trocknet der Boden zusätzlich aus, und die Pflanzen sind einem zusätzlichen Trockenstreß ausgesetzt.

Insbesondere die bodennahen Schichten und die Bodenoberfläche sind extremen Temperaturen ausgesetzt. Aufgund der geringen Wuchshöhe von *Daphne cneorum* ist die Art diesen hohen Temperaturen besonders stark ausgesetzt und bedarf daher, ähnlich wie *Carex humilis*, einer besonders hohen Hitzeresistenz der einzelnen Pflanzenorgane (siehe LARCHER et al., 1989). Gleichzeitig ist das Mikroklima der Standorte durch eine starke nächtliche Abkühlung gekennzeichnet, da die mehr oder weniger unbestockten Flächen die tagsüber gespeicherte Wärme wieder ungehindert abstrahlen (vergleiche GAUCKLER, 1938: 33). Das Standortklima ist somit in bezug auf die täglichen Temperaturschwankungen als kontinental zu bezeichnen.

Die Messungen von MARTIN (1938) im März 1935 zeigen aber auch die frühe thermische Begünstigung insbesondere der bodennahen Luftschichten (maximal 27,5°C BOF). Andererseits bewirkt die starke Erwärmung der bodennahen Luftschichten im Winter bei gefrorenem Boden eine starke Anspannung des Wasserhaushaltes immer- und wintergrüner Arten. Diesem potentiell auftretenden Wasserstreß begegnet die Art jedoch unter anderem mit dem xeromorphen Bau ihrer Blätter. Nach LARCHER et al. (1989) ist der "Preis" dieser hohen Streßbelastung für die Pflanzenarten solcher Xerothermstandorte eine starke Einbuße an Produktionsleistung und Wachstum. Auch die generative Reproduktionsleistung ist bei diesen Arten beeinträchtigt. Aus diesen Gründen ist verständlich, warum *Dapne cneorum* an ihren (optimalen) Sekundärstandorten eine bessere Wuchsleistung und höhere Reproduktionsleistung (bezogen auf Individuenbasis) zeigt,

Gesellschaft\Temperatur	**(Maximal)** **0-1 cm u. BOF**	**gemessene** **3-5 (10) cm ü. BOF**	**Temperatur [°C]** **1-1,5 m ü. BOF**
Xerobrometum (Isteiner Klotz,	73,4-75; **42,7**	**(36,2)**	38,4-41,2; **29,9**
Mesobromion-Ges. (Bruchsal)	ca. 50->70	-	-
Jurineo-Koelerietum (Mainzer Sand)	51-63	-	31-41
Xerobrometum (Kaiserstuhl)	41,5-61	29,8	-
Gentiano-Koelerietum (Kassel)	>51	-	-
Diantho-Festucetum (Stiegelesfels)	44	-	35,8
Cytiso-Pinetum (Baaralb)	**52,1**	**(34,2)**	**(32,2)**
Pulsatillo-Caricetum humilis (Frankenjura, Isar, **Bischofsfelsen**)	43,5; **56,8**	52; **(36,2)**	27; **(33,2)**

Tab. 8: Temperaturwerte in verschiedenen xerothermen Pflanzengesellschaften Süddeutschlands. Die Messungen erfolgten im Sommer (Juni-August). Die Daten für das Jurineo-Koelerietum und das Xerobrometum (Istein) entstammen extremen Jahren ("Dürresommer"). Werte nach Angaben aus GAUCKLER (1938: 37f), HAKES (1987), HÖLZER (1978), LEUSCHNER (1989), LITZELMANN (1959), LÖTSCHERT & GEORG (1977; 1980), MARTIN (1938) und RIEMENSCHNEIDER (1956). Eigene Messungen (04.-06.08.1994) sind fett gedruckt. Die Messung bei Trochtelfingen fand an einem bewölkten, windigen Tag statt. Die Abkürzungen bedeuten: BOF: Bodenoberfläche, u: unter, ü: über.

denn die Standorte sind trotz ähnlicher mikroklimatischer Verhältnisse aufgrund der tiefergründigen Böden besser mit Wasser versorgt.

4.4.2 Böden und mittlere Zeigerwertzahlen

Bei den Bodentypen an *Daphne cneorum*-Wuchsorten in Baden-Württemberg handelt es sich normalerweise um Syroseme oder Rendzinen. Auf Coronillo-Pinetum- und Pulsatillo-Caricetum humilis-Standorten sind die Böden extrem flachgründig ausgebildet (Syrosem bis mullartige Rendzina). Die Cytiso-Pinetum-, Mesobromion- und sonstigen Bestände auf Sekundärstandorten von *Daphne cneorum* sind durch mittel- bis tiefgründig entwickelte Mullrendzinen (A_h-Horizont 10-20 cm) charakterisiert. Die hohe Jahreseinstrahlungssumme an diesen Primärstandorten, kombiniert mit den geringmächtigen Böden, bedingt eine starke Trockenheit, oder beim Auftreten von Mergelschichten eine ausgeprägte Wechseltrockenheit der Standorte. Die große Trockenheit der oberen Bodenschichten kennzeichnet ebenfalls die Sekundärstandorte von *Daphne cneorum*, doch kann das tiefreichende Wurzelsystem dieser Art aufgrund des tiefer anstehenden unverwitterten C-Horizontes größere Bodenvolumina erschließen und in feuchtere Bereiche vordringen.
Die pH(0,01m $CaCl_2$)-Werte im A_h-Horizont (verschiedener Assoziationen) liegen im Mittel bei 7,38 (±0,32; Spanne: 6,38-7,71; n=15 Standorte) und somit meist im schwach alkalischen Bereich

Vergleicht man die hier ermittelten mittleren Zeigerwertzahlen (Abb. 23) mit den Zeigerwertangaben für *Daphne cneorum* bei ELLENBERG et al. (1991) (L: 6, F: 4, R: 8, N: 2, T: 5, K: 4), so findet sich bei allen Zeigerwerten bis auf die Lichtzahl eine gute Übereinstimmung. Die Lichtzahl sollte für *Daphne cneorum* von 6 auf 7 erhöht werden. Die Lichtzahl 7 entspricht "Halblichtpflanze[n], [die] meist bei vollem Licht, aber auch im Schatten bis etwa 30% r[elative] B[eleuchtung]" ihr ökologisches Optimum haben (ELLENBERG et al., 1991: 67). Dies stimmt sehr viel besser mit den gemessenen Lichtverhältnissen überein (siehe Abb. 29).
Unbefriedigend ist die Zuordnung von *Daphne cneorum* zu den Mäßigwärmezeigern (Temperaturzahl 5). Die Ermittlung der T-Zahlen erfolgte nach ELLENBERG et al. (1991: 13) vor allem nach arealgeographischen Gesichtspunkten, da umfangreiche Temperaturmessreihen für einzelne Arten nicht vorliegen. Da die T-Zahl jedoch die Ansprüche einer Pflanzenart an den Wärmehaushalt eines Standortes wiederspiegeln soll, ist eine pauschale Korrelation mit Areal und der Höhenverbreitung zumeist nicht ausreichend. *Daphne cneorum* ist hierfür ein gutes Beispiel, denn dieser Zwergstrauch ist zwar in Mitteleuropa von der kollinen bis in die montane Höhenstufe mit den entsprechenden mittleren Jahrestemperaturen verbreitet (vergleiche Abb. 22), doch sind die Wuchsorte an mikroklimatisch völlig andere Standorte (mit extrazonaler Vegetation) gebunden. Dies kann durch die Mitteltemperaturen von Wetterstationen nicht erfaßt werden (vergleiche Tab. 8). Aus diesem Grunde sollte *Daphne cneorum* als eine Art xerothermer Standorte eine Temperaturzahl von 7 zugewiesen werden.

4.4.3 Bevorzugte Wuchsorte an Sekundärstandorten

Abschließend sei noch auf eine besondere Präferenz von *Daphne cneorum* hingewiesen. Die Auswertung aufgenommener Transekte bei Geisingen (TK 8018/3) ergab eine deutlich erhöhte Dichte von *Daphne cneorum* direkt an der Forststraßenböschungskante, während die Dichte hangaufwärts sehr rasch abnimmt (Abb. 24). Diese Beobachtung läßt sich an zahlreichen Standorten des Steinröschens machen, wobei eine entscheidende Voraussetzung darin besteht, daß es sich um eine seit langer Zeit bestehende Forststraße (Böschung) handelt. Eine Analyse von Quadrantenaufnahmen (0,6x0,6m) mittels der Ellenberg-Zeigerwertzahlen zeigt, daß die entscheidenden abiotischen Standortfaktoren vor allem beim Lichtklima und, damit eng verbunden, beim Temperatur- und Wasserregime, sowie bei der Stickstoffversorgung des Standortes liegen (Abb. 25). Hangaufwärts erfolgt eine zunehmende "Milderung" dieser Faktoren aufgrund zunehmender Beschattung durch die Kiefernbestockung und des daran anschließenden Buchen-Hochwaldes. Inwieweit sich die Versorgung der einzelnen Transektstandorte mit verfügbarem Phosphat unterscheiden, läßt sich nur vermuten, könnte jedoch ebenfalls einen ökologisch wichtigen Faktor darstellen (siehe hierzu die Ausführungen bei BOBBINK et al. 1987; EGLOFF, 1983; NASSERY, 1971; RORISON, 1968; JEFFREY & PIGOTT, 1967).
Aufgrund der extremen Standortbedingungen, die im Bereich der Böschungskante herrschen, stellt diese einen relativ konkurrenzarmen Standort dar, der von entsprechend konkurrenzschwachen, aber extreme Standortverhältnisse ertragende Arten wie *Teucrium montanum, Globularia punctata, Hippocrepis comosa, Asperula cynanchica* und nicht zuletzt *Daphne cneorum* besiedelt werden kann. Typisch für diese konkurrenzschwachen Arten ist eine (sehr) geringe relative Wachstumsrate (RGR), das heißt, sie sind gefährdet von anderen Arten überwachsen zu werden (siehe GRIME & HUNT, 1975).
Diese Konzentration *Daphne cneorum*s an Böschungskanten findet sich an zahlreichen anderen (Sekundär-) Standorten (vergleiche dazu das Auftreten von *Lycopodium clavatum* an Böschungen im Südschwarzwald nach SEBALD et al., 1990a: 60). In der Literatur wurde diese Auffälligkeit nur bei den Autoren RIEMENSCHNEIDER (1956) und WITSCHEL (1982) in einem Nebensatz erwähnt. Eine Frequenzerhöhung von *Daphne cneorum* findet sich ebenfalls an einer (1943 erfolgten) Aufschüttung im NSG Garchinger Heide (PFADENHAUER & LIEBERMANN, 1986).

Vergleicht man die hier ermittelten mittleren Zeigerwertzahlen (Abb. 23) mit den Zeigerwertangaben für *Daphne cneorum* bei ELLENBERG et al. (1991) (L: 6, F: 4, R: 8, N: 2, T: 5, K: 4), so findet sich bei allen Zeigerwerten bis auf die Lichtzahl eine gute Übereinstimmung. Die Lichtzahl sollte für *Daphne cneorum* von 6 auf 7 erhöht werden. Die Lichtzahl 7 entspricht "Halblichtpflanze[n], [die] meist bei vollem Licht, aber auch im Schatten bis etwa 30% r[elative] B[eleuchtung]" ihr ökologisches Optimum haben (ELLENBERG et al., 1991: 67). Dies stimmt sehr viel besser mit den gemessenen Lichtverhältnissen überein (siehe Abb. 28).
Unbefriedigend ist die Zuordnung von *Daphne cneorum* zu den Mäßigwärmezeigern (Temperaturzahl 5). Die Ermittlung der T-Zahlen erfolgte nach ELLENBERG et al. (1991: 13) vor allem nach arealgeographischen Gesichtspunkten, da umfangreiche Temperaturmessreihen für einzelne Arten nicht vorliegen. Da die T-Zahl jedoch die Ansprüche einer Pflanzenart an den Wärmehaushalt eines Standortes wiederspiegeln soll, ist eine pauschale Korrelation mit Areal und der Höhenverbreitung zumeist nicht ausreichend. *Daphne cneorum* ist hierfür ein gutes Beispiel, denn dieser Zwergstrauch ist zwar in Mitteleuropa von der kollinen bis in die montane Höhenstufe mit den entsprechenden mittleren Jahrestemperaturen verbreitet (vergleiche Abb. 22), doch sind die Wuchsorte an mikroklimatisch völlig andere Standorte (mit extrazonaler Vegetation) gebunden. Dies kann durch die Mitteltemperaturen von Wetterstationen nicht erfaßt werden (vergleiche Tab. 8). Aus diesem Grunde sollte *Daphne cneorum* als eine Art xerothermer Standorte eine Temperaturzahl von 7 zugewiesen werden.

4.4.3 Bevorzugte Wuchsorte an Sekundärstandorten

Abschließend sei noch auf eine besondere Präferenz von *Daphne cneorum* hingewiesen. Die Auswertung aufgenommener Transekte bei Geisingen (TK 8018/3) ergab eine deutlich erhöhte Dichte von *Daphne cneorum* direkt an der Forststraßenböschungskante, während die Dichte hangaufwärts sehr rasch abnimmt (Abb. 24). Diese Beobachtung läßt sich an zahlreichen Standorten des Steinröschens machen, wobei eine entscheidende Voraussetzung darin besteht, daß es sich um eine seit langer Zeit bestehende Forststraße (Böschung) handelt. Eine Analyse von Quadrantenaufnahmen (0,6x0,6m) mittels der Ellenberg-Zeigerwertzahlen zeigt, daß die entscheidenden abiotischen Standortfaktoren vor allem beim Lichtklima und, damit eng verbunden, beim Temperatur- und Wasserregime, sowie bei der Stickstoffversorgung des Standortes liegen (Abb. 25). Hangaufwärts erfolgt eine zunehmende "Milderung" dieser Faktoren aufgrund zunehmender Beschattung durch die Kiefernbestockung und des daran anschließenden Buchen-Hochwaldes. Inwieweit sich die Versorgung der einzelnen Transektstandorte mit verfügbarem Phosphat unterscheiden, läßt sich nur vermuten, könnte jedoch ebenfalls einen ökologisch wichtigen Faktor darstellen (siehe hierzu die Ausführungen bei BOBBINK et al. 1987; EGLOFF, 1983; NASSERY, 1971; RORISON, 1968; JEFFREY & PIGOTT, 1967).
Aufgrund der extremen Standortbedingungen, die im Bereich der Böschungskante herrschen, stellt diese einen relativ konkurrenzarmen Standort dar, der von entsprechend konkurrenzschwachen, aber extreme Standortverhältnisse ertragende Arten wie *Teucrium montanum, Globularia punctata, Hippocrepis comosa, Asperula cynanchica* und nicht zuletzt *Daphne cneorum* besiedelt werden kann. Typisch für diese konkurrenzschwachen Arten ist eine (sehr) geringe relative Wachstumsrate (RGR), das heißt, sie sind gefährdet von anderen Arten überwachsen zu werden (siehe GRIME & HUNT, 1975).
Diese Konzentration *Daphne cneorums* an Böschungskanten findet sich an zahlreichen anderen (Sekundär-) Standorten (vergleiche dazu das Auftreten von *Lycopodium clavatum* an Böschungen im Südschwarzwald nach SEBALD et al., 1990a: 60). In der Literatur wurde diese Auffälligkeit nur bei den Autoren RIEMENSCHNEIDER (1956) und WITSCHEL (1982) in einem Nebensatz erwähnt. Eine Frequenzerhöhung von *Daphne cneorum* findet sich ebenfalls an einer (1943 erfolgten) Aufschüttung im NSG Garchinger Heide (PFADENHAUER & LIEBERMANN, 1986).

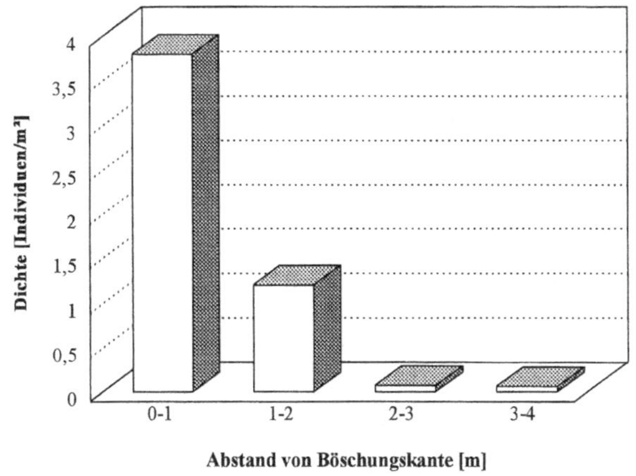

Abb. 24: Mittlere Dichte [Individuen/m²] von *Daphne cneorum* 1992 bei Geisingen (TK 8018/3) in Abhängigkeit vom Abstand von der Böschungskante einer Forststraße an einem Waldrand.

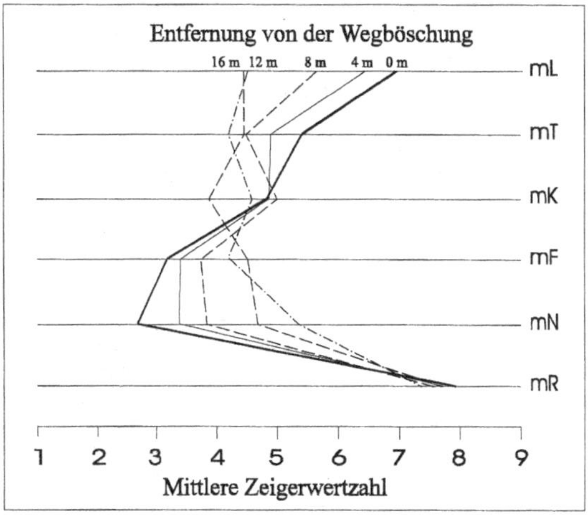

Abb. 25: Veränderung der Standortbedingungen in Transektaufnahmen bei Geisingen (TK 8018/3) in Abhängigkeit von der Entfernung von der Böschungskante einer Forststraße an einem Waldrand. Ordinate: Mittlerer Zeigerwert (L: Lichtzahl, T: Temperaturzahl, K: Kontinentalitätszahl, F: Feuchtezahl, N: Stickstoffzahl, R: Reaktionszahl).

4.5 Kausale Erklärung des Areals

Wie läßt sich das Verbreitungsbild von *Daphne cneorum* in Süddeutschland erklären? Hierzu ist es notwendig, in die Zeit vor Beginn des Rißglazial zurückzugehen. Mit TROLL (zitiert in HEGI, 1926), ZIMMERMANN (1972) und anderen Autoren kann davon ausgegangen werden, daß *Daphne cneorum* wohl schon vor dem Rißglazial vom Alpenostrand aus die Donau aufwärts wandernd bis in unseren Raum gelangte. Die Donau (und viele ihrer Zubringer) besaß bis Ende Riß wesentlich größere Akkumulations- und Erosionskräfte (→ausgedehnte zusammenhängende Schotterflächen; HABBE, 1992: 455; RUTTE, 1981: 215). Zudem flossen im Gegensatz zur Zeit nach dem Spätriß mehrere Donauabschnitte durch Kalkgebiete (→"Altmühldonau", "Blaubeurener Donau"; siehe GROSCHOPF, 1961; RUTTE, 1987: 55, 120f; GEYER & GWINNER, 1991: 212, 357). Während im Altmühltal und Wellheimer Trockental *Daphne cneorum* (im Gegensatz zu vielen anderen Arten) rezent nicht vorkommt, existieren nach WITSCHEL (1986) im Schmiech-Blautal-Zug und im Kirchener Talzug ausgestorbene Vorkommen von *Daphne cneorum* (TK 7623/4, 7524/4; siehe Abb. 20). Auch die Wuchsorte im Oberen Donautal, das bereits Ende des Pliozäns durch die Aaredonau bis auf 60m über die heutige Talsohle eingetieft war, existierten wahrscheinlich bereits vor Ende des Riß. Die angenommenen Primärstandorte bei Trochtelfingen sind vermutlich ebenfalls bis zum Heranrücken der Rißgletscher bereits vorhanden gewesen, denn bis dahin war der alte Oberlauf der Lauchert aufgrund stärkerer Wasserführung sehr viel tiefer in den Albkörper eingesenkt als heute (GÖTTLICH & WERNER, 1968), so daß hier günstige Wanderwege bestanden haben könnten. Der ausgestorbene Wuchsort im Hoppenthal südöstlich von Jungnau (TK 7821/3, siehe Abb. 21) (WITSCHEL, 1986) könnte ein Zeuge dieses Wanderweges darstellen. Die heute weitgehend ausgestorbenen Vorkommen nördlich von Tuttlingen (siehe Abb. 21) mögen teilweise vorrißzeitlich sein, denn bis zur Wende Pliozän-Pleistozän entwässerte die Eschach, heute ein Nebenfluß des Neckar, über das Prim-Faulenbach-Tal (Spaichinger Pforte) bei Tuttlingen in die damalige "Feldbergdonau" (GEYER & GWINNER, 1991: 294, 320). Während die heutigen *Daphne cneorum*-Standorte bei Engen (TK 8118) erst postglazial entstanden sein können, ist der Primärstandort am Eichberg (TK 8117/3) möglicherweise schon während des Pleistozäns vorhanden gewesen. Die damalige "Feldbergdonau" zeigte hohe Erosions- und Akkumulationskraft und schuf unter anderem das Aitrachtal von Blumenberg bis Kirchen-Hausen (RUTTE, 1987: 131; GEYER & GWINNER, 1991: 223).

Im Verlauf des Riß-Würm-Interglazials erfolgte, bedingt durch die Wiederbewaldung weiter Landesteile, eine Zurückdrängung lichtbedürftiger Arten auf waldfeindliche Standorte (siehe HANTKE, 1984).

Erst nach der letzten Vereisung (Würm) konnte eine erneute Arealausdehnung erfolgen. So sind die Vorkommen an Lech und Isar ausschließlich postglazial entstanden, da die notwendigen Standorte erst nach Abschmelzen der Gletscher entstehen konnten (vergleiche BRESINSKY, 1959, 1965). Das Fehlen von *Daphne cneorum* an Amper und Würm läßt sich damit erklären, daß diese im Spät- und Postglazial nur geringe Erosionskräfte entwickeln konnten, da das Ammersee- und Starnberger See-Becken im Gegensatz zum Wolfratshausener Becken früh die Verbindung zum zurückschmelzenden Gletscher verlor (HABBE, 1994: 467). Das Inn-Salzach-(Traun-)Gebiet wurde aufgrund der postglazial noch lebhaft verlaufenden Flußgeschichte in dieser Region unter anderem mit daraus resultierenden, andersartigen edaphischen Bedingungen, wie Mangel an flachgründigen Kalkschuttböden und einem ausgeglichenen Relief (ZÖTTL, 1952; BRESINSKY, 1965; WALTER & STRAKA, 1970: 349), von *Daphne cneorum* (und zahlreichen anderen Arten) nicht besiedelt. Ähnliches gilt für das Illergebiet. Aufgrund der ausgedehnten und zusammenhängenden Schotterfelder an Lech und Isar war es möglich, daß *Daphne cneorum* von der Donau aus über 110 km (Lech) beziehungsweise über 230 km (Isar) flußaufwärts wandern konnte. Die Art ist somit durchaus in der Lage, in größeren Zeiträumen große Entfernungen über eine generative Reproduktion zurückzulegen, vorausgesetzt, es existieren optimale und miteinander verbundene Standorte.

Die mit Beginn des Boreals (Frühe Wärmezeit) einsetzende Unterwanderung der Kiefernwälder mit Arten des Eichenmischwaldes (LANGER, 1962) bewirkte eine erneute Arealregression. Nur von Natur aus unbewaldete oder von der Kiefer gebildete, kleinflächige Wälder auf laubholzfeindlichen Standorten (siehe KLÖTZLI, 1976) lieferten potentielle Überdauerungsmöglichkeiten für *Daphne cneorum*. Solche Standorte finden sich postglazial vor allem entlang der Donau sowie entlang von Lech und Isar. Nur an klimatisch und edaphisch extremen Orten im Donautal und an Lech und Isar konnte diese Art den Wiederbewaldungsvorgang überdauern. In Baden-Württemberg und der Schweiz fehlt *Daphne cneorum* weitgehend auf Glazialablagerungen (Terrassenschotter) und holozänen Sedimenten. Nur bei Eglisau finden sich einige Vorkommen auf diesen Substraten. Auch im Bodenseeraum (auf Molasse) fehlt die Art in den natürlichen Cytiso-Pineta. Die Wuchsorte bei Eglisau dürften wahrscheinlich ebenfalls Sekundärstandorte darstellen, die von den Coronillo-Pineta des Schweizer Jura aus besiedelt wurden.
Eine erneute Ausbreitung konnte erst wieder einsetzen, als der Mensch begann, durch Rodungen eine offene und von Weidevieh durchstreifte Landschaft zu schaffen. Dieser Vorgang setzte bereits in prähistorischer Zeit ein. RÖSCH (1990) weist für das westliche Bodenseegebiet bereits deutliche menschliche Einflüsse auf die Landschaft seit der zweiten Hälfte des 6. Jahrtausends (Altneolithikum) nach. Ab der Bronzezeit existierte dort eine kontinuierliche Besiedlung. Seit der Urnenfelderzeit (etwa ab 1300 v. Chr.) lassen sich zudem sicher trockene Magerrasen (Festuco-Brometea, Sedo-Scleranthetea) nachweisen, die durch Beweidung oder Mahd gehölzfrei gehalten wurden. Seit dieser Zeit lassen sich auch keine Unterschiede zur Landschaft und Wirtschaft des Mittelalters ausmachen. Auch in der Baar existierte um 577 v. Chr. eine parkähnliche Landschaft, die durch intensive Rodungs- und Weidewirtschaft entstanden ist (FRITZ, 1978; siehe auch SPINDLER, 1977). Vor allem auf mergeligen und dolomitischen Substraten des Weißen Jura und Muschelkalk entstanden infolge Weidenutzung auf sonnexponierten Flächen Standorte, die nur noch von Kiefern und anderen anspruchslosen, lichtliebenden und weidefesten Arten besiedelt werden konnten.
Akzeptiert man die Annahme einer ektochoren (endochoren) Verbreitung von *Daphne cneorum*-Früchten durch Weidetiere, so könnte dies die Entstehung des heutigen Verbreitungsgebietes gut erklären. Zu einem ganz ähnlichen Ergebnis kommt AUBERT (1943) für die Vorkommen im Südwesten der Schweiz. Er nimmt an, daß sich *Daphne cneorum* erst durch die Rodungsaktivitäten des Menschen und der nachfolgenden Beweidung dieser Flächen von ihren natürlichen Standorten aus ektozoochor ausbreiten konnte.
Es muß gesehen werden, daß das Steinröschen seine "weite" Verbreitung der historischen Landnutzung (Beweidung, offene Landschaft, große zusammenhängende geeignete Standorte→Biotopverbund) über viele Jahrhunderte hinweg verdankt. Die heutige starke Fragmentation von *Daphne cneorum*-Vorkommen in Baden-Württemberg (Abb. 21) ist das Ergebnis veränderter Landnutzung in den letzten 100 bis 150 Jahren. Beinahe jeder Sekundärstandort unterlag anthropogenen Veränderungen, was zum Aussterben vieler Vorkommen führte. An zahlreichen Standorten zum Beispiel in der Baar- und Hegaualb sind die heutigen Vorkommen durch Vorgänge der natürlichen Sukzession (verstärkt aufkommender Strauch- und Baumwuchs) bedroht. Von Natur aus wären diese Vorkommen von *Daphne cneorum* vor allem auf das Donautal beschränkt. Im Raum Trochtelfingen und auf der Baar- und Hegaualb sind (waren) nur wenige Primärstandorte vorhanden.
Ähnlich wie bei *Draba aizoides* (WILMANNS & RUPP, 1966) läßt sich auch bei *Daphne cneorum* beobachten, daß bei weitem nicht alle dieser Art zusagenden Standorte auch von ihr besetzt sind. Dies kann als ein Hinweis auf eine verminderte Ausbreitungsfähigkeit dieser Art gedeutet werden, wie dies durch die vorliegenden Untersuchungen bestätigt wird. Diese Aussage trifft sowohl auf die Primär- als auch auf die Sekundärstandorte zu.

4.6 Gefährdung

In der Roten Liste der gefährdeten Farn- und Blütenpflanzen der BRD (Korneck & Sukopp, 1988) wird *Daphne cneorum* in die Gefährdungskategorie 2 (stark gefährdet) eingestuft. In Hessen ist das Steinröschen ausgestorben, während es in Rheinland-Pfalz vom Aussterben bedroht ist. In der Roten Liste von Baden-Württemberg (Harms et al., 1983) wird die Art, wie für die gesamte BRD, als stark gefährdet eingestuft, für die Schutzmaßnahmen dringend erforderlich sind. Als Verursacher, die für den Rückgang dieser Art verantwortlich sind, nennen Korneck & Sukopp (1988) den Acker- und Gartenbau, Grünlandwirtschaft, Forstwirtschaft & Jagd, sowie Tourismus und Erholung. Diese Verursacher würden *Daphne cneorum* durch das Sammeln der Pflanze, durch Eingriffe in entsprechende Pflanzenbestände, durch Kahlschlag und Brand, durch Umwandlung von Nadelwälder in Laubholzforste, durch Aufgabe extensiver Flächennutzung, sowie durch Bodeneutrophierung und die Beseitigung von Ökotonen und anthropogenen Sonderstandorten im Rahmen der Nutzungs- und Pflegeintensivierung beeinträchtigen. All diese genannten Gefährdungsursachen treffen auch auf die Bestände in Baden-Württemberg zu. Im Laufe der weiteren Diskussion wird jedoch deutlich werden, wie wichtig eine Gewichtung und Regionalisierung dieser (und anderer) Gefährdungsfaktoren ist (siehe im folgenden Abb. 26 am Ende des Kapitels). Dabei muß streng zwischen den Primär- und Sekundärstandorten von *Daphne cneorum* unterschieden werden.

4.6.1 Primärstandorte

An den Primärstandorten von *Daphne cneorum* im Donautal findet eine intensive Predation dieses Zwergstrauches durch die Gemse (*Rupicapra rupicapra*) statt (Abb. 27) (vergleiche auch deren Bedeutung für *Polystichum braunii*-Bestände im Südschwarzwald nach Sebald et al., 1990a: 149). Gemsen wurden nach Bauer (1991) zwischen 1935 und 1939 im Südschwarzwald ausgesetzt. Die Population entwickelte sich zunächst exponentiell. Teile dieser Population wanderten schließlich in den Nordschwarzwald und die Wutachschlucht ab. Über den Nordschwarzwald sollen dann Individuen zum Hörnle (südsüdöstlich von Balingen) gelangt sein, von wo aus ein Teil der Population ins Obere Donautal gelangt sein soll.
Die Äsung von *Daphne cneorum* findet vor allem in Zeiten knapper Nahrung statt, das heißt bevorzugt im Winter. Während dieser Zeit erhöht sich nach Knaus & Schröder (1975: 75) und Schröder et al. (1983) der Anteil von gefressenen Zwergsträuchern gegenüber Gräsern und Kräutern sehr stark. Nach Meile (1985) können während dieser Zeit Zwergsträucher als Nahrungsersatz für Gräser und Laubhölzer dienen. Allgemein verringert sich bei der Gemse in Notzeiten die Selektivität bei der Nahrungswahl. Zudem befinden sich die *Daphne cneorum*-Wuchsorte fast ausschließlich in Süd- bis Südwest-Exposition, so daß sie auch im Winter weitgehend schneefrei sind oder frühzeitig ausapern und somit bevorzugt den Gemsen als Wintereinstand dienen (Knaus & Schröder, 1975: 71; Schröder et al., 1982; Meile, 1985). Neben diesen thermischen Gründen für die Standortwahl der Gemse ist nach Schröder et al. (1983) während des Winters vor allem auch die Erreichbarkeit der Nahrung von entscheidender Bedeutung (vergleiche Bauer, 1991).
Aufgrund des geschilderten nahrungsbiologischen Verhaltens der Gemse, sowie deren Präferenz für thermisch begünstigte Orte als Wintereinstand werden viele *Daphne cneorum*-Pflanzen stark verbissen. Ein regelmäßiger und vor allem starker Verbiß bewirkt jedoch eine intensive und zum Teil irreversible Schädigung der Individuen (hoher Verlust photosynthetisch aktiven Gewebes) und somit (mittelfristig?) einen Rückgang dieser Art an ihren natürlichen Standorten. Ein Rückgang ist zudem umso stärker zu befürchten, wenn das Äsungsverhalten der Gemse wie bei den Schwarzwaldpopulationen (Bauer, 1991) auch bei der Albpopulation Traditionen unterliegt. Ohne massive Reduktion der Gamsbestände wird *Daphne cneorum* auf Dauer nicht überleben, denn auch

die unzugänglichsten Standorte sind für das Gamswild erreichbar, so daß kaum Rückzugsgebiete existieren.
Aufgrund der Präferenz von Gemsen für eine spezifische Habitatstruktur, wie sie zum Beispiel von MEILE (1985, 1986) beschrieben wird (ausgedehnte Felspartien als Fluchtraum, lichte Waldstrukturen als Nahrungsraum), findet sich der Verbiß von *Daphne cneorum* vor allem im Bereich zwischen dem Bandfelsen und dem Bischofsfelsen. Insbesondere die Bereiche nördlich der Donau zeigen geringeren bis keinen Verbiß, wie aus einer Verbißaufnahme hervorgeht (Abb. 27), was vermutlich mit dem zumeist geringeren Angebot an großflächigeren Felspartien zusammenhängt.
Im Oberen Donautal wurden insgesamt 277 *Daphne cneorum*-Individuen auf Verbiß hin untersucht. Dabei zeigten 70,4% (195 Pflanzen) einen starken Verbiß. Die Verbißrate im Bereich Bandfelsen bis Bischofsfelsen betrug 92,2%, erfaßt also annähernd alle (für den Verfasser erreichbaren) Individuen. Gleichzeitig geht aus Abb. 27 die ungefähre Populationsgröße von *Daphne cneorum* an den Primärstandorten hervor, die als sehr klein angesehen werden muß. In diesem Fall trifft also die Beobachtung von SEYBOLD (1980) nicht zu, daß Pflanzenpopulationen auf naturnahen Standorten höhere Individuenzahlen haben als solche auf naturferneren Standorten. Viele Sekundärstandorte von *Daphne cneorum* (Hegau- und Baaralb, Trochtelfingen) sind sehr viel individuenreicher (bis zum Faktor 10 und mehr) als jene der Primärstandorte.
Der Unterschied zwischen Schaf- und Gamsverbiß, welche beide das Steinröschen schädigen, besteht darin, daß Schafbeweidung durch Nutzung großer Flächen relativ extensiv erfolgt. Die Populationsgröße von *Daphne cneorum* ist auf den (ausgedehnten) Sekundärstandorten zudem sehr viel größer als auf den kleinflächigen Primärstandorten. Aufgrund des im Winter herrschenden Nahrungsnotstandes bewirkt das Gamswild an den *Daphne cneorum*-Wuchsorten dagegen einen intensiven Äsungsdruck auf die individuenarmen Populationen. Ein Verbiß durch andere Wildtiere konnte bisher weder auf den Primär- noch auf den Sekundärstandorten beobachtet werden. Die Gemse ist die einzige Wildtierart, die *Daphne cneorum*-Bestände im Untersuchungsgebiet gefährdet.
Bisher geht die stärkste Gefährung im Donautal von der Gemse aus; der Verursacher ist offensichtlich die Jagd und zwar indirekt durch die Aussetzung dieser Tierart im Schwarzwald. Nachdem nun die starke Gefährdung von *Daphne cneorum* (und zahlreichen anderen Arten) durch die Gemse erkannt ist, ist es Aufgabe der Jagd den Gemsenbestand auf eine angemessene Höhe zu reduzieren. Erfolgt dies nicht, muß die Jagd in Zukunft als direkter Verursacher des Rückganges des Steinröschens angesehen werden. Die Forstwirtschaft hat auf diese Pflanzenart keinen Einfluß, da es sich um forstwirtschaftlich nicht nutzbare Standorte handelt.
Eine zusätzliche Bedeutung kommt dem zunehmenden Tourismus im Donautal zu. Infolge steigender Touristenzahlen resultieren hieraus massive Trittschäden im Bereich von Felsköpfen. Auch eine direkte Entnahme von blühenden Pflanzen ist nicht auszuschließen. Bezeichnenderweise sind nach WITSCHEL (1986) die ehemaligen Vorkommen bei der Burg Werenwag erloschen (ebenso *Saxifraga paniculata* und *Kernera saxatilis* nach WILMANNS & RUPP 1966). Von Wanderern werden jedoch "nur" zugängliche Wuchsorte erreicht. Während heute die Bedrohung des Steinröschens durch das Pflanzenentnahme wohl relativ gering sein dürfte, war dieser Faktor nicht immer unbedeutend. REBHOLZ (1924, 1939) berichtet, daß *Daphne cneorum* um 1900 in der Fridinger Alb noch sehr häufig war und dann innerhalb der nächsten 25-30 Jahre durch Pflücken blühender Exemplare durch Einheimische auf unzugängliche Stellen zurückgedrängt wurde. Auch bei Augsburg, wo das Steinröschen bereits Anfang des 16. Jahrunderts bezeugt ist (BRESINSKY, 1959: 1), kam *Daphne cneorum* häufiger vor. Der frühere rege Handel mit blühenden Exemplaren (BRESINSKY, 1962) mag ebenfalls zum Rückgang der Art beigetragen haben.

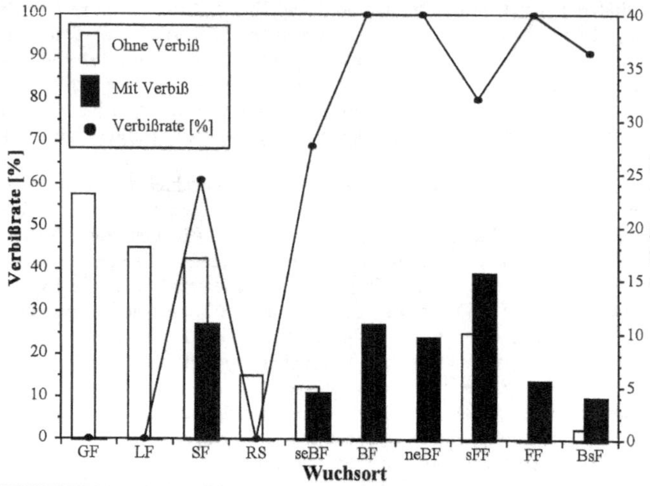

Abb. 27: Verbißaufnahme an *Daphne cneorum*-Populationen (n=277 Individuen) an Primärstandorten im Oberen Donautal (1993/1994). Abzisse: GF: Gelber Fels, LF: Laibfelsen, SF: Stiegelesfels, RS: Rauher Stein, seBF: südöstlich Bandfelsen, BF: Bandfelsen, neBF: nordöstlich Bandfelsen, sFF: südlich Fachfelsen, FF: Fachfelsen, BsF: Bischofsfelsen. Ordinate: Links/Linie: Verbißrate [%], Rechts/Balken: absolute Individuenzahl.

Im Gegensatz dazu erreicht der stark steigende Kletterbetrieb, welcher nach REBHOLZ (1926) bereits nach dem 1. Weltkrieg kurzzeitig die Stiegelesfels-Wuchsorte bedrohte, auch die unzugänglichen Vorkommen von *Daphne cneorum* (vergleiche HUBER, 1992). Neben Trittschäden an Aufstiegsstellen und im Bereich der Felsköpfe erfolgt aus Sicherheitsgründen eine Reinigung ("Putzen") der Kletterrouten, also eine Entfernung von Vegetation und Lockermaterial. Somit sind auch ehemals unzugängliche Standorte nicht nur durch die Gemse, sondern potentiell auch durch Kletterer gefährdet (siehe hierzu auch GAßNER et al., 1991). Auf die zunehmende Gefährdung der Felsvegetation der Fränkische Alb durch steigenden Klettertourismus und durch den Ausbau von Aussichtspunkten weist GAUCKLER (1970) hin.

4.6.2 Sekundärstandorte

Ganz anders stellt sich die Gefährdungssituation an den Sekundärstandorten von *Daphne cneorum* in Baden-Württemberg dar (siehe Abb. 26). Als Verursacher für die Gefährdung dieser Art sind an den Sekundärstandorten zu nennen: Forstwirtschaft, Straßen- und Siedlungsbau, Landwirtschaft, Bauindustrie sowie die natürlich ablaufende Sukzession.
Die Gefährdung von Wuchsorten durch Straßen-, Siedlungs- und Gebäudebau hat lokal bedeutsame Auswirkungen. So bewirkte der Bau der BAB Stuttgart-Singen im Raum Geisingen-Engen nach WITSCHEL (1986) die Vernichtung oder Reduktion mehrerer *Daphne cneorum*-Vorkommen.

Aufgrund der wenigen noch vorhandenen Wuchsorte von *Daphne cneorum* bedeutet bereits die Reduktion eines Bestandes einen hohen, nicht rückgängig zu machenden Verlust.
Wie oben bereits erwähnt, findet an den Sekundärstandorten kein Wildverbiß statt. Eine Beschädigung von *Daphne cneorum* erfolgt dagegen durch (Schaf-) Beweidung entsprechender Standorte im Raum Trochtelfingen. Die Tiere fressen dabei vor allem die Blätter und schwach verholzte Sproßteile. Wie bereits AUBERT (1943) beobachtete, bewirkt das Abweiden der Pflanze im darauffolgenden Jahr einen Ausfall der Blütenbildung. Andererseits findet eine intensive Triebneubildung aus den verbliebenen Sproßresten statt. Nur diese hohe Regenerationsfähigkeit ermöglichte *Daphne cneorum* die sekundäre Ausbreitung auf beweidete Standorte. Eine extensive und kontrollierte Beweidung solcher Flächen erscheint daher eher förderlich als destruktiv.
Gefährdung durch die Landwirtschaft besitzt lokal Bedeutung. So berichten ADE et al. (1990) über die Verschlechterung des Standortes einer als Naturdenkmal geschützten Wacholderheide bei Nagold durch Einwehung von Dünger und Pestiziden aus benachbarten landwirtschaftlichen Nutzflächen. Im Bereich der Baar- und Hegaualb besteht bei Vorkommen, die direkt an eine Ackerfläche grenzen, die Gefahr eines Unterpflügens, wie es zum Beispiel östlich von Gutmadingen (TK 8017/4) bis zur Sicherung des Vorkommens 1990 durch das Staatliche Forstamt Immendingen geschehen ist. Die Intensivierung der landwirtschaftlichen Nutzung stell auch an Isar und Lech eine Bedrohung für Standorte von *Daphne cneorum* dar. So berichtet BRESINSKY (1966) von der Umwandlung von Mesobrometum-Bestände in Kartoffeläcker.
Die Landwirtschaft als (historische) Betreiberin der (Schaf-) Beweidung hat die Arealausdehnung von *Daphne cneorum* überhaupt erst möglich gemacht. Daß die Beweidung der Bestockten als auch offenen Flächen bereits seit vielen Jahrhunderten (bis Jahrtausende) erfolgt, zeigen die Untersuchungen von RÖSCH (1990) und FRITZ (1978) für den westlichen Bodenseeraum und die westliche Baar. Für das eigentliche Untersuchungsgebiet gibt VETTER (o.J.: 213) an, daß sich bereits 1546 "Geisinger Bauernsame" über zu wenig Weideland im Vergleich zu den umliegenden Gemeinden beklagten. Der Rückgang, beziehungsweise das Aussterben dieser Landnutzungsform ist gegenwärtig mit eine Ursache für den Rückgang dieser Art, da entsprechende Flächen bei ausbleibender Nutzung auf längere Sicht zuwachsen (natürliche Sukzession). Zwar können einzelne Flächen im Rahmen der Landschaftspflege und des Naturschutzes wieder beweidet werden (Beispiel: Trochtelfingen), doch wegen der Isolation der einzelnen Vorkommen erscheint eine Ausbreitung dieser Art sehr unwahrscheinlich. Zudem bedarf eine Beweidung bestimmter Minimumareale, die in vielen Fällen nicht (mehr) gegeben sind. Als maximal erreichbar darf daher eine Konservierung und Verbesserung vorhandener Standorte anzusehen sein. Der Landwirtschaft darf am Rückgang von *Daphne cneorum* aufgrund des Fehlens einer Beweidung aktuell keine Schuld zugewiesen werden.
Die Entnahme von Pflanzen an Sekundärstandorten ist heute relativ selten, konnte jedoch beobachtet werden (Blütezeit um Muttertag!). Die Pflanzenentnahme in früherer Zeit erscheint wesentlich bedeutender gewesen zu sein. So berichtet EGE (1928) bereits über den Rückgang von *Daphne cneorum* bei Zimmernholz (Hegaualb) durch Blumenpflücker. ZAHN (1889, zitiert in WITSCHEL, 1986) berichtet, daß das Steinröschen "um Immendingen gesammelt und von den Eisenbahnschaffnern massenhaft nach Stuttgart gebracht (NEUBURGER)" wurde. WACKER (1938: 103) spricht von "blutroten, eindringlich duftenden Streifen" an den Südhängen um Geisingen, die einem bereits von weitem entgegenleuchten. Auch heute noch sind diese Hänge individuenreiche *Daphne cneorum*-Standorte (siehe Abb. 24), doch erreicht die Individuendichte bei weitem nicht das von WACKER beschriebene Ausmaß. Bereits vor 1925 ging nach MAYER (1925, zitiert in WITSCHEL, 1986) der Handel mit dieser Pflanze in Immendingen zu Ende, da nur noch Restbestände vorhanden waren. Dies bedeutet, daß nach spätestens 55 Jahren (der Bahnverkehr Immendingen-Tuttlingen wurde am 15.07.1870 eröffnet) die Immendinger *Daphne cneorum*-Bestände großflächig bis auf nach damaligen Verhältnissen kleine Reste dezimiert wurden.
Im Gegensatz zu den mehr lokal wirkenden, oben angeführten Verursachern beeinflußt die Forstwirtschaft annähernd jeden Sekundärstandort von *Daphne cneorum*. Die Ermittlung der

historischen Nutzungsform der heutigen Vorkommen ist sehr schwierig. Der größte Teil der aktuellen Wuchsorte befindet sich im Bereich der Wald-Feld-Grenze an Forststraßenböschungen, sowie in davorgelagerten Halbtrockenrasen, und somit auf Flächen, die in Forsteinrichtungswerken normalerweise nicht enthalten sind. Auch Luftbildauswertungen sind in der Regel nicht das geeignete Instrument, um Nutzungsänderungen aufzuzeigen, da die Aufnahmen zeitlich nicht weit genug in die Vergangenheit zurückreichen.
Eine gröbere, aber weiter zurückreichende und zumindest Hinweise auf die historische Standortsituation gebende Möglichkeit stellt die Auswertung älterer topographischer Karten (Meßtischblätter) im Maßstab 1:25000 dar (TK 25). Diese stellen mit einer ausreichenden Genauigkeit (Auflösung) beispielsweise Verschiebungen von Wald-Feldgrenzen, Wegeneu- und -ausbauten und andere Nutzungsänderungen dar. Nutzungsänderungen wie Aufgabe einer Beweidung, Bestockungumwandlungen und anderes lassen sich jedoch meist nicht aus dem Kartenmaterial ablesen. Diese Auswertung geht im folgenden davon aus, daß *Daphne cneorum* seit dem analysierten Zeitraum bis heute kontinuierlich am jeweiligen Standort vorkommt.
Die Kartenauswertung zusammenfassend, läßt sich feststellen, daß sich im Laufe der letzten 100-150 Jahre mit Ausnahme der Primärstandorte im Oberen Donautal annähernd jedes auf dem Kartenblatt lokalisierte Vorkommen sichtbaren Nutzungsänderungen, beziehungsweise Standortveränderungen unterworfen war. Zahlreiche Standorte waren noch bis etwa in die Mitte dieses Jahrhunderts (1940/50) Waldränder, die heute von einer dichter schließenden Bestockung (meist Fichte) eingenommen werden. Einen Hinweis auf diese historische Standortsituation geben die noch vorhandenen Kiefern mit Kronenformen, die auf eine zurückliegende geringe Bestockungsdichte oder Waldrandsituation hinweisen. Die Stammdurchmesser dieser Bäume weisen auf ein höheres Alter hin. Stellvertretend für andere Standorte sind in Abb. 28 drei zufällig herausgegriffen. Altersbestimmungen an den Kiefern konnten nicht überall durchgeführt werden, doch zeigen Jahrringzählungen am Standort Zimmern (TK 8018/3), daß dort ein Umfang von 114-172 cm in Abhiebshöhe einem ungefähren Alter von 120-160 Jahren entspricht. Diese Werte schwanken natürlich von Standort zu Standort, doch erscheint es hier weniger wichtig, ganz exakte Zahlen zu erhalten. Vielmehr ist überhaupt der Nachweis entscheidend, daß diese halbsolitär bis solitär ausgebildeten Kiefern ein Alter aufweisen, das mindestens bis in die Mitte des vorigen Jahrhunderts zurückreicht und somit einen Beweis dafür liefern, daß es sich um relativ alte Strukturen handelt, worauf auch WITSCHEL (1982) hinweist.
Viele dieser Standorte wurden als Heiden oder Ödland in der Kartenlegende ausgegeben. Später wurden sie entweder in Wald oder Acker- oder Grünland umgewandelt. Bei einigen wenigen Flächen entstand die aktuelle Bestockung jedoch aus Samenanflug der Kiefer. Angeflogene Fichtenbestände in dominanter Ausbildung findet sich nicht.
Neben einer direkten Aufforstung von *Daphne cneorum*-Standorten mit Fichte und/oder Kiefer, wie sie auch an Lech und Isar verbreitet ist (BRESINSKY, 1966), findet des öfteren eine "indirekte" Aufforstung solcher Flächen statt, indem, den Wuchsorten vorgelagert, Aufforstungen mit Fichte (selten mit Kiefer) durchgeführt werden. In diesen Fällen entsteht hierdurch zunächst eine Beschattung der *Daphne cneorum*-Wuchsorte. Erste Folge einer solchen Veränderung des Lichtklimas am Standort des Steinröschens stellt sich in Form eines Ausbleibens der Blütenbildung ein (Abb. 29). Bei einer mittleren relativen Beleuchtungsrate von 62% (±18%) liegt die Hauptblütezeit von *Daphne cneorum* Anfang Mai. Eine leichte Beschattung des Wuchsortes durch eine lockere bis lichte Kiefernbestockung und/oder expositionsbedingte geringere Sonneneinstrahlung bewirkt zunächst eine Verschiebung der Hauptblütezeit auf Mitte Mai bis Anfang Juni (zum Teil Ende Juni). Bei einer mittleren relativen Beleuchtungsrate von 26% (±13%) fällt die Blütenbildung und eine daraus potentiell resultierende Fruktifikation vollständig aus. Dabei kann für das Blühen oder Nichtblühen eines Individuums, oder eines Teiles davon bereits ein einzelner stärker beschattender Baum oder Strauch von Bedeutung sein. Dieses läßt sich auch an einzelnen Exemplaren an Primärstandorten (jedoch nie großflächig) beobachten.

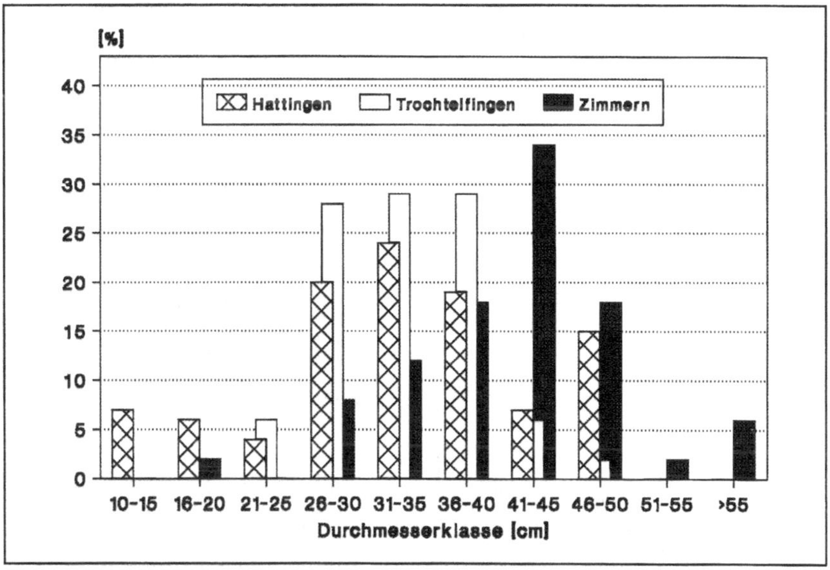

Abb. 28: Relativer Anteil einzelner Brusthöhendurchmesserklassen (errechnet aus den BH-Umfang) von Kiefern (*Pinus sylvestris*) an drei zufällig ausgewählten Standorten von *Daphne cneorum*. Nahe Hattingen (TK 8018/4, n=54 Bäume), bei Zimmern (TK 8018/3, n=50 Bäume), bei Trochtelfingen (TK 7621/4, n=51 Bäume).

Zusammenfassend läßt sich festhalten, daß bei einer mittleren relativen Beleuchtungsrate von 52% (±19%, n=18) eine Blütenbildung erfolgt. Sinkt der Lichtgenuß jedoch auf eine mittlere relative Beleuchtungsrate von etwa 26% (±13%), so findet keine Blütenbildung und Fruktifikation statt. Gleichzeitig bewirkt die Reduktion der Einstrahlung ein verstärktes Längenwachstum ohne Ausbildung von Verzweigungen bei *Daphne cneorum*. Das Ausbleiben von Verzweigungen bewirkt über längere Zeit hinweg die Entstehung von Kümmerexemplaren, wie dies auch von FISCHER (1992) berichtet wird, das heißt, die ehemals relativ dichten "Polster" werden lichter, wenn auch die Populationsgröße und -dichte gleich bleibt. Lediglich die Vitalität der Individuen verringert sich.
Als Beispiel kann hier ein *Daphne cneorum*-Bestand südöstlich von Bargen (TK 8118/2) dienen. Die Fläche war noch um 1940/50 (Teile noch bis 1960) unbestockt und bis etwa 1930 als Weide- bzw. Wiesenfläche in der Kartenlegende ausgewiesen. Zudem weisen heute noch Arten wie *Juniperus communis*, *Carlina acaulis* ssp. *simplex*, sowie *Carex humilis*, *Prunella grandiflora* und *Koeleria pyramidata* auf eine ehemals beweidete Freifläche hin. Aufgrund der großen Individuenzahl an diesem Standort und des sehr geringen reproduktiven Potentials kann davon ausgegangen werden, daß *Daphne cneorum* bereits seit einem langen Zeitraum diese Fläche besiedelt. Die Art besitzt an diesem Standort eine mittlere Individuendichte von 2,8/m^2 (±2,9; n=384 Messungen; vergleiche Abb. 24). Trotz dieser hohen Dichte sind die einzelnen Individuen sehr unscheinbar und gelangen aufgrund des herrschenden Lichtklimas (7-30% relative Beleuchtungsrate) nicht zur Blüte. Die Beschattung erfolgt hier durch Kiefern, die im nördlichen Teil der Fläche anthropogen eingebracht wurden und im südlichen Teil einen wenige Jahrzehnte

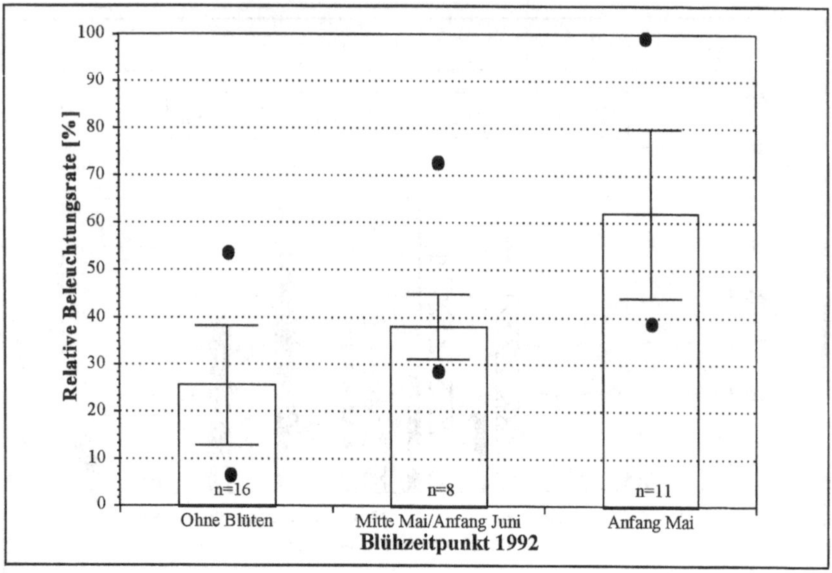

Abb. 29: Blühzeitpunkt von *Daphne cneorum* in Baden-Württemberg (1992) in Abhängigkeit von der relativen Beleuchtungsrate. Angegeben ist die Stichprobenumfang (n), der Mittelwert (Balken), die Standardabweichung (Striche) sowie Minimum und Maximum (Punkte).

alten, durch Anflug entstandenen Bestand bilden. Zwischen diesen Beständen befindet sich ein Fichten-Baumholz, dessen Bodenvegetation nur aus wenigen Moosarten besteht. Ursprünglich dürfte *Daphne cneorum* aber mit hoher Wahrscheinlichkeit auch auf dieser Fläche vorhanden gewesen sein, aktuell ist sie jedoch wegen der starken Beschattung dort nicht mehr anzutreffen. Innerhalb der Kiefernbestände erfolgt vor allem durch dichte *Brachypodium pinnatum*-Bestände (und deren Nekromasse) eine starke Beschattung von *Daphne cneorum*.
Ein weiteres Beispiel ist ein Bestand im Naturschutzgebiet Ramberg-Rehletal (TK 8118/2) an einer südwestlich exponierten Trockenbachböschung innerhalb einer Fichtendickung (Wiesenaufforstung). Infolge starker Beschattung durch die umgebenden Fichten erfolgt keine Blütenbildung und Verzweigung mehr. Dagegen versuchen die Pflanzen vergeblich, mittels eines verstärkten Sproßlängenwachstums in lichtreichere Zonen zu gelangen. Eine Messung der jährlichen Zuwächse ergab einen mittleren Zuwachs von 9,3 cm pro Jahr (±1,7; n=15). Bedenkt man, daß der mittlere jährliche Längenzuwachs blühender Individuen 1991 bei 3,9 cm (±1,5; n=218) liegt, so bedeutet dies eine hohe Assimilat- und Energieinvestition, um einen lichtreichen Bereich zu erreichen. Ähnliche Befunde finden sich an allen stärker beschatteten Standorten von *Daphne cneorum*.

4.7 Schutz- und Pflegemaßnahmen

Aus den oben dargelegten Ergebnissen ergeben sich grundsätzlich folgende Schutz- und Pflegemaßnahmen:

- Sicherung von *Daphne cneorum*-Standorten durch Naturschutz und Forstwirtschaft (Primär- und Sekundärstandorte).
- Zur Erhaltung der natürlichen Vorkommen im Oberen Donautal ist ein starker Gamsabschuß zwingend notwendig (Primärstandorte).
- Grundvoraussetzung einer Bestandeserhaltung und -vitalisierung von *Daphne cneorum* besteht in der Erhaltung oder Wiederherstellung eines günstigen Lichtklimas (Sekundärstandorte).
- Die Standortverhältnisse sind nach Sicherung und Stabilisierung zu konservieren. Eine Weiterentwicklung durch natürliche Sukzessionsabläufe ist nicht erwünscht (Sekundärstandorte).
- Eine Arealausdehnung ist beim augenblicklichen Kenntnisstand über die Fortpflanzungs- und Vermehrungsökologie dieser Art nicht möglich.

4.7.1 Primärstandorte

Im Bereich des Donautales sind aufgrund der Kleinflächigkeit und Unzugänglichkeit vieler Standorte keine Pflegemaßnahmen möglich (und auch nicht notwendig). Es müssen aber verstärkt Schutzmaßnahmen für *Daphne cneorum* und ihre Standorte ergriffen werden. Als Schutzmaßnahmen wären erforderlich:

- Eine großzügige, teilweise vollständige Absperrung von Felsköpfen mit Aussichtsfunktion wird einen großen Teil der Touristen vom Betreten der Felsheide abhalten. Hinweisschilder allein dürften hier weniger ausrichten, wie sich an vielen Orten gezeigt hat. Dies bedeutet nicht, daß Touristen das Betreten sämtlicher Aussichtsplätze untersagt werden soll. Es geht vielmehr um eine gezielte Besucherlenkung. Das heißt, daß neben einer vollständigen Sperrung bestimmter Bereiche dem Erholungssuchenden auch die Möglichkeit gegeben werden muß, sich (punktuell) an dieser zur Blütezeit sehr attraktiven Art zu erfreuen. Denn erst wenn man eine Vorstellung und eine Beziehung zu dieser Pflanze (und der Vegetation der "Steppenheide") erhalten hat, kann auch ein Verständnis für eine vollständige Sperrung an anderer Stelle entstehen.
- Einer Bedrohung durch Kletterer muß dahingehend entgegengewirkt werden, daß entsprechende Felswände gänzlich oder teilweise gesperrt werden. Bereits vorhandene Kletterrouten im Bereich empfindlicher Bezirke sollten ebenfalls gesperrt werden (vergleiche GAßNER et al., 1991, HUBER, 1992: 20f).
- Auf die Bedrohung von *Daphne cneorum* durch die Gemse wurde bereits weiter oben detailliert eingegangen. Aufgrund der Gefährdung von *Daphne cneorum* durch Gamswild im Oberen Donautal muß mit den entsprechenden Jagd-Vertretern Kontakt aufgenommen werden, da eine starke Erhöhung des Gams-Abschusses dringend erforderlich ist. Ein möglicher Verlust der Primärstandorte durch den Verbiß einer ausgesetzten Tierart erscheint als ein zu hoher Preis für diese Faunenbereicherung.

4.7.2 Sekundärstandorte

An den Sekundärstandorten sind neben Schutzmaßnahmen insbesondere auch Pflegemaßnahmen notwendig, um die Bestände zu sichern und zu erhalten:

- Aufgrund der Schwierigkeiten im reproduktiven Verhalten von *Daphne cneorum* erscheint es besonders wichtig, möglichst viele Standorte dieser Art durch Naturschutz und Forstwirtschaft zu sichern, da der größte Teil der Vorkommen im Bereich von Waldrändern, oder diesen direkt vorgelagert liegt. Im Bezirk des Forstamtes Immendingen sind beispielsweise zahlreiche Flächen durch die Zusammenarbeit zwischen der BNL Freiburg und dem Forstamt Immendingen gesichert und zum Teil einer Pflege unterzogen worden.

■ Die räumliche Lage von *Daphne cneorum*-Standorten muß in die jeweiligen Forsteinrichtungswerke und in sämtliche forstliche Kartenwerke aufgenommen und entsprechend gekennzeichnet werden. Beide Maßnahmen erfordern einen engen Kontakt zwischen dem Naturschutz und der Forstwirtschaft.

■ Bei ausgedehnten Vorkommen in lichten Kiefernwäldern, wie zum Beispiel in Teilen des Naturschutzgebietes Ramberg-Rehletal (TK 8018/4, 8118/2), müssen detaillierte forstliche Bewirtschaftungskonzepte erarbeitet werden, um den (Fort-)Bestand dieser Art auch bei einer Weiterführung einer forstwirtschaftlichen Nutzung zu gewährleisten. KAMPRATH (1990) legt ein derartiges Konzept vor und betont, daß eine (bestimmte) forstwirtschaftliche Nutzung der Bestände deren Weiterexistenz (Konservierung) erst ermöglichen wird. Allgemein muß eine dauerwaldartige Bewirtschaftung der Bestände erfolgen. Da die Standorte potentielle Carici-Fagetum-Standorte darstellen, und zudem die Fichte sich stark ansamt, sind die *Daphne cneorum*-Wuchsorte ständig durch Beschattungszunahme gefährdet. Entsprechend gesicherte Wuchsorte von *Daphne cneorum* bedürfen einer angemessenen Auflichtung oder teilweisen Beseitigung einer Bestockung (inklusive der Strauchschicht). Insbesondere die Fichte als stark beschattende Baumart muß vollständig aus den Beständen beseitigt werden. Bei Auflösungserscheinungen der Bestockung sollten die Bestände kleinflächig mit Kiefer verjüngt werden. Die Verjüngung kann in Abhängigkeit von der herrschenden Verbißhöhe und der Dichte der Bodenvegetation durch Übernahme der Naturverjüngung oder durch Pflanzung in Kleinzäunen erfolgen. Bei Fehlen einer Beweidung und einer starken Verfilzung des Rasens auf nur gering bestockten Standorten ist zusätzlich eine Mahd mit nachfolgender Entfernung des Mähgutes notwendig.

Beispiele für derartige, dringend erforderliche Maßnahmen wären die Hochfläche des ND Kreuzhalden (TK 8118/2), dem weiter oben genannten noch nicht gesicherten Bestand südöstlich von Bargen (TK 8118/2), sowie Teile des ausgedehnten Vorkommens im Stadtwald Trochtelfingen (TK 7621/4, I/4 "Sautreiber"). Eine starke Auflichtung dieser Bestände, sowie die Entfernung von Fichtenaufforstungen würde eine deutliche Vitalisierung der dortigen Population bewirken.

■ Eine kontrollierte Beweidung von Standorten ist nur dort sinnvoll, wo größere oder mehrere benachbarte Flächen vorhanden sind, wie dies zum Beispiel nördlich von Trochtelfingen der Fall ist und dort auf Initiative des BUND Alb-Neckar, Bezirksgruppe Zollernalb durchgeführt wird.

■ Die zahlreichen kleinen Flächen auf der Baar und im Hegaus lassen sich jedoch nicht in dieser Form pflegen (vergleiche BRIEMLE, 1988). Hier muß dem Aufkommen konkurrenzkräftiger Arten durch Auflichtung (Strauch- und Baumschicht) und Mahd (Krautschicht und Gehölzjungwuchs) entgegengewirkt werden. Während eine Auflichtung das Lichtklima verbessert und (über die erhöhte Wärmeeinstrahlung) die hygrischen und trophischen Standortbedingungen verschärft werden, bewirkt eine herbstliche (ab September), nicht zu dicht über dem Boden erfolgende Mahd (alle 3-5 Jahre), mit anschließender Entfernung des Mähgutes eine Unterbindung der Rasenverfilzung. Weiterhin wird ein Überwachsen von *Daphne cneorum* durch die umgebende, konkurrenzkräftigere Vegetation verhindert. Günstiger, jedoch extrem kostenintensiv wäre allerdings (vergleiche WITSCHEL, 1986) ein Abrechen des Grasfilzes im zeitigen Frühjahr (März oder April). Dies würde eine weitgehende Schonung von *Daphne cneorum* gewährleisten.

■ Ein kontrolliertes Abbrennen von Flächen erscheint nicht sinnvoll, da dieses neben anderen negativen Folgen auch eine Nährstoffanreicherung verursacht (vergleiche BRIEMLE et al., 1991). Inwieweit *Daphne cneorum* ein Flämmen verträgt, ist nicht bekannt. Während WITSCHEL (1986) von einer starken Schädigung dieser Art spricht, findet sich bei FISCHER (1992) kein Hinweis auf eine Beeinträchtigung dieser Art durch Feuer.

■ Entscheidend bei allen durchzuführenden Maßnahmen ist eine regelmäßige Erfolgskontrolle der Schutz- und Pflegemaßnahmen, da über die Behandlung von *Daphne cneorum*-Beständen noch keine ausreichenden Erfahrungen vorliegen, worauf auch WITSCHEL (1986) hinweist.

■ Die Durchführung der angeführten Pflegemaßnahmen ist zwar prinzipell und technisch an allen Sekundärstandorten durchführbar, doch vom zeitlichen und finanziellen Aufwand her nicht unerheblich. An den vielen kleinflächigen Standorten ist eine Gehölzentfernung im Rahmen forstlicher Maßnahmen durchführbar. Doch weitergehende Maßnahmen werden wohl kaum möglich sein. Das Schicksal dieser Vorkommen wird über kurz oder lang vom Verhalten der Begleitvegetation bestimmt werden.

4.8 Herkunft der Vegetationsaufnahmen in Tabelle 7

Verzeichnis der Literatur-Quellen-Nummer (**fett**) des Tabellenkopfes der Tab. 7 (Anhang 5) mit der dazugehörigen Literatur:

27: KORNECK, D. (1960): Der Amethyst-Schwingel (*Festuca amethystina* L. *eu-amethystina* [SAINT-YVES] KRAJINA var. *genuina* [SAINT-YVES] KRAJINA) im badischen Jura. -Mitt. bad. Landesver. Naturkde. u. Naturschutz N.F. 7: 481-483. Freiburg i. Br. (Aufn. 2).
57: WITSCHEL, M. (1980): Xerothermvegetation und dealpine Vegetationskomplexe in Südbaden. Vegetationskundliche Untersuchungen und die Entwicklung eines Wertmodells für den Naturschutz. -Beih. Veröff. Naturschutz Landschaftspfl. Bad.-Würt. 17. 212 S. Karlsruhe. (Tab. 10: Aufn. 1-7; Tab. 11: Aufn. 4, 5; Tab. 17: Aufn. 1; Tab. 31: Aufn. 6-8).
58: WITSCHEL, M. (1984): Zur Ökologie, Verbreitung und Vergesellschaftung des Reckhölderle (*Daphne cneorum*) auf der Baar und im Hegau. Gleichzeitig ein Beitrag zum Phänomen der Reliktföhrenwälder. -Schr. Ver. Gesch. u. Naturgesch. Baar 35: 119-135. Donaueschingen. (Tab. 1: Aufn. 1-32).
60: WITSCHEL, M. (1986a): Zur Ökologie, Verbreitung und Vergesellschaftung des Berghähnleins (*Anemone narcissiflora* L.) in Baden-Württemberg. -Veröff. Naturschutz Landschaftspfl. Bad.-Würt. 61: 155-173. Karlsruhe. (Tab. 1: Aufn. 12, 22, 25).
69: SEBALD, O. (1983): Erläuterungen zur vegetationskundlichen Karte 1:25000 Blatt 7919 Mühlheim a. d. Donau. 87 S. u. Beilagen. Stuttgart. (Tab. 9: Aufn. 28, 32).
84: MÜLLER, N. (1990): Zur Vergesellschaftung von *Fumana procumbens* Gr. et Godr. auf dem Lechfeld bei Augsburg. -Ber. Naturwiss. Ver. Schwaben 94: 17-24. Augsburg. (Tab. 1: Aufn. 5).
89: MÜLLER, N. (1986-90): 5 unveröffentlichte Vegetationsaufnahmen (TK 7731/3,4; TK 7831/1; TK 7331/3).
90: BRESINSKY, A. (1955): 14 Originalaufnahmen mit *Daphne cneorum* zu den Stetigkeitstabellen 7a, 7b, 7d und 9Ia. In: BRESINSKY, A. (1959): Vegetationsverhältnisse der weiteren Umgebung Augsburgs . -Naturforsch. Ges. Augsb. 11. 234 S. Augsburg.
91: MÜLLER, N. (1991): Auenvegetation des Lech bei Augsburg und ihre Veränderungen infolge von Flußbaumaßnahmen. -Augsburger Ökolog. Schr. 2: 79-108. Augsburg. (Tab.2: Aufn. 39, 41-43, 45; Tab. 5: Aufn. 1, 2).
92: GAUCKLER, K. (1938): Steppenheide und Steppenheidewald der Fränkischen Alb in pflanzensoziologischer, ökologischer und geographischer Betrachtung. -Ber. Bay. Bot. Ges. 23: 5-134. München. (Tab. V: Aufn. 2; Tab. VI: Aufn. 1, 5; Tab. VII: Aufn. 4).
93: SEIBERT, P. (1962): Die Auenvegetation an der Isar nördlich von München und ihre Beeinflussung durch den Menschen. -Landschaftspfl. u. Veg.kde. 3. 123 S. München. (Tab. 19: Aufn. 255, 256; Tab. 20: Aufn. 252).
111: BRESINSKY, A. (1966): Naturschutzgebiet "Kissinger Heide". -Jb. Ver. Schutze Alp.pfl. und -tiere 31: 165-171. Ohne Ort. (Aufn. a, b).
112: MÜLLER, N. (1990): Die Entwicklung eines verpflanzten Kalkmagerrasens. Erste Ergebnisse von Dauerflächenbeobachtungen in einer Lechfeldhaide. -Nat. u. Landsch. 65: 21-27. (Tab. 1).
113: KUHN, K. (1937): Die Pflanzengesellschaften im Neckargebiet der Schwäbischen Alb. 340 S. Öhringen. (2 Aufn. S. 266f)
114: MÜLLER, T. (1975): 1 Originalaufnahme zur Stetigkeitstabelle 1, Spalte 2e. In: MÜLLER, T. (1975): Natürliche Fichtengesellschaften der Schwäbischen Alb. -Beitr. naturkdl. Forsch. SW-Dtschl. 34: 233-249. Karlsruhe.
115: MÜLLER, T. (1980): 47 Originalaufnahmen zur Stetigkeitstabelle 1, Assoziation Nr. 1a-1d, 2Aa-2Ac, 2C, 2D. In: MÜLLER, T. (1980): Der Scheidenkronwicken-Föhrenwald (Coronillo-Pinetum) und der Geißklee-Föhrenwald (Cytiso-Pinetum) auf der Schwäbischen Alb. -Phytocoenologia 7: 392-412. Stuttgart und Braunschweig.
143: WITSCHEL, M. (1987): 2 Originalaufnahmen mit *Daphne cneorum* zur Stetigkeitstabelle 1, Assoziation Nr. 10. In: WITSCHEL, M. (1987): Die Verbreitung und Vergesellschaftung der Federgräser (*Stipa* L.) in Baden-Württemberg. -Jh. Ges. Naturkde. Würt. 142: 157-196. Stuttgart.
144: WITSCHEL, M. (1991): 11 Originalaufnahmen mit *Daphne cneorum* zur (Stetigkeits-)Tab. 1, Assoziation Nr. 4. In: WITSCHEL, M. (1991): Die *Trinia glauca*-reichen Trockenrasen in Deutschland und ihre Entwicklung seit 1880. -Ber. Bay. Bot. Ges. 62: 189-219. München.
145: WITSCHEL, M. (1989): 10 Originalaufnahmen mit *Daphne cneorum* zur Stetigkeitstabelle 1, Assoziation Nr. 1, 6, 7a und 7b. In: WITSCHEL, M. (1989): Ökologie, Verbreitung und Vergesellschaftung von Amethyst-Schwingel (*Festuca*

amethystina L.) und Horst-Segge (*Carex sempervirens* VILL.) in Baden-Württemberg. -Jh. Ges. Naturkde. Würt. 144: 177-209. Stuttgart.

146: WITSCHEL, M. (1986b): 66 Originalaufnahmen mit *Daphne cneorum* zur Stetigkeitstabelle 1, Assoziation Nr. 1-8. In: WITSCHEL, M. (1986b): Zur Ökologie, Verbreitung und Vergesellschaftung von *Daphne cneorum* in Baden-Württemberg, unter Berücksichtigung der zönologischen Verhältnisse in den anderen Teilarealen. -Jh. Ges. Naturkde. Würt. 141: 157-200. Stuttgart.

150: RIEMENSCHNEIDER, M. (1956): Vergleichende Vegetationsstudien über die Heidewiesen im Isarbereich. -Ber. Bay. Bot. Ges. 31: 75-120. München. (Tab. 7: Aufn. III-V).

151: ZIELONKOWSKI, W. (1973): Wildgrasfluren der Umgebung Regensburgs. Vegetationskundliche Untersuchungen an einem Beitrag zur Landespflege. -Hoppea 31: 1-181 u. 19 Tab. Anhang. Regensburg. (Tab. 7: Aufn. 5, 11, 12, 18, 25; Tab. 11: Aufn. 23; Tab. 18: Aufn. 10, 11).

155: LORENZ, W. (1993): Vegetationskundliche Untersuchungen der Schneeheide-Kiefernwälder im Landkreis Garmisch-Partenkirchen. -Hoppea 54: 301-349. Regensburg. (Tab. 1: Lfd. Nr. 5, 8-13, 15, 16, 25). (Die Zuordnung der Tabellenfußdaten zur Tabelle erfolgte mit Hilfe einer schriftlichen Mitteilung des Autors).

157: SCHMID, E. (1936): Die Reliktföhrenwälder der Alpen. -Beitr. z. geobot. Landesaufn. d. Schweiz 21. 190 S. u. 2 Beilagen. (Tab. IX: Aufn. 11).

158: ZIELONKOWSKI, W. (1972): Formenkreis, Verbreitung und Vergesellschaftung der *Festuca ovina* im Raume Regensburg. -Hoppea 30: 281-317 u. 5 Tab. Anhang. Regensburg. (Tab. 1: Aufn. 5, 5b).

165: BRESINSKY, A. (1991): Die Trockenrasen des Lechfeldes: Arteninventar und Konsequenzen für den Schutz von Pflanzenarten. -Augsburger Ökolog. Schr. 2: 69-78. Augsburg. (Aufn. b).

183: HERTER, W.; MÜLLER, T. (1994): 10 unveröffentlichte Aufnahmen des Pulsatillo-Caricetum humilis und Coronillo-Pinetum aus dem Oberen Donautal.

9 Vegetationsaufnahmen mit *Daphne cneorum* aus Tab. 15, Spalten-Nr. 7-12, 14, 15 und 21 (Bromo-Seslerietum, Pulsatillo-Caricetum humilis) aus KÖPPLER, D. (1995): Vegetationskomplexe von Steppenheide-Physiotopen im Juragebirge und ihre Bedeutung als Elemente einer landschaftsökologischen Gliederung. Diss. Bot. 249. 228 S. 7 Tafeln und 6 Beilagen. J. Cramer. Berlin/Stuttgart und 2 Vegetationsaufnahmen mit *Daphne cneorum* (Aufnahmen Nr. 17 und 19; Alluviale Rasse des Erico-Pinetum sylvestris) aus KARL, J. (1954): Die Vegetation der Lechauen zwischen Füssen und Deutenhausen. -Ber. Bay. Bot. Ges. 30: 65-69 u. 1 Tafel. München, sowie 1 Aufnahme mit *Daphne cneorum* (Aufnahme 2, S. 96; Mont.-präalp. Mesobrometum, Subass. mit *Carex humilis*, Ausbildung mit *Erica herbacea*) aus MEUSEL, H. (1939): Die Vegetationsverhältnisse der Gipsberge im Kyffhäuser und im südlichen Harzvorland. Ein Beitrag zur Steppenheidefrage. -Hercynia 2. 272 S. U. 34 Tafeln u. 2 Veg.karten. Berlin, konnten in dieser Arbeit nicht mehr berücksichtigt werden.

Tab. 3: Auswirkung einer Fichtenentfernung im Frühjahr 1992 auf den Deckungsgrad von *Daphne cneorum* (Ort: Hüfingen, TK 8016/4, Fläche: 2,6 m², Exposition: Süd, Geologie: moδ, T: Traufschicht, S: Strauchschicht)

Aufnahmedatum	8.91
Deckung Daphne cneorum [%]	**18**
Deckung Traufschicht [%]	**50**
Deckung Strauchschicht [%]	20
Deckung Krautschicht [%]	50

B Daphne cneorum
4 Picea abies T
R Viburnum lantana T
A Larix europaea S
B Bromus erectus
M Festuca ovina
1 Brachypodium pinnatum
A Scabiosa columbaria
1 Prunella grandiflora
1 Briza media
1 Melampyrum sylvaticum ssp. sylvaticum
1 Hippocrepis comosa
1 Rubus saxatilis
1 Ranunculus nemorosus
1 Achillea millefolium
1 Leontodon hispidus ssp. hispidus
+ Euphorbia cyparissias
1 Polygala amarella
1 Pimpinella saxifraga
+ Linum catharticum
R Plantago media
1 Galium glaucum
R Vicia cracca
M Hylocomium splendens
1 Scleropodium purum

Aufnahmedatum	8.92
Deckung Daphne cneorum [%]	**30**
Deckung Traufschicht [%]	**0**
Deckung Strauchschicht [%]	25
Deckung Krautschicht [%]	80

3 Daphne cneorum
B Larix europaea S
3 Bromus erectus
M Festuca ovina
1 Brachypodium pinnatum
1 Scabiosa columbaria
A Prunella grandiflora
+ Briza media
1 Melampyrum sylvaticum ssp. sylvaticum
+ Hippocrepis comosa
A Rubus saxatilis
1 Ranunculus nemorosus
1 Achillea millefolium
1 Leontodon hispidus ssp. hispidus
+ Euphorbia cyparissias
+ Polygala amarella
1 Pimpinella saxifraga
1 Linum catharticum
+ Trifolium medium
R Plantago media
R Solidago virgaurea
1 Carex flacca
1 Carex humilis
1 Galium glaucum
+ Vicia cracca
R Heracleum sphondylium
R Tragopogon pratensis
+ Thesium bavarum
+ Taraxacum officinalis
R Koeleria pyramidata
+ Cladonia furcata ssp. subrangiformis
1 Pleurozium schreberi
+ Rhytidiadelphus triquetrus
+ Cladonia fimbriata

Abb. 26: Gefährdung von *Daphne cneorum* in Baden-Württemberg

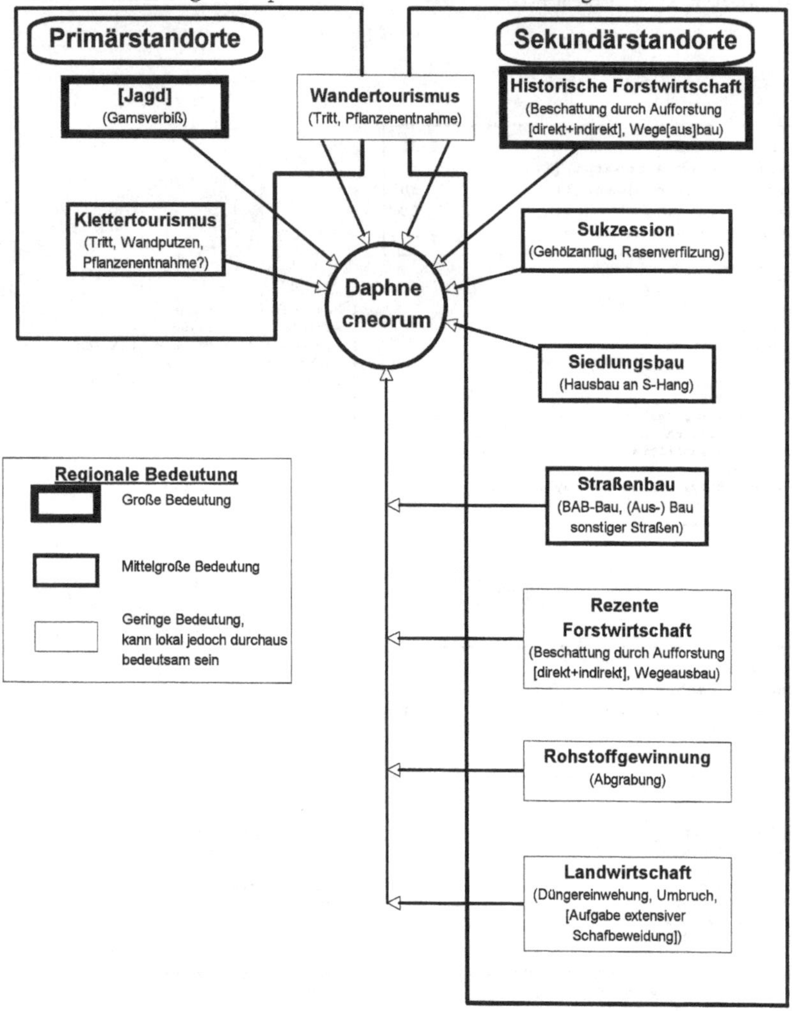

5. Ökologie, Gefährdung und Schutz der Eibe (*Taxus baccata* L.) - eine Literaturstudie

5.1 Einleitung

Wildwachsende Eiben sind in Mitteleuropa in ihrem Bestand rückläufig. In der Roten Liste Baden-Württembergs wird der Eibe die Gefährdungskategorie 3 (gefährdet) zugewiesen. Es wird angenommen, daß der Rückgang seit 50 Jahren stagniert, da die Forstwirtschaft offensichtlich mehr Rücksicht auf sie genommen hat (SEBALD et al., 1990a: 210). Aber es ist unwahrscheinlich, daß sie sich in unseren Wirtschaftswäldern von alleine wieder ausbreitet. Eine Reihe ungünstiger Voraussetzungen sprechen dagegen: die stark isolierten Vorkommen, das träge Wachstum, die Zweihäusigkeit, die geringe Fruktifikation in dunklen Wäldern und der extrem starke Verbiß der natürlichen, wie künstlichen Verjüngung durch die überhöhten Wildstände. Trotz ihrer mythologischen, ethnologischen und ethymologischen Besonderheit, die ihr der Mensch verliehen hat, ist paradoxerweise gerade er selbst direkt oder indirekt für ihren Rückgang verantwortlich.
Im folgenden sollen anhand einer Literaturstudie die Ursachen für ihre Gefährdung und ihren Rückgang aufgezeigt werden. Die Ursachen lassen sich weit über das Mittelalter bis in das Postglazial zurückverfolgen. Die schwache Stellung, die die Eibe in den heutigen Wäldern hat, läßt sich nur durch ihre natürliche Überlebensstrategie erklären. Diese Strategie beruht vor allem auf ihrer intermediären Stellung zwischen Laub- und Nadelgehölzen, wofür eine Reihe ökophysiologischer und morphologischer Details sprechen (LEUTHOLD, 1980).
Das Wissen um diese speziellen Eibencharakteristika ist unbedingte Voraussetzung für die Erstellung von Hilfsprogrammen und die Durchführung von Schutzmaßnahmen. Auf sie wird am Schluß dieses Kapitels konkret eingegangen.

5.1.1 Gliederung der zur Verfügung stehenden Literatur zur Eibe

Über die Eibe in Mitteleuropa steht im allgemeinen umfangreiche Literatur zur Verfügung. Das jüngste erstellte Literaturverzeichnis befindet sich bei SCHEEDER (1994) mit 142 angeführten Stellen. Darunter sind auch Arbeiten aus Osteuropa vertreten, die aber aufgrund sprachlicher Barrieren bisher noch nicht ausgewertet wurden, oder aber nicht verfügbar waren. Von den für diese Arbeit berücksichtigten Publikationen stammen fast alle aus dem deutschsprachigen Raum. Seit etwa 100 Jahren beschäftigt die aussterbende Eibe unterschiedliche Autoren - Naturwissenschaftler, Geisteswissenschaftler, aber auch Gärtner und Naturschützer - die meist in kleineren Veröffentlichungen auf den Verlust dieser Baumart hinweisen, oder besondere Eibenvorkommen beschreiben. Detaillierte Untersuchungen zu bestimmten Fragestellungen (zum Beispiel zur Ökologie, zum Gesellschaftsanschluß) sind jedoch nur in begrenzter Zahl vorhanden. Noch eingeschränkter ist die Literatur zur Eibe in Baden-Württemberg; hier kann nur auf die in SEBALD et al. (1990a: 208f) genannte verwiesen werden: LOHRMANN (1938) (die Eibe in Württemberg), OBLINGER (1969) (die Eibe in Bayerisch Schwaben). In Vegetationsaufnahmen ist die Eibe nur bei OBERDORFER (1957), MÜLLER, T. (1989, 1990, 1991) (Schwäbische Alb), LANG (1990) (westliches Bodenseegebiet) und HÜGIN (1979) (Buchswald bei Grenzach) erwähnt. LOHRMANN (1938) hat eine genaue Kartierung der württembergischen Eibenvorkommen durchgeführt, doch verbrannte dieses Material, das Aufschluß über den jüngsten Rückgang im Gebiet hätte geben können, während des Krieges bei einem Bombenangriff auf Stuttgart. Weiter gibt es einige wenige unveröffentlichte Referendararbeiten mit Vollaufnahmen und Kartierungen eibenreicher Gebiete. Sie befinden sich bei den jeweiligen Forstdirektionen und bei der Forstlichen Versuchsanstalt Freiburg (FISCHER, 1954:

Forstbezirk Wehingen; SCHIRMER: Forstbezirk Tiengen, NSG Ibenkopf; KAHLE, 1990: Zußdorf bei Ravensburg).
Studien zur Ökologie und zur Ökophysiologie in Baden-Württemberg fehlen ebenso wie umfangreicheres pflanzensoziologisches Aufnahmematerial, die zusammen den eindeutigen Gesellschaftsanschluß (vergleiche Kapitel 5.2.4.2) der Eibe vielleicht klären helfen könnten.
Die zur Verfügung stehende Literatur kann nach folgenden Schwerpunkten eingeteilt werden:

A. Monographien der Eibe

KORSCHELT (1897)	Deutschland
HEGI (1990)	Mitteleuropa
EDLIN (1965)	Großbritannien
LEUTHOLD (1980)	Schweiz
NAMVAR & SPETHMANN (1986)	Deutschland
SEBALD et al. (1990a: 208ff)	Baden-Württemberg

B. Aktuelle und historische Verbreitung der Eibe in Europa

a) Gebietsmonographien

VOGLER (1903)	Schweiz
CHRIST (1912)	Pregasso/Tessin
CONWENTZ (1921)	Christiansholm/Rendsburg
WILDE (1925/26)	Pfalz
EICHENBERG (1929)	Eichsfeld/Thüringen
GAYER (1930)	Bankonyer Wald/Ungarn
BRADLER (1931)	Eichsfeld/Erfurt
SCHÖNICHEN (1931)	Paterzell/Oberbayern
GROSS (1933)	Ostpreußen
ROSENKRANZ (1934)	Niederösterreich
LOHRMANN (1938)	Württemberg und Hohenzollern
TSCHERMAK (1949)	Neusohl/Slowakei
FISCHER (1954)	Forstbezirk Wehingen/Württemberg
RUNGE (1954)	Westfalen
WAGNER (1959)	Schweiz
ATTENBERGER (1964)	Paterzell/Oberbayern
WILLERDING (1968)	Pleßwald/Göttingen
OBLINGER (1969)	Bayerisch-Schwaben
HOFMANN, J. (1970)	Böhmen
KORPEL & PAULE (1976)	Harmanec/Slowakei
LEUTHOLD (1980)	Schweiz
HAUPT (1984)	Thüringen
KAHLE (1990)	Zußdorfer Wald/Ravensburg
SAMRJA-KORJONEN (1991)	Aland/Südwest-Finnland

b) Allgemeine Verbreitung der Eibe

Conwentz (1912)	Deutschland
Schönichen (1933)	Deutschland und Rumänien
Meusel (1939)	europäisches Eibenareal
Firbas (1952)	" "
Rubner (1960)	" "
Walter & Straka (1970: 17)	" "
Hegi (1990)	" "

c) Prä- und postglaziale Fundorte

Conwentz (1921)	Christiansholm/Rendsburg
Hayen (1960)	Oldenburgische Moore
Behre (1962)	Lüneburger Heide
Willerding (1968)	Pleßwald/Göttingen
Averdieck (1971)	Nordwestdeutsche Moore

d) Die Eibe im Mittelalter

Hilf (1925)
Mantel (1990)
Schulz-Doepfner (1928)

C. Erste Naturschutzbestrebungen

Diese Literaturstellen entstammen der Zeit der aufkommenden Naturschutzbewegungen in Deutschland um die Jahrhundertwende. Sie dauerte bis in die dreißiger Jahre an.

Conwentz (1892, 1912, 1921)
Brock (1904)
Burckhardt (1911)
Dopf (1934)
Quantz (1937)

D. Mythologische, ethymologische und volkskundliche Arbeiten zur Eibe

Lemke (1902)
Hoops (1905)
Bertog (1925)
Marzell (1928)
Lizius (1957)

E. Gesellschaftsanschluß der Eibe

Etter (1947)	Schweizer Alpennordrand
Moor (1951)	Schweizer Jura
Hofmann, G. (1958)	Mitteldeutschland
Willerding (1968)	Pleßwald/Göttingen
Lang (1990: 55, 408)	Westl. Bodenseegebiet
Hügin (1979)	Buchswald bei Grenzach
Muhle (1979)	Zusammenstellung von in der Literatur angeführten eibenreichen Waldgesellschaften
Leuthold (1980)	Schweizer Mittelland

F. Verschiedene Arbeiten zur Eibe

BURCKHARDT (1911)	Anbauversuche mit Eibe
RÖHN (1927)	Wirkung des Taxins auf Wild
RÜCK & OHNESORG (1960)	Schutzpladoyer für die Eibe
KLÖTZLI (1965)	Verbißsituation in der Schweiz
LANDESANSTALT FÜR ÖKOLOGIE NRW (1983)	Artenhilfprogramm Eibe
SCHEEDER (1994: 73ff)	Ertragskundliche Untersuchungen zur Eibe

Für diese Literaturstudie waren vor allem sechs Publikationen von besonderer Bedeutung: WILLERDING (1968), MUHLE (1979), LEUTHOLD (1980), NAMVAR & SPETHMANN (1986), SEBALD et al. (1990a: 208ff) und SCHEEDER (1994). Im folgenden wird im wesentlichen auf die Arbeiten dieserAutoren zurückgegriffen.

5.2 Systematische und ökologische Charakterisierung der Eibe

5.2.1 Systematische Einodnung

Die Eibe unterscheidet sich von den übrigen Nadelgehölzen durch so gewichtige Merkmale wie keine Zapfen, primitiver Blütenbau und auffällige Holzstruktur, daß sie von der modernen Systematik nicht mehr zu den Koniferen gezählt, sondern einer eigenen Klasse innerhalb der Gymnospermen zugeteilt wird. Andere Auffassungen gliedern die *Taxaceen* jedoch weiterhin als Familie in die Klasse der *Pinatae* ein (zum Beispiel STRASBURGER, 1983: 785). Die Ordnung der *Taxales* umfaßt die Familie der *Taxaceae* mit den Gattungen *Taxus*, *Torreya*, *Austrotaxus* und *Nothotaxus* und die Familie der *Cephalotaxaceae* mit den Gattungen *Amenotaxus* und *Cephalotaxus*.

5.2.2 Verbreitung

5.2.2.1 Allgemeine Verbreitung der Gattung *Taxus*

Das Areal der Gattung *Taxus* umfaßt zirkumpolar nur die nördliche Hemisphäre. Sieben Arten sind wie folgt verteilt: in Europa nur *T. baccata*, in Ostasien und dem Himalaya *T. cuspidata*, *T. wallichiana* und in Nordamerika *T. brevifolia*, *T. canadensis*, *T. floridiana*, *T. globosa*.

5.2.2.2 Das europäische *Taxus*-Areal

Das heutige disjunkte Areal der Eibe spricht für eine in das Präglazial zurückreichende, ausgedehnte Verbreitung (vergleiche Kap. 5.2.3.1). Es reicht von den baltischen Staaten bis zu den Britischen Inseln und vom Süden Norwegens (62,5° nördl. Breite), Schwedens und Finnlands bis zur Sierra Nevada in Spanien und den Gebirgen Siziliens. Außereuropäische Enklaven befinden sich im Atlas-Gebirge Nordafrikas, im iranischen Elburs-Gebirge, im Kaukasus und um das Schwarze Meer (Abb. 30). Die genaue Arealentstehung ist noch unbekannt, da bei Pollenanalysen vor 1960 der Eibenpollen nicht exakt identifiziert werden konnte (vergleiche Kap. 5.2.3.1). Auffallend ist das

heutige Fehlen der Eibe in Westfrankreich. Ob hier der Mensch gewirkt hat, oder ob es natürliche Ursachen hat, ist Spekulation.
Die vertikale Verbreitung der Eibe ist durch einen Nord-Süd-Gradienten charakterisiert: im nördlichen Europa bevorzugt sie das flache Land, dagegen zeigt sie in Mittel- und Südeuropa eine strenge Bindung an die montane oder subalpine Stufe (NAMVAR & SPETHMANN, 1986; LEUTHOLD, 1980):

Skandinavien	bis 200 m	Sierra Nevada,	
Bayerischer Wald	bis 1100 m	Algerien	1700-1950 m
Nordalpen	300-1400 m	Armenien,	
Südalpen	bis 1470 m	Nagorny-Karabach	900-1900 m

Nach MEUSEL (1939) ist die Eibe eine "südeuropäisch-montan mitteleuropäische Holzart mit subatlantischer Ausbreitungstendenz". In der Literatur wird die Eibe vielfach als eindeutig ozeanisches Florenelement bezeichnet (ROSENKRANZ, 1934; MEUSEL, 1939). Hier muß jedoch streng differenziert werden, ob sich der Begriff Ozeanität auf Feuchte oder Temperatur bezieht; denn in Südeuropa zwingt die Sommertrockenheit die Eibe zum Ausweichen in das Gebirge, doch auch die hohen Nachttemperaturen zwingen Arten kühlerer Klimate in höhere Lagen, weil sie ansonsten durch die geöffneten Stomata nachts große Mengen der Tagesproduktion wieder veratmeten. Der Grenzverlauf des europäischen Eibenareals hat somit unterschiedliche Ursachen: in Osteuropa ist eine thermische Begrenzung durch extrem tiefe Wintertemperaturen (vergleiche Kap. 5.2.4.1) festzustellen, in Südeuropa dagegen läßt sich nicht eindeutig unterscheiden zwischen Sommertrockenheit als Ursache oder hohen Nachttemperaturen (hygrische und/oder thermische Komponente); in Nordeuropa bildet vermutlich die Wärmesumme in der Vegetationszeit den begrenzenden Faktor. Die Nordgrenze des Verbreitungsgebietes fällt zusammen mit der Grenze der Edellaubholz-Wälder (LEUTHOLD, 1980).

5.2.2.3 Verbreitung in Baden-Württemberg

Die baden-württembergischen Eibenvorkommen sind bei SEBALD et al. (1990a: 209) zusammengetragen und kartenmäßig erfaßt. Schwerpunkte der Vorkommen sind entlang dem Albtrauf, hier vor allem die mittlere Schwäbische Alb (entlang der nördlichen und südlichen Alb nur zerstreut), sowie das Alpenvorland. Ein größeres Vorkommen befindet sich bei Waldshut/Tiengen, am Bodensee bei Überlingen und dem Bodenrück und in Zußdorf/Ravensburg. Ansonsten gibt es nur weit zerstreute Einzelvorkommen im Schwarzwald, am Grenzacher Horn, sowie in der Wutachschlucht bei Bad Boll.

Abb. 30: Verbreitung von *Taxus baccata*. Aus HEGI (1990).

5.2.3 Morphologische und biologische Besonderheiten

5.2.3.1 Morphologie

Benadelung: Eibennadeln sind insofern besonders, als sie die am schwächsten gebauten aller einheimischen Koniferen sind; sie enthalten außer den Gefäßbündeln keine stabilisierenden Elemente. Auf der Nadelunterseite finden sich keine gegen Verdunstung schützende Wachsstreifen. Die relativ breitflächige Nadelgestalt und die dorsoventrale, meist zweizeilige Anordnung der Nadeln am Zweig erinnert an das Laubblatt (LEUTHOLD, 1980; vergleiche Kap. 5.2.4.1).

Stamm/Wurzel/Habitus: Die Eibe bildet meist einen aufrechten, stark abholzigen Stamm, der oft spannrückig und drehwüchsig sein kann. Es gibt unterschiedlichste Erscheinungsformen vom Krüppelbusch auf einer Kalkklippe (meist etagenartige Zweiganordnung und schräg aufwärts wachsend, WILLERDING, 1968) bis hin zur klassischen Baumform mit einer Höhe von 15-20 m, bis ein Meter Durchmesser und einem Alter von 400 bis 600 Jahren. Die tiefgehenden langen Wurzeln ermöglichen auch auf klüftigem Fels eine feste Verankerung (HAUPT, 1984). Wiederholt wird in der Literatur darauf hingewiesen, daß die Eibe zu Scheinstämmen neigt, oder diese bildet (zum Beispiel KAHLE, 1990). Scheinstämme entstehen durch Zusammenwachsen mehrerer Einzelstämme, die im Laufe der Jahrhunderte meist hohl werden und ausfaulen. Die dadurch entstehenden großen Durchmesser verleiten vielerorts dazu ein extrem hohes Alter vieler starker Individuen anzunehmen. Die Eibe neigt jedoch nicht zu Scheinstämmen, sondern sie sind eine Folge des Regenerationsvermögens dieser Baumart aus sekundär austreibenden Knospen (einzige einheimische

Nadelbaumart mit Stockausschlagsfähigkeit). Vermutlich stammen diese starken Scheinstamm-individuen aus der Zeit der Niederwaldbewirtschaftung (WILLERDING, 1967).

Holz: Als eines der dichtesten, härtesten, elastischsten und zähesten einheimischen Hölzer wurde es bereits in der Frühzeit vom Menschen als Werkstoff geschätzt. Das spezifische Trockengewicht liegt zwischen 0,74 und 0,94 g/cm³, also zwischen Hainbuche und Esche. Detaillierte holztechnologische Daten finden sich bei NAMVAR & SPETHMANN (1986). Durch den geringen jährlichen Zuwachs ist das Holz immer feinringig, der Splint ist weiß bis gelblich, der Kern tiefrot (an der Luft verfärbt er sich zu orangerot). Als einziges einheimisches Nadelholz bedarf es nicht des Harzes als Infektionsschutz und hat somit auch keine Harzkanäle. Unter dem Mikroskop ist das Holz anatomisch eindeutig von anderen Hölzern zu unterscheiden, denn die Tracheiden sind mit spiraligen, regelmäßigen, starken Verdickungsleisten stabilisiert (HEGI, 1990).

Inhaltsstoffe: Anstelle von Harz oder ätherischen Ölen enthält die Eibe als wirksamen Infektionsschutz in allen Teilen mit Ausnahme des roten fleischigen Samenmantels (=Arillus) das Alkaloid Taxin ($C_{37}H_{51}O_{10}N$) und in winzigen Mengen das Alkaloid Ephedrin. Taxin kann beim Menschen in entsprechender Dosis binnen 14 h letal wirken. Ebenso empfindlich reagieren unter den Haustieren vor allem Pferde und Schweine. Von den einheimischen Wildarten sind jedoch Reh- und Rotwild und Hasen durch die Giftmischung nicht gefährdet (RÖHN, 1927). Sie verbeißen die Eibe regelmäßig, wo immer sie erreichbar ist (KLÖTZLI, 1965; NAMVAR & SPETHMANN, 1986). Nach KLÖTZLI (1965) enthält die Eibe keine besonderen Nähr- und Mineralstoffe, die eine zusätzliche Lockwirkung haben könnten.

Pollen: Die eindeutige Identifizierung des Eiben-Pollens ist erst seit etwa 1960 möglich (HAYEN, 1960), da er sehr klein ist und wenig charakteristische Merkmale aufweist. Luftsäcke fehlen, die Pollenwände platzen leicht. Durch diese äußere Verformung ist es besonders in Substraten mit schlechter Pollenerhaltung (wie in Mooren) schwierig, sie nachzuweisen (Seesedimente konservieren besser). Frühere Pollenanalysen, in denen die Eibe erwähnt wird, sind daher vorsichtig zu beurteilen. Der Eiben-Pollen hat unter den einheimischen Gehölzen die geringste Sinkgeschwindigkeit mit 1,6 cm/sec (WALTER & STRAKA, 1970: 74). Dies und die Filterwirkung der dichtbenadelten Zweige, an denen die Blüten sitzen, mag mit ein Grund für die geringe Frequenz der Pollen in den verschiedenen Substraten sein (AVERDIECK, 1971).

5.2.3.2 Vermehrungs- und Ausbreitungsbiologie

Ab dem 20. Lebensjahr fruktifiziert die Eibe. Die Fruchtbildung erfolgt jedoch ausschließlich an Individuen, die in vollem Licht erwachsen sind (LEUTHOLD, 1980). Bei der derzeit geringen Individuenzahl ist die Zweihäusigkeit dieser Art eindeutig ein vermehrungsbiologischer Nachteil. In der älteren Literatur sind auch einhäusige Individuen beschrieben (zum Beispiel GROSS, 1933), doch nicht tatsächlich nachgewiesen. Die Samennüßchen sind keine Zapfen wie bei anderen Koniferen. Sie sind von einem eßbaren, saftig-schleimigen und süß schmeckenden roten Samenmantel umgeben. Die natürliche Verbreitung besorgen Amseln, Drosseln, Stelzen oder auch Marder und Mäuse (wobei letztere auch die Samennüßchen selbst gerne ausfressen, WILLERDING, 1968). Dabei wird die ganze Frucht verzehrt, der Samenmantel bleibt aber unverdaut und wird keimfähig (der Arillus enthält keimhemmende Substanzen) mit dem Kot ausgeschieden. Durch die Begleitexkremente kann der Samen an steilen Felswänden haften bleiben, ist gleichzeitig gegen weitere Freßfeinde geschützt und bis zur Keimung nach ein bis vier Jahren in ein günstiges Keimsubstrat eingebettet. Die Keimung und das Anwachsen der Naturverjüngung ist auf offenem Mineralboden, oder höchstens unter einer schwachen Mullauflage am erfolgreichsten. Insbesondere Grasfilz oder dicke Humus- und Streuauflagen bewirken das Verschimmeln der Samen (WILLERDING, 1967; NAMVAR & SPETHMANN, 1986). Warme, oberflächlich verhagerte und früh ausapernde Standorte bezeichnet FRANKE (FVA Freiburg, mdl. Mitteilung) für die Keimung günstig.

Wachstum: Das träge Wachstum ist bei der Eibe genetisch fixiert; das Dickenwachstum erreicht in der Jugend um 1 mm pro Jahr, im Alter noch ungefähr 0,5 mm (KORSCHELT, 1897). In schlechten Jahren kann es sogar ganz aussetzen (HAUPT, 1984). Sie hat auch das langsamste Höhenwachstum aller einheimischen Baumarten: bis zum 6. Jahr 2,5-3 cm, dann etwas mehr. Der durchschnittliche Höhenzuwachs kulminiert zweimal, zwischen 30 und 40 Jahren und im Alter von 150 bis 160 Jahren (NAMVAR & SPETHMANN, 1986). Genauere ertragskundliche Daten verschiedener Eibenstandorte in Deutschland und in der Schweiz hat SCHEEDER (1994: 73ff) zusammengestellt.

5.2.3.2.1 Künstliche Vermehrung

Ausführliche Angaben zur Vermehrung finden sich bei NAMVAR & SPETHMANN (1986), zusätzliche Information bei BÄRTELS (1978), MUHLE (1979) und KRÜSSMANN (1984). Hier werden nur die wichtigsten Punkte angeführt.

Generative Vermehrung: Da die Samen bis 4 Jahre dormant sein können, müssen sie zur Unterbrechung der Samenruhe für 12-18 Monate stratifiziert werden. Die Aussaat soll im Frühjahr oder Herbst erfolgen. Unterschiedlichste keimfördernde Zusatzbehandlungen werden in obiger Literatur angeführt, zum Beispiel Warm-Naßbehandlungen oder Kältebehandlungen.

Vegetative Vermehrung: Sie wird insbesondere zu gärtnerischen Zwecken bei nicht echt aus dem Samen fallenden Varietäten angewendet. Vor allem die Stecklingsvermehrung von ausgereiften Trieben kommt zur Anwendung. Eine Wuchsstoffbehandlung ist empfehlenswert. Werden die Stecklinge im August geschnitten und gesteckt, so bewurzeln sie sich erst im folgenden Frühjahr. Als Unterlage für Veredelungen eignet sich am besten *Taxus baccata* (für Varietäten ebenso wie für andere Arten).

Trotz der verschiedenen, in der Literatur zitierten Vermehrungstechniken, soll es keine signifikanten Unterschiede geben zwischen den einzelnen Verfahren, da die natürliche Variabilität der Eibe im Bewurzelungsverhalten sehr groß sei, aber auch von Individuum zu Individuum stark schwanke (FRANKE, FVA Freiburg, mdl. Mitteilung).

5.2.3.3 Natürliche Gefährdung

Biotische Schädlinge: Das Taxin ist ein sehr wirksamer Infektionsschutz; Pilze und Insekten sind unbedeutend, bis auf die Eibengallmücke (*Taxomya taxi*) - sie bewirkt lediglich rosenknospenartige Gebilde auf männlichen Blüten (HEGI, 1990) - und eine gallbildende Milbe (*Eriophyes psilaspis*), die ein ähnliches Schadbild hervorruft (LEUTHOLD, 1980). Einen besonderen Schaden kann der große Buntspecht durch Behacken des Stämmchens anrichten ("Spechtringeln"). Die Eibe reagiert hierauf mit einer wirksamen Wundheilung durch Kallusbildung (KUCERA, 1971). Die größte Gefahr für die Eibe stellt heute das Rehwild dar, zu dessen beliebtesten Äsungspflanzen die Eibe zählt (KLÖTZLI, 1965; vergleiche Kap. 5.3.3.2).

Abiotische Schäden: In kontinentaleren Klimaten fehlt die Eibe. Der Grund hierfür liegt vor allem an der starken Winterfrostgefährdung der Eibe, denn sie erträgt kaum tiefe Temperaturen; dagegen ist sie gegen Dürre und Spätfrost weitgehend unempfindlich (LEUTHOLD, 1980).

5.2.4 Ökologie

5.2.4.1 Zur Strategie der Eibe

Die Hauptstrategien unserer einheimischen Baumarten lassen sich nach LEUTHOLD (1980) in "Wegwerf-Strategie" und "Allzeit-Bereit-Strategie" einteilen. Die laubwerfenden Arten folgen der "Wegwerf-Strategie", indem sie sich in der kalten Jahreszeit von ihrem "billigen", ohne besondere Schutzeinrichtungen ausgestatteten Assimilationsapparat befreien. Durch diese Anpassung setzen sie sich auf allen Standorten mit guter Wasserversorgung und mit relativ frostsicherer Vegetationsperiode durch. Die immergrünen Gymnospermen dagegen folgen der "Allzeit-Bereit-Strategie". Sie verfügen über einen hochwertig aufgebauten Assimilationsapparat mit dauerhaften Schutzeinrichtungen gegen extreme Klimaeinwirkungen. Sie sind auf frostgefährdeten Standorten konkurrenzkräftiger und können auch die guten Momente ungünstiger Klimaperioden nutzen (zum Beispiel rasche Assimilationsbereitschaft im Frühling).
Zwischen den Arten, die den beiden Hauptstrategien folgen, entsteht ein Wettbewerb. Er wird dadurch verursacht, daß die immergrünen Gymnospermen zum Aufbau hochwertigerer, dauerhafterer Nadeln etwa dreimal mehr Energie in ihren Assimilationsapparat investieren als die laubwerfenden Baumarten. Bei den immergrünen Gymnospermen ist der Blattanteil an der Gesamtbiomasse kleiner und damit der Wirkungsgrad bei der Energiegewinnung geringer. Das bedeutet bei zusätzlich kleinerer Assimilationsfläche eine geringere Stoffproduktion, weil ein zunehmender Anteil zwar atmet, jedoch nicht assimiliert. Sind klimatische Bedingungen und Wasserversorgung günstig und relativ ausgeglichen, das heißt im 'mittleren Standortbereich', so setzen sich die Laubbaumarten mit ihrer produktiveren Strategie durch. Doch wird der Wettbewerb nicht nur von der Produktivität, sondern auch von der Schattenfestigkeit der Arten beeinflußt. Deshalb kommen die schattenfesteren Arten *Taxus* und *Abies* in Mitteleuropa in der kollinen und montanen Stufe von Natur aus vor, obwohl sich hier die "Wegwerf-Strategie" der Buche am optimalsten zeigt.
LEUTHOLD (1980) bezeichnet nun die Eibe als Baumart, die sich einer Kompromiß-Strategie bedient. Zum einen besitzt sie die Reaktionsbereitschaft der immergrünen Gymnospermen und ist fähig, mit einem Minimum an Energie (Licht und Wärme) effektiv zu arbeiten. Somit ist sie auch im Optimalhabitat der produktiveren Laubbaumarten konkurrenzfähig. Zum anderen kann sie auf energieaufwendige Schutzeinrichtungen gegen Kälte verzichten, weil sie innerhalb des ozeanischen Klimas eine 'lokal-ozeanische Nische' besiedelt: als Nebenbestandsbaumart wächst sie im Schutze des Hauptbestandes, der extreme Klimaeinwirkungen abpuffert. Daher scheint die Bezeichnung "Sowohl-als-auch-Strategie" gerechtfertigt.
Die wichtigsten Strategiemerkmale sind hier noch einmal aufgeführt, denn sie sind wesentliche Charakteristika dieser Baumart:

Morphologische Strategiemerkmale: Die Eibe besitzt unter den Nadelhölzern die am schwächsten gebauten Nadeln und hat keine Wachstropfen in der Spaltöffnungsgrube; die breitflächige Gestalt und die zweizeilige Anordnung am Zweig erinnert an das Laubblatt.

Physiologische Strategiemerkmale
Dürreresistenz: Die große Dürreresistenz begründet sich nicht auf dem Blattaufbau, sondern auf dem extrem fein verästelten und leistungsfähigen Wurzelwerk und auf ihrer besonderen physiologischen Konstitution; sie erträgt ähnlich hohe Wasserverluste wie *Pinus sylvestris*. Ihr Wassergehalt bei Sättigung ist gering, aber auf gleiches Gewicht bezogen, verfügt sie über ähnlich hohe absolute Wasserreserven wie saftreiche Krautpflanzen. Das bedeutet im Verhältnis zum Trockengewicht viel höhere mögliche Wasserverluste (bis 45 Gew.-%), die aber nur toleriert werden

können, weil das Eibengewebe relativ unempfindlich gegen Wasserverluste ist; diese Werte liegen im Winter noch tiefer als in der Vegetationszeit (PISEK & LARCHER, 1954, zit. in LEUTHOLD, 1980).
Frosthärte: Die meisten sklerophyllen Nadelhölzer verfügen über echte Frosthärte. Sie überstehen die kalte Jahreszeit durch ihre Fähigkeit, eine zerstörende Eisbildung in den Geweben verhindern zu können. Damit gekoppelt ist jedoch der Verlust der Transpiration, da sich die Spaltöffnungen in einer Winterstarre befinden. Immergrüne mit ozeanischer Verbreitung (*Taxus*, *Abies*, *Ilex*) verfügen über eine unechte Winterruhe: sie schränken ihre Transpiration auf ein Fünftel bis ein Zwanzigstel der Sommerwerte ein und erniedrigen den Gefrierpunkt durch Erhöhung der Zellsaftkonzentration ohne Abnahme des Wassergehaltes der Zellen. Bildet sich jedoch Eis in den Zellen, so entstehen irreversible Schäden (LARCHER, 1963, zit. in LEUTHOLD, 1980). Andererseits sind sie durch die unechte Winterruhe jederzeit bereit, eine günstige Witterung zur Assimilation auszunützen. Echte Gefrierschäden bei *Taxus* treten ab etwa -23°C auf, dagegen ist Frosttrocknis die weit häufigere Ursache für Frostschäden; zum Teil ist sie bedingt durch den schlechten Transpirationsschutz der Eibennadeln. Meist sind diese Schäden aber nur an exponierten Exemplaren zu beobachten, die sich durch intensive Witterungsreize zur Assmilation verleiten ließen, wenn der Boden noch gefroren war.
Spätfrostgefahr: In vielen Literaturstellen (zuletzt noch von NAMVAR & SPETHMANN, 1986) wird die Eibe als spätfrostempfindliche Baumart bezeichnet, doch ist sie, obwohl sie früh austreibt, ausgesprochen frosthart (LEUTHOLD, 1980), denn sie behält bis weit in das Frühjahr hinein einen erhöhten osmotischen Wert bei und verfügt über zusätzliche Schutzeinrichtungen um die austreibende Knospenspitze (Nadeln liegen eng um die Knospen, die Knospenschuppe ist mit Spaltöffnungen ausgestattet und wächst noch einige Zeit mit) (vergleiche Tab. 13).

Baumart	**Dürre**	**Spätfrost**	**Frosttrocknis**
Fagus sylvatica	groß	sehr groß	groß
Taxus baccata	gering	gering	sehr groß
Pinus sylvestris	sehr gering	sehr gering	gering
Abies alba	mittelmäßig	sehr groß	mittelmäßig

Tab. 9: Empfindlichkeit der wichtigsten eibenbegleitenden Baumarten (aus LEUTHOLD, 1980, nach ELLENBERG, 1982)

Schattenfestigkeit: Nach ELLENBERG (1982: 268) liegt der Lichtkompensationspunkt der Eibe bei 20°C bei 300 lux (vergleiche *Abies alba* 300-600 lux, *Pinus sylvestris* 1000-5000 lux), was sie zu einer extrem schattenfesten Baumart werden läßt. Sie kann auch in dunklen Beständen assimilieren, doch erzielt sie keinen Assimilationsüberschuß, der zur generativen Fortpflanzung ausreichen könnte. Fälschlicherweise wurde oft angenommen, sie sei eine lichtscheue Baumart - was gerade durch ihre alleinige Fortpflanzungsbereitschaft in lichtdurchlässigen Wäldern oder an exponierten Standorten widerlegt wird (ELLENBERG, 1982: 136). Die besten Wuchsleistungen erreicht die Eibe im Freistand oder an sehr hellen Stellen. Sind Lichtlöcher vorhanden, so wächst sie in diese hinein (WILLERDING, 1968). RUBNER (1960) erstellte eine Schattenverträglichkeitsreihe mit der Bezugsbasis Birke:

Birke	1.000	Eiche	1.645	Buche	2.058
Kiefer	1.303	Hainbuche	1.889	Tanne	2.225
Esche	1.400	Fichte	2.000	Eibe	5.795

Alterung: Die physiologische Alterung der Eibe verläuft sehr langsam; auch über hunderte von Jahren behält sie ihre Vitalität bei (Einzelindividuen werden tatsächlich auf ein- bis zweitausend Jahre geschätzt; EDLIN, 1965), die sich durch die Stockausschlagfähigkeit manifestiert.
Infektionsschutz: Das Alkaloid Taxin ist ein wirksamer Schutz gegen biotische Schädlinge. Die dadurch bedingte geringe Krankheitsanfälligkeit ermöglicht der Eibe, ein hohes Alter zu erreichen.
Verbreitungsbiologische Strategiemerkmale: Auf sie wurde schon in Kap. 5.2.3.2 hingewiesen. Eine Zusammenfassung der ökophysiologischen Strategiemerkmale der Eibe findet sich in Tab. 10. Alle angeführten Merkmale weisen auf die "Sowohl-als-auch-Strategie" hin, die die Eibe als ideale Nebenbestands-Baumart charakterisiert. LEUTHOLD (1980) umschreibt sie näher als eine "mikroklimatisch eingepaßte Strategie, die ihr den Bestand als eine sehr häufig vorhandene ökologische Nische potentiell erschließt." Deshalb vermag sie auch als ozeanische Baumart relativ weit nach Osten in kontinentalere Klimate vorzudringen.

5.2.4.2 Gesellschaftsanschluß

Im Jahr 1947 wurde von ETTER zum ersten Mal der Eiben-Steilhang-Buchenwald (Taxo-Fagetum) aus dem Schweizer Mittelland beschrieben. Er charakterisierte ihn als "steinhangbedingte Dauergesellschaft im Buchengebiet" mit strenger Bindung an Nordhänge. 1952 wurde das Taxo-Fagetum von MOOR für den Schweizer Jura belegt. Charakteristisch sind dealpine, mediterrane, atlantisch-mediterrane und montane Arten; als typischer Standort gelten Mergelsteilhänge mit stabilisierten Hangoberflächen ohne rezente Hangrutschungen in Schattenlagen.
OBERDORFER beschreibt 1957 den süddeutschen Eiben-Buchen-Wald, doch er weist darauf hin, daß nicht endgültig geklärt ist, ob dieser als eigene Assoziation innerhalb des Cephalanthero-Fagenions ausgeschieden werden sollte, oder ob er als Subassoziation des Carici-Fagetums zu werten ist. Für Mitteldeutschland grenzt HOFMANN (1958) ebenfalls ein Taxo-Fagetum ab, das von ihm jedoch zur Unterscheidung von den Schweizer Eiben-Wäldern als Seslerio-Taxetum (Regionalassoziation der Hauptassoziation Taxo-Fagetum) bezeichnet wird (vergleiche Tab. 11).
Obwohl Eibenvorkommen auch an Südhängen bekannt waren, wurde lange an der Nordhang-Bindung des Taxo-Fagetums festgehalten (nach ETTER, 1947; MOOR, 1952). Diese Vorstellung wurde erst von ELLENBERG & KLÖTZLI (1972: 654f) widerlegt. Sie beschrieben die Eiben-Steilhang-Buchenwälder als eine Pflanzengesellschaft, für die die Exposition ohne Belang ist.
Von LEUTHOLD (1980) wird auf die Problematik der Klassifizierung des Eiben-Steilhang-Buchenwaldes aufmerksam gemacht und die Ausscheidung einer eigenen Assoziation wie bereits durch ELLENBERG (1982: 135) in Frage gestellt: Die starke physiognomische Prägung der Gesellschaften durch die Eibe hat offensichtlich die oben angeführten Autoren dazu bewogen, diese Baumart als Charakterart oder Hauptart bestimmter Gesellschaften zu betrachten. Auf vielen eibenreichen Standorten verhindert die Eibe durch ihren eigenen Schattenwurf das Aufkommen von standorttypischen Bodenpflanzen. LEUTHOLD (1980) selbst kommt nach dem umfangreichen Studium eibenreicher Pflanzengesellschaften zu dem Schluß, daß das Taxo-Fagetum keine eigene Assoziation darstelle, sondern jeweils nur Ausprägungen verschiedener Taxus-Fazies innerhalb verschiedener Pflanzengesellschaften repräsentiere.

Strategiemerkmal	Selektionsvorteile	Selektionsnachteile
Immergrün	-Assimilationsapparat muß nicht jährlich neu aufgebaut werden (Energie-Einsparung). -"Allzeit-Bereit-Prinzip" ermöglicht Ausnützung von Licht- und Wärmespitzen vor Laubausbruch und nach Laubfall (Verlängerung der Assimilationsperiode). -Möglichkeit, durch frühe Bereitschaft im Frühling die im Winter akkumulierten Nährstoffe "wegzuschnappen".	- Die Assimilationsorgane müssen den Winter schadlos überstehen und daher (im Vergleich) relativ großen Aufwand für Kälte- und Transpirationsschutz leisten.
Geringer Lichtbedarf	-Assimilation setzt schon bei relativ niedrigen Temperaturen und bei geringem Lichteinfall ein (Überdauerung auch in relativ dunklen Beständen). -Diese Eigenschaft ermöglicht es der Eibe, das lokal gemilderte Bestandesklima als weitere ökologische Nische auszunützen.	
Weiche ("billige") Nadeln	-Im Vergleich zu skleromorphen Nadeln und Blättern ist der Energieaufwand für Transpirationsschutzeinrichtungen relativ gering.	-Weiche Nadeln besitzen eine geringe Kälteresistenz (Beschränkung auf ozeanisches Klima).
Geringe Wuchshöhe	-Ausnützung des Stammraumes der Oberschicht als räumlich-vertikale ökologische Nische. -Ausnützung der Bodenerschließung und des Nährstoffkreislaufes der Oberschichtbäume.	-Kommt nie ans Tageslicht, muß mit etwa 7% des vollen Energieeinfalls auskommen (geringe Produktion).

Tab. 10: Zur ökophysiologischen Strategie der Eibe. Aus LEUTHOLD (1980).

Nachfolgend sind jene Autoren aufgelistet, die sich mit eibenreichen Pflanzengesellschaften befaßten und solche ausgeschieden haben.

HOFMANN (1958): Eibenreiche Waldgesellschaften Mitteldeutschlands (vor allem Thüringens); er bezeichnet die Eibe als lokale Kennart des Seslerio-Taxetum und als regionale Kennart des Cephalanthero-Fagenion (vergleiche Tab. 11). Er beschreibt Eibenvorkommen aus folgenden Gesellschaften:

- Seslerio-Taxetum (Eiben-Buchen-Wald, Regionalgesellschaft des Taxo-Fagetums)

Eibenreiche Ausbildungen des:

- Cephalanthero-Fagetum (Orchideen-Buchen-Wald)
- Melico-Fagetum (Perlgras-Buchen-Wald)
- Melampyro-Fagetum (Hainsimsen-Traubeneichen-Buchen-Wald)
- Phyllitido-Aceretum (Bergahorn-Eschen-Schluchtwald)
- Lithospermo-Quercetum (Steinsamen-Elsbeeren-Eichen-Wald)

	Schweizerisches Mittelland	Schweizer Jura	Mitteldeutschland
Autor	Etter (1947)	Moor (1952)	Hofmann (1958)
Zahl der Aufnahmen	19	16	16
Gemeinsame Arten des mitteleuropäischen Eiben-Buchenwaldes			
Fagus sylvatica	V	V	V
Taxus baccata	V	IV	V
Daphne mezereum	V	III	V
Sesleria caerulea	I	IV	V
Mercurialis perennis	V	V	IV
Galium odoratum	II	V	V
Hordelymus europaeus	I	IV	V
Centaurea montana	V	IV	I
Lilium martagon	III	IV	I
Phyteuma spicatum	IV	V	V
Carex digitata	V	III	IV
Melica nutans	III	III	V
Hedera helix	V	I	V
Hieracium murorum	IV	V	V
Carex flacca	V	V	II
Süd-mitteleuropäisch-montane Arten			
Abies alba	**V**	**V**	
Prenanthes purpurea	**V**	**V**	
Knautia dipsacifolia	**V**	**V**	
Süd-mitteleuropäisch-dealpine Arten			
Calamagrostis varia	**V**	**V**	I
Aster bellidiastrum	**V**	**V**	
Lonicera alpigena	**V**	**V**	
Carex ornithopoda	**III**	**IV**	
Rosa pendulina	**V**	**II**	
(Süd-) westliche Arten			
Rosa arvensis	IV	I	
Tamus communis	III	I	
Ilex aquifolium	III	I	
Östliche Arten			
Convallaria majalis		I	V
Lathyrus vernus		II	V
Epipactis atrorubens			IV
Vincetoxicum hirundinaria			III
Polygonatum odoratum			II
Campanula persicifolia			II

Tab. 11: Gesellschaftsvergleich von Taxo-Fagetum (Schweizer Mittelland, Schweizer Jura) und Seslerio-Taxetum (Mitteldeutschland). Nach HOFMANN (1958).

HOFMANN (1958) weist auch darauf hin, daß in eibenreichen Waldgesellschaften seltene und wertvolle Mischbaumarten wie Elsbeere, Wildapfel, Wildbirne, Mehlbeere oder Feldahorn gute Entwicklungsmöglichkeiten finden.

WILLERDING (1968): Waldgesellschaften mit Eibe im Pleßwald/Göttingen; er weist darauf hin, daß die Vorkommen an Felswänden schwer einzuordnen sind und spricht sich gegen das *Seslerio-Taxetum* nach HOFMANN (1958) für den Pleßwald aus, da die von letzterem genannten Differentialarten in allen Ausbildungen des Carici-Fagetum vorkommen. WILLERDING (1968) führt folgende Gesellschaften in denen die Eibe vorkommt an:

- Carici-Fagetum, Subass. von *Primula veris ssp. canescens*
- Carici-Fagetum, typ. Subass.
- Carici-Fagetum, Subass. von *Actaea spicata*
- Carici-Fagetum, Subass. von *Luzula luzuloides*
- Melico-Fagetum, Subass. von *Hordelymus europaeus*
- Melico-Fagetum, Subass. von *Allium ursinum*
- Lithospermo-Quercetum montanum

LEUTHOLD (1980): Von den bisher erschienen Arbeiten über den Gesellschaftsanschluß der Eibe in Mitteleuropa ist jene von LEUTHOLD (1980) (nur Schweiz) am umfassendsten und am detailliertesten. Von ihm wurden 17 verschiedene Vegetationseinheiten ausgeschieden, entlang einem Gradienten von trocken nach feucht mit gleichzeitig abnehmender Artenzahl. Er weist jedoch auf breite Übergangsbereiche mit unscharfen Grenzen zwischen den einzelnen Einheiten hin, da einige zusätzliche Faktoren wie Föhn oder Blockschutt mit hineinspielen. Um ein Bild über das breite Standortspektrum der Eibe zu vermitteln, sind im folgenden diese Einheiten aufgelistet und kurz charakterisiert:

1. Daphno-Pinetum/Coronillo-Pinetum (Kreten-Kiefern-Wälder): extremster Flügel, trocken, kein Wald im engeren Sinne.
2. Seslerio-Fagetum (Blaugras-Buchen-Wald): Buche in der Baumschichte bildet keine Konkurrenz zur Eibe.
3. Fraxino-Pinetum (Kiefern-Wälder mit Esche in der Krautschicht). Spezialstandort auf Kalkschutt in feucht-warmem Föhntal-Seen-Klima; Baumschicht aus Kiefer, Mehlbeere, Traubeneiche und Bergahorn, Strauchschicht aus Esche und Eibe.
4. Molinio-Pinetum (Pfeifengras-Kiefern-Wälder).
5. Cephalanthero-Pinetum (Orchideen-Kiefern-Wälder): 4. und 5. sind Extremstandorte, da periodisch vernässend und austrocknend; die Eibe wird noch nicht durch die Baumschicht beeinträchtigt. Die starke physiognomische Prägung der Gesellschaften durch die Eibe habt offensichtlich die oben angeführten Autoren dazu bewogen, diese Baumart als Charakterart oder Hauptart bestimmter Gesellschaften zu betrachten. Vernässung schwächt Eibe und Buche gleichermaßen.
6. Taxo-Fagetum (Eiben-Steilhang-Buchen-Wald im Sinne von ETTER, 1947, und MOOR, 1952).
7. Abieti-Fagetum (eibenreiche Tannen-Buchen-Wälder): montan, nicht mehr wechselfeucht.
8. Pulmonario-Fagetum (Lungenkraut-Buchen-Wald): mittlere bis gute Standorte, tiefere Lagen als 7.
9. Asperulo-Tilietum taurinae (TREPP, 1947; eibenreiche Linden-Mischwälder): warme Föhntallagen auf Kalk-Blockschutt, mit kalk- und nährstoffliebenden Arten warm-feuchter Gebiete (*Cyclamen europaeum*, *Hepatica trilobata*, *Pimpinella major*, *Salvia glutinosa*), Baumschicht fast ohne Buche, dafür Esche, Ulme, Winterlinde und Stieleiche.
10. Pulmonario-Fagetum melittetosum (Lungenkraut-Buchen-Wald mit Immenblatt und Carici-Fagetum, Weißseggen-Buchen-Wald).
11. Artenarmes Taxo-Fagetum (Eiben-Buchen-Tobelwald auf Molasse): sehr dunkle Bestände, mangels Bodenvegetation schwer zu charakterisieren.
12. Absolut dunkler Eiben-Buchen-Wald: keine pflanzensoziologische Erfassung möglich.
13. Schlucht- und Felswand-Standorte mit geringer Artenzahl (wie bei 12), doch heller, Farne.
14. Cardamino-Fagetum (Zahnwurz-Buchen-Wald): Hangfußlage, die Eibe ist hier vital, wird jedoch bei auftretender Staunässe rasch seltener.
15. Übergangsbereich zu Aceri-Fraxineten (Ahorn-Eschen-Wälder): die eigentlichen Ahorn-Eschen-Wälder enthalten die Eibe nicht mehr, da sie zu naß sind; die Buche fehlt hier.

5.2.4.3 Standorte

5.2.4.3.1 Klimatisch bedingte Verbreitung

Horizontalverbreitung: Wie schon in Kap. 5.2.2.2 dargestellt, wird die Grenze nach Osten hin durch ein zunehmend kontinentaleres Klima bestimmt. Jedoch verschwindet die Eibe nicht wegen Spätfrostgefährdung und Trockenheit (die Ursachen für die Ostgrenze der Buche), sondern wegen der tiefen Wintertemperaturen. Aus dem gleichen Gund fehlt die Eibe auch in den kontinentaleren Inneralpen. Findet sie jedoch Schutz vor der Winterkälte, so kann sie in kontinentale Randgebiete eindringen (zum Beispiel in zwar kühle, doch luftfeuchte Tobel am Alpennordrand, VOGLER, 1903; Bayerisch-Schwaben, OBLINGER, 1969). Zu dem selben Ergebnis kommt auch HOFMANN (1958) bei Untersuchungen eibenreicher Wälder in Thüringen. Die württembergischen Eiben-Standorte liegen weitgehend im Verbreitungsgebiet der Weißtanne, doch hält sich die Eibe sehr auffällig an den Albtrauf und meidet die rauhe Hochfläche der Alb. Sie geht auch weit über das Areal der Weißtanne nach Norden und Osten hinaus (LOHRMANN, 1938).
Vertikalverbreitung: Die absoluten Temperatur-Minima (Winterfröste) bilden neben der geringen Sommerwärme (Wärmesumme) die Wachstumsgrenze. Wird das Lokalklima abgewandelt (zum Beispiel Föhntäler), so kann die Eibe höher hinaufsteigen (in Graubünden bis 1700m, LEUTHOLD, 1980).

5.2.4.3.2 Edaphisches Standortspektrum

Noch bei NAMVAR & SPETHMANN (1986) wird die Eibe als "entschieden kalkholde Pflanze" eingestuft (vergleiche MUHLE, 1979). Inwieweit diese Aussage gerechtfertigt ist, sei dahingestellt; denn noch immer ist zu wenig über das tatsächliche Standortspektrum (zum Beispiel wie weit die Eibe in den bodensauren pH-Bereich vordringt) bekannt und die eindeutige Präferenz des Kalkstandortes nicht nachgewiesen. Die meisten heutigen mitteleuropäischen Eibenvorkommen finden sich jedoch auf Kalkstandorten der Mull-Rendzina-Reihe (MUHLE, 1979) und auf Mergeln (LEUTHOLD, 1980), oder basenreichen Ton- und Lehmböden (SEBALD et al., 1990a: 208). Mehrere Autoren beschreiben aber auch Eibenvorkommen auf bodensauren Standorten:
SEBALD et al. (1990a: 209) Schwarzwald: Granit und Gneise
LEUTHOLD (1980) Tessin: Gneise. Leider konnten diese Standorte nicht von ihm bearbeitet werden
MAYER (1992: 96) Österreich: Silikat-Steilhang-Buchenwälder mit Eibe
WILLERDING (1968) Pleßwald/Göttingen: Eibe auf Quarzit, Tonschiefer und Gneisen
HOFMANN (1958) Thüringen: Braunerden und Podsol-Braunerden (pH 4,05) über Gneis und Schiefer, aber auch oberbodenversauerte Standorte auf Wellenkalk (pH 5,95).

Paläobotanische Vorkommen der Eibe in nordwestdeutschen Mooren sind bei AVERDIECK (1971) und bei HAYEN (1960) belegt. Leider ist nicht bekannt, ob es sich um saure Moorstandorte handelte. Vermutlich wurden die dortigen Eibenvorkommen auch erst durch die prähistorische Ausweitung eines nahegelegenen Moores zusammen mit ansteigendem Grundwasserspiegel vernichtet. Tatsächlich wurden jedoch *Taxus*-Stubben gefunden, die auf Bruchwaldtorf stockten (HAYEN, 1960).

5.2.4.3.3 Wasserhaushalt

Die Eibe erträgt extreme Trockenheit ohne Schaden (in der Schweiz kommt sie zusammen mit Flaumeiche, Kiefer und Wacholder vor), doch sobald das Klima kontinentaler wird, muß sie auf luft-

und bodenfeuchtere Standorte wie Hangfüße und Tobel ausweichen, da hier ihre Dürreresistenz rasch abnimmt. Im nassen bis staunassen Bereich hat die Eibe zusammen mit der Buche den gleichen ökologischen Grenzbereich, der etwa beim Aro-Fagetum verläuft (LEUTHOLD, 1980).
Die von ELLENBERG (1982: 957) (und ELLENBERG et al., 1991: 146) für die Eibe angegebene Feuchtezahl 5 (Frischezeiger, Schwergewicht auf mittelfeuchten Böden, fehlend, wo naß und öfter austrocknend) wird von LEUTHOLD (1980) widerlegt: er belegt das Vorkommen der Eibe in einem Großteil seiner Aufnahmen auf wechselfeuchten bis wechseltrockenen (Mergel-)Böden.
Die Eiben des Jura, also entlang der Schwäbischen Alb, sollen viel trockenheitsresistenter sein, als die Eiben des Molasse-Gebietes um den Bodensee mit seinem feuchteren Seeklima. Vermutlich haben sich in der nacheiszeitlichen Waldgeschichte Standortrassen herausgebildet (OBLINGER, 1969).

5.2.4.3.4 Relief/Exposition

Daß die Exposition nicht von Bedeutung ist, konnten ELLENBERG & KLÖTZLI (1972: 654f) zeigen (vergleiche Kap. 5.2.4.2). Das Relief spielt überall dort eine Rolle, wo die Buche trotz Bodentrockenheit als Lichtkonkurrent auftritt. Hier weicht die Eibe auf die steileren Hänge aus. Bei "lokal-ozeanischem Eibenklima" (luftfeucht-kühl) gedeiht die Eibe auch in Tobeln, an Hangfüßen und auf schattigen Nordhängen vorzüglich. Vermutlich ersetzt die Luftfeuchte das mangelnde Lichtangebot (LEUTHOLD, 1980).

5.2.4.3.5 Nährstoffhaushalt

LEUTHOLD (1980) und ELLENBERG (1982) stimmen darin überein, daß die Eibe sich in bezug auf den Nährstoffhaushalt indifferent verhält, oder auf nährstoffarmen als auch -reichen Böden gedeiht.

5.2.4.3.6 Ergebnisse des Standortvergleiches nach LEUTHOLD (1980)

Wesentlich für ein gutes Gedeihen der Eibe ist eine besondere Ausbildung des Reliefs im Zusammenwirken mit dem Muttergestein. Begünstigend wirkt ein Einfall von viel Seitenlicht, zum Beispiel durch Steilhanglage (unabhängig von der Vitalität der Konkurrenzbaumart Buche). In luftfeucht-kühlem Klima ("lokal-ozeanisch") verbessert sich die Assimilationsbilanz durch tagsüber länger geöffnete Spaltöffnungen. Dieses relief- oder expositionsbedingte Lokalklima fördert die Eibe. Aber auch in Bereichen, wo die Buche geschwächt ist, wie zum Beispiel Steilhänge mit in Bewegung befindlichem Muttergestein (Blockschutt), oder periodisch starker Wasserstreß, kann sie sich behaupten.
Aber die Konkurrenzkraft der Eibe wird in ihrem physiologischen Optimum durch Wasserüberschuß im Boden (Sauerstoffmangel) eingeschränkt, in ihrem ökologischen Optimum dagegen durch die interspezifische Lichtkonkurrenz mit der Buche. Daher fehlt die Eibe auf mittleren, relativ ebenen Standorten aufgrund der absoluten Buchendominanz vollständig.
Erwähnenswert ist hier noch der Hinweis von WILLERDING (1968), die Eibe habe ein ähnliches ökologisches Verhalten wie die Arten *Sesleria varia*, *Polygala amara*, und *Inula salicina*, die ebenfalls auf trockenen wie feuchten, konkurrenzarmen Standorten wachsen.
Die wesentlichen Erkenntnisse über Eibenstandorte in der Schweiz hat LEUTHOLD (1980) tabellarisch zusammengefaßt und gleichzeitig den wichtigsten Konkurrenzbaumarten der Eibe, Buche und Kiefer, gegenübergestellt (vergleiche Tab. 9, 12 und 13).
Zusammenfassend kann also festgehalten werden, daß die Eibe eine plastische Baumart ist mit einer weiten ökologischen Amplitude hinsichtlich Boden, Licht, Wärme und Wasser. Die Eibe braucht

keine extremen Standortverhältnisse, wie vielfach angenommen, doch ist sie durch natürliche und durch den Menschen geschaffene Konkurrenzverhältnisse auf diese Standorte abgedrängt worden (WILLERDING, 1968).

5.3 Ausbreitung und Rückgang der Eibe in Mitteleuropa

5.3.1 Prä- und postglaziale Ausbreitung der Eibe

In Kap. 5.2.3.1 wurde bereits auf die Probleme der Eiben-Pollen-Diagnostizierung hingewiesen. Lange Zeit dienten daher lediglich Makroreste (vor allem aus Mooren) dazu, um ein ungefähres Bild der Eibenverbreitung zu erstellen. Die ältesten Makroreste, die Zweige einer Eibe, wurden am Niederrhein gefunden. Sie stammen aus dem Pliozän des Tertiärs (AVERDIECK, 1971).

5.3.1.1 Die Eibe im letzten Interglazial

Die reichsten Eibenfunde aus dem Eiszeitalter entstammen den günstigen Phasen der Warmzeiten; in den Kaltzeiten sind nur refugiale Vorkommen in wärmeren Regionen Südeuropas, wie zum Beispiel dem Apennin, nachgewiesen (WALTER & STRAKA, 1970: 144). Am üppigsten sind die Nachweise (Makroreste und Pollen) aus dem Eem-Interglazial; die Eibe wanderte nach der Hasel ein und erreichte im ersten Teil der mesokratischen Phase (*Quercus*-Zone) höchste Werte (bis 65% der Gesamtpollen) (LANG, 1994: 275ff; vergleiche BEHRE, 1964). Arten wie Stiel- und Traubeneiche, Hainbuche, Winter- und Sommerlinde, Ulme, Spitzahorn und Stechpalme waren am Waldaufbau beteiligt. Es handelte sich also um Laubwälder, in denen die Buche nicht voll konkurrenzfähig war. Aufgrund obiger Pollenanalysen äußert AVERDIECK (1971) die Vermutung, die Eibe habe im Eem-Interglazial starke beherrschende Bestände gebildet, und war, da es offensichtlich damals humider war, weiter nach Osten verbreitet als heute (Pollen- und Makrorest-Funde von Ostirland bis Westrußland). Um dem hohen Pollenanteil der Eibe in jener Zeit gerecht zu werden, fordern WILLERDING (1968) und WALTER & STRAKA (1970: 132) die Bezeichnung "Eichenmischwald-Hasel-Eibenzeit".

5.3.1.2 Postglaziale Ausbreitung

Sämtliche nacheiszeitlichen Funde sind bei FIRBAS (1949), WERNECK (1949) und RYTZ (1949) zusammengestellt; später veröffentlichte Funde ergänzt WILLERDING (1968). Mit Bestimmtheit ist die Eibe ab dem Subboreal (späte Wärmezeit) in Mooren Nordwestdeutschlands nachgewiesen. Sie erreicht in dieser Zeit noch vor dem Auftreten der Buche die höchsten Pollenwerte. Die lichten Eichen-Mischwälder der Späten Wärmezeit sagten der Eibe offensichtlich wesentlich besser zu als die Buchen-Wälder, die sich ab dem Subatlantikum ausbreiteten und heute die natürliche Vegetation bilden. Das Vordringen der Schattbaumart Buche leitete durch ihre Lichtkonkurrenz unaufhaltsam den Rückgang der Eibenbestände ein.

Faktor\Baumart	Buche	Eibe	Kiefer
Makroklima	Ausgesprochen ozeanisch	Ozeanisch (v.a. bezüglich Temperaturminima)	Kontinentaler Schwerpunkt
Muttergestein	± Indifferent	Bevorzugt evtl. basenreiche Gesteine	Indifferent
Relief	Mäßig steile bis felsige Standorte.	V.a. schroffe bis mäßige Steilhänge, bei schlechteren Bodenverhältnissen auch weniger steile Lagen.	Je nach Bodenverhältnissen Hanglagen jeder Neigung bis ebene Lagen.
Zeit	Besiedelung des Schweizerischen Mittellandes nach der Eibe. Verdrängung vieler Lichtholzarten im Hauptund der Eibe im Nebenbestand (auf optimalen Standorten). Langsame biologische Alterung.	Vor der zwischen- und nacheiszeitlichen Ausbreitung der Buche im Schweizerischen Mittelland anwesend. Sehr langsame biologische Alterung der Einzelpflanze.	Älteste, praktisch ohne Unterbrechung anwesende Baumart. Relativ schnelle biologische Alterung (Lichtholzart).
Organismen	Sehr hohe Konkurrenzkraft auf klimatisch und edaphisch günstigen Standorten. Im Optimalbereich wenig anfällig auf Verbiß und Krankheit. Geringe Regenerationsfähigkeit (Stockausschlag).	Genetisch auf den Nebenbestand beschränkt. Dort auf vielen Standorten sehr überlebenstüchtig. Sehr starke Regenerationsfähigkeit (Stockausschlag, Wurzelbrut).	Sehr konkurrenzschwach gegen Schattholzarten. Im Mittelland starker Verbiß. In schneereichen Gebieten oft Schneeschimmelbefall. Keine vegetative Regeneration.

Tab. 12: Bedeutung unabhängiger Standortfaktoren für Buche, Eibe und Kiefer. Aus LEUTHOLD (1980).

Faktor\Baumart	Buche	Eibe	Kiefer
Licht	Stark schattenertragend	Stark schattenertragend	Sehr lichtbedürftig
Temperatur	Kälte- und spätfrostempfindlich	Kälteempfindlich, ± spätfrosthart	Kälteresistent, spätfrosthart
Mesoklima	Meidet exponierte Lagen (Spätfrost, Lufttrockenheit).	Bevorzugt luftfeuchte Lagen.	± Indifferent
Wasserhaushalt	Empfindlich gegen Vernässung, sehr dürreempfindlich.	Mäßig empfindlich gegen Vernässung, wenig dürreempfindlich.	± Indifferent
Nährstoffangebot	Anspruchsvoll	Mäßig anspruchsvoll - indifferent	Anspruchslos

Tab. 13: Bedeutung abhängiger Standortfaktoren für Buche, Eibe und Kiefer. Aus LEUTHOLD (1980).

5.3.2 Der Eibenrückgang seit dem Subboreal-Subatlantikum

5.3.2.1 Natürlicher Rückgang

Die Massenausbreitung der Buche wurde durch das einsetzende kühl-feuchte Klima eingeleitet und dadurch ihre Dominanz gefestigt. Die ökologischen Ansprüche der Eibe aber lassen sie im Buchenwald nur erscheinen, wenn die Buche physiologisch geschwächt ist, oder aufgrund edaphischer Bedingungen mehr Licht (Seitenlicht durch Steilhanglage) zur Verfügung steht. Allein die große Schattenfestigkeit der Eibe ist nicht ausreichend für eine dauerhaft gesicherte Ausbreitung im Buchenwald. Damit lassen sich die rückläufigen Eibenpollenanteile schon vor der ersten gravierenden Beeinflussung durch den Menschen in der Pfahlbauzeit erklären.

5.3.2.2 Der Mensch als wesentlicher Einflußfaktor

Der Beginn der Jungsteinzeit leitete die kulturgeschichtlich beeinflußte Phase der Eibenverbreitung ein, indem der Mensch den Wald vor allem durch Lichtung (Schlag- und Weidebetrieb) und durch Rodung zurückzudrängen begann. Der erste deutlich menschliche Einfluß war zur Zeit der Pfahlbaukulturen gegeben; HOFMANN (1924, zitiert in LEUTHOLD, 1980) spricht von einer "Eibenkultur". Große Mengen Eibenholzes wurden zum Beispiel am Ledrosee/Tessin in einer Pfahlbausiedlung nachgewiesen (BEUG, 1964).
Durch Lichtung und Rodung wurden wieder ähnliche Waldverhältnisse geschaffen wie zur Zeit der Hauptverbreitung der Eibe im Subboreal (WILLERDING, 1968). Ihre Stockausschlagfähigkeit und die besseren Lichtverhältnisse waren günstige Voraussetzungen für die Wiederausbreitung der Eibe in dem durch den Menschen veränderten Waldaufbau. Obwohl diese künstlich geschaffenen Konkurrenzverhältnisse der Eibe förderlich waren, wirkte eine Reihe von Faktoren gegenläufig. Auf sie wird im folgenden eingegangen.

5.3.2.2.1 Die Eibe als Wirtschaftsgut

Der Wert der Eibe als Nutzholz wurde vom Menschen bereits früh erkannt: der älteste erhaltene Gegenstand aus Eibenholz ist der Speer eines Neandertalers (GODWIN, 1956). Unterschiedliche prähistorische und historische Funde und Beschreibungen aus mittelalterlichen Schriftstücken dokumentieren den großen Wert dieses Holzes für Jagd, Landwirtschaft und Haushalt. Wegen seiner Zähigkeit und Elastizität ist als wichtigste Verwendungsart die vorzügliche Eignung als Schießbogen- und Armbrustholz zu nennen. Es fand aber auch durch seine Dauerhaftigkeit als Bauholz (VOGLER, 1905; WILLERDING, 1968) und im Wasserbau (KORSCHELT, 1898) Verwendung, sowie als Grenzpfosten und Zaunpfähle. Auch für Drechselarbeiten eignete es sich und wurde entsprechend zu Haushaltsgeräten aller Art verarbeitet (Becher, Eimer, Schüsseln, Weberschiffchen, Löffel, für Kunsttischlerarbeiten und anderes; ausführliche Zusammenstellung bei LEMKE, 1902).
Ursprünglich wurde Eibenholz für Schießbögen nur für den inländischen Bedarf gewonnen. Um 1287 tauchte jedoch die erste Urkunde in Dordrecht/Niederlande auf, die die nur wenige Jahrhunderte dauernde Phase des Exportes von Bogenholz einleitete.
Zuerst wurde nur aus Norddeutschland, Westpreußen und Polen das begehrte Holz ins machthungrige England exportiert, später wurde es auch aus Rußland und den Karpaten über verschlungene Handelswege, vielfach per Flößerei, von England importiert. An der Wende vom 15. zum 16. Jahrhundert begann schließlich der Einschlag der Eiben in Süddeutschland, der Schweiz und dem heutigen Österreich.

Im Deutschen Reich unter Kaiser Maximilian I entstanden in Süddeutschland sogenannte Eibenholzmonopole. Die Monopole wurden vom Kaiser an Interessenten vergeben; sie erlaubtem dem Inhaber sechs Jahre lang, jährlich 200 Eibenstämme hauen zu lassen und diese frei nach England zu deportieren. Rasch entpuppte sich der Bogenholzhandel als lukratives Geschäft; zum einen, weil England sich in Kriege mit Spanien und Frankreich verstrickte, zum anderen, weil Bögen rascher zu handhaben waren als die langsam arbeitenden Armbrüste, oder die zwar aufkommenden, doch schwerfälligen Feuerwaffen. Der Bedarf der Englands nach sogenannten "longbows" und "crossbows" stieg enorm an. Ferner verliert das Bogenholz nach einer gewissen Schußzahl an Elastizität.
In Süddeutschland rissen wenige Geschäftsleute die Eibenholzmonopole an sich, stellten exakte Monopolordnungen auf (die Nutzmengen wurden weit über die ursprünglichen Mengen ausgedehnt und ein geringer Dienstzins mußte an den Landesherrn entrichtet werden) und begannen mit der systematischen Ausbeutung der Eibenvorkommen. Fest mit diesen Exploitationsmonopolen verbunden, sind die Namen Christof Fürer und Leonard Stockhamer, sie profitierten von den Eibenvorkommen in der Steiermark und im Salzburgischen, sowie Gabriel Tetzel aus Nürnberg, dem das Monopol für Oberbayern zufiel (HILF, 1925).
Ab dem 15. Jahrhundert sind erste Schonungsbestrebungen dokumentiert, die aber die verheerende Auswirkung der Ausbeutung nicht zu bremsen vermochten. Die Monopolgesellschaften vernichteten ihre Grundlage selbst: nach drei Generationen verschwanden die Monopole, die letzte Urkunde über eine Bogenholzlieferung stammt aus dem Jahr 1607. In den Ostalpen sollen im Jahr 1689 keine schlagbaren Eiben mehr vorhanden gewesen sein (SCHARFETTER, 1938). Die Ansiedlung der Eibe in Burgnähe (oder Pflanzungen von Eibenheistern im Göttinger Pleßwald 1617; WILLERDING, 1968), ebenso wie die Forderung nach Schonung, Hege und Förderung zielten auf eine frühe nachhaltige Bewirtschaftung dieser Baumart (LEUTHOLD, 1980).
HILF (1925) betont, die bogenholztauglichen Eibenvorkommen im Mittelalter hätten gerade solange vorgehalten, bis die Technik der Handfeuerwaffen ausreifte und vervollkommnet wurde (militärisch eingesetzt wurden Bögen zum letzten Mal bei der Belagerung von Rey, 1627). Dem steht jedoch die Aussage SCHULZ-DOEPFNERS (1928) gegenüber, die rückläufigen Eibenholzvorräte hätten zu einer raschen Vervollkommnung der Feuerwaffen gezwungen.

5.3.2.2.2 Bedeutung für kulturelle Zwecke

Hier soll auf die weitreichende ethnologische, mythologische und ethymologische Bedeutung der Eibe nicht näher eingegangen werden. Detaillierte Arbeiten finden sich bei LEMKE (1902), HOOPS (1905), BERTOG (1925), MARZELL (1928). Kürzere Zusammenfassungen geben HEGI (1990) und LEUTHOLD (1980).
Auf die Eibenvorkommen haben sich die ihr nachgesagten mythologischen und kultischen Eigenschaften ambivalent ausgewirkt: In manchen Gegenden wurde sie als "Zauberbaum" geschont (HOFMANN, 1924), in anderen wiederum als totbringender Baum (durch das in bestimmten Dosen auf Mensch und Pferde tödlich wirkende Taxin) abgeholzt (MARZELL, 1928).

5.3.3 Wesentliche aktuelle Gefährdungsfaktoren

5.3.3.1 Direkte Einflußgrößen

Bei seinen Studien über die Schweizer Eibenvorkommen vermerkte LEUTHOLD (1980) das Fehlen der Eibe im Emmental, wo Standort und Klima ihr eigentlich zusagen müßten. Er nennt die "ordnungsliebenden Menschen des Emmentals" als Grund für die direkte Ausmerzung der Eibe.

Auch heute wird sie noch vereinzelt geschädigt, indem sie plötzlich im Zuge eines Kahlhiebes freigestellt wird, oder indem sie forstlichen Pflegemaßnahmen zum Opfer fällt.
Gelegentlich wurde auf die Gefährdung der Eibe durch Verstümmelung hingewiesen, eine Folge der Zierreisiggewinnung über viele Generationen (GROSS, 1933; LOHRMANN, 1934) und vermutlich eine Folge der kultischen und mythologischen Bedeutung, oft aber nur, weil die Eibe einzige immergrüne Baumart in Laubwaldgebieten war. Doch auch hier scheint sich das Schutzstatut der Eibe breitgemacht zu haben, denn in der neueren Literatur wird diese Gefahr nicht mehr genannt. Lediglich im "Artenhilfsprogramm Eibe" des Landes Nordrhein-Westfalen wird auf das Verbot der Reisignutzung hingewiesen (LANDESANSTALT ÖKOLOGIE NRW, 1983).
Auf eine jüngere Entdeckung muß hier noch hingewiesen werden - die Entdeckung der krebsheilenden Wirkung des Taxins (KINGSTON, 1990). Die amerikanischen Eibenarten enthalten wesentlich mehr von diesem Wirkstoff, dort wurde auch schon mit einer systematischen Ausbeutung der dortigen indigenen Eibenbestände begonnen. *Taxus baccata* wurde mittlerweile auf eine kommerzielle Taxin-Ausbeute untersucht, doch scheint ein solches Unternehmen derzeit in Mitteleuropa nicht möglich.
Die Gefährdung der Eibe in Mitteleuropa durch direkte Entnahme scheint derzeit gebannt. Nachfragen von OSTERMANN (Freiburg, mdl. Mitteilung) bei den wenigen, noch für den Freizeitsport produzierenden Bogenbauern in Süddeutschland ergaben, daß diese zum großen Teil auf in technischen Eigenschaften gleichwertige tropische Hölzer umgestiegen sind, vielfach aber auch das Holz der Robinie und der Esche verwenden, oder Verbundhölzer derselben herstellen. Vereinzelt noch verwendetes Eibenholz sei Importware aus südeuropäischen Wäldern. Die größte Nachfrage von Freizeitschützen nach dieser Waffe gelte allerdings den aus unterschiedlichen Kunststofflegierungen hergestellten kurzen Jagdbögen.

5.3.3.2 Indirekte Einflußgrößen

Waldbewirtschaftung: Durch das Mittelalter hindurch bis zu Beginn des 19. Jahrhunderts wurden unsere mitteleuropäischen Wälder in großem Umfang noch mittel- und niederwaldartig bewirtschaftet. Die hier herrschende Lichtökologie macht die Eibe konkurrenzfähig, so daß sie, soweit nicht durch den Bogenhandel ausgerottet, durchaus vereinzelt anzutreffen war. Ab dem 19. Jahrhundert wurden in der Folge eines tiefgreifenden sozioökonomischen Wandels und den Anfängen der Forsteinrichtung die traditionellen Bewirtschaftungsformen durch die schlagweise Hochwaldwirtschaft abgelöst. Der Mangel an Licht und Raum im (Buchen-) Hochwald führte zwangsläufig zum Rückgang der Eibe (Abb. 31). WILLERDING (1968) belegt diesen signifikanten Wandel als Übergang vom "Hell- zum Dunkelwald". LOHRMANN (1938) vertritt jedoch die Auffassung, daß erst der Dunkelwald aus Fichte oder Tanne die Eibe zu Kümmerwuchs zwinge, im geschlossenen Buchenwald sie sich aber noch gut halten könne.
Die Schweizer Plenterwälder wären zwar aufgrund ihrer Lichtökologie durchaus "eibenfähig", doch die immergrünen Gymnospermen Tanne und Fichte entziehen der Eibe das Licht in der für ihre Nettoproduktion wichtigen Übergangszeit Frühling und Herbst (LEUTHOLD, 1980). Für den Rückgang der Eibe in Böhmen soll allein die Forstwirtschaft verantwortlich sein, indem sie artenreiche Waldgesellschaften in artenarme Forsten umwandelte (HOFMANN, 1970).

Wildverbiß: Wie ein roter Faden zieht sich der Wildverbiß als Gefährdungsursache höchsten Ranges durch alle neueren Literaturstellen, die sich mit der Eibe auseinandersetzen. Mit Wildverbiß ist die Vernichtung von Eiben-Naturverjüngung gemeint, sie wird durch das Rehwild abgeäst. LOHRMANN (1934) berichtet außerdem von Verbiß durch Schafe, KORPEL & PAULE (1976) erwähnen den Verbiß durch Rotwild in der ehemaligen Tschechoslowakei.

In der Schweiz zählt die Eibe zu den Waldäsungspflanzen, die sich bei Rehwild der größten Beliebtheit erfreuen und daher regelmäßig stark verbissen werden - das heißt, daß sie also auch durch die Seltenheit am extremsten in ihrem Forstbestand gefährdet sind. Ausnahmen bilden nur für das Wild unzugängliche Steilhänge. Warum die Eibe bei Rehwild so beliebt ist, ist nicht eindeutig geklärt. Die Eibe enthält zwar Alkaloide, Phenol-Glykoside und Karotinoide, aber keine Nähr- und Mineralstoffe (KLÖTZLI, 1965).
Seit Beginn dieses Jahrhunderts sind sich alle Autoren einig, daß die überhöhten Wildbestände die Ursache für den extrem starken Verbiß seien (BURCKHARDT, 1911; EICHENBERG, 1929; GROSS, 1933; KORPEL & PAULE, 1958; WILLERDING, 1968; MUHLE, 1978; HAUPT, 1984; NAMVAR & SPETHMANN, 1986; KAHLE, 1990). Die Verarmung der Kulturlandschaft sowohl an Deckung als auch an Äsung drängt das Wild verstärkt in den Wald ab. Der heutige Hochwald, der im schlagweisen Betrieb bewirtschaftet wird, vermag wesentlich mehr Wild zu ernähren als Mittel-, Nieder- oder Naturwald. Durch die Anteile an Kahlfächen mit ihrer Schlagflora ist das Äsungsangebot erhöht und dadurch sind relativ ruhige und sichere Einstände gegeben. In den Wäldern selbst ist das Äsungsangebot gering. Um die immergrüne Eibe soll auch der Boden im Buchenwald, einem ausgesprochenen Dunkelwald, gegen Winterende eher ausapern als um andere Gehölze herum und somit dem Rehwild in einer ausgesprochenen Notzeit leichter zugänglich sein (Abb. 31; WILLERDING, 1968).
Verschiedene Arbeiten mit gebietsweisen Vollaufnahmen der letzten Eiben zeigen ganz deutlich das Fehlen der unteren Durchmesserklassen (bis etwa 12 cm) und Höhenklassen (bis 2 m) (FISCHER, 1954; HAUPT, 1984; KAHLE, 1990). Das belegt klar die Gefahr, die vom Rehwild ausgeht: die natürliche Verjüngung fehlt, der Nachwuchs ist nicht gesichert. Verjüngungsversuche von MUHLE (1979) zeigten eindeutig, daß die Eibe bei den derzeit hohen Wildständen nur im absolut wildsicheren Zaun durchzubringen ist. Ferner sind jene Individuen, die auf extremem Standort am Steilhang aufwachsen, meist kümmerwüchsig. Damit ist die genetische Vielfalt nicht mehr zu erhalten.

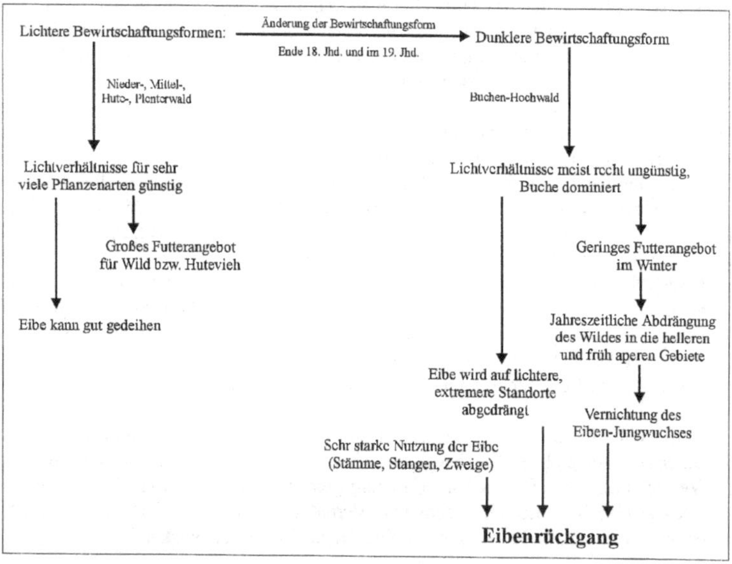

Abb. 31: Kausale Zusammenhänge des Eibenrückganges (nach WILLERDING, 1968).

Die ökologischen Auswirkungen sind umfassend: die Eibe als wertvolle Mischbaumart im Laubwald wird schleichend eliminiert; wird die natürliche Verjüngung gehemmt, so entstehen Langzeitschäden im Wald - durch Verlust des natürlichen Waldbildes, Verlust der natürlichen Waldgesellschaften - und vielleicht auch eine reduzierte Erholungsfunktion. In der Regel schränkt Wildverbiß auch die Nutzfunktion des Waldes ein. Doch der Wert des Eibenholzes muß erst wieder erkannt werden. Als Mischbaumart bewirkt die Eibe einen stufigen Bestandesaufbau und damit ein geringeres Betriebsrisiko, und im Steilgelände dient sie mit ihrem intensiven Wurzelwerk dem Bodenschutz (MAYER, 1992: 97).

Vegetative Vermehrung: Von vielen heutigen Eibenvorkommen ist nicht bekannt, ob sie indigen sind oder nicht. Vermutlich sind gerade in Orts-, Garten- oder Parknähe schon früh Individuen gepflanzt worden, die aus Gartenbaumschulen stammen. Seit der Renaissance und dem Barock werden die Eiben als architektonisches Gestaltungselement in der Gartenkunst vielseitig verwendet. Es ist insofern problematisch, in Gartenbaumschulen herangezogene Individuen anzupflanzen, als es sich vorwiegend um geklonte Eiben handelt; denn bei verschiedenen Eiben-Individuen ist die vegetative Vermehrung beziehungsweise die Bewurzelbarkeit der Stecklinge extrem unterschiedlich. Um eine rasche Anzucht zu erzielen, wird deshalb den leicht bewurzelnden Individuen der Vorzug gegeben, was eine starke Einengung der natürlichen genetischen Variabilität bedeutet (FRANKE, FVA Freiburg, mdl. Mitteilung). Auch ist die Kontamination der wilden Bestände mit Fremdpollen zu berücksichtigen. Folgendes Beispiel zeigt die Konsequenz, mit der in den Gärtnereien gearbeitet wird: Alle heute verbreiteten Individuen der durch Zufallsmutation entstandenen Sorte *Taxus baccata* 'Fastigiata' stammen von zwei im Jahre 1780 in Irland entdeckten Individuen (HEGI, 1990). Zudem unterliegen die Handelspraktiken der Gartenbaumschulen innerhalb Deutschlands nicht dem Gesetz über Forstliches Saat- und Pflanzgut von 1979, so daß die Herkünfte unklar bleiben (die Eibe zählt allerdings nicht zu den 19 Baumarten, die in diesem Gesetz aufgeführt werden).

5.4 Stand der derzeitigen Schutzbemühungen

5.4.1 Notwendige Schutzmaßnahmen

Die notwendigen Maßnahmen zum Schutz der Eibe wiederholen sich bei allen Autoren. Da der Wildverbiß und die Forstwirtschaft offensichtlich die Hauptverursacher des andauernden Eibenrückganges sind, wird folgendes gefordert:

- Die Rehwilddichte soll in den eibenreichen Gebieten unbedingt gesenkt werden (HAUPT, 1984; LEUTHOLD, 1980).
- Bei allen forstlichen Betriebsmaßnahmen soll auf die Eibe Rücksicht genommen werden (MUHLE, 1979; NAMVAR & SPETMANN, 1986).
- Nichteingreifen führt zu Überalterung. Daher sollte das Lichtangebot im Bestand gesteuert und Kahlhiebe oder plötzliche Freistellung wegen der Winterfrostgefährdung nicht durchgeführt werden (LANDESANSTALT ÖKOLOGIE NRW, 1983; HAUPT, 1984; SEBALD et al. 1990a: 210).
- Bei künstlicher Ausbringung von Eiben soll keine Ware aus Gartenbaumschulbeständen verwendet werden; weiter sollen mindestens 5jährige Pflanzen verwendet werden, besser noch Großheister, die in Gruppen ausgebracht und von einem absolut wildsicheren Zaun geschützt werden (LANDESANSTALT ÖKOLOGIE NRW, 1983; SEBALD et al., 1990a: 210; SCHEEDER, 1994: 98).
- Die Ausweisung von Naturwaldreservaten, oder Schonwäldern wäre eine sinnvolle forstpolitische Maßnahme (NAMVAR & SPETHMANN, 1986; KAHLE, 1990).
- Weitere Hilfsmittel wären die Weitergabe umfassender Informationen und Anregungen zum Eibenschutz an das Forstpersonal und an private Waldbesitzer (KAHLE, 1990).

■ Der Aufbau von Arterhaltungs- und Samenplantagen zur Gewinnung von Pflanzen für die Auswilderung sollte vorangetrieben werden (HAUPT, 1984; KAHLE, 1990).

5.4.2 Schutzbemühungen von forstlicher Seite

5.4.2.1 Zur forstlichen Bedeutung der Eibe

Daß die Eibe eine wertvolle Mischbaumart ist, steht aus Gründen des Naturschutzes außer Zweifel. Doch um sie wieder auszubreiten, muß auch ihre heutige Bedeutung als Wertholz und ihre Stellung im Wirtschaftswald näher untersucht werden. Dieser Aufgabe hat sich SCHEEDER (1994) gewidmet und damit einen wertvollen Beitrag zur Wiederausbreitung der Eibe geleistet, indem er auch auf ihre Vorzüge als Wirtschaftsbaumart aufmerksam machte.
Auf die vorzüglichen Holzeigenschaften wurde in Kap. 5.2.3.1 hingewiesen. SCHEEDER (1994: 112) zeigt, daß bereits Stämme mit 25 cm Mittendurchmesser furniertauglich sind. Besonders begehrt ist "gepfeffertes" Holz, das sind dunkle Punkte in der Maserung, die durch Adventivknospen hervorgerufen werden. Eibenfurnier kann das 6-7-fache der für Eichenfurnier erzielten Preise erreichen. Damit wäre der Anbau durchaus lohnend.
Viele Gründe sprechen aus wirtschaftlichen und ökologischen Gründen für einen erneuten forcierten Anbau im Wirtschaftswald:

- die Eibe erzielt als dienende Baumart eine wirksame Bodenbeschattung und beugt einer Verunkrautung vor,
- als Intensivwurzler dient sie der Bodenbefestigung,
- sie erhöht die Gesamtwertleistung des Bestandes,
- sie wächst auch unter Schirm befriedigend,
- und sie eignet sich wegen ihrer ökologischen Plastizität für zahlreiche Waldstandorte.

Diesen Vorteilen steht jedoch gegenüber, daß sie sich wegen ihrer ökologischen Einnischung als Nebenbestandsbaumart nicht in Reinbeständen erziehen läßt und daß vor allem die Kulturbegründung und die Kultursicherung ausgesprochen problematisch sind. Ohne die überhöhten Wildbestände wäre natürliche Verjüngung möglich, doch gibt es nur wenig günstig stehende Samenbäume. Pflanzung ist also erfolgversprechender, obwohl die künstliche Vermehrung durch das langsame jugendliche Wachstum langwierig ist. SCHEEDER (1994: 109) empfiehlt trotz relativ hoher Stückkosten (>5 DM) die Verwendung von Eibenpflanzen mit mindestens 50 cm Höhe, da dann ein Wildschutzzaun für 10 Jahre ausreicht. Bei kleinerem Pflanzmaterial muß von 20 Jahren Zaunschutz ausgegangen werden, da die Eibe erst dann der gefährdeten Verbißhöhe entwachsen ist. Es empfiehlt sich eine weitständige Kulturbegründung, weil die Eibe von Natur aus feinästig erwächst und auch natürliche Totastbildung hat. Somit hält sich der Pflegeaufwand in Grenzen.
Ab einem Mittendurchmesser von 20 cm ist Eibenstammholz verwertbar, für Furnier sollte 30 cm angestrebt werden. Die Felduntersuchungen ergaben Zuwachsmittelwerte bei Überschirmung von 0,7-0,8 Vfm/ha und Jahr, ohne Schirm 1,1 Vfm/ha und Jahr. SCHEEDER (1994: 110) schlägt folgende Mischungsformen vor:

■ Einzel- bis Gruppenanbau in Bestandeslücken:
In diesen Lichtschächten hat die Eibe optimale ökologische Lebensbedingungen; empfehlenswert sind Trupps auf 100 bis 800 m² in Kleinzäunen von 90 x 90 m; als Umtriebszeit sind etwa 250 Jahre anzusetzen, wobei ab 150 Jahren 30 cm BHD erreicht sein dürften; mit der Kulturbegründung sollte die Stückzahl bei 1000 je ha liegen (3 x 3 m), gegen Ende der Umtreibszeit bei 200 (7,5 x 7,5 m).

■ Eiche mit Eibe:
In der 3 x 3 m Eichenkultur soll die Eibe im Abstand von 6 x 7 m beigemischt werden (im Endbestand 230 Stück/ha). Durch ihre Langsamwüchsigkeit hat sie dienende Funktion und bildet keine Konkurrenz zur Eiche.

■ Buche mit Eibe:
Unter Buchenvoranbauten kann die Eibe in Einzelpflanzung eingebracht werden, hier ist aber Einzelschutz erforderlich (25 DM/Stück).
■ Esche mit Eibe:
Diese Kombination ist zwar schwierig aufgrund den verschiedenen Umtriebszeiten, doch möglich mit Überhaltbetrieb der Esche (unter den lichten Eschenkronen kann sich die Eibe auf Freistellung gut vorbereiten). Da eine zweite Eschenkultur angestrebt wird, muß mit geringerer Eibenzahl gearbeitet werden (190 Stück/ha, Beimischung 7 x 7 m).

5.4.2.2 Arterhaltung/Samenplantagen

Im Jahre 1892 hielt CONWENTZ (zitiert in MUHLE, 1978) eine "Totenrede" auf die Eibe. Dieser Aussage schlossen sich um die Jahrhundertwende mit der aufkommenden Naturschutzbewegung viele "Eibenautoren" an (vergleiche Kap. 5.1.1). Die Eibe ist zwar in Mitteleuropa noch nicht ausgestorben, aber nach wie vor von dieser Gefahr betroffen, weil wegen der hohen Wildstände der natürliche Nachwuchs fehlt und/oder das genetische Potential durch den jahrhundertlangen Raubbau allmählich eingeschränkt wurde. Um dieser schleichenden Vernichtung Einhalt zu gebieten, wurde in Deutschland eine "Arbeitsgemeinschaft Eibe" durch die Forstlichen Versuchsanstalten gegründet. Deren Ziel ist die Arterhaltung und die Erhaltung der genetischen Variation, auf die die Waldbäume aufgrund ihrer langen Lebensdauer angewiesen sind.
1985 wurde eine Bund-Länder-Arbeitsgruppe ins Leben gerufen, die mit der Erstellung eines "Konzeptes zur Förderung forstlicher Gen-Ressourcen" beauftragt wurde (FRANKE, 1990). In diesem Konzept ist im weitesten Sinne auch die Eibe mit berücksichtigt, doch gibt es keine separaten Fördermittel zur Erhaltung dieser Art. An der Forstlichen Versuchsanstalt Freiburg, Abt. Forstpflanzenzüchtung und Standortkartierung, werden die Kosten für den Aufbau von Samenplantagen und Saatgutgewinnung über den normalen Forschungsetat bestritten (FRANKE, FVA Freiburg, mdl. Mitteilung).

5.5 Konkrete Situation in Baden-Württemberg/Ausblick

In SEBALD et al. (1990a: 209) wird für Baden-Württemberg ein Bestand von 2000 Eiben angegeben, doch dieser dürfte höher liegen. FISCHER (1954) nennt alleine für den Forstbezirk Wehingen 980 Eiben, KAHLE (1990) für das Vorkommen in Zußdorf 800 Eiben. Von der FVA Freiburg wurden bei sämtlichen Forstämtern eine Befragungsaktion durchgeführt, um die Vorräte zu erfassen. Diese Erhebungen müssen jedoch erst noch ausgewertet werden. Sie berücksichtigen auch, ob die Eiben gepflanzt wurden oder autochton sind. Besonders reiche Vorkommen wurden über Referendararbeiten erfaßt und kartiert. Obwohl das Datenmaterial sehr umfangreich ist, wurde dieses bei der Erstellung des baden-württembergischen Atlas der Blütenpflanzen nicht berücksichtigt.
In der Roten Liste Baden-Württembergs (HARMS et al., 1983) wird die Eibe in die Gefährdungskategorie 3 eingestuft. Dies besagt, daß zu ihrem Erhalt in jedem Falle Schutzmaßnahmen erforderlich sind. In der Literatur empfohlene Maßnahmen sind in Kap. 5.4.1 aufgeführt. Im Einzelfall halten sich vermutlich die Schutzmaßnahmen in Grenzen. Durch das Vorkommen der Eibe in Naturschutzgebieten (zum Beispiel NSG Ibenkopf bei Waldshut, NSG Wutachschlucht) ist ihr zwar ein gewisser Schutz gewährt, doch da das Rehwild dort nicht ausgegrenzt werden kann und der Abschuß trotz wiederholten Forderungen von allen Seiten nicht erhöht wird, hat die Eibe auch im Schutzgebiet auf lange Sicht hin kaum Überlebenschancen.
In den Waldbau-Richtlinien von Baden-Württemberg ist die Eibe nicht eigens aufgeführt, doch ist anzunehmen, daß sie durch die Kategorie "wertvolle Mischbaumart" bei Pflegemaßnahmen erhalten

und berücksichtigt wird, beziehungsweise keinen Hieben mehr zum Opfer fällt. Ob und in welchem Umfang die Eibe konkret am Ort zum Beispiel durch femelartige Bewirtschaftung zur Schaffung einer günstigeren Belichtung gefördert wird, ist derzeit nicht klar. Die neuesten Erkenntnisse von SCHEEDER (1994) über die forstliche Eignung der Eibe sind auf jeden Fall eine wichtige und wertvolle Grundlage zur aktiven Förderung und Einbringung als Wirtschaftsbaumart in unsere Wälder. Vereinzelt wird in eibenreicheren Gebieten des Abltraufs von Forstamtsleitern und Revierförstern Selbstinitiative ergriffen; innerhalb gezäunter Flächen gewinnen sie Wildlinge und wildern diese als Großheister aus (FRANKE, FVA Freiburg, mdl. Mitteilung).

Von forstlicher Seite widmet sich die Forstliche Versuchsanstalt Freiburg, Abteilung Forstpflanzenzüchtung und Standortkartierung, aktiv und gezielt dem Erhalt der Eibe. In einem ersten Schritt wird über ex-situ-Maßnahmen versucht, Samenplantagen für Nachwuchs der verschiedenen Herkünfte aufzubauen. Ist das Eiben-Pflanzgut herangezogen (Samenplantagen der FVA befinden sich im Fasanengarten/Stuttgart und bei Emmendingen), kann interessierten Forstämtern autochtones Vermehrungsgut zur Verfügung gestellt werden. Es bleibt zu hoffen, daß diese davon Gebrauch machen werden.

Hier zeigten sich aber einige Probleme für die ex-situ-Vermehrung: fruktifizierende Samenbäume befinden sich ausschließlich in vollem Licht, das heißt in Baden-Württemberg vor allem am oberen Albtrauf in wenig erschlossenen Gebieten. Diese Wuchsorte ist aber nur mit Kletterausrüstung zugänglich. Somit ist eine generative Massenvermehrung von autochtonen Eiben eingeschränkt (FRANKE, FVA Freiburg, mdl. Mitteilung). 1988 wurden aber in größerem Umfang Stecklinge gewonnen, aus ihnen werden derzeit in Mutterquartieren Klongemische herangezogen, von welchem wiederum Vermehrungsgut für die Auswilderung gewonnen werden soll. Doch die Erhaltungsbemühungen der FVA stecken noch in den Anfängen.

Auf jeden Fall stehen sich die Bemühungen von forstlicher Seite um Erhaltung und der schonungslose Verbiß durch das Wild vehement gegenüber. Auch der Zaunbau ist keine Lösung, denn die hohen Errichtungs- und Unterhaltungskosten werden gescheut - und sind keine Garantie dafür, daß das Wild dauerhaft herausgehalten wird. Wer den Wettlauf letztendlich gewinnt, bleibt abzuwarten.

6. Vegetatationskundliche Untersuchungen an der Schwarzen Johannisbeere (*Ribes nigrum* L.) in der BRD unter besonderer Berücksichtigung der Oberrheinebene: Syntaxonomie, Standorte, Ökologie und Schutz

6.1 Einleitung

Die Schwarze Johannisbeere (*Ribes nigrum*) ist nach OBERDORFER (1990: 496) eine Charakterart des Walzenseggen-Schwarzerlen-Bruchwaldes (Carici elongatae-Alnetum glutinosae). Sucht man in der Literatur nach Informationen über diese Art und ihre Standorte, so fällt auf, daß aus dem süddeutschen Raum nur wenige pflanzensoziologische Aufnahmen vorliegen. Die Stetigkeit der Art ist in allen Vegetationseinheiten gering. Bei OBERDORFER (1983: 34, Tabellenband) ist sie in der Übersichtstabelle der Klasse Alnetea glutinosae *Ribes nigrum* in nur vier Aufnahmen von 56 (7% des Aufnahmekollektives) vertreten.
Insgesamt sind die Kenntnisse über diese Rote Liste-Art der Gefährdungskategorie 3 ("gefährdet"; BRD, Baden-Württemberg und Hessen), beziehungsweise der Kategorie 2 ("stark gefährdet"; Rheinland-Pfalz) (KORNECK & SUKOPP, 1988; HARMS et al., 1983; FINK et al., 1992) sehr lückenhaft, worauf auch SEBALD et al. (1992a: 285) hinweisen. Dies beginnt bereits bei der Kenntnis um die Verbreitung dieser Art in Baden-Württemberg.
Problematisch in der Beurteilung der Verbreitung und Gefährdung von *Ribes nigrum* ist die Einstufung von Vorkommen als natürlich oder synanthrop. Hierauf weisen zum Beispiel PERRING et al. (1976: 141) [Großbritannien], SEBALD et al. (1992a: 285) [Baden-Württemberg], SCHÖNFELDER & BRESINSKY (1990: 40) [Bayern], MEINUNGER (1992: 261) [Thüringer Wald, Rhön] und RAABE (1987: 190) [Schleswig-Holstein] hin. Im Rahmen dieser Arbeit konnte in der Regel keine Wertung des Status der Vorkommen als natürlich oder verwildert erfolgen.

6.2 Biologie und Verbreitung von *Ribes nigrum*

Die Gattung *Ribes* wird heute aufgrund ihrer unterständigen Gynoeceen und ihrer Beerenfrüchte als eigene Familie, den Stachelbeergewächsen (*Grossulariaceae*), von der Familie *Saxifragaceae* abgetrennt (STRAßBURGER, 1983: 855). *Ribes nigrum* zeichnet sich durch grüngelbe Blüten, einen drüsig bewimperten Kelch, gelbliche Drüsen auf der Blattunterseite, sowie schwarze Beerenfrüchte aus (OBERDORFER, 1990: 494). Die Blütezeit liegt im April und Mai. Nach HEGI (1961) kommt Selbstbestäubung regelmäßig vor, doch findet sich auch Entomogamie durch Hymenopteren und Dipteren. Die Verbreitung der in der Oberrheinebene nur selten entwickelten Früchte erfolgt endozoochor.
Wie bei anderen Rosaceensträuchern gehen auch bei *Ribes nigrum* von einer Dauerachse am Boden jedes Jahr unverzweigte Schößlinge ab, die sich im zweiten Jahr verzweigen und fertil werden (Polykormonbildung). Sie leben vier bis acht Jahre und sterben dann ab. Die Dauerachse erreicht dagegen ein wesentlich höheres Alter (HEGI, 1961). Eine vegetative Vermehrung erfolgt nur an lichtreichen Stellen durch ein Absenken hochwüchsiger Zweige, aufgrund ihres Eigengewichtes, und nachfolgender Bewurzelung.
Das (natürliche) Verbreitungsgebiet von *Ribes nigrum* reicht nach SEBALD et al. (1992a: 285) im Westen bis Großbritannien und Frankreich und im Osten bis zur Mandschurei. Die nördlichsten Vorkommen liegen in Lappland, während die südlichsten Wuchsorte sich in Armenien und im Himalaya befinden. WALTER & STRAKA (1970: 291) werten die Art als boreales Geoelement.
Während *Ribes nigrum* in Norddeutschland vergleichsweise häufig ist (dort wird sie in den Roten

Listen als nicht gefährdet eingestuft; siehe FINK et al., 1992), kommt die Art in Süddeutschland relativ selten vor. Im süddeutschen Raum findet sich eine gewisse Häufung der Fundorte an der Donau und ihrem Einzugsgebiet, sowie im Oberrheingebiet und im Neckarland. Eine exakte Feststellung der natürlichen Verbreitung ist praktisch wohl nicht mehr möglich, da natürliche und verwilderte Vorkommen in der Regel nicht zu unterscheiden sind.

6.3 Syntaxonomie von *Ribes nigrum* in der BRD

6.3.1 Übersicht

Die Auswertung der Arbeiten von AHLMER (1989), CLAUSEN (1974), DIERSCHKE (1968, 1979), DINTER (1982), DÖRING-MEDERAKE (1991), ESKUCHE (1978), GAGGERMEIER (1991), GÖRS (1969), GULSKI (1985), HÄRDTLE (1989, 1995), HEINKEN (1988), HOFMEISTER (1970), HÜGIN (1990), KAISER (1991), KNÖRZER (1957), LANG, U. (1990), LINHARD (1964), MÖLLER (1970, 1979), NOWAK (1990), OBERDORFER (1949, 1957, 1983), POTT & HÜPPE (1991), RÖDEL (1987), ROSSKOPF (1971), SANDER (1989), SCHALL (1985), SCHRAUTZER et al. (1991), SEIBERT (1962, 1987a, b, c), STECKHAN (1979), TAUX (1981), TRAUTMANN & LOHMEYER (1960), TRAUTMANN (1973), TÜXEN (1974), VERBÜCHELN et al. (1990), WALTHER (1987), WINSKI (1983), WOSCHÉE (1993), WULF (1992) und ZAHLHEIMER (1979) erbrachte 430 Vegetationsaufnahmen mit *Ribes nigrum* (siehe Kapitel 6.6). Es ergeben sich folgende, nach zufälligem Auftreten, Neben- und Schwerpunktvorkommen differenzierte Gesellschaftsanschlüsse von *Ribes nigrum* in der BRD:

1. Zufälliges Auftreten:

K: Phragmitetea (Röhrichte und Großseggen-Gesellschaften)
O: Phragmitetalia
V: Phragmition australis (Großröhrichte)
A: Phragmitetum australis (inklusive "Thelypterido-Phragmitetum") (Schilfröhricht)
A: Cicuto-Caricetum pseudocyperi (Wasserschierling-Cypergrasseggen-Gesellschaft)
V: Magnocaricion (Großseggen-Gesellschaften)
A: Phalaridetum arundinaceae (Rohrglanzgrasröhricht)

K: Salicetea purpureae (Weidengebüsche und -wälder)
O: Salicetalia purpureae
V: Salicion albae
A: Salicetum triandrae (Mandelweidengebüsch)
A: Salicetum albae (Silberweidenauenwald)
-Typische Subassoziation
-Subassoziation mit *Phragmites australis*
A: *Salix purpurea*-Gesellschaft (Purpurweidengebüsch)

K: Alnetea glutinosae (Erlen- und Moorbirken-Bruchwälder und Grauweidengebüsche)
O: Alnetalia glutinosae
V: Salicion cinereae (Grauweidengebüsche und Moorbirken-Bruchwälder)
A: Salicetum cinereae (Grauweidengebüsch)

K: Querco-Fagetea (Europäische Sommerwälder und -gebüsche)
O: Quercetalia robori-petraeae (Eichen-Birken-Wälder)

V: Quercion robori-petraeae (West- und mitteleuropäische Eichen-Birkenwälder)
A: Betulo-Quercetum petraeae (Birken-Traubeneichenwald)
A: Holco mollis-Quercetum robori-petraeae (Bodensaurer Honiggras-Eichenwald)
V: Alno-Ulmion (Auenwälder)
A: Stellario nemorum-Alnetum glutinosae (Hainmieren-Schwarzerlenwald)
A: Alnetum incanae (Grauerlen-Auenwald)
-Typische Subassoziation
A: Querco-Ulmetum minoris (Eichen-Ulmen-Auenwald)
-Typische Subassoziation
-Subassoziation mit *Phalaris arundinacea*
-Subassoziation mit *Carex alba*
V: Carpinion betuli (Eichen-Hainbuchenwälder)
A: Galio sylvatici-Carpinetum betuli (Waldlabkraut-Eichen-Hainbuchenwald)
-Subassoziation mit *Stachys sylvatica*
A: Stellario holosteae-Carpinetum betuli (Sternmieren-Eichen-Hainbuchenwald)
-Subassoziation mit *Stachys sylvatica*

2. Nebenvorkommen:

K: Alnetea glutinosae (Erlen- und Moorbirken-Bruchwälder und Grauweidengebüsche)
O: Alnetalia glutinosae
V: Alnion glutinosae (Erlen-Bruchwälder)
A: Carici elongatae-Alnetum glutinosae (Walzenseggen-Schwarzerlen-Bruchwald)
-Subassoziation mit *Sphagnum*
-Typische Subassoziation
-Subassoziation mit *Cardamine amara*
A: Urtico-Alnetum (Brennessel-Schwarzerlen-Bruchwald)

K: Querco-Fagetea (Europäische Sommerwälder und -gebüsche)
O: Fagetalia sylvaticae (Frische Sommerwälder)
V: Alno-Ulmion (Auenwälder)
A: Pruno-Fraxinetum (inklusive Alno-Fraxinetum) (Schwarzerlen-Eschen-Auenwald)
-Typische Subassoziation
-Subassoziation mit *Phalaris arundinacea*
A: Carici remotae-Fraxinetum (Winkelseggen-Erlen-Eschenwald)
-Typische Subassoziation
A: Ribeso sylvestris-Fraxinetum (Johannisbeer-Eschen-Auenwald)
-Typische Subassoziation
-Subassoziation mit *Caltha palustris*
G: *Alnus glutinosa*-Gesellschaft (Stark entwässerte Bruchwälder)

Ranglos: **G:** *Populus* x *canadensis*-Forstgesellschaft

3. Schwerpunktvorkommen:

K: Alnetea glutinosae (Erlen- und Moorbirken-Bruchwälder und Grauweidengebüsche)
O: Alnetalia glutinosae

V: Alnion glutinosae (Schwarzerlen-Bruchwälder)
A: Carici elongatae-Alnetum glutinosae (Walzenseggen-Schwarzerlen-Bruchwald) -Subassoziation mit *Carex acutiformis*

Die Arbeiten von HÖLZER (1978) und KORNECK (1974, dort Tab. 15: "gepflanzt") finden keine Berücksichtigung, da die aufgeführten Vegetationsaufnahmen (*Rubus fruticosus*-Gesellschaft, Achilleo nobilis-Melicetum thuringiacae) offensichtlich aus kultivierten *Ribes nigrum*-Exemplaren bestehen (die Standorte sind zu trocken für ein natürliches Vorkommen).

6.3.2 Soziologischer und standörtlicher Schwerpunkt von *Ribes nigrum*

Angaben zur soziologische Stellung von *Ribes nigrum* sind in der Literatur uneinheitlich. Während RUNGE (1986: 246), ELLENBERG et al. (1991: 136), POTT (1992: 345) und WILMANNS (1993: 399) die Art als Verbandscharakterart des Alnion glutinosae ansehen, stufen MÖLLER (1979), OBERDORFER (1957: 392, 1983: Tabellenband S. 34, 1990: 496) und WILMANNS (1984: 312) *Ribes nigrum* als Assoziationscharakterart des Carici elongatae-Alnetum glutinosae ein.
Dagegen vertreten MÖLLER (1970: 51) und DÖRING-MEDERAKE (1991: 25) die Auffassung, daß *Ribes nigrum* ausschließlich eine Differentialart eutropher Schwarzerlen-Bruchwaldstandorte darstellt.
SOLINSKA-GÓRNICKA (1987) geht soweit, die eutraphenten Schwarzerlen-Bruchwälder als eigene Assoziation (Ribo nigri-Alnetum), unter anderem mit *Ribes nigrum* als Assoziationscharakterart, vom meso- bis oligotraphenten Sphagno squarrosi-Alnetum abzutrennen (vergleiche dazu auch die Diskussion bei DINTER, 1982: 35). Als Konsequenz davon kann *Carex elongata* nur noch als Alnion glutinosae-Kennart eingestuft werden.
Nomenklatorisch wird im folgenden aus praktischen Gründen der Untergliederung des Carici elongatae-Alnetum glutinosae nach OBERDORFER (1983) gefolgt, welcher die Assoziation in drei Subassoziationen unterteilt (sphagnetosum, typicum, caricetosum acutiformis). In Norddeutschland findet sich zusätzlich noch die Subassoziation mit *Cardamine amara* auf eutrophen, quelligen Standorten. Es wurde versucht, die Gliederungen anderer Autoren entsprechend anzupassen.
In der konsultierten Literatur, in der neben anderen Waldgesellschaften auch Aufnahmen des Carici elongatae-Alnetum glutinosae vorhanden waren, hat *Ribes nigrum* ihren Schwerpunkt stets in dieser Assoziation. Innerhalb dieser Gesellschaft tritt die Schwarze Johannisbeere bevorzugt in der Subassoziation mit *Carex acutiformis* auf. Diese umfaßt den größten Teil der Typischen Subassoziation und Teile der Subassoziation mit *Cardamine amara* bei DÖRING-MEDERAKE (1991) sowie Teile der Typischen Subassoziation und der Subassoziation mit *Iris pseudacorus* bei DINTER (1982) und VERBÜCHELN et al. (1990), also die nährstoff- und basenreiche Untereinheit dieser Assoziation. MÖLLER (1970: 51) stuft die Art daher auch als Differentialart des nährstoffreichen Flügels des Carici elongatae-Alnetum glutinosae ein, führt sie jedoch später wieder als Assoziationscharakterart an (MÖLLER, 1979). Auch in den Walzenseggen-Schwarzerlen-Bruchwäldern Schonens (Süd-Schweden) tritt *Ribes nigrum* ausschließlich auf basenreichen, eutrophen Standorten auf (siehe BRUNET, 1991). *Ribes nigrum* findet sich in den übrigen Subassoziationen (sphagnetosum, typicum) des erfaßten Aufnahmematerials ausschließlich innerhalb der eutraphenten Varianten/Ausbildungen, die der Subassoziation von *Carex acutiformis* standörtlich nahe stehen (zum Beispiel bei DÖRING-MEDERAKE, 1991).
Die Stetigkeit von *Ribes nigrum* im Carici elongatae-Alnetum glutinosae ist nicht viel höher als in Alno-Ulmion-Gesellschaften (insbesondere dem Pruno-Fraxinetum im weiteren Sinne), worauf auch DÖRING-MEDERAKE (1991: 23 und dortige Tab. A 11) hinweist. Eine Einstufung der Art sowohl als Verbandskennart des Alnion als auch als Assoziationscharakterart des Walzenseggen-Schwarzerlen-Bruchwaldes erscheint daher nicht gerechtfertigt. Je nachdem, welches Gewicht man dem bei der weiteren soziologischen Untergliederung des Alnion wichtigsten Faktor, dem Nährstoff- und

Basengehalt des Standortes, beimißt, ist *Ribes nigrum* entweder als Differentialart des Carici elongatae-Alnetum caricetosum acutiformis oder als Assoziationscharakterart des Ribo nigri-Alnetum zu bewerten.

Die Wuchsorte von *Ribes nigrum* in Alno-Ulmion-Gesellschaften stellen zufällige Vorkommen (Alnetum incanae, Stellario-Alnetum, Querco-Ulmetum) dar, oder sie können im Falle des Pruno-Fraxinetum im weiteren Sinne (das heißt inklusive Alno-, Carici- und Ribeso-Fraxinetum; siehe HÄRDTLE, 1995: 87ff) als Nebenvorkommen gewertet werden. Im Pruno-Fraxinetum kommt die Schwarze Johannisbeere insbesondere in der Subassoziation mit *Phalaris arundinacea* vor, die den nassen Flügel der Assoziation repräsentiert. Bereits in der Typischen Subassoziation ist sie sehr viel seltener anzutreffen. Daß sich *Ribes nigrum* immer wieder einmal in Aufnahmematerial des Pruno-Fraxinetum findet, erklärt sich damit, daß diese Assoziation dem Carici elongatae-Alnetum glutinosae standörtlich relativ nahe steht, so daß die Art in dieser Gesellschaft (zumeist jedoch mit verminderter Vitalität) noch wachsen kann. Häufig stellt das Pruno-Fraxinetum eine Kontaktgesellschaft zum eutraphenten Schwarzerlen-Bruchwald dar, in welches *Ribes nigrum* einstrahlen kann. Darüberhinaus kann die Art noch in seit langer Zeit entwässerten Schwarzerlen-Bruchwäldern, die sich floristisch von natürlichen Pruno-Fraxineta* nicht mehr unterscheiden lassen, als Relikt des Carici elongatae-Alnetum glutinosae auftreten.

Ein weiteres Nebenvorkommen von *Ribes nigrum* findet sich in schwach bis stark entwässerten Schwarzerlen-Bruchwälder. Diese werden zum Beispiel von DÖRING-MEDERAKE (1991: 24) als *Rubus idaeus-Alnus glutinosa*-Gesellschaft bezeichnet, wobei mehrere Fazies unterschieden werden (vergleiche MÖLLER, 1970). SCHRAUTZER et al. (1991) bezeichnen stärker entwässerte und eutrophierte Schwarzerlen-Bruchwälder als *Alnus glutinosa*-Gesellschaft, die sich bereits dem Alno-Ulmion anschließen läßt. *Ribes nigrum* findet sich in diesen Gesellschaften (als Relikt) insbesondere in den schwach entwässerten Beständen, die ehemals der Typischen Subassoziation und der Subassoziation mit *Carex acutiformis* des Walzenseggen-Schwarzerlen-Bruchwaldes angehörten.

Die ökologische Amplitude von *Ribes nigrum* in bezug auf die Faktoren Licht, Feuchte, Bodenazidität und Stickstoffverfügbarkeit kann der Abb. 32 entnommen werden. Die Abbildung zeigt, daß die Schwarze Johannisbeere als hygro- und basiphile Art eutropher (Bruch-) Waldstandorte charakterisiert werden kann.

Die Darstellung läßt erkennen, daß *Ribes nigrum* nur selten saure Standorte besiedelt (Mittlere Reaktionszahl: 6,1). Ihren Verbreitungsschwerpunkt hat sie eindeutig auf basenreichen Standorten. In bezug auf die Stickstoffverfügbarkeit im Boden bevorzugt sie (mäßig) stickstoffreiche Standorte (Mittlere Stickstoffzahl: 5,7; Schwerpunktvorkommen: 5,6). Auf stickstoffarmen Standorten fehlt *Ribes nigrum* weitgehend. Aufgrund des hier vorgelegten Mittelwertes sollte eine Anhebung der Stickstoffzahl von *Ribes nigrum* von 5 bei ELLENBERG et al. (1991: 136) auf 6 erwogen werden.

Eine mittlere Lichtzahl von 5,8 (Schwerpunktvorkommen: 6,1) weist sie als Halbschattenpflanze aus. Bei ELLENBERG et al. (1991: 136) wird eine Lichtzahl von 4 (Schatten- bis Halbschattenpflanze) angegeben, was zu niedrig erscheint; die Lichtzahl sollte auf 6 erhöht werden.

Die Feuchtestufe des Standortes stellt einen besonders wichtigen Faktor für *Ribes nigrum* dar. Mit einer mittleren Feuchtezahl von 7,5 bei Auswertung aller zur Verfügung stehenden Vegetationsaufnahmen (n=430) muß die Art als Frischezeiger gewertet werden. Dies würde jedoch die tatsächlichen Ansprüche der Schwarzen Johannisbeere nicht wiederspiegeln. Erst eine ausschließliche Berücksichtigung der Schwerpunktvorkommen (n=149 Aufnahmen) liefert eine mittlere Feuchtezahl von 8,1 (Amplitude: 7,1-8,9), die *Ribes nigrum* als Nässezeiger kennzeichnet. Eutrophe Standortbedingungen vorausgesetzt, ist der langandauernd hohe Wassergehalt des Oberbodens der entscheidende abiotische Faktor, der *Ribes nigrum* gegenüber vielen anderen (nitrophilen) Arten feuchter Standorte an diesen Standorten einen Konkurrenzvorteil verschafft. In den Auenwaldgesellschaften ist dagegen der zumeist stärker schwankende Grundwasserspiegel dafür verantwortlich,

*Zur Pluralbildung von Syntaxa siehe KORNECK (1984)!

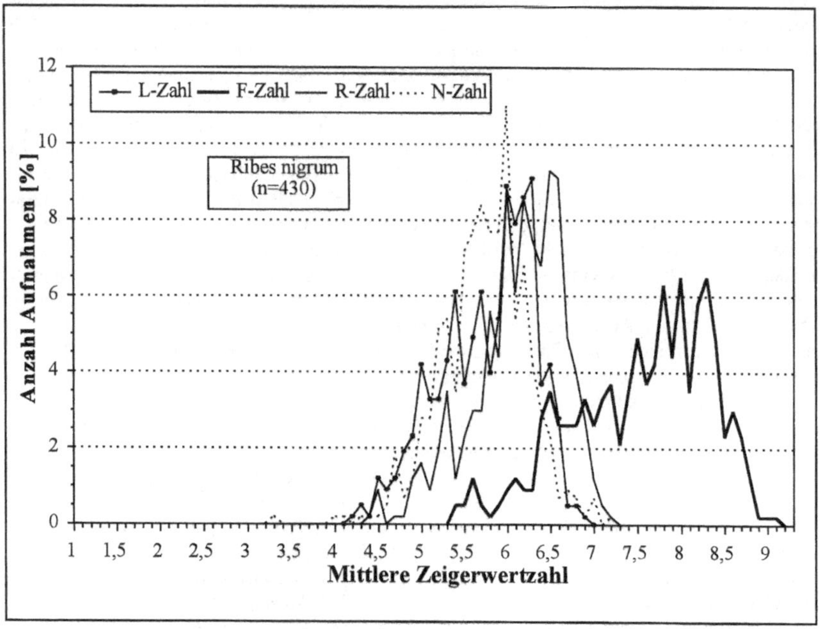

Abb. 32: Zeigerwertspektren der mittleren Zeigerwerte von 430 Vegetationsaufnahmen mit *Ribes nigrum*. L-Zahl: Lichtzahl, F-Zahl: Feuchtezahl, R-Zahl: Reaktionszahl, N-Zahl: Stickstoffzahl.

daß die Schwarze Johannisbeere dort nur selten auftritt. Erst mehr oder weniger über das ganze Jahr hinweg vorhandene Dauernässe gewährleistet einen ausreichend großen Konkurrenzvorteil gegenüber vielen typischen Arten des Auenwaldes. Aufgrund dieser Tatsache wird auch die große Bedeutung der Entwässerung als primäre Ursache bei der Zerstörung von *Ribes nigrum*-Wuchsorten ersichtlich (näheres siehe Kapitel 6.4.3).

6.4 *Ribes nigrum* in der Oberrheinebene

6.4.1 Lage der *Ribes nigrum*-Wuchsorte im Untersuchungsgebiet

1993 und 1994 wurden an dreizehn verschiedenen Fundorten von *Ribes nigrum* (zwischen Bad Krozingen und Bruchsal) sigmasoziologische und populationsökologische Untersuchungen durchgeführt. Am jeweiligem Fundort wurden zwischen 2 und 12, meist über eine größere Fläche verteilte Polykormone analysiert. Die untersuchten Bestände befinden sich in folgenden TK 25-Quadranten (ein Ausrufezeichen weist auf einen bei SEBALD et al. (1992a: 285) nicht verzeichneten Fundort hin):

-TK 6817/3 (Büchenauer Hardt; 109 m ü. NN)
-TK 7015/2 (Niederholz, Bruch; 106 m ü. NN)
-TK 7015/4 (Neubruch; 107 m ü. NN)!
-TK 7313/2 (Laast; 131 m ü. NN)
-TK 7313/4 (Holchen, Nähe Fischgießenbrücke; 136 und 149 m ü. NN)
-TK 7314/1 (Muhr; 128 m ü. NN)!
-TK 7413/2 (Holchenwald, Hägewald, Wert; 138 m ü. NN)
-TK 7612/4 (Unterwald; 157 m ü. NN)!
-TK 7913/1 (Herrenholz; 205 m ü. NN)!
-TK 8012/1 (ostsüdöstlich Autobahnraststätte Breisgau; 210 m ü. NN)!

6.4.2 Die Waldgesellschaften im Untersuchungsgebiet

In der Umgebung von *Ribes nigrum*-Wuchsorten ließen sich 13 verschiedenen Vegetationseinheiten beobachten, von denen acht Waldgesellschaften darstellen (siehe Tab. 14 und Tab. 15 am Ende von Kapitel 6). Die übrigen Einheiten sind meist kleinflächig oder linear ausgebildete Bestände in Gräben oder an Rückegassen. Für die Auswertung erwiesen sich nur die Waldbestände als bedeutsam, während die unbestockten Gesellschaften in bezug auf den Flächenanteil kaum ins Gewicht fallen. Innerhalb der ausgeschiedenen Waldgesellschaften lassen sich fünf Assoziationen und zwei Forstgesellschaften mit ihren Untereinheiten unterscheiden:

K: Querco-Fagetea (Europäische Sommerwälder und Sommergebüsche)
  O: Fagetalia sylvaticae (Frische Sommerwälder)
    V: Carpinion betuli (Eichen-Hainbuchenwälder)
      A: Stellario holosteae-Carpinetum betuli (Sternmieren-Eichen-Hainbuchenwald)
        -Subassoziation mit *Stachys sylvatica*

    V: Alno-Ulmion (Auenwälder)
      A: Querco-Ulmetum minoris (Eichen-Ulmen-Auenwald)
        -Subassoziation mit *Allium ursinum*
      A: Pruno-Fraxinetum (Schwarzerlen-Eschen-Auenwald)
        -Typische Subassoziation
        -Subassoziation mit *Phalaris arundinacea*

K: Salicetea purpurea (Weidengebüsche und -wälder)
  O: Salicetalia purpureae
    V: Salicion albae
      A: Salicetum albae (Silberweidenauenwald)
        -Subassoziation mit *Phragmites australis*

K: Alnetea glutinosae (Erlen- und Moorbirken-Bruchwälder, Grauweidengebüsche)
  O: Alnetalia glutinosae
    V: Alnion glutinosae (Schwarzerlen-Bruchwälder)
      A: Carici elongatae-Alnetum glutinosae (Walzenseggen-Schwarzerlen-Bruchwald)
        -Subassoziation mit *Carex acutiformis*
      G: "Urtico-Alnetum" (Brennessel- Schwarzerlen-Bruchwald)

Ranglos:
      G: *Populus* x *canadensis*-Forstgesellschaft
      G: *Alnus glutinosa*-Forstgesellschaft

6.4.2.1 Stellario holosteae-Capinetum betuli

Das Stellario-Carpinetum ist eine häufig anzutreffende Gesellschaft in der Umgebung von *Ribes nigrum*. Bestände dieser Assoziation besiedeln die höchstgelegenen Standorte der hier behandelten Gesellschaften. In der Baumschicht dominiert *Quercus robur*, *Carpinus betulus* und *Tilia platyphyllos* sind hier weitere typische Arten in der Baumschicht. *Prunus padus* fehlt in dieser Gesellschaft. *Ribes nigrum* findet sich im Untersuchungsgebiet in keinem Falle in dieser Assoziation. Aufgrund des kleinflächigen Standortwechsels findet sich der Sternmieren-Eichen-Hainbuchenwald jedoch häufig in der sigmasoziologischen Tabelle als Kontaktgesellschaft (Tab. 15).

6.4.2.2 Querco-Ulmetum minoris

Im Eichen-Ulmen-Auenwald, auf bereits feuchteren Standorten fällt *Carpinus betulus* aus. *Quercus robur* und *Fraxinus excelsior* herrschen in der Baumschicht; hinzu kommen *Acer pseudoplatanus* und *Ulmus laevis*. Die Feldschicht wird im Frühjahr von *Allium ursinum* dominiert. *Ribes nigrum* konnte an den untersuchten Standorten in dieser Waldgesellschaft nicht beobachtet werden, so daß sie im Untersuchungsgebiet, wie im Falle des Eichen-Hainbuchenwaldes ebenfalls nur eine Kontaktgesellschaft darstellt.

6.4.2.3 Pruno-Fraxinetum

Der Schwarzerlen-Eschen-Auenwald läßt sich in zwei Subassoziationen untergliedern. Diese Einteilung gibt den unterschiedlichen Wasserhaushalt der Standorte wieder.

- Typische Subassoziation

Das Pruno-Fraxinetum typicum steht dem Stellario-Carpinetum und den nitrophilen Pappel- und Schwarzerlenforsten relativ nahe, wenn man die mittleren Feuchte-Zeigerwerte dieser Gesellschaften vergleicht (6,9/6,4/6,6). Standörtlich stellt die Typische Subassoziation innerhalb des Schwarzerlen-Eschen-Auenwaldes die trockene Untereinheit dar. *Ribes nigrum* konnte in dieser Subassoziation mehrfach beobachtet werden, zeigte jedoch zumeist eine verminderte Vitalität (siehe Tab. 15).

- Subassoziation mit *Phalaris arundinacea*

Das Pruno-Fraxinetum phalaridetosum in der Variante mit *Carex acutiformis* repräsentiert den nassen Flügel dieser Assoziation. Die hohe Stetigkeit und häufige Dominanz von *Phalaris arundinacea*, *Iris pseudacorus* und *Carex acutiformis* charakterisieren diese Standorte floristisch. Dagegen zeigt die *Deschampsia cespitosa*-Fazies dieser Subassoziation weniger nasse Verhältnisse an. Die Böden dieser Standorte sind als Anmoorgleye oder Gleye mit relativ hoch anstehendem Grundwasser anzusprechen. *Ribes nigrum* hat in einigen dieser Beständen, die zu den Erlenbruchwäldern vermitteln, potentiell natürliche Vorkommen (Nebenvorkommen), worauf die hohe Vitalität des Strauches an einigen der untersuchten Standorte gegenüber den Exemplaren in der Typischen Subassoziation hinweist (siehe Tab. 15).

6.4.2.4 Salicetum albae

Der Silberweidenauenwald konnte nur in einem Fall als Wuchsort von *Ribes nigrum* beobachtet werden, wobei dieser bezeichnenderweise mit seinem nassen Flügel, der Subassoziation mit

Phragmites australis, auftrat. Aufgrund der starken Beschattung durch das dominierende Schilfrohr und des relativ häufigen Trockenfallens des Standortes zeigte die Schwarze Johannisbeere jedoch eine reduzierte Vitalität.

6.4.2.5 Carici elongatae-Alnetum glutinosae

Der Walzenseggen-Schwarzerlen-Bruchwald repräsentiert die sehr nassen (und lichtesten) Waldstandorte im Rahmen dieser Untersuchung. Die hier vorgefundene Subassoziation mit *Carex acutiformis* weist den Standort als basen- und nährstoffreich aus. Die Assoziation findet sich meist nur kleinflächig in abflußlosen Senken und Rinnen, wie dies auch von WINSKI (1983) aus der Ortenau beschrieben wurde. An diesen Standorten dominieren von Natur aus organische Böden in Form von Niedermoortorf. Rezent konnte jedoch nur noch an einem Wuchsort von *Ribes nigrum* eine ausgeprägte Torfschicht beobachtet werden (TK 7313/2, "Laast"). Alle anderen Standorte zeigen zwar floristisch noch ein Carici elongatae-Alnetum glutinosae an, bodentypologisch wurden jedoch Anmoorgleye festgestellt.
Die Nässe der Standorte wird durch das starke Auftreten von Magnocaricion-Arten, wie zum Beispiel *Carex elata* angezeigt. Das vollständige Fehlen von Querco-Fagetea-Arten, der weitgehende Ausfall von Alno-Ulmion-Arten und feuchteliebender Nitrophyten, die Dominanz von *Alnus glutinosa*, sowie die Beteiligung von *Salix cinerea* am Bestandesaufbau trennen diese Bestände deutlich vom weiter oben behandelten Pruno-Fraxinetum ab, welches eine häufige Kontaktgesellschaft des Walzenseggen-Schwarzerlen-Bruchwaldes darstellt.
Ribes nigrum hat in dieser (Sub-)Assoziation im Untersuchungsgebiet ihre Schwerpunktverbreitung, obwohl sie auch in dieser Gesellschaft nicht häufig anzutreffen ist. Hier erreicht die Art ihre größte Vitalität (siehe Tab. 15). Die Bestände werden meist nur von wenigen Entwässerungsgräben durchzogen, die nur in früheren Zeiten eine Entwässerung des Standortes bewirkten. Aktuell erfolgt keine gezielte Entwässerung dieser Fläche.
Offensichtlich hat die autochthone Entwässerung in Verbindung mit der großflächig wirksamen Grundwasserabsenkung durch die Regulierung des Rheins und der das Untersuchungsgebiet zahlreich durchziehenden Vorfluter ausgereicht, um eine Mineralisation des Torfes zu bewirken. Vergleicht man die heutigen Bodenverhältnisse mit den in historischen geologischen Kartenwerken dokumentierten Verhältnissen, so zeigt sich, daß ein großer Teil der heutigen Walzenseggen-Schwarzerlen-Bruchwälder noch Anfang dieses Jahrhunderts auf Torfböden stockten.
In diesem Zusammenhang muß die von WINSKI (1983) aus dem Acher- und Renchgebiet beschriebene "ungestörte Ausbildung" des Carici elongatae-Alnetum glutinosae auf Bruchwaldtorf bereits als entwässerter Schwarzerlen-Bruchwald angesprochen werden, was sich floristisch an der Beteiligung der Esche an der Baumschicht und zahlreicher Alno-Ulmion-Arten in der Feldschicht bemerkbar macht.

6.4.2.6 "Urtico-Alnetum"

Der Brennessel-Schwarzerlen-Bruchwald oder Trockene Schwarzerlen-Bruchwald, welcher von FUKAREK (1961: 225f und Tab. 40) ausführlicher beschrieben wurde, ist floristisch durch das dominante Auftreten stickstoffliebender Frische- und Feuchtezeiger, wie *Urtica dioica*, *Rubus idaeus*, *Galium aparine*, *Poa trivialis*, *Galeopsis tetrahit*, *Glechoma hederacea* und anderer, bei gleichzeitigem Vorhandensein von Kennarten des Alnion und Carici elongatae-Alnetum glutinosae gekennzeichnet (vergleiche MÖLLER, 1970: 64ff; DÖRING-MEDERAKE, 1991: 24, 72ff; SCHRAUTZER et al., 1991). Die Entwicklung dieses Vegetationstypes ist dadurch bedingt, daß die oberen Bodenschichten vom Grundwasserspiegel bereits weiter entfernt sind, so daß eine Überflutung nur noch in sehr nassen Jahren erfolgt. Eine Absenkung des Grundwasserspiegels zum Beispiel durch

Entwässerungsgräben ist die häufigste Ursache für die Entstehung des Urtico-Alnetum. Nachfolgend bewirkt diese im Torfboden eine starke aerobe Mineralisierung des gesamten trockengefallenen Torfkörpers (sogenannte Torferdebildung) (vergleiche DIERßEN, 1983: 95). Der primäre Effekt ist jedoch zunächst ein Wechsel in der Wasserstufe von naß zu feucht bis wechselnaß am Standort.
Das hier dargestellte Urtico-Alnetum stellt ein Zwischenstadium innerhalb des Umstrukturierungsvorganges vom Schwarzerlen-Bruchwald hin zu einer Alno-Ulmion-Gesellschaft dar (vergleiche KAZDA et al., 1992). Dieses Zwischenstadium ist einerseits durch das noch zahlreiche Auftreten von typischen Bruchwaldarten und deren Begleitern gekennzeichnet. Andererseits haben sich bereits mesophile Nitrophyten und Alno-Ulmion-Arten eingefunden.
Die Brennessel-Schwarzerlen-Bruchwälder des Untersuchungsgebietes sind durch ein dichtes Netz von Entwässerungsgräben gekennzeichnet (Tab. 15). Wie schon beim Carici elongatae-Alnetum glutinosae erwähnt, bewirken die Gräben aktuell keine Melioration mehr am Standort, sondern erfüllten diese Aufgabe nur in früheren Zeiten. Aufgrund der Senken- oder Rinnenlage der Standorte steht das Urtico-Alnetum bezüglich der mittleren Feuchtezahl von 7,8 dem Pruno-Fraxinetum phalaridetosum (mittlere Feuchtezahl: 7,3) nahe. Der Torfkörper des ehemaligen Schwarzerlen-Bruchwaldes ist bereits stark zersetzt. Aufgrund der zahlreichen, hier als Relikte anzusehenden Burchwaldarten ist die berechnete Feuchtezahl vermutlich größer, als es dem Zustand dieser Flächen tatsächlich entspricht. *Ribes nigrum* findet sich nur in Ausnahmefällen (als Relikt) mit stark herabgesetzter Vitalität in dieser Vegetationseinheit (Tab. 15).

6.4.2.7 *Populus* x *canadensis*- und *Alnus glutinosa*-Forstgesellschaft

Besitzt das Urtico-Alnetum noch einen Grundstock an Alnetea glutinosae- und Magnocaricion-Arten (als Relikte), so fehlen diese den *Populus* x *canadensis*- und *Alnus glutinosa*-Forstgesellschaften. Stetigkeit und Deckung der nitrophilen Glechometalia-Arten *Galium aparine* und *Glechoma hederacea* sind sehr hoch (im Gegensatz zu den meisten Urtico-Alnetum-Beständen). *Urtica dioica* beherrscht den Aspekt der Krautschicht bei einer Stetigkeit von 100%.
Die Bestände weisen eine hohe Dichte von Entwässerungsgräben auf (Tab. 15), die aktuell jedoch nicht mehr funktionsfähig sind. Handelt es sich um autochthone Erlenbestände, so sind die Flächen als irreversibles Endstadium der in Abb. 34 (rechts oben) dargestellten Entwicklungsreihe zu betrachten. Häufig finden sich auch Forstgesellschaften, in denen die Erle durch die Hybridpappel ersetzt wurde. Floristisch ergibt sich durch diese Substitution auf diesen Standorten kein Unterschied, weshalb auch keine Trennung der Bestände nach der dominierenden Baumart vorgenommen wurde. Die mittleren Zeigerwerte für diese Vegetationseinheit weist die Flächen als frische, stickstoffreiche Standorte aus, deren Lichtklima Halbschattenarten bevorzugt aufkommen läßt (mittlere Feuchtezahl: 6,6; mittlere Stickstoffzahl: 6,3; mittlere Lichtzahl: 5,3). *Ribes nigrum* wächst nur selten als Relikt mit stark herabgesetzter Vitalität in diesen Gesellschaften (Tab. 15).

6.4.3 Folgeerscheinungen der Entwässerung von Schwarzerlen-Bruchwälder

Die Entwässerung von Schwarzerlen-Bruchwäldern kann durch verschiedene Maßnahmen eingeleitet werden. Direkt kann dies durch Einrichtung von Drainagen im Bruchwald erfolgen ("autochthone Entwässerung") oder indirekt durch die Regulierung von Flüssen und Bächen sowie durch ein großes Einzugsgebiet erfassende Grundwasserabsenkung ("allochthone Entwässerung"). Die primäre Auswirkung dieser Maßnahmen ist ein stärkeres und langfristigeres Trockenfallen der Torfschicht als dies bei intakten Bruchwäldern der Fall ist. In Abhängigkeit vom Ausmaß der Entwässerung werden nur die oberen Bodenschichten oder das gesamte Torfprofil hiervon erfaßt. Da nach PETER (1956, zitiert in SCHUBERT, 1972a) viele typische Bruchwaldpflanzen (Alnetea- und Phragmitetea-Arten) aufgrund der Nässe am Standort nur ein sehr flachstreichendes Wurzelsystem

ausbilden, sind diese durch das Trockenfallen der oberen Bodenschichten besonders stark betroffen. Stetigkeit und Deckung dieser Arten nimmt mit Zunahme der Entwässerungsintensität ab.
Insbesondere frische- und feuchteliebende Nitrophyten, wie *Urtica dioica*, *Galium aparine* und andere mesophile Arten, die auch in intakten Schwarzerlen-Bruchwäldern mit hoher Stetigkeit, aber nur geringer Deckung auftreten, profitieren von der geringeren Vernässung am Standort. Aufgund der nun herrschenden feuchten bis zeitweise nassen (aber nicht mehr dauernassen) Standortbedingungen wird es auch Alno-Ulmion-, Querco-Fagetea- und Molinietalia-Arten möglich, vermehrt in den Bruchwald einzudringen.
Viele dieser Arten wuchsen vor der Entwässerung in den meist als Kontaktgesellschaft vorhandenen Alno-Ulmion-Gesellschaften oder im eutraphenten Schwarzerlen-Bruchwald auf erhöhten Bereichen, wo der Wasserhaushalt gemäßigter ist (vergleiche DÖRING, 1987). Die großflächige Abtrocknung des Bodens und das Absterben typischer Bruchwaldarten ermöglicht dann diesen Pflanzen, die freigewordenen Flächen zu besiedeln (Abb. 33, Abb. 34; vergleiche JANIESCH, 1978).
Artspezifische Unterschiede in bezug auf die Sensibilität gegenüber oberflächlicher Austrocknung und Beschattung durch Konkurrenzvegetation lassen dabei einen sukzessiven Ausfall der typischen Schwarzerlen-Bruchwaldarten erkennen. Als extrem empfindlich erweist sich *Thelypteris palustris*, welcher selbst eine schwache Entwässerung nicht toleriert, so daß diese Pflanzenart in entwässerten Bruchwäldern fast völlig fehlt (vergleiche MÖLLER, 1970: Tab. 8; DÖRING-MEDERAKE, 1991: Tab. A 10; SCHRAUTZER et al., 1991: Tab. 2). In nur schwach entwässerten Beständen dominiert nach DÖRING-MEDERAKE (1991: 76) häufig *Calamagrostis canescens* oder *Phalaris arundinacea* (Norddeutschland). HÜGIN (1990: 16f) stellte für die Freiburger Mooswälder fest, daß eine schwache Entwässerung über einen Zeitraum von etwa 20 Jahren ein Aussterben von bestimmten Nässezeigern verursacht, bei gleichzeitiger Förderung von Arten, die auf trockeneren Böden besser gedeihen. Dagegen können bruchwaldtypische Arten wie *Calamagrostis canescens* und *Lysimachia vulgaris* viele Jahrzehnte an diesen Standorten überleben. Auch *Ribes nigrum* ist dieser Gruppe zuzurechnen. Die Veränderung der Standortbedingungen macht sich bei diesen Arten jedoch in einem Rückgang des Deckungsgrades und der Vitalität deutlich bemerkbar.
Zeitlich verzögert findet als Folgeerscheinung der Melioration eine verstärkte Mineralisation der trockengefallenen Torfschichten statt. Der Abbau der organischen Substanz durch die stark gestiegene Tätigkeit aerob lebender Mikroorganismen aufgrund der besseren Bodendurchlüftung und höherer Bodentemperaturen bewirkt eine erhöhte Freisetzung von Nitratstickstoff (NO_3^-). Zwar sind intakte (meso- bis eutraphente) Bruchwälder ebenfalls reich an pflanzenverfügbarem Stickstoff, doch liegt dieser vorwiegend in reduzierter Form als Ammonium (NH_4^+) vor. Nach DÖRING-MEDERAKE (1991: 99) ist die Stickstoffversorgung von Bruchwäldern als gut zu bezeichnen (Netto-Stickstoffmineralisation bis 160 kg N/ha x a). Intakte Bruchwälder unterscheiden sich von entwässerten Bruchwäldern und Alno-Ulmion-Gesellschaften daher nicht in der absoluten Menge des während der Vegetationsperiode freigesetzten Mineralstickstoffs, sondern ausschließlich durch die Höhe des Nitrifikationsgrades, der mit Abnahme des Bodenwassergehaltes stark ansteigt (siehe DÖRING-MEDERAKE, 1991: 98ff). Aufgrund der reichen Stickstoffversorgung ist daher zumindest bei eutraphenten Schwarzerlen-Bruchwäldern kein negativer Einfluß von anthropogenen Stickstoffeinträgen aus der Luft zu befürchten.
Da die Mineralisierung der organischen Substanz einen Anstieg des spezifischen Gewichtes des Endproduktes ("Torferde") gegenüber dem Ausgangsprodukt bewirkt, ruft dies eine starke Bodensackung hervor. Hierdurch werden die Schwarzerlenwurzeln teilweise freigelegt, so daß es zur Entstehung von Stelzwurzeln kommt (Abb. 33). In Abhängigkeit vom Basenreichtum des entwässerten Bruchwaldstandortes sind nach KAZDA et al. (1992) zwei verschiedene Wege in der weiteren Vegetationsentwicklung möglich (Abb. 34): auf basenreichen Standorten dominieren Pflanzenarten, die auf mehr oder weniger neutralen Substraten wachsen. So liegt zum Beispiel das ökologisches Optimum von *Urtica dioica* auf schwach sauren bis schwach basischen Böden (REIF et al., 1985), weshalb diese Art bei ausreichender Entwässerung auf basenreichen Bruchwaldstandorten zur Dominanz gelangen kann (zum Beispiel im Urtico-Alnetum).

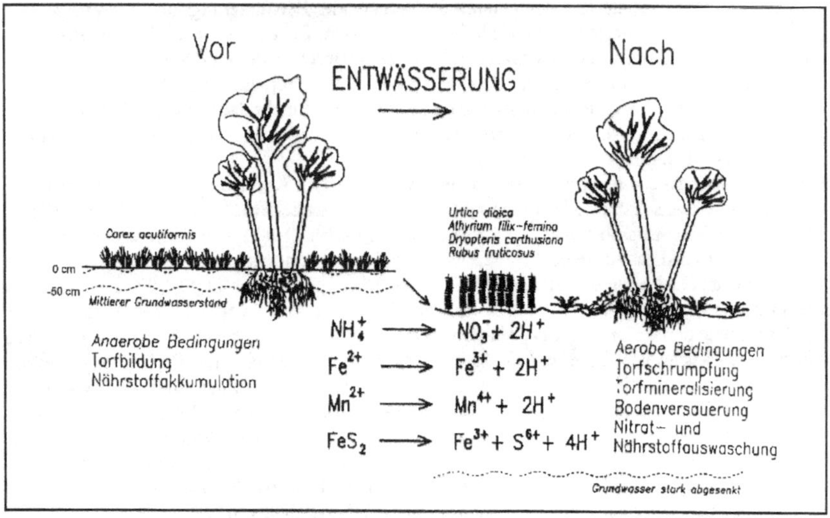

Abb. 33: Veränderung der Flora und bodenchemischer Parameter in Schwarzerlen-Bruchwäldern nach Grundwasserabsenkung (nach KAZDA et al., 1992, verändert).

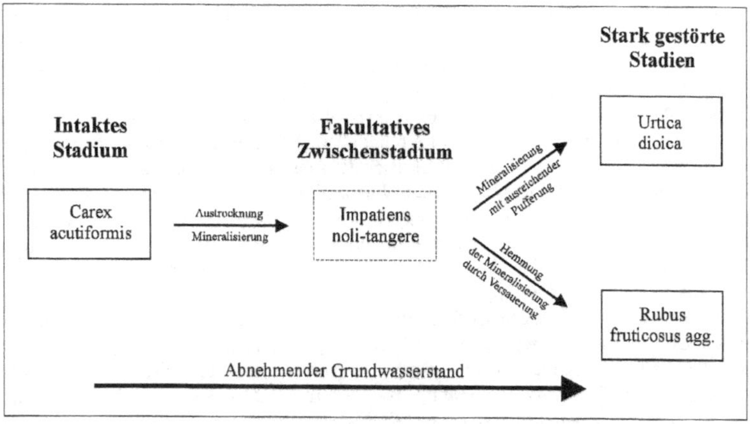

Abb. 34: Mögliche Sukzessionsstadien von Schwarzerlen-Bruchwäldern nach Grundwasserabsenkung in Abhängigkeit vom Basenreichtum des Standortes (nach einer Abbildung aus KAZDA et al., 1992).

Handelt es sich dagegen um basenarme Standorte, so können Arten wie *Rubus fruticosus* agg., *Athyrium filix-femina* und andere säuretolerante Arten zur Dominanz gelangen (zum Beispiel im Athyrio-Alnetum; siehe SCHUBERT, 1972a und RÖDEL, 1987), während *Urtica dioica* bereits auf mäßig sauren Standorten starke Wuchsdepressionen zeigt (BOGNER, 1968).

6.4.4 Vegetationskomplexe an aktuellen *Ribes nigrum*-Wuchsorten

1993 und 1994 wurden die Standorte von 51 *Ribes nigrum*-Wuchsorten sigmasoziologisch untersucht (siehe Tab. 14 und Tab. 15) und kartenmäßig erfaßt. Bei der sigmasoziologischen Untersuchung wurden die Polykormone auch auf ihre Vitalität untersucht: als "vital" wurden Polykormone eingestuft, deren Blattdeckung mindestens 70% der Polykormonfläche ausmachte. Eine Belaubung von ≤65% der Polykormonfläche wurde als "reduzierte Vitalität" klassifiziert. Nach diesem Hauptkriterium, den in Tab. 15 angeführten Nebenkriterien und der sigmasoziologischen Zugehörigkeit wurden die Aufnahmen der sigmasoziologischen Tabelle sortiert. Eine Ableitung der Vitalität auf der Grundlage eines oftmals reichlichen Blütenansatzes bei nur spärlicher bis fehlender Fruktifikation erwies sich als nicht zielführend (vergleiche Tab. 15). Das Ergebnis der Differenzierung ergibt 12 vitale Bestände (ohne das *Ribes nigrum*-Exemplar in Spalte 11 der Tab. 15, welches ein synanthropes Vorkommen darstellt) und 38 Bestände mit reduzierter Vitalität. Das bedeutet, daß 76% aller untersuchten Polykormone eine geschwächte Vitalität besitzen. Die Sträucher der Schwarzen Johannisbeere stellen in den meisten Fällen reliktische Vorkommen (stark) entwässerter eutraphenter Schwarzerlen-Bruchwälder dar, was sehr gut mit den Angaben von HÜGIN (1990: 69) übereinstimmt, welcher 80% aller *Ribes nigrum*-Fundorte als reliktäre Bestände anspricht.

6.4.4.1 Vegetationskomplexe im Bereich vitaler Polykormone

Eine summarische Analyse der beteiligten Gesellschaften in den sigmasoziologisch aufgenommenen Einheitskreisen weist den Gesellschaften, in denen *Ribes nigrum* vitale Polykormone bildet, dem Carici elongatae-Alnetum glutinosae und dem Pruno-Fraxinetum phalaridetosum zu (Abb. 35). Der Anteil dieser Gesellschaften an der (gerundeten) Gesamtfläche aller 51 Einheitskreise (6,3 ha) beträgt annähernd 27% (1,7 ha; siehe Tab. 14 am Ende von Kapitel 6). Dieser relativ geringe Anteil an der Gesamtfläche zeigt die Seltenheit dieser Gesellschaften (mit *Ribes nigrum*-Vorkommen) im Untersuchungsgebiet an. Dabei äußert sich die hohe Vitalität der Polykormone nicht nur in einem hohen Blattflächenindex (hier stellvertretend durch die Blattdeckung pro Polykormongrundfläche wiedergegeben), sondern auch am Fehlen von Totästen und konkurrenzkräftiger Nitrophyten im Polykormoninneren.
Vergleicht man die Beteiligung des Carici elongatae-Alnetum glutinosae und des Pruno-Fraxinetum phalaridetosum an den Vegetationskomplexen mit vitalen *Ribes nigrum*-Sträuchern mit denen mit reduzierter Vitalität, so wird die Bedeutung dieser beiden Gesellschaften für die Schwarze Johannisbeere noch deutlicher. Der Anteil dieser (Sub-)Assoziationen im Umkreis (r=20m) von vitalen *Ribes nigrum*-Individuen beträgt 65% (1 ha), während deren Beteiligung an Standorten mit Sträuchern mit reduzierter Vitalität nur 13,6% (0,6 ha) beträgt. Insbesondere das Carici elongatae-Alnetum glutinosae zeigt dabei einen geringen Anteil von nur 4,5% (0,2 ha) an der Gesamtfläche. Beim Vergleich der Einheitskreise mit r=10m (Abb. 35) und r=5m ergeben sich ganz ähnliche Verhältnisse. In diesen Gesellschaften erreicht *Ribes nigrum* ihre größte Vitalität als Zeichen für den ökologisch (noch) optimalen Standort (siehe Tab. 15, Spalte 1-10).
Die Auswertung der Anzahl beteiligter Gesellschaften und Strukturen an den Wuchsorten vitaler Polykormone zeigt, daß nur relativ wenige Kartiereinheiten in den Einheitskreisen vertreten sind (Tab. 15). Zudem sind diese, mit Ausnahme der beiden vorgenannten Gesellschaften, meist nur kleinflächig ausgebildet. Die vitalen *Ribes nigrum*-Sträucher befinden sich in noch relativ ausgedehn-

ten Walzenseggen-Schwarzerlen-Bruchwäldern, in denen der Wasserhaushalt für die Schwarze Johannisbeere die günstigsten Wuchsbedingungen aller im Untersuchungsgebiet vorhandenen Gesellschaften bietet. Bezeichnenderweise ist eine Beteiligung von entwässernden Strukturen (Gräben, Flüsse, Kanäle) in den Einheitskreisen kaum vorhanden.
Die Beteiligung des Stellario-Carpinetum am Vegetationskomplex vitaler Polykormone innerhalb des Probekreises (Abb. 35; Tab. 15) erklärt sich damit, daß eine Anzahl von *Ribes nigrum*-Sträuchern im Randbereich von Senken oder Rinnen auftreten, mit denen diese Gesellschaft, getrennt durch eine ausgeprägte Geländestufe, oft in direktem Kontakt steht. Infolgedessen fällt ein gewisser Flächenanteil dieser Assoziation in die Aufnahmefläche. *Ribes nigrum* selbst findet sich in keinem einzigen Fall in dieser Gesellschaft, da die Standorte zu trocken und zu schattig sind.
Zusammenfassend kann für die untersuchten Standorte von *Ribes nigrum* in der Oberrheinebene festgestellt werden, daß die Art in diesem Gebiet (wie in der gesamten BRD) ihr ökologisches Optimum in basenreichen Walzenseggen-Schwarzerlen-Bruchwäldern (Carici elongatae-Alnetum caricetosum acutiformis) besitzt, nicht jedoch ihren Verbreitungsschwerpunkt (siehe folgendes Kapitel).

6.4.4.2 Vegetationskomplexe im Bereich von Polykormonen mit reduzierter Vitalität

76% aller untersuchten Sträucher der Schwarzen Johannisbeere mußte eine reduzierte Vitalität zugewiesen werden (Tab. 15, Spalte 14-51). Die verringerte Vitalität ist nicht nur durch einen geringen Deckungsgrad der Beblätterung kenntlich (Mittel: 35% im Gegensatz zu durchschnittlich 79% bei vitalen Polykormonen), sondern auch durch das häufige Auftreten von Totästen. Aufgrund der geringen Blattdeckung erfolgt keine ausreichende Beschattung des Strauchzentrums als Konkurrenzausschlußstrategie. Daher sind viele *Ribes nigrum*-Pflanzen auch in ihrem zentralen Bereich der Konkurrenz nitrophiler Arten, insbesondere von *Rubus caesius*, *Urtica dioica* oder *Impatiens glandulifera*, ausgesetzt.
Insbesondere die beiden letztgenannten Arten stellen eine ernsthafte Konkurrenz für *Ribes nigrum* dar. Infolge ihrer Hochwüchsigkeit, ihrem großen Blattflächenindex und ihres herdenweisen Auftretens können diese Arten (mittelfristig?) eine Ausdunkelung der Schwarzen Johannisbeere bewirken. Das bewirkt bei *Ribes nigrum* ein verstärktes Höhenwachstum. Die vegetative Vermehrung von *Ribes nigrum* erfolgt an lichten Standorten dadurch, daß sich hochwüchsige Zweige aufgrund ihres Eigengewichtes zu Boden senken. Nach erfolgtem Bodenkontakt entsteht eine sekundäre Bewurzelung. Aufgrund dieser Form der vegetativen Vermehrung ist es auch nicht möglich, Individuen klar abzugrenzen.
Erfolgt nun jedoch eine Beschattung durch hochwüchsige Arten, so führt das Absenken eines Zweiges unweigerlich zu dessen Tod, denn je mehr dieser sich dem Boden nähert, desto stärker wird er beschattet.
Daß es sich bei der geringen Belaubung der Polykormone nicht um einen Blattabwurf wegen zu trockener Standortverhältnisse handelt, kann aufgrund der vielfachen "Kulturversuche" mit dieser Art in trockenen Gärten ausgeschlossen werden.
Ribes nigrum-Polykormone sind mit verminderter Vitalität insbesondere in Vegetationskomplexen anzutreffen, in denen nitrophile Forstgesellschaften oder das Urtico-Alnetum dominieren (54% der Flächen mit wenig vitalen Individuen in Tab. 15, Spalte 17-36). 22% der Flächen mit Polykormonen mit reduzierter Vitalität befinden sich im Pruno-Fraxinetum/Querco-Ulmetum-Sigmetum (vergleiche Abb. 35). Alle diese Vegetationskomplexe sind dadurch gekennzeichnet, daß die Standorte feucht und die Bestände reich an Nitrophyten sind, also Bedingungen, die für *Ribes nigrum* nur suboptimale Verhältnisse darstellen.

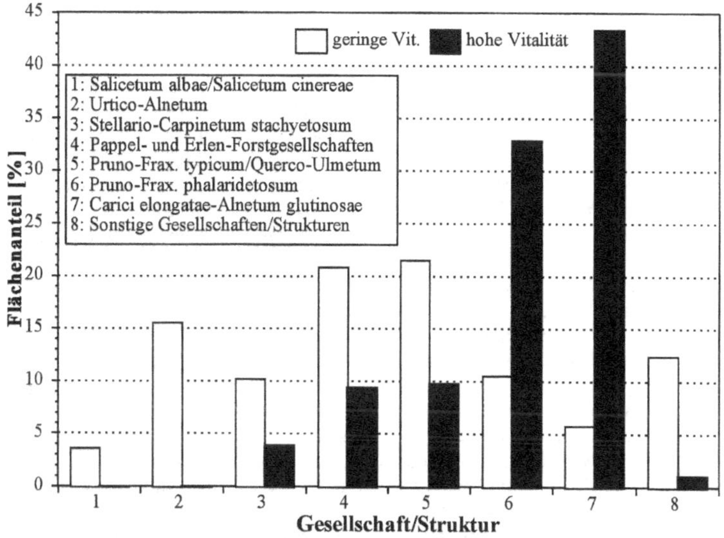

Abb. 35: Relativer Flächenanteil [%] einzelner Waldgesellschaften an *Ribes nigrum*-Standorten innerhalb von Probekreisen mit r=10m (314 m²) unter Berücksichtigung der Vitalität dieser Art. Vitale Polykormone: 100%=0,38 ha, Reduzierte Vitalität: 100%=1,15 ha. Das Vorkommen von *Ribes nigrum* im Stellario-Carpinetum stellt für das Untersuchungsgebiet ein methodenbedingtes Artefakt dar.

Auffallend ist der geringe Anteil von Gesellschaften, die ein optimales Wachstum der Schwarzen Johannisbeere ermöglichen. Insbesondere der Anteil des Carici elongatae-Alnetum glutinosae beträgt nur 4,5% (0,2 ha) an der Gesamtfläche (r=20m) der Wuchsorte mit reduzierter Vitalität, da nasse Standorte meist nur noch sehr kleinflächig vorhanden sind (Abb. 35).
Weiterhin fällt die Vielzahl beteiligter Gesellschaften und Strukturen innerhalb vieler Aufnahmeflächen auf, welche auf eine intensive Nutzung der Flächen hinweist. Zugleich ist die Stetigkeit von Gräben als Anzeichen einer (ehemaligen) Entwässerung der Flächen in diesen Einheiten besonders hoch, wobei diese in der Regel in den am stärksten vernäßten Bereichen liegen.
Zusammenfassend kann festgestellt werden, daß *Ribes nigrum* ihren Verbreitungsschwerpunkt, jedoch nicht ihr ökologisches Optimum, im Untersuchungsgebiet in den genannten Gesellschaften mit feuchtem Wasserhaushalt hat. Diese Gesellschaften sind häufig aus der (lokal, regional und überregional bedingten) Entwässerung von Walzenseggen-Schwarzerlen-Bruchwäldern hervorgegangen, wie dies anhand historischer geologischer Kartenwerke aus der Zeit um die Jahrhundertwende geschlossen werden kann (Kartenlegende: Torf). Die Mehrzahl der *Ribes nigrum*-Vorkommen müssen daher als reliktische Wuchsorte angesehen werden, deren Standortbedingungen ein langfristiges Überleben dieser Art unwahrscheinlich macht.

6.5 Schlußfolgerungen

6.5.1 Arten- und Biotopschutz

Die sigmasoziologische Aufnahme der Vegetation im Umkreis von *Ribes nigrum*-Polykormonen ergab eine deutliche Vitalitätsreduktion dieser Art an feuchten Standorten. Diese sind häufig durch Entwässerung nasser Standorte entstanden. Die Melioration stellt die primäre Ursache für den Rückgang dieser Art dar. Lokaler Verursacher dieser Entwicklung ist eindeutig die Forstwirtschaft. Die Melioration von nassen Standorten stellt jedoch eine weitgehend historische Maßnahme dar (siehe zum Beispiel die entsprechenden Kapitel bei HEHER, 1906 und MAYER, 1909). Hierauf weisen im Untersuchungsgebiet die zahlreichen Gräben hin, die gegenwärtig zumeist nur noch als flache Rinnen vorgefunden werden und in der Regel keine meliorierende Funktion mehr ausüben. Auch die starke (überregionale) Grundwasserabsenkung in der Oberrheinebene, sowie die Regulation fast sämtlicher Fluß- und Bachläufe im Untersuchungsgebiet bewirkte und bewirkt eine massive Veränderung der Waldgesellschaften (und anderer Gesellschaften, die auf einen hohen Wassergehalt im Boden angewiesen sind). HÜGIN (1990) weist in diesem Zusammenhang detailliert die Auswirkungen auf die Freiburger Mooswälder nach und macht die Grundwasserabsenkung zur Hauptursache für den Rückgang von *Ribes nigrum* an den dortigen Standorten.

Ribes nigrum ist eine konkurrenzschwache Art, die auf nasse, eutrophe Schwarzerlen-Bruchwald-Standorte angewiesen ist. Aufgrund der lichten Kronenstruktur der hier ausschließlich dominierenden Schwarzerle erhält die Krautschicht im Vergleich zu den meisten anderen (angrenzenden) Waldgesellschaften des Alno-Ulmion und Carpinion relativ viel Licht. Aufgrund ihres ausgeprägten Basen- und Nährstoffbedarfes tritt *Ribes nigrum* im Carici elongatae-Alnetum caricetosum acutiformis mit höchster (aber nicht hoher) Stetigkeit auf. Auch in dieser Subassoziation ist sie eine seltene Art! In der basen- und nährstoffarme Standorte kennzeichnenden Subassoziation mit *Sphagnum* und der quellige Standorte charakterisierenden Subassoziation mit *Cardamine amara* (Norddeutschland) fehlt die Schwarze Johannisbeere weitgehend. Tritt sie in diesen Subassoziationen auf, so handelt es sich bezeichnenderweise um die basenreichen oder weniger quelligen Varianten, welche zur Subassoziation mit *Carex acutiformis* (entspricht weitgehend der Typische Subassoziation bei DÖRING-MEDERAKE, 1991 und der Subassoziation mit *Iris pseudacorus* bei DINTER, 1982 und VERBÜCHELN et al., 1990) vermitteln.

Schutz- und Pflegemaßnahmen an bereits degradierten, das heißt vorentwässerten, von mesophilen Nitrophyten dominierten Standorten, erscheinen wenig erfolgversprechend. Die Veränderung des (Nährstoff- und) Wasserhaushaltes ist bereits so weit fortgeschritten, daß eine Rückführung (Restituierung) zu den ursprünglichen Verhältnissen nur noch sehr begrenzt möglich ist, worauf auch DIERßEN (1983: 95f) und WALENTOWSKI et al. (1990: 28) hinweisen. Auch eine Auflichtung von schattigen Standorten durch Entnahme einzelner Bäume erhöht die Überlebenschance von *Ribes nigrum* nicht, denn die Hauptkonkurrenten (hochwüchsige Stauden) befinden sich in Wuchshöhe der Schwarzen Johannisbeere, wie man an den (lichten) Hybridpappelforsten, in denen die Schwarze Johannisbeere zum Teil als Relikt vorkommt, beobachten kann. Die Auflichtung des Kronendaches würde daher neben *Ribes nigrum* auch die Konkurrenzvegetation fördern.

Da degradierte Standorte langfristig den Verlust von *Ribes nigrum* bedingen, erscheint es um so dringender, noch vorhandene naturnahe (das heißt intakte bis nur schwach entwässerte) Bruchwaldstandorte intensiver zu schützen. Dabei muß auch die indirekte Entwässerung durch Gräben benachbarter Flächen, der regionale Vorfluterausbau und die überregional wirkende Grundwasserabsenkung berücksichtigt werden. Eine Wiedervernässung entsprechender Bruchwaldbestände erscheint dabei zumindest bedingt zielführend, da hierdurch die (nässemeidende) Konkurrenzvegetation zurückgedrängt, und bruchwaldtypische Arten gefördert werden.

Eine Anhebung des Grundwasserspiegels, beziehungsweise eine Konservierung der aktuellen Grundwasserverhältnisse an diesen Standorten ist daher das vordringliche Ziel aller Schutzmaßnahmen (Biotopschutz), denn nicht nur *Ribes nigrum*, sondern auch andere Bruchwaldarten befinden sich in der Roten Liste bedrohter Farn- und Blütenpflanzen, ganz zu schweigen von der Seltenheit noch relativ intakter Schwarzerlen-Bruchwälder als typische azonale Pflanzengesellschaft nasser Standorte, die in der Roten Liste der Pflanzengesellschaften Schleswig-Holsteins (DIERßEN, 1983; vergleiche SCHRAUTZER et al., 1991) und Bayerns (WALENTOWSKI et al., 1990) als gefährdet eingestuft werden.

6.5.2 Forstwirtschaftliche Nutzung von Schwarzerlen-Bruchwäldern

Seit alters her wurden Schwarzerlen-Bruchwälder als Niederwald bewirtschaftet. Dabei stellt die Schwarzerlen-Niederwaldnutzung eine Sonderform des Ausschlagwaldes dar, denn die Bestände sind mit einer Umtriebszeit von bis zu 80 Jahren längerumtriebig (MAYER, 1992: 430). Das Holz diente vor allem der Produktion starker Sortimente (Stamm- und Schichtholz) (BURSCHEL & HUSS, 1987: 139). Die jahrhundertelange Nutzung der Schwarzerlen-Bruchwälder beweist somit, daß deren forstwirtschaftliche Nutzung im Prinzip ohne größere Beeinträchtigung der Flora möglich ist, vorausgesetzt, der Wasserhaushalt des Standortes bleibt erhalten. Einer lokalen Wiedereinführung der Niederwaldnutzung als Lehr- und Anschauungsobjekt ist daher aus Sicht des Naturschutzes in der Regel nichts einzuwenden.

Auf intakten oder nur schwach entwässerten, eutrophen Bruchwaldstandorten ist die Schwarzerle die einzige autochthone Baumart. Sie bildet hier natürliche Reinbestände. Das Auftreten der Esche weist bereits auf weniger stark vernässte Bedingungen hin, was gleichzeitig für viele typische Bruchwaldarten suboptimale Standortverhältnisse bedeutet.

Auf noch relativ stark vernäßten Standorten, aber durch historische Entwässerungsmaßnahmen bereits vererdeten Torfen (Standorteinheit: Vererdetes Niedermoor und - Anmoor) wurde in der Vergangenheit vielfach die Hybridpappel eingebracht, und auch in jüngerer Zeit wird sie neben der Schwarzerle für diese Standorte noch empfohlen (siehe KRAMER, 1987: 226). Gegen den Anbau der Pappel auf diesen Standorten spricht jedoch neben ihrer wirtschaftlich schlechten Absetzbarkeit ihre hohe Sturmwurfgefährdung. Im Gegensatz zum sehr tiefreichenden Herzwurzelsystem der Schwarzerle, das diese Art auch auf nassen Böden relativ sturmfest macht, ist das Wurzelsystem der Pappelsorten insbesondere bei hochanstehendem, stagnierendem Grundwasser nur ungenügend in der Lage, den oberirdischen Teil ausreichend zu stabilisieren. Weiterhin bedingt der Anbau der Hybridpappel als extreme Lichtbaumart in der Krautschicht einen langfristig hohen Lichtgenuß, was die Dominanz von hoch- und dichtwüchsigen Arten, wie zum Beispiel *Phragmites australis*, fördern kann. Die dauerhafte Verschilfung des Standortes bewirkt jedoch eine Ausdunklung der weniger hochwüchsigen typischen Bruchwaldarten. Aufgrund des sehr hohen täglichen Wasserverbrauches der Hybridpappel von etwa 50000 l/ha (LARCHER, 1984: 306; Mayer, 1992: 442) bewirkt sie zudem eine sehr viel stärkere Entwässerung des Standortes als es durch die Schwarzerle geschieht.

Prinzipiell ist jedoch eine forstwirtschaftliche Nutzung dieser Standorte (Standorteinheiten: Niedermoor, Vererdetes Niedermoor, Vererdetes Anmoor) ohne dauerhafte Veränderung des typischen floristischen Inventars möglich, vorausgesetzt der Wasserhaushalt des Standortes bleibt erhalten und die Holznutzung erfolgt boden- und bestandsschonend. Kleinflächige, noch relativ intakte Bruchwaldstandorte sollten jedoch grundsätzlich von einer forstwirtschaftlichen Nutzung ausgenommen werden, zumal deren Bewirtschaftung ökonomisch ohnehin keinen Vorteil verspricht.

Zur Produktion von Starkholz (Hochwaldbetrieb, Umtriebszeit 60-80 Jahre) muß die Lichtbaumart Schwarzerle weitständig eingebracht werden, um später einen Kronenschwund zu verhindern. Da die Schwarzerle eine raschwüchsige Baumart ist, deren Höhenwachstum bereits in der Jugendphase kulminiert (MAYER, 1992: 198), ist der Jungwuchspflege besondere Aufmerksamkeit zu widmen. Insbesondere wenn es sich um "gemischte" Schwarzerlenbestände (Stockausschläge aus ehemaliger Niederwaldnutzung und nachträglich künstlich eingebrachte Kernwüchse) handelt, muß die Jungwuchspflege intensiver durchgeführt werden, da die Stockausschläge in den ersten Jahren aufgrund ihres voll ausgebildeten Wurzelwerkes raschwüchsiger sind. Im Gegensatz dazu überholen

die Kernwüchse die Stockausschläge später erheblich (MAYER, 1992: 197). Daher ist von Fall zu Fall zu entscheiden, ob eine Übernahme der Stockausschläge, die in der Regel schlechtere Schaftformen ergeben als Kernwüchse, sinnvoll ist, oder ob diese durch Pflanzung verschulter Schwarzerlenheister ersetzt werden sollten.
Allgemein ist eine Pflanzung der Schwarzerle meist notwendig (kein Einsatz von Pflanzmaschinen!), da diese sich auf Bruchwaldstandorten und deren Entwässerungsstadien nur in geringem Umfang natürlich verjüngt. Die Heisterpflanzung ermöglicht einerseits eine Verminderung der Konkurrenz durch die krautige Vegetation, andererseits aber auch den Erhalt der typischen krautigen Bruchwaldarten, da Heister weniger dicht gepflanzt werden müssen als Pflanzungen kleinwüchsiger Individuen, so daß das Lichtklima für die Krautschicht noch ausreichend ist. Die durch einen Abtrieb erfolgende Flächenfreilegung kann zwar (kurzfristig!) bestimmte Arten fördern und zu deren Dominanz führen (zum Beispiel *Calamagrostis canescens, Phalaris arundinacea, Phragmites australis*; siehe MÖLLER, 1970: 24; KRAMER, 1987: 208), bedingt jedoch aufgrund des nassen Standortes keine Einwanderung oder Förderung konkurrenzkräftiger Nitrophyten feuchter Standorte. Bei einer plenterartigen Nutzung des Bestandes bleibt dagegen die Grundstruktur des Bruchwaldes permanent erhalten.
Die Holzbringung ist aufgrund des nassen und weichen Bodens (ständig hoher Grundwasserstand → sehr schlechte Tragfähigkeit des Bodens → Bildung tiefer Fahrspuren bei Befahrung) nur im Winter bei gefrorenem Boden möglich. In Gebieten, wo Bodenfrost gar nicht oder nur selten auftritt (zum Beispiel in der Oberrheinebene) muß der Maschineneinsatz ausschließlich auf das in der Regel aus früheren Zeiten bereits vorhandene Rückewegenetz beschränkt bleiben. Die Holzbringung muß von dort aus über Seilkräne erfolgen. Sind die Bestände nur schwach erschlossen, sollte auf die Neuanlage von Rückewegen und -gassen verzichtet werden. Durch Seilkräne nicht mehr erreichbare Bestandesteile sollten nicht genutzt werden, es sei denn starker Bodenfrost und die Bestandesstruktur erlaubt ein flächiges Befahren des Bruchwaldes.

6.6 Verzeichnis der ausgewerteten *Ribes nigrum*-Vegetationsaufnahmen für die Zeigerwertberechnung

AHLMER, W. (1989): Die Donau-Auen bei Osterhofen. Eine vegetationskundliche Bestandsaufnahme als Grundlage für den Naturschutz. -Hoppea 47: 403-503. Regensburg. (Tab. 24: Aufn. Nr. 6; Tab. 27: Aufn. Nr. 8, 9).

CLAUSEN, W. (1974): Zur Geschichte und Vegetation ostholsteinischer Stockausschlagwälder. Mitt. AG Geobot. Schl.-Holst. u. Hamburg 24. 125 S. Kiel. (Tab. 2: Lfd. Nr. 58, 67; Tab. 3: Lfd. Nr. 117, 126; Tab. 5: Lfd. Nr. 241, 253; Tab. 6: Lfd. Nr. 268, 280, 290; Tab. 8: Lfd. Nr. 362, 363).

DIERSCHKE, H. (1968): Zur synsystematischen und syndynamischen Stellung einiger Calthion-Wiesen mit *Ranunculus auricomus* L. und *Primula elatior* (L.) Hill im Wümme-Gebiet. -Mitt. flor.-soz. AG N.F. 13: 59-70. (Tab. 3: Aufn. Nr. 1-5).

DIERSCHKE, H. (1979): Laubwald-Gesellschaften im Bereich der Unteren Aller und Leine (Nordwest-Deutschland). -Documents phytosociologiques N.S. 4: 235-252. Lille. (Tab. 1: Aufn. Nr. 5, 6).

DINTER, W. (1982): Waldgesellschaften der Niederrheinischen Sandplatten. -Diss. Bot. 64. 111 S. u. Anhang. Vaduz. (Tab. 2: Lfd. Nr. 26; Tab. 3: Lfd. Nr. 9-17; Tab. 11: Lfd. Nr. 30-33; Aufn. Nr. 334 S. 45).

DÖRING-MEDERAKE, U. (1991): Feuchtwälder im nordwestdeutschen Tiefland; Gliederung - Ökologie - Schutz. -Scripta Geobot. 19. 122 S. u. Anhang. Göttingen. (Tab. A 1a: Aufn. Nr. 28-31, 108; Tab. A 1b: Aufn. Nr. 6, 7, 9, 10, 12-14, 16, 17, 23, 34-36, 57, 60, 61, 63, 71, 72, 75, 77, 79, 81, 84, 85, 87, 89, 93, 98, 100, 104, 105, 107, 110, 114, 116-119, 122, 124, 126, 130; Tab. A 1c: Aufn. Nr. 2, 4, 10, 12, 14, 16, 25, 27, 30, 32, 34, 37, 40, 43, 44; Tab. A 2: Aufn. Nr. 36, 38, 62, 68, 69, 78, 85, 89, 96, 99, 103; Tab. A 3: Aufn. Nr. 4, 20, 23, 29, 35, 44, 55, 57-60, 63, 66, 76, 86, 88-92, 97; Tab. A 6: Aufn. Nr. 11, 13, 18, 20, 27, 39, 45, 46, 80, 116, 143).

ESKUCHE, U. (1978): Bodenwasserhaushalt von Wäldern in der Westfälischen Bucht und im Wesergebiet nördlich von Minden. -Schr.reihe Landesanstalt f. Wasser u. Abfall d. Landes Nordrhein-Westfalen 37. 63 S. u. Anhang. (Tab. 6: Probefläche X, Y).

GAGGERMEIER, H. (1991): Die Waldsteppenpflanze *Adenophora liliifolia* (L.) A. DC. in Bayern. Zur Kenntnis der Biologie, Ökologie, Verbreitung, Gefährdung und des Schutzes einer vom Aussterben bedrohten Wildpflanze. -Hoppea 50: 287-322. Regensburg. (S. 310f, Lfd. Nr. 3).

GÖRS, S. (1969): Die Vegetation des Landschaftsschutzgebietes Kreuzweiher im württembergischen Allgäu. -Veröff.

Landesstelle Naturschutz u. Landschaftspfl. Bad.-Würt. 37: 7-61. (Tab. 14: Lfd. Nr. 2).
GULSKI, M. (1985): Landschaftsökologische Untersuchungen im Hellbachtal (Kreis Herzogtum Lauenburg). -Mitt. AG Geobot. Schleswig-Holst. u. Hamburg 35. 109 S. u. Anhang. Kiel. (Tab. 13: Lfd. Nr. 3).
HÄRDTLE, W. (1995): Vegetation und Standort der Laubwaldgesellschaften (Querco-Fagetea) im nördlichen Schleswig-Holstein. -Mitt. AG Geobot. Schleswig-Holst. u. Hamburg 48. 441 S. u. Tabellenband. Kiel. (Tab. 7: Lfd. Nr. 17, 24, 27, 28, 50).
HEINKEN, T. (1988): Bemerkenswerte Pflanzengesellschaften der Feuchtgebiete im Raum Eddesse-Plockhorst bei Peine (Ostniedersachsen). -Beitr. Naturk. Niedersachsens 41: 241-257. Osnabrück. (Tab. 1: Aufn. Nr. 17, 27).
HOFMEISTER, H. (1970): Pflanzengesellschaften der Weserniederung oberhalb Bremens. -Diss. Bot. 10. 116 S. u. Anhang. Lehre. (Tab. A3: Aufn. Nr. 4; Tab. A11: Aufn. Nr. 1-4, 6, 8, 9, 11-14, 16-18).
KAISER, T. (1991): Der Hainsternmieren-Erlenwald (Stellario nemori-Alnetum glutinosae (Kästner 1938) Lohm. 1957) im ostniedersächsischen Flachland. -Tuexenia 11: 345-354. Göttingen. (Tab. 1: Aufn. Nr. 18).
KNÖRZER, K.-H. (1957): Die Pflanzengesellschaften der Wälder im nördlichen Rheinland zwischen Niers und Nieder-Rhein und experimentelle Untersuchungen über den Einfluß einer Baum-Arten auf ihre Krautschicht. 97 S. Düsseldorf. (Tab. 7: Aufn. Nr. 204; Tab. 8: Aufn. Nr. 243, 247).
LANG, U. (1990): Naturschutzgebiet "Kirchheimer Wasen". Landkreis Ludwigsburg. Der letzte Auenwald am Neckar. -Beih. Veröff. Natursch. Landschaftspfl. Bad.-Württ. 55. 200 S. Karlsruhe. (Tab. 1: Lfd. Nr. 8).
MÖLLER, H. (1970): Soziologisch-ökologische Untersuchungen in Erlenwäldern Holsteins. -Mitt. AG Flor. Schl.-Holst. u. Hamb. 19, 110 S. u. Anhang. Kiel. (Tab. 1: Tab.-Nr. 15, 16, 18, 20-22, 29, 30, 32, 43; Tab. 2: Tab.-Nr. 9, 11; Tab. 5: Tab.-Nr. 2, 4-7, 15-17; Tab. 6: Tab.-Nr. 1-7; Tab. 8: Tab.-Nr. 1, 8, 9, 14, 15, 17, 18; Tab. 9: Tab.-Nr. 16-18, 20-26, 29, 37).
MÖLLER, H. (1979): Das Chrysosplenio oppositifolii-Alnetum glutinosae (Meij. Drees 1936), eine neue Alno-Padion-Assoziation. -Mitt. Flor.-soz. AG 21: 167-180. Göttingen. (Tab. 1: Tab.-Nr. 29, 30).
NOWAK, B. (Hrsg.) (1990): Beiträge zur Kenntnis hessischer Pflanzengesellschaften. Ergebnisse der Pflanzensoziologischen Sonntagsexkursionen der Hessischen Botanischen Arbeitsgemeinschaft. -Bot. Ver. Naturschutz Hess., Beiheft 2, 207 S. u. Anhang. Frankfurt a.M. (Tab. 30: Aufn. Nr. 5).
OBERDORFER, E. (1949): Die Pflanzengesellschaften der Wutachschlucht. -Beitr. naturkdl. Forsch. SW-Dtschl. 8: 22-60 u. 1 Karte. Karlsruhe. (Tab. 7: Aufn. Nr. 43).
POTT, R.; HÜPPE, J. (1991): Die Hudelandschaften Nordwestdeutschlands. -Abh. aus dem Westfäl. Mus. f. Naturkunde 53. 313 S. u. 4 Karten. Münster. (Tab. 24: Lfd. Nr. 3, 8).
RÖDEL, D. (1987): Vegetationsentwicklung nach Grundwasserabsenkungen. Dargestellt am Beispiel des Fuhrberger Feldes in Niedersachsen. -Landschaftsentwicklung und Umweltforschung. Schr.reihe des Fachbereichs Landschaftsentwicklung der TU Berlin. Sonderheft S1. 245 S. u. Anhang. Berlin. (Tab. 30: Aufn. Nr. 150, 156, 158, 160, 170, 172-176, 178, 192, 194, 210, 221, 222, 672, 673; Tab. 31: Aufn. Nr. 234, 246, 257, 259, 260, 265; Tab. 35: Aufn. Nr. 159, 171, 276).
ROSSKOPF, G. (1971): Pflanzengesellschaften der Taalmoore an der Schwarzen und Weißen Laaber im Oberpfälzer Jura. -Hoppea 28: 1-115 u. 7 Tab. Anhang. Regensburg. (Tab. 24: Aufn. Nr. 10).
SANDER, U. (1989): Flora und Vegetation des Denkershäuser Teiches und seiner Umgebung. -Gött. Naturk. Schr. 1: 189-240. Göttingen. (Tab. 2: Lfd. Nr. 6, 11, 14, 24, 27, 29, 31; Tab. 3: Lfd. Nr. 7, 9, 10, 16, 18).
SCHALL, O. (1985): Die Kalk-Schlammteiche in Nordrhein-Westfalen - Flora, Vegetation und Bedeutung für den Naturschutz. -Decheniana 138: 38-59. Bonn. (Tab. 4: Aufn. a).
SCHRAUTZER, J.; HÄRDTLE, W.; HEMPRICH, G.; WIEBE, C. (1991): Zur Synökologie und Systematik gestörter Erlenwälder im Gebiet der Bornhöveder Seenkette (Schleswig-Holstein). -Tuexenia 11: 293-307 u. 2 Tab. Göttingen. (Tab. 1a: Sp. Nr. 2, 4, 6, 8-13, 18-21, 23-25, 30, 36, 44-46, 48, 51, 55, 59-61, 70-72; Tab. 1b: Sp. Nr. 76, 80-82, 84, 86, 93, 96-98, 102-104).
SEIBERT, P. (1962): Die Auevegetation an der Isar nördlich von München und ihre Beeinflussung durch den Menschen. -Landschaftspfl. u. Veg.kde. 3, 123 S u. Anhang. München. (Tab. 21: Aufn. Nr. 261, 268; Tab. 22: Aufn. Nr. 12, 23, 132, 425).
STECKHAN, H. (1979): Ein Wald bekundet die Geschichte der Stader Geestlandschaft. 2. Teil: Die Vegetation des Braken. -Stader Jahrbuch NF 69: 46-95. Stade. (Tab. 9: Aufn. Nr. 1, 3, 13).
TAUX, K. (1981): Wald- und Forstgesellschaften des Rasteder Geestrandes. -Oldenburger Jahrbuch 81: 325-380 u. Anhang. Oldenburg. (Tab. 6: Aufn. Nr. 25; Tab. 7: Aufn. Nr. 4, 7).
TRAUTMANN, W. (1973): Vegetationskarte der Bundesrepublik Deutschland 1 : 200000 -Potentielle natürliche Vegetation - Blatt CC 5502 Köln. -Schr.reihe Veg.kde. 6. 172 S. u. 1 Beilage. Bonn-Bad Godesberg. (Tab. 2: Aufn. Nr. 2, 5, 7).
TRAUTMANN, W.; LOHMEYER, N. (1960): Gehölzgesellschaften in der Fluß-Aue der mittleren Ems. -Mitt. flor.-soz. AG N.F. 8: 227-247 u. Anhang. (Tab. 1: Aufn. Nr. 5, 7, 12; Tab. 2: Aufn. Nr. 10-12; Tab. 4: Aufn. Nr. 1-6).
TÜXEN, R. (1974): Das Lahrer Moor. Pflanzensoziologische Beschreibung eines emsländischen Naturschutzgebietes. -Mitt. flor.-soz. AG N.F. 17: 39-68 u. Anhang. Todenmann/Göttingen. (Tab. 7: Aufn. Nr. 2, 5, 7).
VERBÜCHELN, G.; KRECHEL, R.; WITTIG, R. (1990): Die erlenreichen Waldgesellschaften der Schwalm-Nette-Platten und ihrer Randgebiete. Mit einer Übersicht der niederrheinischen Erlenwälder. -Tuexenia 10: 419-432 und 1 Tab. im Anhang. (Tab. 1: Aufn. Nr. 10, 28, 34, 40, 41, 51, 54-57, 60, 62, 64-66, 69, 71; Tab. 2: Aufn. Nr. 1-4, 15, 19).
WALTHER, K. (1987): Die natürliche und naturnahe Vegetation der Landschaften um Gorleben (Kreis Lüchow-Dannenberg, Niedersachsen) und ihre Gefährdung. -Tuexenia 7: 303-328. Göttingen. (Tab. 14: Aufn. Nr. 109, 110; Tab. 15: Aufn.

Nr. 115-120).
WINSKI, A. (1983): Die Waldgesellschaften der Ortenau und ihre Randstrukturen. -Ber. Naturforsch. Ges. Freiburg i. Br. 73: 77-137. Freiburg i. Br. (Tab. 1: Lfd. Nr. 1-6).
WOSCHÉE, R. (1993): Laubwaldgesellschaften der Donau-Niederterrasse östlich von Regensburg. -Hoppea 54: 103-190. Regensburg. (Tab. 6: Lfd. Nr. 9, 13, 14, 16, 18, 20-25, 28-33; Tab. 7: Lfd. Nr. 13, 16, 31, 33, 39, 50, 53, 57, 63, 66, 68, 70, 72, 73, 75, 76, 78, 80, 84-86, 88, 89, 92-96, 98, 100, 101, 106-109, 111, 112, 116, 117, 119, 120, 122, 123, 126, 127; Tab. 9: Lfd. Nr. 10, 95, 104).
ZAHLHEIMER, W. A. (1979): Vegetationsstudien in den Donauauen zwischen Regensburg und Straubing als Grundlage für den Artenschutz. -Hoppea 38: 3-398. Regensburg. (Tab. 19: Aufn. Nr. 3, 4; Tab. 33: Aufn. Nr. 12; Aufn. S. 204).

Pflanzengesellschaft/Struktur	**vital**			**reduzierte Vitalität**			**Total**
	r=20	**r=10**	**r=5**	**r=20**	**r=10**	**r=5**	
Nitrophile Forstgesellschaften	1463	366	79	11880	2384	563	**13343**
Urtico-Alnetum	0	0	0	6292	1772	444	**6292**
Urtico-Aegopodietum in Rückegasse	0	0	0	663	277	117	**663**
Urtico-Aegopodietum als Saum	120	0	0	282	126	48	**402**
Urtico-Aegopodietum an/in Graben	0	0	0	828	260	117	**828**
Carici elongatae-Alnetum glutinosae	5600	1689	449	2112	659	193	**7712**
Pruno-Fraxinetum phalaridetosum	4797	1278	299	4277	1196	303	**9074**
Pruno-Fraxinetum typicum	1417	299	79	3293	776	169	**4710**
Querco-Ulmetum minoris	582	82	22	5750	1677	451	**6332**
Stellario-Capinetum stachyetosum	1404	152	30	6231	1166	195	**7635**
Impatiens noli-tangere-Bestände	48	0	0	108	61	0	**156**
Forstweg/Rückegasse	0	0	0	793	126	26	**793**
Graben (naß-feucht)	173	44	21	1346	417	125	**1519**
Fluß/Kanal	0	0	0	455	65	0	**455**
Phalaridetum arundinaceae	0	0	0	178	30	13	**178**
Impatiens glandulifera-Gesellschaft	260	0	0	425	0	0	**685**
Glycerietum plicatae	0	0	0	22	4	0	**22**
Acker	0	0	0	302	16	0	**302**
Salicetum albae phragmitetosum	0	0	0	1059	362	87	**1059**
Rubus fruticosus-Gebüsch	0	0	0	96	4	0	**96**
Salicetum cinereae	0	0	0	272	44	4	**272**
Landschilfbestand	0	0	0	232	24	0	**232**
Arrhenatheretum alopecuretosum	50	0	0	0	0	0	**50**
Caricetum elatae	0	0	0	4	4	2	**4**
Total	**15914**	**3888**	**981**	**46900**	**11450**	**2857**	**62814**

Tab. 14: Absolute Flächenanteile [m²] der Pflanzengesellschaften und Struktureinheiten im Umfeld von "vitalen" *Ribes nigrum*-Polykormonen und Sträuchern mit "reduzierter Vitalität". Untersucht wurden Probekreise mit einem Polykormon im Zentrum mit einem Radius von r=20m, r=10m und r=5m. Aufgrund von Ungenauigkeiten bei der Kartierung und Planimetrierung der Gesellschaften/Strukturen stimmt die ermittelte Gesamtfläche (62814 m²) nicht mit der zu erwartenden Gesamtfläche (64107 m²) überein. Die "Nitrophilen Forstgesellschaften" umfassen die *Populus* x *canadensis*- und die *Alnus glutinosa*-Forstgesellschaft.

Tab. 15: Sigmasoziologische Aufnahmen an *Ribes nigrum*-Wuchsorten in der Oberrheinebene (1993/1994). Pro Einheitskreis (r= 20 m, 1257 m²) befand sich ein Polykormon im Zentrum der Aufnahmefläche.

Spalte 1-13:	**Vitale Polykormone**
Spalte 1-7:	Erlenbruchwald-Komplex
Spalte 8-10:	Pruno-Fraxinetum phalaridetosum-Komplex
Spalte 11:	Vegetationskomplex nitrophiler Hybridpappelforste (*Ribes nigrum* verwildert!)
Spalte 12-13:	Pruno-Fraxinetum typicum/Querco-Ulmetum-Komplex
Spalte 14-51:	**Polykormone mit verminderter Vitalität**
Spalte 14-16:	Erlenbruchwald-Komplex
Spalte 17-23:	Brennessel-Erlenwald-Komplex
Spalte 24-36:	Vegetationskomplex nitrophiler Hybridpappelforste
Spalte 37-39:	Pruno-Fraxinetum phalaridetosum-Komplex
Spalte 40-50:	Pruno-Fraxinetum typicum/Querco-Ulmetum-Komplex
Spalte 51:	Silberweidenauenwald und Grauweidengebüsch-Komplex

Spaltennummer		1	1	11	111	1112222	2222223333333	333	44444444445	5
	1234567	890	1	23	456	7890123	4567890123456	789	01234567890	1
TK 25-Nr.	7777777	777	8	77	777	6777777	7877777777777	7777	7777777777	7
	3344446	434	0	94	340	8666640	4044444494333	3444	4344444493	0
	1111111	111	1	11	111	1111111	1111111111111	1111	1111111111	1
	3333332	343	2	33	335	7222235	3233333333333	3333	3333333334	5
TK 25-Quadrant	2222224	212	1	12	222	3444424	2122222212444	2222	2422222211	2
R. nigrum-Polykormon-Fläche [qm]						7	4 0 0			
	11 6	4		11		, 17 3	, 19,1,1 21	2	41 1 22	2
	5616574	560	6	55	434	5852569	9541295252644	011	41869230561	5
Oberhöhe [cm]	1111111	111	1	21	111	11 1111	11 111 1 1121	11	1 11111111	1
	5603258	263	9	16	763	9293428	3071984844205	901	36882716604	4
	0000000	000	0	00	000	0000000	0500000000000	000	00000000000	5
Mittelhöhe [cm]	11 1111	11	1	11	111	1 11 1	1 11 1 111		1111 11	1
	2190043	930	5	54	300	0950283	695 423334053	794	65551185164	1
	0000000	000	0	00	000	0000000	000 000000000	000	50000000000	5
R. nigum in Graben (ja/nein)	nnnnnnj	nnn	n	nn	nnn	nnnnnnn	njnnnnjnnnnnj	nnn	njnnnnjnnnn	n
Fruktifikation (keine/wenig/viel)	kkkkkkw	kkk	v	kk	kkk	wkwwwkk	kkkkkkkkkkkkk	kkk	kkkkkkkkkkk	k
Anzahl Totäste (keine/wenig/mittel/viel)	kkkkkkw	kkw	k	kw	wvm	vkkwkmw	wwwkkwkmkwwkw	kwk	kkwvwwwvkww	m
Anzahl Nitrophyten im Polykormon	kkkkkkw	kkw	m	kw	kkk	mmvvmvw	mwmwvmwmkmvvw	vwm	vkvvmwkmvwk	k
Blattdeckung *R. nigrum*/Polykormon [%]	7789988	977	7	77	423	1322335	2533663322244	444	34523454522	6
	0000050	055	5	05	000	0550050	5000005500050	000	00005000000	0
Erlenbruchwald-Komplex										
Carici elongatae-Alnetum glutinosae	4434444	3.A	.	3.	543	....	....	...	....	.
Brennessel-Erlenwald-Komplex										
Urtico-Alnetum	....	...	.	..	...	5444435	3............	...	....	.
Vegetationskomplex nitrophiler Hybridpappelforste										
Populus x *canadensis*-Forstgesellschaft	3......	...	5	..	...	....	3555543444333	AAA	AAABB3.....	.
Pruno-Fraxinetum phalaridetosum-Komplex										
Pruno-Fraxinetum phalaridetosum	...AA.B	A53	.	..	.A.	....	..A....A.....	333	A........AA	.
Pruno-Fraxinetum typicum/Querco-Ulmetum-Komplex										
Pruno-Fraxinetum typicum, rein	.1A....	..A	.	4A	...	.11A.3.	..1...A......	AAA	......B.345	.
Pruno-Fraxinetum typicum, D. cesp.-Faz.	.....3.	3..	.	.5	...	....	3............	AAA	3A......A..	.
Querco-Ulmetum minoris	..1...A	..3	.	..	...	.....2.	.......A.AAA.	...	.3A544AA4..	.
Silberweidenauenwald und Graudenweigebüsch-Komplex										
Salicetum albae	....	...	.	..	..B	......A	....	...	....	4
Salicetum cinereae	....	...	.	..	..A	....	....	...	....	A
d Ehemalige Entwässerung										
Graben (naß-feucht)	..1...A	A..	1	..	...	.A11A.1	1A1.11AA.A.11	1..	.A....AA.1.	.
Urtico-Aegopodietum an/in Graben	....	...	.	..	...	....	..1111....AAA	1AA	A.A........	.
Sonstige Gesellschaften und Strukturen										
Stellario-Carpinetum stachyetosum	.A333..	...	.	..	.3.	...3331	333	AAA	A33...44...	.
Urtico-Aegopodietum in Rückegasse	....	...	.	..	...	....	...A.1AA1....	AAA	A..........	.
Urtico-Aegopodietum als Saum	....	...	A	..	...	....	........A....	...	......A....	.
Forstweg/Rückegasse	..A....	...	.	..	...	....	...1AAAA.A...	...	...BB1.A...	.
Rückegasse mit *Impatiens noli-tangere*	....	..A	.	..	...	....	....	...	.......A...	.
Impatiens glandulifera-Gesellschaft	.A.....	...	.	..	...	.AA....	....	...	....	.
Phalaridetum arundinaceae	....	...	.	..	...	....	..........A..	...	..A........	.
Glycerietum plicatae	....	...	.	..	...	....	......+....+.	...	......+....	.
Fluß/Kanal	....	...	.	..	...	....	........A..AA	...	....	.
Rubus fruticosus-Gebüsch	....	...	.	..	..A	....	....	...	....	A
Arrhenatheretum alopecuretosum	....	...	1	..	...	....	....	...	....	.
Acker	....	...	.	..	..B	....	....	...	....	.
Landschilfbestand	....	...	.	..	...	....	....	...	....	B

Teil C:
Forstwirtschaft und Naturschutz am Beispiel ausgewählter Forstbezirke Baden-Württembergs

ermvegetation an Forstwegböschungen im Forst-Tuttlingen

1 Das Untersuchungsgebiet

Die Flächen des Forstamtes Tuttlingen liegen nach der regionalen Wuchsgebietsgliederung von Baden-Württemberg im Bereich der Südwest-Alb als Teil des Wuchsgebietes Schwäbische Alb. Das Untersuchungsgebiet gehört nach SCHLENKER & MÜLLER (1973) dem Einzelwuchsbezirk Südwestliche Donaualb (6/08) an (Abb. 36). Nach der naturräumlichen Gliederung Baden-Württembergs (LFU, 1992) befindet sich das Untersuchungsgebiet in der naturräumlichen Haupteinheit Baaralb/Oberes Donautal (092).
Klimatisch ist das Untersuchungsgebiet durch einen mittleren jährlichen Niederschlag von 857 mm gekennzeichnet (Periode 1931-1960; SCHIRMER & VENT-SCHMIDT, 1979). Während der Hauptvegetationszeit (Mai-Juli) fallen 291 mm Niederschlag. Das Verhältnis von Sommer- zu Winterniederschlag liegt für Tuttlingen bei 169%. Temperaturwerte liegen nur für die Stationen Sigmaringen (Oberes Donautal) und Klippeneck (Traufzone der Südwest-Alb) vor. Während die mittlere jährliche Lufttemperatur auf dem Klippeneck bei 6,3°C liegt, wird für Sigmaringen ein Wert von 7,2°C angegeben (Periode 1951-1980; MÜLLER-WESTERMEIER, 1990). Die mittlere Januar-Temperatur liegt für beide Stationen bei -2,5°C, differiert aber um 1°C bei der mittleren Julitemperatur (6,3°C/7,3°C). Die mittlere jährliche Temperaturschwankung liegt somit bei 17,4°C beziehungsweise 19,1°C. Die Dauer von Tagen mit ≥10°C (=Vegetationszeit) liegt zwischen 133 (Klippeneck) und 151 (Sigmaringen) Tagen. Das Forstamt Tuttlingen dürfte in bezug auf diese Temperaturwerte eine Zwischenstellung einnehmen. Das Klima des Untersuchungsgebietes ist im Jahresablauf als kontinental-(sub-)montan getönt zu charakterisieren.

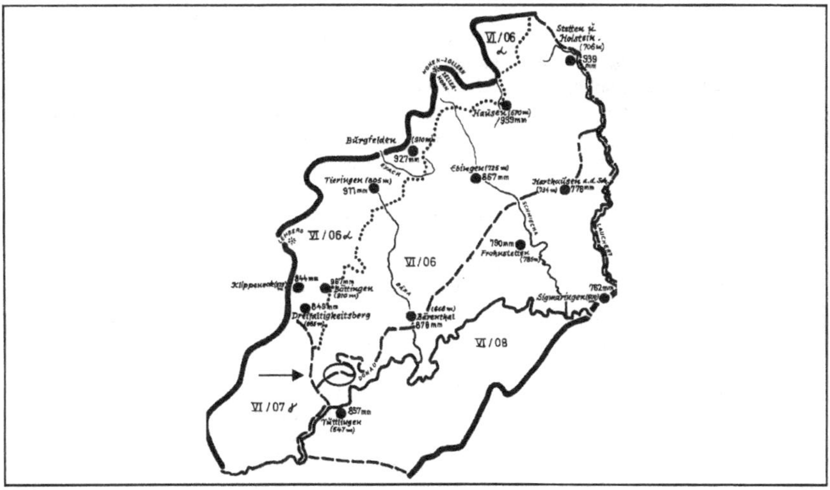

Abb. 36: Lage des Untersuchungsgebietes im Forstbezirk Tuttlingen (Pfeil und Ellipse). Nach einer Abbildung aus SCHLENKER & MÜLLER (1973), verändert.

Das Untersuchungsgebiet, Distrikt I (Ghai), liegt im Norden des Forstamtes in einer Höhenlage von 660-850 m ü. NN im Bereich der TK 25 7918/4 und 7919/3. Der geologische Untergrund des Distriktes I wird von den Schichten des Weißen Jura (Malm) gebildet. Dabei bilden die Kalk- und Mergelschichten des Malm β, γ und δ (ε) die steilen S (SW) exponierten Mittel- und Unterhänge, während die Oberhänge, sowie die Hochfläche dem Malm ε-ζ1 vorbehalten bleiben.
Die Standortkartierung gliedert die Standorte des Distriktes grob in folgende Einheiten:

- Standorte der Ebenen und schwach geneigten Lagen: Hier dominieren meist mittel- bis tiefgründige Kalkverwitterungslehme (Terra fusca) mäßig trockener bis frischer Ausbildung mit einem Waldgersten-Buchenwald (Hordelymo-Fagetum) der montanen Stufe ohne Tannenbeimischung als potentielle natürliche Vegetation (Regionalgesellschaft: kontinental-(sub-)montaner Buchenwald).
- Im Bereich der Steilhangstandorte südlicher Exposition lassen sich auf felsigen, steilen, sehr trockenen Standorten (Protorendzina bis flachgründige Rendzina) Buchensteppenheidewälder (Carici-Fagetum, Subassoziation von *Primula veris* ssp. *canescens*) und auf sonnseitigen, trockenen Steilhängen (Rendzina-Braune Rendzina) Seggen-Buchenwälder ("Orchideen-Buchenwälder", Carici-Fagetum typicum oder caricetosum sylvaticae, Vikariante mit *Euphorbia amygdaloides*) der submontanen-montanen Stufe unterscheiden.

Von diesen beiden Standortklassen sind in Hinblick auf das Vorkommen seltener oder gefährdeter Gefäßpflanzenarten vor allem die südexponierten Steilhangstandorte von potentiellem Interesse, während die standörtlich günstigere Hochfläche des Distriktes I in bezug auf diese Artengruppe weitgehend "leer" ist (vergleiche VOLK, 1992).

7.2 Allgemeine Forstgeschichte

Der Raum Tuttlingen ist altes Siedlungsgebiet des Menschen. Hiervon zeugen zum Beispiel Funde aus dem späten Jungpleistozän (Petershöhle bei Engen) und der Mittelsteinzeit (Jägerhöhle bei Beuron) (CZARNETZKI, 1983: 218). Der eigentliche Beginn der Forstgeschichte wird im allgemeinen ins 6. Jahrtausend v. Chr. gelegt, das heißt, mit dem Auftreten der Bandkeramiker (ROZSNYAY, 1994). Im westlich benachbarten, klimatisch extremeren Schwarzwald-Baar-Kreis wurden mehrfach bandkeramische Siedlungen aus der Zeit um 3000 v. Chr. gefunden (SPINDLER, 1977: 59). Mit Beginn der Bronzezeit verbessert sich dann die Fundstatistik bedeutend, was auf eine dichtere Besiedlung schließen läßt. Das Vorhandensein von Überresten einer keltischen Fliehburg (etwa 800 v. Chr.) im Untersuchungsgebiet zeigt bereits den stärkeren Einfluß des Menschen auf den Wald an. Der Fund eines hallstattzeitlichen Grabhügels in Gosheim (Kreis Tuttlingen) weist auf die Besiedlung dieses Raumes um 600-500 v. Chr. hin (KLUG, 1989). Aus der Römerzeit finden sich vielerorts deutliche Spuren menschlicher Besiedelung. So stellte nach BAUMANN, W. (1937: 27) das Gebiet um Tuttlingen und westlich davon zu jener Zeit eine wichtige Region dar, welche die Schweiz mit Norddeutschland verband. Für die Zeit um 500 n. Chr. werden für Tuttlingen zahlreiche frühmerowingische Fundstellen ausgewiesen (RÖHRIG-SCHIERBAUM, 1993: 99). In die Zeit des 5.-8. (9.) Jahrhunderts fällt die erste große Rodungsperiode, die mit der Gründung zahlreicher Ortschaften mit der Endung -ingen gekoppelt ist (zum Beispiel Tuttlingen, Möhringen). Im Mittelalter vom 11.-13. Jahrhundert ist eine weitere Zurückdrängung des Waldes festzustellen. So weist zum Beispiel BAUMANN, W. (1937: 137) darauf hin, daß um 1400 die Ackerflur im Raum Immendingen größer war als um 1937. Andererseits erfolgten hier bereits um 1500 erste Aufforstungen mit Kiefer (a. a. O. S. 137). Eine dritte und vierte Rodungsperiode folgte im 15. und gegen Ende des 17. Jahrhunderts nach dem Dreißigjährigen Krieg (KÄTZLER, 1979: 5).
Mit Entstehung zahlreicher Hüttenwerke (zum Beispiel Ludwigstal 1696-1861, Kriegertal ab 1688) wurden die in der Umgebung reichlich vorhandenen Bohn- und Doggererze verarbeitet. Dabei wurde bereits auf großflächig vorhandene Nadelholzanpflanzungen als Brennstofflieferanten zurückgegriffen. Der extrem hohe Bedarf dieser Schmelzwerke an Holz oder Holzkohle führte zu einer völligen Entwaldung in der Umgebung dieser Werk. So mußte der Betrieb des Hüttenwerkes

Kriegertal um 1750 wegen Holzmangel vorübergehend eingestellt werden. Das Hüttenwerk Ludwigstal, direkt südöstlich des Untersuchungsgebietes gelegen, produzierte um 1732 nach KAUFMANN (1989: 78) eine "totale Einöde, auch Waldweide [war] nicht mehr möglich". Die Holzerträge des Stadtwaldes Tuttlingen wurden restlos für das Werk Ludwigstal benötigt (LOHRMANN, 1934: 26). 1832 mußten große Mengen an Holz und Holzkohle aus der Gegend von St. Georgen und Triberg bezogen werden, da die heimischen Quellen nicht mehr ausreichten (KÖHLER, 1839: 53f). Auf die ehemaligen zahlreichen Meilerstellen der Köhler weisen auch heute noch zahlreiche Flurnamen hin (zum Beispiel Kohlwald, -hof, -halden, -berg, -hau). Erst mit der Einführung der Steinkohle wurde diese Abhängigkeit vom Wald beendet.
Parallel hierzu fand in allen Waldungen intensive Waldweide statt. Insbesondere die wärmeren (sonnseitigen) Hanglagen wurden bevorzugt zur Beweidung aufgesucht, was diese ohnehin anfälligeren Standorte zusätzlich belastete (starke Austrocknung, Erosion, ausbleibende Gehölzverjüngung). Da die Haltung von Ziegen, der "Kuh des armen Mannes", weit verbreitet war (vergleiche BAUMANN, W., 1937: 155, sowie die Angaben in den Oberamtsbeschreibungen), wurde die ohnehin geringe Gehölzverjüngung zusätzlich reduziert. Das Ergebnis war eine Überalterung der Bestände mit dem Ergebnis einer zunehmenden Verlichtung der Wälder ("Weidewald"). Nach KREIDLER (1941: 14) ist sogar die Mehrzahl der Schafweiden im Kreis Tuttlingen aus diesen Weidewäldern hervorgegangen.
Seit der Mitte des vorigen Jahrhunderts begann eine umfangreiche Aufforstungstätigkeit. So wurde beispielsweise in Immendingen 1897 die Schafweide aufgehoben. Die großzügige Aufforstung dieser Flächen erfolgte weitgehend mit Fichte und Kiefer. Der Waldanteil der Gemarkung Immendingen stieg von 56,1% (1878) auf 64,6% (1905) um 90 ha (BAUMANN, W., 1937). Bereits in den 30er Jahren dieses Jahrhunderts konnte SPITZ (1930: 3) feststellen, daß sich "Ödland" und "Weiden" auf dem Gebiet des Meßtischblattes Möhringen (heute TK 8018 Tuttlingen) nur noch auf kleinen Flächen finden. Insbesondere die stark weidegeschädigten Sonnhänge erlaubten nur den Anbau der relativ unempfindlichen Fichte und Kiefer.

7.2.1 Spezielle Forstgeschichte des Distriktes I (Ghai)

Wie bereits im allgemeinen Teil der Forstgeschichte erwähnt, findet sich im Distrikt I, Abteilung 5 eine keltische Fliehburg ("Altenburg"), die auf die Zeit um 800 v. Chr. datiert wird. Somit läßt sich bereits für diese Zeit mit Sicherheit ein bedeutender Einfluß des Menschen auf das Untersuchungsgebiet belegen, da der Bau der Fliehburg einerseits eine Waldrodung vorausgehen mußte. Andererseits benötigte der Bau selbst eine große Menge Holz die vermutlich aus der direkten Umgebung entnommen wurde.
Erste genauere forstgeschichtliche Angaben finden sich für das Untersuchungsgebiet jedoch erst mit Beginn der geregelten Forstwirtschaft, die in der Erstellung von Forsteinrichtungswerken (ab 1870) ihren Niederschlag fand. In diesen frühen Niederschriften wird der Distrikt I noch als "das Kay" bezeichnet. Nach Angabe des Einrichtungswerkes von 1952 ist dies eine aus dem Mittelalter stammende Bezeichnung für einen Mittelwaldschlag. Die heutige Bezeichnung Ghai steht also nicht in Verbindung mit den Ausdrücken Gau oder Gäu.

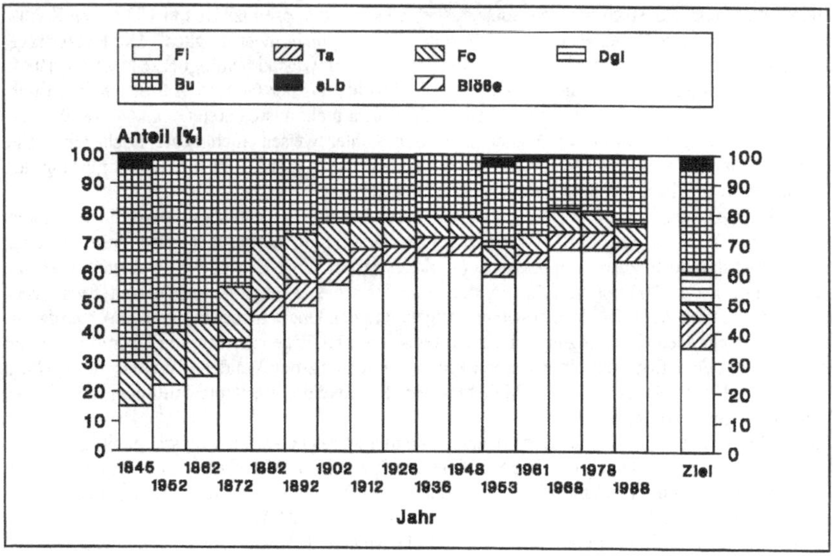

Abb. 37: Geschichtliche Entwicklung der Baumartenmischung im Staatswald Tuttlingen.

Betrachtet man die zeitliche Entwicklung der Baumartenmischung im gesamten Staatswald Tuttlingen (Abb. 37), so zeigt sich, daß der ursprünglich von Rotbuche dominierte (Mittel-) Wald (1845: 65% Rotbuche) rasch in von Fichte dominierte Bestände umgewandelt wurde (bereits 1902 betrug der Nadelholzanteil 77%).

Zwischen 1800 und 1860 wurden zahlreiche bewaldete Standorte des Ghai, insbesondere die Hochfläche, gerodet und als Waldfelder (Hochäcker) bewirtschaftet. Hierauf weisen noch heute Lesesteinwälle hin. Auch die detaillierte "Schmitt´sche Karte von Südwestdeutschland" (Blatt 56) von 1797 zeigt für das Ghai-Gebiet neben den unbewaldeten Hangstandorten auch auf der Hochfläche nur eine partielle Bewaldung.

Ursprünglich besaß das Forstamt Rottweil (zu welchem die Flächen des Untersuchungsgebietes damals gehörten) keinen Besitz im heutigen Distrikt I. Sämtliche Flächen befanden sich in Privatbesitz. Erst um 1860 erwarb das Forstamt 24,8 ha weitgehend waldfreie Flächen (Teile der Abteilung 3 [Hochfläche], östlicher Teil der Abteilung 4 [Hangfläche]). Der Besitzer hatte das darauf befindliche Holz des Buchen-Mittelwaldes vorher verkohlen lassen. Bis 1864 kamen weitere Flächenkäufe hinzu (in Abteilung 4 und 6 [Hangflächen]), die den Staatsbesitz im "Kay" um etwa 16 ha vergrößerten. Bis zur Ersteinrichtung 1870 waren 73,9 ha an weitgehend unbewaldete oder licht bestockte Flächen (Weidewald) erworben worden. Diese wurden zum Distrikt XVI (Kay) mit vier Abteilungen zusammengefaßt. Es erfolgten auch weiterhin Ankäufe von Privatflächen, so daß die Distriktgröße von anfänglichen 24,8 ha auf heutige 111 ha angewachsen ist. Um die Jahrhundertwende waren die Erwerbungen jedoch schon weitgehend abgeschlossen.

Die Auspflanzung der Staatswaldflächen erfolgte, bedingt durch das weitgehende Freilandklima auf den häufig weidegeschädigten Standorten, zunächst größtenteils mit Kiefer, insbesondere auf den Hangstandorten (Abteilungen 4 bis 6). Die Fichte war meist beigemischt, während die Rotbuche nur kleinflächig eingebracht wurde.

Im Laufe der folgenden Jahrzehnte machte man mit der Kiefer jedoch keine gute Erfahrung. Bereits im Jugendalter wurden große Teile der Pflanzungen durch Engerlingsfraß und Schütte dezimiert. Im November 1898 verursachte zudem starker Schneedruck und -bruch weitere schwere Schäden an den älteren Kiefernbeständen. Die Unterbauung der (nun) lichten Kiefernbestände mit Rotbuche waren meist ohne Erfolg. Ein Unterbau aus Tanne war insbesondere an den warmen Hangstandorten (Wintereinstand des Rehwildes) ein noch größerer Mißerfolg. Deshalb kam man weitgehend von diesen Baumarten ab und begann, die Fichte in Reinbeständen anzubauen.
Somit erklärt sich die heutige Baumartenzusammensetzung im Ghai, die weitgehend aus Fichte besteht. Über 40% dieser Fichten ist dabei von Rotfäule befallen. Die Kiefer findet sich in der Regel nur als Überhälter in den Beständen. Tanne und Buche sind meist nur beigemischt. Bestände, die der Regionalgesellschaft oder der potentiellen natürlichen Vegetation angenähert sind, fehlen im Distikt I vollständig.

7.3 Flora und Vegetation des Distriktes I (Ghai)

7.3.1 Historische Angaben zur Flora

Dank der Tuttlinger Oberamtsbeschreibung von KÖHLER (1839), dem ein Beitrag von RÖSLER (1839) über die "Flora von Tuttlingen und seiner Umgebung [...]" beigefügt ist, erhalten wir Kenntnis über das floristische Inventar des Ghai aus den Jahren 1833-1838, also vor Ankauf der Flächen durch das damalige Forstamt Rottweil. Aufgrund der teilweise detaillierten Fundortangaben zu einzelnen Pflanzenarten wie "Kaih-Wälder", "Kaih" (Hochfläche und Steilhänge des Distriktes I und nördlich davon, TK 7918/4, 7919/3), "Höhe des Kaihberges" (Abteilungen 1-3, TK 7918/4, 7919/3), "am Kaih-Felsen" (Abteilung 4, TK 7919/3), "Mohrentobel" (westlicher Teil der Abteilung 6 und daran angrenzende Schafweide, TK 7918/4) und "Bleiche" (Viehweide südlich der Abteilungen 4 und 5, TK 7918/4, 7919/3) lassen sich die Wuchsorte dieser Arten zum Teil recht genau lokalisieren (Abb. 39; vergleiche BAUMANN, B. & H., 1992). Bei RÖSLERs Angaben handelt es sich andererseits nicht um eine erschöpfende Florenliste des Untersuchungsgebietes. Häufigen, allgemein verbreiteten Arten wurden jedoch keine spezifischen Fundorten zugeordnet (zum Beispiel *Carlina acaulis* ssp. *simplex*: "überall auf Anhöhen"), oder Arten wurden übersehen, oder es wurde nur beispielhaft ein Fundort genannt (zum Beispiel *Carex humilis*: als Fundort wird nur der "Wurmlinger Kapf" genannt). Beide als Beispiel angeführte Arten waren zu RÖSLERs Zeiten mit Sicherheit auch im Ghai-Gebiet vorhanden.
RÖSLER (1839) gibt explizit für den Distrikt I und dessen Umgebung folgende Phanerogamen an (Arten der Roten Liste BRD/Baden-Württembergs sind fett gedruckt):

"Kaih, Kaihberg":	***Antennaria dioica*, *Euphrasia nemorosa*, *Himantoglossum hircinum*, *Thalictrum simplex ssp. galioides***
"Höhe des Kaihberges":	***Ajuga pyramidalis***
"Am Kaih-Felsen":	***Anthericum liliago***, *A. ramosum*, ***Serratula tinctoria***
"Kaih-Wälder":	***Potentilla heptaphylla***
"Mohrentobel":	*Abies alba*, *Agrimonia eupatoria*, *A. oleraceum*, ***Allium senescens* ssp. *montanum***, *Aster amellus*, *A. bellidiastrum*, *Astragalus glycyphyllos*, *Buphthalmum salicifolium*, *Calamintha clinopodium*, *Carduus defloratus*, *Centaurium erythraea*, *Chrysanthemum corymbosum*, *Circaea lutetiana*, *Cirsium palustre*, *Cytisus nigricans*, *Erigeron acris*, *Euphorbia amygdaloides*, *Fagus sylvatica*, *Festuca asperata* [?], *F. gigantea*, *F. montana* [?], ***Fragaria moschata*** ("im Wald"),

Galium glaucum, Geranium sanguineum, G. sylvaticum, ***Globularia punctata****, Gnaphalium sylvaticum, Heracleum sphondylium ssp. elegans, Inula conyza, Inula salicina, Juniperus communis, Lilium martagon, Luzula luzuloides, L. pilosa, Ononis repens, Origanum vulgare, Picea abies, Prenanthes purpurea,* ***Pulsatilla vulgaris****, Rhamnus catharticus,* ***R. saxatilis****, Rosa arvensis, R. corymbifera* ("im Wald"), *R.. pimpinellifolia, R. rubiginosa* ("im Wald"), *Rubus caesius, R. corylifolius* agg., *R. fruticosus* agg., *Rumex sanguineus, Sambucus ebulus, Sanicula europaea, Sedum album, Stachys alpina,* ***S. germanica****, S. sylvatica,* ***Teucrium montanum****, Thesium bavarum, Thlaspi montanum, Trifolium alpestre, T. medium, T. montanum,* ***T. rubens****,* ***Valerianella rimosa****, Verbascum austriacum* [?], *V. densiflorum, Vicia dumetorum, Vincetoxicum hirundinaria.*

"Bleiche an Waldsaum": ***Orchis pallens***

Ein großer Teil der von RÖSLER angeführten Arten zeigen relativ lichtreiche, warm-trockene Standortverhältnisse an, wie sie unter anderem für beweidete Flächen charakteristisch sind. Auf den mehr oder weniger offenen Charakter der meisten Flächen weist auch der explizite Zusatz "im Wald" bei einigen Arten hin. Auch die Angabe von *Potentilla heptaphylla* als Art der "Kaih-Wälder" läßt auf eine lichtreiche Struktur der damaligen Wälder schließen (siehe Abb. 38). Mit Recht schlußfolgert KAUFMANN (1989: 79), daß der Distrikt I um 1830 stark entwaldet oder sehr licht gewesen sein muß, was durch die weiter oben angeführten Angaben aus den ältesten Einrichtungswerken des Forstamtes Tuttlingen bestätigt wird. Pflanzensoziologisch sind viele der angeführten Arten Charakterarten der Trocken- und Halbtrockenrasen (Klasse Festuco-Brometea). Weiterhin werden neben zahlreichen Waldsaumarten (Klasse Trifolio-Geranietea) auch einige Arten felsig-grusiger Standorte der Klasse Sedo-Scleranthetea angeführt.
Bereits Anfang dieses Jahrhunderts galten nach REBHOLZ (1924: 27f) die Arten *Anthericum liliago, Himantoglossum hircinum* und *Thalictrum simplex* ssp. *galioides* im Untersuchungsgebiet als verschollen. Trotz intensiver Suche konnten diese Arten auch 1994 nicht ausfindig gemacht werden. Bereits REBHOLZ (1924: 28) führte dies auf die Aufforstung von "Heide- oder Hackland" seit der Mitte des vorigen Jahrhunderts zurück, jedoch dürfte auch die Vernichtung der Buchen-Mittelwälder und die nachfolgende Aufforstung der Flächen eine nicht unbedeutende Rolle gespielt haben.

7.3.2 Vergleich der historischen Angaben mit dem rezenten floristischen Inventar

Ein Vergleich von RÖSLERs Angaben aus den Jahren 1833-1838 mit den Erhebungen aus dem Jahre 1994 kann in bezug auf viele Arten nur relativ allgemein bleiben. Das erklärt sich damit, daß RÖSLER einerseits keine vollständige Florenliste speziell für das Untersuchungsgebiet erstellt hat, andererseits allgemein verbreitete Arten nicht konkreten Lokalitäten zugeordnet wurden. Es bleibt also weitgehend nur der Vergleich zwischen den expliziten Angaben RÖSLERs zur Flora des Distriktes I mit den rezenten Erhebungen, wobei wir uns aufgrund des hier zu verfolgenden Ansatzes (Erfassung der Xerothermvegetation) weitgehend auf die Arten der Festuco-Brometea beschränken werden.
Die Hochfläche des Ghai wird heute fast ausnahmslos von (Nadel-)Wäldern bedeckt. Die Hochflächen waren zu RÖSLERs Zeiten die typischen, großflächig verbreiteten Standorte der Schafweiden (KREIDLER, 1941: 14). Die von RÖSLER (1839) angeführten Arten (zum Beispiel *Ajuga pyramidalis, Antennaria dioica, Himantoglossum hircinum, Potentilla heptaphylla, Pulsatilla vulgaris*) sind typische Arten offener, lichtreicher und häufig auch beweideter Standorte. Die großflächige Aufforstung der Hochfläche bewirkte eine weitgehende Ausmerzung dieser Arten, deren ökologischer Schwerpunkt in bezug auf den Lichtfaktor auf lichtreiche Standorte beschränkt ist (Abb. 38).

Ein Fortbestehen am Wuchsort unter ungünstigen Bedingungen, wie dies zum Beispiel für *Carex humilis* zu beobachten ist, findet sich bei den angeführten Arten nicht. Darüberhinaus gibt es wohl keine Art, die über den Zeitraum eines Jahrhunderts und länger unter stark suboptimalen Standortbedingungen existieren kann.
Erst im Bereich der trockenen Steilhangstandorte sind die angeführten Arten potentiell zu erwarten. Da jedoch auch hier weitgehend die Fichte dominiert, wurden die meisten von RÖSLER noch angegebenen Arten im Laufe der Zeit ausgedunkelt, denn insbesondere Arten der Roten Liste erweisen sich als ausgesprochen lichtbedürftige Arten (Abb. 38 und Kapitel 3).
Die Reste solcher lichtreichen und thermisch begünstigten Flächen wurden im Ghai kartiert (siehe Abb. 39). Wie die Kartierung erkennen läßt, sind diese auf süd bis südwest exponierten Ränder von Fahr- und Maschinenwegen im Bereich der Abteilungen 4 bis 6 beschränkt. In der Regel handelt es sich um stark geneigte Böschungen. Es handelt sich also um Biotopflächen, die im Waldverband auftreten, selber jedoch keine Waldbestände darstellen.
Das floristische Inventar dieser Flächen ist der Tab. 16 (am Ende des Kapitels) zu entnehmen. Hier sind noch zahlreiche Festuco-Brometea- und Trifolio-Geranietea-Arten anzutreffen. Ein Teil der Spezies, die RÖSLER (1839) anführt, haben auf diesen Flächen einen letzten Zufluchtsort im Distrikt I gefunden.
Die kartierten Wegböschungen sind soziologisch größtenteils der montan-präalpinen Rasse des Mesobrometums der SW-Alb zuzuordnen. In Abhängigkeit vom Lichtgenuß und anderen abiotischen Faktoren variiert die Struktur und der Artenbestand der einzelnen Flächen. Im kartierten Waldbiotop 1 (siehe unten) findet sich zusätzlich noch ein größerer, weitgehend anthropogen entstandener Felsstandort. Hier sind Arten der Sedo-Scleranthetalia konzentriert, die ein fragmentarisches Alysso-Sedetum albi bilden.

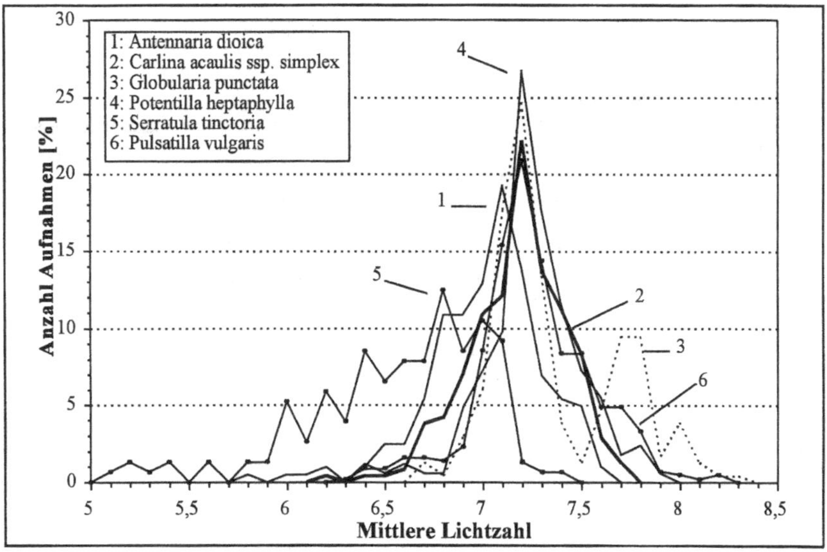

Abb. 38: Spektren der mittleren Lichtzahlen von sechs Rote Liste-Arten, die noch um 1830 im Ghaigebiet vorkamen. Anzahl der ausgewerteten Vegetationsaufnahmen: *A. dioica* (202), *C. acaulis* ssp. *simplex* (239), *G. punctata* (231), *P. heptaphylla* (164), *S. tinctoria* (152), *P. vulgaris* (430).

Folgende Arten der Roten Listen konnten beobachtet werden: *Allium senescens* ssp. *montanum*, *Carlina acaulis* ssp. *simplex*, *Epipactis atrorubens*, *Globularia punctata*, *Orobanche teucrii*, *Potentilla heptaphylla*, *Pulsatilla vulgaris*, *Rhamnus saxatilis*, *Teucrium montanum* sowie 16 schutzbedürftige Arten (Tab. 16). Diesen Resten ehemals weit verbreiteter Xerothermvegetation soll hier besondere Aufmerksamkeit gewidmet werden.

7.4 Geschichte der Waldbestände in der Umgebung der kartierten Waldbiotope

Die 1994 kartierten Flächen befinden sich an Wegböschungen nahe des Waldrandes im südlichsten Teil der Steilhangstandorte des Distriktes I. Die 11 kartierten Biotope verteilen sich über die Abteilungen 4 bis 6 (Abb. 39 am Ende des Kapitels).

Im ersten Einrichtungswerk aus dem Jahre 1870 wurden die Steilhangflächen als Mittelwald, Weidewald, Kahlflächen oder Ödland charakterisiert. Um 1835, als RÖSLER (1839) die Tuttlinger Flora aufnahm, müssen diese Standortverhältnisse auch noch auf der Hochfläche des Distriktes I bestanden haben. Einen Hinweis hierauf liefert die "Schmitt'sche Karte von Südwestdeutschland" von 1797, die für das Untersuchungsgebiet für Teile der Hochfläche unbewaldete Gebiete ausweist. Man darf sich die damaligen Vegetationsverhältnisse als ein Mosaik aus Mittelwaldungen, licht bestockten Weidewäldern, (Schaf-)Weiden und Hochäckern vorstellen. Je nach Nutzungsart und -intensität waren unterschiedliche Sukzessionsstadien auf den Flächen anzutreffen.

Spätestens mit Beginn des Kaufes der heutigen Forstamtsflächen setzte eine Aufforstung dieser Standorte ein. Zunächst wurde die Kiefer als Hauptbaumart favorisiert. Etwa ab 1900 ging man aufgrund zahlreicher Fehlschläge mit dieser Baumart zur Fichte über. Wie der Abb. 39 zu entnehmen ist, waren annähernd alle kartierten Waldbiotope um 1870 noch unbestockt, befanden sich an Waldrändern oder waren nur von einem Weidewald mit darin vorkommenden Wacholderbüschen bedeckt. Diese Verhältnisse, in Verbindung mit dem herrschenden Standortklima (relativ lichtreich, trocken, nährstoffarm, zum Teil Beweidung), waren für die meisten Arten, die RÖSLER (1839) für das Gebiet angab, günstige Wuchsbedingungen. Die kartierten Flächen stellen Relikte dieses ehemals weit verbreiteten Standorttyps dar.

Bis 1900 waren bereits alle heute von Wald bedeckten Flächen bis auf 2 ha aufgeforstet. Bereits 1924 schreibt REBHOLZ (S. 27f) zum Ghaigebiet: "[...] der Wald, der seit etwa 80 Jahren [...] an die Stelle von Heide- oder Hackland trat, [scheint] die Pflanze [*Thalictrum simplex ssp.galioides*] verdrängt zu haben" und "der 'Khai-Felsen' liegt heute tief versteckt im Walde".

Insbesondere die explizite Erwähnung des "Kaih-Felsens" (erwa 0,08 ha), dessen Lage in Abb. 39 eingetragen ist, zeigt die radikale Veränderung der Standortverhältnisse. RÖSLER gab speziell für diesen Ort zwar nur drei (Saum-) Arten an (*Anthericum liliago, A. ramosum, Serratula tinctoria*), diese vermitteln jedoch bereits einen Eindruck der ehemaligen Standortbedingungen. Um 1830 müssen dort wesentlich lichtreichere Verhältnisse geherrscht haben (vergleiche Abb. 38). Aufgrund der Südexposition und des flachgründigen Bodens handelte es sich um einen relativ lichtreichen, (wechsel-) trockenen, thermisch begünstigten Standort. Sucht man heute derartige Standorte auf der (SW-) Alb auf, so findet man an diesen Standorten Xerothermvegetation des Verbandes Geranion sanguinei und/oder der Ordnung Brometalia erecti. Bei anstehenden Felsformationen treten zusätzlich Sedo-Scleranthetea-Arten hinzu.

Gegenwärtig, also etwa 165 Jahre nach RÖSLERS Angaben und 120 Jahre nach den ersten Aufforstungen, ist der 'Kaih-Felsen' ein forstlich weitgehend ungenutzter, buntlaubholzreicher Standort mit hohem Totholzanteil. Floristische Besonderheiten in Form von Rote Liste-Arten konnten nicht festgestellt werden. Lichtliebende Pflanzenarten (*Carex humilis, Sedum album, Stachys recta, Verbascum lychnitis*) finden sich nur noch im Bereich des Felskopfes. Jedoch ist die Vegetation dieses Felsens unter anderem aufgrund seines Artenreichtums in der Baumschicht (8 Arten) erhaltenswert.

7.5 Die einzelnen Waldbiotope

Die Waldbiotope (im folgenden als WB bezeichnet) 1 bis 9 (siehe im folgenden Tab. 16, Abb. 39 und Abb. 40 am Ende des Kapitels) stellen die zumeist kleinflächigen Reste einer ehemals großflächig vorhandenen Xerothermvegetation dar. Vegetationskundlich handelt es sich dabei um montan-präalpine Mesobrometa* (=Gentiano vernae-Brometum). Bezeichnend für die kartierten Bestände ist ihre Lage an bergseitigen Wegböschungen (Abtragungsböschungen) in Waldrandnähe oder an Waldaußenrändern. Diese Lage gewährleistet einen ausgehagerten, lichtreichen, thermisch begünstigten Standort, was eine Grundvoraussetzung für die Existenz einer Xerothermvegetation darstellt (vergleiche SCHALL, 1988). Sämtliche Waldbiotope waren bis 1880 (vereinzelt bis 1920) zumeist beweidete Offenlandstandorte.
Bei allen kartierten Mesobrometa und deren Überresten handelt es sich um anthropogen entstandene Sekundärstandorte. Eine Erhaltung, beziehungsweise eine Regeneration dieses Vegetationstyps erfordert daher einen mehr oder weniger regelmäßigen Eingriff des Menschen, primär eine Beseitigung von Konkurrenzarten auf der kartierten Fläche und in ihrer unmittelbaren Nachbarschaft. Hiebei handelt es sich zumeist um einzelne Bäume, Sträucher und/oder Gehölzjungwuchs. Südlich vorgelagerte Aufforstungen bedürfen einer entsprechenden Auflichtung.
Eine erneute Verbindung der gegenwärtig isoliert liegenden Waldbiotope wie sie bis Anfang dieses Jahrhunderts weitgehend bestanden hat, ist nur durch eine starke Entnahme von Bäumen aus den Beständen unterhalb und zum Teil oberhalb der Böschungen des jeweils angrenzenden Forstweges möglich. Nur durch eine derartige Maßnahme ist eine allgemeine Verbesserung des Lichtklimas entlang der gesamten Forstwegstrecke zu erreichen und eine erneuter Floren- und Faunenaustausch möglich.

7.5.1 Waldbiotop 1 (Abt. 6 b2)

Das WB 1 ist mit einer Fläche von etwa 0,9 ha der ausgedehnteste Xerothermbestand im Distrikt I (siehe Abb. 39). Weiterhin hebt sich das Biotop von den übrigen durch eine Felsformation (etwa 10% der Biotopfläche) als Begrenzung zur Forststraße hin ab. Standörtlich liegt das WB im extremsten Teil des Distrikt I, der Standorteinheit des Buchensteppenheidewaldes. Vegetationskundlich äußert sich dies darin, daß die Felsformation ein fragmentarisches Alysso-Sedetum albi beherbergt, während der hangaufwärts befindliche Teil ein stark in Sukzession befindliches montan-präalpines Mesobrometum darstellt. Die Sukzession macht sich hier in einem verstärkten Auftreten von Trifolio-Geranietea-Arten (Versaumung) und einer starken Verbuschung mit Berberidion-Sträuchern bemerkbar, welche vom angrenzenden mit Altkiefern locker bestockten Trockengebüsch eingewandert sind.
Als Arten der Roten Liste Baden-Württembergs und/oder der BRD finden sich *Allium senescens* ssp. *montanum, Gentiana ciliata, Globularia punctata, Potentilla heptaphylla, Pulsatilla vulgaris, Rhamnus saxatilis* und *Teucrium montanum*. Weiterhin sind acht schonungsbedürftige Arten vorhanden (Tab. 16). *Allium senescens* ssp. *montanum* findet sich nur im fragmentarischen Alysso-Sedetum albi. Die übrigen Arten (Ausnahme: *Rhamnus saxatilis*) befinden sich im felsnahen Bereich des Mesobrometums. RÖSLER (1839) gab explizit für den Mohrentobel (westlich benachbart, siehe Abb. 39) *Globularia punctata, Pulsatilla vulgaris* und *Rhamnus saxatilis* an. Noch 1880 war das WB 1 (zusammen mit WB 2 und 3) weitgehend unbestockt und darf wohl in diese Ortsangabe mit einbezogen werden. Hiermit wäre eine Kontinuität dieser Arten an diesem Fundort von über 165 Jahre bezeugt. Die Populationsgrößen der drei genannten Arten sind jedoch extrem klein; sie bestehen nur aus wenigen Exemplaren. Von *Pulsatilla vulgaris* konnte nur ein Individuum gefunden werden, eine Spezies, deren Populationsgröße nach WELLS & BARLING (1971: 285) durch höherer

*Zur Pluralbildung von Syntaxa siehe KORNECK (1984)!

Grasvegetation und Streuakkumulation sehr negativ beinflußt wird. An dieser Stelle sei auf die relativ isolierte Lage in bezug auf die übrigen Fundorte von *Pulsatilla vulgaris* im Raum Tuttlingen hinzuweisen (vergleiche hierzu die detaillierte Verbreitungskarte bei ZIMMERMANN, 1951: 137). Nach SEBALD et al. (1992b: 125) ist *Rhamnus saxatilis* eine stark gefährdete Art. Sie findet sich mit zwei Exemplaren im WB. Der Gesamtbestand dieser präalpinen Erico-Pinion-Art wird für Baden-Württemberg auf 500 Individuen geschätzt (a.a.O. S. 125). Eine potentielle Gefährdung stellt die zunehmende Verbuschung der Standorte dar. Aufgrund der niedrigen Wuchshöhe von *Rhamnus saxatilis* kann dieser von anderen Strauch- und Baumarten leicht überwachsen und ausgedunkelt werden. Die Spezies ist daher auf lichtreiche Standortbedingungen mit geringer Strauch- und Baumkonkurrenz angewiesen.

Pflegemaßnahmen:
Das WB 1 ist aufgrund seiner Ausstattung mit Arten der Roten Listen erhaltenswert. Zusätzlich ist es im Distrikt I und den daran anschließenden Flächen das einzige noch relativ großflächig ausgebildete Mesobrometum. Die 1993/94 durchgeführte Waldbiotopkartierung hat dies mit der Erfassung als Trockenbiotop gewürdigt (Biotopnr. 7918:6017:93). Die LfU hat das WB 1 als flächenhaftes Naturdenkmal vorgeschlagen (LfU-Nr.: 7918:0013:88). Im Gegensatz zur Einschätzung der Waldbiotopkartierung ist das Biotop jedoch durch die stark voranschreitende Sukzession gefährdet, so daß zum Erhalt und zur Regeneration der Gesellschaften Pflegemaßnahmen notwendig sind. Als notwendige Pflegemaßnahme wäre hier eine Entfernung des Gehölzjungwuchses und der aufkommenden Sträuchern (mit Ausnahme von *Rhamnus saxatilis*!) auf der Biotopfläche erforderlich (Abb. 40). Nach Rücksprache mit dem Forstamt Tuttlingen kann die Entbuschung durch das Forstpersonal duchgeführt werden. Die Entfernung des Strauchwerkes von der WB-Fläche kann durch preisgünstige Arbeitskräfte, die vom Arbeitsamt gestellt werden, durchgeführt werden. Das Strauchwerk sollte nicht in der Nähe verbrannt werden, da ein Eintrag der Asche durch den Wind in die Flächen vermieden werden muß. Dieses sollte vielmehr in Schwaden zusammengezogen und unterhalb oder oberhalb der WB in den Waldflächen abgelagert werden. Zur vollständigen Freistellung des Felsens ist eine Beseitigung der beschattenden *Salix caprea*-, *Viburnum lantana*- und *Fagus sylvatica*-Sträucher zwischen Fels und Forststraße notwendig. Dagegen kann *Sorbus aria* stehengelassen werden. Diese Maßnahme würde gleichzeitig die thermischen Bedingungen am Standort verbessern, wodurch mittelfristig eine Verdrängung mesophiler Arten erreicht werden könnte. Dies würde eine Ausbreitung xerothermer Arten begünstigen. Eine Ausdehnung des Mesobrometums nach Westen wäre durch eine Zurückdrängung der Strauchschicht möglich. Die vorhandenen Altkiefern können auf der Fläche verbleiben. Diese sind durchaus typisch für aufgeforstete Mesobrometa/Gentiano-Koelerieta der Schwäbischen Alb. Eine direkte Verbindung zwischen den WB 1 und 2 würde gleichzeitig eine Wiedervereinigung dieser Flächen darstellen, wie sie vor 1900 existiert hat.

7.5.2 Waldbiotop 2 (Abt. 6 b10)

Das WB 2 befindet sich nur wenige Meter westlich von WB 1, ist jedoch sehr viel kleinflächiger. Es befindet sich an einer steilen Abtragungsböschung einer Forststraße in der Abteilung 6. Hangaufwärts steht das WB 2 in Kontakt mit einem etwa 100jährigen Fichtenbestand. Von Südwesten her erhält die Böschung direktes Sonnenlicht, da in diesem Bereich keine Beschattung durch Bäume vorhanden ist. Von Süden her erfolgt eine Beschattung durch Fichten und Buchen der Unterabteilung b3.
An Rote Liste-Arten konnten *Carlina acaulis* ssp. *simplex*, *Epipactis atrorubens*, *Globularia punctata* und *Potentilla heptaphylla* beobachtet werden, sowie drei schonungsbedürftige Spezies (Tab. 16). Gemeinsam sind dem WB 1 und WB 2 *Globularia punctata*. Die Vegetation ist als fragmentarisches montan-präalpines Mesobrometum anzusprechen. Die Krautschicht des WB 2 ist sehr lückig ausgebildet, was nicht nur auf die Steilheit des Standortes zurückzuführen ist, sondern

auch auf die Schattwirkung der südlich vorgelagerten Bäume. Eine Erfassung durch die Waldbiotopkartierung liegt nicht vor.
Das WB 2 wurde mit dem nordwestlich anschließenden Fichtenbestand um 1880 vom Forstamt erworben. Die gesamte Fläche war zu diesem Zeitpunkt unbestockt und dürfte in RÖSLERs Fundort "Mohrentobel" einzubeziehen sein. Der heute südlich vorgelagerte Wald fehlte zum damaligen Zeitpunkt, so daß der Standort im Gegensatz zu den gegenwärtigen Verhältnissen lichtreicher, wärmer und trockener gewesen sein muß. Nach Ankauf wurde der größte Teil mit Kiefern und Fichten aufgeforstet.

Pflegemaßnahmen:
Zur Erhaltung und Regenerierung des Mesobrometums ist eine regelmäßige Entfernung des Gehölzjungwuchses notwendig (vor allem Buche und Fichte). Insbesondere direkt oberhalb der Böschung, wo *Carlina acaulis* ssp. *simplex* gehäuft vorkommt, sollte zusätzlich der Baumbestand (exklusive Kiefer) zurückgedrängt werden (Abb. 40). Die Entnahme des Starkholzes kann dabei im normalen Forstbetrieb geschehen. Südlich des WB 2 ist eine Auflichtung des Baumbestandes sinnvoll. Dies würde das Lichtklima im Bereich der Böschung günstig beeinflussen, welches die Wuchsbedingungen vieler Festuco-Brometea-Arten deutlich verbessern könnte. Auf die Schaffung einer Verbindung zwischen WB 1 und WB 2 entlang der Forststraßenböschung wurde bereits hingewiesen, so daß potentiell ein direkter Austausch von Arten möglich wäre.

7.5.3 Waldbiotop 3 (Abt. 6 b3)

Das etwa 280 m² große, weitgehend linear ausgebildete WB 3 befindet sich an einer schwach geneigten Forststraßenböschung im südlichsten Teil der Abteilung 6. Der Forststraße ist an der südlichen Böschung ein laubholzreicher Waldaußenrand vorgelagert, der von der Waldbiotopkartierung erfaßt wurde (Biotopnummer: 7918:6019:93), sowie von der LfU als Erhaltungsgebiet ohne Status vorgeschlagen wurde (Lfu-Nr.: 7918:0012:88). Diese Struktur bedingt für das WB 3 eine Beschattung. Das kartierte WB wurde von der Waldbiotopkartierung und der LfU nicht erfaßt.
Floristisch ist das WB 3 durch das Vorkommen der Rote Liste-Arten *Carlina acaulis* ssp. *simplex*, *Rhamnus saxatilis* und *Teucrium montanum* besonders gekennzeichnet (Tab. 16). Weiterhin ist das reichliche Auftreten von *Carex humilis*, sowie der geringe Versaumungsgrad der Fläche hervorzuheben. Aufgrund des (noch) relativ günstigen Lichtklimas, mit den daraus resultierenden xerothermen Standortbedingungen, ist die Vegetation als relativ gut ausgebildetes montan-präalpines Mesobrometum einzustufen.
Das WB 3 war noch bis 1880 in direktem Kontakt mit dem nordnordwestlich davon liegenden WB 2 (Abb. 39). Der heutige Waldaußenrand war zu diesem Zeitpunkt, und wohl auch davor, noch nicht vorhanden. Das WB 3 war bis dahin dem Wald vorgelagert. Die nach 1880 erfolgte Aufforstung nordwestlich der kartierten Fläche bewirkte eine Fragmentation der ehemals zusammenhängenden WB 1-3 und gleichzeitig eine Isolation der einzelnen Teile. Aufgrund des günstigen Licht- und Temperaturklimas im WB 3 ist dessen Erhaltungszustand besser als jener von WB 2.
Eine Gefährdung dieses Bestandes besteht aufgrund seiner geringen Flächenausdehnung. So bedrängt der direkt nördlich angrenzende Traufbereich des Waldinnenrandes (vor allem Buche und Fichte) die Halbtrockenrasenfläche durch Beschattung. Weiterhin macht sich eine starke Gehölzsukzession bemerkbar, die mittelfristig ein Zuwachsen des WB 3 bedingt. Eine Schattwirkung entsteht durch den südlich der Forststraße befindlichen Waldrand.

Pflegemaßnahmen:
Zur Stabilisierung des Halbtrockenrasens ist eine Zurückdrängung des nördlich angrenzenden Waldinnenrandes erforderlich (Abb. 40). Die Entfernung einer Baumreihe (Buche, Fichte) erscheint ausreichend. Die vorhandenen Kiefern können ausgespart bleiben. Weiterhin ist eine Beseitigung des Gehölzjungwuchses und der Sträucher (Ausnahme: *Rhamnus saxatilis*!) notwendig. Der südlich der

Forststraße befindliche Waldrand bedarf einer Auflichtung (aufgrund der Windschutzwirkung jedoch keine Entfernung), indem ein Teil der Sträucher und einige Eschen herzuziehen sind. Eine Erweiterung des WB nach Nordwesten in Richtung des WB 2 wäre durch Entnahme einer Baumreihe entlang der Forststraße möglich, ohne daß hierdurch eine neue Angriffsfläche für den Wind entstehen würde. Durch diese Maßnahmen entstünde wieder eine direkte Verbindung zwischen WB 2 und WB 3, wie sie vor der Aufforstung (1880) bereits bestanden hat (Abb. 39).

7.5.4 Waldbiotop 4 (Abt. 6 b3)

Das WB 4 ist mit 90 m² die zweitkleinste kartierte Fläche. Sie befindet sich im südlichen Teil der Abteilung 6 an einer steilen Forststraßenböschung, und wird durch einen südlich vorgelagerten Waldaußenrand stark beschattet. Der Waldaußenrand ist Bestandteil des beim WB 3 erwähnten Biotops, das von der Waldbiotopkartierung und LfU kartiert wurde. An dieser Stelle besteht er aus großen Buchen, einigen Kiefern und einer dichten Strauchschicht aus Bergahorn und Salweide. Oberhalb der Böschung des WB 4 und auf der Böschung selber finden sich zahlreiche Sträucher und Gehölzjungwuchs.
Die Beschattung eines lichtreichen Standortes bewirkt eine Temperatursenkung am Standort, der die Verringerung der Evapotranspiration folgt. Hieraus resultiert eine günstigere Wasser- und Nährstoffversorgung der Vegetation (vergleiche HAKES, 1987: 45), was zu einer Verschiebung im Artenspektrum und somit zu einer Veränderung der Vegetation führt. Diese Standortveränderung fördert andere an diese Bedingungen besser angepaßte Arten. Im WB 4 dominiert in der Krautschicht das Süßgras *Brachypodium pinnatum*. Nach GRIME et al. (1988: 128) kann diese Spezies als "stress-tolerant competitor" mit intensiver vegetativer Ausbreitung durch Rhizome charakterisiert werden. Diese Wuchs- und Etablierungsstrategie, kombiniert mit der Bildung einer die Bodenoberfläche bedeckenden Schicht aus Nekromasse, bewirkt eine starke Reduktion der floristischen Vielfalt in der Krautschicht. Eine Ansprache des Bestandes als montan-präalpines Mesobrometum ist daher nicht möglich, da die Anzahl von Festuco-Brometea-Arten nur gering ist. Dagegen ist ein hoher Anteil von Trifolio-Geranietea-Arten zu verzeichnen, die aufgrund ihrer Wuchshöhe der oberirdischen Konkurrenz durch *Brachypodium pinnatum* besser ausweichen können. Die Vegetation des WB 4 muß daher als eine Gesellschaft des Geranion sanguinei angesehen werden.
Das WB 4 war noch bis 1870/1880 ein unbewaldeter Standort und stand in direkter Verbindung mit dem WB 3 und 5. Diese Tatsache und die Südexposition des WB läßt vermuten, daß der Standort des WB 4 bis zur Aufforstung ebenfalls ein Mesobrometum als Pflanzengesellschaft trug. Nachfolgend wurde die Fläche mit 80 Kiefer und 20 Fichte aufgeforstet. Dieser Bestand wurde in den 60er Jahren dieses Jahrhunderts geerntet. Heute stockt auf dieser Fläche als Nachfolgebestand ein 30-jähriger Forst aus 75 Fichte, 15 Buche, 10 Linde und einzelnen Kieferüberhältern.

Pflegemaßnahmen:
Damit das WB 4 in ein Verbundsystem der Xerothermvegetation im Distrikt I einbezogen werden kann, muß dieses zunächst wieder das typische Arteninventar eines Mesobrometums erhalten. Hierfür ist zunächst eine starke Auflichtung des vorgelagerten Waldaußenrandes notwendig, indem Buche, Bergahorn und Salweide herausgezogen werden. Weiterhin wäre eine Mahd des WB 4 (alle 3 bis 5 Jahre) mit nachfolgender Entfernung des Mähgutes und der toten Biomasse von *Brachypodium pinnatum* nötig, um konkurrenzschwache Arten zu fördern. Oberhalb der Böschung ist die Entnahme von Fichten notwendig, da diese den Standort beschatten. Diese Maßnahmen würden die Standortbedingungen soweit verändern, daß die noch vorhandenen Festuco-Brometea-Arten wieder konkurrenzkräftiger werden. Gleichzeitig entsteht durch die Auflichtung des Waldaußenrandes eine Erweiterung des WB 4 in östliche Richtung entlang der Abtragungsböschung (Abb. 40). Hierdurch entsteht eine direkte Verbindung zwischen WB 4 und WB 5, so daß vom floristisch reicher ausgestatteten WB 5 potentiell Festuco-Brometea-Arten das WB 4 besiedeln können.

7.5.5 Waldbiotop 5 (Abt. 6 b3)

Das WB 5 befindet sich an einer steilen Böschung eines Maschinenweges im südlichen Teil der Abteilung 6 (Abb. 39). An Rote Liste-Arten konnten *Epipactis atrorubens, Globularia punctata, Potentilla heptaphylla* und *Teucrium montanum* gefunden werden, sowie fünf schonungsbedürftige Arten (Tab. 16). Aufgrund einer guten Ausstattung mit Festuco-Brometea-Arten kann die Vegetation als montan-präalpines Mesobrometum angesprochen werden. Eine Erfassung durch die Waldbiotopkartierung ist nicht erfolgt.
Die geschichtliche Betrachtung der Fläche des WB 5 und seiner Umgebung weist diese bis 1870/1880 weitgehend als Freilandstandort aus, die mit den WB 4 und 6 in direkter Verbindung standen (Abb. 39). Die nachfolgende Aufforstung dieses Teiles der Abteilung 6 machte das WB 5 zu einem Waldaußenrandstandort. Aufgrund der freien Exposition der Fläche von Ost bis Süd hat die Aufforstung vermutlich keine starke Veränderung der Flora und Vegetation des WB bewirkt. Erst der 1912 erfolgte Kauf einer 0,5 ha großen Kahlfläche mit nachfolgender Aufforstung mit Fichte dürfte eine zunehmende Veränderung des floristischen Inventars des WB 5 durch Beschattung bewirkt haben. Dieser gegenwärtig etwa 80-jährige Fichtenbestand übt eine starke Schattwirkung auf die Vegetation des WB 5 aus, was sich unter anderem in einer lückig ausgebildeten Krautschicht bemerkbar macht.

Pflegemaßnahmen:
Auf der Fläche des WB und oberhalb der Böschung ist eine Beseitigung von aufkommenden Sträuchern und Gehölzjungwuchs erforderlich, um ein Zuwachsen des Standortes zu vermeiden. Um eine Regeneration des Mesobrometums zu erreichen, ist jedoch vordringlich eine Auflichtung des südlich vorgelagerten Fichtenbestandes notwendig. Dies könnte im Rahmen des derzeit geplanten Umbaues aller Fichtenreinbestände in Buchenbestände (zum Teil mit Kiefernbeteiligung) im Distrikt I geschehen. Erst eine derartige Maßnahme könnte das Lichtklima entscheidend verbessern und die Standortbedingungen für die Festuco-Brometea-Arten des WB 5 günstig beeinflussen. Eine Anbindung des WB 4 an das WB 5 wurde bereits weiter oben vorgeschlagen. Eine Weiterführung des Biotopverbundes in nordöstliche Richtung wäre für die Regeneration des WB 6 sehr wichtig (siehe dort).

7.5.6 Waldbiotop 6 (Abt. 6 b3)

Mit 24 m² ist das WB 6 die kleinste kartierte Fläche. Sie befindet sich im südöstlichen Teil der Abteilung 6 an einer Maschinenwegböschung. *Globularia punctata, Potentilla heptaphylla* und *Teucrium montanum* konnten als Rote Liste-Arten festgestellt werden, sowie sechs schutzbedürftige Arten (Tab. 16).
Die historische Entwicklung des WB 6 verlief wie jene des WB 5 (siehe dort). Aufgrund der Kleinflächigkeit der kartierten Fläche und deren starke Beschattung durch den südlich vorgelagerten Fichtenbestand, ist die Vegetation nicht mehr einer Assoziation oder Gesellschaft zuzuordnen. Die angeführten Rote Liste-Arten, sowie die übrigen noch vorhandenen Festuco-Brometea-Arten sind als Relikte des ehemaligen Freilandstandortes (Mesobrometum) zu werten. Eine standörtliche Verbindung mit WB 5, wie sie noch bis etwa 1920 bestand, ist nicht mehr vorhanden (Abb. 39).

Pflegemaßnahmen:
Die Regeneration zum Mesobrometum ist nur möglich, wenn die Lichtbedingungen am Standort drastisch verbessert werden. Dies ist dadurch zu erreichen, indem auf einer längeren Strecke des südlich gelegenen Fichtenbestandes Bäume entfernt werden (Abb. 40). Da sich der Forst an dieser Stelle an einem sehr steilen Hangabschnitt befindet, wäre bereits eine Entnahme von etwa drei Baumreihen ausreichend, um die erwünschten Lichtbedingungen im WB 6 zu erreichen. Eine Erweiterung dieser Maßnahme in südwestliche Richtung entlang des Maschinenweges würde eine

Regeneration der dortigen Böschungsvegetation ermöglichen und erneut eine Verbindung zwischen WB 5 und WB 6 schaffen. Hierdurch würden die gegenwärtig noch isolierten Vorkommen der oben genannten Rote Liste-Arten ebenfalls wieder verbunden werden. Der vom Forstamt geplante Umbau sämtlicher Fichtenbestände in Buchenbestände im Distrikt I würde das Lichtklima des WB günstig beeinflussen. Langfristig muß jedoch auch dessen erneute Beschattung durch die heranwachsenden Buchen verhindert werden.

7.5.7 Waldbiotop 7 (Abt. 5 b5)

Etwa 250 m vom WB 6 entfernt, befindet sich an einer südexponierten Maschinenwegböschung in der Abteilung 5 das WB 7 mit einer Fläche von etwa 160 m². Rezent ist die Fläche dem Waldaußenrand vorgelagert (Abb. 39). Es stellt ein gut ausgebildetes montan-präalpines Mesobrometum dar, in dem drei Arten der Roten Liste (*Carlina acaulis* ssp. *simplex, Potentilla heptaphylla, Teucrium montanum*) und fünf schutzbedürftige Spezies beobachtet werden konnten (Tab. 16). Der Versaumungs- und Verbuschungsgrad des WB 7 ist nur gering. Eine Erfassung durch die Waldbiotopkartierung ist nicht erfolgt.
Der kartierte Bestand war noch bis etwa 1906 keinem Waldrand vorgelagert, sondern ein echter Offenstandort. Zu diesem Zeitpunkt erwarb das damalige Forstamt zwei neue Flächen oberhalb des WB 7. Hierbei handelte es sich um eine "Ödfläche", die direkt an das WB angrenzte. An das Ödland schloß nördlich die zweite angekaufte Fläche, einer ehemaligen Ackerfläche, an. Südlich der kartierten Böschung befindet sich seit jeher eine Weide (heute von Rindern beweidet), die "Bleiche". Ein Teil dieser Weide wurde 1922 vom Forstamt angekauft und mit Fichte aufgeforstet. Die erfolgten Aufforstungen ermöglichten für das WB 7 somit bis etwa 1930/1940 weiterhin ein gleichbleibendes Lichtklima, so daß eine starke floristische Veränderung des Mesobrometums noch nicht anzunehmen ist. Bis etwa 1920 waren die WB 5, 6 und 7 noch direkt in Form einer mehr oder weniger durchgehenden, lichtexponierten Wegböschung miteinander verbunden. Dies änderte sich erst 1912 und gänzlich etwa um 1930/1940 mit der Aufforstung der Steilhänge südlich der genannten WB. Aktuell ist das WB 7 durch Beschattung vom südwestlich gelegenen Fichtenbestand noch nicht stark beeinträchtigt.

Pflegemaßnahmen:
Aufgrund des guten Erhaltungszustandes des WB bedarf es nur einer Entfernung von Sträuchern und Gehölzjungwuchses. Oberhalb der Böschung sollten Sträucher und Bäume soweit entfernt werden, daß eine Beschattung von WB 7 unterbleibt. Die Schaffung einer Verbindung mit WB 6 ist aufgrund der großen Entfernung und der starken Beschattung der diese verbindenden Wegböschung nur möglich, wenn Teile des unterhalb des Maschinenweges befindlichen Fichtenforstes entfernt werden würde. Der geplante Umbau der Fichtenbestände im Distrikt I würde diese Verbindung herbeiführen. Kurz- und mittelfristig würden das stark verbesserte Lichtklima und andere Standortfaktoren für die reliktischen Mesobrometumbestände entlang des gesamten Maschinenweges einen positiven Einfluß ausüben.

7.6.8 Waldbiotope 8a-c (Abt. 4 b6 und b4)

Die drei WB 8a-c werden hier zusammen behandelt, da diese sowohl strukturell, floristisch und pflanzensoziologisch, als auch in bezug auf die historische Nutzungsweise weitgehend übereinstimmen. Zudem werden die einzelnen Einheiten nur durch die Schattwirkung einzelner Laubbäume voneinander getrennt (Abb. 39). Die Bestände finden sich auf einer steilen Maschinenwegböschung in Südexposition. Alle WB sind reich an Arten der Klasse Festuco-Brometea und durch diese gut als montan-präalpines Mesobrometen gekennzeichnet. Fünf Arten der Roten Listen konnten beobachtet werden (*Carlina acaulis ssp. simplex, Globularia punctata, Orobanche teucrii, Potentilla hepta-*

phylla, Teucrium montanum), sowie sechs schutzbedürftige Arten (Tab. 16). Weiterhin ist das häufige Vorkommen der Larven der Ameisenjungfer (*Myrmeleon spec.*, "Ameisenlöwe") in WB 8b und 8c zu erwähnen, was ebenfalls auf die thermische Begünstigung dieser Standorte hinweist. Eine Beschattung der einzelnen WB besteht nicht, da diesen im Gegensatz zu den zuvor behandelten WB ein südlich vorgelagerter Baumbestand fehlt.
Die WB 8a-c waren nachweislich bis 1911 Offenlandstandorte. Bereits die "Schmitt´sche Karte von Südwestdeutschland" von 1797 weist diesen Bereich als unbewaldet aus. Bis 1907 wurden die kartierten Flächen als Schafweide genutzt. Anschließend kaufte das Forstamt diese Flächen und forstete sie 1911 mit Kiefer auf. Die Kiefernkulturen gingen im selben Jahr durch den trockenen Sommer ein. 1912 wurde die Unterabteilung erneut mit Kiefer ausgepflanzt, und mußte zwischen 1913 und 1922 auf der gesamten Fläche nachgebessert werden. Heute ist dieser Teil der Abteilung 4 von einem etwa 70-jährigen Kiefernbestand mit beigemischter Fichte bestockt. Mit Ausnahme von WB 1 handelt es sich bei den WB 8a-c also um kontinuierlich unbestockte Flächen. Wenn auch der Wegfall der Schafbeweidung sicher eine Veränderung der floristischen Zusammensetzung der Vegetation bewirkt hat, so ist doch das Standortklima seit mindestens 200 Jahren weitgehend gleich geblieben. Ein Verbund zwischen den Teilen a bis c des WB 8 ist aufgrund der räumlichen Nähe seiner einzelnen Teile bereits gegeben. Aufgrund der ausgeführten Besonderheiten dieser Flächen, sollten diese nachträglich in die Waldbiotopkartierung aufgenommen werden.

Pflegemaßnahmen:
Eine Pflege der Flächen ist gegenwärtig aufgrund ihres guten Erhaltungszustandes nur begrenzt notwendig. Sie kann sich auf eine Entfernung von Strauch- und Gehölzjungwuchs, insbesondere oberhalb der Böschung, und der Entnahme einiger Fichten des Traufes beschränken.

7.5.9 Waldbiotop 9 (Abt. 4 b4)

Das letzte kartierte WB befindet sich im südwestlichsten Teil des Distriktes I in Abteilung 4, Unterabteilung b4 an einer Wegböschung des "Südlichen Ghaitraufweges" (Abb. 39). Hier konnten drei Rote Liste-Arten (*Carlina acaulis* ssp. *simplex, Potentilla heptaphylla, Teucrium montanum*) und fünf schutzbedürftige Arten festgestellt werden (Tab. 16). Das ehemalige Mesobrometum, auf dessen Existenz unter anderem die noch vorhandenen Festuco-Brometea-Arten hinweisen, ist durch Beschattung und Verbuschung stark degradiert. Gegenwärtig kann die Vegetation nicht mehr dieser Assoziation zugeordnet werden.
Vor Ankauf der Fläche (Abteilung 4) durch das Forstamt (um 1865) war diese von einem Buchen-Mittelwald bestockt. Der Besitzer ließ den Mittelwald vor dessen Verkauf zu Kohlholz verarbeiten. Das erste Forsteinrichtungswerk von 1870 charakterisiert den größten Teil der heutigen Abteilung 4 als "noch nicht bestockt. Mit Stockausschlägen von allerlei Straucharten und mit Wacholder-büschen spärlich bewachsen". Der Wacholder, heute nur noch an den Wegböschungen wachsend, weist darauf hin, daß auf dieser Fläche Beweidung stattgefunden hat. Die Abteilung wurde um 1875 mit 90 Kiefer und 10 Fichte ausgepflanzt. Die Kultur wurde im November 1898 jedoch durch Schneedruck und -bruch stark geschädigt, so daß der 1902 31-jährige Kiefernjungbestand zahlreiche Schneedruckplatten aufwies. Die Blößen wurden nachfolgend mit Fichte und Tanne ausgebessert, beziehungsweise unterbaut. 1921 wurde unterhalb des südlichen Ghaitraufweges eine Fichtenkultur angelegt. Diese Aufforstungsfläche war davor Bestandteil der angrenzenden Weide, der bereits erwähnten Bleiche. Aufgrund des 1921 sehr trockenen Sommers ging diese Kultur jedoch weit-gehend zugrunde. 1932 befand sich in dieser Unterabteilung eine 8-jährige Fichtenkultur mit einigen Kiefern und Buchen, die gegenwärtig ein Alter von etwa 70 Jahren hat. Somit war das WB 9 noch bis etwa 1940/1950 ein weitgehend dem Waldaußenrand vorgelagerter, unbeschatteter Böschungs-standort. Östlich an den Fichtenbestand schließt ebenfalls ein Waldbestand an, der in Abb. 39 zusätzlich eingezeichnet ist, da es sich nicht um eine Staatswaldfläche handelt. Dieser Wald hat jedoch aufgrund seiner Schattwirkung ebenfalls einen negativen Einfluß auf die Entwicklung des

WB 9. Somit wird das gesamte WB durch den südlich befindlichen Wald sehr stark beschattet. Zudem ist die eigentliche Fläche des WB stark verbuscht (Tab. 16), und die Vegetation wird durch Sträucher und Bäume oberhalb der Böschung sehr bedrängt.

Pflegemaßnahmen:
Das WB 9 liegt sehr isoliert von den übrigen kartierten WB. Eine Anbindung an die westlich gelegenen WB wäre sehr wünschenswert. Hierfür ist eine Entfernung mehrerer Baumreihen des Fichtenbestandes unterhalb des Weges auf ganzer Länge notwendig (Abb. 40). Aufgrund des geplanten Umbaus der Fichtenbestände im Distrikt I wird eine deutliche Verbesserung der Lichtklimas entlang der gesamten Maschinenwegböschung stattfinden, so daß eine direkte Verbindung zwischen WB 9 und WB 8c wiederhergestellt wäre. Zusätzlich sollten auch oberhalb der gesamten Böschungslänge Bäume und Sträucher entfernt werden, so daß eine Beschattung dieser Bereiche verhindert wird. Die Fläche des WB muß stark entbuscht werden. Oberhalb der Fläche wäre eine Beseitigung von beschattenden Bäumen (Buche, Fichte) notwendig. Im südlich gelegenen Waldbestand müssen insbesondere stark beschattende Fichten und Buchen entnommen werden. Einen Auszug von Bäumen aus dem südwestlich angrenzenden Privatwald wäre sehr wünschenswert, um das Lichtklima des WB möglichst günstig zu beeinflussen.

7.6 Zusammenfassung: Einfluß der Forstwirtschaft auf die Waldbiotope

Die WB 1-9 waren im betrachteten Zeitraum von etwa 165 (200) Jahren stets unbestockt, was auch mit ihrer Lage an Wegböschungen zusammenhängt. Mit dem Aufkommen einer geregelten Forstwirtschaft, hier durch den Ankauf und die anschließende Aufforstung von Flächen um 1865 markiert, begann ebenfall ein sukzessiver Niedergang vieler ehemals offener, ausgehagerter, lichtreicher Xerothermstandorte. Dieser Niedergang hält bis heute an, ist jedoch als Ergebnis historischer Maßnahmen der Forstwirtschaft, sprich Aufforstungen zwischen 1860 und 1922, zu sehen. Rezent zeigen Maßnahmen der Forstwirtschaft keine negativen Einflüsse auf die WB. Der geplante Umbau der einigen WB vorgelagerten Fichtenbestände ist als positive Maßnahme zu verzeichnen, da hierdurch auch das Lichtklima auf der gesamten Maschinenweglänge stark verbessert wird. Langfristig muß jedoch darauf geachtet werden, daß die aufkommende Buche die WB nicht erneut einer starken Beschattung aussetzt.
Mögliche Gefährdungen bestehen ausschließlich im Weiterwirken und Zunehmen durch Beschattung der kartierten Flächen durch Baumbestände oberhalb der Forststraßenböschungen und/oder von solchen unterhalb der jeweiligen Forstwege. Zudem bedingt die natürliche Sukzession auf den Standorten ein allmähliches Zuwachsen der WB, denn bei diesen handelt es sich ausschließlich um Sekundärstandorte, die durch den Eingriff des Menschen entstanden sind und auch nur hierdurch weiter erhalten werden können.

7.7 Die Waldbiotopkartierung (WBK) im Distrikt I

1993/94 wurde im Forstbezirk Tuttlingen die WBK durchgeführt. Im Distrikt I wurden vom Kartierer der WBK fünf Biotope aufgenommen. Hierbei handelt es sich um eine Höhle, eine Doline (beide auf der Hochfläche) sowie im (Steil-) Hangbereich einen Trockenhang (entspricht unserem WB 1), einen Waldrand und einen Bachlauf bei der Bleiche. Eigentliche Waldflächen wurden (mit Ausnahme des nicht erfaßten "Kaih-Felsens") zu Recht nicht als Biotope erfaßt, denn diese fehlen aufgrund der geschilderten historischen Entwicklung den Waldbeständen.
In diesem Zusammenhang interessiert vor allem die Frage, warum die in dieser Arbeit erfaßten WB sich, mit einer Ausnahme, nicht in der WBK wiederfinden. Zur Beantwortung dieser Frage ist es

notwendig, die Kartierkriterien der WBK näher zu betrachten, wie sie zum Beispiel bei VOLK (1990b, 1992, 1993, 1994) aufgeführt sind.
Danach soll ausschließlich das Hochwertige erfaßt werden, wobei das Kriterium der Naturnähe allein nicht ausreichend ist. Diese muß kombiniert mit Kriterien wie Seltenheit, Gefährdung oder Vielfalt auftreten, um Berücksichtigung zu finden. Pufferzonen mit durchschnittlichem Biotopwert werden nicht mit aufgenommen. Eine Kartierung mit dem Ziel einer Biotopvernetzung wird nicht angestrebt, sondern als nachfolgender Schritt angesehen, welcher unabhängig von der WBK erfolgen sollte. In bezug auf das Wertkriterium des Auftretens schützenswerter Pflanzenarten wird ein hoher Anteil oder ein flächenmäßig größeres Vorkommen gefordert. Zudem geht es nicht darum, Vorrangflächen auszuscheiden, um vergangene Verhältnisse wiederherzustellen, sondern die WBK interessierte sich zu Anfang ausschließlich für jene Biotope, die gegenwärtig einen hohen Biotopwert besitzen. Dies änderte sich erst nach Aufnahme des "Entwicklungspotentials" in den Katalog der Kartierkriterien (vergleiche VOLK, 1994).
Die Anwendung dieser Kriterien auf die kartierten WB 1 bis 9 ergibt, daß nur WB 1 und WB 8a-c diesen gerecht werden, denn nur diese besitzen für sich und aktuell einen hohen Biotopwert, wie es von der WBK gefordert wird. Während das WB 1 bereits von der WBK erfaßt wurde, sollten die WB 8a-c nachträglich aufgenommen werden (ebenso wie der im obigen Zusammenhang nicht relevante "Kaih-Felsen" in Abteilung 4, siehe Abb. 39).
Die Erfassung der übrigen WB (2-7, 9) erklärt sich aus der Intention des Verfassers, auch durchschnittliche und degradierte Bestände aufzunehmen, um diesen im Rahmen von Pflegemaßnahmen eine Regeneration zu ermöglichen. Es wurde hier also mehr den Kartierkriterien der Biotopkartierung des Naturschutzes gefolgt. Darüberhinaus ist bei aller "Mittelmäßigkeit" dieser Flächen deren Bedeutung für einen möglichen Biotopverbund sehr groß. Hierdurch wird die Isolation der einzelnen Mesobrometumflächen verringert, beziehungsweise aufgehoben, so daß potentiell ein erneuter Floren- und Faunenaustausch stattfinden kann. Die lokale Seltenheit der Mesobrometa im Distrikt I und in dessen Umgebung ließ es notwendig erscheinen, auch unterdurchschnittliche Flächen in die Kartierung mit einzubeziehen.
Eine Reduktion der Kartierung auf Biotope mit gegenwärtig hohem Biotopwert bewirkt mittel- bis langfristig auch einen Verlust dieser Flächen. Denn stirbt beispielsweise eine seltene Art des Biotopes trotz stabiler Standortbedingungen aus, so sinkt auch dessen Wert. Da eine potentielle autonome Wiederansiedlung dieser Art, aufgrund fehlender "mittelmäßiger" (Verbund-) Biotope in der Umgebung, sehr viel schwieriger ist als wenn ein Verbundsystem vorhanden wäre, ist eine erneute Aufwertung des WB kaum möglich. Bis zu einem gewissen Grad ist es also durchaus sinnvoll und notwendig, historische Verhältnisse wiederherzustellen oder sich diesen anzunähern. Ein rein aktualistischer Kartieransatz ohne historischen Bezug, nämlich nur jenes zu erfassen und zu bewahren, was heute (noch) einen hohen Wert besitzt, bewirkt auf Dauer den Verlust aller Flächen.

Tab 16: Montan-präalpine Mesobrometa und deren Relikte im Forstbezirk Tuttlingen, Distrikt I (Ghai). +Art vorhanden, . Art nicht vorhanden.

Waldbiotop-Nr.	12345678889
	abc
Abteilung Nr.	66666654444
Unterabteilung	bbbbbbbbbbb
	21333356444
	0
TK-Nr. (791.)	88888888889
Quadrant	44444444443
Höhe ü. NN [m]	76666667776
	39778890009
	00550000005
Flächengröße [qm]	9
	0 2 1 1221
	05895261455
	03000400000
Exposition	SSS SS
	WWWSEESSSSS
Alter Waldrand (>130 a) (ja/nein)	jjjnnnjnnnn
Aktuell Waldrand (ja/teilweise/nein)	nttntnjjjjn
Wegböschung (ja/teilweise)	tjjjjjjjjjj
Ehemalige Schafweide (ja/nein)	nnnnnnnjjjn
Ehemals Weidewald (ja/nein)	jnnnnnjnnnj
Artenzahl (ohne Kryptogamen)	64545354545
	15111725561
Anzahl Arten RL BRD	33102221232
Anzahl Arten RL Baden-Württemberg	64314332343
Schonungsbedürftig nach RL Bad.-Württ.	83585653455

Arten der Roten Liste BRD und/oder Baden-Württemberg	
Potentilla heptaphylla	++..+++++++
Teucrium montanum	+.+.+++++++
Carlina acaulis * simplex	.++...+.+.+
Globularia punctata	++..++...+.
Epipactis atrorubens	.+.++......
Rhamnus saxatilis S	+.+........
Pulsatilla vulgaris	+..........
Allium senescens * montanum	+..........
Gentiana ciliata	+..........
Orobanche teucrii	.........+.

Schutzbedürftige Arten nach Rote Liste Baden-Württemberg	
Carex humilis	+++++++++++
Buphthalmum salicifolium	..+++++++++
Juniperus communis S	.++..++..++
Juniperus communis K	........+..
Polygala amarella	+...++....+
Thlaspi montanum	+......+++.
Peucedanum cervaria	.++..+.....
Cytisus nigricans S	...+.++....
Anthericum ramosum	+..+.......
Polygonatum odoratum	+..+.......
Galium glaucum	+..+.......
Dianthus carthusianorum	+...+......
Thesium bavarum	..++.......
Gymnadenia conopsea	...+......+
Epipactis helleborine agg.	....+.+....
Primula veris	+..........
Arabis glabra	.........+.

Baumschicht	
Pinus sylvestris B	+++++++++++
Fagus sylvatica B	..+..++...+
Picea abies B	........+.+

Strauchschicht/Gehölzverjüngung	
Viburnum lantana S	+++++++++++
Viburnum lantana K	..+.+.....+
Fagus sylvatica S	+++++++.+.+
Fagus sylvatica K	...+.......
Cornus sanguinea S	..+.+++++++
Cornus sanguinea K	+.+..+.++++
Prunus spinosa S	+....++++++
Prunus spinosa K	..++.......
Rosa canina S	..+...++++.
Rosa canina K	+..+.......
Picea abies S	..++++..+..
Picea abies K	.+.........
Pinus sylvestris S	+++++......
Pinus sylvestris K	....++.....
Ligustrum vulgare S	+.+....+++.
Salix caprea S	++..+.....+
Salix caprea K	...+.......
Corylus avellana S	.+..++.....
Acer pseudoplatanus S	.+.........
Acer pseudoplatanus K	.+++..+....
Berberis vulgaris S	++..+......
Lonicera xylosteum S	...+++.....
Evonymus europaeus K	..+.....+.+
Rhamnus catharticus S	++.........
Rhamnus catharticus K	..+........
Sorbus aria S	+.+........
Sorbus aria K	..+........
Acer campestre S	+..........
Fraxinus excelsior K	..+........
Quercus robur K	..+........
Crataegus monogyna K	..........+
Populus tremula S	..........+

Arten der Festuco-Brometea	
Rhytidium rugosum	+++++++++++
Euphorbia cyparissias	+++++++++++
Sanguisorba minor	+++++++++++
Brachypodium pinnatum	+++++++++++
Bromus erectus	+++++++++++
Stachys recta	+++.+++++++
Scabiosa columbaria	.++++++++++
Hippocrepis comosa	+++++++.+.+
Festuca guestfalica	+++++++..++
Thymus froelichianus	+.+.+.+++++
Prunella grandiflora	.++..++++++
Teucrium chamaedrys	+++....++++
Ononis repens	.++++.+.+.+
Asperula cynanchica	..+.+.++++.
Potentilla tabernaemontani	+.....++++.
Centaurea scabiosa	..+.+.+.+.+
Briza media	....+..++++
Linum carthartícum	......+++++
Galium verum	++++.......
Anthyllis vulneraria * carpatica	+.+.+.+....
Salvia pratensis	+......+++.
Ranunculus bulbosus	++.+.......
Pimpinella saxifraga	...++.+....
Abietinella abietina	.......+++.
Ajuga genevensis	+...+......
Onobrychis viciifolia	......+.+..
Plantago media	......+...+
Centaurea jacea	......+...+
Arabis hirsuta	+..........
Helianthemum nummularium * obscurum	+..........
Koeleria pyramidata	+..........
Allium oleraceum	+..........

Arten der Trifolio-Geranietea	
Origanum vulgare	+++++.+++++
Medicago falcata	.++++++++++
Viola hirta	.+++++.++++
Bupleurum falcatum	....+++++++
Trifolium medium	.++...+++++
Verbascum lychnitis	+...+..+++.
Inula conyza	......+++++
Knautia dipsacifolia	.+..+++....
Hypericum perforatum	....+..+++.
Geranium sanguineum	+++........
Vincetoxicum hirundinaria	+..+.......
Valeriana walrothii	+..........
Silene nutans	+..........
Astragalus glycyphyllos	.+.........
Calamintha clinopodium	.....+.....

Arten der Sedo-Scleranthetea/Asplenietea	
Arenaria serpyllifolia * serpyllifolia	+..........
Sedum sexangulare	+..........
Sedum album	+..........
Calamintha acinos	+..........
Asplenium ruta-muraria	+..........

Sonstige Arten	
Lotus corniculatus	.++++++++++
Fragaria vesca	+++.++.++++
Achillea millefolium	+++.+.+++++
Campanula rotundifolia	..++++.++++
Thymus pulegioides	+++++.+.+.+
Carex ornithopoda	.++++++..++
Carex flacca	....+++++++
Reseda lutea	.+.++.++++.
Hieracium pilosella	..+...++++.
Stachys officinalis	+.....++++.
Plantago lanceolata	......+++++
Daucus carota	......+++++
Knautia arvensis	.......+++.
Echium vulgare	.......+++.
Rubus saxatilis	..++.......
Solidago virgaurea	...+..+....
Leontodon hispidus	....++.....
Galium mollugo	.+.........
Anemone nemorosa	...+.......
Dactylis glomerata	....+......
Senecio erucifolius	..........+

Kryptogamen	
Hylocomium splendens	++...+.....
Scleropodium purum	.+...+....+
Dicranum scoparium	++.........
Tortella tortuosa	+....+.....
Pleurozium schreberi	..+..+.....
Fissidens taxifolius	.....+....+
Dicranum polysetum	.+.........
Homalothecium lutescens	.+.........
Campylium chrysophyllum	.....+.....

Abb. 39

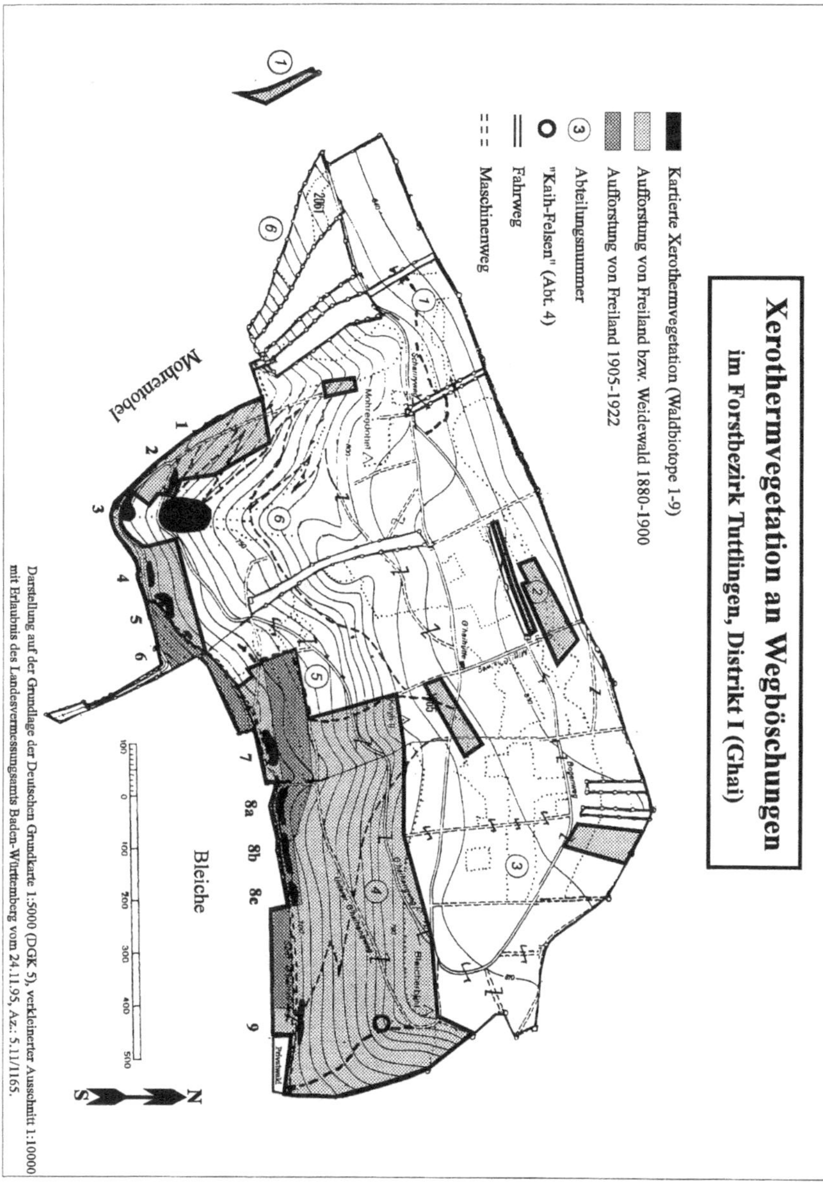

Darstellung auf der Grundlage der Deutschen Grundkarte 1:5000 (DGK 5), verkleinerter Ausschnitt 1:10000 mit Erlaubnis des Landesvermessungsamts Baden-Württemberg vom 24.11.95, Az.: 5.11/1165.

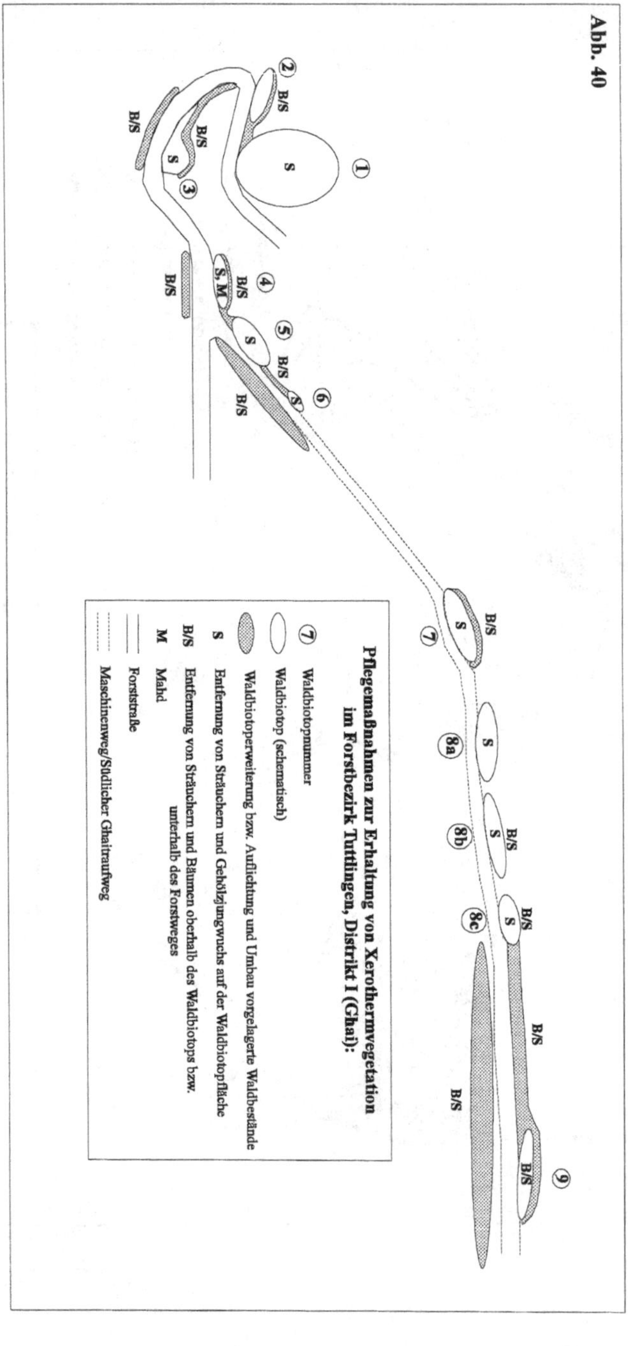
Pflegemaßnahmen zur Erhaltung von Xerothermvegetation
im Forstbezirk Tuttlingen, Distrikt I (Ghai):
7 Waldbiotopnummer
Waldbiotop (schematisch)
Waldbiotoperweiterung bzw. Auflichtung und Umbau vorgelagerte Waldbestände
S Entfernung von Sträuchern und Gehölzjungwuchs auf der Waldbiotopfläche
B/S Entfernung von Sträuchern und Bäumen oberhalb des Waldbiotops bzw. unterhalb des Forstweges
M Mahd
Forststraße
Maschinenweg/Südlicher Ghaitraufweg
1
2
3
4
5
6
7
8a
8b
8c
9
S
B/S
S, M

Abb. 40

8. Missenstandorte im Forstbezirk Villingen-Schwenningen

8.1 Das Untersuchungsgebiet

8.1.1 Lage

Die Untersuchungsflächen liegen im Bezirk des Städtischen Forstamtes Villingen-Schwenningen. Dieses bewirtschaftet eine Waldfläche von rund 6000 ha. Das Untersuchungsgebiet wird dem Wuchsbezirk Baar-Wutach (5), Einzelwuchsbezirk Baar-Schwarzwald (5/01) zugerechnet (SCHLENKER & MÜLLER, 1986). Der Stadtwald Villingen-Schwenningen liegt in der Region Schwarzwald-Baar-Heuberg. Nach dem Landesentwicklungsplan ist Villingen-Schwenningen als Oberzentrum ausgewiesen. Als stadtnahes Waldgebiet hat die Erholungsfunktion einen hohen Stellenwert, was sich deutlich im gut ausgebauten Wegenetz und den zahlreichen Erholungseinrichtungen niederschlägt.
Der Stadtwald Villingen befindet sich zu beiden Seiten des Kirnach- und Wieselsbachtales. Der Teil des Stadtwaldes, der sich auf Villinger Gemarkung befindet (ca. 3000 ha), ist Ausgangspunkt der Untersuchungen (Abb. 41). Er befindet sich auf einem mäßig nach Osten geneigten Plateau und erstreckt sich von Unterkirnach im Westen bis zur Stadtgrenze von Villingen-Schwenningen im Osten.
Die vier Untersuchungsflächen liegen im westlichen Teil des Stadtwaldes Villingen auf einer Meereshöhe von 840 bis 970 m (Distrikt I mit den Abteilungen 16/21/22, 35, 37 und Distrikt II mit den Abteilungen 4/5/6).

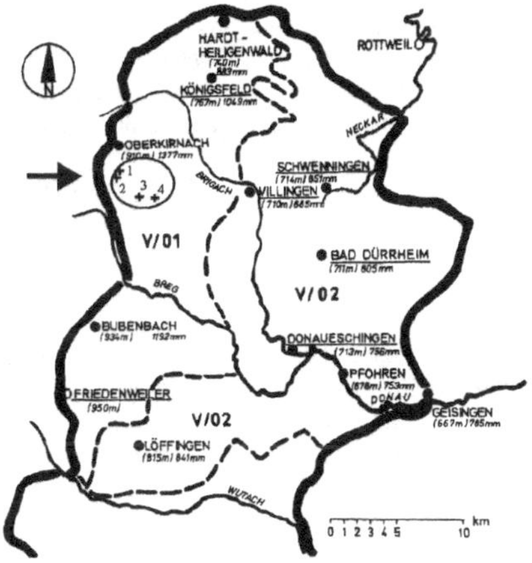

Abb. 41: Lage der untersuchten Missenstandorte im Einzelwuchsbezirk 5/01 Baar-Schwarzwald des Stadtwaldes Villingen. Die Kreuze 1-4 markieren die Lage von pollenanalytisch untersuchten Flächen. 1: Distr. II, Abt. 3; 2: Distr. II, Abt. 5; 3: Distr. I, Abt. 38; 4: Distr. I, Abt. 35. Nach SCHLENKER & MÜLLER (1986), verändert.

8.1.2 Klima

Schwierigkeiten bereitet die genaue klimatische Einordnung des Gebietes. Geographisch gesehen liegt es noch im Schwarzwald, klimatisch hat jedoch die Nähe zur Baar einen großen Einfluß. Die kontinentale Ausprägung der "Kälteinsel Baar" zeigt ihre Auswirkungen in zahlreichen Spätfrösten und hohen jährlichen und täglichen Temperaturschwankungen. In dieser Beckenlandschaft sammeln sich häufig kalte Luftmassen, die durch die gefällsschwachen Täler des Donaugebietes nur langsam abfließen.
Die Jahresdurchschnittstemperatur liegt bei 6,6 °C (Periode 1931-1960) (MEYER & SCHIRMER, 1985). Typisch sind regelmäßig auftretende Spätfröste, mit denen auch noch im Juli gerechnet werden muß. Der durchschnittliche Jahresniederschlag liegt bei 922 mm (Periode 1951-1980), wobei etwa 50% der Niederschläge in der Vegetationsperiode fallen. Da diese Werte der Klimastation Villingen sich auf eine Meereshöhe von 712 m ü. NN beziehen und der Niederschlag nach Westen stark zunimmt, ist das Datenmaterial nicht sehr repräsentativ für das Untersuchungsgebiet. Im Stadtwald Villingen folgen die Isothermen und Isohyeten räumlich sehr eng aufeinander. Aus dem ARINUS-Versuchsgebiet Villingen (I/52, 53) liegen Klimadaten von 1987 bis 1992 vor. Der Niederschlag schwankte hier auf einer Meereshöhe von 850-930 m ü. NN zwischen 1153 und 1240 mm. Für das nördlich angrenzende Oberkirnach (910 m ü. NN) werden 1377 mm angegeben (Abb. 41). Diese Werte dürften die tatsächlichen Niederschlagsverhältnisse im Untersuchungsgebiet eher widerspiegeln.

8.1.3 Geologie

Große Flächen des Stadtwaldes Villingen liegen im Bereich des Oberen und Mittleren Buntsandsteins. Diese geologischen Schichten neigen sich sanft vom Ostabhang des Schwarzwaldes zur Baar hin. 72% der Wälder der Gemarkung Villingen-Schwenningen stocken auf Standorten des Oberen Buntsandsteins (STADT VILLINGEN-SCHWENNINGEN, o.J.: 8).
Die geologischen Schichten des Mittleren Buntsandsteins (sm) lassen sich nach der alten Gliederung des Buntsandsteins in drei Untergruppen einteilen: Eck'sches Konglomerat, Hauptkonglomerat und die Sandsteinstufe. Die ersten zwei Schichten erreichen im Stadtwald Villingen eine Mächtigkeit von 12 m. Da in ihnen wasserstauende Tonschichten eingelagert sind, kann es zu vernässten Standorten kommen.
Die Formation des Oberen Buntsansteins (so) ist im Stadtwald Villingen ca. 10 m mächtig und beginnt nach der alten Gliederung mit der Karneolbank, die von den Schichten der Plattensandsteine und roten Schiefertone abgelöst wird. Der Obere Buntsandstein findet sich vorwiegend in ebenen und flach geneigten Lagen. Ein wichtiger Unterschied gegenüber dem Mittleren Buntsandstein liegt im Tongehalt der Böden, der im Oberen Buntsandstein durch Feldspatverwitterung höher ist. Entsprechend sind die oberen Bodenhorizonte häufig sehr verarmt an Feldspäten, aber stark angereichert mit Ton. Der tonreiche Horizont kann dabei oberflächennah anstehen. Aufgrund dessen bildet sich im Untergrund häufig eine wasserstauende Schicht. Ebene Lagen, hoch anstehende Tonschichten und Aushöhlungen im Gelände durch Firnfelder führen stellenweise zu einer starken Vernässung des Oberbodens.

8.1.4 Böden

Auf den Flächen des Mittleren Buntsandsteins entwickeln sich vor allem stark sandige Böden, die aufgrund ihres großen Porenvolumens zu rascher Austrocknung neigen. Durch den geringen Basengehalt des Ausgangsgesteins und die hohen Niederschläge kommt es häufig zur Entstehung mächtiger Rohhumusauflagen. Stauwasserböden (Pseudogley, Stagnogley) entstehen, wenn

Tonlinsen oberflächennah anstehen, oder wenn Steinlagen extrem dichtgelagert und verkittet sind (MÜHLHÄUßER, 1993).
Da die Schicht des Oberen Buntsandsteins wesentlich tonreicher ist als die des Mittleren Buntsandsteins, sind die Böden lehmiger und tiefgründiger. Daher ist der häufigste Bodentyp die podsolige Braunerde mit einer Moderhumusauflage. Es entwickeln sich jedoch auch Böden mit einem hohen Feinlehmanteil, die sich bei günstigem Wasserhaushalt zu Braunerden mit Mull- oder Moderauflage entwickeln.
In vielen Bereichen des Oberen Buntsandsteins befinden sich Böden mit einer Tonschicht im Untergrund. Die Tonschicht wirkt als wasserstauende Schicht (=Staukörper S_d). Liegt der Staukörper tief, so kommt es nur in niederschlagsreichen Perioden zu einer oberflächigen Vernässung, was zu dem Bodentyp Pseudogley führt. Liegt der Staukörper jedoch oberflächennah, so kann der Bodentyp Stagnogley entstehen, der in diesem Zusammenhang von besonderem Interesse ist. Aufgrund seiner großen Bedeutung für die Standorteigenschaften der Missen muß ausführlicher auf dessen Eigenschaften eingegangen werden.
Ursachen und Voraussetzungen für das Auftreten von Stauwasser sind, neben dem oberflächennahen Anstehen des Staukörpers, unter anderem auch die Einflüsse klimatischer Faktoren wie Lufttemperatur und die Höhe und Verteilung der Niederschläge. Zudem muß eine Hemmung der Wasserabfuhr gegeben sein (BLUME, 1968: 190f). Sind diese Faktoren in ausreichendem Maße am Standort gegeben, so entsteht ein Stagnogley, dessen typische Horizontfolge von REHFUES (1990: 97) als $O_{fh}S_w$-$A_{he}S_w$-S_{ew}-S_wS_d-IIS_d-S_dC_v-C_v angegeben wird. Die Feuchtrohhumusdecke hat dabei meist eine Mächtigkeit von 10-30 cm, gefolgt von einer 25-40 cm messenden, naßgebleichten, dichten Sandschicht, die sich über einem Staukörper befindet. Die Versickerung von Wasser ist in Stagnogleyen vernachlässigbar gering.
Die Vernässung des Bodens ist praktisch ganzjährig mit nur kurzen trockenen Phasen. BLUME (1968: 174) resümiert, daß der $A_{he}S_w$ und S_{ew} eines Stagnogleys 9-11 Monate naß und 1-3 Monate im Jahr feucht ist. Frische Verhältnisse treten sogar nur nach mehrmonatigen Trockenperioden auf. Dagegen sind die humosen Bodenhorizonte, die den nur wenige Dezimeter mächtigen Wurzelbereich stellen, durch einen raschen Feuchtewechsel gekennzeichnet.
Die Folgen der Vernässung sind nach BLUME (1968: 170), REHFUES (1990: 99), SCHWEIKLE (1971: 49) und (SEGER, 1967):

- Verminderte Humuszersetzung, was eine Bildung von Feuchtrohhumus mit einem C/N-Verhältnis von meist >24 und eine sehr geringe biologische Aktivität bedingt.
- Entstehung großer Mengen Fulvosäuren, die eine pH-Senkung im Mineralboden bedingen. Dieser liegt im Baar-Schwarzwald etwa zwischen pH (H_2O) 3,1 und 4,4, was einen stark verwitterten und entbasten Mineralkörper zur Folge hat, dessen Vorräte an K, Ca und P knapp bis unzureichend sind.
- Sauerstoffmangel aufgrund der ungünstigen Porengrößenverteilung, dem hohen Wassergehalt im Jahreslauf und der geringen Durchwurzelungstiefe. Ständig durchlüftet ist ausschließlich der O-Horizont.

8.1.5 Die Standorteinheiten der vernäßten Hochlagen

1958 fand im Stadtwald Villingen die forstliche Standortkartierung statt. Sie stellte auf 13,3% (ca. 476 ha) der kartierten Waldfläche Missenstandorte fest. Die Kartierung unterteilt die stark vernäßten Lagen, die hier von besonderem Interesse sind, in drei unterschiedliche Standorteinheiten (vergleiche MÜHLHÄUßER, 1993):

- Wasserzügige/entwässerte Misse (404 ha, 11,3% der Waldfläche):

Diese Standorteinheit, mit dem Tannen-Fichten-Kiefern-Wald als Standortgesellschaft, hat sich in Flachmulden der so-Hochfläche gebildet, ist jedoch nicht abflußlos und damit nur temporär vernäßt. Als Bodentyp findet sich meist ein Pseudogley. Da diese Missen in der Regel zusätzlich künstlich entwässert wurden und werden, kommt es nur noch in niederschlagsreichen Perioden zu längeren

Staunässephasen. Nach einer Entwässerung ist die ehemals mächtige Rohhumusauflage durch den besseren Lufthaushalt meist stark zusammengesunken, was an den Stelzwurzeln älterer Bäume deutlich zu erkennen ist. *Sphagnum*-Polster treten stärker zurück. Diese Flächen haben heute einen erheblich größeren Anteil an der Gesamtfläche des Stadtwaldes Villingen als die ganzjährig vernässten Missenböden. Pflanzensoziologisch sind die Bestände zumeist dem Preiselbeer-Fichten-Tannenwald (Vaccinio-Abietetum) zuzuordnen, beziehungsweise als Tannen- und/oder Fichten-reiche Forstgesellschaft anzusprechen.

MÜHLHÄUßER (1993) fügt hier vor allem für den Baar-Schwarzwald die schwach wasserzügige Misse ein, die durch Entwässerung der nassen Misse entstanden ist und zwischen dieser und der wasserzügigen Misse steht.

- Abflußträge oder nasse Misse (49 ha, 1,4% der Waldfläche):

Es handelt sich hierbei um abflußlose Senken der so-Hochflächen mit einem Kiefern-Fichten-(Tannen-) Wald als Standortgesellschaft. Sie stellt die klassische Missenform dar. Eine Stauschicht in 40-60 cm Tiefe und hohe Niederschläge führen zu einer ganzjährigen Vernässung. Als Bodentyp findet man den Stagnogley. Sie besitzen Feuchtrohhumusauflagen von einer Mächtigkeit bis zu 25 cm. *Sphagnum*-Arten überziehen den Oberboden mit einer dichten Decke. In Fichten- und Fichten-Kiefernbeständen finden sich sehr unterschiedliche Höhen- und Durchmesserklassen. Die Tanne fehlt weitgehend von Natur aus auf diesen Standorten. Es wird jedoch versucht, den Tannenanteil durch Naturverjüngung und/oder Pflanzung möglichst hochzuhalten, um die Sturmgefährdung der Bestände zu verringern.

- *Vaccinium uliginosum*-Misse (22,7 ha, 0,6% der Waldfläche):

Diese Standorteinheit ist örtlich auf die Lagen des Mittleren Buntsandsteins begrenzt und noch basenärmer als die Missenstandorte auf Oberem Buntsandstein. Sie ist gekennzeichnet durch ein gehäuftes Vorkommen der Rauschbeere (*Vaccinium uliginosum*). Als Standortgesellschaft findet sich ein Kiefern-Fichten-Wald. Als Besonderheit kann die Spirke (*Pinus rotundata*) hinzutreten. Die Tanne fehlt vollständig. Pflanzensoziologisch sind die Bestände zum Vaccinio uliginosi-Pinetum sylvestris zu stellen. Als zoologische Besonderheit ist das gehäufte Vorkommen von Auerwild (*Tetrao urogallus*) anzuführen, weshalb die Gebiete dieser Standorteinheit weitgehend als Schutzgebiete ausgewiesen wurden.

8.1.6 Pollenanalytische Untersuchungen auf Missenstandorten

Im Distrikt I des Villinger Stadtwaldes wurden von HAUFF (in RODENWALDT, 1957) in zwei Missen Pollenanalysen durchgeführt. Das Profil der Abteilung 38 weist in der Schicht der späten Wärmezeit (Pollenzone IX, 500 n. Chr.-800 v. Chr., Pollenzonen nach FIRBAS) ein Verhältnis Tanne : Fichte : Kiefer von 42 : 16 : 13 auf. Laubbaumarten, wie Buche und Hasel, sind schwach vertreten. Nur die Birke hat einen Anteil von 13%, der als hoch einzustufen ist. Als natürliche Vegetation vor einem stärkeren Eingreifen des Menschen, ist ein Tannen-Fichten-Kiefernwald mit nur geringem Laubholzanteil anzusehen.

Im oberen Bereich der Pollenzone Xa (um 1500 n. Chr.) verschiebt sich das Verhältnis der Baumarten Tanne : Fichte : Kiefer auf 23 : 21 : 26 deutlich in Richtung Fichte und insbesondere Kiefer. Hier wird deutlich, wie stark zwischen 500 und 1500 n. Chr. anthropogene Eingriffe (Waldweide, Reutfeldwirtschaft, Kahlschlagwirtschaft usw.) die natürliche Baumartenzusammensetzung verändert haben. Noch extremer zeigt sich diese Tendenz in der Zone Xb, wo Tanne : Fichte : Kiefer Anteile von 7 : 54 : 38 erreichen. Zu erwähnen wären noch die jeweiligen Anteile der Birke, die von 13 (Zone IX und Xa) auf 2 (Zone Xb) Anteile sinken. Vermutlich war die Birke auf diesen kleinen Mooren autochthon und dort ursprünglich mit einem ähnlichen Anteil wie die Fichte am Bestandesaufbau beteiligt.

Die zweite pollenanalytische Untersuchung wurde in der Abteilung 35 an einem Rohhumusprofil durchgeführt. Hier zeigen sich um 1500 n. Chr. (Zone Xb) mit einem mittleren Verhältnis Tanne :

Fichte : Kiefer von 5 : 40 : 52 nochmals besonders deutlich die Auswirkungen einer den Wald stark auflichtenden Nutzung. Verkohlte Holzreste weisen auf Reutfeldwirtschaft hin.

8.2 Die Geschichte des Stadtwaldes Villingen

Die folgenden Angaben wurden weitgehend der umfangreichen Arbeit von RODENWALDT (1962) entnommen. Die Besiedelung des Schwarzwaldes erfolgte wesentlich später als die der Baar. Auch bei der nachfolgenden Besiedelung des Schwarzwaldes blieb die östliche Abdachung mit ihren nährstoffarmen Buntsandsteinhochflächen weitgehend von großen Rodungen verschont. Erste Hinweise auf das Vorkommen des Menschen auf der Baar stammen aus der späten Jung-Steinzeit (2000 v. Chr.) am Rande des Torfmoores von Schwenningen auf Muschelkalk. Die ältesten Funde im eigentlichen Stadtgebiet von Villingen lassen sich auf die Zeit von 1700-1200 v. Chr. datieren. Die Besiedelung reichte bis an die Grenzen des Buntsandsteins, da die Bevölkerung vorwiegend Ackerbau betrieb. Wehranlagen im Stadtwald aus der Eisenzeit weisen auf eine höhere Bevölkerungsdichte hin und damit auf den gestiegenen Druck, neues Land zu besiedeln. Da die Menschen dieser Zeit Jäger und Viehzüchter waren, konnten sie die Wälder am Westrand der Baar nutzen, im Gegensatz zu ihren Vorfahren, die Ackerbau betrieben und auf den nährstoffarmen Böden keinen Ertrag erwirtschafteten. Aus der jüngeren Eisenzeit sind viele keltische Namen wie Brigach, Breg und Neckar zurückgeblieben.
213 n. Chr. begann die Zeit der Alemannen. Die Gemarkung Villingen wurde "der Sippe des Filo" zugewiesen. Hier war alles vorhanden: im Westen ein großes Waldgebiet auf den Buntsandsteinflächen, im Osten Ackerflächen auf Muschelkalk und ausreichend Wasser aus der Brigach und Breg. Urkundlich wird "Filingen" erstmals im Jahr 817 erwähnt. In der Zeit der Hunneneinfälle entstanden weitere Wehranlagen im Stadtwald. 999 wurde "Vilingen" das Marktrecht verliehen und damit waren die Voraussetzungen für ein rasches Wachstum des Ortes gegeben. Der eigentliche Aufschwung erfolgte 1119 durch die Herzöge von Zähringen, die Villingen zur Stadt erhoben. Da die junge Stadt etwa 2000 Einwohner hatte und dringend Wald und Feld zu ihrer Versorgung benötigte, wurde den Bewohnern von den Zähringern ein Teil (rund 3000 ha) des angrenzenden Waldes im Westen als Allmend überlassen. Diese Fläche verwaltete die Gemeinde, die auch heute keinem Bürger von Villingen Privatbesitz am historischen Stadtwaldgebiet erlaubt. 1218 wird Villingen Reichsstadt und 1283 fürstenbergisches Reichslehen. Nach 1326 gehörte die Stadt zu den vorderösterreichischen Landen, die Fürstenberger behielten jedoch das Jagdrecht. Durch Zukauf stadtnaher Flächen vergrößerte Villingen seinen Besitz und verband die Wälder im Westen mit der "Urmark" auf Muschelkalk im Osten. Der Stadtwald zeigte sich nun als geschlossener Komplex mit sechs großen Hauptdistrikten. Im 14. Jahrhundert entwickelte Villingen sich zum Mittelpunkt für Handel und Gewerbe und blieb auch im Dreißigjährige Krieg vor größeren Zerstörungen verschont. 1806 wurde es dann dem neu gegründeten Großherzogtum Baden zugesprochen. Danach verlor die Stadt an Bedeutung, um sich ab 1950 in Richtung Industriestadt zu entwickeln.

8.2.1 Die Nutzung des Waldes bis 1834

- Stammholz

Stammholz wurde zum Verkauf nur in geringen Mengen eingeschlagen.

- Brennholz

Brennholz benötigten die Villinger wegen des rauhen Klimas oft bis zu neun Monaten im Jahr in großen Mengen. Es wurde den einzelnen Zünften zugeteilt. Im 18. Jahrhundert kam es dann zu einer schwerwiegenden Übernutzung des Waldes, die nahezu dem doppelten ordentlichen Hiebsatz des Jahres 1960 in diesem Gebiet entsprach. Auch die unentgeltlichen Holzlieferungen in Kriegszeiten an die k. u. k. Armee trugen zur Plünderung des Waldes bei. Der Einschlag mußte auf höhere

Anordnung hin gesenkt werden, was zu einem verstärkten Torfabbau im Schwenninger Moos führte.

- Holzkohle

Viele Namen weisen im Stadtwald auf die Arbeit von Köhlern hin, zum Beispiel Kohlwaldweg und Kohlplatzweg. Zur Deckung des Holzkohlenbedarfes wurden jährlich 2000-4000 Ster Holz (1 Ster entspricht 1 m^3 gestapeltes Holz mit Schichtungszwischenräumen) benötigt.

- Viehweide

Von Frühjahr bis Herbst wurde das Vieh schon seit der frühesten Besiedelung in den Wald getrieben. Schon aus dem 13. Jahrhundert sind Streitigkeiten über Weiderechte im Stadtwald beurkundet, die bis 1838 immer wieder in den Akten zu finden sind. 1684 werden 1070 Stück Großvieh erwähnt, die von Villingen und Unterkirnach in den Stadtwald getrieben wurden. Um 1800 stieg die Zahl dann auf 1700, das bedeutete 50 Stück Großvieh pro 100 Hektar (RODENWALDT, 1962: 48f). Zu bedenken ist, daß heute 5-7 Stück Rehwild pro 100 ha als forstlich bedenklich angesehen werden. Die Belastung des Waldes muß als extrem eingestuft werden. Mit der Einführung der Badischen Forstgesetze (1833), dem aufkommenden Kleeanbau und der damit verbundenen Stallfütterung konnten 1862 alle Weideberechtigungen abgelöst werden. Als wichtige Feststellung ist festzuhalten, daß eine Streunutzung in den Stadtwaldwäldern nach der Einführung der Stallhaltung nicht stattgefunden hat. Aus diesem Grunde finden sich auch keine sogenannten Streumissen, wie sie aus anderen Schwarzwaldgebieten beschrieben werden (vergleiche MÜHLHÄUßER, 1993).

- Reutfeldwirtschaft

Waldfeldbau betrieben die Villinger Bürger und Bauern im Stadtwald in großem Umfang. Dazu brannte man die entsprechenden Flächen einfach ab. Auf diesen stellte sich bis zu 12 Jahre lang kein Baumjungwuchs mehr ein. Nach RODENWALDT (1962: 53) dürfte diese Nutzungsweise wesentlich zur Devastation des Waldes beigetragen haben. Zu Beginn des 19. Jahrhunderts wurde der Waldfeldbau eingestellt.

- Harz-, Kienöl- und Pottaschegewinnung, sowie Rindennutzung trugen weiter zur Devastierung des Stadtwaldes Villingen bei.

Eine Beschreibung des Waldzustandes am Ende des 18. Jahrhunderts gibt die von BROZ & VOSSLER erstellte farbige Forstkarte des Stadtwaldes Villingen aus dem Jahre 1783. RODENWALDT (1962: 65) stellt den Waldzustand wie folgt dar: Die Karte zeigt neben fast holzleeren Missenstandorten ("Moos") auch zahlreiche Großkahlschläge. Nur 38% (1210 ha) der damaligen Waldfläche war noch mit "Hochwald-Tanne" bestockt, die in einer Waldbeschreibung von 1809 als "verweidet, verdorben und verlichtet" bezeichnet wurde. 23% (720 ha) der Fläche bestand aus Anflug und schlechten Waldungen, und die restlichen 38% (850 ha) wurden als "Gestrüpp, Ödland [vermutlich Missen], Sandheide oder leere Plätze" angegeben.
Dies waren die Ausgangsbedingungen vor der Einführung einer planmäßigen und nachhaltigen Forstwirtschaft im Jahre 1834.

8.2.2 Der Stadtwald nach 1834

Von 1834 bis 1900 erfolgte eine Phase des Aufbaus der devastierten Wälder. In ihr fand neben der Ablösung der Waldweide (1838) und der Holzberechtigten (1885) auch die in diesem Zusammenhang besonders bedeutungsvolle Trockenlegung der Missen, der Ausbau des Wegenetzes, sowie die Aufforstung der Kahlflächen statt.
Die Aufforstung der Kahlflächen und der schlecht bestockten Bestände erfolgte sehr rasch innerhalb von 30 Jahren. Bis 1837 waren diese mittels Saat vollständig aufgeforstet worden (RODENWALDT, 1962: 74). Allgemein fanden sowohl Tanne als auch Fichte und Kiefer Berücksichtigung, wenn auch auf vielen Standorten meist nur Fichten-Kiefernbestände aufgeforstet wurden, da die Frostgefahr auf den Freiflächen für die Tanne zu groß war. Dies bedeutet, daß die heute vorhandenen Wälder auf Missenstandorten weitgehend das (künstliche) Produkt der Aufforstungsbemühungen des letzten und dieses Jahrhunderts sind.

Mit der Bestockung des "Ödlandes" ging die Forderung, dieses gleichzeitig trocken zu legen, Hand in Hand. Die intensive Erweiterung des Wegenetzes wurde ebenfalls vorangetrieben, denn die Seitengräben an den Wegen erleichterten auch die Ableitung des Wassers aus den vernässten Stellen. Insbesondere auf die Entwässerungsbemühungen des "Problemstandortes Misse" muß hier näher eingegangen werden, da diese die Standortbedingungen zum Teil stark veränderten.

8.2.2.1 Entwässerung der Missenstandorte

Bereits SPONEK (1807) beschreibt ausführlich, wie bei der Entwässerung von Missen vorzugehen ist. BÜHLER (1922: 17) zitiert eine Arbeit aus dem Jahre 1760, die sich ebenfalls mit dem Thema der Trockenlegung von Naßstellen beschäftigt, wenn auch die Frage der Entwässerung erst nach 1830, also in etwa mit Beginn der geregelten Forstwirtschaft, größere Bedeutung erlangte (BÜHLER, 1922: 17).
Vordringliches Ziel der Forstwirtschaft war von 1834 bis ungefähr 1961 die Entwässerung der vernässten Standorte im Stadtwald Villingen. Die Praxis des Kahlschlagbetriebes führte bereits nach kurzer Zeit zu einer starken "Versumpfung" der Kahlfläche, da die Pumpwirkung der Baumschicht wegfiel. Eine erneute Aufforstung bedurfte daher als erster Maßnahme der Anlage von Entässerungsgräben.
In bezug auf die waldbaulichen Bedingungen erreichte man durch die Entwässerung bereits nach zwei Jahrzehnten eine positive Wirkung. Bis 1857 wurden etwa 32% (73 km) des heute vorhandenen Grabennetzes im Stadtwald Villingen angelegt (vergleiche GAYER, 1931). Bis 1938 waren bereits über 70% der heutigen Grabenlänge vorhanden. Probleme ergaben sich dann jedoch 1948 durch Brennholznothiebe und durch Reparationszahlungen an Frankreich in Form von Holz (RODENWALDT, 1973). Um in kürzester Zeit große Mengen Holz ernten zu können, wurden Kahlhiebsflächen angelegt. Da diese Maßnahmen auch Missenstandorte betrafen, zeigte sich hier nach kurzer Zeit eine erneute starke Vernässung. Erst nach Öffnung der alten und Anlage von neuen Entwässerungsgräben war es möglich, mit der Wiederaufforstung zu beginnen.
Die Zeit nach 1961 zeichnet sich durch einen Rückgang bei der Anlage neuer Gräben aus, konnte doch bereits auf ein System von über 170 km Länge zurückgegriffen werden. In der Regel genügte für die Fortführung der Entwässerung die Instand- und Offenhaltung der rasch verlandenden Gräben. Jede Vernachlässigung des Grabensystems bewirkt eine Wiedervernässung der Fläche.
Doch auch heute erfolgt neben der Unterhaltung von Gräben (zum Beispiel 1992-1994: 9,5 km, 1982-1991: 60 km, 1972-1981: 63,3 km) auch noch eine Neuanlage von Entwässerungsgräben (zum Beispiel 1992-1994: 420 m, 1982-1991: 2,0 km, 1972-1981: 1,8 km). Die Neuanlage erfolgt zumeist im Rahmen des Wegeneubaues und nach einer stärkeren Freistellung vernäßter Standorte, wenn das alte Grabensystem unzureichend erscheint.
Ein wichtiger Faktor stellt das ausgedehnte Wegenetz im Stadtwaldgebiet dar, das aufgrund seiner großen Bedeutung als Naherholungsgebiet sehr ausgedehnt ist. Die Entwässerungswirkung des Wegenetzes sollte nicht unterschätzt werden. So wurden allein in den letzten 23 Jahren 169 km neue Wege (94 km Hauptfahrwege, 75 km Maschinenwege) gebaut.
SEGER (1967: 57) resümiert, daß die umfangreichen Entwässerungen und die Wiederherstellung einer geschlossenen Bestockung mit der dadurch erneut wirkenden Wasserpumpe die Missenstandorte im Buntsandstein-Schwarzwald erheblich verbessert haben.

8.2.3 Sturmwurfgefahr auf Missenstandorten

Die Sicherung der Bestände vor Sturmschäden ist ein zentrales Problem auf allen Standorten im Stadtwald Villingen. Trotz umfangreicher Entwässerungs- und Aufforstungsmaßnahmen sind insbesondere die Missenstandorte stets von Windwurf betroffen (vergleiche GAYER, 1931). Sie zeigen sich als wüchsig, jedoch nicht als sturmfest. Seit 1837 entstanden jedes dritte bis vierte Jahr im Stadtwald Villingen Sturmschäden, die die ökonomischen Verhältnisse der Forstwirtschaft negativ beeinflußten. Einflußfaktoren sind Sturmstärke, Niederschlagsmenge der vergangenen Wochen, die Bodenbeschaffenheit und die angewendeten waldbaulichen Maßnahmen. Auf den Missenstandorten ist die Bodenbeschaffenheit der primär ausschlaggebende Faktor für Windwurf. Windbruch kommt auf diesen Flächen sehr selten vor, die Bäume fallen auf ganzer Länge mit Wurzeltellern von 2-4 m Durchmesser. Falsche waldbauliche Maßnahmen tragen zur Vergrößerung der Schäden nicht unerheblich bei. Weder der Hartig'sche Großschirmschlag (angewandt bis 1876) noch der Badische Femelschlag (angewandt von 1886-1926) bewirkten ein Absinken der Windwurfzahlen, da die Eingriffe in die Bestände zu stark waren. Auch die Zunahme der Fichte auf den Missenstandorten erwies sich als ungünstig. Erst die Einführung des Saumfemelschlages (angewandt von 1927-1951, teilweise noch bis 1966) und insbesondere des Keilschirmschlages nach Philipp und Kurz (1951-heute) und die damit verbundene Förderung der Tanne zeigte positive Auswirkungen. 1967 verursachte ein Orkan mit Windstärke 6-8 51823 fm Sturmholz im gesamten Stadtwald Villingen, das ist das 2,9 fache des Jahreseinschlages (RODENWALDT, 1973). Bei der ausführlichen Schadensanalyse durch RODENWALDT (1973) konnte in keinem Fall nachgewiesen werden, daß der Standort die alleinige Ursache des Schadens bedingt hat. 34 % (30,8 ha) der Schadensfläche waren Missenstandorte, dies sind jedoch nur 5 % der vorhandenen vernässten Standorte des Stadtwaldes. Das bedeutet, daß nicht jeder Missenstandort bei Sturm von Windwurf betroffen ist, sie können jedoch bei schwereren Sturmereignissen mit über einem Drittel am Gesamtschaden beteiligt sein.

8.3 Missenstandorte und Baumarten

Im Stadtwald Villingen sind die Nadelhölzer Fichte, Tanne und Kiefer von Natur aus Bestandteil des Vaccinio-Abietetum. Gleichzeitig sind diese Arten für die forstwirtschaftliche Nutzung von besonderer Bedeutung. Laubhölzer wie die Buche haben nur eine geringe Bedeutung. Im folgenden soll auf die waldbauliche Eignung der Nadelhölzer für die Missenstandorte genauer eingegangen werden.

8.3.1 Die Fichte (*Picea abies*)

Die Fichte ist der "Brotbaum" im Forstbezirk Villingen-Schwenningen. Ihr Anteil an der Baumartenmischung liegt bei 68%. Die Fichte wurde insbesondere auf vernäßten Standorten entweder rein oder in Mischung mit Kiefer zur Aufforstung verwendet. Bis etwa 1850 erfolgte dies durch Saat. Erst ab 1850 wurde durch Pflanzung künstlich verjüngt, während eine Naturverjüngung der Fichte erst seit 1880 durchgeführt wurde (RODENWALDT, 1962: 126).
Das Hauptproblem beim Anbau der Fichte ist deren starke Sturmwurfgefährdung, die vor allem durch ihr flach streichendes Wurzelwerk bedingt ist. Die Flachwurzeligkeit wird insbesondere auf wechselfeuchten und nassen Böden durch die Sauerstoffarmut in den Mineralhorizonten des Bodens gefördert. SEGER (1967: 55) gibt Bewurzelungstiefen der Fichte auf Gley- und Stagnogleystandorten im Buntsandsteinschwarzwald von zum Teil wesentlich weniger als 45 cm an. DIETERICH (1924) gibt Wurzeltiefen von 5-20 cm auf stark vernässten Standorten an. Dies bedeutet, daß die Fichte ihr Wurzelwerk im Extremfall auf die gut durchlüftete Rohhumusschicht beschränkt.
Der Versuch, den Standort durch Kalkung und/oder Düngung zu verbessern (siehe unten), muß als bedenklich angesehen werden, denn dies bewirkt insbesondere bei der ohnehin schon flach wurzelnden Fichte eine noch stärkere Verlagerung des Wurzelwerkes in die oberflächennahen, besser mit Nährstoffen versorgten Schichten. Zwar steigt durch diese Maßnahmen die Wuchs- und Massenleistung der Fichte an, die Windwurfgefährdung erhöht sich jedoch ebenfalls dramatisch, da unter anderem der Schlankheitsgrad (h/d-Verhältnis) der Bäume ungünstiger wird. Daher sind Fichtenrein-

bestände auf allen vernäßten Standorten schon "allein aus Gründen der Sturmwurfgefahr als schwerer forstlicher Kunstfehler" anzusehen (RODENWALDT, 1973: 131). Der Peitschenmoos-Fichtenwald (Bazzanio-Piceetum) der Moorränder stellt zwar einen natürlichen Fichtenreinbestand dar, hat aber aufgrund seiner schlechten Wuchsleistung keine forstwirtschaftliche Bedeutung.
Die Verjüngung und Wuchsleistung der Fichte ist auf der Standortseinheit wasserzügige/entwässerte Misse als gut zu bezeichnen (SEGER, 1967: 58ff, SEBALD, 1961). Die Betriebsunsicherheit (Windwurf) ist jedoch sehr groß. Aus diesem Grunde ist eine Mischung mit Kiefer und/oder Tanne unumgänglich.
Auf der nur schwach entwässerten Misse ist der Wasserhaushalt für die Fichte bereits suboptimal, so daß ihr Anteil, ihre Leistung und Qualität abnimmt. Dies trifft verstärkt für die Standorteinheit nasse Misse zu. Der durch intensive Nutzung dieser Bestände erzielte ökonomische Gewinn ist nur noch gering.
Die Standortbedingungen der *Vaccinium uliginosum*-Misse sind für die Fichte zu extrem, um die Misse noch forstwirtschaftlich nutzen zu können. Sie ist hier zwar ein natürlicher, hochsteter Bestandteil des Vaccinio uliginosi-Pinetum sylvestris, erreicht jedoch weder quantitativ noch qualitativ wirtschaftlich nutzbare Erträge. SEGER (1967) gibt für die Fichte auf dieser Standorteinheit einen Anteil von 25% am Bestandesaufbau an, was den natürlichen Verhältnissen weitgehend entsprechen dürfte.

8.3.2 Die Tanne (*Abies alba*)

Die Tanne hat für die Bewirtschaftung vernässter Standorte im Stadtwald Villingen eine zentrale Bedeutung, denn sie ist die einzige Baumart, die imstande ist, den Unterboden intensiv zu durchwurzeln. Dabei scheut sie weder die Bleichzone noch die Stauschicht der Stagnogleys. Diese starke Verankerung im Boden macht die Tanne zu einer sehr sturmfesten Baumart, in deren Schutz insbesondere die Fichte weniger anfällig gegen Sturmwurf ist. Darüberhinaus hat die Tanne insbesondere auf der (schwach) wasserzügigen Misse einen günstigen Einfluß auf die Wuchsleistung der Fichte (RODENWALDT, 1962: 132).
Die Tanne fehlt vollständig auf der Standorteinheit *Vaccinium uliginosum*-Misse und deren Übergang zur nassen Misse (SEGER, 1967: 58; SEBALD, 1961). Die Verjüngung dieser Baumart sinkt mit abnehmender Standortqualität bis zum vollständigen Ausfall auf der *Vaccinium uliginosum*-Misse.
Aufgrund des hohen Stabilisierungspotentials der Tanne auf Missenstandorten schlägt RODENWALDT (1962: 164) ein Bestockungsziel von Tanne 50 Kiefer 30 Fichte 20 vor. Auf Standorten, wo diese Baumart in den jeweiligen Beständen nicht durch Naturverjüngung entsprechend angereichert werden kann, fordert die Standortkartierung eine zusätzliche künstliche Einbringung der Tanne. Diese erfolgt, indem die Bestände stark durchforstet werden, um Licht und Wärme auf den Boden zu bringen. Parallel zu dieser Maßnahme muß eine Öffnung des Grabensystems vorgenommen werden, da eine Abnahme des Bestockungsgrades eine Zunahme der Vernässung bedingt (Verringerung der Pumpwirkung der Baumschicht). Zum langsamen Abbau der Rohhumusschicht wird nachfolgend eine Kalkung empfohlen. Erst danach erfolgt ein Unterbau der Tanne inklusive Wildschutzmaßnahmen. Das forstwirtschaftliche "Missenproblem" wird hier nicht als Entwässerungs- oder Düngungsproblem gesehen, sondern ausschließlich als Schwierigkeit, den Tannenanteil auf diesen Standorten zu erhöhen und zu halten.
Die "Tannenfrage" steht und fällt jedoch mit der herrschenden Verbißsituation. Aus diesem Grunde ist es notwendig, die Rehwilddichte auf einem Niveau zu halten, bei dem eine Naturverjüngung der Tanne ohne Wildschutz möglich ist. Hierzu wurde 1954 von RODENWALDT im Stadtwald Villingen das Modell der Jagdgesellschaft eingeführt, dessen Ziel es ist, einer möglichst großen Zahl von Jägern die Jagdausübung in festgelegten Pirschbezirken zu ermöglichen. Gleichzeitig behält das Forstamt die Kontrolle über die Regulierung des Rehwildbestandes, indem es die Abschußhöhe

verpflichtend festsetzt. Derzeit werden im Mittel 10 Stück Rehwild/100 ha Waldfläche erlegt. RODENWALDT (1962: 85) gibt 6 Stück/100 ha Waldfläche als eine aus der Praxis gewonnene, kritische Populationsdichte an. Der Erfolg dieses Modells zeigt sich darin, daß die Naturverjüngung der Tanne unter Schirm und ohne Zaun zum Beispiel 1981-1991 von 692 ha auf 919 ha um 33% vergrößert werden konnte (STADT VILLINGEN-SCHWENNINGEN, o.J.: 16).

8.3.3 Die Kiefer (*Pinus sylvestris*)

Die Kiefer ist ein natürlicher Bestandteil der Wälder im Untersuchungsgebiet. Ihr Anteil am Bestandesaufbau steigt dabei mit zunehmendem Vernässungsgrad des Standortes. Während sie auf der wasserzügigen/entwässerten Misse gegenüber der den Waldboden stark beschattenden Fichte nur schwer existenzfähig ist, steigt ihr Anteil auf den Standorteinheiten nasse Misse und vor allem auf der *Vaccinium uliginosum*-Misse.
In historischer Zeit wurde die Kiefer durch die intensive Nutzung der Waldflächen stark begünstigt. Insbesondere auf den lichtreichen Reutfeldern, Kahlflächen und Missen flog diese Pionierholzart meist schon von selbst an, oder sie wurde (seit 1810) zusammen mit der Fichte als Mischsaat eingebracht. Der Übergang zur Pflanzung erfolgte erst ab 1873 (RODENWALDT, 1962: 136ff). Mit zunehmendem Bestockungsgrad sank auch der Kiefernanteil in den Beständen. Insbesondere der Femelschlagbetrieb (1886-zum Teil 1966) bewirkte eine Verringerung der Kieferverjüngung. So sank der Anteil der Kiefer von 35% (1837-1877) auf 14% (1991). Erst die Einführung des Keilschirmschlagbetriebes (ab 1951) machte wieder eine gewisse Verjüngung der Kiefer möglich.
Die Kiefer besitzt aufgrund ihres auch auf nassen Böden relativ tiefreichenden Wurzelsystems einen günstigen Einfluß auf die Sturmfestigkeit eines Bestandes. Ihre alleinige Einbringung in fichtenreiche Missenstandorte erschien in der Vergangenheit jedoch nicht ausreichend. Hier wurde die Tanne notfalls durch Pflanzung zusätzlich eingebracht. Auf Standorten, wo die Tanne wieder eingebracht werden soll, kann die Kiefer einen geeigneten Schirm bilden, um die Naturverjüngung, beziehungsweise die künstliche Einbringung der Tanne zu ermöglichen. Nach Ansicht des Forstamtes Villingen-Schwenningen scheint die Bedeutung der Tanne in der Vergangenheit jedoch überschätzt worden zu sein. Wichtiger erscheint allgemein ein weiträumiger Stand der Einzelbäume, so daß ein optimales h/d-Verhältnis entstehen kann. Unter solchen Verhältnissen erscheint eine (starke) Beteiligung der Tanne unnötig.
Auf der *Vaccinium uliginosum*-Misse ist die Kiefer von Natur aus die dominierende Baumart. Sie bildet hier zusammen mit der Fichte im Vaccinio uliginosi-Pinetum sylvestris die Baumschicht. Nur diese Arten sind noch in der Lage, die ärmsten und waldbaulich schwierigsten Standorte zu nutzen. Zudem ist die Sturmgefährdung auf diesen Standorten aufgrund ihrer geringen Bonität nicht sehr groß (SEGER, 1967: 58). Als Besonderheit dieser Standorteinheit sei noch auf das vereinzelte Vorkommen der Spirke (*Pinus rotundata*) hingewiesen.

8.4 Flora und Vegetation von Missenstandorten

Ökologisch gesehen, gehören die Missenstandorte nicht uneingeschränkt in den Bereich der Extremstandorte. Wie bereits dargestellt (siehe Kapitel 3), ist der größte Teil der hier berücksichtigten Rote Liste-Arten dadurch gekennzeichnet, daß diese ihr ökologisches Optimum unter Standortbedingungen besitzen, die nur noch bedingt oder gar nicht im Standortbereich des Waldes liegt.
Die untersuchten Missenstandorte des Stadtwaldes Villingen zeigen unterschiedliche Positionen im Ökogramm. Bestände, die dem Vaccinio-Abietetum und dessen Forstgesellschaften zugeordnet werden können, befinden sich dabei nicht im Extrembereich der Waldstandorte. Anders verhält es sich mit dem Vaccinio-Pinetum, der typischen Assoziation der *Vaccinium uliginosum*-Misse. Diese

Gesellschaft befindet sich in bezug auf die Faktoren Feuchte, Boden-pH, N-Verfügbarkeit und Lichtgenuß im Waldgrenzbereich (Abb. 42). Sie nehmen eine Position ein, die das Vorkommen von Gefäßpflanzen der Roten Liste ermöglicht. Zwischen diesen beiden Assoziationen finden sich in Abhängigkeit vom Vernässungsgrad und forstlicher Nutzungsweise alle Übergänge, die in der Baumschicht durch eine zunehmende Beteiligung der Kiefer am Bestandesaufbau, einer Abnahme der Deckung der Fichte und einem Ausfall der Tanne gekennzeichnet sind.
Dieser Wechsel in der Baumartenzusammensetzung bedingt in der Feldschicht einen starken Anstieg der Lichtintensität, was in bezug auf das potentielle Auftreten von Rote Liste-Spezies von entscheidender Bedeutung ist (vergleiche WOLF, 1993: 173). Aus diesem Grunde sind potentiell auch nur die stark vernässten Standorte von Bedeutung, also die Flächen der Standorteinheiten *Vaccinium uliginosum*-Misse und die zentralen (weil lichtreichen) Teile der nassen Misse.
Als mögliche Rote Liste-Arten, die auch in Missen auftreten, können ganz allgemein Spezies sauer-ombrotropher/minerotropher Feucht- und Naßstandorte genannt werden. Soziologisch gesehen sind sie meist Arten der Klasse Oxycocco-Sphagnetea oder Scheuchzerio-Caricetea. Zieht man die relativ wenigen veröffentlichten Vegetationsaufnahmen von Missen und verwandten Standorten zur floristischen Charakterisierung heran (zum Beispiel SEIBERT, 1961; DIERSSEN B. & K., 1984; HAFNER, 1991; WOLF, 1993), so lassen sich Vorkommen folgender Spezies der Roten Liste Baden-Württembergs inklusive der schonungsbedürftigen Arten anführen (Gefährdungskategorie in Klammern): *Carex curta* (5), *C. demissa* (3), *C. echinata* (5), *C. fusca* (5), *C. rostrata* (5), *Eriophorum*

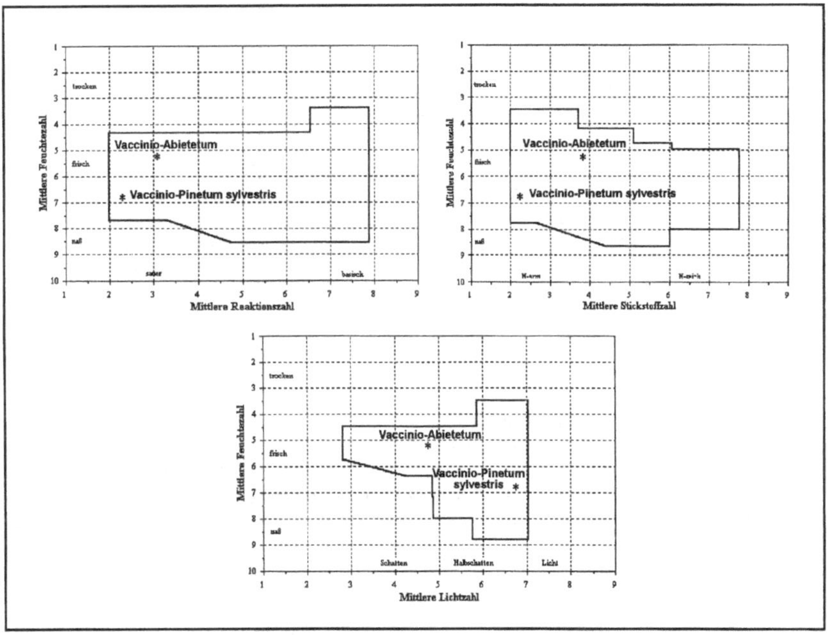

Abb. 42: Lage des Preiselbeer-Fichten-Tannenwaldes (Vaccinio-Abietetum) und Waldkiefern-Moorwaldes (Vaccinio uliginosi-Pinetum sylvestris) des Untersuchungsgebietes im Reaktions-Feuchte-, Stickstoff-Feuchte- und Licht-Feuchte-Ökogramm. Fetter Rahmen: Bereich, der von Natur aus von Wald- und Gebüschgesellschaften eingenommen wird.

angustifolium (3), *E. vaginatum* (3), *Juncus squarrosus* (5), *Oxycoccus palustris* (3), *Pinus rotundata* (3), *Trichophorum cespitosum* agg. (5), *Vaccinium uliginosum* (3), *V. vitis-idaea* (3). Da *Trichophorum cespitosum* agg. und *Juncus squarrosus* auf Missenstandorten ihr Hauptvorkommen in streugenutzten Missen besitzen, erklärt sich deren Fehlen im Untersuchungsgebiet.
Eine floristische Abgrenzung entsprechender Standorte, die den genannten Arten ein Vorkommen ermöglichen, zeigen neben einigen Phanerogamen vor allem Kryptogamen der Gattung *Sphagnum* an. Neben ihrer Stetigkeit ist insbesondere der Deckungsgrad und die Vitalität dieser Spezies von Bedeutung. Folgende Arten zeigen ein gehäuftes Vorkommen auf den Standorteinheiten der nassen Misse und *Vaccinium uliginosum*-Misse:
Aulacomnium palustre, Calluna vulgaris, Cladonia rangiferina und andere, *Dicranum polysetum,* (*Hylocomium splendens*), *Hypnum jutlandicum, Molinia caerulea,* (*Pleurozium schreberi*), *Polytrichum commune, P. strictum, Sphagnum angustifolium, Sph. fallax, Sph. flexuosum, Sph. magellanicum,* (*Sph. nemoreum*), *Sph. palustre*, sowie die weiter oben angeführten Gefäßpflanzen der Roten Liste.
Zur negativen Charakterisierung (als Abgrenzung gegenüber vernäßten Standorten des Vaccinio-Abietetum), das heißt Spezies, die weitgehend ausfallen, können folgende (Piceetea-)Arten dienen: *Abies alba, Bazzania trilobata, Deschampsia flexuosa, Plagiothecium undulatum, Rhytidiadelphus loreus,* (*Sphagnum girgensohnii*).

8.5 Die Missenstandorte im Untersuchungsgebiet

Die Flächen der Standorteinheit wasserzügige/entwässerte Misse wurden nach einer ersten Inspektion vor Ort als mögliche Standorte von Pflanzenarten der Roten Liste ausgeschlossen. Die Standortbedingungen sind von Natur aus, und durch Entwässerungsmaßnahmen noch gefördert, für das Vorkommen der meisten Rote Liste-Spezies nicht extrem genug.
Im Bereich des Stadtwaldes Villingen existieren nach der Standortkarte vier ausgedehntere Flächen der Standorteinheiten nasse Misse, beziehungsweise *Vaccinium uliginosum*-Misse. Eine Begehung der Flächen zeigte, daß insbesondere der Zustand der Bestände auf der Standorteinheit nasse Misse aufgrund fortgeschrittener Entwässerung, sowie dichten Bestandesschlusses in bezug auf das Vorkommen von Phanerogamen der Roten Liste gar nicht oder höchstens sehr kleinflächig geeignet sind.

8.5.1 Die Flächen der Standorteinheit nasse Misse

Im Stadtwald Villingen existieren nach der Standortkartierung (1958) drei ausgedehntere Gebiete der Standorteinheit nasse Misse. Sie liegen im Distrikt I (Neuhäuslewald) der Abteilungen 16 (Sandgrube, 45,5 ha)/21 (Straßhäusle, 35,5 ha)/22 (Katzensteigermösle, 25 ha) (905-915 m ü. NN), Abteilung 35 (Setzestich, 33,6 ha) (845-855 m ü. NN) und Abteilung 37 (Kohlplatz, 48,3 ha) (875-890 m ü. NN). Die Geschichte dieser drei Flächen verlief, soweit dies heute noch rekonstruierbar ist, sehr ähnlich, so daß auf eine getrennte Behandlung der einzelnen Abteilungen verzichtet werden kann.
Als historische Ausgangszeit muß hier der Waldzustand Ende des 18. Jahrhunderts herangezogen werden. Uns liegt in Form einer farbigen Forstkarte aus dem Jahre 1783 von BROZ & VOSSLER eine erste detailierte bildliche Darstellung der damaligen Waldverhältnisse vor. Diese zeigt für die Abteilungen 35 und 37 einen lichten bis sehr lichten Nadelwald mit zahlreichem Strauchwerk. Dies dürfte vor allem eine Folge der intensiven Waldnutzung (in Abt. 35 erfolgte nachweislich Waldweide und Reutfeldwirtschaft) gewesen sein, wenn die damaligen Standortbedingungen (es existierte noch keine Entwässerung!) vielfach auch einen lichteren Bestandesschluß begünstigten. Dabei entstand eine positive Rückkoppelung in der Form, daß ein geringer Bestockungsgrad eine Zunahme der

Vernässung hervorrief, was wiederum die Standortbedingungen für die Entstehung einer geschlossenen Bestockung verschlechterte.
Das Gebiet der Abteilungen 16, 21 und 22 wird als Ödland beziehungsweise Reutfeld ausgewiesen. Randlich sind Holzlager- und Kohlplätze verzeichnet. Diese Flächen waren somit weitgehend unbewaldet, die Humusschicht als Folge der Reutfeldwirtschaft verbrannt und in den Oberboden eingearbeitet. Vermutlich wurden jedoch nur die nicht stärker vernäßten Teile als Reutfelder genutzt.
Erneute Kenntnis über den Waldzustand erhalten wir erst wieder mit Beginn der Taxation aus dem Jahre 1837. Die Angaben bleiben jedoch (bis zur Einrichtung 1907) meist sehr allgemein und beschränken sich auf die Nennung der beteiligten Baumarten (Fichte, Kiefer, wenig Tanne) in den einzelnen Abteilungen.
Während dieser Periode erfolgte eine intensive Entwässerung der Standorte. Bis 1907 wurden in der Abteilung 35 über 2 km Entwässerungsgräben gezogen; Abteilung 37 wurde mit einem 1,3 km langen Grabennetz durchzogen und die vernäßten Flächen der Abteilungen 16/21/22 verfügten über ein System von über 3 km Länge. Die Versuche, die Standorte durch Entwässerung zu verbessern, wurden auch nach 1900 fortgesetzt, jedoch in geringerem Umfange. Das zeigt, daß die Entwässerung nur sehr eingeschränkt in der Lage war die "Bodenentartung" (GAYER, 1931) zu lindern. Dies erkannte bereits 1931 GAYER, der als primäre Verbesserungsmaßnahme einen Bestockungswandel mit hoher Beteiligung der Tanne vorsah. Seit der Einrichtung 1927 ist zu beobachten, daß der Tannenanteil in allen genannten Abteilungen angestiegen ist. Nur im zentralen Teil der nassen Misse der Abteilung 35 fehlte die Tanne bis zur Einrichtung 1991 im erwähnenswerten Umfang.
Ab 1955 erfolgte in allen genannten Abteilungen zusätzlich zur Entwässerung eine Kalkung und/oder Düngung mit P, N oder NPK. Hiervon versprach man sich eine zusätzliche Standortverbesserung, insbesondere des Humuszustandes.
Die heutigen Bestände zeichnen sich mit wenigen Ausnahmen dadurch aus, daß die Einbringung der Tanne weitgehend gelungen ist. Die Bestände sind relativ geschlossen, so daß der Standort durch die Bestockung zusätzlich entwässert wird. Eine starke Vernässung findet sich nur noch in einzelnen Teilen der Abteilung 35. Die übrigen Flächen sind heute weitgehend der Standorteinheit entwässerte/wasserzügige Misse zugerechnet werden.
Als potentielle Standorte für Pflanzenarten der Roten Liste sind diese Flächen weitgehend ungeeignet, sieht man einmal vom gehäuften Vorkommen der Preißelbeere (*Vaccinium vitis-idaea*) ab. Diese Art ist jedoch auch ein Bestandteil der Feldschicht von Beständen "normaler" Standorteinheiten und ist somit nicht auf die Missenstandorte angewiesen. Da historische floristische Angaben aus dem Untersuchungsgebiet weitgehend fehlen, kann nur vermutet werden, daß beispielsweise die Rauschbeere (*Vaccinium uliginosum*) die ehemals lichten Standorte der nassen (und wasserzügigen?) Misse besiedelte. Hinweise hierauf finden sich bei GAYER (1931), der auf die weite Verbreitung dieser Art im Stadtwald Villingen hinweist. SIMON (1994) konnte konkret nachweisen, daß diese Art im Röhlinwald (Distrikt XII, Abteilung 3, Staatswald Villingen-Schwenningen) nur noch in wenigen Kümmerexemplaren vorhanden ist. Diese Art wurde hier noch 1959 im Rahmen der Standortkartierung in größerer Menge erfaßt.
Zusammenfassend kann festgehalten werden, daß die Flächen der Standorteinheit nasse Misse im Laufe der letzten 200 Jahre durch Entwässerung, Düngung, Kalkung und veränderte waldbauliche Methoden (Förderung der Tanne, Keilschirmschlag, starke Durchforstung von Jungbeständen usw.) derart irreversibel verändert wurden, daß sie als mögliche Standorte gefährdeter höherer Pflanzenarten weitgehend ausscheiden. Insbesondere der Übergang zu Betriebsarten, die eine Dauerbestockung anstrebten, ließ den Rote Liste-Arten keine günstigen (lichtreichen) Standorte mehr übrig. Eine Dauerbestockung, wie sie von der modernen Forstwirtschaft angestrebt wird, bewirkt ein weitgehend gedämpftes Lichtklima, das für den größten Teil der hier behandelten gefährdeten Arten ein ungeeignetes Standortklima darstellt.
Darüber hinaus muß auch mit einer Standortverbesserung (im Sinne einer höheren Ertragskraft) durch erhöhte NO_X- und CO_2 -Einträge gerechnet werden (vergleiche BÜRGER, 1988). Zudem

bewirken die neuartigen Waldschäden ("Waldsterben") durch die Entnadelung der Baumkronen ein günstigeres Lichtklima am Boden, welches den Humuszustand günstig beeinflußt.
Somit läßt sich zusammen mit BÜCKING (1993) und VOLK (1993) festhalten, daß ein Schutz von Missen nur dann sinnvoll ist, wenn die vorgefundene Vegetation noch den aktuellen Standortbedingungen entspricht. Nur dies gewährleistet eine dauerhafte Erhaltung. Die hier angeführten Abteilungen erfüllen dieses Kriterium nicht (mehr).

8.5.1.1 Forstliche Planung und deren Bewertung

Die angesprochenen Standorte sind trotz der eingetretenen Standortverbesserungen weiterhin forstwirtschaftlich schwierige Standorte. Die starke Einbringung der Tanne als bestandsstabilisierende Baumart hat sich insbesondere in den zentralen Teilen der Standorteinheit nasse Misse als nicht sehr bedeutend herausgestellt.
Nach Ansicht des Forstamtes Villingen-Schwenningen ist es wichtiger, auf diesen Flächen durch eine geringere Stammzahldichte eine größere Bestandesstabilität zu erreichen (vergleiche BURSCHEL & HUSS, 1987: 59f). Dabei soll die Kiefer einen Anteil von 60-80% erhalten. Die Fichte soll zu 20-40% beteiligt sein, während die Tanne nicht gezielt am Bestandesaufbau beteiligt wird.
Eine Düngung der Missenflächen soll nicht mehr erfolgen, allenfalls eine Startdüngung bei Pflanzung. Eine (Kompensations-) Kalkung soll ebenfalls unterbleiben.
Die Baumernte erfolgt in Altbeständen durch Forstspezialschlepper mit Niederdruckreifen extremer Reifenbreite (90 cm), so daß eine Bodenverdichtung verhindert wird.
Der Aufbau kiefernreicher Bestände bewirkt ein für das Auftreten von Gefäßpflanzen der Roten Liste günstiges Lichtklima, und ist somit als positiv zu bewerten. Die Förderung von Standorten, die diesen Arten ein Vorkommen ermöglichen, setzt jedoch zusätzlich noch eine Wiedervernässung (Grabenschließung) voraus. Eine ausreichende Wiedervernässung erscheint jedoch nur in Teilen der Standorteinheit nasse Misse der Abteilung 35 möglich (siehe Abb. 43 am Ende des Kapitels). Hier sollte eine Schließung der entwässernden Gräben durchgeführt werden. Die Möglichkeit der Ansiedlung zum Beispiel der Rauschbeere (*Vaccinium uliginosum*) erscheint auf dieser Fläche dann durchaus möglich. Das Forstamt Villingen-Schwenningen steht nach Anfrage einer lokalen Wiedervernässung von erfolgsversprechenden Orten aufgeschlossen gegenüber.

8.5.2 Die Flächen der Standorteinheit *Vaccinium uliginosum*-Misse

Im Forstamtsbereich Villingen-Schwenningen beschränkt sich die Standorteinheit der *Vaccinium uliginosum*-Misse weitgehend auf die Abteilungen 4 (Weihermoos, 28,4 ha) (950-975 m ü. NN) und 5 (Langenbacher Eck, 38 ha) (965-975 m ü. NN) im Distrikt II (Schlegelwald), die sich auf Mittlerem Buntsandstein im Bereich der Wasserscheide befinden. Die Flächen dieser Standorteinheit sind, wie der Name bereits sagt, floristisch durch das Auftreten von *Vaccinium uliginosum* gekennzeichnet. Sie stellen die extremsten Standorte im Bereich des Stadtwaldes Villingen dar.
Die Forstkarte von 1783 (BROZ & VOSSLER) stellt die vernässten Teile des Schlegelwaldes mit einer Nadelbaumsignatur dar. Im Vergleich zu den vorgenannten Abteilungen des Distriktes I ist die Bewaldung geschlossener dargestellt. Die Ursache dürfte darin liegen, daß die Standorte der *Vaccinium uliginosum*-Misse derart extrem waren, daß eine Holz- beziehungsweise Reutfeldnutzung nicht mehr sinnvoll erschien. Sicher ist jedoch, daß die Flächen von Vieh beweidet wurden.
Mit Beginn einer geordneten Forstwirtschaft (1834) sollten die vernäßten Flächen, die als "Grinden" oder "grindenartige Bestände" bezeichnet wurden, entwässert werden. Bis 1900 wurden in der Abteilung 4 über 3 km und in der Abteilung 5 über 2 km Gräben gezogen. Diese ergaben aber keine befriedigenden Ergebnisse, so daß die Anlage von Entwässerungsgräben weitgehend eingestellt wurde. Eine Düngung oder Kalkung wurde nicht durchgeführt. Ein Wegenetz ist auf den vernässten

Standorten der Abteilungen 4 und 5 nur randlich vorhanden, so daß die Flächen weitgehend unerschlossen sind.
Die vernäßten Gebiete waren von Beginn der Einrichtung an weitständig mit Kiefer und Fichte bestockt, wobei der Kiefernanteil zwischen 50 und 80% lag. Die Tanne fehlt von Natur aus auf diesen Standorten, und es wurden auch keine Versuche unternommen diese künstlich einzuführen. Eine geregelte Nutzung der Bestände fand nie statt. Erträge wurden nicht erzielt. Aus diesem Grunde sind diese Flächen bereits im Einrichtungswerk 1938 als Halbwirtschaftswald und ab 1952 als arB-Flächen ausgewiesen.
Floristisch sind die Flächen, vor allem jene der Abteilung 5, durch das Vorkommen der Spirke (*Pinus rotundata*) und das großflächige Auftreten der Rauschbeere (*Vaccinium uliginosum*) gekennzeichnet. Beide Arten wurden explizit erstmals im Einrichtungswerk 1938 angeführt.

8.5.2.1 Forstliche Planung und deren Bewertung

Die Standorte der *Vaccinium uliginosum*-Misse sind heute sämtlich als arB-Bestände und Biotopschutzwald ausgewiesen. Eine Holznutzung findet nicht mehr statt. Als Pflegemaßnahme für das Auerwild erfolgt eine Durchforstung der Bestände. Hierbei wird ausschließlich der Fichtenanteil stark reduziert, da diese Baumart die Feldschicht stark beschattet und dadurch die für das Auerwild so wichtige Beerstrauchschicht unterdrückt. Die herausgeschlagenen Fichten verbleiben dabei als liegendes Totholz im Bestand. Eine Entwässerung, Düngung oder Kalkung erfolgt nicht. Eine weitere Erschließung dieser Flächen ist nicht vorgesehen.
Bereits frühzeitig hat die Forstwirtschaft erkannt, daß diese Standorte forstwirtschaftlich nicht gewinnbringend nutzbar sind. Die heutige Planung sieht ausschließlich Maßnahmen vor, die dem Auerwild Habitatverbesserungen bringen. Gleichzeitig bewirkt die starke Reduktion des Fichtenanteils auch für die Rauschbeere (*Vaccinium uliginosum*) und andere lichtbedürftige Arten der Feld- und Kryptogamenschicht eine Standortverbesserung. Insbesondere im vernäßten östlichen Teil der Abteilung 4, der standörtlich weniger extrem ist als die Standorte in der Abteilung 5, ist eine starke Durchforstung notwendig (siehe Abb. 43). Eine vollständige Einstellung jeglicher Maßnahmen sollte nicht erfolgen, da die Gefahr besteht, daß Teile dieser Standorteinheit durch die Dominanz der Fichte in ihrem Naturschutzwert herabgesetzt würden. Soweit die vorhandenen Gräben noch eine entwässernde Wirkung ausüben, sollten diese geschlossen werden.
Zusammenfassend kann festgestellt werden, daß die Maßnahmen des Forstamtes Villingen-Schwenningen nicht im Widerspruch zu den Forderungen des Naturschutzes stehen (vergleiche WOLF, 1993), sondern diese unterstützen.

Abb. 43 **Missenstandorte im Stadtwald Villingen**

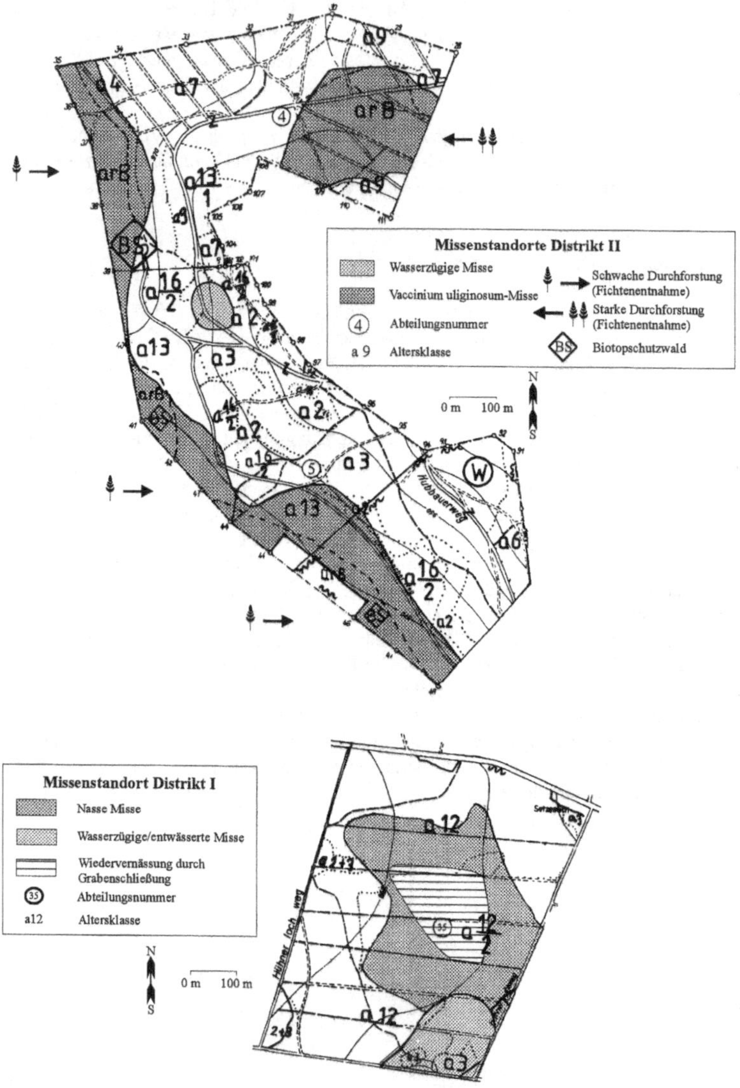

Ausschnitt aus der Forstbetriebskarte auf der Grundlage der Deutschen Grundkarte 1:5000 (DGK 5); mit Erlaubnis des Landesvermessungsamts Baden-Württemberg vom 24.11.95, Az.: 5.11/1165.

9. Altauenwälder in den Poldern Altenheim I und II im Forstbezirk Kehl

9.1 Das Untersuchungsgebiet

Das Untersuchungsgebiet liegt im Oberrheinischen Tiefland westlich von Altenheim (Rheinkilometer 280) und wird dem Wuchsbezirk 1/03b (Rheinebene zwischen Kehl und Breisach), Teilbezirk A (Rheinaue) zugerechnet. Die Polder Altenheim gehören zum Forstbezirk Kehl, Distrikt II (Altenheimer Rheinwald) und Distrikt IV (Ichenheimer Rheinwald) und sind im Besitz der Gemeinde Neuried. Die Polder besitzen eine Fläche von 520 ha, von denen 48% (250 ha) bewaldet sind (LANDESAMT FÜR UMWELTSCHUTZ BADEN-WÜRTTEMBERG, 1991; im folgenden kurz LFU). Durch einen Querdamm sind die Polder Altenheim in zwei Poldergebiete, den Polder Altenheim I (350 ha) und den südlich davon gelegenen Polder Altenheim II (170 ha) geteilt.
Im Rahmen des Oberrheinausbaus zwischen Breisach und Iffezheim (1950 bis 1977) wurden etwa 130 km² Auengebiete durch Dämme vom Rhein abgeschnitten (LFU, 1993b). Im Bereich der heutigen Polder Altenheim erfolgte die Ausdeichung dieser im Rahmen der Errichtung der Staustufe Straßburg (1970), die nach dem Prinzip der Schlingenlösung (=Teilkanallösung) gebaut wurde (LFU, 1991). Eine direkte Überflutung dieser Flächen (0,7-1,3 km zwischen Rheinhauptdamm und Nebendamm) ist seit dieser Zeit nicht mehr möglich; aus der "Überflutungsaue" entstand eine "Altaue" (=ausgedeichte Aue).
Zur Wiederherstellung des 200jährlichen Hochwasserschutzes sind aufgrund einer deutsch-französischen Vereinbarung ab 1982 vom Land Baden-Württemberg etwa 128 Mio. m³ Rückhalteraum (Retentionsraum) bereitzustellen. Solange dieses Rückhaltevolumen nicht verwirklicht ist, muß Baden-Württemberg Hochwasserschäden auf französischem Gebiet finanziell entschädigen. Andererseits ist einer Wasserentnahme aus dem Rhein zur Wiedervernässung von Flächen ebenfalls vertraglich Grenzen gesetzt (LFU, 1994). Die Entstehung der Polder Altenheim sind im Rahmen dieser Vereinbarung zu sehen. Diese wurden in den Jahren 1977-1982 als Hochwasserrückhalteräume gebaut. Ein Polder ist dadurch gekennzeichnet, daß im Hinterland des rheinnahen Hochwasserdammes ein weiterer Damm neu errichtet beziehungsweise alte Dämme verstärkt und Querriegel gebaut werden. Durch regulierbare Ein- und Auslaßbauwerke im Rheinhauptdamm kann der Polder bei aufkommendem extremen Hochwasser im Rheinhauptstrom einen Teil der Wassermenge aufnehmen, so daß Hochwasserspitzen "gekappt" werden. Im März 1987 wurde ein erster Probestau vorgenommen. 1988 und 1990 wurde der Polder Altenheim im Rahmen des vereinbarten Betriebsreglements zur Hochwasserrückhaltung eingesetzt (LFU, 1993a).
Aus der Sicht des Naturschutzes sollte die Errichtung der Polder als Chance genutzt werden, aus der Altaue wieder eine naturnähere Auelandschaft mit entsprechender Dynamik wiederherzustellen. Hierfür ist jedoch nicht ausreichend, daß die Polder nur während extremer Hochwasserspitzen geflutet werden. Um Flora und Fauna an die Hochwasserretentionen anzupassen, ist es notwendig, daß sich auch wesentlich geringere Wasserspiegelerhöhungen des Rheins auf die Polderfläche übertragen. Hierfür sind die sogenannten "Ökologischen Flutungen" gedacht. Sie sollen eine allmähliche Anpassung der Standorte, der Flora und Fauna an die natürliche Dynamik eines Auelebensraumes ermöglichen. Als Auen* werden hier im Sinne von DIERSCHKE (1981) "Komplexe von Lebensgemeinschaften verstanden, die in ihrem Wesen durch periodische oder episodische Überflutungen der Ströme, Flüsse oder auch Seen bedingt sind".

*Zur korrekten Verwendung des Begriffes Aue siehe KORNECK (1984)!

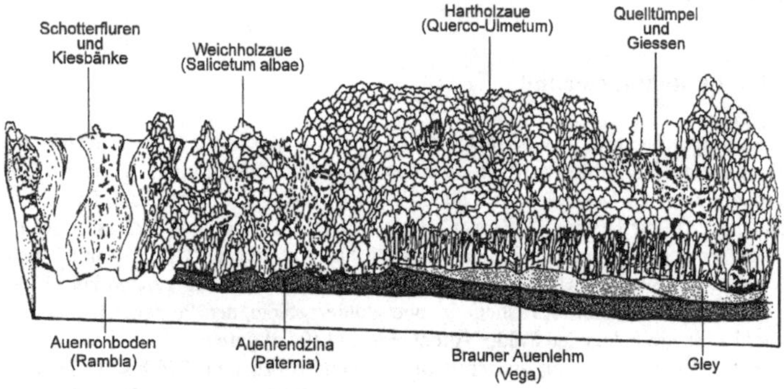

Abb. 44: Idealtypischer Querschnitt durch die Rheinaue vor stärkeren anthropogenen Eingriffen (Zeitenwende?) unter Angabe typischer Waldgesellschaften und Bodentypen. Nach Abbildungen aus COCH & EWALD (1992: 24, 32), verändert und ergänzt.

9.2 Die natürliche Gliederung der Auestandorte und ihrer Vegetation

Vor Beginn der Oberrheinkorrektion durch Tulla (1817-1880) war der Oberrhein weitgehend ein Wildstrom, der regelmäßig sein Fließbett veränderte. Aufgrund der geringen Höhenunterschiede in der Oberrheinebene trat der Rhein bereits bei geringem Anstieg des Wasserspiegels über die Ufer und konnte weite Teile des Umlandes überschwemmen. Die Flußdynamik bewirkte ein ständiges Vergehen und Neuentstehen von Land- und Wasserflächen. Je nach Standortsituation erfolgte eine verstärkte Erosion von autochthonem Material oder eine erhöhte Akkumulation allochthonen Materials. An diese Bedingungen mußte sich die Flora und Fauna anpassen. Die Standorte und deren Vegetation zeigten in Abhängigkeit von Überflutungsdauer und -höhe, Grundwasserspiegelschwankung und anderen Faktoren folgendes idealtypisches räumliches Nebeneinander, wie es vermutlich vor stärkeren anthropogenen Eingriffen (etwa um die Zeitenwende) existiert hat (Abb. 44) (vergleiche HÜGIN, 1963; CARBIENER, 1974; DILGER & SPÄTH, 1988: 47ff; COCH & EWALD, 1992: 22ff):

1. Gehölzfreie Aue mit Wasserpflanzengesellschaften, Pioniergesellschaften neuentstandener Standorte, Röhricht- und Großseggengesellschaften.
2. Weichholzaue

Die Weichholzaue liegt etwa 0-100 cm über dem Sommermittelwasser (Mai-Oktober, nach Angaben aus der Standortskartierung), bei einer mittleren Überflutungsdauer von 60-120 Tagen während der Vegetationsperiode. Hauptholzart dieser Standorte ist die Silberweide (*Salix alba*). In Abhängigkeit von der Geländehöhe läßt sich die Weichholzaue in zwei Bereiche untergliedern.

2.1 Weidenaue (Tiefe Weidenaue)

Die Tiefe Weidenaue liegt 0-50 cm über dem Sommermittelwasser. Die typische Pflanzengesellschaft dieser Zone ist der Silberweidenauenwald in seiner nassesten Subassoziation (Salicetum albae,

Subassoziation mit *Phragmites australis*).
2.2 Weiden-Pappel-Aue (Hohe Weidenaue)
Die Weiden-Pappel-Aue ist höhergelegen, etwa (30) 40-100 cm über dem Sommermittelwasser. Die typische Waldgesellschaft dieser Stufe ist der Silberweidenauenwald in seiner Typischen Subassoziation (entspricht der Subassoziation von *Cornus sanguinea* anderer Autoren, Subassoziation mit *Aster tradescantii* bei HÜGIN & HENRICHFREISE, 1992).
3. Hartholzaue
Die Hartholzaue beginnt bei etwa (80) 100 cm über dem Sommermittelwasser, bei einer mittleren Überflutungsdauer von 2-50 Tagen während der Vegetationsperiode. Die kennzeichnende Waldgesellschaft ist der Eichen-Ulmen-Auenwald (Querco-Ulmetum). Die Hartholzaue läßt sich ebenfalls in zwei Abschnitte untergliedern.
3.1 Tiefe Hartholzaue
Die Tiefe Hartholzaue liegt (80) 100-150 cm über dem Sommermittelwasser. In dieser Zone findet sich auf feuchten Standorten die Subassoziation mit *Impatiens* spp., auf frischen Standorten die Subassoziation mit *Allium ursinum* und anderen Frühlingsgeophyten.
3.2 Hohe Hartholzaue
Die Hohe Hartholzaue beginnt bei Sommermittelwasserständen <150 cm mit dem Typischen Eichen-Ulmen-Auenwald (Querco-Ulmetum typicum). Auf sehr trockenen Standorten erscheint die Subassoziation mit *Carex alba* (und *Carex flacca*).

Diese Standort- und Vegetationsgliederung stellt weitgehend das Leitbild des Naturschutzes bei der Bewertung von Auenvegetation dar. Obwohl diese Gliederungskategorien in den Poldern Altenheim (und andernorts, vergleiche VOLK, 1994 und 1995) gar nicht mehr oder nur noch sehr begrenzt zutreffen, da die Überflutungsdynamik weitgehend fehlt, soll sie im folgenden trotzdem weiter verwendet werden. Es muß jedoch beachtet werden, daß die Standortbezeichnungen zumeist nur noch als Angabe über die Entfernung zum (wenig schwankenden) Grundwasserspiegel darstellen. Die Konsequenzen dieser Tatsache werden weiter unten behandelt.

9.3 Historische Entwicklung der Wälder im Poldergebiet

9.3.1 Der Wald bis zur Tulla´schen Korrektion (1870)

Die Wälder der heutigen Polder Altenheim I und II existierten 1797 und auch noch 1843 nur in einem sehr begrenzten Umfang, wie der "Schmitt´schen Karte von Südwestdeutschland", Blatt 19 (LANDESVERMESSUNGSAMT BADEN-WÜRTTEMBERG, O.J.) und der detaillierten "Topographischen Karte über das Grossherzogthum Baden", Blatt 26 (LANDESVERMESSUNGSAMT BADEN-WÜRTTEMBERG, 1985) zu entnehmen ist (Abb. 45; vergleiche auch LFU, 1991: Anlage I.2).
Etwa 54% des Untersuchungsgebietes bestand um 1838 (und auch noch um 1843) aus Wasserflächen. Wälder in Form von Pioniergehölzen und Faschinenwäldern (das heißt als Niederwald genutzte Weidenweichholzauen) hatten einen Flächenanteil von etwa 34%, während Hartholzauenwälder nur etwa 1% der heutigen Polderfläche einnahmen (ausgedehntere Hartholzauenwälder befanden sich nur östlich angrenzend an das heutige Poldergebiet). Diese wurden zwischen 1843 und 1852 gerodet. Kies- und Sandbänke nahmen ungefähr 7% der Fläche ein (nach Angaben aus VOLK, 1994).

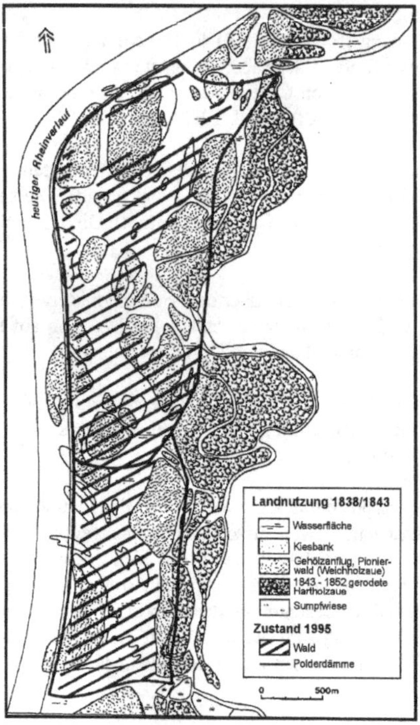

Abb. 45: Landnutzung im heutigen Polder Altenheim I und II um 1838/1843 und heutige Waldverteilung. Nach einer Abbildung aus VOLK (1994), verändert und ergänzt.

Der größte Teil der bewaldeten Flächen wurde als Niederwald mit 4-7-jähriger Umtriebszeit genutzt. Diese Umtriebszeit wurde häufig auch noch nach Übergang zu einer geordneten Forstwirtschaft beibehalten (BAUER, 1951: 38). Der Niederwald lieferte vor allem Faschinen und Brennholz. Nach BAUER (1951: 38) geht die Faschinennutzung nachweislich bis ins 15. Jahrhundert zurück, was auf den langen anthropogenen Einfluß auf den Rheinauenwald hinweist. Da jedes größere Hochwasser zum Verschwinden von Landflächen und andererseits zu Neuanlandungen an anderen Stellen führte, konnte sich keine geschlossene Waldbestockung einstellen. Mehr als eine Niederwaldnutzung war daher gar nicht möglich (BOSCH, 1981).

Als wichtige Nebennutzung erfolgte eine ausgedehnte Schilf-, Streu- und Futtergrasnutzung in den Rheinauenwäldern. Auch Waldweide war eine gängige Nutzungsweise. Die Rheininseln wurden regelmäßig als Jungviehweide genutzt.

Die intensive Nutzung der Waldbestände als Niederwald in Verbindung mit der noch voll wirksamen Dynamik des unkorrigierten Rheinstroms bewirkte einen hohen Anteil an ausschlagfähigen Pionierholzarten wie Weiden (*Salix* spp.), Grauerle (*Alnus incana*) und Pappeln (*Populus alba, P. canescens, P. nigra, P. tremula*). Typische Arten der Kiesbänke wie Deutsche Tamariske (*Myricaria germanica*) und Sanddorn (*Hippophae rhamnoides*) waren häufig vertreten. Der Zustand des damaligen Rheinwaldes war häufig so schlecht, daß dessen Bestockung in vielen Gemeinden gar nicht als "Wald" angesehen wurde (BAUER, 1951: 38).

9.3.2 Der Wald von 1870 bis 1918

Die Forstgeschichte der heutigen Waldbestände im Poldergebiet begann größtenteils erst um 1870. Nach Abschluß der Tulla'schen Oberrheinkorrektion am Flußabschnitt des heutigen Polder Altenheim floß der Rhein in einem festen Mittelwasserbett. Dies bewirkte die Neuentstehung terrestrischer Standorte. Große Teile ursprünglich aquatischer Standorte wurden zu Landflächen und standen nun unter anderem einer forstwirtschaftlichen Nutzung zur Verfügung. Die Dynamik des Rheins war im Untersuchungsgebiet jedoch noch teilweise wirksam. Der entstandene Altrheinarm ("Holländerrhein") sorgte weiterhin für eine gewisse Dynamik der Standorte. Umfangreiche Anlandungsprogramme und Meliorationsmaßnahmen sollten für eine Akkumulation von Schlamm und Schlick auf den neugewonnenen forstwirtschaftlich genutzten Standorten sorgen.
Mit der Ersteinrichtung der Rheinauewaldungen im Jahre 1882 (Distrikt II) beziehungsweise 1887 (Distrikt IV) liegen uns erste quantitative Angaben über die Baumartenzusammensetzung im Untersuchungsgebiet vor (die Ersteinrichtung der Flußauenmittelwälder fand 1846 statt, da diese bereits früher vermessen wurden). Einen bedeutenden Flächenanteil besaßen nur Weiden (vor allem Silberweide) und Grauerle mit jeweils 35%. Beide Arten sind kennzeichnende Arten der Rheinwald-Niederwälder. Die Pappelarten wurden zusammen mit anderen Baumarten zur Kategorie "sonstiges Laubholz" (10%) zusammengefaßt. Wie bereits vor der Korrektion gab es noch zahlreiche Standorte, die kaum mehr als Strauchwerk enthielten, so daß der Strauchanteil mit 20% ausgesprochen groß war (Abb. 46).
Die erfolgte Standortverbesserung (stabilere morphologische Verhältnisse, Anlandungs- und Meliorationsmaßnahmen) bewirkte bei der Grauerle eine Vitalitätseinbuße, so daß diese durch andere Baumarten ersetzt werden sollte. Nutznießer hiervon waren zunächst die autochthonen Pappelarten, insbesondere die Schwarzpappel (*Populus nigra*), deren Anteil 1897 auf 10% stieg. Die Niederwaldwirtschaft blieb zum Teil noch bis um die Jahrhundertwende erhalten.
Aufgrund der erfolgten Rheinkorrektion ging der Bedarf an Faschinen stark zurück und die Regulierung der Abflußverhältnisse des Hauptstromes ließ den Anbau nutzholztauglicher Baumarten wie Hybridpappel, Eiche, Esche, Ulme, Ahorn und Schwarzerle zu. In die Niederwaldschläge wurden diese Baumarten seit Beginn der geregelten Forstwirtschaft gezielt in die Schläge eingebracht. Nach Angaben aus der Ersteinrichtung (1882/1887) hatten diese Baumarten "im eigentlichen Rheinauewaldgebiet noch keine nennenswerte Verbreitung".
Das Ziel dieser Pflanzungen beziehungsweise der Auswahl geeigneter Laßreitel war der Aufbau eines Mittelwaldes. Die Betriebsart dieser Wälder entsprach noch weitgehend einem oberholzarmen Mittelwald (1882: 41 Vfm/ha) mit kurzer Unterholzumtriebszeit (10 Jahre). Die Umtriebszeit der Oberschicht lag bei 25 Jahren. Der 1. Weltkrieg führte im Untersuchungsgebiet zu Waldflächenverlusten durch Ausstockungen (Umwandlung in Grünland) im nördlichen Teil des Polder Altenheim I.

9.3.3 Der Wald von 1918 bis 1948

Die Ergebnisse der Forsteinrichtung 1926 ergaben ein völlig neues Bild der Baumartenzusammensetzung im Untersuchungsgebiet (Abb. 46). Dies war das Ergebnis der seit Beginn der

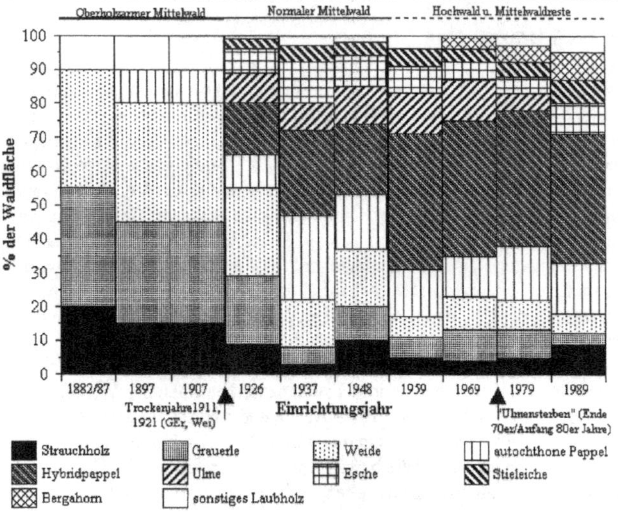

Abb. 46: Baumartenzusammensetzung der Wälder im heutigen Gebiet der Polder Altenheim I und II von 1882 (Distrikt II)/1887 (Distrikt IV) bis 1989 unter Anführung wichtiger Betriebsarten und zufälliger Ereignisse.

geregelten Forstwirtschaft durchgeführten Förderung von Esche, Ulme, Eiche und Pappel, die sich nun häufig im Oberholz der Mittelwälder befanden. Die Hybridpappel (vor allem die Kanadapappel, *Populus x canadensis*) wurde seit 1880 vereinzelt, seit der Jahrhundertwende als hauptsächliche Pappelart eingebracht. Der hohe Anteilsverlust der Grauerle (10%) und Weide (9%) ist nach Angaben des Forsteinrichtungswerkes 1926 vor allem auf die sehr trockenen Jahre 1911 und 1921 zurückzuführen (Abb. 46).

Die Schwarzpappel (*Populus nigra*) erreichte 1937 ihren höchsten Anteil (25%). Die heutigen Schwarzpappel-Bestände gehören fast ausschließlich der IV.-V. Altersklasse (61-100 Jahre) an. Nach Aufgabe der Mittelwaldwirtschaft kam wegen der schlechten Bestockung der alten Faschinenwälder nur die Umwandlung durch Abtrieb infrage. Dabei wurden die guten Standorte mit Pappel ausgepflanzt, während man auf dem größten Teil der Fläche die vorhandenen Bestände durchwachsen ließ. Die Umwandlung der Bestände ging dabei auf Kosten von Weide und Grauerle (Abb. 46). Die Förderung der autochthonen Pappelarten (vor allem der Schwarzpappel) ist also durch zwei rein historisch bedingte Faktoren zu erklären. Zunächst begünstigten die großen Schläge in den Mittel- und Niederwäldern diese Lichtbaumart. Darüberhinaus schufen die Hochwasserüberflutungen (noch 1935 wurde das Gelände dadurch verändert) sowie die extrem starke Streunutzung ständig neue Rohböden, auf denen die Schwarzpappel als anspruchslose Pionierholzart gute Keim- und Wuchsbedingungen vorfand. Der pflanzensoziologische Verbreitungsschwerpunkt von *Populus nigra* liegt im Übergangsbereich zwischen Silberweidenauenwald (Salicetum albae typicum = cornetosum) und Eichen-Ulmen-Auenwald (Querco-Ulmetum impatientetosum) (vergleiche CARBIENER, 1974; LOHMEYER & TRAUTMANN, 1974). Tiefer liegende Standorte werden zu häufig und lang überflutet, so daß die für Überflutung kritische Jugendphase der Schwarzpappel meist

zugrunde geht (vergleiche KRAMER, 1987: 237).
Weitere "Gewinner" dieser Überführung waren Kanadapappel, Esche, Ulme und Eiche (Abb. 46). Insbesondere die Esche mußte allerdings noch weitgehend gepflanzt werden, da eine Naturverjüngung aufgrund der noch häufig stattfindenden Überschwemmungen nicht möglich war (Einrichtungswerk 1948). Das bedeutet, daß der größte Teil der Flächen um 1948 noch nicht als potentiell eschenreiche Standorte anzusehen war.
Während des 2. Weltkrieges gab es zahlreiche Schäden durch Artilleriebeschuß und Bombenabwurf. Vermutlich führte die vernachlässigte Pflege der Bestände während dieser Zeit zu einem Anstieg des Anteils von Grauerle, Weide und Strauchholz (Abb. 46). Es kann jedoch nicht ausgeschlossen werden, daß dieser Anteilsanstieg ausschließlich auf damalige einrichtungstechnische Probleme zurückzuführen ist (schriftliche Mitteilung des Forstamtsleiters IHLE, 1995).
Die Planung der Einrichtung 1948 beschränkte sich weitgehend auf die aus forstwirtschaftlicher Sicht sehr guten bis mittleren Standorte. Hiebsreife oder minderwertige Bestände sollten abgetrieben werden und mit Hybridpappeln (auf sehr guten und guten Standorten) bestockt werden. Auf mittleren (und schlechten) Standorten sollte die Schwarzpappel und Trockenpappeln gepflanzt werden.
Zusammenfassend kann festgehalten werden, daß der "typische" Rhein-Hartholzauenwald im Poldergebiet erst Anfang dieses Jahrhunderts durch wasserbauliche und forstwirtschaftliche Maßnahmen entstand. Ebenfalls durch forstwirtschaftliche Förderung konnten Rote Liste-Arten wie Ulme (*Ulmus minor*, *Ulmus laevis*) und Schwarzpappel (*Populus nigra*) ihre Anteile stark erhöhen. Auch die Stieleiche (*Quercus robur*) verdankt ihr Vorkommen weitgehend der künstlichen Einbringung durch die Forstwirtschaft. Ihr Anteil (3-5%) lag dabei deutlich unter dem Durchschnitt der badischen Rheinauenwälder (1948: 18%) (BAUER, 1951: 29).

9.3.4 Der Wald von 1948 bis heute

Die weitere Entwicklung der Wälder nach dem 2. Weltkrieg ist durch drei wichtige Ereignisse beeinflußt worden. Dies war zunächst eine weitere "Pappelwelle", die nach dem Krieg die entstandenen Nutzungslücken, die durch Abtrieb der Mittelwälder und Kriegsschäden entstanden, auffüllte. Als zweites bewirkte die Fertigstellung der Staustufe Straßburg die Abtrennung des heutigen Poldergebietes vom Überschwemmungsgebiet des Rheinstromes. Das dritte bedeutende Ereignis war der vollständige Ausfall der Ulme durch das "Ulmensterben".
Die Planung der Forsteinrichtung 1948 wurde in den folgenden Jahren nur auf den aus forstwirtschaftlicher Sicht sehr guten und guten Standorten vollzogen. Auf diesen Standorten wurden die hiebsreifen Bestände und schlechtwüchsigen Mittelwälder durch Hybridpappelreinbestände ersetzt. Das Ergebnis dieses Vollzuges schlägt sich seit der Einrichtung 1959 in einer Beteiligung der Hybridpappel an der Waldfläche von 40% nieder. Dies ist gegenüber dem Ergebnis der - Forsteinrichtung 1948 eine Verdoppelung des Anteiles (Abb. 46). Unter anderem aufgrund dieses hohen Hybridpappelanteiles sieht die Forsteinrichtung 1989 für die nächsten 10 Jahre keinen weiteren Anbau vor. Der Flächenanteil der Pappel soll langfristig auf 22% heruntergeschraubt werden. Die Erhaltung des Schwarzpappelanteiles erscheint langfristig nicht möglich, da die ökologischen Bedingungen sich derart geändert haben, daß eine natürliche Verjüngung nicht mehr gegeben ist.
Die aus forstwirtschaftlicher Sicht schlechten Standorte wurden häufig mit Birke bestockt, während die sehr schlechten Standorte weitgehend unangetastet blieben. Hieraus erklärt sich der heute noch hohe Anteil von ehemaligen Mittelwäldern in einigen Abteilungen. Die Bewirtschaftung konzentrierte sich im Rheinauenwald vor allem auf die sehr guten und guten Standorte. Die ehemaligen Mittelwaldbestände werden langfristig vollständig durchwachsen, wenn auch durch gezielte Verfahren (Zielstärkennutzung, Femelverjüngung, Förderung des Unterstandes, Überhalt vor allem bei der Eiche, Z-Baumauswahl) versucht werden soll, den Strukturreichtum der Bestände zu halten,

beziehungsweise zu erhöhen.
Mit der Fertigstellung der Staustufe Straßburg (1970) wurden die Bestände des Untersuchungsgebietes durch Ausdeichung vom Überflutungsregime des Rheins abgeschnitten. Das hatte zur Folge, daß die ehemalige "Überflutungsaue" zur "Altaue" wurde. Die nun fortfallende Gefahr einer Überflutung machte den Weg frei für die Einbringung von Berg- und Spitzahorn, zwei gegenüber Überflutung sehr empfindliche Baumarten (vergleiche KRAMER, 1987: 230; DILGER & SPÄTH, 1988: 52ff). Ihr Anteil ist bis 1989 auf 8% gestiegen und wird wohl auch weiterhin durch die reichlich aufkommende Naturverjüngung und durch forstliche Förderung steigen. Der Anteil des Bergahorn liegt bei der langfristigen Baumartenplanung bei 13%. Der "Brotbaum", die Esche, soll einen Anteil von 25% erhalten. Beide Baumarten, deren Naturverjüngung im Untersuchungsgebiet sehr hoch ist, sind Zeiger für die starke Veränderung der Standortsituation im Poldergebiet.
Das dritte wichtige Ereignis begann Anfang 1970 und erreichte Ende der 70er/Anfang der 80er Jahre seinen Höhepunkt. Es war der vollständige Ausfall der Ulmenarten durch Befall mit dem Pilz *Graphium ulmi*, der durch den Großen und Kleinen Ulmensplintkäfer übertragen wird. Der Anteilsverlust wurde im folgenden hauptsächlich durch den Anteilsanstieg von Esche, Eiche und Bergahorn kompensiert (Abb. 46). Da eine Bekämpfung des "Ulmensterbens" zur Zeit nicht möglich ist, kann die Ulme in der forstlichen Planung nicht berücksichtigt werden. Soweit es möglich ist, erfolgt jedoch eine Erhaltung vorhandener älterer Exemplare und der Naturverjüngung).
Die Stieleiche, weitgehend ein Relikt der Mittelwaldbewirtschaftung, ist forstwirtschaftlich wenig brauchbar, da die Oberholzstämme rasch solitärartige Kronen ausbilden. Aufgrund ihrer großen (faunistischen) Bedeutung, die ihr vom Naturschutz beigemessen wird, soll jedoch ihr Anteil gehalten werden. Eine Naturverjüngung der Eiche fehlt bisher weitgehend. Eichenkulturen haben sich als schwachwüchsig, chlorotisch (Mg- und P-Mangel aufgrund hoher Ca-Gehaltes im Boden) und aufgrund hoher Verdämmung durch den reichen Unterwuchs sehr pflegeintensiv erwiesen. Aus diesen Gründen unterbleibt auch die Ausweisung des Betriebszieltyps Eiche.
Zusammenfassend kann die Situation in den Poldern Altenheim zum Zeitpunkt der letzten Einrichtung (1989) wie folgt beschrieben werden: Fast die Hälfte der Waldfläche wird von Hybridpappelbeständen eingenommen. Die übrigen Baumarten konzentrieren sich auf die zusammengewachsenen Mittelwälder, die häufig auf den forstwirtschaftlich schlechten Standorten stocken. Der Bergahorn ist als neue Baumart hinzugekommen, während die Ulmenarten durch das "Ulmensterben" vollständig ausgefallen sind.

9.4 Die Veränderungen des Wasserhaushaltes im Untersuchungsgebiet

Mit Fertigstellung der Staustufe Straßburg (1970) erfolgte eine Ausdeichung des Untersuchungsgebietes, eine weitere Überflutung der Standorte blieb aus.
Hydrologisch bedeutete dies eine Absenkung des Grundwasserspiegels sowie eine Dämpfung der Schwankungen des Wasserspiegels. Dies soll anhand Abb. 47 erläutert werden (vergleiche HÜGIN, 1990): Die Wassergangslinie weitgehend intakter Auestandorte (Abb. 47, oben) ist durch unregelmäßige, starke Schwankungen gekennzeichnet (in Abb. 47, oben: 3,5 m; Hügin (1990: 14) gibt sogar Schwankungen von 5,2 m an). Dabei wird zeitweise der gesamte Auenwaldbereich vollständig überflutet, andererseits kann die Aue aber auch vollständig trockenfallen. Hierdurch entsteht an den meisten Standorten ein starker Wechsel in der Wasserstufe.
Erfolgt zwar noch ein regelmäßiger, aber stark verminderter Wasserzustrom so wird nur noch ein Teil der Standorte vom Wasserstandswechsel erfaßt (Abb. 47, Mitte). Der Wasseranstieg erfolgt zumeist durch Rückstau von Oberflächenwasser, wodurch eine Sedimentation von Schlick nur noch geringfügig stattfindet oder ganz fehlt, so daß der (Aue-) Boden altern kann. Diese Art des Wasserstandwechsels kann nach HÜGIN & HENRICHFREISE (1992) drei verschiedene Auswirkungen auf den Wasserstufenwechsel am Standort haben. Entweder eine von zwei Wasserstufen dominiert (zum Beispiel naß bei Wechsel naß/feucht), oder es wird eine zusätzliche Wasserstufe betont (zum

Beispiel naß zwischen vorwiegend wasserbedeckt und frisch). Weiterhin ist ein Ersatz des lebhafteren Wasserstufenwechsels mit der (dritten) Wasserstufe mäßig trocken zugunsten der benachbarten Stufe möglich.
Erfolgt eine vollständige Abschottung der Auestandorte vom Überflutungsregime des Rheins, wie dies für das Untersuchungsgebiet seit 1970 der Fall ist, so bewirkt dies ein Ausbleiben jeglicher Überschwemmungen am Standort und einen Grundwasserspiegel, der nur noch sehr geringe Schwankungen ausführt (Abb. 47, unten: 0,3 m). Anders als bei den Standorten südlich von Breisach ist der Grundwasserstand im Untersuchungsgebiet jedoch noch relativ hochstehend, wenn dieser auch seit 1971 bereits gesunken ist (Abb. 47, unten). Die in Abb. 47 (unten) eingefügten maximalen Wasserstandsschwankungen natürlicher Auestandorte und Halbauestandorte (nach Angaben aus HÜGIN & HENRICHFREISE, 1992), bezogen auf den mittleren Grundwasserstand 1980-1982 im Untersuchungsgebiet, sollen einen ungefähren Eindruck vom Umfang der verlorenen Schwankungsbreite der Wasserstände geben.
Mit Fertigstellung der Polder Altenheim I und II (1982) und Aufnahme von Retentionsflutungen und ökologischen Flutungen (ab 1989) erfolgte eine neuerliche Veränderung der Standortverhältnisse. Aus diesem Zeitraum liegen Messungen des amtlichen Grundwasserpegels 140065 vor, welcher dem südlichen Teil des Polder I benachbart ist (Periode 1989-Ende 1994) (Abb. 48). Weiterhin sind hier zwei Grundwasserpegelaufzeichnungen (GW-Pegel 214065 und 211065) des Jahres 1994 der FVA Freiburg aus dem Polder I (Distikt I, Abteilung 4 und 7) in Abb. 49 wiedergegeben.
Bisher erfolgten in den Poldern 37 ökologische Flutungen (Tab. 17) und zwei Retentionsflutungen (März 1989, Februar 1990). Soweit die Grundwasserstandsaufzeichnungen in Abb. 48 und Abb. 49 dargestellt sind, wurden die Termine der jeweiligen Flutungen durch Pfeile markiert.
Die Höhe der bei den ökologischen Flutungen in den Altrhein ("Holländerrhein") und Rheinseitengraben geleiteten Wassermenge hängt dabei von der Abflußhöhe des Rheins bei Kehl ab (Tab. 18).
Eine Auswertung der Abb. 48 und Abb. 49 ergibt folgendes:
Grundsätzlich wirkt sich eine ökologische Flutung nur dann auf den Grundwasserspiegel des Untersuchungsgebietes aus, wenn diese mehrere Tage anhält und/oder hohe Einleitungswassermengen zugeführt werden. Kurz nacheinander erfolgende Flutungen bewirken eine zusätzliche Erhöhung des Grundwasserspiegels.

Jahr	1989	1990	1991	1992	1993	1994	1995
Summe Flutungstage	1	18	22,5	33,2	34,5	45	14,5
Max. Zufluß [m³/s]	25	14-40	15-60	10-70	5-45	5-60	20-60

Tab. 17: Übersicht durchgeführter ökologischer Flutungen in den Poldern Altenheim (Stand Anfang Februar 1995). Nach einer unveröffentlichten Aufstellung der Oberrheinagentur Lahr.

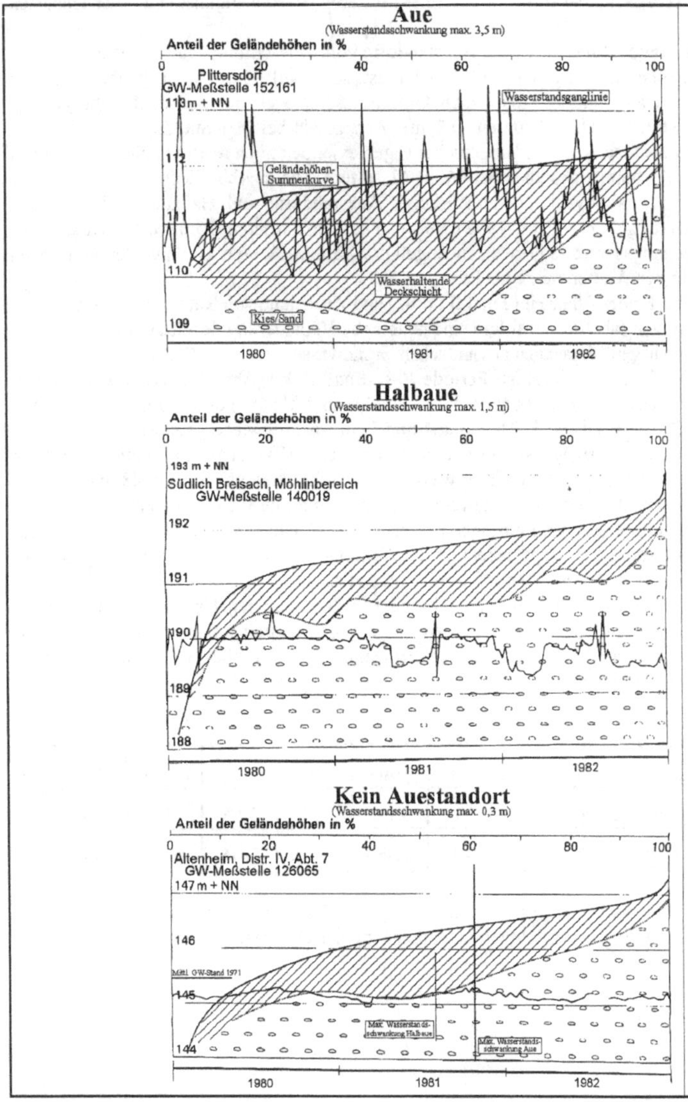

Abb. 47: Wassergangslinienverlauf weitgehend intakter Auestandorte (oben), bei stark vermindertem Wasserzustrom (Mitte) sowie weitgehend fehlenden Wasserzustrom (kein Auestandort). Die eingefügten maximalen Wasserstandsschwankungen (unten) beziehen sich auf den mittleren Grundwasserstand 1980-1982. Aus HÜGIN & HENRICHFREISE (1992), verändert und ergänzt.

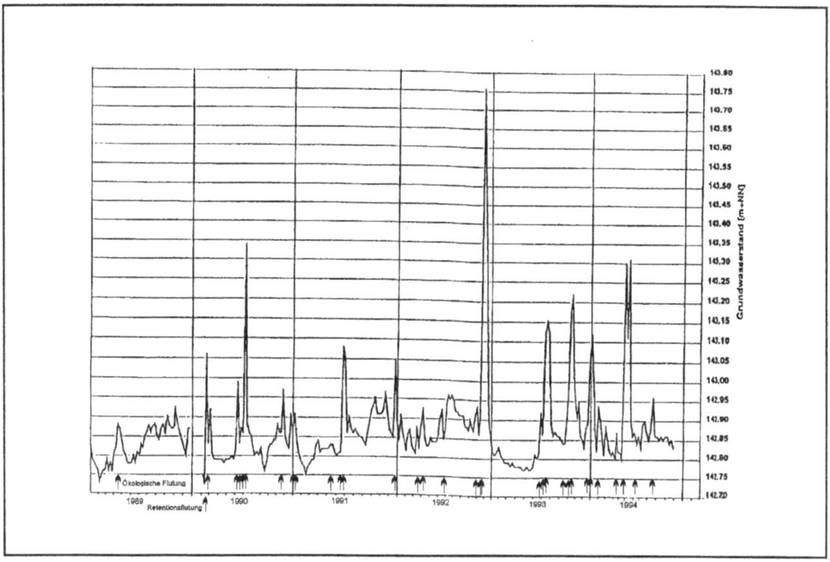

Abb. 48: Grundwasserspiegelverlauf 1989-Ende 1994 am Pegel 140065 auf Höhe des südlichen Teiles des Polder I (außerhalb des Poldergebietes, jedoch direkt benachbart). Die Pfeile markieren den jeweiligen Beginn einer ökologischen Flutung beziehungsweise Retentionsflutung. Man beachte die Skalierung der Ordinate, die nur einen Bereich von 1,10 m umfaßt. Nach einer unveröffentlichten Grafik der LfU, verändert und ergänzt.

Betrachtet man die Grundwasserganglinien der Abb. 49, die sich innerhalb des Polders I auf unterschiedlichem Höhenniveau befinden (Pegel 211065 altrheinnah, Pegel 214065 altrheinfern), so zeigt sich, daß langanhaltende und/oder hohe Zuflüsse den Grundwasserspiegel erhöhen. Das Ausmaß der Erhöhung erfolgt jedoch nur in einem sehr bescheidenen Umfang. Ausschließlich Standorte in direkter Nachbarschaft von Gewässern erfahren eine Überflutung beziehungweise Wasserspiegelanhebungen, die eine Änderung der Wasserstufe bewirken, und auch nur dann, wenn langanhaltende Flutungen mit hohen Zuflußmengen (Stufe 3) vorhanden sind. In der Regel erfolgt jedoch keine Wasserstufenänderung an den Standorten. Flutungen der Stufe 1 (siehe Tab. 18) bewirken keinen sichtbaren Anstieg des Wasserspiegels am Standort, da die eingeleiteten Wassermengen zu gering sind. Der Pegel 214065 erreicht 1994 eine maximale Wasserstands-

Abflußhöhe bei Kehl [m³/s]	1550-2000	>2000-<2500	2500-2600
Stufe	1	2	3
Zufluß in Polder II [m³/s]	≤30	35-55	≥60

Tab. 18: Wasserzuflußhöhe in den Polder Altenheim II in Abhängigkeit von der Abflußhöhe des Rheins bei Kehl. Zum Teil nach Angaben aus LFU (1991, 1993a).

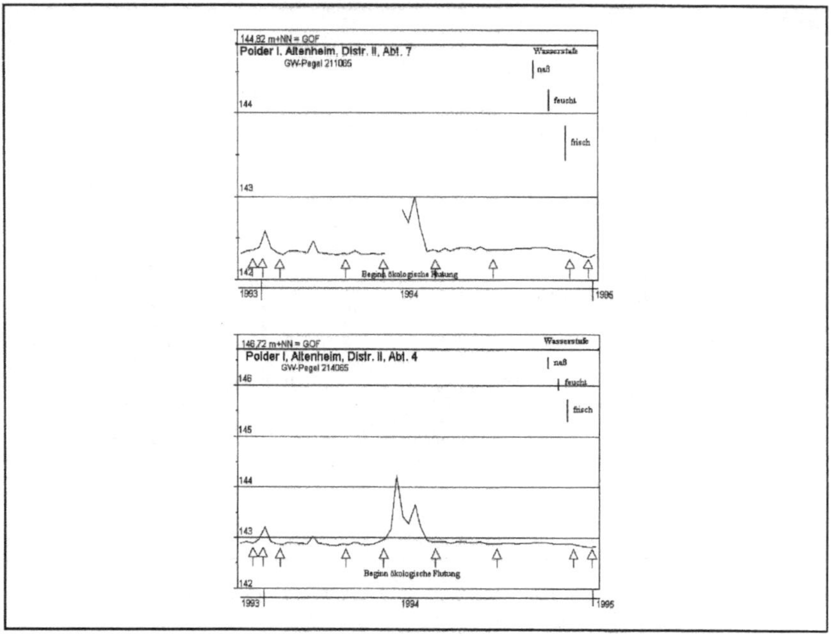

Abb. 49: Grundwasserpegelwerte von zwei Flächen innerhalb des südlichen Teiles des Polder Altenheim I, Distrikt I, Abteilung 7 und 4 (nach unveröffentlichten Pegelwerten der FVA Freiburg). Die Pfeile markieren den Beginn von ökologischen Flutungen. Die Markierungen der Tiefenlage der einzelnen Wasserstufen wurde HÜGIN & HENRICHFREISE (1992) entnommen. Die Unterbrechung der Pegelmessung in Abteilung 7 ist darauf zurückzuführen, daß der Pegel wegen Hochwassers nicht zugänglich war.

schwankung von etwa 1,4 m. Dies reicht vom Betrag her gerade in den Bereich der Halbaue hinein (siehe Abb. 47, Mitte und unten). Aufgrund des relativ tiefliegenden Grundwasserspiegels in den Poldern I und II hat dies jedoch kaum einen bedeutenden Einfluß auf die terrestrische Vegetation (vergleiche HÜGIN, 1990: Abb. 13). Die Bedeutung der Beobachtung, daß nach den hohen Wasserständen und langandauernden ökologischen Flutungen der Stufe 3 (Zufluß ≥60 m³/s) im Frühjahr 1995 Bergahorn und Esche eine starke Naturverjüngung zeigten, ist noch nicht absehbar, da eine reichliche Naturverjüngung nicht unbedingt auch auf einen für diese Baumarten geeigneten Standort hinweist (siehe KRAMER, 1987: 229).
Zusammenfassend kann festgehalten werden, daß die bisherigen ökologischen Flutungen zwar im direkt benachbarten Bereich der Gewässer eine Dynamisierung der Wasserstände an den Standorten bewirkt haben (vergleiche LFU, 1993a), darüber hinaus jedoch kaum Einfluß auf die Vegetation hatten. Im Unterschied zu natürlichen Wasserstandsschwankungen in Auen (und Halbauen) ist die Wasserstandsganglinie im Polder ausschließlich durch eine vorübergehende Grundwasserspiegelerhöhung gekennzeichnet, um nachfolgend auf den "Normalwert" wieder abzusinken. Eine bedeutende positive und negative Schwankung um einen Mittelwert findet nicht statt. Daher ist nicht nur eine Dämpfung <u>aller</u> Hochwässer notwendig, wie dies HÜGIN & HENRICHFREISE (1992: 44) fordern, sondern darüberhinaus ein kontinuierlich höherer Zufluß in die Polder, soweit dies unter den

gegebenen Rahmenbedingungen möglich ist. Ansonsten erscheint eine Anpassung der Flora und Fauna an Retentionsflutungen nicht möglich, ganz zu schweigen von einer Wiederherstellung oder Neuschaffung von naturnahen Auestandorten.

9.5 Kartierungen der Waldvegetation im Untersuchungsgebiet

1972 und 1973, also nach Fertigstellung der Staustufe Straßburg (1970), erfolgte durch SOLMSDORF et al. (1975) eine Kartierung der schutzwürdigen und naturnahen Bereiche entlang des Oberrheins. Die Waldbestandteile der heutigen Polder wurden mit Ausnahme der Pappelforste als weitgehend natürlich, mit typischem, ursprünglichem Charakter für diesen Flußabschnitt eingestuft.
Eine vegetationskundliche Aufnahme des Zustandes vor Einführung der ökologischen Flutungen im Untersuchungsgebiet wurde 1988 von SEMMELMANN (1989) durchgeführt und in einer Vegetationskarte festgehalten (siehe LFU, 1991). Als naturnahe, beziehungsweise nur wenig abgewandelte Waldbestände wurden vor allem die durchgewachsenen eichen- und schwarzpappelreichen Hartholzauenwälder ("Eichen-Hainbuchenwald-artiger Waldbestand" = Carpinetum-artige Waldbestände) bezeichnet (ca. 38% der Waldfläche). Silberweidenbestände konnten nur noch als Fragmente oder als Relikte beobachtet werden. Teile der Hartholzauestandorte und der größte Teil der Weichholzauestandorte werden von Hybridpappelforsten eingenommen. Daneben finden sich im Hartholzauebereich auch Ahorn- und sonstige Edellaubholz- und Birkenforste.
HÜGIN & HENRICHFREISE (1992) ermittelten zwischen 1981 und 1989 für den größten Teil des Untersuchungsgebietes die potentielle natürliche Vegetation, hier verstanden als Vegetation, die sich einstellen würde, wenn sämtliche anthropogenen Einflüsse wegfielen, die Dammbauten jedoch weiterhin stabil bleiben würden. Die Kartierung umfaßt dabei den größten Teil der heutigen Polderflächen (vergleiche dazu auch Abb. 47, unten). Die Autoren stellen fest, daß das Untersuchungsgebiet seinen Auecharakter verloren hat, so daß Silberweidenauenwald (Salicetum albae) und Eichen-Ulmen-Auenwald (Querco-Ulmetum) als potentielle natürliche Vegetation nicht mehr auftreten würden. Als potentielle natürliche Vegetation auf 78% der kartierten Fläche wird ein Feldulmen-Eichen-Hainbuchen-Wald (gemeint ist wohl das Stellario-Carpinetum stachyetosum (*Ulmus minor*-Phase) und Stellario-Carpinetum typicum; vergleiche DIERSCHKE, 1979; DILGER & SPÄTH, 1988: 68; SEIBERT, 1987a, 1987b: 155f; REIF, im Druck) verschiedener Ausbildungen (Wasserstufe frisch bis trocken) angegeben. Auf 35% der kartierten Fläche besitzt die Vegetation keinen Anschluß mehr an das Grundwasser. Nur 14% der Standorte werden den Wasserstufen naß (6%) oder feucht (8%) zugewiesen. Entsprechend den nicht mehr vorhandenen Wasserspiegelschwankungen werden diesen Standorten, etwas mißverständlich und ungenau, Erlen- beziehungsweise Eschen-Wälder als potentielle natürliche Vegetation zugewiesen.
Die Angaben zur potentiellen natürlichen Vegetation bei HÜGIN & HENRICHFREISE (1992) sind ungenau, da die Vegetationseinheiten der nicht mehr oder nicht mehr regelmäßig überschwemmten Standorte nicht explizit mit pflanzensoziologischen Assoziationen korreliert werden. Aber gerade dies soll die Konstruktion der potentiellen natürlichen Vegetation leisten. Zudem können die Ulmenarten (*Ulmus minor*, *Ulmus laevis*) wohl nicht mehr als Arten der potentiellen natürlichen Vegetation angesehen werden, da das "Ulmensterbens" auch nach aufhören des menschlichen Einflusses weiterbestehen wird.
Die Kritik von VOLK (1994) an den Ausführungen von HÜGIN & HENRICHFREISE (1992) zur potentiellen natürlichen Vegetation ist nur teilweise berechtigt. VOLK (1994) bemängelt zu Recht die Überbetonung der Feldulme (*Ulmus minor*). Die Kritik an der zu starken Berücksichtigung der Stieleiche (*Quercus robur*) und der zu geringen Berücksichtigung der Esche (*Fraxinus excelsior*) und des Bergahorn (*Acer pseudoplatanus*) an der potentiellen natürlichen Vegetation bei HÜGIN & HENRICHFREISE (1992) ist nur bedingt zutreffend, denn die Autoren machen nur relativ vage Angaben über die Mengenanteile der einzelnen Baumarten. Die Bezeichnung "Feldulmen-Eichen-Hainbuchenwald" (hier als Stellario-Carpinetum verstanden) sagt nur begrenzt etwas über die Domi-

nanzverhältnisse von Baumarten aus. Ein Stellario-Carpinetum kann auch von der Esche (*Fraxinus excelsior*) in der Baumschicht dominiert werden, und die Stieleiche (*Quercus robur*) kann durchaus fehlen. Auch der Bergahorn (*Acer pseudoplatanus*) hat in dieser Waldgesellschaft seine Daseinsberechtigung (siehe OBERDORFER, 1992: Tab. 311). HÜGIN & HENRICHFREISE (1992) wenden sich weniger gegen einzelne Baumarten als gegen großflächige Reinbestände von Baumarten wie Esche und Bergahorn.
Die Biotopkartierung der LfU und die Waldbiotopkartierung der FVA ergaben weitgehend übereinstimmende Ergebnisse. Etwa 35% der Waldfläche in den Poldern wurde als schutzwürdig ausgewiesen, wobei es sich fast ausschließlich um die erwähnten durchgewachsenen Mittelwälder auf Hartholzauestandorten handelt (vergleiche VOLK, 1994).
Zusammenfassend läßt sich festhalten, daß alle durchgeführten Kartierungen die Silberweidenauenwaldrelikte sowie die Eichen-Hainbuchenwald-artigen Waldbestände als schützens- und erhaltenswert ansehen, während die übrigen bestockten Flächen (Hybridpappel-, Edellaubholz- und Birkenbestände) nicht schutzwürdig im Sinne des Naturschutzes sind.

9.6 Wichtige Baumarten im Untersuchungsgebiet und deren forstwirtschaftliche und naturschutzfachliche Bewertung

Durch die Funktion der Polder als Retentionsräume ist es notwendig, die Wälder an die seltenen, aber die Vegetation stark beeinflussenden Überflutungen soweit wie möglich anzupassen, um ein großflächiges Absterben der Bestände zu vermeiden. Hierfür ist möglicherweise ein Umbau, beziehungsweise eine Überführung von potentiell betroffenen Beständen notwendig. Gleichzeitig entstehen im Waldbereich des Untersuchungsgebietes Konflikte zwischen der Forstwirtschaft und dem Naturschutz aufgrund unterschiedlicher Zielvorstellungen über die Betriebszieltypen und/oder Baumartenzusammensetzung der Bestände. Die Eignung der Baumarten für die jeweiligen Standorte im Untersuchungsgebiet wird im einzelnen weiter unten im Kapitel besprochen, wobei auch auf mögliche bestehende standörtliche Grenzen hingewiesen wird.
Für die langfristige Baumartenzusammensetzung in den Rheinauenwäldern des Gemeindewaldes Neuried sind folgende Anteile geplant: Esche 25%, Pappel (vor allem Hybridpappel) 22%, sonstige Laubbäume 18%, Bergahorn 13%, Roterle 13%, Stieleiche 5%, Kirsche 4%. Hieraus wird ersichtlich, daß vor allem die Esche als "Brotbaum" anzusehen ist. Geeignete Betriebszieltypen für die jeweiligen hier grobgefaßten Standorte (hier weitgehend zu verstehen als unterschiedliche Entfernung zum Grundwasserspiegel) sind der Tab. 19 zu entnehmen. Ihr ist gleichzeitig zu entnehmen, welche Betriebszieltypen prinzipiell miteinander austauschbar sind, beziehungsweise miteinander "konkurrieren".

9.6.1 Die Stieleiche (*Quercus robur*)

Die Stieleiche ist eine ursprüngliche Art des Auenwaldes und in hohem Maße überflutungstolerant, gleichzeitig aber nicht auf eine Überflutung angewiesen. Aufgrund der Überflutungstoleranz dieser Art, inklusive des Jungwuchses, findet man sie zum Teil sogar im Bereich der Weiden-Pappel-Aue. Daher kann sie praktisch auf allen nicht nassen Standorteinheiten waldbaulich eingebracht werden (Tab. 19). Allerdings ist ihr Anbau zur Wertholzproduktion nur auf sehr Standorten möglich (KRAMER, 1987: 228). Auch pflanzensoziologisch besitzt die Eiche eine weite Amplitude in den Auenwaldgesellschaften und Eichen-Hainbuchen-Gesellschaften (vergleiche zum Beispiel CARBIENER, 1974; LOHMEYER & TRAUTMANN, 1974; DILGER & SPÄTH, 1988).

Standort\BZT	Wei	Pa	Es	SEi	BAh	Blbh fr.
Weidenaue	+					
Abflußträge Wei-Pa-Aue	+	(+)				
Wei-Pa-Aue		+	(+)	(+)		
Tiefe HH-Aue		+	+	+	(+)	+
Hohe HH-Aue		(+)		+	+	+
Tonige Böden		(+)	+	+		
Schwemmlöß/ Feinlehm		+	+	+	+	+
Org./mineral. Naßböden		(+)	(+)	(+)		

Tab. 19: Wichtige Betriebszieltypen (BZT) auf verschiedenen (grob gefaßten) Standorteinheiten in den Poldern Altenheim I und II. Es bedeuten: Wei: Weide, Pa: Hybridpappel, Es: Esche, SEi: Stieleiche, BAh: Bergahorn, Blbh fr.: Buntlaubholz auf frischen Standorten, HH-Aue: Hartholzaue, +: geeignet, (+): unter bestimmten Standortbedingungen geeignet, leeres Feld: ungeeignet/wenig geeignet. Zusammengestellt nach Angaben aus Forsteinrichtungswerk 1989 und Standortskartierung 1982/1983 unter Hinzuziehung von Angaben aus KRAMER (1987) und DILGER & SPÄTH (1988).

Die Eiche ist in das Untersuchungsgebiet erst Ende des 19. Jahrhunderts anthropogen auf den nach der Rheinkorrektion neu entstandenen Standorten eingebracht worden. Ziel dieser Einbringung war die Schaffung eines nutzholztauglichen Oberstandes in den neugeschaffenen Mittelwaldungen (vergleiche DILGER & SPÄTH, 1988: 67). Somit stellt diese Baumart für das Untersuchungsgebiet zwar einen relativ jungen Baumartenzugang dar, dieser war und ist jedoch, rein standörtlich gesehen, gerechtfertigt.
Die heutigen Bestände befinden sich weitgehend auf Standorten der Hartholzaue höherer und mittlerer Lagen. Pflanzensoziologisch sind die Bestände als Carpinion-artige Gesellschaften des Querco-Ulmetum der Typischen Subassoziation und der Subassoziation mit *Carex alba* anzusprechen. Sie sind gekennzeichnet durch ihren Reichtum an Sträuchern und Lianen (zum Beispiel *Clematis vitalba*, *Cornus sanguinea*, *Corylus avellana*, *Hedera helix*, *Prunus spinosa*) (siehe CARBIENER, 1974; LOHMEYER & TRAUTMANN, 1974; SEIBERT, 1987b). Die Entwicklung der Bestände zu Carpinion-Gesellschaften entsteht aufgrund der ausbleibenden Überflutung und Überschlickung der Standorte (SEIBERT, 1987b: 155f).
Der hohe Wert der Eiche für den Naturschutz leitet sich vor allem daraus ab, daß diese Baumart im lebenden wie im toten Zustand einer großen Zahl von Tierarten eine Lebensgrundlage bietet (vergleiche zum Beispiel AMMER, 1991). Durch ihre lichte Kronenstruktur wird ein günstiges Lichtklima im Waldesinneren ermöglicht, so daß zahlreiche Strauch- und Krautarten, sowie unter- und zwischenständige Baumarten diese Bereiche besiedeln können, wenn auch in bezug auf die Natürlichkeit dieses Arten- und Strukturreichtums in der Literatur keine Einigkeit herrscht. Während beispielsweise CARBIENER (1974) der Auffassung ist, daß die Mittelwaldbewirtschaftung die Struktur des Eichen-Ulmen-Auenwaldes (Querco-Ulmetum) nur geringfügig verändert hat, sind LOHMEYER & TRAUTMANN (1974) und MÜLLER, T. (1990: 155f) der Meinung, daß die Mittel-

waldnutzung überhaupt erst strauchreiche Eichen-Ulmen-Auenwälder (und Eichen-Hainbuchen-Wälder) geschaffen hat (eine Ausnahme bilden nur die trockenen Standorte, die von Natur aus lichter sind). DILGER & SPÄTH (1988: 68) vermuten daher, daß der Strukturreichtum dieser Bestände aufgrund der fehlenden Mittelwaldbewirtschaftung mehr und mehr verlorengehen wird.
1989 besaß die Eiche in den Poldern einen Anteil von 7% an der Waldfläche. Dieser Anteil soll nach der Planung der Forsteinrichtung aus Naturschutzgründen nach Möglichkeit gehalten werden. Aufgrund ihres unregelmäßigen Jahrringbaues und kurzer Schaftlängen sind die Mittelwaldeichen forstwirtschaftlich als geringwertig einzustufen. Die Naturverjüngung der Eiche ist aufgrund des hohen Strauchanteiles in den Beständen nur gering. Zudem ist der Wildverbiß hoch. Die bisher angelegten Eichenkulturen sind wenig erfolgversprechend, da sie durch Chlorose (Mg- und P-Mangel aufgrund des hohen Ca-Angebotes am Standort) und starke Strauchkonkurrenz geschwächt werden. Aus diesen Gründen verzichtet die forstliche Planung auf den Betriebszieltyp Eiche. Es gibt jedoch nach IHLE (1995, schriftliche Mitteilung) erste Hinweise, daß sich der Eichenanteil auf Standorten erhöht, wo die Eschen-Naturverjüngung durch die Flutungen ausgefallen ist.
Zur Sicherung ihres Anteiles in den Distrikten II und IV sollen die vorhandenen Eichen in den jeweiligen Beständen möglichst lange belassen werden. Langfristig ist ein weiteres Absinken des Eichenanteiles anzunehmen, da viele Standorte eschen- und bergahornfähig geworden sind und sich deren Anteil daher erhöhen wird. Die Eiche sollte jedoch in der Regel aus Naturschutzgründen als Mischbaumart am Betriebszieltyp Esche beteiligt werden. Eine Beteiligung am Betriebszieltyp Bergahorn, wie er auf Teilen der Polderfläche vorgesehen und zum Teil bereits verwirklicht ist, bereitet aufgrund der starken Schattwirkung dieser Baumart Probleme. Hier wäre zu überlegen, ob ein Umstieg auf den Betriebszieltyp "Buntlaubholz frisch" mit einem nicht zu hohen Bergahornanteil zur langfristigen Stützung des Eichenanteiles geeignet wäre. Aufgrund ihrer Eignung für alle Teile der Hartholzaue sollte die Eiche allgemein als Mischholzart durch Pflanzung eingebracht werden, vorausgesetzt die Strauch- und Lianenkonkurrenz am Standort und die Verbißsituation läßt dies zu.

9.6.2 Die Feld- und Flatterulme (*Ulmus minor, Ulmus laevis*)

Die Feldulme (*Ulmus minor*) ist nach OBERDORFER (1990) eine Charakterart des Eichen-Ulmen-Auenwaldes (Querco-Ulmetum) und somit in der gesamten Hartholzaue verbreitet. Die Flatterulme (*Ulmus laevis*) hat am Rhein eine Tendenz zu bodensauren Standorten bei breiterer soziologischen Amplitude. Sie gilt als Alno-Ulmion-Verbandscharakterart. Im Standortbereich des Querco-Ulmetum ist sie nach DILGER & SPÄTH (1988: 67) bevorzugt in den feuchtesten (tiefsten) Teilen der Hartholzaue verbreitet.
Beide Ulmenarten wurden durch die Forstwirtschaft künstlich auf die neuentstandenen Standorte des Untersuchungsgebietes eingebracht und erreichten im Oberholz der Mittelwälder Anteile bis zu 35%. Ihren höchsten Anteil an der Gesamtwaldfläche erreichten die zwei Ulmenarten, die in den Forsteinrichtungen nicht getrennt aufgeführt wurden, zwischen 1959 und 1969 mit 12%. Sie profitierten offenbar von der Einstellung der Mittelwaldbewirtschaftung. Aufgrund des Ende der 70er Jahre einsetzenden "Ulmensterbens" sank der Ulmenanteil 1979 auf 5%. Seit der Einrichtung 1989 ist ihr Anteil derart gering, daß er nicht mehr angegeben wird. Im Untersuchungsgebiet existieren Flatterulmen nur noch in einzelnen Baumexemplaren, während von der Feldulme Altbäume völlig fehlen und nur noch jüngere Individuen vorhanden sind, obwohl bei beiden Arten die Naturverjüngung besser ist als bei der Eiche. Aufgrund des allgemein starken Rückganges beider Ulmenarten, wobei der Ausfall bei der Feldulme stärker ist als bei der Flatterulme, werden diese von SEBALD et al. (1990b: 53, 57) als stark gefährdet (*Ulmus minor*) beziehungsweise gefährdet (*Ulmus laevis*) eingestuft.
Die Ulmenarten sind in der forstlichen Planung prinzipiell in fast allen Betriebszieltypen der Weiden-Pappel-Aue und der Hartholzaue als Nebenbaumarten vertreten (vergleiche KRAMER, 1987). Aufgrund der extremen Betriebsunsicherheit dieser Baumarten erfolgt jedoch keine zusätzliche

Einbringung. Einzelne Exemplare aus der Naturverjüngung werden jedoch übernommen.
Eine gezielte Erhaltung der Feld- und Flatterulme erscheint aufgrund des zur Zeit nicht verhinderbaren Pilzbefalls schwierig. Gerade deswegen ist es aber notwendig, die vorhandene Naturverjüngung auf den Polderstandorten, die noch einer Überflutung unterliegen, beziehungsweise vom Wasserhaushalt her als feucht einzustufen sind, zu übernehmen, so daß bei einer vielleicht zukünftig möglichen Bekämpfung noch ausreichend autochthone Ulmen für eine Neuausbreitung der Arten vorhanden sind. Ein eventueller Ausfall der übernommenen Exemplare im Baumalter ist insofern vertretbar, da diese ohnehin nur als Nebenbaumarten in den Beständen fungieren, so daß die Raumbesetzung relativ gering ist.
Aufgrund der hohen Überflutungsresistenz beider Ulmenarten stellen für sie Retentionsflutungen keine Gefahr dar. Wegen der Seltenheit von Retentionsflutungen und den bisher relativ geringen Auswirkungen der ökologischen Flutungen auf dem größten Teil der Polderflächen sind viele Standorte lange Zeit relativ trocken. Daher ist zusätzlich zum "Ulmensterben" auch mit einem standörtlich bedingten Rückgang der Ulmenarten zu rechnen.

9.6.3 Die Silberweide (*Salix alba*)

Die Silberweide ist die dominierende Art im Silberweidenauenwald (Salicetum albae). Die Standorte der Silberweide sind vor allem durch einen starken Wasserstandswechsel im Jahreslauf gekennzeichnet. Weiterhin findet sich die Art als Relikt in der Schilfweidenaue, wo sich die Silberweide jedoch nicht verjüngen kann, da es nicht mehr zur Entstehung von Rohböden kommt (vergleiche KRAUSE, 1975; DILGER & SPÄTH, 1988: 65). Verringern sich Anzahl und Dauer der Überflutungen, oder erfolgen sie wie im Untersuchungsgebiet nur noch in sehr geringem Umfang, so entwickelt sich auf diesen Standorten ein Eichen-Ulmen-Auenwald (Querco-Ulmetum). Bleiben Überschwemmungen ganz aus, so können sich Carpinion-artige Bestände ausbilden, wie es auf den Teilen der Polderflächen im Bereich der Hartholzauestandorte zu beobachten ist.
Der hohe Anteil der Silberweide an der Baumartenzusammensetzung von anfangs 35% nahm im Untersuchungsgebiet um die Jahrhundertwende drastisch ab aufgrund der veränderten Standortsituation, sowie durch den Übergang zur Mittelwaldbewirtschaftung und des stark nachlassenden Faschinenbedarfs. Ihre forstwirtschaftliche Bedeutung beschränkte sich weitgehend darauf, als "Lückenbüßer" extremste Weichholzauestandorte zu bestocken, und in entsprechend bedrohten Pappelbeständen als "Eisbrecher" zu dienen (vergleiche KRAMER, 1987: 238). Ihr weiterer Rückgang ist nachfolgend vor allem auf die "Pappeleuphorie" und die Ausdeichung in den 70er Jahren zurückzuführen. Während die beiden Pappelanbauwellen direkt die möglichen Silberweidenstandorte belegten, bewirkte die Ausdeichung durch das Ausbleiben von Überflutungen und Überschlickungen (und Grundwasserspiegelabsenkung) eine starke Verringerung möglicher Silberweidenstandorte. Der Anteil der Silberweide an der Waldfläche lag 1989 bei 6%. Gegenwärtig existieren in den Poldern Silberweidenauenwälder und deren Relikte nur noch sehr kleinflächig in linearer Ausbildung in der Nachbarschaft der Gewässer, an denen Wasserstandsschwankungen noch am ausgeprägtesten sind (siehe LFU, 1991). Die meisten dieser Bestände sind als arB-Flächen ausgewiesen.
Aufgrund ihrer extremen Überflutungstoleranz sind die Silberweidenbestände durch die Retentionsflutungen nicht gefährdet. Soweit es sich um gewässernahe Bestände handelt, sind die durchgeführten ökologischen Flutungen geeignet, diese zu stabilisieren und im kleinen Maßstab eine Naturverjüngung herbeizuführen.
Die vorhandenen Bestände sind, soweit die Standortbedingungen sich nicht zu stark verändert haben, zu erhalten. Erfolgt aufgrund unzureichender Überflutungsdynamik keine natürliche Verjüngung mehr, sollte auch an eine künstliche Einbringung gedacht werden. Als Begleitholzarten können auch andere autochthone Weidenarten (zum Beispiel *Salix rubens*, *Salix viminalis*, *Salix triandra*) eingebracht werden.

9.6.4 Die Schwarzpappel (*Populus nigra*)

Detaillierte Angaben über die Schwarzpappel im Untersuchungsgebiet wurden bereits im Rahmen der forstgeschichtlichen Beschreibung gemacht (Kapitel 9.3.3).
Ihren natürlichen Verbreitungsschwerpunkt hat die nach der Roten Liste Baden-Württemberg (HARMS et al., 1983) gefährdete Schwarzpappel im Übergangsbereich zwischen der Weiden-Pappel-Aue und der Tiefen Hartholzaue; sie geht jedoch auch in die Eichen-Ulmenauenwälder der Hohen Hartholzaue. Aufgrund der stark veränderten Standortbedingungen und geänderter Bewirtschaftung (Belegung der Standorte durch die Hybridpappel) bleibt als einzige Maßnahme, die vorhandenen Bestände in den ehemaligen Mittelwäldern möglichst lange zu erhalten. Aufgrund fehlender Nutzholztauglichkeit wird die Schwarzpappel von der Forstwirtschaft als nicht anbauwürdig eingestuft (DILGER & SPÄTH, 1988: 139). Zudem würde sie auf den gut mit Nährstoffen und Wasser versorgten Standorten in Konkurrenz mit Esche beziehungsweise Bergahorn treten, die als "Brotbäume" auf diesen Standorten oberste Priorität besitzen. Ihr noch hoher Anteil (15%) an der Waldfläche wird sich in Zukunft aufgrund fehlender Verjüngungsmöglichkeiten (lichtreiche, offene Pionierstandorte) weiter verringern. Retentionsflutungen haben keinen negativen Einfluß auf diese Baumart, da sie relativ überflutungstolerant ist. Im Rahmen der ökologischen Flutungen werden die meisten Schwarzpappel-Standorte ohnehin nicht vom Oberflächenwasser erreicht.

9.6.5 Die Hybridpappel (*Populus x canadensis*)

Die heutigen Hybridpappelbestände stammen weitgehend aus der Nachkriegszeit aus Anpflanzungen auf aus forstwirtschaftlicher Sicht guten und sehr guten Standorten der Tiefen und Hohen Hartholzaue. In Distrikt II hat sie einen Anteil von mehr als 30%. Aufgrund dieser hohen Beteiligung an der Waldfläche und aufgrund des schlechten Absatzmarktes für Pappelholz wurde nach 1989 ihr Anbau im Untersuchungsgebiet eingestellt. Darüber hinaus leidet die Pappel auf vielen Flächen im Forstbezirk unter dem Nachlassen beziehungsweise der Unterbindung der Auendynamik (Grundwasserschwankung, Überflutung, Überschlickung).
Die Standortkartierung weist dem Betriebszieltyp Pappel (Umtriebszeit 60 Jahre) die Standorte der Weiden-Pappel-Aue und der Tiefen Hartholzaue, die Schwemmlößstandorte und Teile der Hohen Hartholzaue zu. Mit Ausnahme des erstgenannten Standortes tritt die Hybridpappel somit in Konkurrenz zum Betriebszieltyp Esche und Bergahorn. Langfristig werden größere Teile der Pappelbestände im Bereich der Tiefen Hartholzaue durch Eschenbestände ersetzt werden, so daß die Pappel in der langfristigen Planung auf einen Anteil von 22% verringert wird.
Aus der Sicht des Naturschutzes sollten die ohnehin häufig sturmgefährdeten Pappelbestände soweit wie möglich in naturnähere Bestandestypen überführt oder umgewandelt werden, indem Hartholzarten aus der Naturverjüngung gefördert und übernommen werden. Ist die Naturverjüngung gering, sollte eine Pflanzung von Esche, Eiche, Feld- und Flatterulme erfolgen. Die zusätzliche Anlage von Pappelweitverbänden kann bei einer anstehenden Verjüngung als "Rückversicherungsbestand" angelegt werden, wobei die Hartholzarten dazwischen zu pflanzen sind. Hierbei muß jedoch gewährleistet sein, daß später ein rechtzeitiger Auszug der Pappel erfolgt, wo die Harthölzer erfolgreich aufgewachsen sind (vergleiche DILGER & SPÄTH, 1988: 153). Im Bereich der Hohen Hartholzaue kann neben der Esche auch der Bergahorn bis zu einem gewissen Anteil übernommen werden. Neben einer Überführung oder einen Umbau sollte als weitere Möglichkeit an eine "Selbstüberlassung" von Flächen mit Hybridpappelbestockung gedacht werden.

9.6.6 Die Esche (*Fraxinus excelsior*)

Pflanzensoziologisch hat die Esche ihren Verbreitungsschwerpunkt in Alno-Ulmion-Gesellschaften

(OBERDORFER, 1990) und dort neben dem Traubenkirschen-Eschen-Wald (Pruno-Fraxinetum), vor allem im Eichen-Ulmen-Auenwald (Querco-Ulmetum). CABIENER (1974) vermutet, daß die Esche und andere anspruchsvolle Baumarten größtenteils erst nach der Rheinkorrektion in die jeweiligen Auewaldstandorte eingewandert sind. Im Untersuchungsgebiet wurde die Esche nachweislich ab 1877 durch die Forstwirtschaft in die Faschinen- und Mittelwälder eingebracht, wo sie im Oberholz Anteile um 10% erreichte. Gegenwärtig hat sie einen Anteil von etwa 10% an der Waldfläche. Die langfristige Planung sieht einen Anteil von 25% in den Rheinauenwaldungen vor, was auf die zukünftig große forstwirtschaftliche Bedeutung dieser Baumart hinweist (vergleiche BAUER, 1951: 29).
Die Esche ist heute ein wesentlicher Bestandteil der Auewaldungen, wie man auch der Stetigkeitstabelle des Querco-Ulmetum bei OBERDORFER (1992: 299ff) entnehmen kann. Wurde der Betriebszieltyp Esche (Umtriebszeit 90 Jahre) im Untersuchungsgebiet zunächst vor allem für die besten Standorte der Tiefen und Hohen Hartholzaue (grundfrische bis frische tiefgründige Lehmschlicke) gewählt, so wurde dieser im Laufe der Zeit auch auf die grundfrischen bis frischen mittelgründigen Lehmschlickstandorte ausgedehnt, was einen beträchtlichen Flächengewinn bedeutete. Die Esche ist gegenüber Überflutungen resistenter als die übrigen Buntlaubhölzer. Sie tritt im Bereich der Tiefen Hartholzaue vor allem mit der Pappel in Konkurrenz. Da die Esche jedoch wirtschaftlich erfolgversprechender ist, erfolgt eine Ausdehnung auf viele dieser Standorte. Noch im Einrichtungswerk 1948 wurde erwähnt, daß die Verjüngung der Esche aufgrund der häufigen Überflutungen im Untersuchungsgebiet fast unmöglich war. Dies änderte sich jedoch im Laufe des weiteren Oberrheinausbaues und endgültig mit der Ausdeichung des Untersuchungsgebietes. Heute zeigt die Esche eine reiche Naturverjüngung auf großer Fläche, was die Forstwirtschaft nutzt, indem die Esche durch entsprechende Hiebsführungen herausgearbeitet wird. KRAMER (1987: 229) weist jedoch darauf hin, daß nicht jeder Standort mit reichlicher Eschennaturverjüngung auch tatsächlich für diese Baumart geeignet ist. Er mahnt daher, die "Grenzen tauglicher Standorte" zu beachten.
Das geplante Ziel von 25% Eschenanteil an der Rheinauenwaldfläche wird langfristig auf Kosten der Eiche und der Pappelarten gehen, soweit diese auf geeigneten Standorten (vor allem der Tiefen Hartholzaue) stocken. Aufgrund der bisher erfolgten Standortveränderungen in den Poldern wird der Eschenanteil von Natur aus weiter ansteigen, wobei von der Forstwirtschaft vor allem die nährstoffreichen, (grund-) frischen Standorte der Tiefen Hartholzaue als Eschen-Betriebszieltyp ausgewiesen werden. Hier kann in den jeweiligen Beständen in der Regel auf Eschennaturverjüngung zurückgegriffen werden, die durch entsprechende Hiebsmaßnahmen herausgearbeitet wird. Die bisher erfolgten Retentionsflutungen haben an der Esche (im Gegensatz zum Bergahorn) nur selten Rindenschäden hervorgerufen (LFU, 1991). Zwar sind Eschenkulturen und -jungbestände gegenüber Überflutung wesentlich empfindlicher als Stangen- und Althölzer, doch bedarf diese nach DILGER & SPÄTH (1988: 52) zumeist einer mindestens 22tägigen Dauer, was im Untersuchungsgebiet auf eschenfähigen Standorten kaum mehr erreicht wird, wenn auch bedacht werden muß, daß stagnierendes Oberflächenwasser, wie es bei Retentionsflutungen auftritt, für die Esche weniger verträglich ist. Die ökologischen Flutungen haben aufgrund ihrer geringen Auswirkungen keinen oder nur einen geringen Einfluß auf die Esche. Zwar bewirkten die im Frühjahr 1995 erfolgten langanhaltenden ökologischen Flutungen der Stufe 3 eine erhöhte Naturverjüngung von Esche (und Bergahorn), doch ob sich diese in den folgenden Jahrzehnten zu brauchbaren Beständen entwickeln muß abgewartet werden (vergleiche KRAMER, 1987: 229).
Aus der Sicht des Naturschutzes bewirkt die Überführung der durchgewachsenen Mittelwälder in den Betriebszieltyp Esche eine Verarmung in der Struktur und Artenvielfalt. Diese Verarmung läßt sich bis zu einem gewissen Grad durch einen höheren Anteil an Mischbaumarten entgegenwirken. So können nach DILGER & SPÄTH (1988: 140) in Abhängigkeit vom Standort unter anderem Kirsche, Stieleiche, Feld- und Flatterulme als Mischbaumarten trupp- bis horstweise eingebracht werden, während die Einbringung dienender Baumarten in Einzelmischung erfolgt. Auf die Verwendung des Bergahorn als Mischbaumart sollte auf höhergelegenen Stellen aufgrund seiner

starken Schattwirkung möglichst verzichtet werden. Die Ersetzung von Hybridpappelbeständen, welche vor allem auf guten und sehr guten, (grund-) frischen bis mäßig frischen Standorten der Tiefen und Hohen Hartholzaue stocken, durch die Esche ist auch aus Naturschutzgründen zu begrüßen. Diese Standorte sind heute von Natur aus Flächen mit einer eschenreichen potentiell natürlichen Vegetation.

9.6.7 Der Bergahorn (*Acer pseudoplatanus*)

Der Bergahorn ist die "jüngste" Baumart im Untersuchungsgebiet. Sie erschien zuerst 1969 mit einem Anteil von 4% an der Waldfläche in den Poldern. Bis 1989 hatte sich sein Anteil auf 8% verdoppelt. Die allgemeine forstliche Planung sieht im Rheinauenwald einen Anteil von 13% vor.
Für den Bergahorn gilt noch mehr als für die Esche, daß dieser erst in die Auenwälder eingebracht werden konnte, nachdem sich die Standortbedingungen in bezug auf Nährstoffgehalt und einen geregelterem Wasserhaushalt deutlich verbessert hatten (vergleiche CARBIENER, 1974). Insbesondere die Überflutungstoleranz ist bei dieser Baumart nur gering ausgeprägt, weshalb der Bergahorn von Natur aus keine Auenwaldart darstellt. Dies erklärt gleichzeitig den steilen Anteilsanstieg nach der Ausdeichung des Untersuchungsgebietes, wodurch zahlreiche bergahornfähige Standorte entstanden (vergleiche DILGER & SPÄTH, 1988: 68).
Heute wird der Betriebszieltyp Bergahorn in den Poldern zum Zwecke der Stark- und Wertholzproduktion (Umtriebszeit 100 Jahre) auf grundfrischen bis frischen und mäßig frischen, tief- bis mittelgründigen Lehmschlick der Hohen Hartholzaue eingebracht, beziehungsweise aus der reichlich vorhandenen Naturverjüngung übernommen. Auf diesen Standorten kann der Bergahorn nach DILGER & SPÄTH (1988: 68) heute als weitgehend standortheimisch angesehen werden (vergleiche LOHMEYER & TRAUTMANN, 1974). Die entsprechenden Standorte der Tiefen Hartholzaue bleiben dem Betriebszieltyp Esche vorbehalten. Auf mäßig trockenen bis trockenen Standorteinheiten wird der Bergahorn durch den Spitzahorn (*Acer platanoides*) ersetzt und der Betriebszieltyp "Buntlaubholz trocken" angestrebt.
Die waldbaulichen Vorzüge des Bergahorn, nämlich dessen leichte Verjüngung trotz starker Strauch- und Lianenkonkurrenz, der hohen verdämmenden Wirkung durch starken Schirmdruck der Krone, sowie die Fähigkeit, sich in der Unterschicht zu halten, und falls nötig, sich später als Reservestamm in die Oberschicht einzuschieben, macht ihn auf entsprechenden Standorten zu einer forstwirtschaftlich interessanten Baumart (siehe BAUER, 1951: 30).
Aufgrund der starken Schattwirkung der Bergahornkrone, die die Entwicklung eines Unterwuchses stark hemmt, wird der Betriebszieltyp Bergahorn vom Naturschutz nicht befürwortet. Ein hoher Anteil dieser Baumart in einem Bestand bewirkt eine starke Reduktion der Struktur- und Artenvielfalt. Aus diesem Grunde sollte der Betriebszieltyp Bergahorn nicht angestrebt werden, sondern der Bergahorn ausschließlich als Mischbaumart in die Betriebszieltypen Esche (im Bereich der Tiefen Hartholzaue jedoch mit hohem Betriebsrisiko) und "Buntlaubholz frisch" eingebracht werden. Aufgrund der Empfindlichkeit dieser Art gegenüber Überflutungen, wie die entstandenen Rindenschäden nach Retentionsflutungen gezeigt haben (LFU, 1991), sollte der Bergahorn ausschließlich auf den höheren Standorten der Hohen Hartholzaue eingebracht, beziehungsweise aus der reichlich vorhandenen Naturverjüngung übernommen werden. Aufgrund der im Mittel alle 6-7 Jahre auftretenden Retentionsflutungen besitzt der Bergahorn in den Poldern allgemein eine höhere Betriebsunsicherheit. Heutige Bestände auf gefährdeten Standorten sollten durch entsprechende Hiebsmaßnahmen aufgelichtet werden und die ankommende Verjüngung der Esche übernommen werden.

9.7 Möglichkeiten und Grenzen von Naturschutzmaßnahmen

Die Naturschutzfunktion des Waldes spielt in den Poldern nach der Forsteinrichtungsplanung 1989

eine zentrale Rolle; in vielen Bereichen sind Naturschutzmaßnahmen kostenneutral, oder erfordern nur einen geringen Mehraufwand.
Allgemeine Maßnahmen zur Erhaltung und Förderung von arten- und strukturreichen Beständen sind dabei:

- Erhaltung von Althölzern durch Zurücknahme von Endnutzungsflächen.
- Insbesondere bei der Eiche Überhalt von Altbäumen und bis zu einem gewissen Grad das Zulassen von überalterten Individuen und stehendem Totholz.
- Erhöhung der Anzahl von Grenzlinien innerhalb der Bestände durch Zielstärkennutzung und Femelverjüngung.
- Erzielung einer größeren Baumartenvielfalt im Betriebszieltyp Buntlaubholz frisch und trocken bei reduzierter Beteiligung stark beschattender Baumarten wie Bergahorn.
- Aufbau und Förderung des Unterstandes in allen Betriebszieltypen zur Erhöhung der Arten- und Strukturvielfalt innerhalb der Bestände.
- Längerer Nutzungsverzicht in Teilen der ehemaligen Mittelwaldungen wie dies beispielsweise bereits in Distrikt II, Abteilung 6 und 7 geschieht.
- Durch Z-Baumauswahl kann die Strukturvielfalt zusätzlich erhöht werden und seltene Baumarten gezielt begünstigt werden.
- Starke Erhöhung des Wildabschusses, da das Wild das Aufkommen einer ausreichenden Naturverjüngung von Stieleiche und anderen selteneren Baumarten stark behindert.

Andererseits müssen auch klar die Grenzen der angeführten Maßnahmen gesehen werden, die vor allem auf die erfolgten und weitgehend irreversiblen Standort- und Nutzungsveränderungen zurückzuführen sind:

- Die gefährdete Schwarzpappel (*Populus nigra*) ist aufgrund völlig veränderter Standort- und Nutzungsbedingungen langfristig nicht haltbar. Es ist nur möglich, die vorhandenen Bestände so lange wie möglich zu konservieren. Hieran können auch die ökologischen Flutungen und Retentionsflutungen nichts ändern.
- Die stark gefährdete Feldulme (*Ulmus minor*) und die gefährdete Flatterulme (*Ulmus laevis*) müssen zwar unbedingt durch entsprechende Maßnahmen gefördert werden, aber eine Erhaltung beziehungsweise Erziehung von Altbäumen liegt zur Zeit aufgrund des nicht bekämpfbaren "Ulmensterbens" nicht im Einflußbereich des Menschen.
- Die vorhandenen Stieleichenbestände sollten aus Naturschutzgründen möglichst lange konserviert werden. Beim Ausbleiben einer besseren Verjüngung, trotz intensiverer Bejagung, muß jedoch anerkannt werden, daß ihr Anteil langfristig sinken wird. Nur auf Flächen, wo die Eschen-Naturverjüngung durch Flutungen ausfällt, könnte sich ihr Anteil erhöhen, wofür es erste Anzeichen gibt (schriftliche Mitteilung Forsatamtsleiter IHLE, 1995).
- Die Bestände der Silberweide (*Salix alba*) können aufgrund des Altauecharakters der Polderflächen nur noch als Relikte vergangener Zeiten konserviert werden. Die ökologischen Flutungen sind gegenwärtig wahrscheinlich nicht in der Lage, ausreichend neue Standorte für die Verjüngung dieser Art zu schaffen.
- Die Esche (*Fraxinus excelsior*) ist auf vielen Standorten im Untersuchungsgebiet von Natur aus zur potentiellen Hauptbaumart geworden, so daß ihr Anteil auch ohne forstliche Förderung steigen und damit zum Beispiel die Eiche auf entsprechenden Standorten zunehmend verdrängen wird. Aufgrund ihrer relativ hohen Überflutungsresistenz ist sie durch die Retentionsflutungen wenig gefährdet.
- Der Bergahorn (*Acer pseudoplatanus*) hat heute auf bestimmten Standorten der Hohen Hartholzaue eine natürliche Heimat. Soweit diese Standorte durch Retentionsflutungen nicht zu lange überflutet werden, wird sich diese Baumart im Untersuchungsgebiet weiter halten. Aus Naturschutzgründen sollte die Forstwirtschaft jedoch vom Betriebszieltyp Bergahorn absehen.

Zusammenfassend ergibt sich, daß die Polder Altenheim keine Aue-Ersatzfunktion übernehmen können. Die meisten Standorte unterliegen keiner oder nur einer geringen Dynamik des Wasserregimes, wodurch insbesondere Pionierarten stark benachteiligt werden. Baumarten, die an ein relativ konstantes Wasserregime angepaßt sind, werden dagegen gefördert, können jedoch teilweise durch langanhaltende Retentionsflutungen gefährdet sein.

10. Wald-Weide-Problematik im Forstbezirk Schönau

10.1 Das Untersuchungsgebiet

Das Staatliche Forstamt Schönau liegt im ausgedehntesten Allmendgebiet des Südschwarzwaldes, im Wiesental (Landkreis Lörrach). Im Rahmen der regionalen Gliederung von Baden-Württemberg gehört das Gebiet nach SCHLENKER & MÜLLER (1978) dem Einzelwuchsbezirk Südschwarzwald (3/10) an. Aufgrund der weiten West-Ost-Ausdehnung wird eine Unterteilung in die Teilbezirke 3/10-West/Süd und 3/10-Ost vorgeschlagen. Das Untersuchungsgebiet fällt in den Teilbezirk 3/10-West/Süd (Abb. 50). Die Landschaft ist durch den Wechsel von Weide- und Waldflächen geprägt. Der Forstbezirk erstreckt sich von 400 m ü. NN (Zell im Wiesental) bis in eine Höhe von 1414 m ü. NN (Belchen), beinhaltet also die submontane bis hochmontane Höhenstufe. 78% des Forstbezirkes fällt in die Montanstufe, deren Zonalgesellschaft ein montaner Buchen-Tannen-Wald darstellt. In der submontanen Stufe ist ein atlantisch-submontaner Buchen-Eichen-Tannen-Wald die Zonalgesellschaft.

Bei einem mittleren Jahresniederschlag von 1700 mm (Spanne 1400-1900 mm) und einer mittleren Jahrestemperatur von 7° (Spanne 4,5°-9°C) hat die Vegetationszeit eine mittlere Dauer von 135 Tagen (Spanne 90-170 Tage). Für den submontanen Bereich Schönaus (540 m ü. NN) gibt HARLFINGER (1989) als Jahresmitteltemperatur 8,1°C, sowie einen Niederschlag von 1580 mm an (Periode 1931-1960). Die Vegetationszeit (Tage mit ≥ 10°C) liegt bei 158 Tagen.

Das geologische Substrat ist zumeist der Gneis, zum Teil auch eine ost-westlich streichende Zone aus paläozoischen Schiefern und Grauwacken. Aus dem Verwitterungsprodukt entstehen relativ nährstoffarme, sandig-lehmige und saure Braunerden mit geringer Basensättigung und hohem Skelettanteil bis hin zu Rohböden an sehr steilen und felsigen Standorten. Insbesondere die steilen,

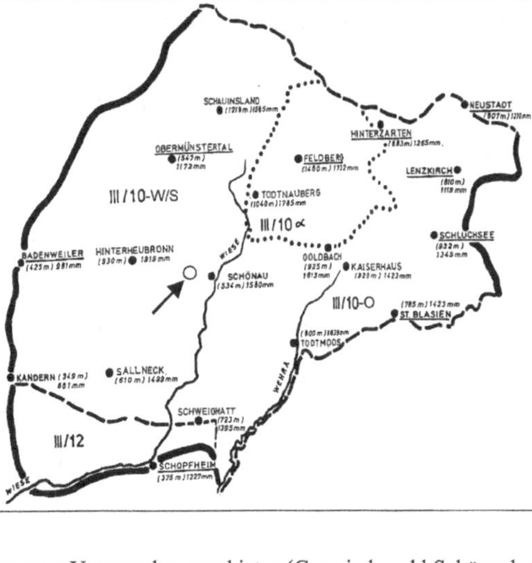

Abb. 50: Lage des engeren Untersuchungsgebietes (Gemeindewald Schönenberg) im Wuchsgebiet Südschwarzwald, Teilbezirk West/Süd (3/10-W/S). Nach SCHLENKER & MÜLLER (1978), verändert.

teilweise schroffen Hänge sind typisch für den Forstbezirk. 82% der Forstbezirksfläche wird von Hängen eingenommen (STAATLICHES FORSTAMT SCHÖNAU, 1992a). 57% der Bezirksfläche ist von Wald bedeckt, der sich zu 80% in Gemeindebesitz befindet (DRESCHER, 1987). Auf der übrigen Fläche findet in weiten Teilen des Bezirkes eine extensive Weidenutzung statt. Der Ackerbau hat aufgrund der steilen Lage der meisten Flächen nur eine geringe Bedeutung.

10.2 Allgemeine historische Grundlagen

Die Besiedlungsgeschichte des Raumes Schönau begann erst spät, im 11. und 12. Jahrhundert, als Teil eines allgemeinen Landesausbaus ausgehend vom Altsiedelland des gebirgsnahen Oberrheingebietes. Insbesondere die weniger extremen Teile des Großen Wiese-Tales boten relativ günstige Besiedlungsbedingungen. Vor allem verlockten die Silbererzlagerstätten zur Erschließung des Gebietes (KAISER, 1989). Der Letzberg bei Schönenberg stellt dabei die "Mutter der Bergwerke im Wiesental" dar, dessen Silbervorkommem wohl schon im 12. Jahrhundert entdeckt wurden und bereits früh den Schwerpunkt des Silberbergbaus bildete (SCHLAGETER, 1989a, b). Noch im 13. Jahrhundert griff die Landgewinnung über die eigentlichen Talkessel hinaus, wobei sich das Gebiet der Schönen Au (=Schönau) rasch zu einem zentralen Ausbauort entwickelte.
Im 14. und vor allem 15. Jahrhundert ging der Bergbau stark zurück. Im 16. Jahrhundert wuchs der Bedarf an Weideflächen, was sich in den aus dieser Zeit zahlreich erhaltenen Streitigkeiten um den Weidegang erschließen läßt.
Der Dreißigjährige Krieg brachte insbesondere für Schönau große materielle Schäden durch schwedische und französische Truppen. Erst im 18. und 19. Jahrhundert wuchs die Bevölkerung rasch an, unter anderem durch die Einführung des Kartoffelanbaus in der ersten Hälfte des 18. Jahrhunderts. Der Übergang zur Industrialisierung in Mittelpunktsorten wie Schönau vollzog sich dann im 19. Jahrhundert.

10.3 Die Landwirtschaft im Untersuchungsgebiet

Klima und Relief sind die wesentlichsten Faktoren, die das Vorherrschen von Grünland- und Viehwirtschaft im Untersuchungsgebiet bedingen. Insbesondere die hohe Reliefenergie des Südwest-Schwarzwaldes hat eine starke Benachteiligung der Landwirtschaft zur Folge. Die Mehrzahl der landwirtschaftlich genutzten Flächen haben Hangneigungen von über 30% und sind somit nur noch mit Spezialmaschinen bearbeitbar, oder lassen als Alternative dazu eine Weidenutzung zu.
Diese Nachteile des Standortes bewirkte strukturell eine Kleinlandwirtschaft in Form des Nebenerwerbsbetriebes, dessen einziger Betriebszweig die extensive Viehwirtschaft darstellt. Ein Kennzeichen dieser kleinbäuerlich-ärmlichen Verhältnisse war in früheren Zeiten (neben der Rindviehzucht) auch eine umfangreiche Ziegenzucht.
Das typische Merkmal der Landwirtschaft in diesem Gebiet ist der gemeinschaftliche Weidegang, bei dem das Vieh des gesamten Dorfes als eine Herde alle nicht abgegrenzten Gemarkungsflächen beweidete. Rechtlich gehörte diese "Gemeine Weide" zur Allmende (Allmendweide), das heißt, zum gemeinschaftlichen Besitz der sogenannten Nutzbürger (MÜLLER, K., 1989).
Die Nutzung der ausgedehnten entwaldeten Flächen als Weideland, die durch den hohen Holzbedarf des Bergbaus entstanden sind, dürfte schon bald nach der Besiedelung begonnen haben. Aufgrund des Überbesatzes der Grünflächen mit Weidevieh, einer regelmäßigen Reutfeldwirtschaft auf fast allen steilen und steinigen Weiden und einer unzureichenden Winterfutterversorgung der Tiere, was einen früheren Weideaustrieb und eine längere Weidezeit bewirkte, erfolgte eine extreme Devastation der Standorte (MÜLLER, K., 1989).
Dies führte 1889 von staatlicher Seite zur Einrichtung eines ersten "Schwarzwaldplanes" zur "Erhal-

tung und Verbesserung der Schwarzwaldweiden im Amtsbezirk Schönau" (BADISCHES MINISTERIUM DES INNERN, 1889). So ergaben beispielsweise die Erhebungen für die Gemarkung Schönenberg für den Bereich der Talweiden (358,2 ha), daß gute Weiden fehlen. 44,6% (159,7 ha) der Flächen waren bereits Wald oder sollten durch Aufforstung zu Wald gemacht werden (BADISCHES MINISTERIUM DES INNERN, 1889: 114f). Auf anderen Gemarkungen waren die Verhältnisse ganz ähnlich.
Die Vorschläge zur Verbesserung der Weiden fruchteten jedoch nicht (mit Ausnahme der aufzuforstenden Flächen), denn nach dem I. Weltkrieg war deren Zustand noch schlechter als um 1890. Daraufhin wurde 1925 von der Landwirtschaftskammer der Dienstposten eines Weideinspektors eingerichtet. Dieser sollte vor allem raumordnerische Maßnahmen durchführen, denn aufgrund der gemeinschaftlichen Eigentumsverhältnisse fühlte sich keiner der Nutzbürger für eine Verbesserung der Weiden zuständig, was zu einer unkontrollierten, intensiven Beweidung der Flächen führte. Zusätzlich sollte der Weideinspektor bei der Planung von Weideverbesserungen, vor allem durch Düngung, Umbruch mit Neuansaat und Bewässerung behilflich sein. Diese Raumordnungs- und Betreuungsfunktion übernimmt heute die Staatliche Weideinspektion Schönau.
Obwohl eine Betreuung vorhanden war, ließ sich der Rückgang der Landwirtschaft nicht aufhalten. So sank die Weidefläche in Schönenberg von 1940-1975 um 41,4% (152 ha), wobei 23% des Abgangs aus "Sukzessionwald" bestand (MÜLLER, K., 1989). Seit 1975 ist eine Stagnation, jedoch kein Rückgang der Weideflächen zu beobachten.
1959 wurde erneut mit dem "Schwarzwaldweideplan" versucht, die Allmendweiden zu verbessern. Seit dieser Zeit liefen auch spezielle Förderprogramme für die Gemeinschaftsweiden. Doch die Zahl der aufgetriebenen Rinder sank weiter, obwohl der Düngeraufwand in der Zeit zwischen 1956-1966 um das 1,5-fache stieg. Um 1965 sah man sich gezwungen, die Wanderschäferei wieder einzuführen, um einen weiteren Verlust großer Teile der Gemeinschaftsweide durch Sukzession zu verhindern. 1968 wurde ein zweites Förderprogramm, der "Schwarzwaldplan", verabschiedet. In diesem waren erstmals auch Landschaftspflegemaßnahmen mit einbezogen, denn die zunehmenden Schwierigkeiten, die Flächen überhaupt noch zu bewirtschaften, und eine zunehmende Bedeutung des Fremdenverkehrs rückten die Frage der Landschaftspflege immer mehr ins Bewußtsein der Menschen.
Heute betreut die Weideinspektion Schönau etwa 11000 ha Weideland. Wurde bis vor 20 Jahren noch versucht, die Weiden durch Meliorationen und andere Maßnahmen zu verbessern, so ist gegenwärtig die Erhaltung der Kulturlandschaft mit fließenden und unregelmäßigen Übergängen zwischen Weide und Wald das oberste Ziel der Weideinspektion.
Die Beweidung der Flächen erfolgt zumeist duch Rindvieh, wobei der Gastviehwirtschaft eine hohe Bedeutung zukommt. Etwa 15% der Fläche wird von Wanderschäfern genutzt. Seit 10 Jahren existiert für das Schönenberger Gebiet zusätzlich eine Ziegenherde, die vor allem zur Eindämmung der Verhurstung auf den Weideflächen benutzt wird. Aufgrund ihres ganz anderen Nahrungsspektrums stellt die Ziege keine Konkurrenz zum Rindvieh dar. Im Zuständigkeitsbereich der Weideinspektion findet sich im Durchschnitt pro Gemeinde eine Ziegenherde, die dort als Pflegeherde eingesetzt wird.
Die normale Besatzungsdichte der Weiden liegt bei 1,2 GVE/ha (1 Großvieheinheit entspricht einem Lebendgewicht von etwa 500 kg). Auf floristisch besonders wertvollen Flächen kann diese bei Bedarf bis auf 0,5 GVE/ha abgesenkt werden. Gegenwärtig ist es problemlos möglich, die Weideflächen offen zu halten. Selbst eine Ausdehnung dieser Weideflächen wäre nach mündlicher Auskunft der Weideinspektion Schönau durchaus möglich und wünschenswert.

10.4 Wald und Waldgeschichte im Untersuchungsgebiet

Der Wald und seine Geschichte sind im Untersuchungsgebiet eng verbunden mit dem Bergbau und seinem riesigen Holzbedarf. Da man vor allem an der Ausbeutung der Silbervorkommen interessiert war, erhielten die Bewohner große Freiheiten, was die übrige Landnutzung, insbesondere die Wald-

und Jagdnutzung, betraf. Diese althergebrachte Tradition bedingte bei der Säkularisation im Jahre 1806, daß das Waldeigentum nicht Baden zufiel, sondern Eigentum der Gemeinde wurde (KAISER, 1989).

10.4.1 Die Waldnutzung

An Waldnutzungen gab es nach DRESCHER (1989) und KAISER (1989) vor allem: Bau- und Brennholznutzung, Köhlerei, Floßholzhiebe für die Stadt Basel (ab 1724, wodurch sich besonders in Schönau die Vorräte rasch verringerten) und Waldweide. Die Streunutzung spielte im Raum Schönau keine Rolle.
Eine intensive gewerbliche Waldnutzung läßt sich seit dem 15. Jahrhundert feststellen, die durch die Entstehung zahlreicher Sägewerke, Glashütten, Schmelzwerke, sowie umfangreiche Brennholzlieferungen an Basel gefördert wurde.
Die Brennholzlieferungen an Basel hinterließen große Kahlflächen, die nachfolgend als Weide genutzt, oder der natürlichen Sukzession überlassen wurden. Die gängige Praxis der Waldweide bewirkte neben einer allgemeinen Schädigung des Waldbodens auch ein Ausbleiben der Verjüngung. Die strikte Trennung von Wald und Weide wurde erst um die Jahrhundertwende durchgesetzt.

10.4.2 Die Waldflächenentwicklung

Die folgende Behandlung der Waldflächenentwicklung muß sich neben allgemeinen Angaben, um konkret zu bleiben, auch auf eine überschaubare Fläche beziehen. Hierzu wurde der Gemeindewald Schönenberg (nordwestlich von Schönau, ca. 650-720 m ü. NN) auf Anraten des ehemaligen Forstamtsleiters Dr. W. Drescher (Waldshut-Tiengen) gewählt, denn diese Gemeinde erhielt trotz mehrfacher Gebietsreformen kaum Gebietszugänge oder -abgänge, so daß eine Rückverfolgung der einzelnen Waldflächen relativ einfach möglich war.
Nach DRESCHER (1989) erreichte die Flächenausdehnung des Waldes ganz allgemein zwischen 1770 und 1830 ihr Minimum. Eine Waldkarte der Vogtei Schönau von 1772 zeigt, daß nur noch 31% des Gebietes bewaldet war. 11% der Fläche war von "Gestrüpp" bestanden.
Die Waldfläche der Gemarkung Schönenberg betrug 1777 sogar nur noch 14% (108 ha), "Gestrüpp" nahm 12% (89 ha) der Fläche ein. Dies ergibt einen maximalen Bewaldungsgrad von 26% (siehe Tab. 20). Noch 1837 wurde eine Waldfläche von 21% der Gesamtfläche der Gemarkung Schönenberg festgestellt. Zum Zeitpunkt der ersten Forsteinrichtung um 1840 lag die Waldfläche der Gemarkung Schönenberg nach DRESCHER (1987) bei 30% (120 ha). Dieser Wald wird im folgenden als "Alter Wald" bezeichnet und stellt hier den Ausgangspunkt der im weiteren beschriebenen Entwicklung dar. Im weiteren wurde auf folgende Schriften und Karten zurückgegriffen, ohne daß stets hierauf verwiesen wird: DRESCHER, (1987, 1989), Einrichtungswerke 1840-1992 des Gemeindewaldes Schönenberg, MÜLLER, K. (1989), STAATLICHES FORSTAMT SCHÖNAU (1988, 1992a, b), sowie mündliche Mitteilungen des Forstamtes Schönau.
Der "Alte Wald", das heißt die im Gemeindewald vor 150 Jahren vorhandene Waldfläche, hat ein Mischungsverhältnis von 61% Nadelholz und 42% Laubholz. Diese Zusammensetzung darf nicht als natürlich angesehen werden. Auch sie ist ein Produkt der vor 1840 auf sie einwirkenden anthropozoogenen Einflüsse, die jedoch nur im allgemeinen besprochen werden können, da keine genauen Daten vorliegen.
So beschreibt der Betriebsplan des Schönauer Waldes von 1840 den Waldzustand folgendermaßen: der Wald bestand fast nur noch aus Altbeständen. Es existierten weder mittelalte Bestände, noch gab es Jungbestände oder angelegte Kulturen. Die Taxation von 1840 legte als Hauptbaumarten Buche, Tanne und Fichte fest, wobei diese möglichst aus Naturverjüngung hervorgehen sollten. Die ehemals vorherrschende ungeregelte Einzelentnahme von Stämmen ohne Rücksicht auf Nachbarn, Verjün-

gung und räumliche Ordnung sollte durch eine geordnete Schlagwirtschaft ersetzt werden. Ab etwa 1870 wurde der Buchen-Anteil im Wald verringert, da ihre vorwiegende Verwendung als Brennholz aufgrund des Aufkommens der Steinkohle stark abnahm.
Im Laufe der letzten 215 Jahre erfolgte eine Zunahme der Waldfläche der Gemeinde Schönenberg um 407% (271% bei Ausklammergung der "Gestrüpp"-Flächen) auf etwa 338 ha (Stand 1992), also ein extremer Anstieg, der erklärt werden will. Insbesondere die Ursachen dieser Vervierfachung (seit der Ersteinrichtung 1840 Verdoppelung) sollen im Vordergrund der weiteren Betrachtung stehen. Da die Landschaft weitgehend aus Weidfeldern (meist Allmendweiden) und Wald bestand, entstammen 75% (164 ha) der Neuzugänge ehemaligen Weidfeldern. 25% (54 ha) entstammen anderen Nutzungsflächen, wie zum Beispiel aufgegebenen Ackerflächen.
Die Ursachen des Bestockungsanstieges lagen im Gemeindewald Schönenberg (und dies ist für den gesamten Forstbezirk Schönau repräsentativ) in der ständig unrentabler werdenden Grünlandnutzung und in einer starken Abwanderung der Bevölkerung (insbesondere bis zur Mitte des letzten Jahrhunderts), da die früheren Industriezweige wie Silberbergbau und das Glashüttenwesen eingestellt wurden. Insbesondere die besseren Standorte wurden aufgeforstet, während die ungünstigeren Flächen brach fielen und der natürlichen Sukzession überlassen wurden.
Bis 1937 stieg der Waldanteil in Schönenberg auf 42%, also um 11% innerhalb von fast 100 Jahren (erste große Waldbauperiode 1890-1937), wobei der größte Teil aus Aufforstungen mit Fichte hervorgegangen ist.
Mit Beginn des 1. Weltkrieges gingen die Aufforstungsaktivitäten stark zurück, dagegen erhöhte sich der Anteil der Waldzugänge aus Sukzessionsflächen. Diese Situation änderte sich erst nach dem Ende des 2. Weltkrieges. Seit Anfang der 50er Jahre erfolgte eine weitere Aufforstungswelle. Aufgeforstet wurden vor allem brachliegende Weidfelder. Da die Douglasie für die trockeneren Standorte geeigneter schien als die Fichte, wurde diese Baumart zur Hauptbaumart vieler Aufforstungsflächen. Zwischen 1937 und 1957 stieg die Waldfläche um 7,1% (27 ha).
Die Aufforstungsaktivitäten wurden dabei finanziell unterstützt (von 1875 bis Anfang 1900 vom badischen Staat, 1956-1968: Schwarzwaldweideplan, 1969-1974: Schwarzwaldplan, nach 1974: Schwarzwaldprogramm). Entsprechend hoch war auch die Anzahl der Neuzugänge von 26,4% der Waldfläche im Zeitraum von 1958 bis 1987. Da die landwirtschaftlichen Betriebe im Laufe dieses Jahrhunderts vielfach aufgegeben wurden, erhöhte sich aber auch die Übernahme von Sukzessionsflächen in den Waldverband. Insgesamt ergibt sich folgendes Bild (siehe Abb. 51 sowie Abb. 52 am Ende des Kapitels):
Innerhalb der letzten 150 Jahre wuchs die Waldfäche der Gemeinde Schönenberg von 120 ha ("Alter Wald") auf 328 ha (Stand 1992). Bezogen auf die aktuelle Waldfläche stammen 36% der Fläche aus "Altem Wald", 28% aus Aufforstungen und über ein Drittel (36%) aus Sukzessionen.

10.4.3 Baumartenmischung der einzelnen Waldkategorien

Erste auswertbare Angaben über das Mischungsverhältnis der Baumarten im Gemeindewald Schönenberg existieren ab 1870. Die Baumartenzusammensetzung der drei Wald-Kategorien "Alter Wald", Wald aus Aufforstung und Wald aus Sukzession ist sehr unterschiedlich (siehe Tab. 21).

Jahr	1777	1837	1840	1937	1957	1992
Bewaldung [%]	14	21	30	42	49	57

Tab. 20: Waldflächenanteil [% der jeweiligen Gemarkungsfläche] auf der Gemarkung Schönenberg von 1777-1992.

Baumart\Wald-Kategorie	"Alter Wald"	Aufforstung	Sukzession
Fichte	38	37	34
Tanne	17	3	1
Douglasie	6 (ab 1968)	41	-
sonstige Nadelhölzer	1	3	-
Rotbuche	36	11	40
sonstige Laubhölzer	6	6	25 (v.a. Birke)

Tab. 21: Baumartenzusammensetzung der drei Wald-Kategorien im Gemeindewald Schönenberg [%] (Ermittlung aus Inventurdaten 1988). "Alter Wald": Waldbestand vor 1840 (120 ha), Aufforstung: aus Aufforstung hervorgegangener Wald (95 ha), Sukzession: aus Sukzession hervorgegangener Wald (123 ha).

Bezeichnend für den "Alten Wald" ist der geringe Anteil von Reinbeständen. Er bestand meist aus einem Buchen-Fichten-Tannen-Wald. Die Nadelhölzer machten 61% aus, während die Laubhölzer mit 36% beteiligt waren. Auffallend ist hier der sehr hohe Tannenanteil im Vergleich zu den Aufforstungen und den Sukzessionsflächen.
Ganz anders ist die Zusammensetzung der aufgeforsteten Flächen des Gemeindewaldes Schönenberg, in ihnen dominiert das Nadelholz (84%), wobei die Fichte mit 37% Anteil vor allem aus der ersten großen Waldbauperiode (1890-1937) stammt. Hierbei handelt es sich meist um Fichten-Reinbestände. Aufgrund der großen Betriebsunsicherheit der Fichte (Rotfäule, Schneebruch, Sturmwurf) setzte man anschließend vor allem auf trockenen Standorten verstärkt auf die Douglasie, deren Anteil an der Gesamtfläche der Aufforstungen insgesamt 41% ausmacht. Die Buche und

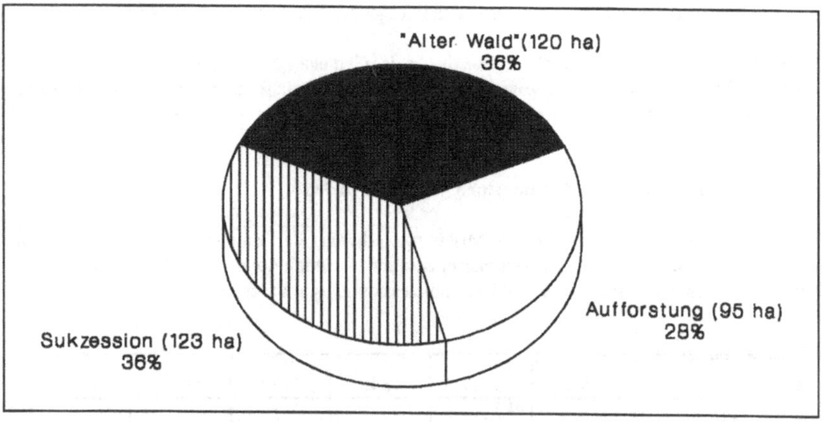

Abb. 51: Anteile der einzelnen Wald-Kategorien am Gemeindewald Schönenberg (Stand 1992). "Alter Wald": Waldbestand vor 1840, Aufforstung: aus Aufforstung hervorgegangener Wald, Sukzession: aus Sukzession hervorgegangener Wald.

sonstige Laubhölzer machten mit 17% Flächenanteil in den Aufforstungen nur einen sehr geringen Anteil aus. Sie stammen gewöhnlich aus Naturverjüngung, die auf der Aufforstungsfläche angeflogen, beziehungsweise aufgeschlagen sind und in die Nadelholzpflanzung mit übernommen wurden.

Ein wiederum anderes Bild zeigen die Waldflächen des Gemeindewaldes Schönenberg, die aus Weidfeldern stammen, die der natürlichen Sukzession unterlagen, und ab einem bestimmten Bestockungsgrad in den Waldverband übernommen wurden. Hier dominiert das Laubholz mit einem Anteil von 65%, wobei die Buche mit 40% beteiligt ist. Das sonstige Laubholz beteiligt sich mit 25%. Insbesondere die Weißbirke besitzt hierbei einen hohen Anteil. Beim Nadelholz findet sich praktisch nur die Fichte mit einem Anteil von 34%. Diese hohe Laubholzbeteiligung auf den Weidfeldsukzessionsflächen weist auf die große Vitalität und Verjüngungsfreude der Laubbäume im Untersuchungsgebiet hin. Während die Fichte meist nur in Einzelexemplaren auf Sukzessionsflächen auftritt, finden sich beim Laubholz neben Birken-(Vor-)Wäldern auch reine Buchenwälder.

Der sehr geringe Anteil der Tanne sowohl in den Aufforstungsflächen als auch in den Sukzessionsflächen geht weitgehend auf das Konto des Wildes. Der heutige Tannenanteil im Forstbezirk von etwa 12% liegt nach DRESCHER (1987) an der Untergrenze, die noch eine natürliche Verjüngung erlaubt. Selbst nach zehn- bis zwölfjähriger Zäunung werden viele Tannen noch stark verbissen. Das bedeutet, daß die natürliche Zonalgesellschaft des montanen Buchen-Tannen-Waldes nicht erreichbar erscheint. Zudem erfordert die Entstehung dieser tannenreichen Wälder längere Umtriebszeiten, da sich die Tanne meist nur einzeln verjüngt und erst lange unter dem Schirm ausharrt, während die Buche sich eher massenhaft verjüngt und zunächst die Vorherrschaft übernimmt (vergleiche MÖHLENBRUCH, 1990). Erst seit etwa sieben Jahren ist die Verbißsituation wieder soweit gemildert, daß die Tanne ohne Schutz, beziehungsweise mit Einzelschutz überlebensfähig ist.

10.5 Die Vegetation des Untersuchungsgebietes

Über die Waldgesellschaften des Belchen und seiner weiteren Umgebung gibt PHILIPPI (1989) einen Überblick. Die am weitesten verbreitete Waldgesellschaft ist der Hainsimsen-Buchenwald (Luzulo-Fagetum). Auf besser mit Nährstoffen und Feuchtigkeit versorgten Standorten stellt sich der Waldmeister-Tannen-Buchenwald (Galio odorati-Fagetum) ein. Nur sehr vereinzelt und kleinflächig findet sich der Winkelseggen-Schwarzerlen-Eschenwald (Carici remotae-Fraxinetum) und in Fragmenten der Spitzahorn-Sommerlindenwald (Aceri platanoides-Tilietum platyphylli). Das Aceri-Fagetum erscheint erst oberhalb von 1000 m. Im submontanen Bereich beschreibt SCHWABE-BRAUN (1980: 96, 171) für flachgründige Standorte ein Birken-Traubeneichenwald (Betulo-Quercetum petraeae, Synonym: Luzulo-Quercetum).

PHILIPPI (1989) schätzt im montanen Bereich das natürliche Mischungsverhältnis von Buche : Tanne im Luzulo-Fagetum auf 4 : 1 und im Galio-Fagetum auf 3 : 1. An ungünstigen Standorten wie trockenen Südhängen kann die Tanne auch vollständig ausfallen. Im Gebiet um Schönau herum hat die Fichte keine natürlichen Vorkommen. Sie tritt von Natur aus erst in höheren Lagen auf.

Die Vegetation des Grünlandes, speziell der Weidfelder wird unter anderem ausführlich von SCHWABE-BRAUN (1980) beschrieben. Einen zusammenfassenden Überblick liefern PHILIPPI (1989) und KERSTING (1991). Die typische Pflanzengesellschaft der Weidfelder im Raum Schönau stellt die Rotschwingel-Flügelginster-Gesellschaft (Festuco-Genistetum sagittalis) dar. Die Assoziation ist unter anderem durch das Auftreten folgender Pflanzenarten der Roten Liste gekennzeichnet (in Klammern ist die Gefährdungskategorie BRD/Baden-Württemberg angegeben): *Antennaria dioica* (3/2), *Arnica montana* (3/2), *Carlina acaulis* ssp. *simplex* (3/5) und *Polygala serpyllifolia* (3/3). Selten finden sich auch *Botrychium lunaria* (3/2), *Coeloglossum viride* (3/1), *Gentiana campestris* (3/2), *Lycopodium clavatum* (3/3) und *Thesium pyrenaicum* (3/2). In Abhängigkeit von der Beweidungsintensität lassen sich dabei verschiedene Ausbildungen unterscheiden, wodurch bestimmte Arten gefördert, beziehungsweise unterdrückt werden (siehe SCHWABE-BRAUN, 1980: 46f).

Nach Einstellung der Beweidung erfolgt eine typische Sukzessionsabfolge (siehe SCHWABE-BRAUN, 1980: 169ff): Auf den aufgelassenen Weidfeldern übernehmen Prunetalia-Arten die Feldschicht und bilden kleine Gehölzinseln, in denen sich nachfolgend Saumarten einfinden. Weiterhin finden sich auch *Corylus avellana*-reiche Bereiche, die häufig vor dem Wald einen Mantel ausbilden. Auf trockenen, flachgründigen Standorten entwickeln sich häufig birkenreiche Bestände, die im weiteren von der Buche (→Luzulo-Fagetum) abgelöst werden. Daneben finden sich aber auch von Beginn an reine Buchen-"Sukzessionswälder".

Das Auftreten von mosaikartig angeordneten offenen Weideflächen, verbuschten Bereichen, Birkenwäldchen und Luzulo-Fageta ist nach KERSTING (1991: 69) unter anderem eine wichtige Bedingung für das Vorkommen der Zippammer (*Emberiza cia*), einer in Baden-Württemberg vom Aussterben bedrohten Vogelart.

10.6 Konflikte und aktuelle Situation

1978 kamen das Staatliche Forstamt Schönau und das Landwirtschaftsamt Lörrach in einer Grundsatzerklärung überein, daß die landwirtschaftlichen Interessen eindeutigen Vorrang gegenüber forstwirtschaftlichen Belangen haben sollen. Dies soll dem Erhalt des typischen Landschaftsbildes dienen. Gezielte Aufforstungen haben nach Ansicht des Forstamtes Schönau ihre Bedeutung verloren. Oberstes Ziel ist die Offenhaltung und extensive Nutzung der Magerweiden. Hierin stimmen sowohl die Weideinspektion Schönau, als auch die Bezirksstelle für Naturschutz und Landschaftspflege Freiburg, sowie die Landesanstalt für Umweltschutz mit dem Forstamt Schönau überein.

Das Hauptproblem in dieser Situation stellt die schwierige Lage der Landwirtschaft dar. So sind beispielsweise nur 2,4% der Einwohner von Zell im Wiesental im landwirtschaftlichen Bereich tätig. 69% davon sind Nebenerwerbslandwirte. Da die Betriebe zunehmend unrentabler werden, ist auch weiterhin mit der Auflassung von Weidflächen zu rechnen. Diese Flächen werden entweder von privater Seite (zum Beispiel über Aufforstungsprämien der EG) mit Fichten aufgeforstet, oder unterliegen der natürlichen Sukzession und fallen später meist dem Forstamt zu ("Übernahme in den Waldverband"). Diese Sukzessionsflächen müssen im Rahmen der ordnungsgemäßen Forstwirtschaft bewirtschaftet werden, was bis vor kurzer Zeit noch einen Bestockungsumbau (Fichte, Douglasie) bedeutete. Dabei überwiegt der finanzielle und zeitliche Aufwand den späteren ökonomischen Gewinn bei weitem. Allein aus diesem Grunde hat das Forstamt Schönau kein Interesse an neuen Flächenzugängen.

Hier liegt jedoch in Abhängigkeit von der Auffassung des jeweiligen Forstamtsleiters ein mögliches Konfliktpotential zwischen Forstwirtschaft und Landwirtschaft/Naturschutz. Es besteht nämlich ein prinzipieller Konflikt zwischen dem Landeswaldgesetz und dem Landwirtschafts- und Landeskulturgesetz: über die Bodenschätzung wird festgelegt, ob eine Fläche als Wald oder landwirtschaftliche Fläche ausgewiesen wird. Im Falle der Sukzessionsflächen haben häufig beide Seiten, Forstwirtschaft und Landwirtschaft, ein Interesse daran, in deren Besitz zu gelangen. Die Sukzessionsflächen sind heute von der Weideinspektion und dem Naturschutz gewollte Entwicklungen, da diese faunistisch, floristisch und vegetationskundlich besonders wertvoll sind. Zudem beleben sie das Landschaftsbild, indem sie dieses abwechslungsreich gestalten. Da jedoch eine Übernahme in den Waldverband ab einer bestimmten Bestockungsdichte möglich ist, hängt diese Entscheidung unter anderem von der jeweiligen Interessenslage des Forstamtes ab. Dieses kann, über Einflußnahme auf den Bodenschätzer, einen Zuschlag zur Waldfläche wünschen.

Hier können sich zum Teil massive Konflikte ergeben, insbesondere, wenn es darum geht, Waldflächen in Weideland zurückzuführen. Da die bestehenden gesetzlichen Regelungen für speziell diese Landschaft unzureichend waren, erhielten die Gemeinden ein Satzungsrecht, das heißt, die jeweilige Gemeinde darf verbindlich die Grenze zwischen Wald und Weide festlegen. Dabei liegt das Hauptinteresse der Gemeinden in der Offenhaltung der Landschaft, da ansonsten vor allem im Fremdenverkehrssektor, dem wichtigsten Wirtschaftsbereich in dieser Region, Einbußen zu erwarten sind ("Verwaldung der Landschaft").

10.7 Bewertung

Abschließend soll der Einfluß der Forstwirtschaft auf die Entwicklung der oben besprochenen naturschutzrelevanten Flächen der Weidfelder und Sukzessionsflächen bewertet werden. Die Bedeutung der Forstwirtschaft zerfällt hierbei in zwei Kategorien, nämlich den Bereich der Aufforstung von Weidfeldern und den Bereich der Übernahme von Sukzessionsflächen in den Waldverband.

10.7.1. Weidfeldaufforstungen

An dieser Stelle muß noch einmal explizit darauf hingewiesen werden, daß die Weidfeldflächen zum größten Teil potentielle Waldgebiete darstellen. Eine Konservierung dieser Kulturlandschaftsteile bedarf daher eines kontinuierlichen Eingriffes (Beweidung, Enthurstung usw.). Aus Artenschutzgründen erfolgt jedoch ausschließlich eine extensive Beweidung der Flächen. Das bedeutet, daß die Erhaltungsmaßnahmen gegen die natürlichen Verhältnisse (Sukzession, Schlußwald) arbeiten.
Die Aufforstung von Weidfeldflächen erscheint von Beginn an als eine Reaktion auf das Brachfallen beweideter Flächen. Die Forstwirtschaft stand vor dem Dilemma, diese Flächen entweder vom ökonomischen Gesichtspunkt aus gesehen sinnvoll zu bestocken, das heißt aufzuforsten, oder früher oder später Sukzessionswälder in den Waldverband zu übernehmen, was ohnehin zusätzlich geschah. Aus ökonomischen Gründen wurde dann zunächst die Fichte (*Picea abies*), später vor allem die Douglasie (*Pseudotsuga menziesii*) (zum Teil auch Tanne (*Abies alba*) und Bergahorn (*Acer pseucoplatanus*)) gepflanzt. Die Bedeutung der Rotbuche (*Fagus sylvatica*) als Wirtschaftsbaumart war in diesem Jahrhundert nie sehr groß.
Da in den 50er bis frühen 70er Jahren dieses Jahrhunderts der Naturschutzgedanke nur wenig gesellschaftlich etabliert war, wurde eine Erhaltung der Allmendweiden für Naturschutzzwecke kaum in Erwägung gezogen, zumal in diesen Zeiten eine finanzielle Unterstützung von Seiten des Naturschutzes nicht existierte, beziehungsweise nicht im notwendigen Umfang erfolgte. Heute findet eine gute Zusammenarbeit zwischen Weideinspektion, Forstwirtschaft und Naturschutz statt.
Die Douglasienaufforstungen, die seit 1950 vorgenommen wurden, haben sich nicht als wirkliche Alternative zur Fichte herausgestellt, da diese Baumart nach mündlicher Auskunft des Forstamtes Schönau auf den trockenen Standorten qualitativ unbefriedigendes Holz liefert. Auch die Begründung reiner Fichtenbestände wird heute als waldbaulicher Fehler angesehen.
Die heutige waldbauliche Planung sieht vor, die Douglasien- und Fichtenbestände auf schwierigen (steilen, trockenen) Standorten durch eine Laubholz-Dauerbestockung aus Buche (und Eiche) zu ersetzen. Die Begründung von Buchen-Fichten-(Tannen-)Beständen erfolgt seit 1987 über den Voranbau der Buche und Tanne, wobei die Baumarten soweit wie möglich aus Naturverjüngung stammen. Auf Standorten, wo die Tanne nicht aus Naturverjüngung hervorgeht, wird auf ihre Beteiligung am Bestandesaufbau verzichtet.
Das Ziel des Forstamtes Schönau besteht somit darin, auf forstwirtschaftlich ungünstigen Standorten eine Laubholzdauerbestockung zu erhalten, beziehungsweise aufzubauen, und in diese ausschließlich im Rahmen von Forstschutzmaßnahmen einzugreifen. Bessere Standorte mit hoher Nadelholzdominanz werden, soweit dies notwendig erscheint, in Buchen-Fichten-(Tannen)-Bestände umgebaut. Auf die Fichte, welche neben der Tanne den "Brotbaum" im Forstbezirk darstellt, kann nicht verzichtet werden. Fichten-Reinbestände gehören jedoch der Vergangenheit an.
Erstaufforstungen von Weidfeldern sind nicht mehr vorgesehen, das heißt, die gegenwärtige

Flächenverteilung von Wald und Weide soll möglichst erhalten bleiben.

10.7.2 Übernahme von Sukzessionsflächen in den Waldverband

Bislang konzentrierte sich der Blick auf den Rückgang der waldfreien Flächen, das heißt der Weidfelder. Der Wald als naturnahe Vegetationsform hat aber auch im Naturschutz seinen Platz. Daher müssen auch die Sukzessionsflächen in die Betrachtung mit einbezogen werden. Die Baumartenzusammensetzung dieser Flächen entsteht dabei ohne direktes Eingreifen des Menschen. Wie aus Tab. 21 zu entnehmen ist, sind die "Sukzessions-Wälder" relativ laubholzreich (65%). Die Rotbuche (*Fagus sylvatica*) hat dabei einen Anteil von 40%, während den sonstigen Laubhölzern, insbesondere der Weißbirke (*Betula pendula*), mit 25% eine große Bedeutung zukommt. Von den Nadelhölzern erscheint praktisch nur die Fichte (*Picea abies*) in diesen Waldbeständen. Ihr Anteil von 34% ist sogar recht hoch und weist darauf hin, daß diese Art rezent zu einer Art der potentiellen natürlichen Vegetation geworden ist. Die Tanne (*Abies alba*) fehlt auf den Sukzessionsflächen weitgehend.
Der forstwirtschaftliche und ökonomische Wert der Sukzessionsflächen ist nicht grundsätzlich als gering einzuschätzen. Gerade im Bereich des Gemeindewaldes Schönenberg finden sich Buchen-Bestände in einem Alter zwischen 30 und 80 Jahren, die aus natürlicher Sukzession hervorgegangen sind und eine ausreichende Zahl gesunder und gut geformter Baumexemplare aufweisen. Hieraus kann ein Bestand erzogen werden, der auch unter ökonomischen Gesichtspunkten mit den aus Naturverjüngung auf alten Waldstandorten hervorgegangenen Beständen mithalten kann.
Gegenwärtig sollen keine weiteren Sukzessionsflächen vom Forstamt Schönau in den Waldverband übernommen werden. Dies ist sowohl im Interesse des Forstamtes als auch der Weideinspektion, des Naturschutzes und aller anderen Beteiligten. Erfolgt eine Übernahme in den Waldverband, so strebt das Forstamt Schönau an, diese Flächen dauerwaldartig zu bewirtschaften, das heißt, Eingriffe beschränken sich weitgehend auf Forstschutzmaßnahmen. Eine zusätzliche Einbringung der Fichte und/oder Tanne wird nicht durchgeführt. Auch wird weitestgehend auf eine Erschließung der hinzugekommenen Flächen verzichtet. Die Holzbringung erfolgt in der Regel über Seilwinden vom bereits bestehenden Wegesystem aus. Vor allem bei Rückeentfernungen über 50 m werden in den letzten Jahren Seilkransysteme (das sind variabel aufbaubare Seilbahnen) eingesetzt. Mit diesen Systemen können mehrere 100 m unerschlossene Hänge von einem Weg zum anderen oder auch von einer Talseite zur anderen Talseite überbrückt werden. Gerade diese neue Erntetechnik ermöglicht bei einer vorhandenen Grunderschließung mit Fahrwegen die Behandlung der Waldflächen ohne zusätzliche Wegebauten. Andererseits ermöglicht diese Technik prinzipiell die Nutzung von Beständen, die unter "normalen" Bedingungen weitgehend ungenutzt bleiben würden.
Der gesamte, über viele Jahrzehnte ablaufende Vorgang der Sukzession ist durchaus wünschenswert, denn gerade dieser sehr dynamische Prozeß bietet vielen Arten räumlich und zeitlich strukturreiche Habitate. Darüberhinaus entsteht eine reich gegliederte Landschaft, die durch das Nebeneinander von offenen Weideflächen, verschieden weit fortgeschrittenen Sukzessionsstadien bis hin zum Schlußwald gekennzeichnet ist. Diese Mosaikstruktur aus verschiedenen Vegetationstypen hat insbesondere für viele Tierarten eine wichtige Bedeutung (vergleiche KERSTING, 1991).

10.8 Fazit

Das gesamte abwechslungs- und strukturreiche Landschaftsbild im Forstbezirk Schönau befindet sich seit vielen Jahrzehnten im Wandel hin zu einer reinen Waldlandschaft. Alle beteiligten Interessenvertreter (Weideinspektion, Forstwirtschaft, Ministerium für Ländlichen Raum, Naturschutz, Fremdenverkehr, Gemeinden) sind sich über das Ziel einig, diesen Prozeß zum Stoppen zu bringen. Man ist sich einig, daß nur eine starke finanzielle Förderung der extensiven Beweidung der Weid-

felder den Prozeß der "Verwaldung" stoppen kann.
Die Forstwirtschaft im Forstbezirk Schönau hat heute das Bestreben, möglichst naturnah zu arbeiten. Hierzu gehört unter anderem der Umbau instabiler, von Fichte oder Douglasie dominierter Bestände. Ein Verzicht auf die Fichte ist jedoch ökonomisch nicht möglich und ökologisch auch nicht nötig, denn diese Baumart ist heute ein fester, natürlicher Bestandteil der Wälder und damit der potentiellen natürlichen Vegetation im (Süd-)Schwarzwald geworden.
Standörtlich extreme Flächen werden weitgehend einer natürlichen bis naturnahen Dauerbestockung überlassen. Eingriffe erfolgen nur noch im Rahmen des Forstschutzes, das heißt, der Wald wird über lange Zeiträume hinweg sich selbst überlassen.
Ein bedeutender negativer Einfluß der Forstwirtschaft auf die Bestandesentwicklung von Pflanzenarten der Roten Liste im Bereich Schönau ist gegenwärtig nicht festzustellen. Dieser liegt vor allem in historischer Zeit, wo große Flächen von Weidfeldern gezielt aufgeforstet wurden. Jedoch muß in diesem Zusammenhang auch die damalige schlechte Situation der Landwirtschaft berücksichtigt werden. Aus der Sicht des botanischen Artenschutzes, der sich um die Erhaltung seltener Weidfeldarten wie *Antennaria dioica* und *Carlina acaulis* ssp. *simplex* kümmert, ist die Existenz dieser Arten ohnehin nur gewährleistet, wenn eine extensive Beweidung fortgesetzt wird. Zwar profitiert zum Beispiel *Arnica montana* vom Aussetzen einer Beweidung, indem ihre Blüh- und Fruktifikationsrate stark ansteigt. Jedoch muß auch hier nach einigen Jahren wieder eine Beweidung aufgenommen werden. Ansonsten hält sich diese Art nicht mehr lange am Standort (vergleiche SCHWABE-BRAUN, 1980: 176f).

Abb. 52

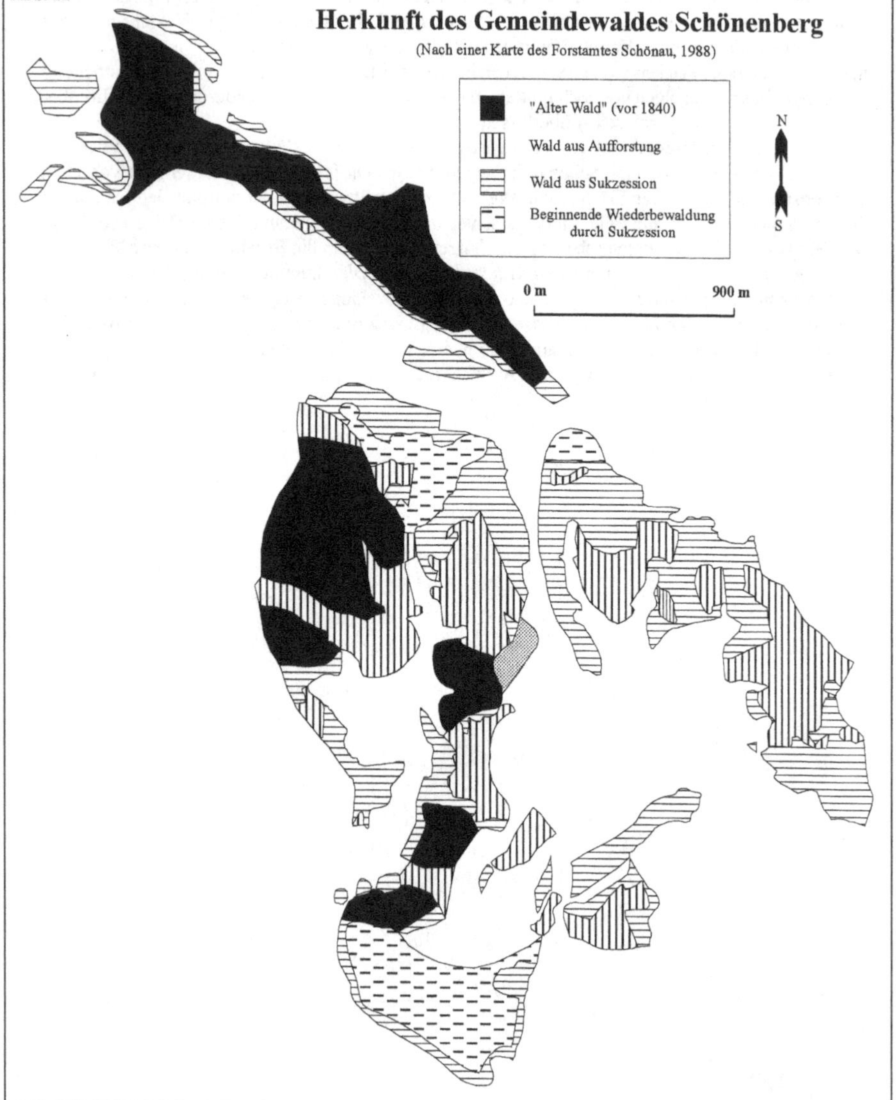
Herkunft des Gemeindewaldes Schönenberg
(Nach einer Karte des Forstamtes Schönau, 1988)
"Alter Wald" (vor 1840)
Wald aus Aufforstung
Wald aus Sukzession
Beginnende Wiederbewaldung durch Sukzession
N
S
0 m
900 m

11. Die Vegetation der Steilhänge des Albtraufes im Forstbezirk Hechingen

11.1 Lage des Untersuchungsgebietes

Das Untersuchungsgebiet liegt am Nordrand der Südwestalb im Forstbezirk Hechingen. Im Rahmen der regionalen Wuchsgebietsgliederung von Baden-Württemberg (SCHLENKER & MÜLLER, 1973) gehört es zum Teilwuchsbezirk 6/06 α der Traufzone der Zollern- und Heubergalb (Abb. 53). Die kartierten Flächen befinden sich alle im Traufbereich des Albrandes. Sie liegen in einer Höhe von 780-890 m ü. NN und somit im Übergangsbereich zwischen der submontanen und montanen Stufe. Aufgrund der starken Zerklüftung der Alb an ihrem Südwestabfall kommen alle Expositionen vor. Die untersuchten Abteilungen sind zum größten Teil als arB-Flächen ausgewiesen. Folgende Abteilungen wurden erfaßt:

Gemeindewald Bisingen:
Ortsteil Wessingen (Distrikt I): Abteilung 1 (Katzensteig)
Ortsteil Zimmern (Distrikt II): Abteilung 1 (Katzensteig)
Ortsteil Thanheim (Distrikt III): Abteilung 3 (Am Steinbruch)

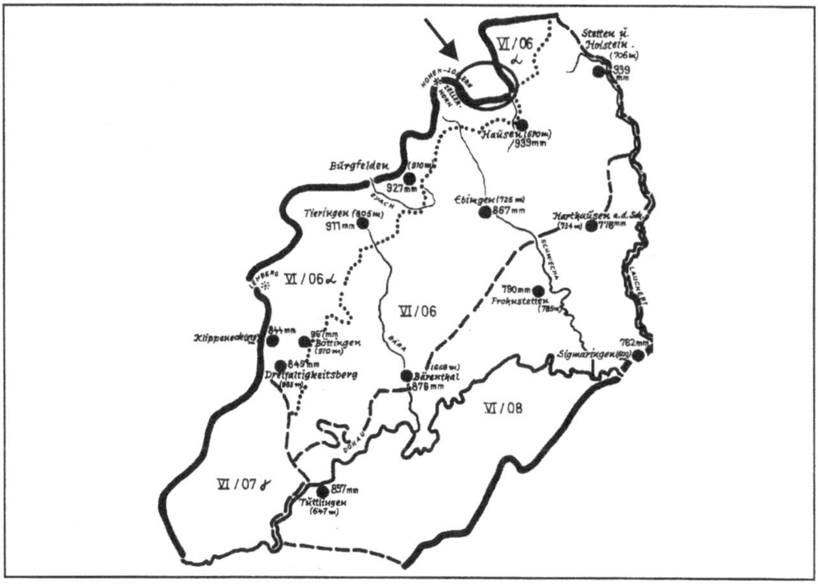

Abb. 53: Lage des Untersuchungsgebietes im Teilwuchsbezirk 6/06 α (Traufzone der Zollern- und Heubergalb) im Forstbezirk Hechingen (Pfeil und Ellipse). Nach einer Abbildung aus SCHLENKER & MÜLLER (1973), verändert.

Stadtwald Hechingen:
Ortsteil Stetten (Distrikt VIII):
Abteilung 2 (Wolfsgraben)
Abteilung 4 (Buchwald)
Abteilung 7 (Schänzle)

Gemeindewald Jungingen:
Abteilung 4 (Hinteres Jägersteigle)
Abteilung 20 (Oberer Weilerwald)
Abteilung 21 (Geißacker)

11.2 Klima

Klimadaten liegen von der Station Hechingen (537 m ü. NN) vor (SCHIRMER & VENT-SCHMIDT, 1979; MEYER & SCHIRMER, 1985). Diese befindet sich direkt im Vorland der Traufzone, so daß die Werte zur klimatischen Charakterisierung des Untersuchungsgebietes herangezogen werden können. Hechingen ist durch eine mittlere Jahrestemperatur von 8,2 °C (Periode 1931-1960) und einen mittleren jährlichen Niederschlag von 822 mm gekennzeichnet (Periode 1931-1960). Die mittlere jährliche Temperaturschwankung liegt bei 17,9 °C. Die Vegetationsperiode (Tage mit ≥ 10 °C) hat eine Länge von 159 Tagen.
Die Jahre 1992 und 1993, in welchen die Vegetationsaufnahmen durchgeführt wurden, waren ausgesprochen trockene Jahre mit deutlich höheren Temperatur- und niedrigeren Niederschlagswerten, während 1994, das Jahr der Vegetationskartierung, das Klima während der Vegetationsperiode feuchter und kühler als die angegebenen Mittelwerte war. Dies hatte einen deutlich sichtbaren Einfluß auf die floristische Zusammensetzung der aufgenommenen Gesellschaften, die in den trockenen Jahren sichtlich "verarmt" waren.

11.3 Geologie, Böden und Standorte

Der geologische Untergrund wird von den Schichten des Weißen Jura (Malm) gebildet. Der Albtrauf wird im Untersuchungsgebiet hauptsächlich vom etwa 35 m mächtigen Weißjura **β** (Wohlgebankte Kalke, Jüngeres Ober-Oxfordium) gebildet. Er besteht aus den Wohlgeschichteten Kalken, die hier in Form der gebankten, unverschwammten Fazies (Normalfazies) zu Tage tritt. Das anstehende Gestein bildet dichte, spröde, wenig frostresistente, dickplattige Kalksteinbänke, die, von nur wenigen Zentimeter dicken Mergelschichten unterbrochen, mauerartig dicht aufeinanderlagern (SCHÄDEL, 1990: 31).
Die Schichten des Weißjura **α** (graue Mergel und Kalkmergel mit zwischengeschalteten Kalkbänken) sind im Untersuchungsgebiet zumeist von Weißjura **β**-Hangschutt überdeckt. Wo sie aber oberflächlich anstehen, bilden sie steile, wechseltrockene, tonreiche Mergelstandorte.
Der Albtrauf läßt sich im Untersuchungsgebiet in drei geomorphologische Einheiten untergliedern (nach SCHLENKER & MÜLLER, 1973):

1. Felsige Weißjura-Hänge und Mergelhänge mit anstehendem Gestein. In Abhängigkeit von geologischem Substrat finden sich als Bodentypen Syroseme und Rendzinen bis hin zu etwas tiefgründigeren Typen (Terra fusca-Rendzinen, Pelosol-Pararendzinen).
2. Steile Weißjura-Hänge und Kalkschuttunterhänge mit ruhendem Hangschutt aus Kalkmergel oder den stark zu mechanischem Zerfall neigenden Kalkbänken des Weißjura **β**. Neben flachgründigen - Rendzinen und Pararendzinen finden sich zum Teil auch tiefgründigere Böden bis hin zu Terra fusca oder Pelosol.
3. Kalkmergelhänge mit bewegtem Hangschutt mit Pararendzinen-Pelosolen als Bodentypen.

In Abhängigkeit von Exposition, Neigung und Bodentyp kann der Wasserhaushalt des Standortes von extrem (wechsel-) trocken bis hin zu feucht-nassen Verhältnissen variieren.

11.4 Flora und Vegetation

Floristische und vegetationskundliche Daten aus dem Traufgebiet der Südwest-Alb liegen unter anderem von KUHN (1937) und HAUFF & SEBALD (1977) vor. Stetigkeitstabellen mit Aufnahmen der im Untersuchunggebiet erfaßten Gesellschaften finden sich bei OBERDORFER (1974/ 1976 a), SEIBERT (1974, 1985) und MÜLLER, T. (1989, 1990).
Die Flora und Vegetation des Untersuchungsgebietes wird von BOGENSCHÜTZ (1994) beschrieben. Die Arbeit der Autorin bildet weitgehend die Grundlage der folgenden floristischen und vegetationskundlichen Beschreibung, sowie der Vegetationskartierung.

11.4.1 Flora des Traufgebietes

Auf eine alphabetische Auflistung der Flora des Untersuchungsgebietes wird hier verzichtet, da es nicht Ziel dieser Arbeit ist, das vollständige floristische Inventar zu erfassen. Einen Überblick vermittelt jedoch die beigefügte Stetigkeitstabelle (Tab. 22 am Ende des Kapitels).
Folgende Gefäßpflanzen der Roten Liste BRD/Baden-Württemberg wurden beobachtet (in Klammern die Gefährdungskategorie): *Abies alba* (3/-), *Digitalis lutea* (-/3), *Gentiana lutea* (3/3), *Peucedanum officinale* (3/3), *Taxus baccata* (3/3, nur innerhalb Zaun!), *Veratrum album* (-/3).
Weitere 39 Arten gelten in Baden-Württemberg als schonungsbedürftig (Kategorie 5): *Aconitum vulparia, Anthericum ramosum, Aquilegia vulgaris* s.str., *Artemisia absinthium, Asplenium viride, Aster bellidiastrum, Buphthalmum salicifolium, Carduus defloratus, Carex humilis, Centaurea montana, Cephalanthera damasonium, Chrysanthemum corymbosum, Coronilla coronata, Cytisus nigricans, Dactylorhiza maculata, Daphne mezereum. Epilobium palustre, Galium glaucum, Gymnadenia conopsea, Juniperus communis, Laserpitium latifolium, Lathyrus heterophyllus, Lilium martagon, Lunaria rediviva, Neottia nidus-avis, Orthilia secunda, Peucedanum cervaria, Phyllitis scolopendrium, Polygonatum odoratum, Polygonatum verticillatum, Primula elatior, Primula veris, Ranunculus aconitifolius, Seseli libanotis, Thesium bavarum, Thlaspi montanum, Tilia platyphyllos, Ulmus glabra*.
Viele der angeführten Arten haben ihren Verbreitungsschwerpunkt im Untersuchungsgebiet auf (wechsel-) trockenen bis mäßig frischen Standorten im Ober- und Mittelhangbereich der unten folgenden Gesellschaften 2, 3, 6-10, 18-20. Bei diesen Vegetationseinheiten handelt es sich stets um Standorte, die durch das Vorherrschen extremer Bedingungen gekennzeichnet sind (Sonder-, Extremstandorte).

11.4.2 Vegetation des Traufgebietes

1994 wurde die reale Vegetation der arB-Flächen und sonstiger Flächen des Traufgebietes im Forstbezirk Hechingen kartiert. Die Kartiergundlage bestand dabei aus dem vegetationskundlichen Aufnahmematerial von BOGENSCHÜTZ (1994) und den Forstbetriebskarten 1:10000 des Staatlichen Forstamtes Hechingen. Eine Stetigkeitstabelle, die den größten Teil der in den Vegetationskarten dargestellten Einheiten enthält, findet sich in der Tab. 22. Insgesamt wurden 23 verschiedene Kartiereinheiten ausgeschieden. Die gesamte kartierte Fläche beträgt 870350 m² (rund 87 ha). Die weiter unten angegebenen Flächenanteile der einzelnen Kartiereinheiten beziehen sich auf die angegebene Gesamtfläche. Weiterhin wird die Anzahl (n) der erfaßten Flächen der jeweiligen Einheit angegeben, um sich ein ungefähres Bild von der mittleren Flächengröße machen zu können. Abb. 55a (am Ende des Kapitels) zeigt eine Übersicht über die Lage der kartierten Abteilungen. Die genaue Verteilung der Vegetationseinheiten in den jeweiligen Abteilungen ist den Abb. 55b-f (am Ende des Kapitels) zu entnehmen. Aufgrund der engen Verzahnung der meist nur kleinflächig auftretenden Gesellschaften mußten diese häufig zu Vegetationskomplexen zusammengefaßt werden,

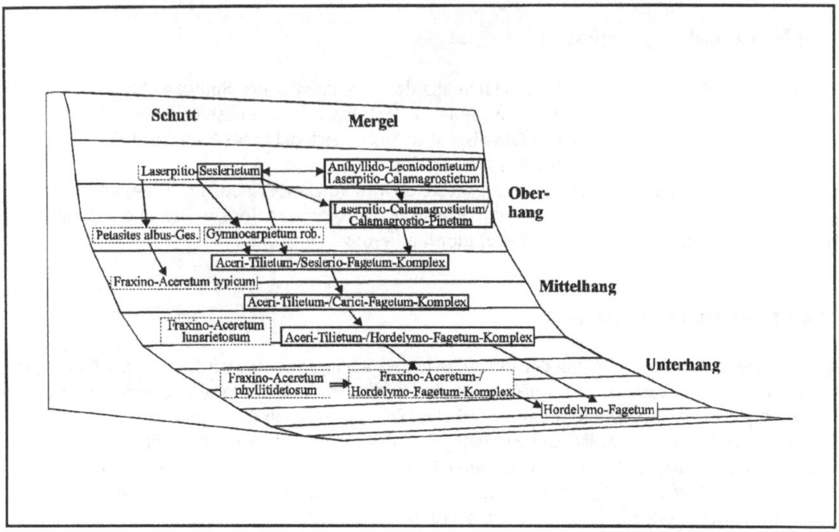

Abb. 54: Schematische Darstellung des Beziehungsgefüges der Albtraufvegetation im Forstbezirk Hechingen in Abhängigkeit von Substrat, Hangneigung und Exposition. Ein fetter Rahmen kennzeichnet thermisch begünstigte Süd- bis Westlagen. Gestrichelte Rahmen bezeichnen Schatthanglagen oder absonnige Verhältnisse. Die übrigen Gesellschaften sind weitgehend expositionsunabhängig. Die Pfeile markieren Entwicklungsmöglichkeiten der Vegetation bei Standortstabilisierung (Verringerung von Störeinflüssen).

eine kartographische Darstellung wäre ansonsten nicht möglich gewesen.
Im folgenden werden die Vegetationseinheiten des Albtraufbereiches und ihre Standorte im Forstbezirkes Hechingen beschrieben (vergleiche Abb. 54, Abb. 55b-f):

Unbewaldete Vegetationseinheiten:

1. Steilwände (8788 m², 1%, n=3):
Weitgehend unzugängliche Weißjura β-Felsen und extrem steile Mergelhänge. Vegetationslos oder mit kleinflächiger Xerothermvegetation.
2. Montane Blaugrashalde (Laserpitio-Seslerietum) (25758 m², 3%, n=8) (Tab. 22, Spalte 3):
Verbreitete Assoziation der steinigen Steilhanglagen, mit zum Teil nur schwach entwickelter Vegetationsdecke. Im Untersuchungsgebiet vor allem auf sonnigen, südwestexponierten Hängen.
3. Wundklee-Rauhlöwenzahnflur-/Montane Blaugrashalden-Komplex (Anthyllido-Leontodontetum hyoseroidis/Laserpitio-Seslerietum) (11366 m², 1,3%, n=1) (Tab. 22, Spalte 2, 3):
Kleinräumig verzahntes Mosaik aus den beiden genannten Gesellschaften, die sich auf einer großen Fläche in der Abteilung 20 (Gemeindewald Jungingen) auf einem Südwesthang findet. Erstere Assoziation beschränkt sich auf die bewegten, wechseltrockenen, stark mergeligen Steilhangbereiche. Die Blaugrashalde besiedelt die steinigen Steilhangbereiche.
4. Montane Ruprechtsfarnflur (Gymnocarpietum robertiani) (13327 m², 1,5%, n=9) (Tab. 22, Spalte 1):
Linear ausgebildete, zum Teil kleinflächige Assoziation am unteren Rand von (Grob-) Schutthalden (Übergang Ober- zu Mittelhang) im Grenzbereich des Waldes (Aceri-Tilietum, Seslerio-/Carici-

Fagetum). Der Trauf des benachbarten Waldes bewirkt eine hohe relative Luftfeuchtigkeit, so daß die Assoziation im Untersuchungsgebiet Standorte jeglicher Exposition besiedelt.
5. Halde mit Weißer Pestwurz (*Petasites albus*-Gesellschaft) (3510 m², 0,4%, n=2) (Tab. 22, Spalte 12):
Im Bereich feuchter, steiler Schutthangstandorte nördlicher Exposition im Gemeindewald Jungingen (Abteilung 4) und kleinflächig im Gemeindewald Bisingen (Distrikt I/Abteilung 1). Die Gesellschaft steht im Untersuchungsgebiet hangaufwärts mit dem Seslerio- beziehungsweise Carici-Fagetum in Kontakt. Hangabwärts schließt sich ein Hordelymo-Fagetum allietosum an.

Bewaldete Vegetationseinheiten:

6. Bergreitgras-Kiefernwald (Calamagrostio variae-Pinetum) inklusive Bergreitgras-Halde (Laserpitio-Calamagrostietum variae) (61237 m², 7%, n=13) (Tab. 22, Spalte 4):
Die Gesellschaft findet sich auf wechseltrockenen, steilen, etwas bewegten Mergelhängen südlicher Exposition. Der Baumwuchs besteht aus krüppelwüchsigen Kiefern. Mehlbeere und Zitterpappel können hinzutreten. Auf etwas stabileren Standorten kann die Buche beteiligt sein. Dem krüppelwüchsigen "Wald" ist im Untersuchungsgebiet meist ein Saum des Laserpitio-Calamagrostietum vorgelagert. Aufgrund der geringen Ausdehnung dieser Assoziation im Untersuchungsgebiet wurde sie in das Calamagrostio-Pinetum mit einbezogen. Ausgedehnte Vorkommen befinden sich im Stadtwald Hechingen (Distrikt VIII, Abteilung 7) und im Gemeindewald Bisingen (Distrikt III, Abteilung 3). Forstliche Eingriffe finden nicht statt, die Bestände übernehmen aber eine Bodenschützfunktion.
7. Spitzahorn-Sommerlinden-Hangschuttwald warmer Südlagen (Aceri-Tilietum vincetoxicosum) (1196 m², 0,1%, n=2):
Extrem kleines, lichtes Vorkommen im Stadtwald Hechingen (Distrikt VIII, Abteilung 7) auf bewegtem Steinschutt in Südlage. Die Subassoziation ist durch das Vorkommen thermophiler Arten gekennzeichnet. Eine forstliche Nutzung des Standortes findet nicht statt.
8.-9. Steilhang-Buchenwald (Seslerio-Fagetum) und Ahorn-Linden-/Steilhang-Buchenwald-Komplex (Aceri-Tilietum-/Seslerio-Fagetum-Komplex) (244868 m², 28,1%, n=22) (Tab. 22, Spalte 5):
Hierbei handelt es sich um den am weitesten verbreiteten Gesellschaftskomplex im Untersuchungsgebiet auf (mäßig) trockenen, mäßig steilen Steinschutthängen (Mittelhangbereich) westlicher bis südlicher Exposition. Die Buche zeigt meist einen schlechten Wuchs. *Sesleria albicans* dominiert häufig in der artenreichen und gut entwickelten Krautschicht. Standorte, auf denen Steinschlag noch eine gewisse Rolle spielt, sind durch ein gehäuftes Vorkommen der Sommerlinde gekennzeichnet. Auf wechseltrockenen Mergelstandorten kann *Calamagrostis varia* dominieren. Die Bestände sind meist als Bodenschutzwald ausgewiesen und werden forstlich nicht genutzt.
10. Ahorn-Linden-/Seggen-Buchenwald-Komplex (Aceri-Tilietum-/Carici-Fagetum-Komplex) (135777 m², 15,6%, n=17) (vergleiche Tab. 22, Spalte 6):
Dieser häufig anzutreffende Vegetationskomplex besiedelt ähnliche Standorte wie das Seslerio-Fagetum. Es werden jedoch etwas tiefgründigere Standorte mit etwas besserer Wasser- und Nährstoffversorgung besiedelt, so daß der Gesellschaftskomplex meist unterhalb des Seslerio-Fagetum angesiedelt ist. Dies schlägt sich im häufigerem Auftreten von Esche und Bergahorn nieder. Die Buche zeigt eine bessere Wuchsleistung als im Seslerio-Fagetum. In der Krautschicht tauchen vermehrt Querco-Fagetea-Arten mäßig frischer Standorte auf. Dagegen fallen *Sesleria albicans* und *Calamagrostis varia* weitgehend aus. Hangabwärts steht der Komplex zumeist mit dem Hordelymo-Fagetum oder dem Fraxino-Aceretum in Kontakt. Eine forstliche Nutzung findet zumeist nicht statt. Die Bestände sind in der Regel als Bodenschutzwälder ausgewiesen.
11.-12. Ahorn-Linden-/Waldgersten-Buchenwald-Komplex (Aceri-Tilietum-/Hordelymo-Fagetum typicum/allietosum-Komplex) (54593 m², 6,3%, n=11) (Tab. 22, Spalte 7):
Bei der typischen Ausbildung handelt es sich um frische Hangbuchenwälder auf noch etwas in

Bewegung befindlichen Steinschuttstandorten im Mittelhangbereich mit hohem Sommerlinden-Anteil.
Im Untersuchungsgebiet ist auf gut durchfeuchteten, nährstoffreichen und skelettarmen (Mergel-) Böden der Unterhänge und Hangfüße die Subassoziation mit *Allium ursinum* mit hoher Beteiligung von Esche und Bergahorn in der Baumschicht verbreitet. Die Bestände besitzen in der Regel eine lineare Ausdehnung. Sie sind forstwirtschaftlich interessante Edellaubholzstandorte. Es erfolgt jedoch keine regelmäßige Nutzung. Soweit gute Stämme erreichbar sind, werden diese jedoch herausgezogen.
13.-14. Waldgersten-Buchenwald (Hordelymo-Fagetum typicum/corydaletosum) (4998 m², 0,6%, n=3) (vergleiche Tab. 22, Spalte 7):
Die Typische Subassoziation findet sich auf frischen, nährstoffreichen, konsolidierten Böden des Unterhanges und auf Verebnungen ohne Hangschutteinfluß.
Die Subassoziation mit *Corydalis cava* ist reich an Frühlingsgeophyten und Edellaubhölzern. Sie findet sich am Hangfuß auf feuchten, tiefgründigen, humusreichen Böden.
15.-17. Fraxino-Aceretum-/Hordelymo-Fagetum typicum/allietosum/corydaletosum-Komplex (99390 m², 11,4%, n=16) (Tab. 22, Spalte 8):
Im Hangfußbereich und auf Verebnungen finden sich auf frischen bis feuchten, tiefgründigen und nährstoffreichen Böden ohne Hangschutteinfluß kleinflächig edellaubholzreiche Buchenwälder. Die Edellaubhölzer (Esche, Bergahorn, Bergulme) sind aufgrund des Nährstoffreichtums des Standortes gegenüber der Buche konkurrenzfähig. Im Bereich der Subassoziation mit *Allium ursinum* hat die Tanne einen ihrer Verbreitungsschwerpunkte im Untersuchungsgebiet.
18.-20. Eschen-Ahorn-Steinschuttschatthangwald (Fraxino-Aceretum typicum/lunarietosum/ phyllitidetosum) (166753 m², 19,2%, n=18) (Tab. 22, Spalte 9-11):
Hierbei handelt es sich um eine buchenarme Edellaubholz-Dauerwaldgesellschaft luftfeuchter Schattlagen bewegter oder steinschuttbeeinflußter Standorte. In der Krautschicht tauchen zahlreiche Zeigerarten nährstoffreicher, frischer bis feuchter (sickernasser) Standorte auf.
Die am weitesten verbreitete Typische Subassoziation findet sich auf steilen, absonnigen Hängen mit leicht beweglichem Schutt. Im Untersuchungsgebiet hat die Tanne hier ihr zweites Schwerpunktvorkommen.
Die Subassoziation mit *Lunaria rediviva* kennzeichnet betont kühle, bewegte Feinschutthalden der Mittelhänge. Hier findet sich ein gehäuftes Vorkommen der Fichte.
Die Subassoziation mit *Phyllitis scolopendrium* besiedelt feinschuttarme Grobschutthalden in kühler, betont luftfeuchter Lage mit Steinschuttzufuhr. Die große Gleichmäßigkeit der Boden- und Luftfeuchte erklärt den Reichtum dieser Subassoziation an Farnen und Moosen.
21. Feucht-nasse Rinne mit Berulme und Esche (5397 m², 0,6%, n=2):
Hierbei handelt es sich um zwei kleinflächige Bestände im Gemeindewald Bisingen (Distrikt II, Zimmern; Distrikt I, Wessingen). Das Vorkommen von *Festuca altissima* zeigt etwas basenärmere Standorte an. Pflanzensoziologisch handelt es sich wahrscheinlich um ein Aceri-Fraxinetum, Ausbildung mit *Festuca altissima*.
22.-23. Gepflanzte Fichtenaltbestände und -jungbestände (33387 m², 3,8%, n=9):
Die gepflanzten Fichtenbestände sind alle schlechtwüchsig und rotfaul und werden vom Forstamt Hechingen nach und nach entfernt. Die Flächen werden der bereits vorhandene Laubholznaturverjüngung überlassen.

11.5 Die Forstwirtschaft im Traufbereich

11.5.1 Wald- und Forstgeschichte

Die ältesten Nachweise menschlicher Besiedlung am Rande der Schwäbischen Alb lassen sich auf

etwa 3000 v. Chr. datieren. Spätestens seit der Bronzezeit ist eine stärkere anthropogene Beeinflussung der Vegetation zu vermuten. Alten Kartenwerke, wie beispielsweise der "Schmitt´schen Karte von Südwestdeutschland" aus dem Jahre 1797 (Blatt 55 und 60), ist zu entnehmen, daß ehemals große Teile der Traufflächen unbewaldet oder nur sehr licht bestockt waren. Abteilungsnamen wie "Geißacker" (→Waldweide), "Kohlgrube" (→Köhlerei) und "Boschen" (→Niederwaldnutzung) weisen auf die intensive Nutzung des Waldes hin.
Die Traufflächen, welche zumeist als Nieder- oder Mittelwald mit 40-jährigem Umtrieb genutzt wurden, erhielten ab 1894 eine plenterwaldartige Bewirtschaftung. Erst 1902, mit Inkrafttreten des Gemeindeforstgesetzes, erfolgte eine forstwirtschaftlich geordnete Bewirtschaftung der ausschließlich in Gemeindebesitz befindlichen Wälder. Aus der Zeit um 1900 stammen auch die ersten Forsteinrichtungen. Aufgrund dieser erst spät erfolgten Einführung einer geregelten Forstwirtschaft finden sich kaum forstgeschichtliche Angaben über die untersuchten Flächen. Zudem bedingte die hohe Erosionsgefährdung der Traufflächen bereits frühzeitig eine Ausweisung als "Nichtholzbodenfläche" oder "nicht kulturfähige" Flächen, so daß sich Bestandesangaben auf das Notwendigste beschränken. Ab 1958 wurden die Traufflächen in zunehmendem Maße in "Nichtwirtschaftswald" und "sonstigen Nichtwirtschaftswald" umgewandelt. Mit dem Forsteinrichtungswerk 1978 wurde der größte Teil der Flächen als arB-Flächen ausgewiesen; nur einzelne Bestände werden in der Planung als "künftige Plenterwälder" geführt.

11.5.2 Aktuelle Situation, forstliche Planung und deren Bewertung

11.5.2.1 Forstliche Nutzung

Heute sind die meisten Abteilungen im Traufbereich als arB-Flächen ausgewiesen, da die Zuwachsverhältnisse und Nutzungsmöglichkeiten zu gering sind. Eine Nutzung der Bestände erfolgt nur einzelstammweise. Im Traufbereich sind dies vor allem die "Brotbäume" Esche und Bergahorn sowie Buche und Tanne (Bergulme). Die Holznutzung geschieht über Seilwinden von der Forststraße aus, welche sich auf einer Zwischenverebnung unterhalb des Traufes befindet (entspricht der unteren Grenze der kartierten Flächen). Dabei reicht die Stammnutzung soweit in die Bestände hinein, wie sie mit der Seilwinde erreichbar sind. Eine Bringung vom oberen Traufrand aus ist nicht möglich, da dieser nicht mehr in den Forstamtsbereich fällt.
Weiterhin erfolgt im "Nutzungsbereich" in den meist überalterten Beständen eine einzelstammweise Entnahme, um durch die entstandene Auflichtung eine (Laubholz-) Naturverjüngung einzuleiten.
Die Naturverjüngung von Esche, Bergahorn und Spitzahorn ist als sehr gut zu bezeichnen. Unter deren Schutz erfolgt nachfolgend ebenfalls eine sehr gute Buchennaturverjüngung. Auf entsprechenden Standorten (lichtreich, warm, trocken) verjüngt sich auch die Mehlbeere ausreichend. Eine schlechte Verjüngung ist bei Eibe, Tanne, Linde, Kiefer und Fichte zu beobachten.
Eine "Zwangsnutzung" besteht auf den von Fichtenbeständen bestockten Flächen. Die Fichtenbestockung soll nach und nach beseitigt werden und nachfolgend der vorhandenen Naturverjüngung überlassen werden.
Die Nutzung der Albtraufflächen durch die Forstwirtschaft ist aufgrund der genannten Gründe als extensiv einzustufen und beschränkt sich weitgehend auf die Edellaubholzbestände der Unterhänge und unteren Mittelhänge. Die Mehrzahl der gefährdeten und schonungsbedürftigen Pflanzenarten haben ihren Verbreitungsschwerpunkt jedoch auf Sonderstandorten im Oberhang- und Mittelhangbereich. Aus diesem Grunde ist ein negativer Einfluß der Forstwirtschaft auf die oben angeführten Pflanzenarten nur in Einzelfällen vorhanden.

11.5.2.2 Jagdliche Nutzung

Die Jagd wird im Forstbezirk Hechingen sehr kostengünstig verpachtet und zwar ausschließlich an ortsansässige Jäger. In Hechingen, Jungingen und Bisingen werden relativ moderne Jagdverträge unterzeichnet, das heißt, daß der Jagdpächter für Verbißschäden aufkommen, Wildschadensverhütungsmaßnahmen durchführen und einen stichprobenweisen körperlichen Nachweis erbringen muß. Um möglichst vielen Jägern eine Jagdmöglichkeit zu ermöglichen, werden relativ kleine Pachten (zum Teil unter 100 ha) angestrebt. Die größten Pachtflächen befinden sich im Traufbereich (300-400 ha), da viele dieser Bereiche nur schwer zugänglich sind.

Das Wild nutzt die Traufflächen, und dort vor allem die warmen Süd- und Westlagen, als Rückzugsgebiet von der weitgehend landwirtschaftlich genutzten Hochfläche. In den genannten Bereichen tritt das Wild in hoher Dichte auf. Daher ist der (Reh-) Wildverbiß im Traufgebiet auch besonders groß. Neben der Tanne leiden hierunter nachweislich in besonderem Maße Eibe und Orchideen.

Die Tanne hat im Traufbereich ihren Verbreitungsschwerpunkt, sie wird sehr stark vom Wild verbissen. Da eine Zäunung aufgrund der Steillage vieler Flächen nicht möglich ist, kann ihre Verjüngung ausschließlich über jagdliche Maßnahmen geregelt werden. Gleichzeitig ist der Umfang der Tannenverjüngung in diesen Lagen forstwirtschaftlich uninteressant, da die Flächen sich einer Nutzung entziehen. Dagegen muß der Naturschutz ein großes Interesse am Erhalt dieser Art haben, denn die Tanne ist ein natürlicher und typischer Bestandteil vieler Traufwälder. Ein Verlust der Tanne würde den Charakter dieser Wälder stark verändern.

Die wenigen im Forstbezirk Hechingen vorkommenden Exemplare der Eibe (etwa 15 Individuen) befinden sich alle im Gebiet des Stadtwaldes Hechingen (Distrikt VIII, Abteilungen 2-7) im Bereich der Zwischenverebnung. Unter anderem aufgrund dieses autochthonen Eibenvorkommens wurden die genannten Abteilungen als Schonwald ausgewiesen. Die vorhandenen Eiben wurden auf Veranlassung des Forstamtes eingezäunt, da eine Verjüngung seit Jahren ausgeblieben ist. Hierdurch konnte eine gewisse Verjüngung wieder erreicht werden. Da die Zäunung jedoch nicht absolut wilddicht zu halten ist (zum Beispiel wegen Beschädigung durch Steinschlag) erfolgt beim Auftreten einer Öffnung im Zaun sofort eine Vernichtung des Eibenjungwuchses. Die Planung des Forstamtes geht dahin, daß bei ausreichender Verjüngung der Eibe innerhalb des Zaunes, diese gezielt ausgepflanzt und geschützen werden sollen.

Ein extrem hoher Verbiß konnte ebenfalls an Orchideen beobachtet werden. Etwa 80% aller beobachteten Individuen zeigten eine starke Schädigung durch Verbiß (BOGENSCHÜTZ, 1994: 47). Viele Individuen waren daher nicht bis zum Artniveau hin determinierbar. Mit einem Verbiß zahlreicher anderer krautiger Arten muß gerechnet werden. Dies bedürfte dringend einer wissenschaftlichen Untersuchung, um den Einfluß des Wildes (und überhöhter Wildbestände) auf die Populationsdynamik krautiger Arten abschätzen zu können. Hierdurch würde auch das Gefährdungspotential dieses Faktors in bezug auf gefährdete Pflanzenarten eine sicherere Basis erhalten (vergleiche die Untersuchungen zu *Daphne cneorum* in dieser Arbeit).

Zusammenfassend kann festgehalten werden, daß der Wildverbiß im Traufbereich für viele Pflanzenarten eine große Existenzgefährdung darstellt. Quantitativ ist dies an der Tanne und der Eibe aufzeigbar. Folglich ist eine starke Reduktion der Wilddichte unumgänglich. Die Wilddichte ist in den einzelnen Pachten sehr unterschiedlich, was ausschließlich auf das "Abschußengagement" des jeweiligen Pächters zurückzuführen ist. Viele der ortsansässigen (älteren) Pächter fühlen sich bestimmten jagdlichen Traditionen verbunden, welche ihnen (effektive) Kirr- oder Drückjagden verbieten. Ohne eine flächendeckende, starke Bejagung ist die Verbißproblematik nicht in den Griff zu bekommen, da ansonsten ein Zustrom aus wildreicheren Revieren den Abschußerfolg zunichte macht. In diesem Zusammenhang erscheint eine Änderung des Jagdgesetzes sinnvoll, so daß beispielsweise auch unkonventionelle Jagdmethoden leichter möglich sind.

Eine Möglichkeit, die Wilddichte im Traufgebiet zu reduzieren, bestünde darin, auch in diesem Bereich die Pachtflächen zu verkleinern. Hierdurch kann aufgrund einer höheren Jagddichte eine Reduktion der (Reh-) Wilddichte prinzipiell erreicht werden. Zugleich ermöglicht es einer großen

Zahl von Jagdberechtigten die Jagdausübung. Voraussetzung für eine Verkleinerung der Pachtflächen im Traufbereich ist jedoch, daß jedes Jagdrevier an eine öffentliche Straße angrenzt, da eine Zufahrt über ein Nachbarrevier leicht zu Streitigkeiten zwischen den Jagdpächtern führen kann. Gleichzeitig müssen die Jagdreviere auf der angrenzenden Albhochfläche mit einbezogen werden, da sich ein großer Teil des Wildzustromes aus diesem Gebiet rekrutiert. Das Forstamt Hechingen hofft gleichzeitig auf ein verändertes Bewußtsein in der jungen Generation, welche auch über ökologische und naturschützerische Aspekte der Jagd besser informiert ist, wenn auch botanische Artenkenntnis und Aspekte des botanischen Artenschutzes in der Ausbildung nur sehr unzureichend berücksichtigt werden. Wenn im Forstbezirk Hechingen das "Wildproblem" gelöst werden kann, dann ist die Albtraufvegetation des Forstbezirkes keinen bedeutenden negativen Einflüssen mehr ausgesetzt, was eine Vorraussetzung für den Schutz und Erhalt der Flora und Vegetation darstellt.

Tab. 22: Stetigkeitstabelle der Vegetation des Albtraufes im Forstbezirk Hechingen

Spalte-Nummer	1	2	3	4	5	6	7	8	9	10	11	12
Aufnahmen pro Gesellschaft	5	4	1	13	36	17	15	16	15	12	5	2
Inklination [%]	54	78	70	51	37	42	26	23	37	44	30	53
Aufnahmefläche [qm]	58	88	40	66	76	84	78	84	74	76	63	45
Artzahl	19	20	15	28	29	28	22	29	22	23	24	27
Lichtzahl	5.1	6.5	6.1	5.4	4.6	4.4	4.0	4.4	3.8	4.2	3.9	4.0
Feuchtezahl	4.7	4.2	4.3	4.6	4.9	5.0	5.1	5.6	5.4	5.5	5.6	5.4
Reaktionszahl	6.8	7.7	7.6	7.3	6.9	7.0	7.0	6.9	6.6	6.5	6.4	6.6
N-Stickstoffzahl	5.0	3.9	3.5	4.4	5.1	5.4	5.9	6.2	6.2	6.1	6.1	6.0
Trauf												
Picea abies T	IV	.	.	.	.	.	.	.	.	.	.	.
Sorbus aria T	I	v	.	.	.	.	.	.	.	.	.	.
Tilia platyphyllos T	II	.	.	.	.	.	.	.	.	.	.	.
Acer platanoides T	I	.	.	.	.	.	.	.	.	.	.	.
Pinus sylvestris T	I	.	.	.	.	.	.	.	.	.	.	.
Fraxinus excelsior T	II	v	.	.	.	.	.	.	.	.	.	v
Acer pseudoplatanus T	I	v	.	.	.	.	.	.	.	.	.	v
Fagus sylvatica T	I	.	.	.	.	.	.	.	.	.	.	v
Abies alba T	.	.	.	.	.	.	.	.	.	.	.	v
Ulmus glabra T	.	.	.	.	.	.	.	.	.	.	.	v
Baumschicht												
Populus tremula B1	.	.	.	I	+	.	.	I	.	.	.	.
Populus tremula B2	.	.	.	I	+	.	.	.	.	.	.	.
Pinus sylvestris B1	.	.	.	II	I	I	.	I	.	.	.	.
Pinus sylvestris B2	.	.	.	II	I	I	.	.	.	.	.	.
Sorbus aria B1	.	.	.	.	I	I	I	.	.	.	.	.
Sorbus aria B2	.	.	.	III	I	II	I	I	.	.	.	.
Picea abies B1	.	.	.		II	II	I	I	II	III	.	.
Picea abies B2	.	.	.	II	II	III	I	I	I	II	.	.
Fagus sylvatica B1	.	.	.	II	IV	V	V	IV	III	III	III	.
Fagus sylvatica B2	.	.	.	III	II	III	II	II	II	.	I	.
Fraxinus excelsior B1	.	.	.	I	II	III	II	IV	III	IV	.	.
Fraxinus excelsior B2	.	.	.	I	I	I	I	II	I	II	II	.
Acer pseudoplatanus B1	.	.	.	II	II	III	II	IV	II	II	V	.
Acer pseudoplatanus B2	.	.	.	I	II	II	II	II	I	I	I	.
Ulmus glabra B1	.	.	.	.	I	.	.	.	I	III	.	.
Ulmus glabra B2	.	.	.	I	I	I	I	I	II	II	I	.
Tilia platyphyllos B1	.	.	.	.	I	I	IV	.	II	II	I	.
Tilia platyphyllos B2	.	.	.	.	I	.	II	.	I	II	II	.
Acer platanoides B1	.	.	.	.	II	II	I	.	I	III	I	.
Acer platanoides B2	.	.	.	I	I	I	I	.	.	III	.	.
Abies alba B1	.	.	.	.	I	I	II	II	II	I	.	.
Abies alba B2	.	.	.	.	I	II	I	III	III	II	.	.
Quercus petraea B1	.	.	.	.	I	I	.	.	.	.	.	.
Quercus petraea B2	.	.	.	.	I	.	.	.	.	.	.	.
Sorbus aucuparia B2	.	.	.	.	+	.	.	.	.	.	.	.
Prunus avium B1	.	.	.	.	.	I	.	.	.	.	.	.
Acer campestre B2	.	.	.	I	.	I	.	.	.	.	.	.
Carpinus betulus B2	.	.	.	.	.	.	I	.	.	.	.	.
Strauchschicht												
Pinus sylvestris S	.	v	.	I	.	.	.	.	.	.	.	.
Juniperus communis S	.	.	.	I	.	.	.	.	.	.	.	.
Populus tremula S	.	v	1	II	.	.	.	.	.	.	.	.
Sorbus aria S	I	v	1	II	I	I	I	.	.	.	.	.
Viburnum lantana S	.	.	.	II	.	I	.	.	.	.	.	.
Viburnum lantana K	.	.	.	III	I	II	I	I	.	.	.	.
Cornus sanguinea S	.	.	.	.	+	.	.	.	.	.	.	.
Cornus sanguinea K	.	.	.	II	I	I	.	.	.	.	.	.
Ligustrum vulgare S	.	.	.	I	+	I	.	.	.	.	.	.
Ligustrum vulgare K	.	.	.	I	I	II	I	.	.	.	.	.
Picea abies S	I	.	.	V	I	I	I	I	I	I	I	.
Lonicera xylosteum S	I	.	.	II	I	I	I	III	I	II	II	v
Lonicera xylosteum K	IV	.	.	II	IV	IV	I	III	I	I	I	v
Fagus sylvatica S	.	v	.	II	III	III	II	I	.	I	II	v
Fraxinus excelsior S	.	v	.	I	I	I	I	II	I	II	II	v
Acer pseudoplatanus S	.	v	.	.	I	.	.	.	.	I	II	.
Corylus avellana S	I	v	.	I	I	I	.	.	I	I	.	.
Corylus avellana K	.	v	.	I	I	I	.	.	I	.	.	.
Abies alba S	.	.	.	.	I	I	I	II	I	I	.	.
Ulmus glabra S	.	.	.	.	I	.	.	I	II	II	II	v
Sambucus nigra S	.	.	.	.	.	.	.	I	I	I	.	.
Sambucus nigra K	.	.	.	.	I	.	I	I	I	.	.	.
Lonicera alpigena S	.	.	.	.	I	I	.	.	I	I	.	.
Lonicera alpigena K	.	.	.	.	+	.	.	.	.	I	.	.
Sambucus racemosa S	.	.	.	.	.	.	.	.	.	I	.	.
Sambucus racemosa K	.	.	.	.	+	.	.	.	II	.	.	.
Ribes uva-crispa S	.	.	.	.	.	.	.	.	.	.	II	.
Salix caprea S	.	.	.	I	.	.	.	.	.	.	.	.
Acer campestre S	.	.	.	I	.	.	.	.	.	.	.	.
Prunus avium S	.	.	.	.	+	.	.	.	.	.	.	.
Crataegus laevigata S	.	.	.	.	I	I	.	.	.	.	.	.
Crataegus laevigata K	.	.	.	.	+	I	.	.	.	.	.	.
Crataegus monogyna K	.	.	.	.	+	I	.	.	.	.	.	.
Crataegus spec. S	I	.	.	.	+	I	.	.	.	.	.	.
Crataegus spec. K	I	.	.	.	+	.	.	.	.	.	.	.
Alnus glutinosa S	.	.	.	.	.	.	.	I	.	.	.	.
Sorbus aucuparia S	.	.	.	.	.	.	.	.	.	I	.	.
Tilia platyphyllos S	I	.	.	.	I	I	I	.	I	.	.	.
Acer platanoides S	.	.	.	.	I	.	.	.	I	.	.	.
Rhamnus catharticus S	I	.	.	.	+	.	.	.	.	.	.	.
Frangula alnus K	I	.	.	.	+	.	.	.	.	.	.	.
Viburnum opulus K	I	.	.	.	I	.	.	I	.	.	.	.
Evonymus europaeus K	.	.	.	.	.	I	I	.	.	.	.	.
Salix spec. K	.	.	.	I	.	.	.	.	.	.	.	.
Prunus spec. K	.	.	.	.	+	.	.	.	.	.	.	.
Rosa spec. K	.	v	.	I	I	II	I	.	I	.	.	.
Verjüngung der Baumschicht												
Populus tremula K	.	v	1	III	+	.	.	.	.	.	.	.
Pinus sylvestris K	.	v	.	I	.	.	.	.	.	.	.	.
Sorbus aria K	I	v	.	I	II	I	I	I	I	.	.	.
Fagus sylvatica K	I	v	1	IV	V	V	IV	III	IV	III	II	v
Acer pseudoplatanus K	II	v	.	IV	IV	III	IV	V	IV	II	IV	.
Fraxinus excelsior K	V	v	.	V	V	V	V	V	IV	IV	II	v
Ulmus glabra K	II	.	.	I	II	IV	III	III	IV	II	I	v
Acer platanoides K	I	.	.	II	III	IV	IV	I	II	IV	.	v
Tilia platyphyllos K	II	.	.	.	I	II	I	I	II	I	.	.
Abies alba K	I	.	.	II	I	I	I	III	II	.	.	v
Picea abies K	II	v	.	II	I	I	.	.	I	II	I	v
Quercus petraea K	.	.	.	I	I	I	.	.	.	.	.	.
Sorbus aucuparia K	II	.	.	.	I	.	.	.	I	.	.	.
Alnus incana K	.	.	.	I	.	.	.	.	.	.	.	.
Salix cinerea K	.	.	.	I	.	.	.	.	.	.	.	.
Salix caprea K	.	.	.	.	+	.	.	.	.	.	.	.
Alnus glutinosa K	.	.	.	.	.	.	.	I	.	.	.	.
Acer campestre K	.	.	.	.	.	I	.	.	.	.	.	.

Prunus avium K	I	.	.	.	.	I	.	.	.	.	.	.
AC/DA Gymnocarpietum robertiani												
Gymnocarpium robertianum	V	.	.	.	I	.	.	.	I	II	.	.
Mycelis muralis	III	.	.	I	I	II	I	.	I	I	.	v
AC/DA Anthyllido-Leontodontetum hyoseroidis												
Leontodon hispidus ssp. hyoseroides	.	V	.	.	.	.	.	.	I	.	.	.
Tussilago farfara	.	V	.	.	+	.	.	I	.	.	.	.
Lotus corniculatus	.	V	.	.	+	.	.	.	.	.	.	.
Galium glaucum	.	V	.	.	.	.	.	.	I	.	.	.
Scabiosa columbaria	.	V	.	.	.	.	.	.	.	.	.	.
Trifolio-Geranietea												
Lathyrus heterophyllus	.	v	1	I	.	.	.	.	.	I	.	.
Campanula rapunculoides	.	v	1	.	I	.	.	.	.	.	.	.
Seseli libanotis	.	v	.	.	.	.	I	.	.	.	.	.
Peucedanum officinale	.	v	.	I	.	.	.	.	.	.	.	.
Teucrium chamaedrys	.	v	.	.	.	.	.	.	.	.	.	.
Peucedanum cervaria	.	.	.	I	.	.	.	.	.	.	.	.
Lathyrus sylvestris	.	.	.	.	.	.	I	.	.	.	.	.
Trifolium medium	.	.	.	I	.	.	.	.	.	.	.	.
DA Laserpitio-Calamagrostietum variae												
Calamagrostis varia	.	v	1	V	II	I	I	.	.	I	.	.
Chrysanthemum adustum	.	v	1	I	I	I	.	.	.	.	.	.
Knautia dipsacifolia	.	v	1	II	I	I	.	.	.	.	.	.
Coronilla coronata	.	.	1	I	+	.	.	.	.	.	.	.
DA Calamagrostio-Pinetum												
Brachypodium pinnatum	.	v	.	V	I	.	I	I	.	.	.	.
Carex montana	I	.	.	IV	II	.	.	.	.	.	.	.
Molinia arundinacea	.	.	.	IV	+	I	.	.	.	.	.	.
Aquilegia vulgaris s. str.	.	v	.	IV	+	.	I	.	.	.	.	.
Gymnadenia conopsea cf.	I	.	.	III	II	I	I	.	I	.	.	.
Euphorbia verrucosa	.	v	.	II	I	I	.	.	.	.	.	.
Polygonatum odoratum	II	.	.	II	+	.	.	.	.	.	.	.
Thlaspi montanum	.	v	.	I	.	.	.	.	.	.	.	.
Laserpitium latifolium	.	.	.	I	+	.	.	.	.	.	.	.
Epipactis atrorubens	I	v	.	I	+	I	.	.	.	.	.	.
Cytisus nigricans	.	.	1	I	.	.	.	.	.	.	.	.
Gentiana lutea	.	.	.	I	.	.	.	.	.	.	.	.
Rubus saxatilis	.	.	.	I	+	I	I	I	I	II	.	.
Carex ornithopoda	.	.	.	.	.	I	.	.	.	.	.	.
Carduus defloratus	.	v	.	.	I	.	.	.	.	.	.	.
DA Seslerio-Fagetum												
Sesleria albicans	II	v	1	IV	IV	II	I	I	II	II	.	.
Anthericum ramosum	I	v	.	II	I	.	.	.	.	.	.	.
Vincetoxicum hirundinaria	III	.	.	II	I	I	I	.	.	.	.	.
Thesium bavarum	.	.	.	II	I	.	.	.	.	.	.	.
Bupleurum falcatum	.	v	1	I	+	.	.	.	.	.	.	.
Origanum vulgare	.	.	.	I	+	.	.	.	.	.	.	.
DUV Cephalanthero-Fagenion												
Carex flacca	I	.	.	V	IV	IV	I	V	I	I	.	v
Convallaria majalis	II	.	.	IV	IV	II	I	I	I	.	.	.
Melica nutans	.	.	.	II	IV	III	I	.	I	.	.	.
Aster bellidiastrum	.	.	.	II	I	.	.	I	.	.	.	.
Galium sylvaticum	.	.	.	I	II	II	I	I	I	III	.	.
Carex humilis	.	.	.	I	I	I	.	.	I	.	.	.
Pimpinella saxifraga	.	.	.	I	I	I	I	I	.	.	.	.
Stachys recta	.	v	.	I	I	I	I	.	.	.	.	.
Viola hirta	.	.	.	.	I	I	I	.	.	.	.	.
Campanula rotundifolia	.	.	.	I	I	.	.	.	.	.	.	.
Euphorbia cyparissias	.	.	.	.	I	.	.	.	.	.	.	.
Chrysanthemum corymbosum	.	.	.	.	I	.	.	.	.	.	.	.
Primula veris	.	.	.	I	.	.	.	.	.	.	.	.
Carici-Fagetum												
DA Aceri-Tilietum-/Hordelymo-Fagetum-Komplex												
Hordelymus europaeus	.	.	.	I	II	II	III	III	II	II	.	v
Aconitum vulparia	.	.	.	.	I	.	II	II	.	.	.	v
DA Fraxino-Aceretum-/Hordelymo-Fagetum allietosum-Komplex												
Allium ursinum	.	.	.	.	I	I	I	V	.	.	.	v
Arum maculatum	.	.	.	.	+	.	.	II	I	.	.	v
Paris quadrifolia	.	.	.	I	I	.	I	II	I	.	II	.
Cirsium oleraceum	.	.	.	.	.	.	.	III	I	.	.	v
Eupatorium cannabinum	.	v	.	.	+	I	I	III	.	II	.	.
Deschampsia cespitosa	.	.	.	.	+	.	.	II	.	.	.	.
Festuca gigantea	.	.	.	.	+	.	.	II	.	.	.	.
Solidago virgaurea	.	.	.	I	I	I	.	II	.	.	.	v
Hypericum hirsutum	.	.	.	.	I	.	I	II	.	.	.	.
Epilobium palustre	.	.	.	.	.	.	.	I	.	.	.	.
DA Fraxino-Aceretum pseudoplatani												
Senecio fuchsii	.	.	.	I	II	II	I	V	II	IV	III	v
Lamium galeobdolon	.	.	.	.	II	I	II	II	IV	III	V	v
Impatiens noli-tangere	.	.	.	.	I	.	.	II	III	III	V	v
Dryopteris filix-mas	.	.	.	.	I	I	I	II	IV	V	V	.
Stachys sylvatica	.	.	.	.	I	II	I	II	IV	II	V	v
Geranium robertianum	III	v	.	.	I	.	I	I	V	III	V	.
Urtica dioica	.	.	.	.	.	.	.	I	II	III	V	.
Oxalis acetosella	.	.	.	.	I	.	I	.	III	III	III	.
Rubus idaeus	.	.	.	.	I	I	I	I	II	I	III	.
Actaea spicata	.	.	.	I	I	.	II	.	II	I	.	v
Dryopteris dilatata	.	.	.	.	.	.	.	.	I	I	III	.
Plagiomnium undulatum	.	.	.	.	.	.	.	.	I	II	II	.
DA Subassoziation von Lunaria rediviva												
Lunaria rediviva	.	.	.	.	+	I	I	I	.	V	.	.
Dryopteris carthusiana	.	.	.	.	+	.	.	.	I	III	.	v
Stachys officinalis	.	.	.	.	+	.	.	I	.	III	.	.
Athyrium filix-femina	.	.	.	.	I	.	.	I	.	II	.	.
Epilobium montanum	.	.	.	.	I	I	.	I	I	II	I	.
Ranunculus aconitifolius	.	.	.	.	+	.	.	.	.	I	.	.
DA Subassoziation von Phyllitis scolopendrium												
Phyllitis scolopendrium	.	.	.	.	.	.	.	.	.	.	V	.
Plagiochila asplenioides	.	.	.	.	+	.	.	.	.	I	IV	.
Rhytidiadelphus triquetrus	.	.	.	I	+	.	.	I	I	.	IV	.
Polypodium vulgare	.	.	.	.	.	.	.	.	.	.	III	.
Asplenium trichomanes * quadrivalens	.	.	.	.	I	.	.	.	I	.	II	.
Thelypteris phegopteris	.	.	.	.	.	.	.	.	.	.	I	.
Asplenium viride	.	.	.	.	.	.	.	.	.	.	II	.
Cystopteris fragilis ssp. fragilis	.	.	.	.	.	.	.	.	.	.	I	.
DA Petasites albus-Gesellschaft												
Petasites albus	.	.	.	.	I	.	.	III	.	.	.	V
Querco-Fagetea, Fagetalia												
Mercurialis perennis	.	.	.	IV	IV	V	IV	V	V	V	III	v
Galium odoratum	II	.	.	II	IV	V	III	III	IV	V	IV	v
Anemone nemorosa	.	.	.	II	III	IV	V	III	I	I	.	v
Hedera helix	.	.	.	II	IV	V	III	III	I	.	.	.
Brachypodium sylvaticum	.	.	.	.	III	IV	II	V	II	I	.	v
Viola reichenbachiana	.	.	.	I	III	III	V	IV	II	I	.	.
Lathyrus vernus	.	.	.	III	III	III	II	II	I	I	.	.
Lilium martagon	.	.	.	II	II	III	III	II	I	I	.	v
Euphorbia amygdaloides	.	.	.	II	II	III	II	II	I	.	.	.
Asarum europaeum	.	.	.	I	II	IV	V	I	I	I	.	.
Prenanthes purpurea	.	.	.	I	II	II	I	III	I	.	.	v
Polygonatum verticillatum	.	.	.	.	I	II	I	III	I	.	.	v
Daphne mezereum K	.	.	.	I	II	III	II	I	I	.	.	.
Clematis vitalba	.	v	.	I	I	III	I	III	I	.	.	.

Anemone ranunculoides	.	.	.	I	I	I	I	I	I	I	.	.
Phyteuma spicatum	.	.	.	II	I	I	I	I	.	.	.	.
Carex digitata	.	.	.	I	II	I	I	I	.	.	.	.
Primula elatior	.	.	.	.	II	II	I	II	.	.	.	.
Bromus ramosus	.	.	.	.	II	II	.	II	.	.	.	.
Helleborus foetidus	.	.	.	.	II	II	II	I	I	.	.	.
Carex sylvatica	.	.	.	.	I	II	I	II	I	.	.	V
Campanula trachelium	.	.	.	.	I	II	I	I	I	I	.	.
Polygonatum multiflorum	.	.	.	.	+	I	I	II	I	.	.	.
Melica uniflora	.	.	.	.	I	II	I	.	I	.	.	.
Sanicula europaea	.	.	.	.	I	I	.	I	.	I	.	V
Pulmonaria obscura	.	.	.	.	+	.	I	.	.	.	.	.
Sonstige Arten												
Fragaria vesca	II	.	.	.	II	I	.	II	II	I	.	V
Hieracium murorum	I	.	.	I	II	II	I	.	.	I	.	V
Vicia spec.	I	.	1	II	II	I	II	I	I	I	.	.
Vicia sepium var. sepium	I	.	.	.	.	.	.	.	.	I	.	.
Galeopsis tetrahit	.	.	.	I	I	I	II	I	I	II	.	V
Maianthemum bifolium	.	.	.	.	II	I	I	.	I	.	.	.
Aegopodium podagraria	.	.	.	.	I	I	.	I	I	.	.	.
Luzula luzuloides	.	.	.	.	I	.	.	.	.	I	.	.
Circaea lutetiana	.	.	.	.	.	.	.	I	I	.	.	.
Angelica sylvestris	.	.	.	.	.	.	.	I	.	.	.	.
Taraxacum officinale	.	.	1	.	I	I	I	I	.	.	.	.
Rubus fruticosus agg.	I	.	.	.	+	I	I	.	I	I	.	.
Corydalis cava	.	.	.	.	.	.	.	I	.	I	.	.
Atropa bella-donna K	.	.	.	I	.	I	.	II	.	.	.	.
Chrysosplenium alternifolium	.	.	.	.	I	.	.	.	I	I	.	.
Deschampsia flexuosa	.	.	.	.	.	.	.	.	.	I	.	.
Ajuga reptans	.	.	.	.	.	.	.	.	I	.	.	.
Cirsium arvense	.	.	.	.	.	I	.	.	.	.	.	.
Carex muricata	.	.	.	.	.	.	.	.	I	.	.	.
Carex remota	.	.	.	.	.	.	.	.	.	I	.	.
Agrostis capillaris	.	.	.	.	.	I	.	.	I	.	.	.
Anthoxanthum odoratum	.	.	.	.	+	.	.	.	.	I	.	.
Valeriana officinalis	.	.	.	.	.	.	.	I	.	I	.	.
Cirsium palustre	.	.	.	.	+	.	.	.	.	.	.	.
Calamintha clinopodium	.	.	.	I	.	.	.	.	.	.	.	.
Neottia nidus-avis	.	.	.	I	.	.	.	.	.	.	.	.
Milium effusum	.	.	.	.	.	.	I	.	I	.	.	.
Dactylis polygama	.	.	.	.	+	.	.	.	.	.	.	.
Galium mollugo	.	.	.	I	+	.	.	.	.	.	.	.
Centaurea montana	.	.	.	I	+	.	.	.	.	.	.	.
Alliaria petiolata	.	.	.	.	+	I	.	I	.	I	.	.
Hypericum montanum	.	.	.	.	.	I	I	.	.	.	.	.
Elymus caninus	.	.	.	.	.	.	I	I	.	.	.	.
Cephalanthera damasonium	.	.	.	I	.	I	.	.	.	.	.	.
Ranunculus lanuginosus	.	.	.	.	+	I	.	I	.	.	.	.
Stellaria nemorum	.	.	.	.	+	.	.	.	.	.	.	.
Campanula patula	.	.	.	I	+	.	.	.	.	.	.	.
Valeriana wallrothii	.	.	.	.	.	I	.	.	.	.	.	.
Cardamine nemorosa	.	.	.	.	+	.	.	.	.	.	.	.
Cardamine pratensis	.	.	.	.	I	.	.	I	.	.	.	.
Caltha palustris	.	.	.	.	.	.	.	.	.	.	I	.
Melandrium rubrum	.	.	.	.	+	.	.	.	I	.	.	.
Hypericum perforatum	.	.	.	.	.	I	.	.	.	.	.	.
Vicia dumetorum	.	.	.	.	+	.	I	I	.	I	.	.
Galium album	I	.	.	I	I	.	I	.	.	.	.	.
Lathyrus pratensis	.	.	.	I	.	.	.	.	.	.	.	.
Pimpinella major	.	.	.	I	.	.	.	.	.	.	.	.
Phleum pratense	.	.	.	.	.	.	.	I	.	.	.	.
Dactylis glomerata	.	.	.	.	.	.	I	I	.	.	.	.
Viola riviniana	.	.	.	.	.	I	.	.	.	.	.	.
Inula conyza	.	.	.	.	+	I	.	.	.	.	.	.
Geum urbanum	.	.	.	.	.	.	.	.	I	.	.	.
Galium aparine	.	.	.	.	.	.	.	.	.	I	.	.
Lamium maculatum	.	.	.	.	.	I	.	.	.	.	.	.
Equisetum palustre	.	.	.	.	.	.	.	I	.	.	.	.
Equisetum telmateia	.	.	.	II	I	.	I	I	.	.	.	.
Carduus nutans	.	.	.	.	I	.	.	I	.	.	.	.
Calamagrostis epigejos	.	.	.	I	.	.	.	.	.	.	.	.
Euphorbia dulcis	.	.	.	I	+	.	I	.	.	.	.	.
Pyrola secunda	.	.	.	.	I	.	.	.	.	.	.	.
Galium rotundifolium	.	.	.	.	+	.	.	.	.	.	.	.
Veronica beccabunga	.	.	.	.	.	.	.	I	.	.	.	.
Festuca guestfalica	.	.	.	.	I	.	.	.	.	I	.	.
Cardamine flexuosa	.	.	.	.	.	.	.	I	I	.	.	.
Calamagrostis canescens	.	.	.	.	.	.	.	.	.	I	.	.
Vaccinium myrtillus	I	.	.	.	.	.	.	.	.	.	.	.
Epilobium angustifolium	.	.	.	I	.	.	.	.	.	.	.	.
Artemisia absinthium	.	V	.	.	+	.	.	.	.	.	.	.
Knautia arvensis	.	V	.	.	.	.	.	.	.	.	.	.
Alchemilla glaucescens	.	.	.	.	+	.	.	.	I	.	.	.
Poa nemoralis	.	.	.	.	+	.	.	.	.	.	.	.
Festuca altissima	.	.	.	.	+	.	.	.	.	.	.	.
Silene vulgaris	.	V	.	.	+	.	.	.	.	.	.	.
Chrysanthemum leucanthemum	.	.	.	I	.	.	.	.	.	.	.	.
Campanula persicifolia	.	.	.	.	.	.	I	.	.	.	.	.
Bromus erectus	.	.	.	.	.	I	.	.	.	.	.	.
Calamagrostis spec.	.	.	.	.	I	.	.	.	.	.	.	.
Carex spec.	I	.	.	I	I	I	.	I	.	.	.	.
Luzula spec.	.	.	.	.	+	I	.	.	.	.	.	.
Melilotus spec.	.	.	.	I	.	.	.	.	.	.	.	.
Campanula spec.	I	V	.	.	+	.	I	.	.	.	.	.
Artemisia spec.	.	.	.	.	.	.	I	.	.	.	.	.
Senecio spec.	.	V	.	.	+	.	I	.	.	.	.	.
Ribes spec.	.	.	.	.	I	I	I	I	.	.	.	.
Hypericum spec.	.	.	.	I	+	I	I	.	.	.	.	.
Carduus spec.	.	.	.	.	I	.	I	.	.	.	.	.
Juncus spec.	.	.	.	I	.	.	.	.	.	.	.	.
Epilobium spec.	.	.	.	.	.	.	.	.	I	.	.	.
Lamium spec.	.	.	.	.	.	.	I	.	.	I	.	.
Poa spec.	.	.	.	.	+	.	.	.	.	.	.	.
Galium spec.	.	.	.	.	+	.	.	.	I	.	.	.
Hieracium spec.	.	.	.	.	+	.	.	.	.	.	.	.
Kryptogamen												
Ctenidium molluscum	III	.	.	II	I	I	I	I	III	II	III	V
Hypnum cupressiforme	IV	.	.	.	II	I	I	I	II	I	.	.
Homalothecium sericeum	II	V	.	I	I	I	.	I	I	.	II	.
Eurhynchium striatum	.	.	.	I	+	.	.	II	I	I	II	V
Fissidens taxifolius	.	.	.	II	I	I	.	III	.	.	.	V
Pylaisia polyantha	.	.	.	I	I	I	I	I	II	.	III	.
Tortella tortuosa	II	.	.	I	I	I	I	I	I	.	.	V
Homalothecium lutescens	I	.	.	I	I	I	.	I	I	.	.	.
Dicranum scoparium	II	.	.	.	I	.	I	.	I	II	I	.
Hypnum lacunosum	.	V	.	.	I	.	.	II	I	.	.	.
Brachythecium rutabulum	I	.	.	.	I	.	.	I	I	I	.	.
Plagiomnium affine	.	.	.	.	+	.	I	.	I	I	.	.
Thuidium tamariscinum	.	.	.	I	.	.	.	.	.	II	I	.
Hylocomium splendens	I	.	.	.	I	.	.	.	I	.	.	.
Schistidium apocarpum	I	.	.	.	+	I	.	.	I	.	.	.
Dicranella varia c.f.	.	.	.	.	+	.	I	.	.	.	II	.
Bryum flaccidum	.	.	.	.	I	.	.	.	I	.	.	.

Brachythecium spec.	.	.	.	.	+	I	.	I	.	.	.	.
Lophocolea bidentata	.	.	.	.	+	.	.	I	.	I	.	.
Campylium calcareum	.	v	.	I	.	.	.	.	.	.	.	.
Porella platyphylla	.	.	.	I	.	I	.	.	I	.	.	.
Bryum capillare agg.	I	.	.	.	+	.	I	.	.	.	.	.
Isothecium alopecuroides	.	.	.	.	+	.	.	I	.	.	.	v
Neckera complanata	.	.	.	I	.	.	.	.	I	.	I	.
Drepanocladus spec.	.	.	.	.	.	.	.	.	.	I	.	.
Plagiothecium spec.	.	.	.	.	.	.	.	.	.	I	.	.
Dicranella spec.	.	.	.	.	.	.	.	I	.	.	I	.
Polytrichum formosum	.	.	.	.	.	.	.	.	I	I	.	.
Scleropodium purum	.	.	.	I	+	.	.	.	.	.	.	.
Brachythecium albicans	.	.	.	.	I	.	.	.	.	.	.	.
Tortula ruralis	.	.	.	.	I	.	.	.	.	.	.	.
Plagiomnium rostratum	.	.	.	.	+	.	.	.	I	.	.	.
Rhynchostegium murale	.	.	.	.	+	.	.	.	I	.	.	.
Cratoneuron filicinum	.	.	.	.	.	.	.	I	.	.	.	.
Brachythecium rivulare	.	.	.	.	.	.	.	I	.	.	.	.
Campylium stellatum	.	.	.	.	.	.	.	I	.	.	I	.
Cladonia spec.	.	.	.	.	.	.	.	.	I	.	I	.
Radula complanata	.	.	.	.	.	I	.	.	.	.	.	.
Anomodon attenuatus	.	.	.	.	+	.	I	.	.	.	.	.
Barbula acuta	.	v	.	.	.	.	.	I	.	.	.	.
Entodon concinnus	.	v	.	.	.	.	.	.	.	.	.	.
Calliergonella cuspidata	.	.	.	.	.	.	.	I	.	.	.	.
Lophocolea heterophylla	.	.	.	.	.	.	.	I	.	.	.	.
Thuidium spec.	.	.	.	.	.	.	.	.	.	I	.	.
Campylium stellatum var. protensum	.	.	.	.	.	.	.	I	.	.	.	.
Rhytidium rugosum	.	.	.	.	+	.	.	.	.	.	.	.
Campylium chrysophyllum c.f.	.	.	.	I	.	.	.	.	.	.	.	.
Entodon spec.	.	.	1	.	.	.	.	.	.	.	.	.
Rhytidiadelphus loreus	.	.	.	.	.	.	.	.	I	.	.	.
Neckera crispa	.	.	.	.	+	.	.	.	.	.	.	.
Amblystegiella spec.	.	.	.	.	.	I	.	.	.	.	.	.
Rhodobryum roseum	.	.	.	.	+	.	.	.	.	.	.	.
Pottia spec.	.	.	.	.	.	I	.	.	.	.	.	.
Bryum argenteum	.	.	.	.	+	.	.	.	.	.	.	.
Frullania dilatata	.	.	.	.	.	I	.	.	.	.	.	.
Plagiothecium laetum	.	.	.	.	+	.	.	.	.	.	.	.
Metzgeria furcata	.	.	.	.	.	I	.	.	.	.	.	.
Bryum capillare	.	.	.	.	+	.	.	.	.	.	.	.
Cladonia pyxidata	.	.	.	.	+	.	.	.	.	.	.	.
Plagiothecium nemorale	.	.	.	.	.	.	.	I	.	.	.	.
Plagiochila porelloides	.	.	.	.	+	.	.	.	.	.	.	.
Cladonia chlorophaea	.	.	.	.	+	.	.	.	.	.	.	.
Anomodon viticulosus	.	.	.	.	.	.	.	I	.	.	.	.
Eurhynchium swartzii	.	.	.	.	.	.	.	.	.	.	I	.
Leskeella nervosa	.	.	.	.	.	.	.	I	.	.	.	.
Brachythecium populeum	.	.	.	.	.	.	.	I	.	.	.	.

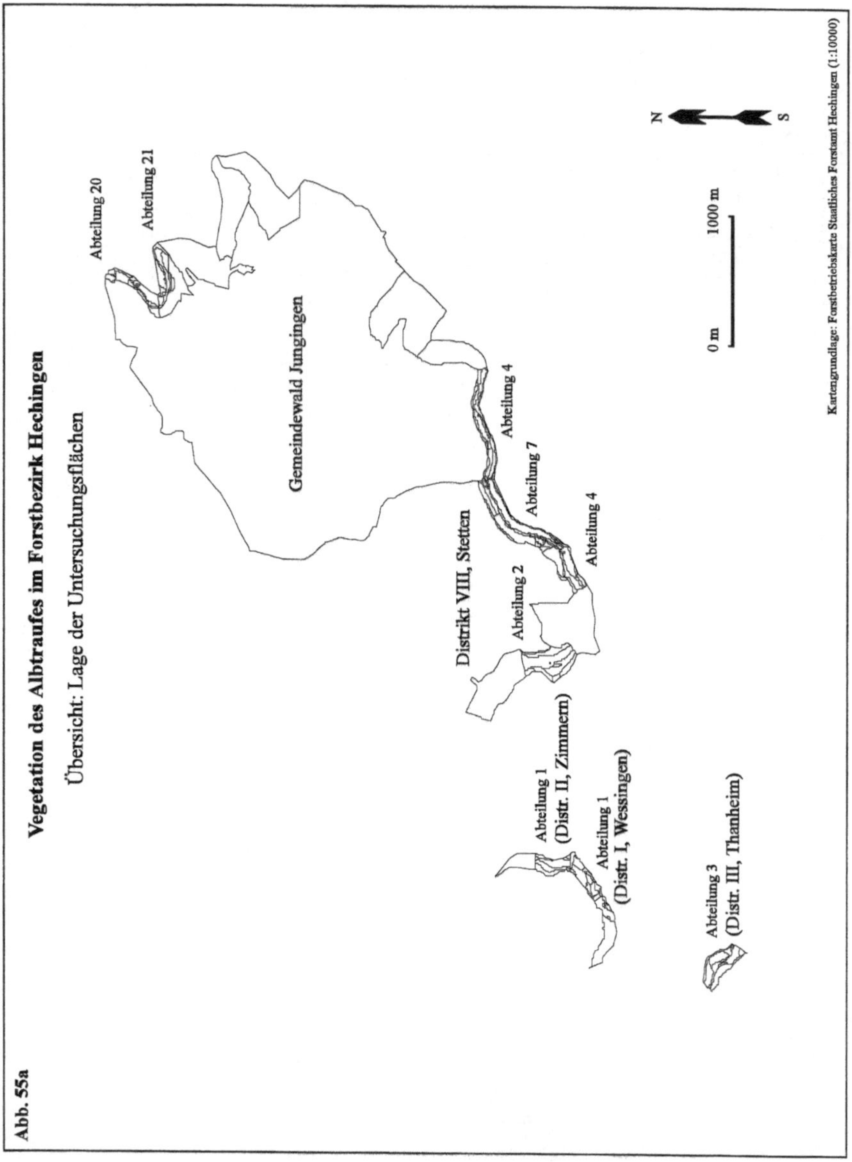
Vegetation des Albtraufes im Forstbezirk Hechingen
Übersicht: Lage der Untersuchungsflächen
Abteilung 20
Abteilung 21
Gemeindewald Jungingen
Abteilung 4
Abteilung 7
Abteilung 4
Distrikt VIII, Stetten
Abteilung 2
Abteilung 1
(Distr. II, Zimmern)
Abteilung 1
(Distr. I, Wessingen)
Abteilung 3
(Distr. III, Thanheim)
0 m
1000 m
N
S
Kartengrundlage: Forstbetriebskarte Staatliches Forstamt Hechingen (1:10000)
Abb. 55a

Abb. 55b

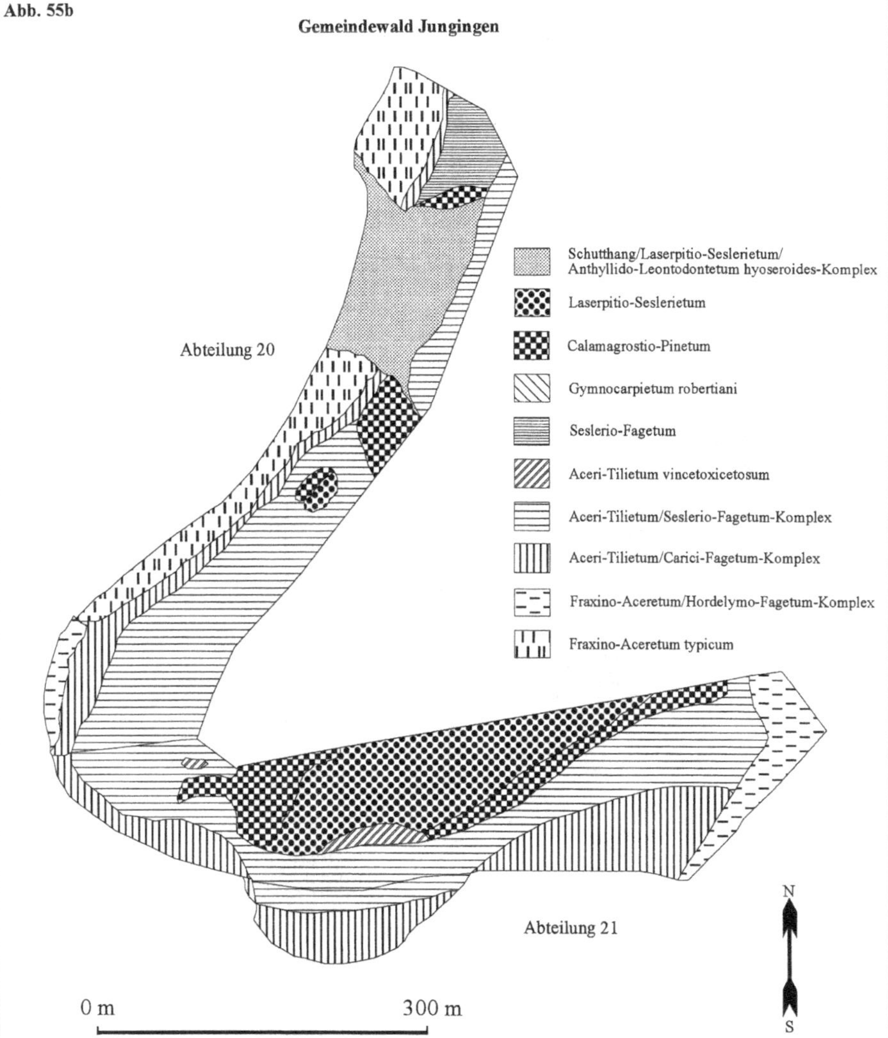

Kartengrundlage: Forstbetriebskarte Staatliches Forstamt Hechingen (1:10000)

Abb. 55c

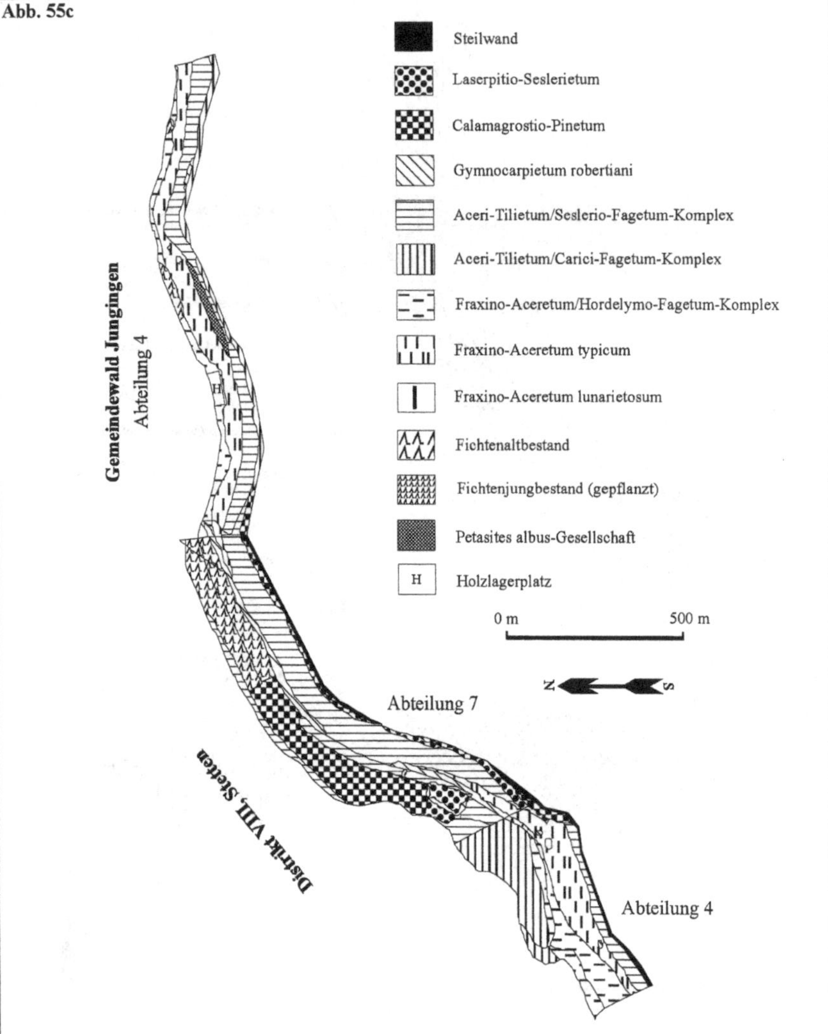

Kartengrundlage: Forstbetriebskarte Staatliches Forstamt Hechingen (1:10000)

Abb. 55d

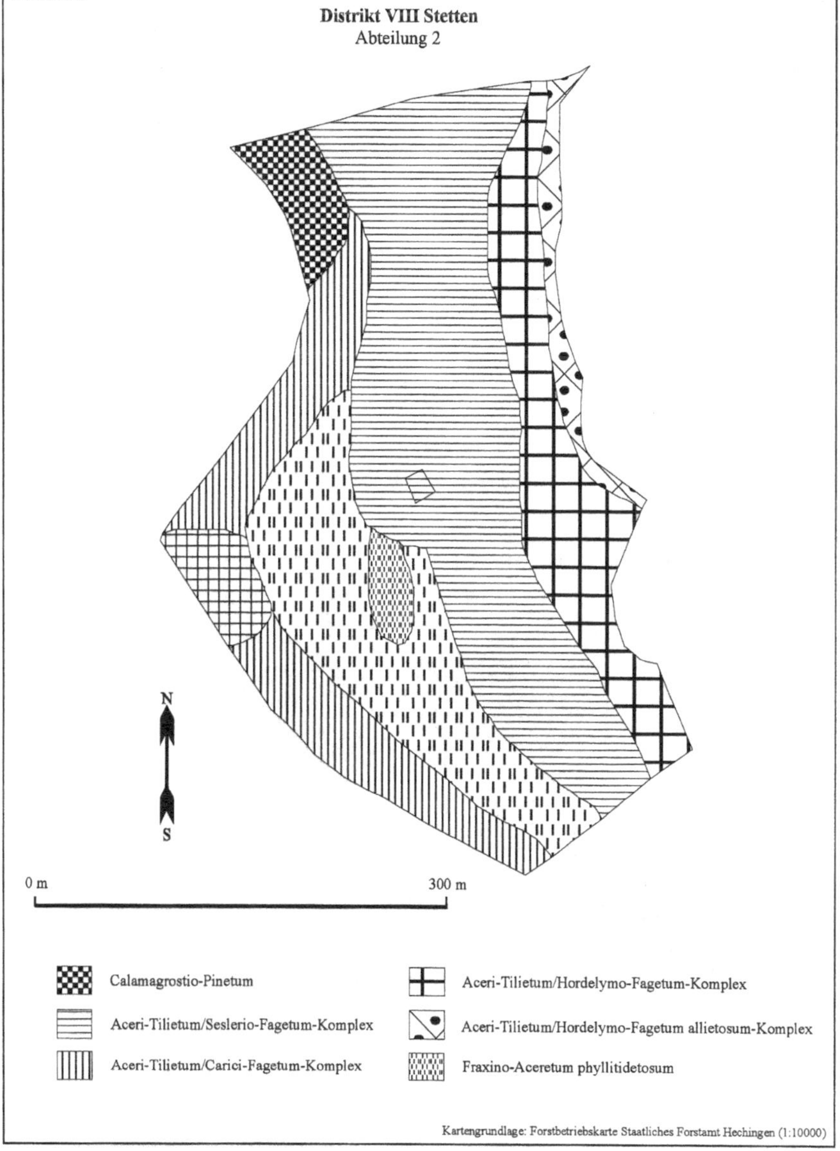
Distrikt VIII Stetten
Abteilung 2
N
S
0 m
300 m
Calamagrostio-Pinetum
Aceri-Tilietum/Seslerio-Fagetum-Komplex
Aceri-Tilietum/Carici-Fagetum-Komplex
Aceri-Tilietum/Hordelymo-Fagetum-Komplex
Aceri-Tilietum/Hordelymo-Fagetum allietosum-Komplex
Fraxino-Aceretum phyllitidetosum
Kartengrundlage: Forstbetriebskarte Staatliches Forstamt Hechingen (1:10000)

Abb. 55e

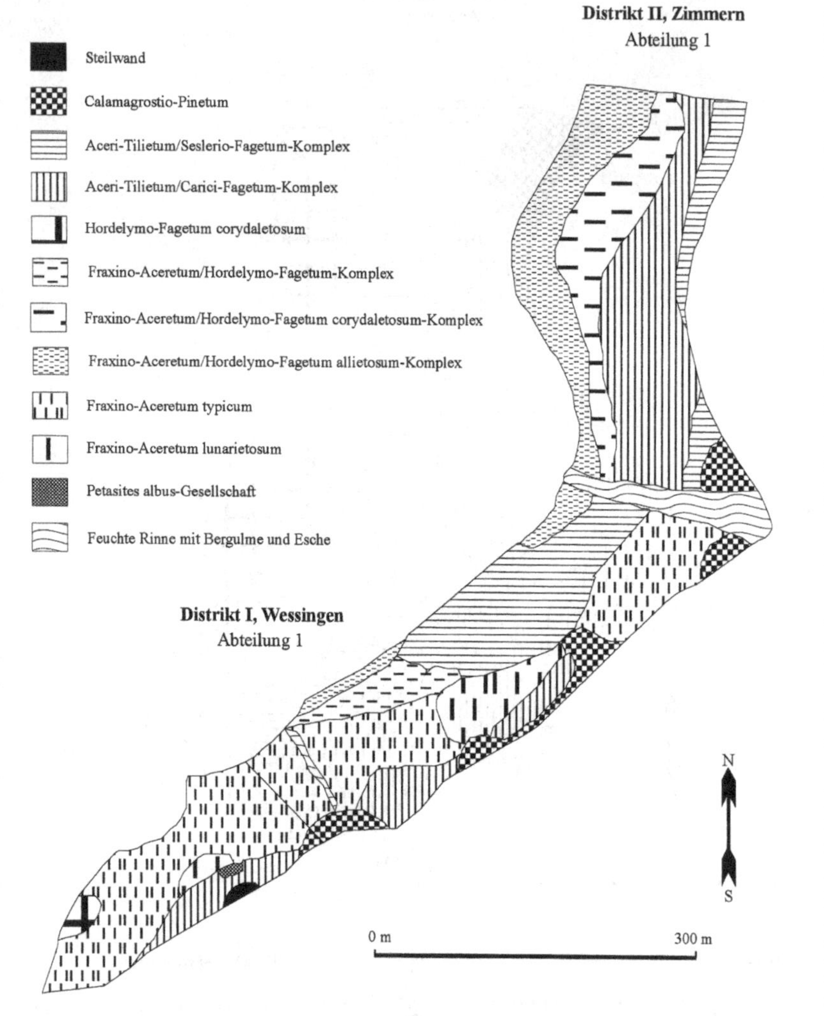

Kartengrundlage: Forstbetriebskarte Staatliches Forstamt Hechingen (1:10000)

Abb. 55f

Distrikt III, Thanheim
Abteilung 3

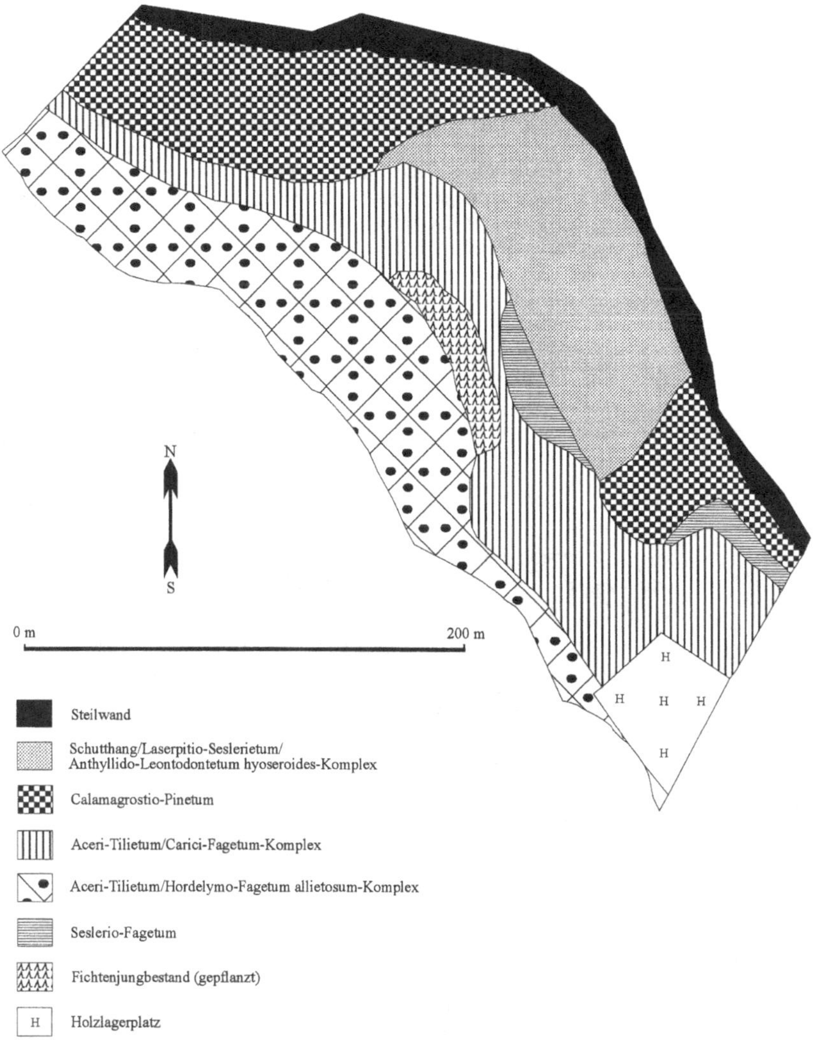

Kartengrundlage: Forstbetriebskarte Staatliches Forstamt Hechingen (1:10000)

12. Entwässerte Schwarzerlen-Bruchwälder im Forstbezirk Bruchsal-Ost

12.1 Das Untersuchungsgebiet

Das Untersuchungsgebiet, die Büchenauer Hardt, liegt 3,5 km südwestlich von Bruchsal am Rande der oberrheinischen Grabenrandstufe (Abb. 56) im Naturraum badische Hardtebene auf 110 m ü. NN (TK 6817/3 und 6917/1). Nach der regionalen Wuchsgebietsgliederung von Baden-Württemberg liegt die Büchenauer Hardt im Wuchsgebiet 1/02 b. Das Untersuchungsgebiet befindet sich zum Teil im Staatswald Bruchsal-Ost und zum Teil im Stadtwald Bruchsal. Es liegt im alten (pleistozänen) Rinnensystem der Kinzig-Murg-Niederung. Die Flüsse der Schwarzwald-, Kraichgau und Odenwaldtäler flossen in das Rinnensystem dieser Niederung, welches parallel zum Rhein ("Ostrhein") nach Norden floß (GEYER & GWINNER, 1991: 234). Die Niederung ist heute weitgehend verlandet, und war infolge des relativ hohen Grundwasserstandes am Grabenstufenrand ursprünglich vermoort (Niedermoortorfe). In diesen Rinnensystemen entstanden bei dauernd hoch stehendem Grundwasser mit Überschwemmung im zeitigen Frühjahr und darauf folgender, lang andauernder Naßphase eutraphente Schwarzerlen-Bruchwälder (vergleiche ELLENBERG, 1982: 372f.), die pflanzensoziologisch dem Carici elongatae-Alnetum glutinosae anzuschließen sind.

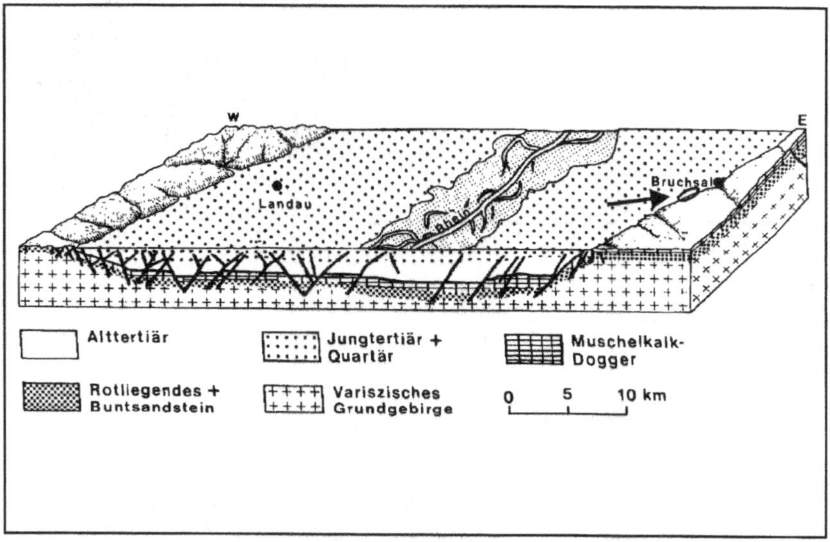

Abb. 56: Lage des Untersuchungsgebietes im Forstbezirk Bruchsal-Ost am Rande der oberrheinischen Grabenrandstufe (Pfeil und Ellipse). Nach einer Abbildung aus HENNINGSEN & KATZUNG (1992: 148), verändert.

12.2 Standorte und Vegetation des Untersuchungsgebietes

12.2.1 Historische Angaben

Frühgeschichtliche Angaben finden sich in den Akten des Forstamtes Bruchsal nur wenige, da die Einrichtungswerke der Gemeinde- und Staatswälder zeitlich nicht sehr weit zurückreichen. HASEL (1985: 34) teilt mit, daß die Büchenauer Hardt im 14. Jahrhundert als Teilbereich des Lußhardt ausgeschieden wurde, welcher noch 1056 ein großer Königsforst war.
Historische Daten zum Untersuchungsgebiet liefern dagegen die Erläuterung zur geologischen Karte Bruchsals von THÜRACH (1907) und insbesondere die Erläuterungen zur vegetationskundliche Karte Bruchsals von OBERDORFER (1936).
THÜRACH (1907) und SCHNARRENBERGER (1907) kartierten 1905 im südöstlichen Teil des Büchenauer Hardt Flächen mit (Niedermoor-)Torf (siehe Abb. 58 am Ende des Kapitels), der nach diesen Autoren in früheren Zeiten dort auch gestochen wurde. Noch 1905 befanden sich diese "Torfmoore" zwischen "Bruchsal und Untergrombach in der Fortbildung" (THÜRACH, 1907: 29). Neben der Torfgewinnung wurden die mit Schilf bewachsenen Torfgebiete zur Streugewinnung herangezogen (THÜRACH, 1907: 47).
Das im Büchenauer Hardt verlaufende Rinnensystem (Wolfslochgraben, Eiergraben, Schönbornwiesengraben, Immertengraben) war noch 1936 in seinen nassesten Teilen von einem eutraphenten Walzenseggen-Schwarzerlen-Bruchwald (Carici elongatae-Alnetum glutinosae, Subassoziation mit *Carex acutiformis*) bestockt (siehe Abb. 58). Auf weniger nassen Flächen befand sich ein Erlen-Eschen-Auenwald in seiner nassen Subassoziation (Pruno-Fraxinetum phalaridetosum) auf Anmoorgley. Auf noch höheren Geländepartien erschien die Typische Subassoziation des Pruno-Fraxinetum, und auf den trockeneren Teilflächen dominierten verschiedene Subassoziationen des Sternmieren-Eichen-Hainbuchenwaldes (Stellario-Carpinetum).
OBERDORFER (1936: 67) konnte noch Bruchwaldtorf im Büchenauer Hardt nachweisen, jedoch war dieser an der Oberfläche bereits "locker, zersetzt und schwarz". Dies kann eventuell bereits als beginnende Mineralisierung der obersten Torfschichten durch die um die Jahrhundertwende eingeleiteten Entwässerungsmaßnahmen gedeutet werden. Die Bewirtschaftung der Schwarzerlen--Bruchwälder erfolgte als Niederwald. Dies ist auch heute noch an stockschlägigen Schwarzerlen zu erkennen. Nach Angaben der Einrichtungswerke wurde die Niederwaldnutzung der Schwarzerlenwälder, wahrscheinlich größtenteils 1925, zusammen mit der Mittelwaldnutzung der Erlen-Eschen- und Eichen-Hainbuchenwälder eingestellt. Nach OBERDORFER (1936: 72, 67) unterlagen noch kleinere Teile der Erlen-Eschenwälder des Untersuchungsgebietes der Mittelwaldnutzung, während die Schwarzerlen-Bruchwälder jedoch noch größtenteils als Niederwald genutzt wurden.
Aus den nassen Teilen des Büchenauer Hardt liegen uns von OBERDORFER (1936: Tab. 5, Tab. 6) zwei Aufnahmen des Carici elongatae-Alnetum glutinosae caricetosum acutiformis und eine Aufnahme des Pruno-Fraxinetum phalaridetosum vor. Die pH-Werte in 10 cm Bodentiefe lagen im Neutralbereich zwischen 6,5 und 7,4. Bezeichnend für die Bruchwälder des Untersuchungsgebietes war die Dominanz der Steifen Segge (*Carex elata*). Dies läßt den Schluß zu, daß die Standorte um 1936 noch sehr naß waren. Hierzu ist bei OBERDORFER (1936: 65) die Photographie eines *Carex elata*-reichen Schwarzerlen-Bruchwaldes aus dem Staatswald Distrikt I, Abt. 2 abgebildet. Ein Vergleich mit dem heutigen Schwarzerlenbestand auf diesem Standort zeigt deutlich die Auswirkungen der Entwässerung: die *Carex elata*-Dominanz ist nicht mehr anzutreffen, dagegen ist die Sumpfsegge (*Carex acutiformis*) als Zeiger etwas trockenerer Verhältnisse häufig die dominierende Art. Die heutige syntaxonomische Zwischenstellung dieser Bestände zwischen Alnion und Alno-Ulmion zeigt unter anderem die reiche Beteiligung der Traubenkirsche (*Prunus padus*) in der Strauchschicht an. Der von THÜRICH (1907) und OBERDORFER (1936: 67) festgestellte Torfboden ist vollständig vererdet, wie dies bereits 1971 von der Standortskartierung festgestellt wurde.
In den Naßwäldern des Büchenauer Hardt konnte OBERDORFER (1936) folgende Arten der Roten

Liste Baden-Württembergs (HARMS et al., 1983) beobachten (in Klammern die Gefährdungskategorie inklusive schutzbefürftiger Arten der Kategorie 5): *Calmagrostis canescens* (5), *Carex elata* (5), *Carex elongata* (5), *Hottonia palustris* (3), *Peucedanum palustre* (3), *Senecio paludosus* (5), *Thelypteris palustris* (3).

12.2.2 Auswirkungen der Entwässerungen auf den Bruchwaldstandort

Auch heute noch sind die Waldbestände der Rinnen im südöstlichsten Teil des Büchenauer Hardt die am stärksten vernäßten Standorte dieses Waldgebietes. THÜRACH (1907: 29) konnte noch ein Torfwachstum in diesem Bereich feststellen. OBERDORFER (1936: 65, 67) fand ebenfalls noch Torfvorkommen, eventuell aber bereits mit ersten Anzeichen einer Torfmineralisierung, verursacht durch die damals bereits wirksamen Grundwasserspiegelabsenkungen (a.a.O. S. 73) und durch das bereits vorhandene Grabensystem. Allgemein begann die Durchführung von gezielten Entwässerungsmaßnahmen nach OBERDORFER (1936: 43) um die Jahrhundertwende.
Jedoch wirkten sich nicht nur direkte Entwässerungsmaßnahmen aus, wie die Anlage von Gräben im Untersuchungsgebiet, sondern einen weitaus größeren Einfluß dürften die Auswirkungen des Rheinausbaus (Grundwasserspiegelabsenkung, fehlende Überflutungen durch Druckwasser), der Fluß- und Bachkanalisierungen (zum Beispiel Pfinz, Saalbach), der Bau der westlich angrenzenden Bundesautobahn (BAB 5) und die Anlage eines Baggersees südlich des Büchenauer Hardt gehabt haben. Zudem bewirken zwei Hebewerke (in Abb. 58 als Kläranlage bezeichnet) eine Entwässerung der weiteren Umgebung. Das Wasser der beiden Hebewerke wird durch den ausgebauten Immentengraben in den Schönbornwiesengraben geleitet. Dieser entwässert in den Saalbachkanal, welcher das Wasser rasch in den Rhein abführt.
Die zahlreichen, vor allem indirekt wirkenden Entwässerungsmaßnahmen, das heißt Eingriffe, die nicht gezielt der Melioration der Schwarzerlen-Bruchwälder des Untersuchungsgebietes galten, bewirkten ein Austrocknen der Torfschichten. Das dadurch bedingte häufigere Trockenfallen des Bodens ermöglichte eine stärkere Bodenerwärmung und eine bessere Durchlüftung des Bodens, was eine höhere mikrobiologische Aktivität verursacht, die wiederum eine erhöhte Mineralisierung der organischen Substanz zur Folge hat. Die Mineralisierung des Torfes macht den zuvor organisch gebundenen Stickstoff nun verstärkt für Pflanzen verfügbar. Die Kombination aus geringerer Vernässung und besserer Nährstoffverfügbarkeit (insbesondere Nitrat-Stickstoff) bewirkt eine starke Verschiebung im Konkurrenzgefüge der Pflanzenarten. Das Fehlen einer Dauervernässung ermöglicht es, daß sich (frische- und) feuchteliebende Pflanzenarten etablieren, beziehungsweise auf der gesamten Bruchwaldfläche ausbreiten können. Nässeliebende Arten verschwinden oder gehen stark zurück, so daß deren Raumbesetzung verringert und dadurch anderen Arten zur Verfügung stehen. Durch das Trockenfallen der oberen Bodenschichten erhöht sich zudem stark die Nitrifikationsrate, so daß Pflanzenarten, die auf eine Nitratzufuhr oder zumindest gemischte Stickstoffernährung (Nitrat und Ammonium) angewiesen sind, in den Bruchwald eindringen können. Gleichzeitig bewirkt der Abbau der organischen Substanz eine starke Sackung des Torfkörpers, was sich im Untersuchungsgebiet in einer starken Stelzwurzelbildung vieler Schwarzerlen bemerkbar macht. In Abhängigkeit vom Grad der Entwässerung gehen die typischen Helophyten der Bruchwälder zurück und nitrophile Entwässerungszeiger (zum Beispiel *Rubus idaeus*, *Urtica dioica*, *Galium aparine*, *Poa trivialis*) nehmen zu. Das Carici elongatae-Alnetum glutinosae nähert sich dadurch floristisch immer mehr dem Alno-Ulmion (SCHRAUTZER et al., 1991). Nach HÜGIN (1990: 16) sind die ersten Anzeichen einer Grundwasserabsenkung und/oder Entwässerung an einer Vitalitätsschwächung vieler Arten zu beobachten. Bei einer Senkung des mittleren Wasserstandes um 30-40 cm sterben im Verlauf von etwa 20 Jahren bestimmte Nässezeiger (zum Beispiel *Carex elongata*, *Valeriana dioica*, *Peucedanum palustre*) allmählich aus. Parallel zu diesem Artenrückgang werden nitrophile Arten gefördert, die bereits von Natur aus in geringer Anzahl auf den Standorten vorhanden sind, aber auf trockeneren Standorten besser gedeihen. Querco-Fagetea-Arten treten von höhergelegenen,

benachbarten Standorten hinzu und besiedeln die frei gewordenen Plätze. Verliert ein Schwarzerlen-Bruchwald den Anschluß an das Grundwasser, dann dauert es nach HÜGIN (1990: 22) etwa 40 Jahre, bis die letzten Nässezeiger verschwunden sind. Gleichzeitig warnt HÜGIN (1990: 24) jedoch davor, ausschließlich aus dem Vorkommen von Feuchtezeigern auf die Feuchteverhältnisse eines Standortes zu schließen. Denn Arten, wie zum Beispiel *Carex acutiformis*, *Calmagrostis canescens*, *Lysimachia vulgaris* oder *Ribes nigrum*, kommen als Relikte noch längere Zeit auf entwässerten Schwarzerlen-Bruchwaldstandorten vor. Andere Arten, wie zum Beispiel *Carex elongata*, *Peucedanum palustre*, *Thelypteris palustris*, zeigen sich gegenüber Entwässerung sehr viel empfindlicher und sterben sehr viel rascher aus.

12.2.3 Aktuelle Situation der Schwarzerlen-Bruchwälder im engeren Untersuchungsgebiet

Wir beschränken uns hier auf die Bruchwälder im südöstlichsten Teil des Büchenauer Hardt, da diese die am stärksten vernäßten und daher am besten erhaltenen Bestände darstellen. Die Flächen liegen im Distrikt I (Auewald), Abt. 6 (Metzgerallmend) des Stadtwaldes Bruchsal (südwestlich des Hebewerkes), sowie nordöstlich daran anschließend der Distrikt I (Büchenauer Hardt), Abt. 2 (Bruchsaler Bruch) des Staatswaldes Bruchsal-Ost (siehe Abb. 58).

12.2.3.1 Flora und Vegetation

Als wertvolle Flächen in bezug auf das Vorkommen von Gefäßpflanzen der Roten Liste erwiesen sich vor allem die Unterabteilungen, die sich auf den von OBERDORFER (1936) kartierten Schwarzerlen-Bruchwaldstandorten befinden. Als floristisch besonders wertvoll stellte sich ein zwanzigjähriges Stangenholz aus Schwarzpappelhybriden (im Oberstand) heraus, das in den besonders nassen Bereichen im Unterstand schlechtwüchsige Schwarzerlenstockausschläge auf hohen Stelzwurzeln (Torfsackung!) besitzt (Unterabteilung Pa, a^2 in Abb. 58). Vergleicht man die Lage dieses Standortes mit der geologischen Karte (THÜRACH, 1907; SCHNARRENBERGER, 1907), so stellt sich heraus, daß es sich um das ehemals ausgedehnteste Torfgebiet im Büchenauer Hardt handelt (siehe Abb. 58). Zugleich ist es die tiefstgelegene Stelle in diesem Waldgebiet; nur das Hebewerk liegt noch tiefer. Als floristische Besonderheiten (Rote Liste Baden-Württemberg und schonungsbedürftige Arten) konnten *Calamagrostis canescens*, *Carex elata*, *Ribes nigrum* und *Thelypteris palustris* in dieser Unterabteilung gefunden werden.
Daneben finden sich noch weitere Arten, die einen ihrer Verbreitungsschwerpunkte in nassen Schwarzerlen-Bruchwäldern haben. Hier wären zum Beispiel zu nennen: *Cirsium palustre*, *Climacium dendroides*, *Frangula alnus*, *Galium palustre*, *Glyceria maxima*, *Iris pseudacorus*, *Lycopus europaeus*, *Scutellaria galericulata*, *Solanum dulcamara*.
Gleichzeitig finden sich aber auch Arten, die aufgrund ihrer hohen Stetigkeit und Deckung auf weniger vernäßte (feuchte) und nitratreiche Standortverhältnisse hinweisen (vergleiche zum Beispiel MÖLLER, 1970: 65ff; DÖRING-MEDERAKE, 1990: 72ff.; SCHRAUTZER et al., 1991). Für das engere Untersuchungsgebiet (Stadtwald Bruchsal I/6) wären vor allem folgende Arten zu nennen: *Brachythecium rutabulum*, *Dryopteris carthusiana*, *Dryopteris dilatata*, *Glechoma hederacea*, *Humulus lupulus*, *Urtica dioica*.
Pflanzensoziologisch nehmen viele der ehemaligen Flächen im Büchenauer Hardt eine Zwischenstellung zwischen Alnion und Alno-Ulmion ein. Der zwanzigjährige Hybridpappelbestand in I/6 des Stadtwaldes Bruchsal kann noch dem Alnion zugerechnet werden. Aufgrund der angeführten nitrophilen Entwässerungszeiger kann der Bestand als entwässertes, eutraphentes Carici elongatae-Alnetum glutinosae, Subassoziation mit *Carex acutiformis* bezeichnet werden (vergleiche SCHRAUTZER et al., 1991).
Die nordöstlich des Stadtwaldes befindliche ehemalige Torffläche im Staatswald I/2 (Er, a^4) besitzt

ebenfalls einen schutzwürdigen Schwarzerlenbestand. Dieser ist jedoch wegen seines höhergelegenen Standortes geringer vernäßt, so daß dieser Bestand aufgrund der erfolgten Entwässerung und Grundwasserabsenkung bereits stärkere Anklänge an ein Pruno-Fraxinetum zeigt (zum Beispiel durch das häufige Auftreten von *Prunus padus*).

12.2.3.2 Heutige Standortbedingungen

Die Standorte des Untersuchungsgebietes werden seit etwa 100-150 Jahren direkt und indirekt entwässert, was zu einer Torfmineralisierung führte. Der Boden wurde trockener, und die Stickstoffverfügbarkeit erhöhte sich für die Vegetation sehr stark, während der Bodenwassergehalt abnahm. Dies führte dazu, daß die Bruchwälder an Vitalität und an Ausdehnung verloren. Vor allem an tiefgelegenen Stellen konnten sich diese aber bis heute noch erhalten. Spezies wie *Calamagrostis canescens* und *Ribes nigrum* finden sich auch noch auf trockeneren Standorten. Sie sind an diesen Stellen als Relikte anzusehen (vergleiche HÜGIN, 1990: 69; SCHRAUTZER et al., 1991 und Kapitel 6 in dieser Arbeit).
Dagegen ist der ebenfalls noch vorhandene Sumpffarn (*Thelypteris palustris*) als ein sehr zuverlässiger Zeiger noch wenig gestörter Schwarzerlen-Bruchwälder anzusehen. Seine Standortamplitude ist im Vergleich zu der von *Ribes nigrum* enger. *Thelypteris palustris* hat seinen Schwerpunkt auf mesotraphenten Standorten, die im Vergleich zu denen von *Ribes nigrum* lichtreicher und feuchter sind (Abb. 57, vergleiche SEBALD et al., 1990a: 117). Aus diesem Grunde reagiert der nur flach wurzelnde Sumpffarn auf eine Entwässerung sehr viel empfindlicher als die Schwarze Johannisbeere. Zudem ist der Sumpffarn aufgrund seiner geringen Wuchshöhe vielen sich ausbreitenden Entwässerungszeigern gegenüber weitaus sensibler, da deren Beschattung diese Art rascher und intensiver erfaßt als dies bei der hochwüchsigen Schwarzen Johannisbeere der Fall ist.
Vor zwanzig Jahren wurde die damals mit Schwarzerlen-Niederwald bestockte Fläche mit Hybridpappel (*Populus* x *canadensis*) bepflanzt. Während das auf dieser Fläche vorhandene Grabensystem weitgehend verlandet ist und keine Entwässerungsfunktion mehr übernimmt, wirken die gepflanzten Pappelhybriden aufgrund ihrer hohen Transpirationsrate auf den Standort entwässernd. Im Gegensatz zur Schwarzerle ist der Wasserverbrauch von *Populus* x *canadensis* sehr viel höher (siehe zum Beispiel LARCHER, 1984: 306).
Zudem führt der extreme Lichtbaumcharakter der Hybridpappel zu einem weiten Stand der Baumindividuuen, so daß die Krautschicht im Vergleich zu Schwarzerlen-Bruchwaldbeständen langfristig (!) einem lichtreichen Bestandesklima ausgesetzt ist. Dies kann unter Umständen auf nur schwach entwässerten Standorten zur Dominanz bestimmter nässeertragender Arten (zum Beispiel *Phragmites australis*) führen, wie dies in I/6, Unterabteilung Pa, a^3 zu beobachten ist. Das bewirkt, daß ein großer Teil der typischen Bruchwaldarten der Konkurrenz dieser Art zum Opfer fällt. Dagegen dürfte das Vorhandensein der Schwarzerlenstockausschläge im Unterstand von I/6, Unterabteilung Pa, a^2, die Krautschicht vor einem "überreichen" Lichtgenuß schützen, so daß eine großflächige Dominanz dieser Art ausbleibt.
Weitere rezente Entwässerung findet durch ein Hebewerk statt, das die tiefste Stelle im Untersuchungsgebiet einnimmt. Dieses entwässert unter anderem die benachbarte Bahntrasse und die parallel dazu verlaufende Bundesstraße 3. Der stark ausgebaute Immertengraben, der von Südwesten kommend das Untersuchungsgebiet durchläuft und zusätzlich entwässert, dient dem Hebewerk als Vorfluter.

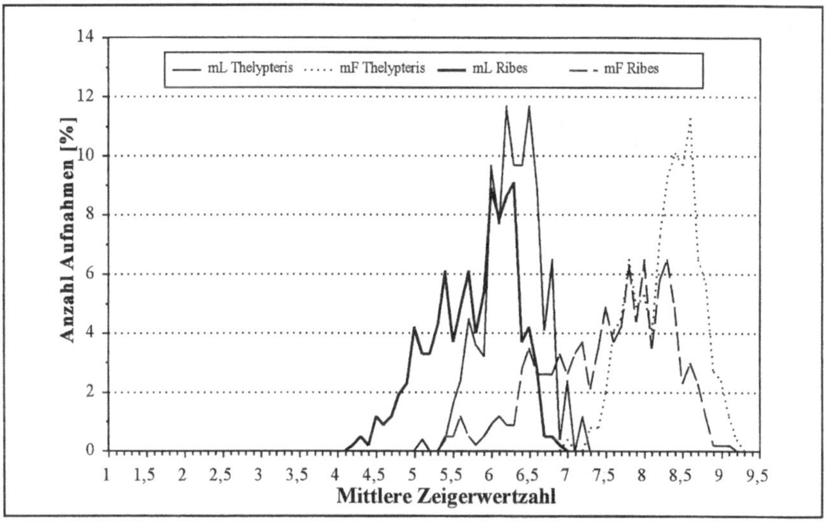

Abb. 57: Prozentuale Verteilung der mittleren Feuchtezahlen (mF) und mittleren Lichtzahlen (mL) von 430 Vegetationsaufnahmen mit *Ribes nigrum* und 249 Vegetationsaufnahmen mit *Thelypteris palustris*.

12.3 Der Einfluß der Forstwirtschaft auf die Schwarzerlen-Bruchwälder

Noch 1936 existierten im Rinnensystem des Büchenauer Hardt Schwarzerlen-Bruchwälder und Erlen-Eschen-Auenwälder. Auf das Untersuchungsgebiet griff die "Pappelwelle" vor etwa 50 Jahren über. Insbesondere im südöstlichen Teil des Büchenauer Hardt, dem nassesten Bereich, wurden um 1970 Hybridpappeln reihenweise in Schwarzerlenbestände eingebracht oder als Monokulturen auf Bruchwaldstandorten begründet. Der zwanzigjährige Hybridpappelbestand (Stangenholz) in I/6 besitzt noch heute in seinen nassen Bereichen einen Unterstand aus schlechtwüchsigen Schwarzerlenstockausschlägen mit ausgeprägten Stelzwurzeln. Die hohen Stelzwurzeln deuten darauf hin, daß die Torferdebildung zur Zeit des Pappelanbaues bereits abgeschlossen war. Dies konnte durch die 1971 durchgeführte Standortkartierung bestätigt werden. Auf dieser Fläche wurde die Standorteinheit "Vererdetes Niedermoor" kartiert. Die Hauptperiode der Torfmineralisierung hat somit zwischen 1940 und 1960/70 stattgefunden. Innerhalb von 20-30 Jahren wurde die Torfschicht also vollständig abgebaut. Über das Alter der Entwässerungsgräben läßt sich nur spekulieren. OBERDORFER (1936: 43) gibt an, daß um die Jahrhundertwende "großzügige[n] Meliorationen und Kultivierungsversuche[n]" viele Schwarzerlen-Bruchwälder und Sumpfwiesen zum Opfer gefallen sind. Bei der Besprechung der Schwarzerlen-Bruchwälder und Erlen-Eschen-Wälder durch OBERDORFER (1936) wird die Entwässerung der vernässten Standorte jedoch nicht erwähnt, sondern vielmehr wird auf den noch anstehenden Bruchwaldtorf hingewiesen. Es ist also zu vermuten, daß die Entwässerungsgräben im Untersuchungsgebiet erst nach 1936 ausgehoben wurden, wenn auch das Rinnensystem im Büchenauer Hardt bereits zu einer Entwässerung beitrug. In Verbindung mit der fortgesetzten Grundwasserabsenkung durch die Fluß- und Bachregulationen wurden die Torfschichten, deren Mächtigkeit etwa 60-100 cm betrug, offenbar rasch mineralisiert.

Der Anbau der Hybridpappel erfolgte also bereits auf vererdetem Torfboden ("Torferde"). Um diese Zeit dürften auch die im Bestand befindlichen Gräben weitgehend außer Funktion gewesen sein. Zusammenfassend läßt sich festhalten, daß die Degradation der Schwarzerlen-Bruchwälder außerordentlich rasch abgelaufen ist (vergleiche HÜGIN, 1990: 16ff.). Die Bestockung der Flächen mit Hybridpappel veränderte den Standort im Vergleich zu den Auswirkungen der Ortsausdehnung von Untergrombach (zum Teil auf ehemaligem Torfboden!), der entwässernden Wirkung des Baggersees und der Errichtung der Hebewerke (siehe Abb. 58) nur relativ wenig. Insbesondere die indirekt wirkenden Einflüsse ("allochthone Entwässerung") waren wohl die Hauptursache für die rasche Standortveränderung im Untersuchungsgebiet. Wenn auch die Bedeutung der Hybridpappelbestockung für die Mineralisierung des Niedermoortorfes als unbedeutend anzusetzen ist, so kann jedoch deren rezente Bedeutung für den Standort und das floristische Inventar aus den weiter oben genannten Gründen (hoher Wasserverbrauch, Lichtreichtum der Bestände) höher angesezt werden. Aus diesen Gründen sollte die Pappelbestockung entfernt und durch Schwarzerle (Esche) ersetzt werden.

12.3.1 Forstliche Planung und deren Bewertung

Die forstliche Planung des Einrichtungswerkes 1993 sieht im Distrikt I/6 in den von Hybridpappeln dominierten Beständen (a^2 und a^3) unterschiedliche Maßnahmen vor. Das Pappelbaumholz (2,9 ha), das sich auf den am stärksten vernäßten Standorten im Untersuchungsgebiet befindet, soll bei flächigem Ausfall der Pappel (zum Beispiel durch Sturmwurf) mit Erle, Esche, und sonstigem Laubholz ausgepflanzt werden, wobei die Esche nur auf höhergelegenen Stellen eingebracht werden soll.
Im südwestlich angrenzenden Pappelstangenholz (3,3 ha) mit Schwarzerlenstockausschlägen im Unterstand ist nach der forstlichen Planung eine Wertästung der Pappeln auf 5 m Höhe vorgesehen. Nach Ansicht des Forstamtes Bruchsal-Ost ist es dagegen notwendig, alle Hybridpappelbestände auf den ehemaligen Schwarzerlen-Bruchwaldstandorten durch standortgerechte Baumarten wie Erle und/oder Esche zu ersetzen.
Der Pappelbestand mit unterständiger Schwarzerle in I/6 des Stadtwaldes Bruchsal soll erst zum Ende der regulären Umtriebszeit (60 Jahre) entfernt werden, es sei denn äußere Einflüsse (Sturmwurf etc.) würden eine außerplanmäßige Wiederbestockung notwendig machen. Als Zielbestockung soll die Fläche mit Schwarzerle und Esche ausgepflanzt werden. Die Esche wird dabei auf etwas erhöhten Standorten eingebracht, während der Schwarzerle die nassen Bereiche vorbehalten bleiben. Die Schwarzerle soll auf diesen Standorten zu Starkholz erzogen werden mit einer Umtriebszeit von 80 Jahren. Die Starkholzproduktion bei der Schwarzerle erfordert einen weitständigen Stand der Erlen, um einen Kronenschwund zu vermeiden, denn erst eine ungehinderte Kronenausbildung bewirkt auch hohe Stammdurchmesser. Die Produktion von Erlenstarkholz erfordert daher eine intensive Pflege des Bestandes.
Die Schwarzerle hat auf den nassen Standorten des Untersuchungsgebietes jedoch eine hohe Betriebsunsicherheit, da Trockenjahre diese infolge von Wassermangel rasch absterben lassen. Dies ist ein Hinweis für das Ausmaß der erfolgten Entwässerungen und Grundwasserabsenkung an diesen Standorten, denn natürliche Schwarzerlen-Bruchwaldstandorte sind zumeist das ganze Jahr über bis nahe an die Oberfläche vernäßt.
Die Planung des Forstamtes Bruchsal-Ost entspricht der heutigen stärker naturnah orientierten Forstwirtschaft. Auf den angeführten Standorten ist die Schwarzerle, sowie auf erhöhten Teilen die Esche, die naturnahe Bestockung, die der potentiellen natürlichen Vegetation entspricht (vergleiche LFU, 1992; MÜLLER & OBERDORFER, 1974: 11f.). Die geplante Nutzung der Schwarzerlenbestände zur Starkholzproduktion steht nicht im Widerspruch zur Schutzbedürftigkeit dieser Flächen. Einer Nutzungsaufgabe auf den am stärksten vernäßten Standorten des Büchenauer Hardt steht des Forstamt Bruchsal-Ost aufgeschlossen gegenüber.

12.4 Erhaltungs- und Regenerationsmaßnahmen

Das primäre Ziel des Naturschutzes muß es sein, die noch vorhandenen, entwässerten Schwarzerlen-Bruchwälder, soweit es der Standort noch erlaubt, zu erhalten. Wo dies möglich ist, sollte auch der Versuch einer Regeneration unternommen werden.

Folgende Maßnahmen sollten in I/6, Unterabteilung Pa a² des Stadtwaldes Bruchsal als dem am besten erhaltenen Schwarzerlen-Bruchwaldstandort durchgeführt werden:

- Die meliorierende Wirkung der gepflanzten Hybridpappeln (großer Wasserverbrauch aufgrund einer hohen Transpirationsrate) muß gestoppt werden. Um eine Dominanz konkurrenzkräftiger Arten, wie zum Beispiel *Urtica dioica*, *Phragmites australis* und anderer Arten, durch ein schlagartig erhöhtes Lichtangebot zu vermeiden, sollte der Pappelauszug nicht durch eine Hiebsmaßnahme erreicht werden, sondern allmählich erfolgen. Die geschlagenen Pappeln können im Bestand als liegendes Totholz verbleiben, da jeder weitere Nutzungsversuch mehr Kosten als Nutzen verursacht. Die Entfernung der Hybridpappelbestockung könnte eine gewisse Wiedervernässung der Fläche bewirken. Eine weitergehende Vernässung der Bestände durch Aufstau des südöstlich gelegenen Immertengrabens ist aufgrund seiner wichtigen Funktion als Vorfluter für die weitere Umgebung nicht möglich. Nach Auskunft des Forstamtes Bruchsal-Ost ist der Besitzer, die Stadt Bruchsal, nicht bereit, derartige Maßnahmen zu unterstützen.
- Die frei gewordenen Flächen müssen bei ausreichender Vernässung mit Schwarzerlenheistern ausgepflanzt werden. Die im ehemaligen Unterstand vorhandenen stockschlägigen Schwarzerlen sind bei ausreichender Eignung mit zu übernehmen, während die übrigen Exemplare durch Pflanzung ersetzt werden sollten.

Aufgrund der bereits erfolgten Degradation der Bruchwaldstandorte (Entwässerung, Torfmineralisierung, Nährstofffreisetzung) und der Veränderung der floristischen Zusammensetzung der Vegetation (Konkurrenzverschiebung) erscheint das Ziel, die vollständige Regeneration zum Carici elongatae-Alnetum glutinosae, nicht erreichbar. Dafür ist die Standortveränderung bereits zu umfangreich. Da jedoch eine stärkere Vernässung des Standortes durch Auszug der Hybridpappeln auch auf die Nährstoffverfügbarkeit im Boden Einfluß hat, ist ein Rückgang konkurrenzkräftiger, aber (stau-)nässemeidender Nitrophyten, wie *Urtica dioica*, durchaus denkbar (siehe REIF et al., 1985). Eine Vitalisierung der bruchwaldtypischen Arten (Alnetea- und Phragmitetea-Arten) ist damit wahrscheinlich.

Aus dem Gesagten folgt, daß der Schutz naturnaher, wenig gestörter Schwarzerlen-Bruchwälder oberste Priorität haben muß, da eine Regeneration nur sehr begrenzt möglich ist. Viele Bestände haben heute nur noch einen reliktären Charakter. Dabei ist zu berücksichtigen, daß Bruchwälder weniger durch direkte Eingriffe gefährdet sind, als vielmehr durch kontinuierlich wirksame, überregionale Störfaktoren (vergleiche HÜGIN, 1990; SCHRAUTZER et al., 1991).

Abb. 58

Erlenbruchwälder im Büchenauer Hardt (Forstbezirk Bruchsal-Ost)

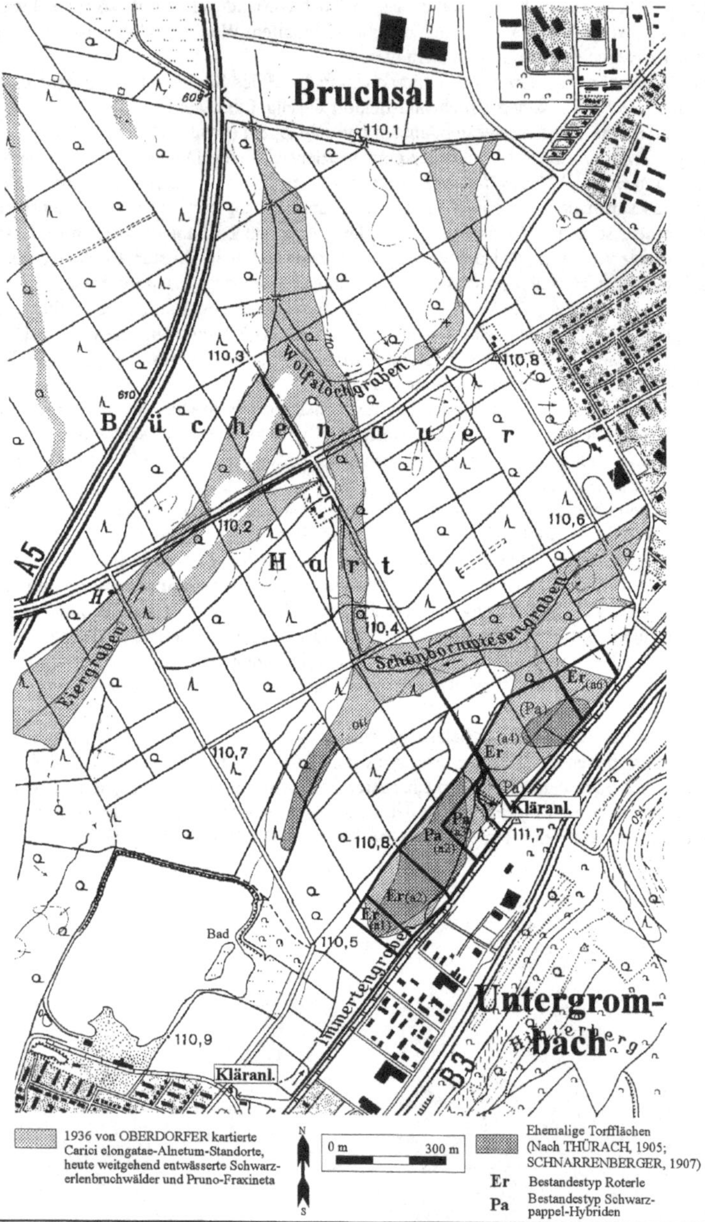

Darstellung auf der Grundlage der Topographischen Karte 1:25000, vergrößerter Ausschnitt 1:12500 aus den Blättern 6817 und 6917 mit Erlaubnis des Landesvermessungsamts Baden-Württemberg vom 24.11.95, Az.: 5.11/1165.

Teil D:
Forstwirtschaftliche Maßnahmen und gefährdete Pflanzenarten

13. Einflüsse der Forstwirtschaft auf Gefäßpflanzen der Roten Liste und deren Bewertung

Der Wald besitzt in Baden-Württemberg gegenwärtig einen Flächenanteil von 38% und bildet damit eines der wichtigsten Landschaftselemente in diesem Bundesland. Die Bedeutung dieses Vegetationstyps für den Menschen war von Beginn an sehr hoch. Bis zur Einführung einer geregelten Forstwirtschaft und zum Teil noch darüber hinaus erfolgte eine hemmungslose Ausbeutung der Wälder ohne Rücksicht auf die damit angerichteten Schäden. Eine nachhaltige Forstwirtschaft im heutigen Sinne existierte noch nicht. Die Wälder wurden sowohl als Holzquelle als auch als landwirtschaftliche Produktionsflächen (zum Beispiel Waldweide, Streunutzung, Reutfeldwirtschaft) genutzt. Dominierende waldbauliche Betriebsarten waren die Nieder- und Mittelwaldwirtschaft. Unerschlossene Wälder wurden ungeregelt plenterwaldartig, ohne Rücksicht auf Verjüngung und die Bestandesnachbarschaft genutzt.
Die Einführung des Klee- und Kartoffelanbaues, die Verwendung von Steinkohle als Energielieferant, der Aufbau eines Eisenbahnnetzes und weitere Veränderungen ermöglichten den Übergang vom "hölzernen" zum "eisernen" Zeitalter und dadurch eine zunehmende Entflechtung von Landwirtschaft und Forstwirtschaft. Erst von da an war eine geregelte und nachhaltige Forstwirtschaft überhaupt erst möglich.
Unter Einfluß der Bodenreinertragslehre, aber auch aufgrund standörtlicher Zwänge wurden im folgenden bevorzugt Nadelgehölze (vor allem Fichte und Kiefer) angebaut. Große Flächen wurden aufgeforstet. Mehr und mehr wurde die Hochwaldwirtschaft als Betriebsart eingeführt. Der Beginn der geregelten Forstwirtschaft war von Anfang an mit einer systematischen Erschließung der Wälder verbunden.
Die heutige Forstwirtschaft ist gekennzeichnet durch das Bemühen, eine möglichst standortgemäße Wirtschaftsweise auf der Basis ökologischer Erkenntnisse zu betreiben. Sie ist durch ihre Multifunktionalität (multifunktionale Forstwirtschaft), die unter anderem auch Naturschutzaspekte zu berücksichtigen hat, gekennzeichnet (vergleiche MINISTERIUM FÜR LÄNDLICHEN RAUM, ERNÄHRUNG, LANDWIRTSCHAFT UND FORSTEN, 1993: 30; im folgenden kurz MLR).
Dieser Wandel in der Wirtschaftsweise muß bei der hier zu diskutierenden Gefährdung von Pflanzenarten durch die Forstwirtschaft berücksichtigt werden, um eine objektive Bewertung des forstwirtschaftlichen Einflusses auf gefährdete Gefäßpflanzenarten zu gewährleisten (vergleiche FISCHER, 1992). Aus diesem Grunde ist es notwendig, die vergangenen Einflüsse der Forstwirtschaft von den Maßnahmen der gegenwärtigen Forstwirtschaft zu trennen, wenn dies aufgrund der langen Produktionszeiträume in diesem Bereich auch nicht immer vollständig möglich ist.

13.1 Ziele der Forstwirtschaft und des Naturschutzes

Jeder Landnutzer, wozu auch die Forstwirtschaft und der Naturschutz zu rechnen sind, hat bestimmte Zielvorstellungen (Leitbilder), die dieser zu verwirklichen sucht. Die an diesen Leitbildern orientierten Methoden sollen die gegebenen Standortbedingungen soweit beeinflussen, daß die Zielvorstellungen möglichst erreicht werden und nachfolgend möglichst lange stabil bleiben. Dies beinhaltet bereits theoretisch, daß, den Zielvorstellungen entsprechend, bestimmte Arten am jeweiligen Standort in ihrer Entwicklung gefördert oder unterdrückt werden. An einem konkreten Standort kann daher auch nur eine begrenzte, an die jeweiligen Bedingungen angepaßte Anzahl von Arten existieren. Dies stellt zwar eine triviale Feststellung dar, soll aber an dieser Stelle explizit ins Bewußtsein gehoben werden.
Die Grundfunktion des Waldes in der Bundesrepublik Deutschland ist normalerweise die Produktion von Holz (ZERLE, 1989). Es ist daher das Ziel der Forstwirtschaft, diesen Rohstoff unter möglichst

optimalen Bedingungen zu produzieren. Entsprechend sind die forstwirtschaftlichen Methoden primär auf dieses Ziel ausgerichtet. Die Lebensform Baum, speziell die wirtschaftlich wertvolle Baumart, steht daher im Mittelpunkt der forstlichen Betrachtung. Die Waldbodenvegetation hat zumeist nur dienende Funktion, das heißt, sie wird zur Feststellung des Standortpotentials für die Baumartenwahl herangezogen ("Ökologische Artengruppen", siehe HÜBNER, 1989). Die heutige Multifunktionalität der Forstwirtschaft erfordert jedoch ein ganzheitliches Konzept. Daher ist es das Hauptziel der (staatlichen) Forstwirtschaft, "die unterschiedlichen Nutz-, Schutz- und Erholungsansprüche an die Naturressource Wald zum Ausgleich zu bringen und sie möglichst optimal zu erfüllen. Hierbei bilden die klassischen forstlichen Grundsätze der Nachhaltigkeit und der Wirtschaftlichkeit den Rahmen [...]" (MLR, 1993: 30). Eine entscheidende Rolle spielt dabei der Aufbau einer naturnahen Waldwirtschaft, das heißt, "das Konzept setzt auf eine möglichst weitgehende Ausnutzung natürlicher Abläufe und Selbststeuerungsmechanismen (biologische Automation). Maßnahmen in Waldökosystemen beschränken sich auf steuernde Eingriffe" (MLR, 1993: 36; vergleiche MAYER, 1992: 7, 46f).

Zielsetzung des Naturschutzes ist nach ERZ (1986: 13), die "Erhaltung, Pflege und Entwicklung von Natur und Landschaft unter ökologischen Gesichtspunkten und nach gesellschaftlichen Bedürfnissen". Bei dieser Definition ist hervorzuheben, daß es dem Naturschutz sowohl um die Konservierung als auch um die Entwicklung von Natur und Landschaft geht, also sowohl anthropogen wenig beeinflußte Natur ("primäre Natur"), als auch menschlich bedingte Natur ("sekundäre Natur", typisches Landschaftsbild) zu erhalten, zu pflegen oder zu entwickeln (vergleiche PLACHTER, 1991: 180). Die Unterscheidung zwischen Natur- und Kulturlandschaft berücksichtigt, daß durch den Einfluß des Menschen eine quantitativ und qualitativ "neue" Natur entstanden ist, die für ihren Erhalt, beziehungsweise für ihre Entwicklung eine historische Betrachtungsweise erfordert (siehe TREPL, 1981; EDER, 1982). Insofern bestehen zwischen der Naturdefinition der naturnahen Forstwirtschaft und des Naturschutzes gewisse Unterschiede, denn der Begriff Natur/Natürlichkeit darf nach PLACHTER (1991: 180) im Sinne des Naturschutzes nicht ausschließlich auf menschlich unberührte oder wenig beeinflußte Vegetationsverhältnisse im Sinne der Pflanzensoziologie beschränkt bleiben. Aus diesem Grunde ist die pauschale Forderung des Naturschutzes nach einer naturgemäßeren Waldbewirtschaftung nur eingeschränkt gültig. Wichtig ist zudem der explizite Hinweis, daß sich Bewertungskriterien, wie das Wort schon sagt, aus objektiven Fakten (zum Beispiel Ergebnissen der wertneutralen Ökologie) und subjektiven Komponenten (gesellschaftlichen Bedürfnissen, Leitbildern) zusammensetzen.

Der Naturschutz verfügt im Waldbereich noch häufig über fehlende oder unklare Leitbilder, worauf VOLZ (1992) hinweist. Ursache hierfür ist unter anderem, daß der Wald vom Naturschutz erst relativ spät als Objekt des Naturschutzes "entdeckt" wurde. Weiterhin besitzt der Wald als Vegetationstyp eine andere Qualität als die "klassischen", meist durch spezifische landwirtschaftliche Eingriffe entstandene Naturschutzobjekte: es ist dies die hohe Dynamik des Waldes oder, waldbaulich gesprochen, der lange Produktionszeitraum (Umtriebszeit), was unter anderem mit der Struktur des Ökosystems und dem hohen Lebensalter der Lebensform Baum in Zusammenhang steht. Dieser Dynamik des Waldökosystems steht ein häufig in konservierenden Kategorien denkender Naturschutz gegenüber. Hier muß dem "dynamischen Naturschutz" häufig mehr Platz eingeräumt werden (vergleiche SPÄTH, 1992: 5). Daher ist im folgenden zu klären, inwieweit die Erhaltung gefährdeter Gefäßpflanzenarten und deren Standorte unter anderem mit den dynamischen Prozessen im Wald vereinbar ist, worauf auch SCHLOß (1991) aufmerksam macht. Ansätze einer Naturschutzstrategie im Wald liegen von Seiten des Naturschutzes erst seit kurzer Zeit vor (zum Beispiel SPÄTH, 1992).

13.2 Maßnahmen der Forstwirtschaft und deren Einfluß auf gefährdete Gefäßpflanzen

13.2.1 Maßnahmen der historischen Forst- und Landwirtschaft

Aufgrund der engen Verzahnung zwischen landwirtschaftlicher und forstlicher Nutzung der Wälder in der Vergangenheit ist es notwendig, auch auf Nutzungen wie zum Beispiel Waldweide und Streunutzung einzugehen, denn diese haben die Waldstandorte nachhaltig beeinflußt und sind für das Verständnis der Gefährdungsursachen vieler Gefäßpflanzen von entscheidender Bedeutung. Allgemein gesagt, ließen viele historischen Nutzungsformen in zahlreichen Wäldern nährstoffarme, lichtreiche Standorte entstehen, die häufig wärmebegünstigt und trocken waren. Diese (extremen) Standorteigenschaften bieten zahlreichen gefährdeten Pflanzenarten ein geeignetes Biotop.

13.2.1.1 Nieder- und Mittelwaldbewirtschaftung

Die Existenz von Nieder- und Mittelwäldern ist zumindest ab dem 13. Jahrhundert urkundlich sicher belegt (BURSCHEL & HUSS, 1987: 136), jedoch hält RÖSCH (1990) das Vorhandensein von Niederwäldern bereits für das Altneolithikum (2. Hälfte des 6. Jahrtausends v. Chr.) für wahrscheinlich.
Die Nutzungsweise der Niederwälder ist dadurch gekennzeichnet, daß ausschlagfähige Laubbaumarten in regelmäßigem Turnus kahlschlagartig abgetrieben werden (siehe zum Beispiel die historischen Photographien bei ELLENBERG, 1982: 51f und VOLK, 1995). In Abhängigkeit vom Produktionsziel (siehe MAYER, 1992: 430) und der verwendeten Baumart(en) liegen die Umtriebszeiten zwischen 1 und 30 (40) Jahren. Der Schwarzerlenniederwald stellt aufgrund seiner "langen" Umtriebszeit von 30 bis 60 (80) Jahren eine Besonderheit dar.
In Mittelwäldern wird das zumeist als Nutzholz und für die Schweinemast verwendete, aus Lichtbaumarten bestehende Oberholz, das auch aus Nadelhölzern wie Kiefer oder Lärche bestehen kann, als Kernwüchse mit höheren Umtriebszeiten (80-240 Jahre) weiter im Bestand belassen, während das durch Ausschlag verjüngte Unterholz zumeist den Brennholzbedarf der Bevölkerung deckte.
Beim Mittelwald sind verschiedene Typen in Äbhängigkeit von den Dominanzverhältnissen im Ober- und Unterholz zu unterscheiden. Der oberholzarme Mittelwald besitzt nur wenige Überhälter, während der typische Mittelwald ein ausgeglichenes Verhältnis von Unterholz zu Oberholz besitzt. Diese beiden Typen sind relativ lichtreich. Der oberholzreiche Mittelwald ist dem Hochwald angenähert und verhältnismäßig dunkel.
Aufgrund der regelmäßigen und intensiven anthropogenen Beeinflussung der Nieder- und Mittelwälder müssen diese als naturferne Ersatzgesellschaften eingestuft werden (Hemerobiestufe: euhemerob). Hiervon ausgenommen sind nur jene Bestände, deren Ausgangsgesellschaft bereits extreme Standortbedingungen widerspiegelte. Hier hat der menschliche Einfluß die Standortbedingungen weniger stark verändert, worauf MANZ (1994) hinweist.
Wichtige ökologische Faktoren, die das gehäufte Auftreten von Rote Liste-Arten in vielen Nieder- und Mittelwäldern begünstigen sind (siehe WESTHUS & HAUPT, 1990):

- Aufgrund der regelmäßigen Lichtstellung der Schläge ist die Feldschicht zumindest zeitweise sehr lichtreich. Zudem wird die stark beschattende Rotbuche mangels ausreichender Ausschlagfähigkeit weitgehend verdrängt. Die relativ kurze Umtriebszeit ermöglicht es den meisten heliophilen Arten, die lichtarmen Zeiten (siehe POTT, 1985: 57) vegetativ zu überdauern.
- Der Lichtreichtum bedingt in Verbindung mit einer südlichen Exposition thermisch begünstigte und trockene Standortverhältnisse, so daß für Arten xerothermer Standorte neue Wuchsorte entstehen.

■ Die häufige Entnahme großer Mengen an Biomasse ohne nachträglichen Ausgleich durch Düngung bewirkt häufig eine Nährstoffarmut der Standorte. Erfolgt zusätzlich noch Waldweide oder Streunutzung, so werden dem Boden zusätzlich Nährstoffe entzogen. Die Waldweide läßt zudem Dauerlichtungen entstehen.
■ Die hohe zeitliche Dynamik der Nieder- und Mittelwälder verursacht durch die periodische, zeitlich gestaffelte Lichtstellung der einzelnen Schläge ein enges, reich gegliedertes, räumliches Mosaik.
■ Insbesondere Mittelwälder besitzen aufgrund differenzierter Nutzungseingriffe eine große Struktur- und Standortvielfalt, wodurch für Arten mit unterschiedlichen Ansprüchen Lebensräume geschaffen werden.

Diese Bedingungen fördern zahlreiche Arten nährstoffarmer, lichtreicher, zum Teil xerothermer Standorte. Auf basen- und kalkreichen Standorten sind dies vor allem Geranion sanguinei- und Brometalia-Arten, während basenarme (saure) Substrate insbesondere Nardetalia-Arten begünstigen. Typische Rote Liste-Arten mit einem gehäuften Auftreten in verschiedenen Nieder- und Mittelwäldern (gegenüber den Ausgangsgesellschaften) sind nach CLAUSEN (1974), POTT (1985), WESTHUS & HAUPT (1990) und MANZ (1994) zum Beispiel: *Arnica montana, Coeloglossum viride, Leucojum vernum, Melampyrum cristatum, Orchis mascula, Orchis pallens, Platanthera bifolia, P. chlorantha, Senecio helenites* und *Serratula tinctoria*. Speziell auf Niederwälder mit Brandfeldbau ist der Vollschmarotzer *Orobanche rapum-genistae* angewiesen.
Der größte Teil der typischen Nieder- und Mittelwald-Arten erfuhr jedoch keine Arealausdehnung, sondern es entstanden meist nur zusätzliche Standorte innerhalb ihres Verbreitungsareals, worauf POTT (1985: 61) hinweist. Die Arten wurden hierdurch jedoch häufiger. Deren natürliche Wuchsorte sind zum Beispiel Wälder des Cephalanthero-Fagenion auf kalkreichen Standorten oder Gesellschaften, wie das Betulo-Quercetum petraeae auf sauren Standorten. Auffallend ist der hohe Anteil an Gefäßpflanzen thermophiler Waldsäume, weshalb BECK (1986, zitiert in WESTHUS & HAUPT, 1990) speziell den Mittelwald auch als "zeitlich gestaffelten Waldrand" bezeichnet. Aufgrund der günstigeren Lichtbedingungen in den Nieder- und Mittelwäldern steigt die Vitalität der genannten Arten, was sich unter anderem in einer höheren Vermehrungsrate niederschlagen kann.
Der Rückgang der Nieder- und Mittelwaldnutzung ist durch die Veränderung der Holzsortimentsnachfrage verursacht. Der Bedarf an Stark- und Wertholz ist ständig gestiegen, während die Verwendung von Schwachholz (Reisig) stetig sank. Waren um die Jahrhundertwende im Deutschen Reich noch 13% der Waldfläche Niederwälder, so waren es 1982 nur noch 5% der bundesdeutschen Wälder (BURSCHEL & HUSS, 1987: 137, 139). Viele Bestände wurden in Hochwald überführt oder umgewandelt.
Damit ging eine Veränderung der Baumschicht einher, indem sich der Kronenschlußgrad des Bestandes stark erhöhte und der Seitenlichteinfall verringerte. Die drastische Reduktion des Lichtangebotes in der Krautschicht bedingt gleichzeitig eine Veränderung der thermischen- und hygrischen Bedingungen, sowie eine bessere Nährstoffversorgung am Standort. Insbesondere ehemals trockene Standorte werden durch einen höheren Schlußgrad der Bestockung feuchter und kühler, so daß Pflanzenarten xerothermer Standorte nicht mehr begünstigt werden. Insgesamt entstehen weniger extreme Standortverhältnisse, so daß anspruchsvollere, konkurrenzkräftige Arten sich verstärkt ausbreiten können und die konkurrenzschwachen Rote Liste-Arten zunehmend verdrängen.
Die heute noch vorhandenen, meist ungenutzten, im Durchwachsen begriffenen Nieder- und Mittelwaldreste stellen aufgrund ihres Reichtums an seltenen Tier- und Pflanzenarten ein vom Naturschutz zu Recht stark beachtetes Schutzobjekt dar. Aufgrund der Naturferne vieler dieser Bestände ist die Erhaltung des Vegetationstyps und seltener Pflanzenarten nur möglich, wenn die Nutzung wieder aufgenommen wird, denn nur dadurch ist es möglich, die ursprünglichen Standortbedingungen wiederherzustellen. Eine Wiederaufnahme dieser Nutzungsweise ist aufgrund ihrer geringen Wirtschaftlichkeit nur lokal und auf kleiner Fläche durchführbar. In einem gewissen Umfang hat auch die

Forstwirtschaft ein Interesse an der Konservierung dieser Waldtypen, da sie als Anschauungsobjekt einer historischen Nutzungsweise dienen können. Die Bereitschaft eines Forstamtes zur Wiederaufnahme einer Nieder- oder Mittelwaldnutzung sollte dabei nicht durch übergeordnete Forstverwaltungsinstanzen behindert werden. Die Nutzungsweise widerspricht zwar den Maximen einer ordnungsgemäßen Forstwirtschaft, da unter anderem der Standort nachhaltig geschädigt wird, doch sollte bedacht werden, daß hiervon nur kleine Flächen betroffen sind.
Bei der Wiederaufnahme einer Nieder- oder Mittelwaldnutzung sollte folgendes beachtet werden (nutzungstechnische Hinweise gibt MAYER, 1992: 429f, 435):

- Größere Bestände sind in Schläge einzuteilen, um zeitlich gestaffelte Abholzungen durchführen zu können, so daß erneut das typische Vegetationsmosaik der Nieder- und Mittelwälder entstehen kann.
- Die Fortsetzung dieser historischen Betriebsarten kann unter Umständen durch eine Verlängerung der Umtriebszeit, MANZ (1994) gibt eine Dauer von maximal 60 Jahre an, den Arbeits- und Kostenaufwand senken helfen. Dabei muß jedoch die Baumartenzusammensetzung des jeweiligen Bestandes berücksichtigt werden, da nur jüngere Bäume vitale Ausschläge bilden. KRAPFENBAUER (1988, zitiert in EDER, 1989) gibt zum Beispiel für Eichenniederwälder Umtriebszeiten von nur 25 bis 35 Jahren an. Danach verloren die Stöcke ihre Ausschlagfähigkeit.
- Die Hiebszeit ist nach dem AK FORSTLICHE LANDESPFLEGE (1993: 61) für den Niederwald am günstigsten für "die Zeit nach dem Abklingen der strengsten Winterfröste und vor Beginn des Saftsteigens".
- Das nach dem Hieb anfallende Material sollte möglichst nicht auf der Fläche verbleiben, um einen regelmäßigen Nährstoffaustrag zu gewährleisten.
- Im Mittelwald ist auf das jeweilige Lichtbedürfnis und die Schattenfestigkeit der beteiligten Bäume vor allem im Unterstand zu achten.
- Die Form der Mittelwaldbewirtschaftung muß durch entsprechende Eingriffe ständig neue lichtreiche und offene Stellen schaffen, damit an anderen Orten die ebenfalls aufkommenden verdämmenden Arten zurückgedrängt werden (WESTHUS & HAUPT, 1990).
- Soll dagegen nicht nur der Vegetationstyp Nieder- oder Mittelwald erhalten werden, sondern steht die Erhaltung spezifischer Arten im Vordergrund, müssen unter Umständen zusätzlich spezielle Pflegemaßnahmen ergriffen werden.
- Auf Standorten, wo die Nieder- oder Mittelwälder der natürlichen Waldgesellschaft floristisch nahestehen, kann auf die erneute Einführung dieser Betriebsarten verzichtet werden.
- Erfolgt eine deutliche Beeinträchtigung der Verjüngung und/oder seltener Pflanzenarten, so ist der Schalenwildabschuß zu erhöhen.

Wo eine nieder- oder mittelwaldartige Bewirtschaftung nicht mehr erfolgt, kann eine Umwandlung zu Beständen der natürlichen Waldgesellschaft erfolgen. Die Überführung in Hochwald ist zumeist nicht möglich (Niederwald), oder nur unter günstigen Umständen (Mittelwald) erfolgversprechend (MAYER, 1992: 431, 436f). Bei kleinflächigen Beständen sollte überlegt werden, ob ein Eingriff wirtschaftlich sinnvoll ist, oder ob der Bestand der natürlichen Sukzession überlassen werden sollte. Durch stärkere Durchforstung der umgewandelten Bestände kann ein geringerer Kronenschlußgrad erreicht werden, so daß seltene, lichtliebende Rote Liste-Arten nicht notwendigerweise verschwinden müssen, wenn die Standortbedingungen auch suboptimal ausgebildet sind.
Eine Rücküberführung von Hochwald in Nieder- oder Mittelwald ist aufgrund der dabei anfallenden hohen Kosten nicht möglich.
Der größte Teil der heute noch vorhandenen, zumeist bereits durchgewachsenen Nieder- und Mittelwaldungen ist auf Dauer nicht konservierbar, worauf auch WESTHUS & HAUPT (1990) hinweisen. Eine großflächige Wiederherstellung der "Kulturlandschaft von einst" mit seinem großen Reichtum an Arten und Ökotonen ist nicht mehr möglich.

13.2.1.2 Waldweide und Streunutzung

Waldweide und Streunutzung sind ein Beispiel für die in früheren Zeiten enge Verflechtung zwischen Landwirtschaft und Forstwirtschaft. Häufig war der Wald sogar nur ein dienendes Glied der Landwirtschaft, da die geringe Entwicklung der landwirtschaftlichen Betriebe einen Nutzungsverzicht im Waldbereich nicht zuließ (HASEL, 1985: 152). Die Waldweide war aufgrund des Fehlens ausreichender anderer Weide- und Fütterungsmöglichkeiten die entscheidende Grundlage der Viehhaltung. Die vorhandenen Brachen und das Ödland waren nicht in der Lage dem Vieh ausreichend Weide zu liefern. Gepflegte Wiesen existieren zudem erst seit dem späten 18. Jahrhundert (MANTEL, 1990: 93). Daher ließen sich diese Nutzungen trotz der bereits früh erkannten Schadwirkungen nicht unterbinden.
Die Waldweide im engeren Sinne, das heißt die Gras- und Laubweide im Wald mit Rindvieh, Pferden, Ziegen, Schafen und anderen Haustieren, bewirkte durch Tritt eine Bodenverdichtung und einen starken Verbiß der Vegetation. Der Baumjungwuchs wurde vor allem durch die Schaf- und Ziegenwaldweide weitgehend vernichtet, so daß eine Verjüngung der Wälder nicht möglich war. Zur Förderung des Graswuchses wurden die Waldungen zum Teil sogar gelichtet, indem Sträucher und Jungwuchs gezielt entfernt wurden. Auf besonders weideempfindlichen Böden trat eine verstärkte Bodenerosion auf. Da das Niederschlagswasser durch die Bodenverdichtung oberflächlich rasch abfloß, entstanden hierduch vielfach flachgründige, trockene Standorte mit zahlreichen offenen Bodenstellen. Bei übermäßiger und fortgesetzter Beweidung entstanden überalterte, lichtreiche Wälder (Hutewälder) bis hin zu parkartig anmutenden Landschaften (Hudelandschaften) (siehe POTT & HÜPPE, 1991). Zusätzlich erfolgte als wesentlicher Teil der Winterfütterung die Nutzung von Blättern und jungen Zweigen der Laubbäume ("Laubstreifen" und "Schnaiteln"), was zusätzlich eine Verlichtung der Wälder bewirkte.
Die angeführten Auswirkungen der Waldweide ließen zahlreiche, verschiedene, lichtreiche Standorte entstehen, die zum Teil thermisch begünstigt waren. Bodenverwundungen schufen potentielle Keimmöglichkeiten für konkurrenzschwache Arten. Bei langanhaltender, intensiver Weidenutzung entstehen beweidete Parklandschaften mit zahlreichen vereinzelten Waldstücken, wodurch sich der Strukturreichtum der Landschaft stark erhöhte und der Anteil von Ökotonen angestieg. Dadurch entstanden für viele Trifolio-Geranietea-, Festuco-Brometea- und Nardo-Callunetea-Arten geeignete ökologische Nischen.
Nach MANTEL (1990: 98) ist dagegen der Eintrieb von Hausschweinen in den Wald zur Nutzung der Waldfrüchte im allgemeinen nicht schädlich gewesen. Bei einem geregelten Eintrieb überwogen sogar die Vorteile (Bodenumbruch, Einbringung von Eicheln und Bucheckern in den Boden) die Nachteile (Hemmung der Verjüngung).
Eine Änderung der engen Verbindung zwischen Landwirtschaft und Forstwirtschaft trat erst allmählich gegen Ende des 18. Jahrhunderts ein, als die Wiesen besser gepflegt wurden, der Klee-, Luzerne- und Lupinenanbau die Brache ersetzte und die Kartoffel eingeführt wurde. Auch der Übergang zum Fruchtwechsel trug mit dazu bei, daß die Sommerstallhaltung des Viehs möglich und die Waldweide überflüssig wurde. Doch die Stallhaltung des Viehs erforderte große Streumengen, die die damalige Landwirtschaft nicht im benötigten Umfang liefern konnte. Daher wurde auf die Nutzung von Waldstreu als Ersatz für Stroheinstreu und Dünger zurückgegriffen. Vor allem in Gegenden mit ungünstigen Standortverhältnissen war die Nachfrage nach Waldstreu besonders groß.
Die Streunutzung wurde auf den Waldflächen häufig jährlich durchgeführt, indem der Waldboden mit Rechen geharkt wurde. Dabei erfolgte eine vollständige Entnahme der Humusschicht. Auf armen, sauren Standorten wurde zumeist auch die Zwergstrauchschicht mit entfernt, ebenso wie die Streunutzung störende Gehölzverjüngung.
Die umfangreichen Bestockungsumwandlungen von Laub- in Nadelholz, die vor allem im 19. Jahrhundert stattfanden, finden nach HASEL (1985: 157) und BRANDL (1992: 19) eine ihrer wichtigsten Ursachen in den Auswirkungen der Streunutzung (neben Waldweide, übermäßiger Holznut-

zung, überhöhten Wildbeständen und anderem). In den großflächig entstandenen Nadelholzbeständen wurde die Streunutzung weiterhin fortgesetzt.
Die intensive Streunutzung hatte verheerende Auswirkungen auf den Wald und den Boden, die teilweise noch heute nachwirken (vergleiche Rehfuess, 1990: 140ff):

- Sie entzog dem Boden große Nährstoffmengen (insbesondere Stickstoff), da die Humuslage ständig entfernt wurde.
- Struktur und Eigenschaften des Bodens veränderten sich. So entstanden großflächig offene Rohbodenstandorte, die aufgrund ihrer geringen Wasserhaltekraft stark austrockneten und ausgewaschen wurden. Hangstandorte erfuhren zusätzlich eine starke Erosion.
- Gleichzeitig bewirkte die Erschließung der tieferen Bodenhorizonte durch die Wurzeln der Bäume ("Nährstoffpumpe"), daß auch tiefere Bodenschichten zusehends an Nährstoffen verarmten.
- Der umfangreiche Nährstoffaustrag bedingte insbesondere bei den Laubhölzern Wuchsstockungen. Dies führte zu einer Verlichtung der Bestände, wodurch sich gleichzeitig der Wärmehaushalt des Standortes veränderte.
- Die natürliche Verjüngung der Laubbäume wurde weitgehend unterbunden, indem diese einerseits entfernt wurde, andererseits die nutzholztauglichen Laubbäume kein geeignetes Keimbett fanden.
- In Nadelholzbeständen förderte die saure Nadelstreu zusätzlich den Nährstoffaustrag aus den oberen Bodenhorizonten der zumeist nur schwach gepufferten Böden (Podsolierung).

Die angeführten Auswirkungen der Streunutzung und des häufig nachfolgenden Nadelholzanbaues schufen lichtreiche (Laubholz, Kiefer) und nährstoffarme, zum Teil stark austrocknende Rohbodenstandorte mit einer geringen interspezifischen Konkurrenz in der Feldschicht. Es entstanden typische Standorte von Rote Liste-Arten. Sie boten diesen Arten besonders geeignete Lebensbedingungen, und aus diesem Grunde erfolgte in vielen Beständen eine Anreicherung von heute gefährdeten Pflanzenarten, worauf auch TRAUTMANN (1978) hinweist. Zum Teil erfolgte durch die großflächige Standortdegradierung eine beträchtliche Arealerweiterung von Rote Liste-Arten. Speziell durch Verschleppung der Samen mit Nadelgehölzen verbreiteten sich Waldarten wie zum Beispiel *Chimaphila umbellata* und andere Pyrolaceen, *Diphasium*-Arten, *Goodyera repens*, *Linnaea borealis*, *Listera cordata* (vergleiche PHILIPPI, 1970: 76; Raabe, 1987: 400; SEBALD et al., 1990a: 61ff; 1990b: 367ff). Die Streunutzung auf Missen und in ihrer Umgebung bewirkte deren Transgression und förderten Arten wie zum Beispiel *Juncus squarrosus* und *Trichosporum cespitosum* ssp. *germanicum*.
Die heutige Situation der Standorte ist dadurch gekennzeichnet, daß die Einstellung der Streunutzung, beziehungsweise der Waldweide ein Zuwachsen der offenen Bodenflächen vor allem durch Gräser ermöglicht. Auch die Baumschicht schließt dichter, so daß die Krautschicht weniger Licht erhält, sich die Feuchteverhältnisse verbessern und die thermischen Bedingungen verschlechtern. Es entsteht, in bezug auf die Nährstoff- und Feuchteverhältnisse, eine Standortverbesserung, was vielen gefährdeten Arten abträglich ist, da sie dann konkurrenzstärkeren Arten weichen müssen. Überlagert wird die bessere Nährstoffverfügbarkeit durch die anthropogen bedingten Stickstoffeinträge, die diesen Vorgang vermutlich zusätzlich beschleunigen (vergleiche ELLENBERG, HERM., 1985; KUHN et al., 1987).
Die Nutzung des Waldes als Weide oder als Streulieferant stellt eine vergangene Form der landwirtschaftlichen Nutzung dar, deren großflächige Wiedereinführung weder sinnvoll noch möglich ist. Große Teile dieser ehemals stark devastierten Flächen sind heute bereits für viele gefährdete Arten auf Dauer nicht mehr als Lebensstätten geeignet. Das wird den weiteren Rückgang vieler gefährdeter Arten nach sich ziehen, muß jedoch als irreversibler Vorgang anerkannt und weitgehend hingenommen werden.
Ebenso wie bei der Nieder- und Mittelwaldbewirtschaftung ist eine lokale und kleinflächige (Wieder-)Aufnahme der Weide-, oder Streunutzung aber durchaus zu erwägen, soweit es sich um Standorte gefährdeter Arten handelt. Da es sich stets um kleine Flächen handelt, die dieser Behandlung

unterworfen werden, bleibt die Standortschädigung, die hierdurch hervorgerufen wird, auf einen überschaubaren Bereich begrenzt. Eine erneute Aufnahme der Streunutzung, zum Beispiel auf ausgewählten Missenstandorten (siehe ZIMMERMANN, 1993), erfüllt neben der Erhaltung seltener Pflanzen auch eine kulturhistorische Aufgabe, nämlich die Schaffung eines "Freilichtmuseums" als Anschauungsobjekt einer vergangenen Nutzungsweise. Die Durchführung einer derartigen, den Standort schädigende Maßnahme ist im Waldbereich nur durch Ausweisung der Bestände als Schonwald (LWaldG §32 Absatz 3) möglich, da hierdurch eine pflegliche Waldbewirtschaftung (LWaldG §12ff) nicht gewährleistet ist.

13.2.1.3 Aufforstung

Nach den Flächentiefstständen des Waldes im 14. Jahrhundert (im Mittelgebirge im 18. und 19. Jahrhundert) erfuhr der Wald mehrfach Flächenzugänge, die zumeist durch Agrarkrisen verursacht wurden (HASEL, 1985: 57; MLR, 1993). Bewaldeten sich die brachgefallenen landwirtschaftlichen Flächen nicht durch die natürliche Sukzession, so erfolgte ein Wiederaufbau des zumeist nährstoffarmen und degradierten Ödlandes, des Hut- und Weidelandes oder der Reutfeldflächen mit den Baumarten Kiefer oder Fichte. Nur diese nutzholztauglichen Baumarten waren anspruchslos und robust genug, das Freilandklima auszuhalten. BRANDL (1992: 19) weist darauf hin, daß "nur die ausbeuterische und zerstörerische Nutzung des Waldes [...] diesen Baumarten den Boden bereitet und ihre Dominanz in den damals neu entstandenen Waldungen ermöglicht" hat (vergleiche HEUSON, 1947; WECK, 1952; WALTER & STRAKA, 1970: 236f). Die im 19. Jahrhundert aufkommende Bodenreinertragslehre favorisierte die Fichte (vor allem in Süddeutschland) und die Kiefer (vor allem in Norddeutschland), unter anderem aufgrund ihrer niedrigen Umtriebszeiten und der einfachen, unproblematischen Bestandesbegründung auf Freiflächen, als die rentabelsten Holzarten. Die Bodenreinertragslehre führte zusätzlich zu einer starken Förderung des Fichten- und Kiefernanbaus. Die durch Waldweide verlichteten Bestände wurden meist abgeholzt und durch künstliche Nadelholzverjüngung wieder in eine geschlossene Bestockung gebracht. Auch viele Nieder- und Mittelwälder wurden durch Aufforstung mit Fichte oder Kiefer in eine wirtschaftlich gerechte Bestockung umgewandelt. Zusätzlich bestand eine große Nachfrage nach nutzholztauglichen Nadelhölzern auf dem Holzmarkt (MANTEL, 1990: 370).

Mit den damaligen Aufforstungen war zugleich die Einführung und weite Verbreitung dieser Baumarten in zahlreichen Gebieten Deutschlands verbunden. Die Dominanz der Kiefer oder Fichte auf einer Fläche schuf auf dieser neue Standortbedingungen, die durch Humusakkumulation, Versauerung und Podsolierung und Veränderung des Bestandesinnenklimas herbeigeführt wurden. So wurden im (Süd- und Mittleren) Schwarzwald großflächig Weid- und Reutfelder mit Fichte (und Douglasie) aufgeforstet, wodurch Arten wie *Antennaria dioica*, *Arnica montana*, *Botrychium lunaria*, *Carlina acaulis* ssp. *simplex* und andere Nardo-Callunetea-Arten durch die starke Schattwirkung der Bäume von ihren Standorten verdrängt wurden.

Im Bereich des Muschelkalkes und des Weißjura wurden, bedingt durch den Niedergang der Schafzucht in der Mitte des vorigen Jahrhunderts, vielfach Schafweiden mit Kiefer oder Fichte aufgeforstet, wodurch zahlreiche Standorte heute gefährdeter Festuco-Brometea-Arten zerstört wurden. Gleichzeitig treten in vielen dieser begründeten Bestände aber auch "neue", heute gefährdete Gefäßpflanzen wie Pyrolaceen, *Corallorhiza trifida*, *Cypripedium calceolus*, *Listera cordata* und andere Kiefern- oder Fichtenbegleiter auf (siehe zum Beispiel HAUFF, 1965). Nach Angaben von KNAPP (1976) sind auch *Cephalanthera*-Arten in Kiefernforsten anzutreffen, wenn diese ihr Schwerpunktvorkommen auch im Carici-Fagetum besitzen. Die auffallend hohe Beteiligung von Orchideen erklärt sich wahrscheinlich damit, daß diese zumeist durch die Symbiose mit humusabbauenden Pilzen (Mykotrophie und Saprotrophie) in der Lage sind aus der meist stark entwickelten Nadelstreulage ausreichend Nährstoffe aufzunehmen. Im dunklen Bestandesinneren von

Fichtenbeständen mag dies bei den photoautotrophen Arten die Lichtarmut bis zu einem gewissen Grad kompensiert haben.
Die Kiefernbestände der nordbadischen Binnendünen um Sandhausen sind meist Ende des 18. bis Anfang des 19. Jahrhunderts aus Aufforstungen entstanden (PHILIPPI, 1970: 87). Hierdurch wurden zahlreiche Standorte von Sedo-Scleranthetea- (speziell Koelerion glaucae-) und Festuco-Brometea-Arten vernichtet. Die heute anzutreffenden, anthropogenen Pyrolo-Pineta sind aufgrund des häufigen Vorkommens von Pyrolaceen, *Carex ericetorum*, *Viola rupestris* und anderen gefährdeten Arten ebenfalls erhaltenswerte Vegetationstypen (vergleiche SEBALD et al., 1990b: 91f). Eine Regeneration der Sandrasenvegetation durch Abtrieb der Kiefernbestände ist nicht möglich, da die Bodenfruchtbarkeit sich bereits soweit verbessert hat, daß sich nährstoffarme Sandrasengesellschaften nicht mehr einstellen würden.
Die angeführten Beispiele machen deutlich, daß der Beginn der Bestandesgefährdung zahlreicher heute gefährdeter Pflanzenarten bereits im letzten Jahrhundert oder Anfang dieses Jahrhunderts begonnen hat (vergleiche FISCHER, 1992). Eine Rückführung zur unbestockten "Ausgangsgesellschaft" ist in der Regel nicht möglich. Nur bei licht bis räumdig bestockten Kiefern- oder Fichtenbeständen (zum Beispiel in der Schwäbischen Alb auf aufgeforsteten Schafweiden) wäre eine Umwandlung in Halbtrockenrasen durch Entfernung der Bestockung möglich. Das ist jedoch nur dort sinnvoll, wo eine nachfolgende regelmäßige Beweidung dieser Flächen gewährleistet ist.
Die Aufforstungen haben somit teilweise neue Standorte für gegenwärtig gefährdete Arten geschaffen. Der Mehrzahl der Aufforstungen von Freilandstandorten und die Umwandlung von Nieder-, Mittel- und Weidewälder mit Fichte oder Kiefer, hat jedoch aufgrund des Biotopverlustes zu einem starken Rückgang vieler Rote Liste-Arten von Offenstandorten geführt.

13.2.1.4 Entwässerung

"Die sich über rd. 800 Jahre erstreckende, seit dem 19. Jh. technisch stark intensivierte Austrocknung des Bodens durch Maßnahmen des Menschen lassen ohne umweltgeschichtliche Studien keine Vorstellung mehr vom ehemals hohen Anteil der Feuchtböden zu" (JÄGER, 1994: 54f).
Seit Beginn der geregelten Forstwirtschaft wurde versucht, vernäßte Standorte einer forstwirtschaftlichen Nutzung zugänglich zu machen (vergleiche Kapitel 8). Bereits SPONEK (1807) beschreibt ausführlich, wie bei der Entwässerung von Missen vorzugehen ist. BÜHLER (1922: 17) zitiert eine Arbeit aus dem Jahre 1760, die sich ebenfalls mit dem Thema der Trockenlegung von Naßstellen beschäftigt.
Die Frage der Entwässerung vernässter Standorte (zum Beispiel Bruch- und Auwälder, Nieder- und Hochmoore, Missen) erlangte jedoch erst nach 1830, also in etwa mit der Durchsetzung einer geregelten Forstwirtschaft, größere Bedeutung. So geben HEHER (1906), MAYR (1909) und BÜHLER (1922) detaillierte Anweisungen zur Entwässerung vernäßter Standorte, um diese forstwirtschaftlich besser nutzen zu können.
Die hierdurch eingeleiteten Bodenveränderungen (Nährstofffreisetzung durch Mineralisation von Torf/Humus, häufigeres Trockenfallen der oberen Bodenschichten, Verbesserung der Bodendurchlüftung und andere) bewirkte eine irreversible Standortveränderung. Die zahlreichen hierdurch verdrängten, heute gefährdeten Moor- und Bruchwaldarten finden sich heute zum Teil noch als Relikte in diesen Beständen und sind dort auf Dauer nicht überlebensfähig. In bereits länger entwässerten, ehemaligen Schwarzerlen-Bruchwäldern sind dies beispielsweise *Ribes nigrum* und *Thelypteris palustris* (siehe Kapitel 6 und 12). Eine vollständige Regeneration der Standorte ist nicht mehr möglich. Eine Wiedervernässung kann jedoch die Dominanz der aufgekommenen nässemeidenden Nitrophyten und anderer mesophiler Arten reduzieren und dadurch das Konkurrenzgefüge innerhalb der Kraut- und Strauchschicht zugunsten der nässeangepaßten (Relikt-)Arten verschieben. Viele entwässerte Bruchwaldstandorte wurden mit Pappel aufgeforstet. In Abhängigkeit von den Feuchteverhältnissen am Standort ist eine Umwandlung dieser (zumeist instabilen) Pappelbestände

in Schwarzerlen- oder Schwarzerlen-Eschen-Bestände möglich. Hierauf wurde bereits in Kapitel 12 näher eingegangen.
Ein weiteres Beispiel sind schwach entwässerte Missenstandorte im Schwarzwald (vergleiche Kapitel 8). Auf diesen findet sich zum Beispiel *Vaccinium uliginosum* als Reliktart. Auch an diesen Standorten wäre eine Wiedervernässung möglich, indem das umliegende Grabensystem geschlossen wird und ein Rückbau von das Gebiet durchquerenden Forststraßen erfolgt. Eine zusätzliche Fichtenentnahme würde diesen Prozeß beschleunigen und die Lichtverhältnisse in der Feldschicht in kurzer Zeit verbessern. Weitere Möglichkeiten, degradierte Missen zu revitalisieren, sind bei ZIMMERMANN (1993) beschrieben.

13.2.1.5 Zusammenfassende Bewertung der historischen Maßnahmen

Die forst- und landwirtschaftliche Nutzung der Wälder in den letzten Jahrhunderten war durch eine Ausbeutung der Standortressourcen gekennzeichnet. Dies führte zur Entstehung von Extremstandorten, die folgende Kennzeichen aufweisen können: Nährstoffarmut, Lichtreichtum, Vernässung, Trockenheit oder ein hoher Verbißdruck durch intensive Beweidung. Diese Bedingungen schufen die Voraussetzung für das Vorkommen zahlreicher heute gefährdeter Pflanzenarten, die auf diese konkurrenzarmen Standorte angewiesen sind. Die damalige Wirtschaftsweise schuf somit zahlreiche Sekundärstandorte für diese Arten, so daß viele Pflanzen- und Tierarten ihr ursprüngliches Areal stark erweitern konnten.
PLACHTER (1991: 102f) führt acht für den Naturschutz wichtige, wertbestimmende Merkmale mitteleuropäischer Wälder auf:

- Alter des Bestandes,
- Anzahl und räumliche Verteilung der Baumarten,
- hohe horizontale und vertikale Raumstruktur,
- Anteil von Alt- und Totholz,
- Besonnung des Waldbodens,
- Art und Verteilung unbestockter Areale (Lichtungen, Säume),
- Vorhandensein von Sonderstandorten,
- Flächengröße.

Vergleicht man die durch historische anthropozoogene Einwirkungen auf den Wald entstandenen Strukturen und Standorte mit den von PLACHTER genannten naturschutzrelevanten Wertkriterien für Wälder, so sind die historischen Bewirtschaftungsmaßnahmen im Sinne des Naturschutzes, speziell des botanischen Artenschutzes weitgehend als vorteilhaft zu bewerten. Denn viele der angeführten Waldnutzungsformen schufen ein kleinflächiges Mosaik unterschiedlich alter Bestände mit daraus resultierendem hohen Strukturreichtum (zum Beispiel unterschiedliche Baumarten und -höhen, Lichtungen, Säume). Die häufig zusätzlich vorhandenen (landwirtschaftlichen) Nebennutzungen wie Streu- oder Weidenutzung schufen zusätzlich relativ großflächig extreme Standorte, die heute vielfach als Sonderstandorte klassifiziert werden können. Daß Vorhandensein eines derartigen Mosaiks ermöglichte den meisten Arten bei ungünstiger werdenden Standortbedingungen auf benachbarte günstige Flächen auszuweichen, Bedingungen, die in der heutigen Zeit nur noch sehr begrenzt vorhanden sind.

13.2.2 Maßnahmen der heutigen Forstwirtschaft

Im folgenden erfolgt eine systematische Auflistung von Maßnahmen der Forstwirtschaft, die sich potentiell auf den Bestand gefährdeter Gefäßpflanzen auswirken können. Aufgrund des großen

Umfanges der heute vorhandenen forstwirtschaftlichen Maßnahmen ist eine Berücksichtigung jeder Detailmaßnahme (beispielsweise eine ausführliche Behandlung einzelner Schirmhiebsformen, Kunstverjüngungsverfahren oder Waldpflegemaßnahmen) sowie der standortspezifischen Auswirkungen hier nicht möglich. Die zusätzliche Behandlung der Jagd als eine im strengen Sinne nicht zur Forstwirtschaft gehörenden Disziplin ist aufgrund ihrer großen Bedeutung für die Artenzusammensetzung der Waldvegetation unumgänglich.
Da der Bezugsrahmen ausschließlich gefährdete Pflanzenarten, speziell Gefäßpflanzen der Roten Liste Baden-Württembergs, umfaßt, bleiben andere wichtige Aspekte, zum Beispiel faunistische oder rein vegetationskundliche Bedeutungen einer forstlichen Maßnahme unberücksichtigt oder werden nur kurz angesprochen.

13.2.2.1 Gliederung der Maßnahmen

Im heutigen mitteleuropäischen Wald ist auch heute noch die flächenmäßig vorherrschende waldbauliche Betriebsart der schlagweise Hochwald (Altersklassenwald). In Abhängigkeit von der Schlagführung läßt sich folgende schematische Unterteilung vornehmen (Abb. 59):

- Kahlschlag
- Schirmschlag
- Femelschlag
- Saumschlag
- Zweihiebige Hochwaldformen (Zweihiebiger Hochwald, Überhalt)
- Zusätzlich: Plenterwald, welcher als "Dauerwald" nicht in die Kategorie des schlagweisen Hochwaldes oder Altersklassenwaldes gehört

Untrennbar mit diesen Betriebsarten verbunden sind die Vorgehensweisen bei der

- Baumartenwahl
- Verjüngung, Bestandeserziehung und -pflege, Holzernte

Weitere wichtige Maßnahmen der Forstwirtschaft, die einen Einfluß auf Rote Liste-Arten und deren Standorte ausüben können, sind:

- Aufforstung
- Meliorationen (Düngung, Kompensationskalkung, Entwässerung)
- Walderschließung
- Waldschutz/Jagd

Aufgrund der engen Verflechtung vieler forstlicher Maßnahmen entstehen in den folgenden Ausführungen unvermeidbare Überschneidungen und Wiederholungen.

13.2.2.2 Kahlschlagbetrieb

Im 18. und Anfang des 19. Jahrhunderts wurden die Hochwälder zunehmend schlagweise kahlgeschlagen und anschließend durch Saat oder Pflanzung, selten durch Naturverjüngung wieder aufgeforstet. Nach MANTEL (1990: 369) "[hat] das Streben nach großen Holzmengen, besonders für industrielle Zwecke, im konzentrierten transportgünstigen Anfall [...] diese Betriebsform herbeigeführt". Der Kahlschlagbetrieb ist dabei eng verbunden mit der Bewirtschaftung der Baumarten Fichte, Kiefer und auch Eiche.

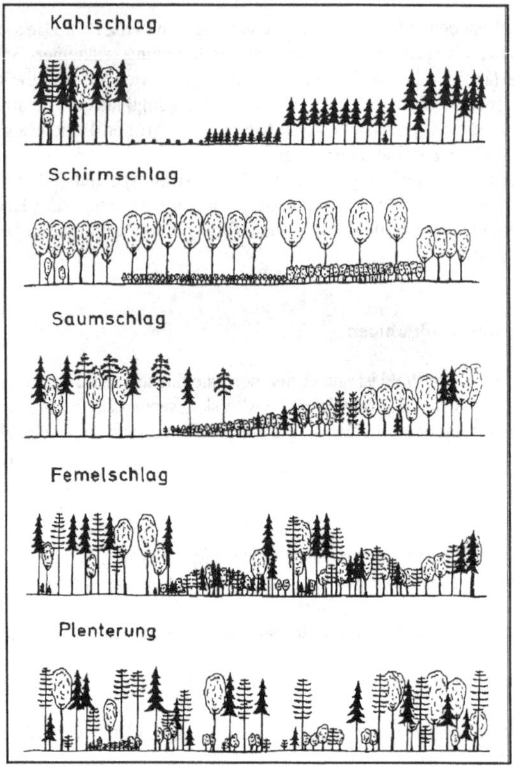

Abb. 59: Schematischer Überblick über die Grundformen der Naturverjüngungsformen. Aus MAYER (1992: 334).

Ein Kahlschlag entsteht dadurch, daß auf einer bestimmten Fläche sämtliche Bäume in einem Hieb oder wenigen kurz aufeinander folgenden Hieben entnommen werden, wodurch der Waldcharakter der Fläche vollständig verloren geht (Abb. 59). In Abhängigkeit von der Schlaggröße lassen sich Großkahlschlag (>5 ha), Kahlschlag (≥1 ha) und Kleinkahlschlag (≤1 ha) unterscheiden, wobei die beiden letzteren in Mitteleuropa vorherrschen. Nach BURSCHEL & HUSS (1987: 76) sollte nicht mehr von einem Kahlschlag gesprochen werden, wenn das charakteristische Kahlschlagklima durch die Schutzwirkung des umgebenden Altbestandes stark gemildert wird. Der Jungwuchs wächst dabei ohne einen schützenden Schirm. Empfindliche Baumarten können nur unter dem Kronendaches eines Vorwaldes eingebracht werden.

13.2.2.2.1 Ökologische Wirkungen

Der Kahlschlag bewirkt eine starke Änderung der ökologischen Bedingungen, indem das ausgeglichene ("atlantische") Waldinnenklima abrupt durch ein ("kontinentales") Freilandklima mit tagsüber starker Erwärmung des Bodens und nächtlicher Ausstrahlung ersetzt wird. Das Angebot an Licht,

Wasser (Wegfall der Transpiration der Baumschicht) und (kurzfristig) Nährstoffen ist stark erhöht. Die durch die Räumung und/oder Saat entstandenen Bodenschäden (Verdichtung, Humusschwund) fördern zusätzlich das Wasser- und Nährstoffangebot am Standort. Auf geneigten Standorten entsteht eine erhöhte Erosionsgefahr. Aufgrund des extremen Klimas auf der Kahlfläche ist die Baumartenwahl stark eingeschränkt.
Auf der Kahlfläche stellt sich schnell eine Schlagflora ein, die im pflanzensoziologischen System eine eigene Klasse bildet (Epilobietea angustifolii). Zu dieser Flora gehören auch gefährdete Arten wie *Digitalis lutea* und *D. grandiflora*. Insgesamt ist die Schlagflora jedoch arm an gefährdeten Pflanzenarten (vergleiche KORNECK & SUKOPP, 1988: 121), was unter anderem darin begründet liegt, daß Kahlflächen relativ weit verbreitet waren und sind und diese Arten zudem nicht auf ausgedehnte Kahlflächen angewiesen sind, sondern diesen bereits lichte, wärmebegünstigte Wälder zur Entwicklung ausreichen (vergleiche OBERDORFER, 1990; MLR, 1993: 61). Andererseits kann aber auf die große Bedeutung der Schlagflora und des tagsüber thermisch begünstigten Klimas für die Tierwelt hingewiesen werden (vergleiche KAULE, 1991: 170f; VÖLKL, 1991).
Die starke Entwicklung einer Kahlschlagflora ist von der Forstwirtschaft unerwünscht, da sie eine Konkurrenz zum Baumjungwuchs darstellt. Deshalb wird oftmals eine intensive Unkrautbekämpfung betrieben. Werden Laubgehölze eingebracht, so ist darüberhinaus wegen der hohen Verbißgefährdung eine Zäunung unumgänglich.
Auch in Urwäldern entstehen bei katastrophalen Windwürfen großflächige Lichtungswürfe mit einer konkurrenzkräftigen Schlagflora. Diese Windwürfe sind jedoch im Unterschied zu den anthropogen hervorgerufenen Kahlflächen durch eine völlig andere Struktur gekennzeichnet (zum Beispiel fehlt eine Flächenräumung), so daß diese Strukturen ein Überleben der eigentlichen Waldarten ermöglichen (siehe ELLENBERG, HEINZ, 1982: 709).

13.2.2.2.2 Einschätzung

Insgesamt sind "die Nachteile des Kahlhiebs [...] so groß, daß er deshalb nur dort und dann immer nur kleinflächig angewendet werden sollte, wo Standort und Vorbestand keine waldbauliche Alternative lassen. Solche Alternativen bestehen jedoch auf großen Teilen der mitteleuropäischen Waldfläche" (BURSCHEL & HUSS, 1987: 89). Diese Auffassung wird heute von großen Teilen der Forstwirtschaft geteilt. Die geplante Herabsetzung der Genehmigungsgrenze von Kahlschlägen auf 2 ha ist zu begrüßen. Die naturnahe Waldwirtschaft, wie sie von der Landesforstverwaltung Baden-Württembergs propagiert wird, vermeidet Kahlschläge ohnehin soweit wie möglich (MLR, 1993: 60).
Ein generelles Verbot des Kahlschlages ist zur Zeit noch nicht möglich, denn im Rahmen der Umwandlung von Fichtenreinbeständen, oder der Verjüngung von Lichtbaumarten wie der Kiefer (zum Beispiel zur Erhaltung der Schwarzwaldhöhenkiefer) sind kleinflächige Kahlhiebe unumgänglich und auch im Sinne des Naturschutzes. Die Größe der Kahlschlagsfläche sollte jedoch möglichst gering gehalten werden. Es ist günstiger, viele Kleinkahlschläge anzulegen als einen Großkahlschlag durchzuführen. Eine pauschale Verurteilung des Kahlhiebes sollte nicht vorgenommen werden, da die entstehende Kahlfläche für viele Tierarten und zahlreiche Baumarten der Pionierwaldgesellschaften Lebensmöglichkeiten bietet (vergleiche WEIDENBACH, 1991). Auch viele Arten der Schlagfluren (Klasse Epilobietea angustifolii), die auf Standorte mit guter Wasser- und Nährstoffversorgung angewiesen sind ("mittlere" Standorte) benötigen neben einer Störung des Standortes (Bodenverwundung) auch lichtreiche Bedingungen, um zur vollen Entfaltung (generative Fortpflanzung) zu gelangen, da viele dieser Arten als r-Strategen und/oder CR- oder R-Strategen (siehe GRIME, 1979; GRIME et al., 1988) auf derartige Umweltbedingungen angewiesen sind. Diese Störungen müssen zwar nicht großflächig (mehrere Hektar) ausgebildet sein, doch kann die Entwicklung einer hohen Individuenzahl einer Pflanzenart aus populationsgenetischer Sicht von

Bedeutung sein, da erst dies die Gefahr einer Einengung des Genpools verringert, da der Austausch unterschiedlichen genetischen Materials vergrößert wird.
Da viele gefährdeten Gefäßpflanzenarten im Bereich extremer Standorte (Sonderstandorte) vorkommt, verbietet sich dort zumeist aus waldbaulichen Gründen eine Kahlschlagwirtschaft, da diese Flächen häufig besonders erosionsgefährdet sind, oder sich nur schwer wieder aufforsten lassen. Da sich nach einem Kahlschlag unter Umständen völlig andere und konkurrenzkräftige Pflanzenarten ausbreiten, werden viele Waldarten verdrängt. Insbesondere konkurrenzschwache, gefährdete Gefäßpflanzen können sich an die veränderten Standortbedingungen häufig nicht anpassen. Sie benötigen möglichst konstante Umweltbedingungen, so daß jede Standortveränderung vermieden werden muß. Aus diesem Grunde sollten Waldbestände mit entsprechenden Rote Liste-Arten normalerweise eine Dauerbestockung tragen.
Ausnahmen hiervon können aber zum Beispiel sehr trockene, nicht erosionsgefährdeten Standorte mit großflächiger, dominanter Kiefernbestockung (Pyrolo-, Erico- oder Dicrano-Pinetum) darstellen, wenn bei ausbleibendem Verjüngungserfolg mittels anderer Verjüngungsformen die Durchführung von Kleinkahlschlägen (≤ 1ha) zielführend sein könnte. In diesen Beständen vorhandene Rote Liste-Arten sind aufgrund ihrer Angepaßtheit an lichtreiche, xerotherme Standortbedingungen durch die plötzliche Freistellung wenig gefährdet. Auf sauren Substraten muß jedoch die mögliche starke Ausbreitung von *Calluna vulgaris* (oder *Deschampsia flexuosa*) berücksichtigt werden, da diese für die konkurrenzschwachen Rote Liste-Arten eine Gefahr darstellen. So berichtet zum Beispiel STURM (1971, zitiert in AK FORSTLICHE LANDESPFLEGE, 1993: 125) von *Arctostaphylos uva-ursi*-Vorkommen in Kiefernkulturen der Lüneburger Heide, die auf Lichtungen durch *Calluna vulgaris* stark bedrängt wird.
Zusammenfassend ist festzuhalten, daß ein (kleinflächiger) Kahlschlagbetrieb aus der Sicht des Naturschutzes nicht zwangsläufig negativ zu bewerten ist, denn es gibt durchaus Arten, die auf eine derartige Standortbehandlung positiv reagieren. Erfolgt zudem die Flächenverjüngung (künstlich oder natürlich) unter weitgehender Duldung der krautigen Schlagflora und der Vorwaldgehölze, so entsteht hierdurch gleichzeitig die Möglichkeit auch einen Beitrag zum Prozeßschutz zu leisten (vergleiche JEDICKE, 1995).

13.2.2.3 Schirm- und Femelschlagbetrieb

Der Schirm- und Femelschlagbetrieb ist heute nach dem Kahlschlagbetrieb die wichtigste Verjüngungsform in den Wäldern (BURSCHEL & HUSS, 1987: 104). Der Schirm- und Femelschlag ist durch eine Bestandesverjüngung unter dem aufgelichteten Kronendach des Altholzes gekennzeichnet. Wird der Altbestand auf größerer Fläche gleichmäßig aufgelichtet, so spricht man von Schirmschlagbetrieb (Abb. 59). Der Schirmschlag eignet sich insbesondere für Buchenbestände und hatte sich bereits in der ersten Hälfte des 19. Jahrhunderts von Hessen aus auf viele deutsche Buchengebiete ausgebreitet (MANTEL, 1990: 363). Aber auch Mischbestände aus Fichte, Tanne und Buche, und reine Fichtenbestände lassen sich auf diese Weise verjüngen. Der Ablauf der vollständigen Verjüngung durch diese Betriebsart beläuft sich auf 10-30 Jahre. Hieraus entstehen weitgehend gleichförmige Bestände einer Altersklasse.
Erfolgt die Auflichtung gruppen- oder horstweise, und ist sie unregelmäßig über die Fläche verteilt, so bezeichnet man die Betriebsart als Femelschlag (Abb. 59). Die Gruppen oder Horste werden nachfolgend vergrößert (Rändelung) und die Auflichtung verstärkt. Der Femelschlagbetrieb stellt eine Reaktion auf den sich besonders im vorigen Jahrhundert ausbreitenden Kahlschlag- und großflächigen Schirmschlagbetrieb dar (BURSCHEL & HUSS, 1987: 90). Der Femelschlag ist besonders gut geeignet zur Erzielung von (nadelholzbetonten) Mischbeständen aus Schatt- und Halbschattbaumarten. Der Verjüngungszeitraum liegt zwischen 20 und 50 Jahren. Wird der Femelschlag über viele Jahrzehnte ausgedehnt, entstehen gruppen- oder horstweise ungleichaltrige Bestände ("Gruppenplenterwald").

Voraussetzung für die Anwendung der Schirm- beziehungsweise Femelverjüngung ist das Vorhandensein eines stabilen Bestandes und stabiler Einzelbäume, da eine Auflichtung die Sturmgefährdung erhöht. Der Femelschlag ist in bezug auf die Sturmgefährdung weniger anfällig. Nach BURSCHEL & HUSS (1987: 94) und MAYER (1992: 350) sollten beide Betriebsarten nicht auf Standorten angewandt werden, an denen der Altbestand nicht stabil genug ist (Bekronungsprozent ≤30%), bei größerer Sturmgefährdung, an steilen Hängen oder auf Standorten, wo die Hauptbaumart nur flach wurzelt wie auf vernäßten Standorten.
Häufig werden kombinierte Naturverjüngungsverfahren angewandt, die versuchen, die Nachteile der "reinen" Betriebsarten zu vermeiden und deren Vorteile zu verbinden (zum Beispiel Saumfemelschlag, Schirmkeilschlag). Diese Verfahren ermöglichen auch die Naturverjüngung auf waldbaulich schwierigeren Standorteinheiten.
Insbesondere der Femelschlagbetrieb erfordert ein relativ dichtes Wege- und Rückeliniennetz, da die Holzbringung erschwert ist (MAYER, 1992: 350). Je kleinflächiger die Bestandeserziehung erfolgt, desto plenterartiger wird der Wald genutzt.

13.2.2.3.1 Ökologische Wirkungen

Das Lichtklima am Waldboden ermöglicht nach erfolgter Auflichtung eine moderate Verbesserung der Photosynthese der Waldbodenpflanzen und der Verjüngung, sowie eine bessere Erwärmung der Luft- und Bodenschichten. Gleichzeitig bewirkt die Öffnung des Bestandes eine Erhöhung des auf den Boden gelangenden Niederschlages. Diese Faktoren bedingen zusammengenommen eine Erhöhung der Humusmineralisation und damit eine bessere Nährstoffversorgung der Vegetation.
Beide Betriebsarten schaffen für alle wichtigen Schatt- und Halbschattbaumarten Entwicklungsbedingungen, ohne daß diese den Extrembedingungen der Kahlschlagfläche ausgesetzt sind. Der Schirm- und Femelschlagbetrieb versucht, die Aufbauphase des Waldes möglichst lange zu halten, ohne daß Katastrophensituationen auftreten. Die frühen Sukzessionsstadien einer Kahlfläche werden umgangen, so daß lichtliebende Tier- und Pflanzenarten konsequent unterdrückt werden. Aus diesem Grunde sind oftmals Anstrengungen notwendig, um eine ausreichende Beteiligung von Licht- und Halblichtbaumarten zu gewährleisten.

13.2.2.3.2 Einschätzung

Aus der Sicht des Naturschutzes sind Schirm- und Femelschlag gut geeignet, um bereits bestehende schutzwürdige, naturnahe Waldgesellschaften mit darin vorkommenden Rote Liste-Arten zu verjüngen und gleichzeitig zu konservieren. Insbesondere die kombinierten Verfahren sind günstig zu beurteilen, da sie individueller auf einzelne Bestände einwirken können. Aufgrund der Möglichkeit, den Verjüngungsprozeß bei Ausfall oder Stockung der Naturverjüngung nachträglich auf künstlichem Wege durch Saat oder Pflanzung zu kompensieren, ist hierdurch ein kontinuierlicher Fortbestand der Waldgesellschaft gewährleistet.
Als Beispiel kann die Erhaltung seltener, häufig sekundär entstandener, kleinflächiger Kiefernbestände (Pyrolo-, Erico- und Cytiso-Pinetum) mit ihrer großen Anzahl an gefährdeten Pflanzenarten dienen, deren Verjüngung durchaus in der Form eines langfristigen Schirmschlages oder kleinflächigen Femelschlages erfolgen kann (vergleiche BURSCHEL & HUSS, 1987: 105f; MAYER, 1992: 346). Ein Laubholzunterbau in sekundären Pyrolo-Pinetum-Beständen als Forstschutzmaßnahme, wie dies von LÜDGE (1971, zitiert in AK FORSTLICHE LANDESPFLEGE, 1993: 23) vorgeschlagen wird, würde einen großen Teil der lichtbedürftigen Arten verdrängen, und ist daher abzulehnen. Andererseits erfolgt heute in vielen dieser Gesellschaften aufgrund einer allgemein ablaufenden Standortverbesserung durch Erholung nutzungsbedingt geschädigter Bestände und begünstigt durch atmosphärische Depositionen eine Sukzession in Richtung Eichen- oder Buchenwaldgesellschaften. Aus

diesem Grunde ist individuell für jeden Bestand zu prüfen, inwieweit eine Konservierung oder Wiederherstellung des Zustandes sinnvoll ist, da dies dauerhafte Pflegeeingriffe nach sich zieht.
Auch wärmeliebende Kalkbuchenwälder (Cephalanthero-Fagenion) und Eichenwälder (Quercetalia robori-petraeae, Quercetalia pubescentis-petraeae) sind auf diese Weise verjüngbar, wobei auf die ausreichende Beteiligung seltener Mischbaumarten zu achten ist. Gesellschaften auf Hangstandorten sollten jedoch nur kleinflächig verjüngt werden, um Erosionsschäden zu vermeiden. Steilhänge mit diesen Gesellschaften sollten nicht mehr forstwirtschaftlich genutzt werden, da die Trockenheit des Standortes und die schlechte Holzqualität der beteiligten Baumarten eine ökonomisch begründete Holzentnahme nicht mehr rechtfertigen können. Die Steilhänge stellen Schutzwälder dar und sollten so belassen werden, beziehungsweise nur noch zur nachhaltigen Erfüllung der Schutzfunktion entsprechend gepflegt werden.
Die Baumarten der Gesellschaften schuttreicher Hangstandorte (Tilio-Acerion) sind durch (kleinflächigen) Schirmschlag verjüngbar, wodurch eine Dauerbestockung des instabilen Standortes erreicht wird. Der Schutz des Altbestandes schützt dabei die spätfrostgefährdete Verjüngung der Hauptbaumarten (Bergahorn, Esche und Sommer-Linde) und gleichzeitig die an konstante Temperatur- und Luftfeuchtebedingungen angepaßten (gefährdeten) Arten der Krautschicht.
Die Stabilisierung von Standorten und Gesellschaften spiegelt den konservierenden Aspekt des Naturschutzes wider und ist durchaus im Sinne der Forstwirtschaft. Ein weiterer Gesichtspunkt besteht jedoch auch im Zulassen einer Dynamik an Standorten. Standorte mit einer besonders auffälligen Dynamik sind zum Beispiel Auestandorte oder Schutt- und Mergelhänge. Die Unterlassung von (forstwirtschaftlichen) Eingriffen läßt ein Mosaik verschiedener Entwicklungszustände entstehen. Diese Forderung wiederspricht einerseits den Aufgaben der Waldbewirtschaftung (§13, Absatz 1; §30 Absatz 1f LWaldG), fördert aber gleichzeitig den Erhalt bestimmter Tier- und Pflanzenarten, wie dies §22 Absatz 2 des Landeswaldgesetzes fordert. Viele der so entstehenden Biotope fallen zudem unter das "Biotopschutzgesetz" (§24a Naturschutzgesetz). Eine weniger zwanghafte Auslegung einer "ordnungsgemäßen Forstwirtschaft" erscheint hier notwendig.
Auch für die Umwandlung von, aus der Sicht des Naturschutzes, wenig wertvollen, aus Aufforstungen entstandenen, reinen Nadelholzbeständen in Laubholzbestände oder Laub-Nadelholzmischbestände ist der Schirmhieb besonders geeignet. Voraussetzung ist jedoch, daß das Bestandesalter eine derartige Umwandlung noch zuläßt. Ausnahmen bilden hier selbstverständlich Standorte, die von Natur aus weitgehend reine Nadelholzbestockungen tragen (zum Beispiel Vaccinio-Abietetum, Dicrano-Pinetum, Cytiso-Pinetum).
Die Möglichkeit zur Schaffung neuer Standorte für gefährdete Pflanzenarten durch diese Betriebsarten ist jedoch nicht möglich, da der Saum- und Femelhieb weitgehend lichtreiche Standortbedingungen verhindert (es sei denn die Bestände sind von Natur aus licht bis räumdig), was eine Grundbedingung für das Vorkommen der Mehrzahl der gefährdeten Phanerogamen darstellt. Da der Schirm- und Femelhieb die extremen Bedingungen des Kahlschlages umgeht, erlaubt das die weitgehende Wahrung der Standortbedingungen, so daß vorhandene gefährdete Gefäßpflanzen erhalten bleiben. Bei der Verjüngung sollte auf die Standorte seltener Arten möglichst besondere Rücksicht genommen werden, insbesondere sind deren Wuchsorte vor einer zu intensiven Beschattung durch die aufkommende Verjüngung zu bewahren.

13.2.2.4 Saumschlagbetrieb

Der Ablauf des Saumschlages läuft dergestalt ab, daß ein Bestand meist gegen die Hauptsturmrichtung so angehauen wird, daß ein (geradliniger, unregelmäßig oder keilförmig geformter) 1-3 Baumhöhen breiter Saum entsteht (Abb. 59). Als Saum wird dabei der Bereich bezeichnet, der sich zwischen dem angehauenen (trauflosen) Altbestand und der anschließenden Freifläche befindet. Nachdem auf der entstandenen Fläche ausreichend Naturverjüngung entstanden ist (oder durch

Pflanzung vervollständigt wurde), wird nach 5-10 Jahren parallel zu diesem im Altbestand ein neuer Saum angelegt.
Der Saumbetrieb ermöglicht der Baumverjüngung differenzierte Ansamungsmöglichkeiten und ist besonders für nadelholzbestimmte Bestände geeignet. In reiner Form ist diese Betriebsart relativ selten anzutreffen. Meist finden sich Kombinationen mit Schirm- und Femelhiebsformen (Saumschirmhieb, Saumfemelhieb, Keilschirmhieb und andere). Der Verjüngungszeitraum liegt zwischen 10 und 30 Jahren. Da die Bodenvegetation ebenfalls gute Entwicklungsmöglichkeiten erhält, ist eine rasche Verjüngung im Saumbetrieb notwendig. Findet diese sich nicht in ausreichendem Maße ein, so muß zusätzlich und unverzüglich eine Pflanzung erfolgen.

13.2.2.4.1 Ökologische Wirkungen

Die ökologischen Bedingungen im Saumbereich sind nicht mit den Bedingungen an Waldrändern vergleichbar, da die Säume im Saumbetrieb sich fortbewegen, während die Waldrandsäume stationär sind. Die ökologischen Bedingungen liegen zwischen denen des Kahlhiebes und dem des Schirmschlages, wobei Licht und Wärme von der Freifläche zum Altbestand abnehmen. In Abhängigkeit von der Exposition der Säume entstehen jeweils unterschiedliche ökologische Bedingungen, wodurch meist einzelne Baumarten begünstigt werden. Unregelmäßige, zum Beispiel gebuchtete Säume vergrößern dabei die ökologischen Bedingungen.

13.2.2.4.2 Einschätzung

Wird der Saumhieb systematisch und nicht in abgewandelter Form durchgeführt, so entstehen sehr schematisch wirkende Bestandesformen, die einen naturfernen Eindruck erwecken. In abgewandelter Form als kombiniertes Naturverjüngungsverfahren (zum Beispiel Keilschirmschlag) können dagegen reich strukturierte Mischbestände entstehen.
Der Saumhieb ermöglicht über einen gewissen Zeitraum hinweg lichtreiche Standortbedingungen. Diese werden jedoch durch die schnell aufkommenden Schatt- und Halbschattholzarten wieder eingeschränkt. Nur bei der Förderung von Lichtholzarten bei der Verjüngung bleiben diese Bedingungen weiterhin in einem gewissen Umfang erhalten (zum Beispiel Kiefer auf Missenstandorten). Eine große Bedeutung für den Fortbestand des Auerwildes hat der Saumschlag in der Form des Keilschirmschlages im Stadtwald Villingen, da diese Betriebsart reichgegliederte, ausgedehnte Bestandesränder aus Fichte, Tanne und Kiefer entstehen läßt. Auf stark sauren, nassen Standorten dagegen sind die Waldgesellschaften (Vaccinio uliginosi-Pinetum sylvestris, V. uliginosi-P. rotundatae, Bazzanio-Pinetum) bereits von Natur aus licht bis räumdig bestockt, so daß eine Verjüngung ohne Eingriff des Menschen erfolgt, und die Standorte ohnehin aufgrund ihrer extremen Bedingungen waldbaulich nicht nutzbar sind (Sonderstandorte). Unterlagen die Standorte jedoch einer Entwässerung, so kann in den von der Kiefer dominierten Gesellschaften die Fichte verstärkt eindringen und lichtliebende Arten, wie zum Beispiel die Rote Liste-Art *Vaccinium uliginosum*, ausdunkeln. Da auch die Verjüngung der Kiefer (Lichtbaumart!) verhindert wird, ist die gesamte Gesellschaft durch das Eindringen der Fichte gefährdet. Sollen derartige Vorkommen erhalten werden, sind die Bestände auf eine Wiedervernässung und anthropogene Entfernung der Fichten(-Verjüngung) angewiesen.

13.2.2.5 Plenterbetrieb

Nach MAYER (1992: 354) wurde der geregelte Plenterwald um die Jahrhundertwende vom Waldbau "entdeckt". Der Plenterbetrieb stellt eine in kurzen Intervallen wiederholte Nutzung einzelner

Stämme auf einer gegebenen Fläche dar (Abb. 59). Eine Schlageinteilung im Sinne des schlagweisen Hochwaldes existiert nicht. Auf einer Fläche sind viele verschiedene Altersklassen anzutreffen (keine Umtriebszeit), wodurch der Wald durch einen Ober-, Mittel- und Unterstand mehrstufig aufgebaut ist. Die Holznutzung erfolgt nach festgesetzten Stärken (Zieldurchmesser). Der geschlossene Stangenwuchs entfällt im Plenterwald. Ein Eingriff beinhaltet gleichzeitig Holznutzung, Verjüngung und Bestandespflege und besitzt damit eine Vielfach-Funktion. Eine Konsequenz der einzelstammweisen Nutzung ist jedoch ein dichtes Wegenetz. Die Abbruchgefährdung ist von allen Betriebsklassen im Plenterwaldbetrieb am geringsten. MAYER (1992: 427) spricht daher vom Plenterwald als "das stabilste Ökosystem mit dem geringsten Betriebsrisiko".
Aufgrund der Einzelstammnutzung erfolgt die Verjüngung ausschließlich unter dem Schirm, so daß diese Betriebsform nur in Wäldern durchgeführt werden kann, die reich an schattfesten Baumarten sind (insbesondere tannenreiche Wälder). Dem Aufbau von Plenterwäldern mit Laubbaumarten sind enge Grenzen gesetzt (siehe SCHÜTZ, 1992).

13.2.2.5.1 Ökologische Wirkungen

Im Plenterwald sind die Lichtverhältnisse am Waldboden im Vergleich zu den bisher genannten Betriebsarten sehr gering. Die Verjüngung findet weitgehend in den Bereichen statt, wo eine Stammentnahme stattgefunden hat. Die Temperatur- und Feuchtebedingungen sind aufgrund der nur in geringem Umfang stattfindenden Störungen ausgeglichen. Insgesamt sind die Standortbedingungen am Waldboden und die Bestände insgesamt sehr gleichförmig.
Die Bodenvegetation ist aufgrund der Lichtarmut der mehrstufig aufgebauten Baumschicht nur schwach ausgebildet. Zur Erreichung einer Plenterstruktur ist eine tragbare Wilddichte unumgänglich, da der Plenterbetrieb intensiv mit der Naturverjüngung arbeitet und deren Zäunung nicht möglich ist.

13.2.2.5.2 Einschätzung

Das Ziel der Landesforstverwaltung Baden-Württembergs ist nach WEIDENBACH (zitiert in HUBER, 1993) möglichst großflächig "plenterwaldartige Strukturen" aufzubauen. Von weiten Teilen des Naturschutzes wird der Plenterwald propagiert, da dieser besonders strukturreich ist und dem Naturwald nahesteht (zum Beispiel SPÄTH, 1992: 15f). Einzelstammentnahme ist jedoch kein Synonym für den Plenterwald, wenn die Ernte einzelner Baumindividuen auch ein wichtiges Kennzeichen dieser Betriebsart ist.
Die Annahme, daß der Plenterwald dem Naturwald nahesteht, ist jedoch nur bedingt zutreffend, denn der Plenterwaldbetrieb fixiert einen Waldzustand, der dem Naturwald eines reiferen Entwicklungsstadiums entspricht. Zudem ist der Plenterbetrieb weitgehend auf nadelholzreiche Wälder angewiesen, was das Verbreitungsgebiet dieser Betriebsart begrenzt. Zu Recht weist KAULE (1991: 168) darauf hin, daß eine einzige Bewirtschaftungsform, wie zum Beispiel der Plenterwald, nicht für alle Arten günstige Bedingungen schafft. Dies erfordert stets örtliche Lösungen und Kompromisse.
Aufgrund seines Strukturreichtums hat der Plenterwald eine große Bedeutung für zahlreiche Tierarten. Dagegen wird die krautige Vegetation, wozu der überwiegende Teil der gefährdeten Gefäßpflanzen gehört, dauerhaft beschattet, so daß nur schattentoleranten Arten ein Überleben gesichert ist. Daher bedeutet die Bewirtschaftung eines Plenterwaldes gleichzeitig den weitgehenden Verzicht auf Lichtbaumarten (MAYER, 1992: 427). Aus diesem Grunde fehlen dem Plenterwald insbesondere zwei Artengruppen: die Arten lichtreicher Standorte und die an sehr alte Bäume und totes Starkholz gebundenen Arten (vergleiche KAULE, 1991: 169). Die Schaffung von Standorten für Gefäßpflanzen der Roten Liste ist in Plenterwäldern zumeist nicht möglich, da insbesondere die ungünstigen Lichtverhältnisse dem im Wege stehen. Da es sich bei den Plenterwäldern zudem normalerweise um

tannenreiche Wälder in Mittelgebirgen handelt sind diese ohnehin relativ arm an Gefäßpflanzen der Roten Liste.

13.2.2.6 Zweihiebige Hochwaldformen

Die zweihiebigen Hochwaldformen lassen sich unterteilen in den zweihiebigen Hochwaldbetrieb und den Überhaltbetrieb. In beiden Betriebsarten läuft die forstliche Produktion in zwei verschieden alten Bestandesschichten ab (Unterstand und Oberstand). Während im zweihiebigen Hochwald das Gewicht der Bewirtschaftung ausgeglichen auf beiden Schichten liegt, besitzt die Wirtschaft im Überhaltbetrieb ihren Schwerpunkt in der Unterschicht, während der Oberstand nur aus wenigen Bäumen pro Hektar besteht. Beide Wirtschaftformen sind relativ selten und auf wenige Baumarten beschränkt (vor allem Kiefer).
Die ökologischen Bedingungen am Waldboden hängen von der Form der durchgeführten Verjüngung (Kahlschlag, Saum-, Schirmhieb) ab. In bezug auf die Bedeutung dieser Betriebsarten für gefährdete Pflanzenarten kann daher auf die entsprechenden Kapitel der bereits behandelten Betriebsarten verwiesen werden.

13.2.2.7 Baumartenwahl

Die Baumartenwahl ist eine der wichtigsten Aufgaben des Waldbaus. Mit ihr werden aufgrund der langen Produktionszeiträume wichtige Weichen für die Entwicklung der Wälder gestellt. Daher wird heute bei der waldbaulichen Baumartenbeurteilung ein breiter Raum in der Forstwissenschaft eingeräumt und zahlreiche Bewertungskriterien bei der Eignungsbeurteilung berücksichtigt (zum Beispiel MAYER, 1992: 53ff). Mit der Wahl der Hauptbaumart wird auch über das Vorkommen vieler begleitender Tier- und Pflanzenarten entschieden (AK FORSTLICHE LANDESPFLEGE, 1993: 21), ein Kriterium, welches bisher bei der Baumartenwahl für einen gegebenen Standort gar nicht oder nur wenig berücksichtigt wird.
Seitens des Naturschutzes wird häufig ausschließlich der Anbau standortheimischer Baumarten gefordert. Dies sind Arten, die nicht gebietsfremd sind und Glieder der potentiellen natürlichen Vegetation darstellen. Nur Waldbestände mit maßgeblicher Beteiligung standortheimischer Baumarten werden akzeptiert (siehe SPÄTH, 1992: 12).
Dagegen setzt die Forstwirtschaft zusätzlich noch auf "standortgerechte" Baumarten. Dies sind gebietsfremde Baumarten, die auf einen gegebenen Standort nachhaltige Leistungen bringen. Derzeit sind in den Wäldern der Bundesrepublik Deutschland 16 fremdländische Baumarten (neun Nadelbaumarten und sieben Laubbaumarten) von forstlicher Bedeutung (KNOERZER et al., 1994), wobei vor allem die Douglasie (sowie Roteiche und Japanische Lärche) eine größere wirtschaftliche Bedeutung hat.
Aus Sicht des Naturschutzes sind Douglasie, Hybrid- und Balsampappel, Lärche, Robinie, Roteiche, Schwarznuß und andere als konfliktreiche Baumarten anzusehen, vor allem wenn diese als Hauptbaumarten gewählt werden. Auch Fichte, Kiefer, Berg- und Spitzahorn fallen teilweise in diese Kategorie (vergleiche SPÄTH, 1992: 11ff). Der Grund für die weitgehende Ablehnung dieser Baumarten liegt darin begründet, daß diese zumeist in Reinbeständen angebaut werden. Diese Reinbestände sind stets arten- und strukturarm, besitzen einen geringen Anschluß an die angrenzenden Biozönosen, oder bewirken wie die Robinie (*Robinia pseudacacia*) eine irreversible Standortveränderung. Aufgrund der "Abneigung" weiter Teile des Naturschutzes gegenüber fremdländischen Baumarten ("Exoten") spricht FELDNER (1990) sogar von einer mehr ideologisch als rational begründeten "Xenophobie". Dagegen wird teilweise von Seiten der Forstwirtschaft die Douglasie und Roteiche als "Spätheimkehrer" angesehen, da diese während des Tertiär in Mittel-

europa heimisch waren, dann jedoch wegen der einsetzenden Eiszeiten ausstarben. Die "Heimholung" erfolgte nun durch die Forstwirtschaft.

13.2.2.7.1 Grundlagen der Baumartenwahl

Sowohl der Naturschutz als auch die Forstwirtschaft erklären zu ihrem wesentlichen Anliegen, daß die Wälder soweit wie möglich aus Naturverjüngung standortheimischer Baumarten hervorgehen sollen. Bei Saat oder Pflanzung sollten ausschließlich gesicherte Herkünfte Verwendung finden. Die Baumartenzusammensetzung der Bestände hat sich an der natürlichen Waldgesellschaft zu orientieren, wobei jedoch erst geklärt werden muß, was darunter genau zu verstehen ist.
Eine Orientierungsmöglichkeit wäre die Baumartenzusammensetzung der ursprünglichen Naturwälder, wie sie vor stärkerer Einflußnahme des Menschen in Mitteleuropa bestanden. Die Baumartenzusammensetzung dieser Wälder wird vor allem durch pollenanalytische Untersuchungen rekonstruiert (zum Beispiel LANG, 1994). Die prozentualen Anteile der einzelnen Baumarten in den Wäldern sind jedoch mit größeren Unsicherheiten behaftet. Zudem werden nicht alle Baumarten erfaßt. Eine Orientierung am ursprünglichen Naturwald ist zudem realitätsfern, da der nachfolgende anthropogene Einfluß zahlreiche Standorte nachhaltig beeinflußt hat, so daß für diese Flächen zum Teil gar kein ursprünglicher Naturwaldzustand existiert.
Die zweite Möglichkeit ist die Orientierung an der potentiellen natürlichen Vegetation (im folgenden kurz pnV), die 1956 von TÜXEN eingeführt wurde und als Vegetationsbild, das sich nach Aufhören jeglichen menschlichen Einflusses schlagartig einstellen würde, gedacht ist. Bezugsgrundlage für die Konstruktion der pnV sind die aktuellen, langfristig bestehenbleibenden Standortbedingungen. Damit soll die pnV das aktuelle biotische Potential eines Standortes wiedergeben (vergleiche HÄRDTLE, 1989: 5ff; JAHN, 1992). Hierdurch finden anthropogene Standortveränderungen Berücksichtigung, was ein großer Vorteil gegenüber dem Konzept des ursprünglichen Naturwaldes ist. Das pnV-Konzept wird sowohl vom Naturschutz (zum Beispiel SPÄTH, 1992: 12) als auch von der Forstwirtschaft (siehe MAYER, 1992: 53) als wichtiges Instrument für die Baumartenwahl angesehen.
Zwar kann auch die pnV-Konstruktion keine im forstlichen Sinne detaillierten Baumartenanteile liefern, doch sind die Angaben mit einem geringeren Unsicherheitsfaktor behaftet als die pollenanalytischen Ergebnisse, da auf existierende Waldgesellschaften zurückgegriffen werden kann, die einer pnV nahekommen. Gleichzeitig erlaubt das pnV-Konzept die Integration von Agriophyten, das heißt von Arten, die mit Hilfe des Menschen in ein Gebiet gelangten und dort heute ein fester Bestandteil der natürlichen Vegetation sind (LOHMEYER & SUKOPP, 1992: 9). Unter den Baumarten gehören zu den Agriophyten zum Beispiel Hybridpappel (*Populus x canadensis*), Douglasie (*Pseudotsuga menziesii*) oder Robinie (*Robinia pseudacacia*), aber auch in weiten Teilen Deutschlands Fichte (*Picea abies*) und Kiefer (*Pinus sylvestris*). Es muß akzeptiert werden, daß diese in Naturschutzkreisen "unerwünschten" Arten gebietsweise ein Bestandteil der natürlichen Vegetation geworden sind und daß wir "an den Robinienforsten- beziehungsweise Wäldern heute in Mitteleuropa die Neuentstehung einer Gruppe von Pflanzengesellschaften miterleben, wie sie sich früher auch im Falle der Glatthaferwiesen oder mancher Ruderalfluren vollzogen haben mag" (ELLENBERG, HEINZ, 1982: 702).
Aus diesem Grunde enthält die heutige pnV zum Teil einen deutlich höheren Anteil an Nadelgehölzen (insbesondere Fichte), was häufig nicht ausreichend berücksichtigt wird. Im Vergleich zur gegenwärtigen Baumartenzusammensetzung der meisten forstlich genutzten Wälder wäre jedoch der Laubholzanteil sehr viel höher (vergleiche MLR, 1993: 45).
Die Forstwirtschaft verfügt darüber hinaus über das Instrument der Standortkartierung, die die ökologischen Bedingungen eines Standortes in detaillierter Form erkundet. Die Ergebnisse der Standorterkundung ergeben unter anderem für jede Standorteinheit die anzustrebende Bestockung aus standortheimischen und standortgerechten Baumarten und deren Kombination, wobei in der

Mehrzahl der Fälle zwischen Bestockungsalternativen gewählt werden kann. Diese Wahlmöglichkeit erlaubt häufig eine Berücksichtigung der Interessen des Naturschutzes.

13.2.2.7.2 Die Verwendung konfliktreicher Baumarten bei der Baumartenwahl

Im folgenden sollen einige Baumarten angesprochen werden, die aus der Sicht des Naturschutzes bestimmte "unerwünschte" ökologische Veränderungen am jeweiligen Standort hervorrufen. Unerwünscht sind in der Regel solche Baumarten, die arten- und strukturarme Bestände ergeben, wodurch unter anderem eine geringe ökologische Anbindung an benachbarte Flächen entsteht. Als Beispiele sollen hier Fichte, Douglasie, Hybridpappel und Robinie genauer behandelt werden.

■ Die Fichte (*Picea abies*)

Die Fichte ist die klassische Konfliktbaumart zwischen Naturschutz und Forstwirtschaft, da sie bereits seit langer Zeit in Form von großflächigen Monokulturen ("Holzacker") angebaut wird. Nach KARIUS (1992) hat die Fichte an der Baumartenverteilung des Wirtschaftswaldes in Baden-Württemberg einen Anteil von 45%. Insbesondere die Bodenreinertragslehre spielte anfangs eine große Rolle bei der Begründung zahlreicher Fichtenreinbestände.
Der Reinanbau der Fichte, das Paradebeispiel des Altersklassenwaldes, bewirkt eine starke Veränderung der Standortbedingungen aufgrund der umfangreichen Akkumulation saurer Nadelstreu und der Lichtarmut im Bestandesinneren. Diese Bedingungen bewirken eine große Arten- und Strukturarmut im Vergleich zu den meisten anderen Waldgesellschaften des jeweiligen Gebietes. Hierdurch wurden viele Standorte seltener Arten zerstört, da auch völlig ungeeignete Standorte, wie zum Beispiel Moore (außerhalb des Verbreitungsgebietes der Fichte) und Kalk-Halbtrockenrasen mit Fichtenreinbeständen, bestockt wurden.
Untersuchungen über die Vegetation von Fichtenforstgesellschaften weisen eine starke Förderung von Farnen, Schlagpflanzen und säuretoleranten Gefäßpflanzen und Moose nach (vergleiche zum Beispiel JAHN, 1952; SCHLÜTER, 1965; SEIBERT, 1954). Dabei können sich durchaus auch gefährdete Pflanzenarten, insbesondere aus der Gruppe der Pyrolaceen und Orchideen, finden, die hier geeignete Wuchsbedingungen finden und in den umgebenden Laubwäldern gar nicht, oder nur selten vorkommen. Die Auffassung, daß Fichten-Totholz nur wenigen xylobionten Insekten als Substrat dienen kann, kann nicht pauschal angenommen werden (siehe zum Beispiel PFARR & SCHRAMMEL, 1991).
TRAUTMANN (1976) kommt zu dem Schluß, daß der Nadelholzanbau in Laubholzgebieten weniger einen Rückgang von Pflanzenarten, als vielmehr einen Rückgang und gebietsweise einen vollständigen Verlust bestimmter Laubwaldgesellschaften bewirkt hat. Dies schließt selbstverständlich eine Zerstörung von Standorten gefährdeter Arten nicht aus.
Dies sollen keine Argumente für eine Beibehaltung oder gar Ausdehnung des Fichten(rein)anbaues sein. Es soll vielmehr die Relativität und Einseitigkeit der Argumentation von Befürwortern und Gegnern des Fichtenanbaus aufgezeigt werden (vergleiche KAULE, 1991: 169). Insgesamt gesehen, sind die Verluste an Rote Liste-Arten jedoch sehr viel größer als die Gewinne durch neue gefährdete Gefäßpflanzen.
Die heutige staatliche Forstwirtschaft nimmt von der Begründung reiner Fichtenbestände immer mehr Abstand. Darüberhinaus sollen viele labile Fichtenbestände umgebaut werden (MLR, 1993: 40f). Einen Verzicht auf diesen "Brotbaum" ist jedoch nicht vorgesehen.
Aus Sicht des Naturschutzes sollte der Anbau der Fichte in Reinbeständen nicht mehr stattfinden, da er im Vergleich mit vielen anderen Waldgesellschaften nur wenigen Arten einen Lebensraum bietet. Eine Ausnahme stellen hier Gebiete dar, in denen die Fichte bereits vor Eintreffen des Menschen standortheimisch war (zum Beispiel im Verbreitungsgebiet des Vaccinio-Abietetum). Doch auch im natürlichen baden-württembergischen Verbreitungsgebiet tritt die Fichte von wenigen

Ausnahmen abgesehen (zum Beispiel Asplenio-Piceetum, Bazzanio-Piceetum) nicht in Form von Reinbeständen auf. Eine vollständige "Verbannung" dieser Baumart aus den Wäldern erscheint zumeist nicht notwendig und zum Teil auch nicht mehr möglich. Eine geringe Beimischung der Fichte in Laubwäldern zieht in der Regel keine negativen Einflüsse auf das Arteninventar nach sich. In vielen Gebieten ist die Fichte heute bereits ein Agriophyt und muß als Bestandteil der pnV angesehen werden. Eine vollständige Entfernung der Fichte aus den Wäldern solcher Gebiete ist daher nicht mehr möglich. So läßt sich beispielsweise auf vielen Sturmwurfflächen, die 1990 durch die Jahrhundertstürme "Vivian" und "Wiebke" entstanden sind, eine Beteiligung der Fichte an der Verjüngung nicht verhindern. Es sollte jedoch vermieden werden, Fichtenreinbestände entstehen zu lassen, was normalerweise auch im Sinne der Forstwirtschaft ist. Hier kann notfalls auch gegen die natürlich ablaufenden Prozesse gearbeitet werden, zumal auch auf für die Fichte völlig ungeeigneten Standorten reichlich Naturverjüngung aufkommen kann. Die zusätzliche Einbringung von Laubhölzern sollte auf jeden Fall durchgeführt werden.
Eine Einbringung in Waldgesellschaften, die seltene Pflanzenarten beherbergen, sollte jedoch vermieden werden, da bereits einzelne Fichtenindividuen durch ihre Schattwirkung und/oder Streuakkumulation in ihrer nächsten Umgebung diese Arten gefährden können. Aus diesem Grunde sind aus derartigen Beständen nachträglich aus Naturverjüngung hervorgegangene Fichten zu entfernen.

■ Die Douglasie (*Pseudotsuga menziesii*)

Seit Ende des 19. Jahrhunderts erfolgte ein Anbau der 1830 aus dem Westen Nordamerikas eingeführten Douglasie (HASEL, 1985: 202). In Baden-Württemberg finden sich die größten Douglasienbestände in den Forstbezirken Freiburg und Müllheim, wo diese ab 1899 durch Philipp und Fieser, zwei Vertretern der Bodenreinertragslehre, angebaut wurden (KLUMPP & GÜRTH, 1988). Die Douglasie nimmt heute 2% der Waldfläche Baden-Württembergs ein; die langfristige Planung sieht 5% vor (MLR, 1993: 47ff).
Die bevorzugten Anbaugebiete sind sommerwarme, bodensaure Standorte der kollinen bis submontanen Stufe. Die Douglasie ist anspruchslos, relativ trockenresistent und erträgt Halbschatten. Ihr Feuchtigkeitsbedarf liegt nach MAYER (1992: 152) zwischen dem der Fichte und Kiefer. Gegenüber den heimischen Baumarten zeigt sie eine deutliche Wuchsüberlegenheit. Weiterhin besitzt sie gute Holzeigenschaften, verjüngt sich natürlich, ist aufgrund ihrer guten Streuzersetzung die bodenpfleglichste aller angebauten Nadelholzarten und besitzt nur wenige Entomophagen (KNOERZER et al., 1994). Somit erfüllt sie alle Vorraussetzungen für die erfolgreiche Einbringung einer fremdländischen Art (siehe BURSCHEL & HUSS, 1987: 64f) und muß stellenweise bereits als Agriophyt angesehen werden. MAYER (1992: 154) gibt als besonders anbauwürdige Standorte unter anderem geringwüchsige Buchenstandorte an. Diese Standorte stellen jedoch gleichzeitig potentielle Standorte von Rote Liste-Arten dar, da die Dominanz der stark beschattenden Buche nachläßt und Baumarten mit lichter Kronenstruktur gefördert werden.
Von forstlicher Seite wird der Douglasienanbau als weitgehend unbedenklich angesehen, wobei man sich unter anderem auf den geringen Flächenanteil beruft, den die Baumart einnimmt und nach der Planung einnehmen wird (MLR, 1993: 50). Hier sind jedoch gewisse Bedenken anzumelden: Ein Bezug des Douglasienanteils auf die Waldfläche von ganz Baden-Württembergs ist irreführend. Die Douglasie bleibt aufgrund ihrer Unverträglichkeit gegenüber freiem Kalk und ihrer Empfindlichkeit in bezug auf Früh- und Spätfröste, sowie der Gefahr von Frosttrocknis auf bestimmte Anbaugebiete beschränkt. Ihr dortiger Anteil nimmt daher ausgedehnte Flächen in Anspruch.
Die Gefahr der Bildung von Douglasienreinbeständen relativ groß, da Mischbaumarten, wie Tanne oder Buche, eine andere Wuchsdynamik besitzen als die Douglasie (KNOERZER et al., 1994). Zudem besteht nach MAYER (1992: 153) eine enge Beziehung zwischen Kronen- und Wurzelausbildung, indem sich bei Dichtschluß in Reinbeständen ein besonders standfestes Wurzelwerk ausbildet. Eine Beimischung mitherrschender Baumarten reduziert die Intensität der Wurzelwerkausbildung. Daß die (aufwendige) gruppenweise Beimischung von Laubbäumen (vor allem Buche) eine Anbindung

der Douglasienbestände an die natürlichen Waldgesellschaften sichert (MLR, 1993: 50), ist spekulativ und bedarf noch einer wissenschaftlichen Untersuchung. Wegen der grundsätzlichen Problematik von Reinbeständen (hier gibt es nur wenige Ausnahmen) sollte eine gruppen- oder horstweise Buchenbeimischung im überwiegenden Teil der Douglasienbeständen durchgeführt werden und nicht nur auf 30% der Douglasienbestände beschränkt bleiben (siehe MLR, 1993: 50).
KNOERZER et al. (1994) weisen darauf hin, daß hohe Wildbestände für die Verjüngung der Douglasie einen Konkurrenzvorteil gegenüber anderen Baumarten darstellt, da die Douglasienverjüngung nicht verbissen wird und Fegeschäden gut ausheilen (vergleiche dagegen MAYER, 1992: 153). Die Autoren beobachteten insbesondere auf Sonderstandorten, wie flachgründigen, nährstoffarmen, vielfach xerothermen Fels- und Blockstandorten mit Traubeneichen-Wäldern (Betulo-Quercetum petraeae) als Waldgesellschaft, eine generative Verjüngung der Douglasie (Anflug aus Nachbarbeständen). Aufgrund des hohen Verbisses fällt die dortige Eichenverjüngung aus. Langfristig muß daher mit dem Verschwinden beziehungsweise der Veränderung dieser Gesellschaft gerechnet werden. Hierdurch sind zugleich Standorte gefährdeter Pflanzenarten, wie zum Beispiel *Anthericum liliago*, *Digitalis lutea*, *Galium lucidum* und *Hieracium peleterianum*, bedroht.
Um eine Gefährdung der Flora und Vegetation von Sonderstandorten entgegenzuwirken, sollten bei der Begründung von Douglasienbeständen großzügige Sicherheitsabstände zu derartigen Sonderstandorten eingehalten werden (Pufferzonen), da die Verbreitung der Douglasiensamen durch den Wind erfolgt. Ankommende Naturverjüngung auf diesen Flächen muß unbedingt entfernt werden, da die Verjüngung rasch eine starke Schattwirkung auf die Bodenvegetation ausübt. Der Anbau der Douglasie auf nährstoffarmen, trockenen Standorten sollte vollständig unterbleiben, da diese vielfach potentielle Standorte von seltenen und gefährdeten Pflanzenarten darstellen.

■ Die Hybridpappel (Schwarzpappelhybriden, *Populus x canadensis*)

Die Hybridpappel stammt ursprünglich aus dem östlichen Nordamerika und wurde um 1700 in Mitteleuropa eingeführt. Seit Ende des 19. Jahrhunderts folgten mehrere Pappelanbauwellen aufeinander, die umfangreiche Flächen der Weichholz- und tiefen Hartholzaue, aber auch Teile der hohen Hartholzaue und Bruchwaldstandorte mit Hybridpappel bestockten.
Ursachen hierfür waren die damals aufkommenden Befürchtungen einer (Bau-)Holzknappheit aufgrund der geringen Vorräte der vorhandenen (Mittel-)Wälder. Zudem bescherten die beiden Weltkriege zahlreiche unbestockte Flächen, die zumeist mit der Hybridpappel ausgepflanzt wurden. Wegen ihres raschen Wachstums mit Umtriebszeiten von nur 30 bis 60 Jahren zur Starkholzproduktion und ihrer besseren Holzqualität im Vergleich zu den einheimischen Pappelarten wurde die Hybridpappel zur favorisierten Hauptbaumart der guten und sehr guten Standorte der Weichholz- und Hartholzaue.
Sie befindet sich nach LOHMEYER & SUKOPP (1992: 99) noch heute in der Ausbreitung im Standortbereich von Salicion-Gesellschaften (Weichholzaue). Aufgrund ihrer extremen Lichtbedürftigkeit erfolgt die Begründung und Erziehung in weitständigen Plantagen (meist im 6x6m Quadratverband). Alle häufiger überfluteten Bestände sind stark sturmwurfgefährdet, so daß auf diesen Standorten mit dem Betriebszieltyp Pappel ein hohes Betriebsrisiko verbunden ist. Zudem ist die heutige Absatzmöglichkeit für Hypridpappelholz sehr schlecht. Ökonomische Gewinne sind in der Regel nicht zu erzielen. Eine Erholung des Marktes ist nicht absehbar. Aus diesen Gründen ist in vielen Forstbezirken eine Ausdehnung des Hybridpappelanbaues nicht vorgesehen, zumal bereits ausgedehnte Bestände vorhanden sind. Trotz dieser Umstände wird an der Hybridpappel festgehalten, da diese, rein ökonomisch gesehen, auf vielen Standorten als einzig mögliche Hauptbaumart angesehen wird (DILGER & SPÄTH, 1988: 152). Hier stellt sich mit SPÄTH (1992: 6) die Frage, ob tatsächlich "[möglichst] jeder Quadratmeter Waldboden zu bewirtschaften" ist. Eine weitere Ausdehnung sollte auf jeden Fall unterbleiben. Sobald auf einem Standort Bestockungsalternativen bestehen, sollten diese verwendet werden.

Insbesondere die Hybridpappelbestände der Hartholzaue stellen arten- und strukturarme Wälder dar (siehe DILGER & SPÄTH, 1988: 143), so daß ihre Anbindung an die umgebenden Biozönosen gering ist. Eine Aufwertung der Pappelbestände in bezug auf ihren Arten- und Strukturreichtum kann nur in begrenztem Umfang erfolgen, indem zwischen den Pappelreihen und an den Bestandesrändern je nach Standort Weide, Erle, Esche, Ulme, Eiche und andere Baumarten aus der vorhandenen Naturverjüngung übernommen oder durch Pflanzung beigemischt werden. Bei einer anstehenden Verjüngung sollten verschiedene standortheimische Arten zwischen die Pappelweitverbände (12x12m, anstatt der üblichen 6x6m) gesetzt werden.
Im Bereich der hohen Hartholzaue befindet sich häufig ein reicher Unterwuchs aus Arten des Eichen-Ulmen-Waldes (Querco-Ulmetum). In diesen Beständen ist ein Übergang zu anderen Betriebszieltypen möglich und sollte auch vollzogen werden, indem Altpappeln herausgezogen werden und an deren Stelle die vorhandene Naturverjüngung der Hartholzauebaumarten übernommen oder deren Pflanzung durchgeführt wird (vergleiche KRAMER, 1987: 237; DILGER & SPÄTH, 1988: 153).

■ Die Gemeine Robinie (*Robinia pseudacacia*)

Die Robinie wurde nach POTT (1992: 289) seit Anfang des 17. Jahrhunderts aus Nordamerika nach Frankreich eingeführt und verbreitete sich von da aus vor allem in den Weinbaugebieten Süddeutschlands (Rebsteckenlieferant). Heute ist sie in weiten Teilen Deutschlands als eingebürgert anzusehen (HAEUPLER & SCHÖNFELDER, 1989: 65).
Die frühfrostgefährdete Lichtbaumart besitzt zahlreiche günstige technische Holzeigenschaften und eignet sich vor allem für "planar-kolline Weinbauklima-Standorte" (MAYER, 1992: 78). Bei den Imkern ist die Robinie eine sehr gefragte Bienenweide. UECKERMANN & SCHOLZ (1988: 78) empfehlen sie für den Weichholzanbau als Wildäsung auf trockenen, nährstoffarmen Böden.
Aufgrund ihrer Fähigkeit, mit Hilfe von Knöllchenbakterien Luftstickstoff zu fixieren, und ihrer leicht zersetzlichen Streu (C/N-Verhältnis 14) verändert diese Leguminose in kurzer Zeit einen Standort irreversibel. So sind nach REHFUESS (1990: 221) Reinbestände der Robinie in der Lage je nach Standort dem Boden 50-200 kg N/ haxa zuzuführen. Der Anstieg des Humusgehaltes verbessert zudem bis zu einem gewissen Grad den Wasserhaushalt des Bodens. Auf Xerothermstandorten entsteht hierdurch eine ungewöhnliche, da bisher in der Natur nicht aufgetretene Faktorenkombination, nämlich relativ lichtreiche, warme, trockene bis mäßig frische Standorte mit einer hohen Menge an pflanzenverfügbarem Stickstoff.
Robinien-Forstgesellschaften sind mehrfach vegetationskundlich untersucht worden (zum Beispiel KOHLER, 1963; MÜLLER, T., 1966; SCHUBERT, 1972b; OBERDORFER & MÜLLER, T., 1983). Die Robinie wird vor allem auf künstlichen (Schotterhalden, Bahndämmen) und natürlichen Xerothermstandorten eingebracht, wobei sich einmal etablierte Individuen sowohl generativ als auch vegetativ fortpflanzen. Auf natürlichen Xerothermstandorte unterwandert die Robinie häufig Berberidion- und Quercetalia pubescenti-petraeae-Gesellschaften (LOHMEYER & SUKOPP, 1992: 101, 151). Aber auch Pyrolo- und Cytiso-Pinetum-Bestände können durch das Einbringen oder Eindringen der Robinie irreversibel verändert werden (siehe KOHLER 1963; BREUNIG, 1994). Von hier aus ist die Robinie in der Lage auch in Trifolio-Geranietea-, Festuco-Brometea oder Sedo-Scleranthetea-Gesellschaften einzudringen.
Die Auswirkungen dieser (irreversiblen) Veränderung bewirkt eine weitgehende Verschiebung des Konkurrenzgefüges am Standort, indem die typischen Arten xerothermer, stickstoffarmer Standorte durch Glechometalia-Arten, wie zum Beispiel *Alliaria petiolata*, *Chelidonium majus*, *Galium aparine*, *Geranium robertianum*, *Glechoma hederacea* und andere Nitrophyten verdrängt werden (vergleiche Abb. 8 und 10 in Kapitel 3). Das hohe Stickstoffangebot macht diese Arten offensichtlich auch auf trockenen Standorten konkurrenzfähig. Hierauf machen zum Beispiel REIF et al. (1985) bei *Urtica dioica* aufmerksam. Die sich einstellende völlig neue Artenkombination veranlaßte sogar vielfach dazu, eine eigene Klasse Robinietea zu formulieren (POTT, 1992: 270).

Durch den Anbau und die Ausbreitung der Robinie sind somit zahlreiche Rote Liste-Arten potentiell gefährdet. Konkrete Angaben liegen jedoch nur in begrenzter Zahl vor. So sind bei KOHLER (1963) Arten wie *Aster linosyris* und *Peucedanum officinale* durch den Robinienanbau gefährdet. BREUNIG (1994) beschreibt die Ausbreitung der Robinie in den Waldgesellschaften der Sandhausener Dünen und ihr eindringen in die Sandtrockenrasenvegetation. Hierdurch sind zahlreiche Rote Liste-Arten bedroht, wie zum Beispiel *Alyssum montanum* ssp. *gmelinii*, *Carex ericetorum*, *Jurinea cyanoides*, *Koeleria glauca*, *Kochia laniflora*, *Scabiosa canescens*, *Silene conica* und *Viola rupestris*. BREUNIG (1994) nimmt an, daß nur die extremsten Sandtrockenrasenstandorte (sehr trocken, kalkreich, humusfrei) in diesem Gebiet von einer Besiedlung durch die Robinie ausgeschlossen bleiben.
Die einzige Möglichkeit, die Ausbreitung der Robinie an diesen Standorten aufzuhalten, besteht darin, die Bäume und den Jungwuchs quantitativ zu entfernen. Dabei ist eine Wurzelstockrodung unumgänglich, da ansonsten zahlreiche Schößlinge aus Wurzelbrut neu entstehen. ROHDE et al. (1994) empfehlen die Robinienentfernung während der Vegetationszeit, da hierdurch mögliche Überreste der Rodung am nachhaltigsten geschädigt werden.
Insbesondere in bereits seit längerer Zeit unterwanderten Kieferngesellschaften und anderen Waldgesellschaften erscheint es jedoch nicht möglich, durch die Entfernung der Robinie Rote Liste-Arten zu vitalisieren oder neue Standorte für diese Arten zu schaffen, da die Nährstoffanreicherung der Böden bereits zu weit fortgeschritten ist. Um jedoch die weitere aggressiv ablaufende Ausbreitung der Robinie zu unterbinden, ist ihre umfassend Beseitigung unumgänglich.
Aufgrund der extremen und irreversiblen Veränderung der Standorte zahlreicher gefährdeter Arten sollte die Forstwirtschaft von einer weiteren Einbringung der Robinie absehen. Auch der Anbau der Robinie als Äsungspflanze durch Jäger sollte unterlassen werden, zumal es hier alternative Baumarten gibt.

13.2.2.8 Aufforstung

Ursache für heute noch stattfindende Aufforstungen ist zumeist die Aufgabe der landwirtschaftlichen Nutzung von Grenzertragsstandorten. Nach WENGLER (1990) sind in den letzten 40 Jahren in Baden-Württemberg etwa 120000 ha neuer Wald entstanden, je zur Hälfte aus Sukzession und planmäßiger Aufforstung. Nach MLR (1993: 20) wird sogar geschätzt, daß fast Zweidrittel aller heutigen Waldzugänge sukzessionsbedingt sind.
Rechtliches Planungsinstrument der Neuaufforstung in Baden-Württemberg ist vor allem §25 des Landwirtschafts- und Landeskulturgesetzes, der die Aufforstung als grundsätzlich zulässig erklärt, ohne weitergehende ordnende Maßnahmen vorzuschreiben. Auch §6 Absatz 5 des Landeswaldgesetzes befürwortet unter bestimmten Bedingungen ausdrücklich die Aufforstung von landwirtschaftlichen Grenzertragsböden, Brachland oder Ödland. Die bis vor kurzem geringe Berücksichtigung des Arten- und Biotopschutzes machte die Genehmigung einer Aufforstung oftmals leicht; Versagungsgründe wurden in der Praxis selten vorgebracht. Insbesondere in waldreichen Gebieten (zum Beispiel Schwarzwald, Teile der Schwäbischen Alb) sollte eine Zunahme der Waldfläche durch Aufforstung verhindert werden, worauf auch §6 Absatz 5 des Landeswaldgesetzes hinweist. Hierdurch wird nicht nur das Landschaftsbild beeinträchtigt, sondern auch Vorkommenen seltener Arten zerstört. Die Freihaltung der Mindestflur, wie dies der genannte Paragraph ebenfalls vorschreibt, ist aus der Sicht des Naturschutzes unzureichend, da viele der heute als wertvoll eingeschätzten Flächen sich außerhalb der Mindestflur, nämlich in der Nähe von Waldrändern befinden. Der Naturschutz hat allgemein eine starke Abneigung gegenüber Aufforstungen, da durch diese in der Vergangenheit wertvolle Biotope zerstört und häufig durch Fichten- oder Kiefernreinbestände ersetzt wurden. Der überwiegende Teil der Aufforstungsflächen befand sich (und befindet sich auch heute noch) im Übergangsbereich zwischen der landwirtschaftlichen Nutzfläche und dem Waldbestand. Diese Flächen sind vielfach durch fehlende oder extensive Bewirtschaftung gekennzeichnet.

Da eine Düngung unterbleibt, sind sie relativ nährstoffarm und, im Bereich südlicher Expositionen, zusätzlich noch xerotherm. Pflanzensoziologisch handelt es sich meist um Gesellschaften der Festuco-Brometea, Nardo-Callunetea, Scheuchzerio-Caricetea, Sedo-Scleranthetea und/oder Trifolio-Geranietea. Diese Syntaxa sind oft mit seltenen und gefährdeten Arten angereichert. Handelt es sich bei diesen Flächen und ihren Gesellschaften um seit langer Zeit bestehende Wald-Feld-Grenzstandorte, so kommt noch eine historische Wertkomponente hinzu, denn an diesen Stellen können viele Reliktarten gehäuft auftreten (siehe WITSCHEL, 1982). Die partielle Aufforstung derartiger Flächen (Wald-Feld-Grenzstandorte, enge Wiesentäler und so weiter) erscheint auch deshalb sehr bedenklich, da hierdurch ein seit langer Zeit bestehender Biotopverbund irreversibel zerstört wird. Dieser Biotopverbundaspekt ist bei Genehmigung von Aufforstungen verstärkt zu berücksichtigen, da auch "weniger wertvolle" Flächen hierdurch eine hohe Bedeutung erhalten.
Wurden viele der angeführten Standorte früher einfach aufgeforstet, so sind sie heute durch §24a ("Biotopschutzgesetz") des Baden-Württembergischen Naturschutzgesetzes geschützt und damit dem Zugriff anderer Landnutzer bis zu einem gewissen Grade entzogen (siehe MINISTERIUM FÜR UMWELT BADEN-WÜRTTEMBERG, 1993: 15f). Es bleibt jedoch das Problem der Weiterführung oder Wiederaufnahme einer extensiven Bewirtschaftung, da es sich stets um Sekundärstandorte handelt. Die Fortsetzung oder Wiederaufnahme einer extensiven Nutzung ist jedoch aus unterschiedlichen Gründen oft nicht möglich. Aus diesem Grunde wird die Waldfläche auch weiterhin zunehmen, da die Standorte dem Ablauf der natürlichen Sukzession unterliegen. Wird der Sukzessionsablauf nicht aufgehalten, erfolgt über kurz oder lang eine Übernahme der Flächen in den Waldverband.

13.2.2.9 Verjüngung

Die Verjüngung ist ein zentrale Aufgabe des Waldbaus. Die bereits besprochenen Betriebsarten (Kahl-, Schirm-, Femel-, Saumschlag, Plenterung) stellen verschiedene Möglichkeiten dar, eine Verjüngung zu erzielen, wobei die Form der Verjüngung dem jeweiligen Standort und Bestand angepaßt sein muß. Daher können hier angeführte (pauschale) Lösungen nur mögliche Maßnahmen aufzeigen, die in der Praxis stets standörtlich differenziert werden müssen. Zudem können in Abhängigkeit von der Zielvorstellung (zum Beispiel Erhalt von bestimmten Arten, Biotopen, Nutzungsarten) unterschiedliche Verjüngungsarten zielführend sein.
Bei der Verjüngung lassen sich zwei Formen unterscheiden: Naturverjüngung und künstliche Verjüngung (Saat oder Pflanzung). Die heutige Forstwirtschaft setzt, soweit dies möglich ist, auf Naturverjüngung, da dies ökonomisch am günstigsten ist (MLR, 1993: 57). Saat oder Pflanzung ist jedoch aus verschiedenen Gründen nicht ganz zu vermeiden (zum Beispiel bei stellenweisem Ausfall der Naturverjüngung). Der Naturschutz fordert eine Verjüngung der Bestände aus weitgehend natürlicher Verjüngung (zum Beispiel SPÄTH, 1992: 14). Bei künstlicher Verjüngung sollten ausschließlich gesicherte Herkünfte verwendet werden. Sind diese nicht vorhanden, sollte auf örtliches (autochthones) Material zurückgegriffen werden.
Zur dauerhaften Erhaltung von Waldgesellschaften mit darin vorkommenden gefährdeten Pflanzenarten ist eine ausreichende Verjüngung der Baumschicht unumgänglich. Da ein großer Teil dieser Waldgesellschaften auf Sonderstandorten stocken, ist eine Verjüngung des Baumbestandes oftmals schwieriger als auf mittleren oder guten Standorten. Verschärft wird die Situation häufig durch überhöhte Wildbestände, die durch Verbiß die Verjüngung zusätzlich erschweren. Daher ist in diesen Wäldern die Verjüngungssituation besonders genau zu beobachten. Treten Stockungen bei der Naturverjüngung auf, ist daran zu denken künstliche Verjüngungsmaßnahmen einzuleiten. Aufgrund der Standortausbildung sind viele Flächen relativ schwer zugänglich und gering erschlossen, so daß Verbißschutzmaßnahmen, wie Zäunung, nur selten möglich sind. Aus diesem Grunde ist in solchen Fällen eine drastische Abschußerhöhung unumgänglich, will man die Waldgesellschaften langfristig erhalten. Andererseits ist es jedoch durchaus wünschenswert,

zumindest kleinflächig einen Ausfall der Verjüngung zu tolerieren, so daß unbestockte, lichtreiche (Klein-)Standorte entstehen können.
Erfolgt eine unzureichende Verjüngung aufgrund des dichten Kronendaches, so ist an eine vorsichtige Auflichtung des Kronendaches zu denken, indem aus der herrschenden Schicht die Individuen mit der geringsten Vitalität herausgezogen werden. Die Schaftqualität sollte auf Sonderstandorten kein Entnahmekriterium darstellen, ausschließlich die Vitalität der Bäume sollte den Auszug der Baumindividuen bestimmen (vergleiche BURSCHEL & HUSS, 1987: 265). Gleichzeitig ist zu überlegen, ob nicht ein Belassen des geschlagenen Baumes im Bestand als liegendes Totholz sinnvoll wäre. Hierdurch würden auch Bringungskosten entfallen. Erfolgt durch das Belassen des geschlagenen Holzes jedoch eine Bedeckung (Beschattung) von Wuchsorten gefährdeter Arten, so ist eine Entfernung des Materials notwendig. Aus Sicht des botanischen Artenschutzes ist eine Vollbaum- oder Ganzbaumnutzung durchaus wünschenswert, da dem Standort hierdurch Nährstoffe entzogen werden.
Der Kahlschlag als Verjüngungsform dürfte in der Mehrzahl der Fälle als Verjüngungsart nicht in Frage kommen. Seltene Mischbaumarten sind notfalls durch Pflanzung (in Gruppen) einzubringen. Kleinstandorte sind bei der Baumartenwahl entsprechend zu berücksichtigen. Andererseits ist nicht jede freie Fläche "zwanghaft" auszupflanzen. Eine großflächige Bodenbearbeitung sollte unterbleiben, da hierdurch krautigen, gefährdeten Arten zumeist irreversible Schäden zugefügt werden können. So führt zum Beispiel HÄRDTLE (1995: 297) für *Blechnum spicant* und *Thelypteris limbosperma*, zwei Arten der Roten Liste Schleswig-Holsteins, Bodenverwundung zur Förderung der Naturverjüngung als wesentlichen Gefährdungsfaktor für diese beiden Spezies an.
In Beständen mit gefährdeten, lichtbedürftigen Arten in der Kraut- oder Strauchschicht sollte darauf geachtet werden, daß vorhandene Nebenbestände oder ein Unterbau in deren Umgebung nicht zu dicht werden und dadurch die Lichtverhältnisse ungünstig verändern. Am Wuchsort dieser Arten aufkommende, dichte Verjüngung sollte ebenfalls entfernt werden. Ist für die Verjüngung eine hohe Dichte der zu verjüngenden Baumart notwendig (zum Beispiel bei Buche und Eiche), so ist darauf zu achten, daß in der Umbebung ausreichend Ausweichstandorte oder weitere Vorkommen von gefährdeten Arten vorhanden sind. Zudem sollen Unterbau oder Nebenbestand ihrer Funktion im Wirtschaftswald entsprechend unter anderem den Bodenzustand günstig beeinflussen. Hierdurch werden jedoch die Standortbedingungen für viele Rote Liste-Arten negativ verändert. Auf ertragsschwachen Standorten muß ohnehin auf einen Unterbau oder Nebenbestand verzichtet werden, da dieser sich normalerweise auf Dauer nicht halten kann (MAYER, 1992: 266, 268).

13.2.2.10 Bestandeserziehung und -pflege

An die Verjüngung schließt sich sogleich die Bestandeserziehung und -pflege an, die darauf ausgerichtet ist, vitale und qualitativ hochwertige Bestände und Baumindividuen heranzubilden. Dagegen hat die Durchforstung auf Sonderstandorten ausschließlich die Funktion, die Vitalität des Bestandes und der Baumindividuen zu verbessern, um eine möglichst große Schutzfunktion zu erreichen. Pflegemaßnahmen in den einzelnen Entwicklungsphasen der Bestände (Jungwuchs, Dickung, Stangenholz, Baumholz, Altholz) sind auf allen Standorteinheiten unumgänglich, sollen die forstwirtschaftlichen Zielvorstellungen erreicht werden. Ohne Pflegeeingriffe ist eine Wertholzproduktion nicht möglich (vergleiche MAYER, 1992: 162). Je extremer jedoch ein Standort ist, desto unwichtiger wird normalerweise die Bedeutung der Wertholzproduktion. Statt dessen erhöht sich die Bedeutung der Bestandesstabilisierung der Bestände, damit diese eine möglichst hohe Schutzfunktion erfüllen können (vergleiche §§30, 31 LWaldG).
Bei der Durchführung einer Bestandespflege zur Erhaltung oder Förderung von gefährdeten Arten muß vor Beginn der Maßnahmen stets festgelegt werden, welche Arten gefördert oder erhalten werden sollen; pauschale Maßnahmen können durchaus auch negative Folgen für gefährdete Arten nach sich ziehen.

Bei der Jungwuchspflege ist zu beobachten, ob eine Eindämmung von Konkurrenzvegetation tatsächlich notwendig ist. Vor allem auf extremeren Standorten ist die Wüchsigkeit der Bodenvegetation häufig gering, so daß eine Unkrautbekämpfung unterbleiben kann. Bei künstlicher Verjüngung kann deren Beseitigung durch Pflanzung von Großpflanzen normalerweise vermieden werden; auch kann das Auskesseln der Kulturpflanzen eine großflächige Bekämpfung der Kraut- und Strauchschicht ersetzen (AK FORSTLICHE LANDESPFLEGE, 1993: 27). Allgemein ist eine großflächige Bodenbearbeitung zu vermeiden. Auf den Einsatz von Herbiziden zur Unkrautbekämpfung ist zu verzichten. Am Beispiel der Bodenbearbeitung zeigt sich jedoch auch die Bedeutung einzelner Maßnahmen in Abhängigkeit zu den zu fördernden Art(en). Denn einerseits verträgt zwar die Mehrzahl der gefährdeten Arten keine Bodenbearbeitung, andererseits kann *Arctostaphylos uva-ursi* in norddeutschen Kiefernforsten durch vorherigen Vollumbruch gefördert werden (STURM, 1982, zitiert in AK FORSTLICHE LANDESPFLEGE, 1993: 125f).
Die Dickungspflege, die das qualitätsentscheidende Entwicklungsstadium innerhalb der Entwicklungsphasen des Bestandes darstellt, ist auch für die Bodenvegetation besonders wichtig, denn die Dickungsphase stellt für die unterständige Vegetation einen Engpaß dar. Durch die hohe Bestandesdichte werden Lichtklima, Wasserhaushalt und weitere Faktoren negativ beeinflußt, so daß die Bodenvegetation sogar ganz ausfallen kann. Dieser Tendenz muß die Läuterung der Dickung entgegenwirken, so daß zumindest eine vegetative Überdauerung von perennen gefährdeten Arten gewährleistet ist. Dies ist zum Beispiel durch relativ starke Durchforstung und Förderung von Lichtbaumarten möglich.
Im Bereich von Sonderstandorten ist bei einer Bestandespflege, soweit diese überhaupt notwendig erscheint, ausschließlich die Stabilität des Bestandes und die Stabilität der Standorte gefährdeter Arten im Auge zu behalten. Die Forderung des Landeswaldgesetzes (zum Beispiel §§ 14 Absatz 1, 17 Absatz 1f, 30 Absatz 2) nach Förderung, Erhaltung und/oder Verbesserung einer Bestockung an von Natur aus instabilen Standorten (zum Beispiel Auen, Steilhänge, Flugsandgebiete) ist aus der Sicht des Naturschutzes oftmals nicht zu befürworten. An diesen Standorten bedeutet "Naturnähe" auch das Zulassen "regressiver" Veränderungen, das heißt, ein Rückfall auf frühere Sukzessionsstadien. Standorteinheiten, die ein entsprechendes Mosaik verschiedener Sukzessionsstadien natürlicherweise bedingen, sollten von der Forstwirtschaft nicht (vollständig) stabilisiert werden.

13.2.2.11 Holznutzung

Die Holzernte stellt einen Bestandteil der Bestandespflege dar. Falsche Rückeverfahren und Rückegeräte verursachen erhebliche Schäden an Bäumen, Boden und Bodenvegetation. Hierdurch kann das Gesamtergebnis einer Durchforstung/Holzernte durchaus negativ ausfallen (MAYER, 1992: 220). Für gefährdete Arten stellt die Zerstörung der Wuchsorte oder der Individuen durch Holzernte eine große (potentielle) Gefährdung dar (siehe HÄRDTLE, 1995: 297).
Ursachen der Gefährdung können Jahreszeit der Nutzung, Sortenlängen, Arbeitsverfahren, Maschineneinsatz, Arbeitsvorbereitung und -überwachung und Selbstwerbereinsatz sein (MLR, 1989: 8). Durchforstung und Holzbringung hat nach HUSS (1982) und MAYER (1992: 222) möglichst im Winter zu erfolgen, da hierdurch Schäden am Baumbestand und Boden beträchtlich verringert werden. Auch die Krautschicht, in der die Mehrzahl der Rote Liste-Arten auftritt, wird hierdurch am geringsten geschädigt. Die Durchforstung/Holznutzung auf *Sphagnum*-reichen Flächen (zum Beispiel im Vaccinio-Abietetum sphagnetosum) ist bei gefrorenen Moospolstern jedoch zu vermeiden, da die Köpfchen der Torfmoose im gefrorenem Zustand sehr leicht abbrechen und dadurch vernichtet werden. Auf derartigen Standorten muß versucht werden, einen Zeitpunkt zu wählen, bei welchem der Boden noch gefroren ist, während die Torfmoosdecke bereits aufgetaut ist.
Dem Rücken von Kurzholz sollte, wo immer möglich, der Vorzug vor der Nutzung von Langholz gegeben werden, da hierdurch wesentlich geringere Schäden entstehen.

Die rasch fortgeschrittene Entwicklung leistungsfähiger Maschinen bewirkte einen starken Anstieg von Schäden an Beständen, Böden und Bodenvegetation. Erst die Einführung leichterer Maschinen mit Niederdruck-Niederquerschnittsreifen erlaubte es, Flächen mit sehr viel geringeren Schäden zu befahren. So sind auch Böden mit geringer Tragfähigkeit wie organische Böden oder Stauwasserböden befahrbar, ohne hierdurch tiefe Fahrrinnen oder eine Bodenverdichtung hervorzurufen. Die Einführung dieser Technologie birgt jedoch die Gefahr, daß bisher wenig beeinflußte Flächen intensiver genutzt werden (vergleiche GRAMMEL, 1988: 124).
Alternativen zu diesen Fahrzeugen sind vor allem in schwierigem Gelände Pferde oder Seilkrananlagen. Der Einsatz von Pferden, insbesondere Kaltblutrassen, hat nach GRAMMEL (1988: 109) folgende Vorteile gegenüber einem Maschineneinsatz:

- Die Rückearbeiten sind sehr viel pfleglicher für Bestand, Boden und Bodenvegetation.
- In schwierigem Gelände sind Pferde beweglicher als Maschinen. Hierdurch können Rückewege geringer dimensioniert werden, wodurch sich die Wegebaukosten verringern.
- Pferde besitzen bei hoher Tagesleistung eine relativ hohe Zugleistung und -festigkeit bei einer hohen Geländegängigkeit (bis 35% Hangneigung).

Wenn der Einsatz von Pferden nicht in Frage kommt oder das Gelände zu steil ist, können Seilkrananlagen zum Einsatz kommen:

- Seilkrananlagen können ebenfalls Bestände auf Böden geringer Tragfähigkeit oder Steilhangbestände nutzen.
- Insbesondere bei Mittel- und Langstreckenseilanlagen können durch deren Einsatz erhebliche Wegebaukosten eingespart werden.
- In steilem Gelände ist ein Bergauftransport sehr viel pfleglicher als ein Bergabtransport (MLR, 1989: 13).
- Wenn das Rückegut durch einen hohen Seileinlauf am Schlepper vom Boden weitgehend abgehoben wird, verringern sich mechanische Schäden am Bestand und der Bodenvegetation drastisch.

13.2.2.12 Waldwegebau (Walderschließung)

Jede Bewirtschaftung und Pflege von Wäldern setzt eine ausreichende Erschließung der Waldbestände voraus (vergleiche §19 Absatz 1 LWaldG; DIETZ et al., 1984: 11). Eine Erschließung der Wälder erfolgte ab Mitte des 19. Jahrhunderts. Aber erst nach dem 2. Weltkrieg lag in den deutschen Wäldern eine Basiserschließung vor (DIETZ et al., 1984: 36ff).
Als Erschließungsmittel dienen zumeist verschiedene Arten von Wegen. LKW-befahrbare, befestigte Fahrwege (Trassenbreite 8-19 m) bilden das Grundnetz des Erschliessungsplans. Ergänzt werden diese normalerweise durch unbefestigte Maschinenwege (Trassenbreite 5-13 m). Rückegassen und/oder Seiltrassen vervollständigen als unbestockte, unbefestigte, schmale Linien die Feinerschließung.
Das Ziel der Basiserschließung ist dabei, den Zugang zu den einzelnen Waldflächen, die Zuführung von Betriebsmitteln und den Abtransport der Forstprodukte zu ermöglichen (DIETZ et al., 1984: 111), während die Funktion der Feinerschließung darin besteht, die Stämme einer Hiebsfläche auf kürzesten, boden- und bestandesschonendsten Wegen aus dem Bestand zum Waldweg zu befördern. Hierdurch wird ein flächiges Befahren der Bestände mit seinen schwerwiegenden negativen Folgen für Bestand, Boden und Bodenvegetation vermieden (vergleiche §19 Absatz 2 LWaldG).
Nach ADLER (1994) beläuft sich die Gesamtwegedichte in Baden-Württemberg auf 114 lfm/ha, wobei Fahrwege mit 50 lfm/ha daran beteiligt sind. Der Wegeabstand liegt zwischen 200 m (Fahrwege) und 156 m (Maschinenwege). Der Gesamtwegeabstand beläuft sich im Durchschnitt auf 88 m. Der größte Teil der Wälder Baden-Württembergs kann daher als gut bis sehr gut erschlossen angesehen werden. Die Erstellung der Wege erfolgt nach SPÄTH (1992: 20) zu über 90% mit

bindemittelfreiem, kornabgestuftem Schottermaterial aus Naturgestein. Es ist darauf zu achten, daß das Schottermaterial dem geologischen Substrat am Ausbringungsort entspricht (kein Kalkgestein auf saurem Untergrund).
Über die Folgen des (Wald-) Wegebaues liegt umfangreiches Material vor (zum Beispiel MADER, 1990; MADER & PAURITSCH, 1981; SCHALL, 1988; weitere Literaturhinweise bei JEDICKE, 1990), wobei in der Mehrzahl der Untersuchungen zoo-ökologische Aspekte dominieren, während botanische Aspekte nur selten angesprochen werden. Auf die tiefgreifenden Auswirkungen des Wegebaues auf zoologische Artengruppen sei hier nur hingewiesen (zum Beispiel Segregation von Populationen in Teilpopulationen).
Die Auswirkungen des Wegebaues auf Populationen gefährdeter Pflanzenarten können von verschiedener Natur sein:
Der Wegebau kann direkt die Standorte von Arten zerstören, indem diese überbaut werden, was beispielsweise in Waldrandnähe häufig geschieht. Daß auch heute noch durch Wegebaumaßnahmen Standorte mit seltenen Arten zerstört werden, zeigt ein Beispiel von LÜTH (1990: 76f) aus dem Südschwarzwald, wo eine Blockhalde durch Erdaufschüttung querbar gemacht wurde, und dadurch ein großer Bestand von *Cryptogamma crispa* vernichtet wurde. Standorte gefährdeter Arten sollten daher heute unerschlossen bleiben, oder bereits vorhandene Wege sollten extensiviert oder rückgebaut werden, vorausgesetzt, diese sind nicht aufgrund ihrer langen Existenz bereits selbst zu Biotopen für gefährdete Arten geworden.
Eine weitere Auswirkung der Walderschließung ist aber auch, daß mit der Anlage von Fahr- und Maschinenwegen neue Standorte (Sekundärstandorte) für gefährdete Gefäßpflanzen entstehen können. Insbesondere sehr breite Wege, die ein lichtreiches Standortklima ermöglichen, können zu Wuchsorten gefährdeter Pflanzenarten werden. Dabei sind besonders die ins Gelände eingeschnittenen Abtragungsböschungen mit südlicher Exposition an breiten Wegen hervorzuheben (vergleiche Kapitel 4.4.3 und Kapitel 7). Diese Bereiche stellen lichtreiche, xerotherme Aushagerungsstandorte dar, die vielen konkurrenzschwachen Arten eine zweite Heimat bieten können. Auf Kalkstandorten können diese Böschungen vor allem von Geranion sanguinei-, Festuco-Brometea- und Erico-Pinetea- Arten besiedelt werden. Auf angeschnittenen Felsformationen können sich unter anderem Sedo-Scleranthetea- und Asplenietea-Arten ansiedeln. Die Wegränder und -böschungen auf sauren Substraten können unter anderem Ersatzstandorte für gefährdete Arten der Nardo-Callunetea und des Dicrano-Pinion werden (vergleiche zum Beispiel die Angaben bei SEBALD et al., 1990a zu *Lycopodium clavatum* und *Diphasium* spp.).
Allgemein gilt: je älter ein Weg ist, desto wertvoller ist zumeist die am Wegrand befindliche Vegetation, vorausgesetzt, die herrschenden Standortbedingungen sind extrem genug ausgebildet (vergleiche COCH, 1995: 36f, 195; WITSCHEL, 1980, 1982). Die große Bedeutung der zeitlichen Dimension liegt darin begründet, daß sich hierdurch eine sogenannte Biotoptradition entwickeln konnte, das heißt, ein über lange Zeit hinweg stabiler Standort kann Arten die heute selten sind konservieren. Aus diesem Grunde sind alte Wegböschungen im Vergleich mit neuangelegten Forstwegen häufig besonders reich an Rote Liste-Arten.
Die große Bedeutung der historischen Komponente bei der Bewertung von Waldwegen und ihren Randbereichen erklärt auch, warum neuangelegte Wege aus Naturschutzsicht normalerweise als "geringwertig" einzustufen sind. Denn diesen neuentstandenen Standorten fehlt die Biotoptradition. Prinzipiell ist jedoch zu berücksichtigen, daß ein Wegeneubau, soweit dieser nicht wertvolle Standorte gefährdeter Arten vernichtet, sich in beispielsweise 100 Jahren durchaus zum Wuchort seltener Pflanzenarten entwickeln kann. Denn ist ein Verbund mit Wuchsorten gefährdeter Arten vorhanden und erfolgen keine negativen Einwirkungen auf den Waldweg und seine Umgebung, so besteht die Möglichkeit, daß sich Pflanzengesellschaften, die reich an Rote Liste-Arten sind, einstellen.
Die Banketten neu angelegter Wege sollten möglichst nicht bepflanzt oder mit Wildblumensaatmischungen eingesät werden. Die aktive Begrünung der Wegränder mit Lupine (*Lupinus polyphyllus*) als Wildfutterpflanze, zur Bodenbefestigung oder zur Bodenverbesserung sollte auf jeden Fall

unterbleiben, da diese hochwüchsige Art die meisten anderen (niedrigwüchsigen) Arten nicht aufkommen läßt. Zudem verhindert die Stickstoffanreicherung des Bodens durch die Knöllchenbakterien der Lupine die Ausbildung konkurrenzarmer Standorte für gefährdete Arten. Auch eine Bodenverbesserung durch Humusauftrag muß unterbleiben.
Soweit die Wegränder beziehungsweise Wegböschungen nicht stark erosionsgefährdet sind, sollten sich diese von selbst begrünen. Rutschungen an Böschungen sollten, soweit sie nicht den Verkehr behindern, nicht beseitigt werden, da hierdurch die Strukturvielfalt erhöht wird (SCHALL, 1988).

13.2.2.13 Waldrandgestaltung

Waldränder und Waldtraufbereiche sind heute im Waldbereich von Naturschutz und Forstwirtschaft besonders "geschätzte" Zonen, so daß §22 Absatz 2 des Landeswaldgesetzes von Baden-Württemberg die Bedeutung der Anlage und Pflege von Waldrändern explizit hervorhebt. Das "Ansehen" der Waldränder zeigt sich auch in der umfangreichen, jedoch zerstreut vorliegenden Literatur zu diesem Thema. Auffallend ist jedoch, daß kaum ausführliche Darstellungen dieses Themas vorhanden sind (siehe aber COCH, 1995) und Waldbaulehrbücher dem Waldrand und seiner Gestaltung kaum Platz einräumen (zum Beispiel BURSCHEL & HUSS, 1987; MAYER, 1992).
Doch trotz des großen Interesses fehlen heute gut ausgebildete Waldränder noch weitgehend, oder sind nur fragmentarisch entwickelt. Ursache hierfür ist einerseits der umfangreiche Anbau von Nadelhölzern, die dem Aufbau von Waldrändern meist entgegenstehen, da diese typischerweise aus Laubgehölzen aufgebaut sind. Andererseits geht durch den Aufbau eines Waldrandes Produktionsfläche verloren, so daß oft bis an den Rand der meist angrenzenden landwirtschaftlichen Nutzflächen gepflanzt wurde. Die Schutzfunktion (zum Beispiel vor Wind, Aushagerung) des Waldrandes für den dahinterliegenden Bestand wurde nicht ausreichend gewürdigt.
Idealtypisch ist ein Waldrand stufig aufgebaut und läßt sich in die Zonen Waldsaum (Kräuter), Waldmantel (Sträucher) und Waldtrauf (Bäume II. und I. Ordnung) gliedern. Der Standort Waldrand ist durch lichtreiche Bedingungen gekennzeichnet. Bei entsprechender (Süd-)Exposition können zusätzlich xerotherme Verhältnisse hinzutreten. Aufgrund häufig fehlender oder nur extensiver Bewirtschaftung (Mahd, Beweidung, Brennholznutzung) können Waldrandbereiche nährstoffarme Standorte darstellen. Die angeführten typischen Standorbedingungen entsprechen daher den ökologischen Ansprüchen einer Vielzahl gefährdeter Arten.
Für Anlage, Entwicklung und Pflege von Waldrändern können folgende Empfehlungen gegeben werden (vergleiche SPERBER, 1990; AICHMÜLLER, 1991; RICHERT & REIF, 1992; AK FORSTLICHE LANDESPFLEGE, 1993: 33ff; PIETZARKA & ROLOFF, 1993; COCH, 1995: 208 ff; HÄRDTLE, 1995: 301):

- Der Waldrand sollte möglichst stufig aufgebaut sein.
- Entsprechend der Wind- und Sonnexposition sollte der Waldrand eine Tiefe von durchschnittlich 10-40m besitzen.
- Soweit ein Waldrand vorhanden ist, sollte dieser bei der Nutzung des dahinter befindlichen Altbestandes erhalten bleiben und "dauerwaldartig", kleinflächig aus sich heraus verjüngt werden.
- Ein Waldmantel muß je nach Wüchsigkeit alle 10-20 Jahre auf den Stock gesetzt werden.
- Der Waldsaum bedarf einer regelmäßigen Mahd mit anschließendem Abtransport des Mahdgutes.
- Sämtliche Maßnahmen sollten stets nur Teile eines Waldrandes erfassen, so daß unterschiedliche Entwicklungsstadien vorhanden sind (hohe Strukturvielfalt).
- Existiert bereits ein Jungbestand ohne gut ausgebildeten Traufbereich, so ist der Bestandesrand durch entsprechend Läuterungs-/Durchforstungsmaßnahmen aufzulichten, so daß Sträucher und Lichtbaumarten durch Naturverjüngung oder Pflanzung aufkommen können (eventuell Verbißschutz). Vor allem Nadelholzbestände bedürfen besonders starker Eingriffe. Je nach Freiraum bis zur Besitzgrenze hat der Eingriff bis 40m tief in den Bestand hinein zu erfolgen. Bei südlicher Exposi-

tion des Waldrandes muß eine zeitlich gestaffelte Vorgehensweise durchgeführt werden, um Schäden (Rindenbrand) zu vermeiden.

- Der Waldrand sollte bei Neuanlage, soweit Platz vorhanden, nicht ausschließlich geradlinige Ränder besitzen, sondern über Einbuchtungen und Vorsprünge verfügen.
- Bei der Neuanlage von Waldrändern sollte versucht werden, diese an bereits existierende Strukturen von Waldrändern, Wegrändern, Böschungen und ähnlichem anzubinden.
- Es sollte, soweit möglich, ausschließlich autochthones Pflanzmaterial Verwendung finden.
- Neben der künstlichen Schaffung von Waldrändern sollten auch Flächen der Sukzession überlassen werden, so daß sich "natürliche" Waldränder ausbilden können, die erst in einem späten Entwicklungsstadium durch Pflegemaßnahmen erhalten werden.

13.2.2.14 Meliorationen (Düngung, Kompensationskalkung, Entwässerung)

Unter Melioration versteht man nach BURSCHEL & HUSS (1987: 315) "gezielte waldbauliche Maßnahmen zur Verbesserung des Bodens als Wurzelraum für Bäume". Dabei wird zwischen Düngung und Melioration im engeren Sinne unterschieden. Unter Düngung versteht man "die Anhebung des Produktionspotentials über das natürlicherweise vorgegebene Niveau hinaus durch Ausbringung von mineralischen und (oder) organischen Dünger" (a.a.O. S. 315). Bei der Melioration im engeren Sinne steht im Vergleich zur Düngung mehr die Verringerung von anthropogen bedingten Bodenschäden (zum Beispiel durch Streunutzung) oder wachstumshemmender Bodeneigenschaften (zum Beispiel Vernässung) im Vordergrund.
Die Forstwirtschaft klassifiziert die Böden nach dem Konzept der Bodenfruchtbarkeit. Fixpunkt ist dabei stets die optimale Nährstoffversorgung der wirtschaftlich interessanten Baumarten. Eine einfache Einteilung des Bodenzustandes geben BURSCHEL & HUSS (1987: 318), indem sie optimale, suboptimale, sowie für "Waldvegetation ungeeignete Bodenzustände" unterscheiden. Die Verwendung des Begriffes "Waldvegetation" wird hier sehr einseitig im Sinne einer aus forstwirtschaftlicher Sicht schlechte Standorte anzeigenden Vegetation verwendet und wird daher in Anführungszeichen gesetzt.
Verwendet man diese Kategorien zur Kennzeichnung der Schwerpunktvorkommen gefährdeter Gefäßpflanzen, so sind diese überwiegend den suboptimalen und den für "Waldvegetation ungeeigneten Bodenzuständen" zuzuordnen (vergleiche Kapitel 3 und ELLENBERG, HERM., 1986). Optimale Bodenzustände im dargelegten Sinne werden von der Mehrzahl der Rote Liste-Arten gemieden.
BURSCHEL & HUSS (1987: 312) empfehlen, auf suboptimalen Böden Düngungs- und Meliorationsmaßnahmen dann zu unterlassen, wenn der Bodenzustand auf die mineralische Ausstattung des Ausgangsgesteines zurückzuführen ist. Sind die Verhältnisse anthropogen (Steunutzung, Holzernte, Bodenversauerung), so wird den Standorten eine Düngerbedürftigkeit zugesprochen. Die heute erfolgenden Säureeinträge aus der Luft führten als Reaktion darauf auf sauren Substraten zu großflächigen Kompensationskalkungen. ULRICH (1995) fordert sogar, die großflächige Zufuhr von basischen Gesteinsmehlen auf diese Standorte, denn er geht davon aus, daß zwei Drittel der bundesdeutschen Waldböden depositionsbedingt in den Al-Pufferbereich verschoben sind und die überwiegende Mehrzahl der Baumarten basenreichere Standorte für ein gutes Wachstum benötigen.
Untersuchungen über die Auswirkungen von Kalkungs- und Düngungsmaßnahmen auf die Waldbodenvegetation (meist unter Fichte oder Kiefer) liegen in großer Zahl vor (zum Beispiel IMMER et al., 1993; PRIEHÄUßER, 1958; SCHMIDT, 1992; SCHORNICK, 1990). Der Einfluß und die Bedeutung von Stickstoffeinträgen aus der Atmosphäre auf den Wald und seine Vegetation behandeln zum Beispiel BÜRGER (1988), ELLENBERG, HERM. (1985), KUHN et al. (1987) und KÖLLING (1991).
Zusammenfassend läßt sich feststellen, daß Düngung und atmogene Stickstoffeinträge vor allem den Humuszustand verbessern. Dadurch wird die Stickstoffverfügbarkeit für die Pflanzen erhöht, wodurch allgemein eine Wachstumssteigerung erfolgt (insbesondere auf sauren, nährstoffarmen

Standorten). Die Verbesserung der Wachstumsbedingungen verschiebt das Konkurrenzgefüge in der Krautschicht, so daß Pflanzenarten, die das erhöhte Nährstoffangebot nicht oder nur wenig nutzen können, überwachsen und verdrängt werden. So konnten KUHN et al. (1987) beispielsweise das Verschwinden von *Cephalanthera longifolia*, *Dianthus superbus* und *Pyrola rotundifolia* aus ehemaligen Nieder- oder Mittelwäldern der Schweiz aufgrund erhöhter Stickstoffeinträge nachweisen.
Die Forstwirtschaft verzichtet heute aus ökonomischen Gründen weitgehend auf die Düngung von Waldstandorten. Eine Ausnahme stellt die Kompensationskalkung dar, die eine Antwort auf den erhöhten Säureeintrag aus der Luft darstellt. Ist die Säuredeposition jedoch ammoniumbetont, so ist nach KROBOK (1993) eine oberflächliche Kompensationskalkung nur sehr eingeschränkt wirksam. Aufgrund der großflächigen, wenig selektiven Ausbringung vom Dünger/Kalk werden auch Standorte mit gefährdeten Pflanzenarten erfaßt. Eine Veränderung des Konkurrenzgefüges zu Ungunsten der gefährdeten Arten ist dabei nicht auszuschließen.
Im Bereich ehemals streugenutzter Wälder, die hierdurch stark an Nährstoffen verarmten, entsteht ein Konflikt zwischen den Interessen der Forstwirtschaft und des Naturschutzes, der nur eine Kompromißlösung zuläßt. Die Forstwirtschaft hat das Bestreben, das Baumwachstum auf diesen Standorten durch Melioration (Düngung, Bodenbearbeitung) zu verbessern. Hiervon profitieren selbstverständlich auch bestimmte Arten der Bodenvegetation. Da gefährdete Pflanzenarten dadurch gekennzeichnet sind, daß sie auch bei einem höheren Nährstoffangebot nur geringe Mengen an Biomasse produzieren können (vergleiche GRIME & HUNT, 1975), werden diese von den übrigen Arten überwachsen.
Eine weitere Möglichkeit zur Verbesserung der Bodenfruchtbarkeit ist die Beimischung von Laubholzarten (zum Beispiel Hainbuche, Linde, Schwarzerle), deren Laub den Humuszustand und dadurch das Bodenleben positiv beeinflußt (vergleiche MAYER, 1992: 369). Finden derartige Beimischungen auf Standorten gefährdeter Pflanzenarten statt, so muß damit gerechnet werden, daß diese langfristig durch die "Bodenverbesserung" ausgemerzt werden. Auch diese Form der Bodenverbesserung im Sinne der Forstwirtschaft stellt daher für die Mehrzahl der gefährdeten Pflanzenarten eine Standortverschlechterung dar.
Grundsätzlich kann also davon ausgegangen werden, daß Düngungsmaßnahmen auf gefährdete Arten negative Auswirkungen haben, da hierdurch der Bodenzustand verbessert und konkurrenzkräftige Arten gefördert werden. Ein vollständiger Verzicht auf Melioration erscheint nicht durchsetzbar. Daher sollte als Kompromiß angestrebt werden, daß floristisch besonders wertvolle Waldbereiche aus der Düngungsplanung (inklusive Kompensationskalkung) konsequent ausgeschieden werden. Bei der Ausbringung des Düngers ist darauf zu achten, daß ausreichend große Pufferzonen zu den ausgeschiedenen Waldbereichen eingehalten werden.
Eine Melioration im engeren Sinne ist die Entwässerung vernäßter Standorte. Auf die Entwässerung von Bruchwäldern und Mooren wurde bereits hingewiesen. Deren Melioration ist bereits weitgehend in der Vergangenheit erfolgt, häufig parallel zu großräumig abgelaufenen Grundwasserabsenkungen (vergleiche Kapitel 6 und Kapitel 12). Im Bereich der Rheinauewaldungen, die in der Vergangenheit intensiv melioriert wurden, wird heute keine Entwässerung mehr durchgeführt. REHFUESS (1990: 97ff) weist darauf hin, daß insbesondere Pseudogleye ohne mächtigen S_w-Horizont, Haftnässe-Pseudogleye und Stagnogleye sich einer sinnvollen Entwässerung entziehen, da die Kosten in keinem Verhältnis zum erzielten Nutzen stehen. Allgemein sind ton- und schluffreiche sowie organische Böden nicht oder nur schwer entwässerbar (DIETZ et al., 1984: 53f).
Rezente Entwässerungsmaßnahmen im größeren Umfang erfolgen noch im Bereich von Missenstandorten (siehe Kapitel 8, vergleiche WOLF, 1993 für die Missen im Landkreis Calw). Hier werden auch gegenwärtig vielfach noch alte Grabenanlagen, die in großer Anzahl vorhanden sind, neu geöffnet und auch neue Entwässerungsgräben gezogen um die Missen zu entwässern. Insbesondere im Rahmen des Waldwegebaus "ist die Unterhaltung einer sinnvollen Wasserregie [...] eine Existenzfrage" (DIETZ et al., 1984: 326). Die Wasserableitung erfolgt hier durch Anlage von Seitengräben und, wenn notwendig, durch zusätzliche Sickerungen.

Das Vorkommen gefährdeter Gefäßpflanzen ist dadurch charakterisiert, daß deren Schwerpunkte im nassen und/oder trockenen Standortbereich liegen. Diese extremen Bedingungen verursachen ein Zurücktreten einer beschattenden Baumschicht, so daß lichtreiche Standortverhältnisse herrschen. Eine Entwässerung vernäßter Standorte verbessert die Nährstoffverfügbarkeit für die Vegetation, sowie eine bessere Sauerstoffversorgung der Wurzeln, so daß anspruchsvollere Arten gedeihen können. Wie bereits erläutert, profitieren gefährdete Arten von diesem erhöhten Angebot nicht, sondern werden von nun konkurrenzstärkeren Arten verdrängt. Aus diesem Grunde sollte eine Entwässerung gar nicht oder nur zeitlich begrenzt durchgeführt werden (zum Beispiel zum Anwachsen von standortheimischen Baumarten bei einer Wiederbestockung). In vielen Fällen kann nachfolgend eine Grabenschließung durchgeführt werden, wenn die Pumpwirkung der Bestockung voll eingesetzt hat.
Naßstellen im Waldbereich sollten heute nicht mehr entwässert werden. Erfolgt gegenwärtig noch eine Entwässerung durch ein Grabensystem, so ist zu prüfen, ob eine Schließung tatsächlich bedeutende Schäden am Bestand hervorrufen würde. Auch ist es sinnvoll, eine nicht standortgerechte Bestockung in eine Bestockung aus standortheimischen Arten umzuwandeln.
Bei Waldwegen, die nasse Standorte queren oder erschließen, ist zu prüfen, inwieweit das Entwässerungssystem nicht überdimensioniert ist. Hierdurch ist es möglich, Standorte wieder stärker zu vernässen, vor allem wenn der Waldweg eine Stauwirkung auf die Umgebung ausübt. Insbesondere wenn Seilanlagen zur Durchforstung und Holzernte zur Verfügung stehen, erscheint ein Rückbau von Wegen auf vernässten Standorten sinnvoll.

13.2.2.15 Waldschutz

Das Thema Waldschutz ist in der Forstwirtschaft von erheblicher Bedeutung, da ein unzureichender Waldschutz die Erhaltung und Verjüngung des Waldes gefährden kann (Verletzung der Nachhaltigkeitspflicht nach §13, §6 Absatz 3 und der pfleglichen Waldbewirtschaftung nach §14 Absatz 1 LWaldG). In bezug auf die Beeinflussung der Bestände gefährdeter Gefäßpflanzen durch die Forstwirtschaft kann aus dem Bereich der Waldschutzmaßnahmen der Einsatz von Herbiziden und die mechanische Bearbeitung von Kulturflächen bedeutsam sein.
Nach Angaben von SPÄTH (1992: 18) lag der bundesweite Anteil der von der Forstwirtschaft 1986 eingesetzten Pflanzenschutzmittel bei 0,5% (74t). Gegenwärtig hält die Landesforstverwaltung von Baden-Württemberg Herbizide und Fungizide für entbehrlich (MLR, 1993: 76). Insbesondere der Einsatz von Herbiziden zur Bekämpfung störender Konkurrenzvegetation in Kulturen hat einen negativen Einfluß auf gefährdete Gefäßpflanzen, indem diese durch die Ausbringung des meist zu wenig selektiv wirkenden Herbizids vernichtet werden.
Als Alternative für einen Herbizideinsatz lassen sich folgende Möglichkeiten anführen (vergleiche SPÄTH, 1992: 19): Soweit es möglich ist, sollte eine Verjüngung unter dem Schirm der Altbäume erfolgen, so daß eine starke Entwicklung der Bodenvegetation, wie sie nach Kahlschlag eintritt, unterbleibt. Gleichzeitig werden die Standortbedingungen für möglicherweise vorhandene gefährdete Phanerogamen weniger stark verändert. Ist ein Kahlschlag nicht zu umgehen oder ist eine Sturmwurffläche zu bestocken, so sollte die Möglichkeit zur Begründung eines Vorwaldes genutzt werden. Eine weitere Möglichkeit wäre die mechanische Bearbeitung der Kulturfläche. Die Verwendung kräftiger Jungpflanzen macht bei Pflanzung eine Kultursicherung seltener erforderlich (MLR, 1993: 77). Ist eine mechanische Bearbeitung auf Flächen mit gefährdeten Arten notwendig, so sollte diese nicht flächig sondern punktuell (Auskesselung) ausgeführt werden, um die Vorkommen der gefährdeten Arten zu bewahren.

13.2.2.16 Jagd

In diesem Zusammenhang muß auch die Jagd, oder genauer gesagt die überhöhten Wildbestände, als ein den Wald gefährdender Einfluß berücksichtigt werden. Ein brennendes Problem in der Forstwirtschaft ist die "Wildfrage", speziell das "Schalenwildproblem". Zu diesem Thema existiert eine unüberschaubare Fülle an Literatur. Auf großen Teilen der Waldfläche ist eine flächige Naturverjüngung vieler Baumarten ohne zusätzliche Schutzmaßnahmen gegen Wildverbiß nicht oder nur unzureichend möglich. Hierdurch ist die Erreichung des Ziels einer nachhaltigen, pfleglichen und naturnahen Forstwirtschaft in Baden-Württemberg akut gefährdet. Daher lassen sich "die Ziele der Waldwirtschaft [...] ohne intensive jagdliche Eingriffe nicht realisieren" (MLR, 1993: 66).
Die Ursache für den starken Verbiß ist ein unangepaßter Wildbestand, der durch den Menschen verursacht ist. Dies betrifft insbesondere Reh- und Rotwild, lokal aber auch Gamswild, Kaninchen und andere jagbare Wildtiere. Als Faktoren, die die Bestandesgröße von Reh- und Rotwild beeinflussen, sind unter anderem die Wald-Feld-Verteilung in der Landschaft, das Ausmaß der Zersiedelung und die Biotopzerschneidung durch Straßen, die Intensivlandwirtschaft, die Äsungsverhältnisse im Wald und die Bejagungsintensität durch den Menschen zu nennen (vergleiche MAYER, 1992: 407f; SCHMIDT, K., 1991).
Über die Auswirkungen eines überhöhten Wildbestandes auf die Verjüngung der Baumarten und auf die Waldbodenvegetation liegen zahlreiche Untersuchungen vor. Hier seien nur die Arbeiten von ELLENBERG, HERM. (1989); GUTHÖRL (1991); JAUCH (1987, 1991) und SCHMIDT, K. (1991) genannt. Zusammenfassend läßt sich festhalten, daß das (Schalen-)Wild aufgrund seines selektiven Äsungsverhaltens einen konkurrenzverschiebenden Einfluß auf die Pflanzendecke des Waldes hat. In Abhängigkeit von der Wilddichte kann die Veränderung in der Zusammensetzung der Waldvegetation jedoch soweit gehen, daß verbißempfindliche Arten in ihrem Bestand bedroht werden. Unter den Baumarten gelten Eiche, Tanne und Eibe als besonders verbißgefährdet. Aber auch Buche, Bergahorn, Esche und Kirsche werden teilweise stark und regelmäßig verbissen. Unter den Kräutern und Sträuchern werden nach Angaben von GUTHÖRL (1991) und JAUCH (1987, 1991) unter anderem *Epilobium angustifolium*, *Hieracium murorum*, *Lilium martagon*, *Rosa arvensis* und *Rubus idaeus* besonders stark und häufig verbissen.
In der Forst- und Jagdliteratur wird bei der Behandlung des Themas Verbißschäden fast ausschließlich auf holzige Arten, speziell Spezies, die eine hohe forstwirtschaftliche (ökonomische) Bedeutung besitzen, eingegangen (vergleiche zum Beispiel KREBS, 1993: 88ff; MAYER, 1992: 407f; UECKERMANN & SCHOLZ, 1988: 74ff). Auch von Seiten des Naturschutzes werden in bezug auf den "Verursacher Jagd" hauptsächlich zoologische Aspekte behandelt, während der botanische Artenschutz sich weitgehend auf Holzgewächse beschränkt (vergleiche zum Beispiel SCHULTE, 1993; SCHULZ-KÜHNEL, 1982).
Zusammenfassend läßt sich somit feststellen, daß (krautigen) gefährdeten Pflanzenarten in der Diskussion um Wildverbiß und Maßnahmen der Jagd bisher kaum eine Bedeutung zukommt. Daher ist über den Beliebtheitsgrad gefährdeter Gefäßpflanzen nur wenig bekannt, was unter anderem auf ihre geringe Verbreitung und ihre Seltenheit zurückzuführen ist, so daß sie bei "normalen" Untersuchungen gar nicht oder nur in geringer Anzahl erfaßt werden. Daß seltene Arten durch Wildverbiß (und Jagdeinrichtungen) in ihrem Bestand zum Teil extrem gefährdet sind sollen die folgenden Beispiele zeigen:

- Die Seltenheit einer Art kann bedingen, daß selbst ein starker Verbiß nicht erkannt wird, da keine Vergleichsmöglichkeit mit unverbissenen Exemplaren möglich ist. Über einen derartigen Fall berichtet STROHWASSER (1994). Der Autor konnte ausschließlich stark verbissene Exemplare von *Betula humilis*, *B. nana* und *Salix myrtilloides* beobachten. Dies wurde jedoch aufgrund der Seltenheit dieser Arten bisher kaum erkannt. Auswirkungen des Verbisses ist der fast vollständige Ausfall der gererativen Fortpflanzung.

- *Viscaria vulgaris*, nach SEBALD et al. (1990a: 429) in Baden-Württemberg eine vom Aussterben bedrohte Art thermophiler Waldsäume saurer Substrate, wird im Stromberggebiet durch Rehwildverbiß derart stark geschädigt, daß nach HAMMEL (1994) die Art in diesem Gebiet in manchen Jahren nicht zur Fruchtreife gelangt.
- GAGGERMEIER (1991) berichtet von Verbißschäden an *Adenophora lilifolia*, deren einzige deutsche Fundorte an der unteren Isar liegen.
- Die stets individuenarmen Populationen von *Polystichum braunii* im Südschwarzwald sind nach SEBALD et al. (1990a: 149) durch Gamsverbiß stark bedroht, örtlich sogar vom Aussterben bedroht. Die starke Gefährdung der Primärstandorte von *Daphne cneorum* im Oberen Donautal durch Gemsen (Winterverbiß) wurde bereits ausführlich in Kapitel 4.6.1 behandelt.
- Durch Kaninchenverbiß sind vor allem Arten trockener Standorte wie zum Beispiel in den badischen Flugsandgebieten bedroht. So beobachtete BASTIAN (1994) einen umfangreichen Fraß an *Helichrysum arenarium*, eine Art, auf die die monophage Sandstrohblumeneule (*Eublemma noctualis = Porphyrinia n.*) in ihrem Raupenstadium angewiesen ist. ROHDE (1994) weist auf Kaninchenverbiß an *Fumana procumbens* hin, während SAUTTER (1994) *Corynephorus canescens* und *Jurinea cyanoides* als verbißgefährdete Sandtrockenrasenarten anführt. Weitere Gefährdungen durch Kaninchen gehen von deren Bauten (Unterhöhlung von Standorten) und deren Kot (Eutrophierung von Standorten) aus.
- Eine Zerstörung beziehungsweise Gefährdung der Vorkommen von *Carex pulicaris*, *Drosera rotundifolia*, *Parnassia palustris* und *Pinguicula vulgaris* durch Jagdeinrichtungen (Kirrplatz, Wildacker) im Mittleren Schwarzwald gibt ZIMMERMANN (1990) an.

JAUCH (1991) kommt zu dem Schluß, daß der Verbiß über einen längeren Zeitraum hinweg zumindest lokal eine starke Schwächung oder sogar der Ausfall einer Art bewirken kann. Als Beleg für diese Aussage können die gefährdeten Arten *Campanula cervicaria* und *Taxus baccata* angeführt werden, deren Populationen durch hohe Wildbestände dramatisch verringert und zum Teil vernichtet wurden und werden (vergleiche KORNECK & SUKOPP, 1988: 132).
Um die Bedeutung des Verbisses für die Gefährdung einer Art abschätzen zu können, ist eine Beobachtung des Wildeinflusses speziell an gefährdeten Arten notwendig (vergleiche JAUCH, 1991). Das nur fragmentarische Wissen über die Bedeutung des Wildverbisses auf die Bestandesentwicklung gefährdeter Pflanzenarten läßt es um so dringlicher erscheinen, die Wilddichte durch erhöhten Abschuß zu verringern. Da eine direkte Bestimmung der Wilddichte nur unter großem Aufwand möglich ist, sollte der Zustand des Waldes vorerst als Monitor für die Angepaßtheit der Wildstände dienen (vergleiche MLR, 1993: 67). Ergeben Beobachtungen an gefährdeten Pflanzenarten (vorausgesetzt diese sind im jeweiligen Gebiet nicht zu selten), daß diese besonders stark verbissen werden, so ist zu überlegen, ob diese als Indikator für die Angepaßtheit der Wildbestände verwendet werden sollten. Verpachtete Jagden sollten flächenmäßig nicht zu groß sein, so daß möglichst viele Jäger ihre Jagd ausüben können. Gleichzeitig hilft dies, die Wilddichte zu senken und auf einer angemessenen Höhe zu halten.
Andererseits soll aber auch nicht verschwiegen werden, daß aus der Sicht des Naturschutzes Wildverbiß auch positive Aspekte beinhalten kann. So weist KNAPP (1977) nach, daß hessische Gentiano-Koelerietum-Bestände bei fehlender Beweidung Wildverbiß (Rehe, Kaninchen, Hasen) offengehalten werden, so daß die Sukzession (Gehölzanflug) aufgehalten wird. Eigene Beobachtungen in der Baar- und Hegaualb zeigen den stabilisierenden Einfluß von Rehwildverbiß auf anthropogene Cytiso-Pinetum-Bestände mit ihren zahlreichen gefährdeten Arten, indem die aufkommende Buchennaturverjüngung stark verbissen wird.
An dieser Stelle soll noch auf die Forderung seitens des Naturschutzes nach der lokalen Wiedereinführung der Waldweide als historischer Waldnutzungsform eingegangen werden. Dies scheint im Widerspruch zur Forderung eines massiven Wildabschusses aufgrund der hohen Verbißschäden zu stehen. Bekanntlich bewirkt die Waldweide unter anderem ebenfalls eine starke Schädigung der Baumverjüngung und eine Veränderung der Bodenvegetation. Hier muß jedoch hervorgehoben

werden, daß im Unterschied zum Wild das Vieh auf einer begrenzten und abgegrenzten Fläche mit einer kontrollierten Besatzdichte weidet, was beim Wild nicht der Fall ist.
Zur Reduktion überhöhter Wildbestände ist primär ein verstärkter Abschuß zu fordern, was mit den rechtlichen Bestimmungen der §§1 und 27 des Bundesjagdgesetzes und §22 Absatz 1 Nr. 1 und 10 Landesjagdgesetz für Baden-Württemberg (LJG) begründet werden kann. Die Durchführung von Drückjagden (=Riegeljagd) und Lockjagden (Anlockung ["Kirrung"] von Wild durch Lockfutter) als effiziente Jagdmethoden sollte häufiger angewandt beziehungsweise deren Anwendung erleichtert werden. So verbietet §20 Absatz 1 Nr. 1 LJG Treibjagden auf Schalenwild. Nur aus besonderen Gründen kann die untere Jagdbehörde dieses Verbot aufheben (§20 Absatz 3 Nr. 1 LJG).
Der Naturschutz steht der Wildfütterung sowie der Anlage von Wildäsungsflächen weitgehend negativ gegenüber. Die Anlage von Äsungsflächen und die Winterfütterung werden von der Mehrheit der Jägerschaft als wichtige Hegemaßnahmen angesehen. Auf beide kann nach deren Ansicht nicht verzichtet werden (KREBS, 1993: 21; UECKERMANN & SCHOLZ, 1988: 41f).Daher schreibt §18 Absatz 1 LJG eine Wildfütterung in Notzeiten vor, ohne jedoch den Begriff der Notzeit genau zu definieren. Die Festlegung von Fütterungsperioden (vergleiche §18 Absatz 2 LJG; SCHULTE, 1993: 268) ist dabei nicht ausreichend. Zuwiederhandlungen gegen § 18 LJG stellen eine Ordnungswidrigkeit dar (§23 Absatz 1 Nr. 7 LJG).
Von vielen Jägern wird die Fütterung in Notzeiten als praktischer Tierschutz angesehen (KREBS, 1993: 21; SCHULTE, 1993: 265). Zudem erfolgt durch diese Maßnahmen der Äsungsverbesserung eine Ablenkung des Wildes von forstwirtschaftlich wichtigen Gehölzarten, eine bessere Reviererschließung sowie eine Verbesserung der Abschußergebnisse.
Die Notwendigkeit der Wildfütterung und Anlage von Wildäckern zeigt jedoch in der Regel nur das Vorhandensein eines überhöhten Wildbestandes an, der durch Zufütterung nur weiterhin künstlich aufrecht erhalten wird. Die Fütterung in Notzeiten als Tierschutzmaßnahme anzusehen ist zwar verständlich, doch bei konsequenter Anwendung müßten dann auch Kleinsäuger wie Mäuse und andere Winterruher gefüttert werden. Die Argumentation, daß ein Verbot der Wildfütterung auch ein Verbot der "unnatürlichen Kirrung" nach sich ziehen müßte (KREBS, 1993: 21), ist unlogisch, da die Funktion beider Fütterungen völlig unterschiedlich ist.
Die Forderung nach Äsungsflächen an Waldrändern zur Verringerung von Feldwildschäden (KREBS, 1993: 18; UECKERMANN & SCHOLZ, 1988: 38) und die Einsaat von Äsungsgemischen auf Erdwegen, Schneisen, Wegrändern und (Weg-)Böschungen (KREBS, 1993: 29) ist nicht zu befürworten. Vielmehr wäre es sehr viel sinnvoller, in Zusammenarbeit mit Forstwirtschaft und Naturschutz durch Aufbau, Pflege oder Verbesserung entsprechender Waldränder, das Äsungsangebot zu verbessern. Insbesondere in bezug auf die Durchführung der Wildfütterung und Anlage von Wildäckern ist eine (veränderte) gesetzliche Regelung notwendig. Die Unterlassung einer Fütterung in Notzeiten sollte keine Ordnungswidrigkeit darstellen. Anlage und Pflege von Wildäsungsflächen muß gesetzlich geregelt werden in bezug auf Umfang und Größe der Flächen sowie einzubringender Pflanzenarten. Standorte gefährdeter Arten sind von der Anlage auszuschließen.
Eine Verbesserung der Aus- und Fortbildung von Jägern in Fragen des Naturschutzes, wie dies SCHULTE (1993: 264) fordert, ist zu begrüßen. Insbesondere die botanische Artenkenntnis und das Erkennen erhaltenswerter Lebensräume stellt heute in der Jagdausbildung (und auch der Forstausbildung) noch ein großes Defizit auf, das behoben werden muß.

13.3 Fazit

Die heutige (staatliche) Forstwirtschaft ist durch eine weitgehend standortgerechte Bewirtschaftungsweise gekennzeichnet. Die Aufgabe überholter Betriebsarten und Nebennutzungen, der Versuch, den Bodenzustand durch entsprechende Baumartenwahl günstig zu beeinflussen, und die zusätzlich wirksamen atmogenen Stickstoffeinträge bewirken eine zunehmende Verbesserung ehemals nährstoffarmer Standorte. Als Folge davon werden die heutigen Waldbestände unter

anderem dunkler und der Boden nährstoffreicher. Diese Vorgänge führen zum Rückgang bestimmter Extremstandorte ("Standortnivellierung"), was gleichzeitig einen Rückgang vieler gefährdeter Pflanzenarten beinhaltet. Der Erhalt von Standorten gefährdeter Arten, entstanden durch historische Nutzungsformen, ist nur noch lokal und kleinflächig möglich.
Die Waldbewirtschaftung durch eine ordnungsgemäß arbeitende Forstwirtschaft erlaubt es normalerweise nicht, neue Standorte für gefährdete Arten entstehen zu lassen. Die Schaffung, Erhaltung und Pflege von Standorten gefährdeter Gefäßpflanzen im Waldbereich durch forstwirtschaftliche Maßnahmen ist zumeist auf waldbaulich schwierige Standorte angewiesen. Handelt es sich um von Natur aus extreme Standorte, so sind Eingriffe zumeist nicht notwendig (Ausnahme: Wildschutzmaßnahmen). Auf sekundären Standorten gefährdeter Arten sind regelmäßige Eingriffe durch die Forstwirtschaft zur Erhaltung dieser Arten notwendig und erwünscht.
Eine Erfassung potentieller und aktueller Vorkommen gefährdeter Arten ist dafür erforderlich. Die in Baden-Württemberg laufende Waldbiotopkartierung kann jedoch nur einen ersten Schritt bei der Erfassung entsprechender Flächen darstellen. Eine daran anschließende Kartierung muß eine flächendeckende Erfassung und Bewertung der Waldbestände durchführen. Die Ergebnisse sind in die Forsteinrichtungswerke und die dazugehörigen Kartenwerke zu integrieren.
Die heutige Forstwirtschaft ist aufgrund ihrer Vielfalt an Methoden zumeist auch in der Lage, ein bestimmtes forstwirtschaftliches Ziel zu erreichen, und Naturschutzanforderungen, hier speziell Anforderungen des botanischen Artenschutzes, zu erfüllen. Neben einer allgemeinen, "naturschutzkonformen" Waldbewirtschaftung sind jedoch für die Erhaltung oder die Schaffung von Standorten gefährdeter Arten Maßnahmen notwendig, die spezifisch auf die Ansprüche der zu fördernden Spezies sowie die individuelle Bestandessituation ausgerichtet sind.
Darüberhinaus sollten von der Forstwirtschaft (und der Gesetzgebung) innerhalb der aktuellen forstwirtschaftlichen Nutzfläche labile Standorte wie Auen oder Steilhänge und (kleinflächig) auch stabilere Standorte der natürlichen Dynamik mit regressiven und progressiven Phasen überlassen werden.
Eine wichtige Voraussetzung für die Berücksichtigung der Ansprüche gefährdeter Arten bei der Ausführung forstwirtschaftlicher Maßnahmen besteht in einer wesentlichen Verbesserung der Aus- und Fortbildung des Forstpersonals. Ohne eine solide Artenkenntnis und Wissen über deren Ansprüche an einen Standort ist ein autonomes Erkennen und Bewerten von potentiellen und aktuellen Wuchsorten gefährdeter Arten nicht möglich, und durchzuführende Maßnahmen zur Förderung entsprechender Arten bleiben unerkannt.

14. Zusammenfassung

Ausgangspunkt der Untersuchung ist die Kritik seitens des Naturschutzes, daß Forstwirtschaft und Jagd zu den wichtigsten Verursachern beim Rückgang von Gefäßpflanzen der Roten Liste gehören (KORNECK & SUKOPP, 1988: 168). Danach sind fast 50% aller Rote Liste-Arten in ihrem Bestand durch den Verursacherkomplex "Forstwirtschaft & Jagd" gefährdet. Im Widerspruch dazu steht jedoch, daß die Mehrzahl dieser Arten ihren pflanzensoziologischen Verbreitungsschwerpunkt außerhalb von Waldgesellschaften besitzen. Daraus ergibt sich die Frage nach der Methodik der Datenerhebung der Autoren der Roten Liste, die trotz dieses Widerspruches zu diesem Ergebnis führte.

These dieser Arbeit ist, wie der Widerspruch andeutet, daß diese Methode weitgehend ungeeignet ist, die wirkliche Bedeutung einzelner Verursacher und Gefährdungsursachen des Artenrückganges herauszufinden, da zumeist von Einzelfällen auf eine allgemeine Gefährdung geschlossen wurde. Diese nicht zulässige Verallgemeinerung, so ein Ergebnis dieser Arbeit, wird im Methodikteil der Roten Liste zwar explizit formuliert, die Einschränkungen, die aufgrund dessen bei der Darstellung der Ergebnisse gemacht werden müßten, bleiben jedoch unberücksichtigt. Zwar ließ auch eine Kritik an diesen Ergebnissen von Seiten der Forstwirtschaft nicht lange auf sich warten, doch wurde auch hier weitgehend mit verallgemeinerten Einzelbeispielen argumentiert.

Zur Versachlichung der Diskussion wurde in der vorliegenden Arbeit speziell die Bedeutung der Forstwirtschaft und Jagd, mit Schwerpunkt Baden-Württemberg, für Standorte und Bestände von Rote Liste Arten untersucht. Die Durchführung der Untersuchung erfolgte dabei auf vier Ebenen. Diese sind so aufgebaut, daß die Daten immer umfassender werden. Dadurch ist es möglich, Gefährdungsaspekte aus unterschiedlichen Blickwinkeln und verschiedenen Abstraktionsniveaus zu erfassen und darzustellen:

Ebene A erarbeitet verallgemeinernd die typischen Standorte und charakteristischen Eigenschaften von 215 ausgewählten Rote Liste-Arten heraus, indem Vegetationsaufnahmen mit Hilfe der Zeigerwertzahlen nach ELLENBERG et al. (1991) ausgewertet wurden. Die Auswahl der Arten erfolgte dabei nach folgenden Kriterien: Es wurden ausschließlich Arten aufgenommen, die nach der Roten Liste der BRD explizit durch den Verursacherkomplex "Forstwirtschaft & Jagd" gefährdet sein sollen. Zusätzlich müssen diese Arten ebenfalls in der Roten Liste von Baden-Württemberg angeführt sein. Die Ergebnisse dieser Analyse stellt die Arbeitsgrundlage für die folgenden Ebenen dar, indem hierdurch bestimmte Standorttypen (Suchraster) vorgegeben werden.

Ebene B beschäftigt sich ausführlich mit Biologie, Ökologie, Gefährdung und Schutz von drei konkreten Rote Liste-Arten mit Verbreitungsschwerpunkt in Waldgesellschaften: Steinröschen (*Daphne cneorum*), Eibe (*Taxus baccata*) und Schwarze Johannisbeere (*Ribes nigrum*). Diese Pflanzenarten dienen als Beispiele, an welchen unter detaillierter Berücksichtigung der Biologie und Ökologie einer Spezies Verursacher einer Gefährdung, Gefährdungsursachen und deren Auswirkungen differenziert und konkret aufgezeigt werden. Ebene B stellt somit die Art in den Mittelpunkt der Untersuchung.

Ebene C untersucht Konflikte und zeigt Lösungsmöglichkeiten zwischen Naturschutzansprüchen und Ansprüchen der Forstwirtschaft an Standorte mit gefährdeten Arten am Beispiel von sechs Forstbezirken in Baden-Württemberg auf. Die Untersuchung behandelt die historische und aktuelle Bedeutung von Forstwirtschaft, Jagd und anderen Landnutzern für Standorte und Bestände gefährdeter Gefäßpflanzen und (Wald-)Gesellschaften anhand konkreter Flächen und nennt flächenbezogene Schutz- und Pflegemaßnahmen. Diese vermittelnde Ebene behandelt schwerpunktmäßig den Einfluß von Forstwirtschaft und Jagd auf Standorte von Rote Liste-Arten.

Ebene D greift systematisch und allgemein Gefährdungsmöglichkeiten von Rote Liste-Arten und ihren Standorten durch forstwirtschaftliche Maßnahmen auf und geht auf mögliche Konfliktlösungen ein. Ebene D stellt somit einen verallgemeinernden Abschnitt dar, in welchen die Ergebnisse der vorhergehenden Teile mit einfließen.

Ebene A: Standortansprüche von Rote Liste-Arten

Die Ergebnisse der Zeigerwertauswertungen und deren Darstellung in verschiedenen Ökogrammen von 215 Rote Liste-Arten lassen folgende ökologische Separationsfaktoren gegenüber nicht gefährdeten Gefäßpflanzenarten erkennen:
1. Der Lichtfaktor stellt einen Schlüsselfaktor dar, der den größten Teil der untersuchten Arten als Spezies ausweist, die ihren standörtlichen Schwerpunkt nicht in Waldgesellschaften besitzen. Dies schließt zwar ein Vorkommen in Waldgesellschaften nicht aus, doch bieten diese Standorte für die meisten Arten nur suboptimale Bedingungen (→Vitalitätsminderung). Die überwiegende Mehrzahl der Rote Liste-Arten sind ausgesprochen lichtliebend (photophil/heliophil).
2. Der Lichtfaktor ist häufig eng mit dem Wärmehaushalt eines Standortes verbunden. Gefährdete Arten trockener Standorte stellen an die thermischen Bedingungen eines Standortes hohe Ansprüche (Arten: thermophil; Standorte: xerotherm).
3. Im Falle des Feuchtfaktors zeichnen sich klar zwei Verbreitungsschwerpunkte ab. Es werden hauptsächlich die beiden Extreme bevorzugt, das heißt, die Arten benötigen nasse oder trockene Standorte. Der Wald als Vegetationstyp besitzt an diesen Standorten seine Trocken- oder Nässegrenze (Arten: (hydro-) hygrophil oder xerophil; Standorte: (hydro-) helophytisch oder xerotherm).
4. Rote Liste-Arten sind in bezug auf die Nährstoffverfügbarkeit am Standort weitgehend auf nährstoffarme Standorte (insbesondere Stickstoff und Phosphor) angewiesen (Arten: ombrotraphent/oligo- bis mesotraphent; Standorte: ombro-/oligo- bis mesotroph).
5. Rote Liste-Arten, die auf potentiellen Waldstandorten ihr Schwerpunktvorkommen haben, befinden sich zumeist in anthropogenen, unbestockten Ersatzgesellschaften. Arten, die ihren soziologischen Schwerpunkt in natürlichen Waldgesellschaften besitzen, sind anteilsmäßig nur sehr gering vertreten.
6. Der überwiegende Teil der bedrohten Arten ist in der Hierachie der Hemerobiestufen als a-, oligo- oder β-euhemerob einzustufen. Standorte und (Ersatz-)Gesellschaften dieser Arten werden nur extensiv genutzt (Arten: hemerophob bis schwach hemerophil).

Ebene B: Ökologie, Gefährdung und Schutz ausgewählter Rote Liste-Arten

1. Das Steinröschen (*Daphne cneorum*)
Das auf Europa beschränkte Areal von *Daphne cneorum* ist stark fragmentiert und beschränkt sich in Deutschland aktuell auf Rheinland-Pfalz (dort "vom Aussterben bedroht"), Baden-Württemberg ("stark gefährdet") und Bayern ("gefährdet"). Die heutige Verbreitung von *Daphne cneorum* in Baden-Württemberg erfolgte mit Hilfe des Weideviehs von den Primärstandorten (±Oberes Donautal) aus. Dies war unter anderem aufgrund der ehemals zahlreichen, ausgedehnten und zusammenhängenden, durch Beweidung entstandenen Standorte möglich, die dieser Art zusagen. Pflanzensoziologisch ist das Steinröschen in Baden-Württemberg und Bayern eine Charakterart des Erico-Pinion mit Vorkommen in Cytiso-Pinetum (Baar- und Hegaualb, südliche Frankenalb), Coronillo-Pinetum (Oberes Donautal), Erico-Pinetum (Isar- und Lechschotterterrassen, südliche Frankenalb). Vorkommen in unbewaldeten Gesellschaften: Pulsatillo-Caricetum humilis (Oberes Donautal, Isar- und Lechschotterterrassen, südliche Frankenalb), Xerobrometum (±sekundär) und Gentiano-Koelerietum (Raum Trochtelfingen), montan-präalpines Mesobrometum (Baar- und Hegaualb, Lech- und Isarschotterterrassen).
Die Blüten (Blütezeit Mai-Anfang Juni) befinden sich in Blütenständen mit im Mittel 10 Blüten pro Blütenstand und werden von tagaktive Schmetterlinge bestäubt. Die Hauptblütezeit von *Daphne cneorum*-Individuen ist abhängig von dem am Wuchsort herrschenden Lichtklima. Sinkt die relative Beleuchtungsrate an einem Standort auf im Mittel 26%, so findet keine Blütenbildung mehr statt. Untersuchungen über die generative Reproduktion zeigen trotz hoher Blütenbildungsraten nur sehr geringe Fruktifikationsraten von im Mittel 30%, wenn zur Blütezeit trocken-warme Witterung herrscht. Bei vorwiegend naß-kalter Witterung sinkt die Fruktifikationsrate auf 15-20%. Nur

frisches Samenmaterial hat eine hohe potentielle Keimungsrate (75,6%). Dies erklärt das Fehlen einer persistenten Bodenamenbank. Die Früchte sind einer hohen potentiellen Predation vor allem durch Insekten ausgesetzt. Eine Verbreitung der Früchte erfolgt vor allem durch Ameisen (Myrmekochorie). Ein Ferntransport der Früchte findet mutmaßlich durch Weidevieh (ectochor, endochor) statt.

Die untersuchten Standorte sind durch konsolidierte, flach- bis mittelgründige, skelettreiche, Rendzinen oder durch Syroseme gekennzeichnet. Es werden vor allem süd- bis südwest-exponierte, meist stark geneigte bis steile Hänge bevorzugt. *Daphne cneorum* ist somit eine konkurrenzschwache, heliophile Art, die in Baden-Württemberg kalkreiche, xerotherme Standorte mit geringer Stickstoffverfügbarkeit besiedelt.

Bei Gefährdungsursachen (und deren Verursachern) von *Daphne cneorum*-Vorkommen in Baden-Württemberg muß zwischen Primär- und Sekundärstandorten unterschieden werden. Die Primärstandorte (Oberes Donautal) sind vor allem durch Kletterer (Tritt, "Putzen" der Kletterrouten) und die Jagd (Gamsverbiß) im Bestand bedroht. Vor allem der Gamsverbiß stellt gegenwärtig die größte Bedrohung für *Daphne cneorum* dar. Dem Klettertourismus kommt eine steigende Bedeutung zu. Die Forstwirtschaft hat für die Bestände dagegen keine Bedeutung. Für das Obere Donautal muß das Steinröschen als "stark gefährdet" eingestuft werden.

An den Sekundärstandorten in Baden-Württemberg kommt völlig anderen Verursachern und Gefährdungsursachen eine Bedeutung zu. Hier haben vor allem die Forstwirtschaft und der Straßen- und Siedlungsbau einen bedeutenden Einfluß. Der Straßen- und Siedlungsbau hat durch Überbauung zahlreiche Vorkommen zerstört und tut dies im Rahmen von Ortschaftsausdehnungen weiterhin. Bei der Forstwirtschaft muß zwischen historischen und aktuellen Maßnahmen unterschieden werden. Während große Verluste im Zeitraum zwischen etwa 1900 und 1960 vor allem durch Aufforstung von Weideland entstanden, werden heute viele Vorkommen durch die Forstwirtschaft in Zusammenarbeit mit dem Naturschutz regeneriert. Für die Sekundärstandorte kann das Steinröschen als "gefährdet" eingestuft werden.

Zum Schutz der Vorkommen ist primär eine Sicherung der Flächen durch Naturschutz und Forstwirtschaft notwendig. Im Oberen Donautal müssen entsprechende Felsköpfe großzügiger und zum Teil vollständig abgesperrt werden. Kletterrouten müssen, wo erforderlich, stillgelegt werden. Ein massiver Gamsabschuß ist unumgänglich. Auf den Sekundärstandorten erscheint als dringlichste Pflegemaßnahme in der Regel eine (starke) Auflichtung bestockter Standorte, indem vor allem Fichten herausgezogen werden müssen. Eine Mahd von Freiflächen zur Reduktion einer Rasenverfilzung erscheint notwendig, um eine ausreichende Blüh- und Fruktifikationsrate des niedrigwüchsigen Zwergstrauches zu gewährleisten.

2. Die Eibe (*Taxus baccata*)

Über die Eibe wurde eine umfangreiche Literaturstudie durchgeführt. Die Eibe besitzt ein disjunktes Areal; in Baden-Württemberg liegen die Verbreitungsschwerpunkte entlang des Albtraufes und im Alpenvorland.

Synsystematisch ist *Taxus baccata* weitgehend auf Fagetalia-Gesellschaften beschränkt, wobei vor allem der Eschen-Ahorn-Steinschuttschatthangwald (Fraxino-Aceretum) und Gesellschaften der wärmeliebenden Kalk-Buchenwälder (Carici- und Seslerio-Fagetum) als Schwerpunktvorkommen angesehen werden können. Darüber hinaus kann die Eibe auch im Flaumeichen-Mischwald (Quercetum pubescenti-petraeae) auftreten.

Die immergrüne, niedrigwüchsige Eibe besitzt eine große Dürreresistenz, Frosthärte und Schattenfestigkeit. Sie ist eine Baumart, die sich einer "Sowohl-als-auch-Strategie" bedient: Zum einen besitzt sie die Reaktionsbereitschaft der ozeanischen Immergrünen und ist fähig, mit einem Minimum an Energie (Licht und Wärme) auszukommen. Zum anderen kann sie auf energieaufwendige Schutzeinrichtungen gegen Kälte verzichten, weil sie als Nebenbestandsbaumart im Schutze des Hauptbestandes wächst, der extreme Klimaeinwirkungen abpuffert.

Die meisten heutigen mitteleuropäischen Eibenvorkommen finden sich auf Kalkstandorten der Mull-

Rendzina-Reihe, auf Mergel-Böden, oder basenreichen Ton- und Lehmböden. Mehrere Autoren beschreiben aber auch Vorkommen auf bodensauren Standorten.
Die Eibe verträgt extrem trockene oder wechselfrische bis -trockene Böden. Auch Standorte mit bewegtem Blockschutt werden von ihr besiedelt. Die Exposition der Standorte ist ohne Bedeutung. Das Relief spielt überall dort eine Rolle, wo die Buche trotz Bodentrockenheit als Lichtkonkurrentin auftritt. Hier weicht die Eibe auf die steileren Hänge aus. Bei luftfeuchtem, kühlem Lokalklima gedeiht die Eibe auch in Tobeln, an Hangfüßen und auf schattigen Nordhängen. Die Eibe ist somit eine Baumart mit einer weiten Amplitude hinsichtlich Boden, Licht, Wärme und Wasser. Sie braucht physiologisch keine extremen Standortverhältnisse. Sie wird erst durch natürliche und durch den Menschen geschaffene Konkurrenzverhältnisse auf extremere Standorte abgedrängt.
Der starke Rückgang der Eibe ist ausschließlich anthropogen. Verursacher sind die vorindustrielle Holzexploitation mit ihrer Ausbeutung natürlicher Eibenvorkommen und die Anfang des 19. Jahrhunderts entstandene Forstwirtschaft durch Förderung der Fichte und Kiefer und Umwandlung/Überführung von Nieder- und Mittelwälder in Hochwälder. Wie ein roter Faden zieht sich der (Reh-)Wildverbiß von Eiben-Naturverjüngung als Gefährdungsursache höchsten Ranges durch die Literatur. Das Fehlen unterer Durchmesser- und Höhenklasse belegt klar die Gefahr, die vom Rehwild ausgeht: die natürliche Verjüngung fehlt, der Nachwuchs ist nicht gesichert. Ausnahmen bilden nur für das Wild unzugängliche Steilhänge.
Gegenwärtig stellt die Forstwirtschaft keine Gefährdung für die Eibe dar. Im Gegenteil versuchen weite Teile der Forstwirtschaft heute, die Eibe zu erhalten und zu fördern. Als Schutz- und Pflegemaßnahmen werden in der Literatur angeführt:
1. Die Rehwilddichte muß in Gebieten mit autochthonen Eibenvorkommen drastisch gesenkt werden.
2. Kahlhiebe oder plötzliche Freistellung sollten nicht durchgeführt werden (Winterfrostgefährdung).
3. Bei künstlicher Ausbringung von Eiben ist keine Ware aus Gartenbaumschulbeständen zu verwenden und es sollten mindestens 5jährige Pflanzen verwendet werden, besser noch Großheister, die in Gruppen ausgebracht und von einem absolut wildsicheren Zaun geschützt werden.
4. Der Aufbau von Arterhaltungs- und Samenplantagen zur Gewinnung von Pflanzen für die Auswilderung sollte vorangetrieben werden
Viele Gründe sprechen aus wirtschaftlichen und ökologischen Gründen für einen erneuten forcierten Anbau der Eibe im Wirtschaftswald:
1. Die Eibe erzielt als dienende Baumart eine wirksame Bodenbeschattung und beugt einer Verunkrautung vor.
2. Sie dient als Intensivwurzler der Bodenbefestigung.
3. Die Eibe erhöht die Gesamtwertleistung des Bestandes.
4. Sie wächst auch unter Schirm befriedigend.
5. Sie eignet sich wegen ihrer ökologischen Plastizität für zahlreiche Waldstandorte.
Diesen Vorteilen steht jedoch gegenüber, daß sie sich wegen ihrer ökologischen Einnischung als Nebenbestandsbaumart nicht in Reinbeständen erziehen läßt und daß vor allem die Kulturbegründung und die Kultursicherung aufgrund des extremen Wildverbisses sehr kostenintensiv sind.
Folgende Mischungsformen sind möglich:
1. Einzel- bis Gruppenanbau in Bestandeslücken
2. Eiche mit Eibe (als dienende Baumart)
3. Buche (im Voranbau) mit Eibe
4. Esche (im Überhaltbetrieb) mit Eibe.

3. Die Schwarze Johannisbeere (*Ribes nigrum*)
Die Schwarze Johannisbeere wurde vegetationskundlich untersucht, indem bundesweit ihre Synsystematik (über Vegetationsaufnahmen) und ihre Standortansprüche (mittels Zeigerwertzahlen) durch Auswertung der Literatur ermittelt wurden. Für die Oberrheinebene erfolgte eine Erfassung aktueller Standort- und Vegetationsverhältnisse über sigmasoziologische Aufnahmen und Vitalitäts-

ansprache der Polykormone.
Ribes nigrum kann nicht, wie vielfach angenommen, als Charakterart des Walzenseggen-Schwarzerlen-Bruchwaldes (Carici elongaatae-Alnetum glutinosae) angesehen werden, sondern ist eine Differentialart basenreicher, eutropher Schwarzerlen-Bruchwälder (Carici elongatae-Alnetum caricetosum acutiformis). Ihre soziologische Amplitude ist eng, sie ist weitgehend auf wenige Assoziationen beschränkt. Nebenvorkommen sind Alno-Ulmion-Gesellschaften, speziell der Schwarzerlen-Eschen-Auenwald in seiner nassen Subassoziation (Pruno-Fraxinetum phalaridetosum). Darüber hinaus finden sich viele Reliktvorkommen in entwässerten Schwarzerlen-Bruchwäldern, die teilweise bereits dem Alno-Ulmion angehören, sowie in Pappel- und Schwarzerlen-Forstgesellschaften.
Eine Auswertung der mittleren Zeigerwerte von 430 Vegetationsaufnahmen mit *Ribes nigrum* weist sie als Halbschattenpflanze helophytischer, basen- und (mäßig) stickstoffreicher, eutropher (Bruchwald-)Standorte aus. Der entscheidende ökologische Segregationsfaktor gegenüber konkurrenzstarken Nitrophyten ist im ständig hohen Bodenwassergehalt, was die Dominanz von Ammonium als pflanzenverfügbare Stickstofform und einen geringen Sauerstoffgehalt auch in den obersten Bodenhorizonten bedingt zu sehen.
Die Entwässerung von Schwarzerlen-Bruchwäldern als wichtigste Gefährdungsursache hat verschiedene Verursacher. Die Mehrzahl der Standorte wurden bereits seit dem 19. Jahrhundert entwässert. Neben einer "autochthonen" Grundwasserspiegelabsenkung durch forstwirtschaftliche Maßnahmen (Grabenentwässerung, Pappelanbau), die die Standortverhältnisse der Bestände verbessern sollte, wirkten "allochthone" Grundwasserspiegelabsenkungen (Flußregulationen, Grundwasserentnahmen) indirekt auf die Standorte. Während die Forstwirtschaft aktuell kaum noch gezielte Entwässerungen von Bruchwäldern durchführt, wirken sich die heutigen großflächigen Grundwasserabsenkungen weiterhin auf die wenigen noch bestehende Bruchwälder aus.
Die primäre Auswirkung der Entwässerung ist ein stärkeres und häufigeres Trockenfallen der oberen Bodenschichten. Da diese reich an organischer Substanz sind (Torf, Anmoor), entsteht sekundär eine intensive aerobe Mineralisation des organischen Materials. Beides ermöglicht es konkurrenzkräftigen, feuchteliebenden Nitrophyten, sich in Bruchwaldbeständen verstärkt auszudehnen. Die an nasse, nitratarme Standortverhältnisse angepaßten Bruchwaldarten werden von den Nitrophyten verdrängt. *Ribes nigrum* ist im Gegensatz zu vielen anderen bruchwaldtypischen Arten aufgrund ihrer Langlebigkeit und ihres hohen Wuchses in der Lage, noch jahrzehntelang an entwässerten Standorten als Relikt zu überleben.
In der Oberrheinebene wurden 51 *Ribes nigrum*-Vorkommen sigmasoziologisch aufgenommen und kartiert (Eineitskreise mit r=20m) und die Vitalität der Polykormone anhand der Parameter Blattdeckung in bezug auf die Polykormonfläche, Strauchhöhe, relative Anzahl von Totästen und relative Anzahl von Nitrophyten innerhalb eines Polykormons klassifiziert.
Die Auswertung zeigt, daß 76% aller Polykormone eine verringerte Vitalität besitzen. Vitale Polykormone beschränken sich ausschließlich auf Bestände mit hoher Beteiligung des Carici elongatae-Alnetum glutinosae und der nassen Subassoziation des Pruno-Fraxinetum an der Aufnahmefläche. Der absolute Anteil beider Gesellschaften in allen 51 Einheitskreisen liegt bei nur 1,7 ha (27% relativer Anteil). Deren Beteiligung an Flächen mit vitalen Individuen liegt absolut nur bei 1 ha, besitzt relativ jedoch einen Anteil von 65%. Dabei ist das Carici elongatae-Alnetum glutinosae mit nur 0,2 ha beteiligt. Dies macht einerseits die Seltenheit dieser Gesellschaften deutlich, aber auch deren große Bedeutung für das Auftreten vitaler *Ribes nigrum*-Pflanzen.
Ribes nigrum hat ihr ökologisches Optimum in der Oberrheinebene im Carici elongatae-Alnetum caricetosum acutiformis. Ihren Verbreitungsschwerpunkt besitzt sie jedoch in Alno-Ulmion-Gesellschaften und Pappel-Forstgesellschaften mit feuchtem Wasserhaushalt. Diese Gesellschaften sind häufig aus der Entwässerung von Walzenseggen-Schwarzerlen-Bruchwäldern hervorgegangen, wie dies anhand historischer geologischer Kartenwerke aus der Zeit um die Jahrhundertwende geschlossen werden kann. Die Mehrzahl der *Ribes nigrum*-Vorkommen müssen daher als reliktische Wuchsorte angesehen werden, deren Standortbedingungen ein langfristiges Überleben dieser Art

unwahrscheinlich macht.
Der Schutz von *Ribes nigrum* ist ausschließlich über die Erhaltung oder Restituierung entsprechender Schwarzerlen-Bruchwälder möglich. Eine Wiedervernässung entsprechender Bruchwaldbestände erscheint dabei bis zu einem gewissen Grad zielführend, da hierdurch die (nässemeidende) Konkurrenzvegetation zurückgedrängt und bruchwaldtypische Arten gefördert werden. Eine Anhebung des Grundwasserspiegels oder, bei besserem Erhaltungszustand, eine Konservierung der aktuellen Grundwasserverhältnisse an diesen Standorten ist daher das vordringliche Ziel aller Schutzmaßnahmen. Schutz- und Pflegemaßnahmen an bereits degradierten, das heißt vorentwässerten, von mesophilen Nitrophyten dominierten Standorten erscheinen wenig erfolgversprechend. Die Veränderung des (Nährstoff- und) Wasserhaushaltes ist bereits so weit fortgeschritten, daß eine Rückführung zu den ursprünglichen Verhältnissen nur noch sehr begrenzt möglich ist.

Ebene C: Forstwirtschaft und Naturschutz am Beispiel ausgewählter Forstbezirke Baden-Württembergs

1. Forstbezirk Tuttlingen
Im Distrikt I des Staatswaldes Tuttlingen wurde an südexponierten Abtragungsböschungen von Forststraßen und Maschinenwegen Reste von Xerothermvegetation kartiert, die Geschichte dieser Flächen und angrenzender Bestände untersucht und Pflegepläne für diese erarbeitet.
Die Vegetation der Böschungen läßt sich dem montan-präalpinen Mesobrometum verschiedener Ausbildungen zuordnen. Floristische Angaben zum Untersuchungsgebiet liegen aus dem Jahre 1838 vor und erlauben einen Vergleich mit dem heutigen floristischen Inventar, welches sehr viel weniger Arten xerothermer Standorte enthält.
Die Geschichte der Xerothermstandorte läßt sich ab 1830 genauer verfolgen. Uspründlich waren große Teile der Hangstandorte unbestockte Weideflächen, oder sie waren von einem lichten Weidewald bestockt. Alle kartierten Flächen standen zu diesem Zeitpunkt miteinander in Kontakt. Im Laufe der nachfolgenden forstwirtschaftlichen Nutzung der Hangstandorte erfolgte eine sukzessive Aufforstung der Flächen zuerst mit Kiefer, nachfolgend, aufgrund von Mißerfolgen mit dieser Baumart, mit Fichte. Hierdurch wurde die Xerothermvegetation bis auf kleine Reste, die kartierten Flächen, zerstört.
Entsprechend ihrer Lage sind die kartierten Mesobrometum-Bestände sehr gut bis fragmentarisch ausgebildet. Ursache des unterschiedlichen Erhaltungszustandes ist in verschieden langen Zeiträumen und Stärke der Beschattung der Abtragungsböschungen durch berg- oder hangseitige Baumbestände zu sehen. Das Forstamt Tuttlingen ist zwar bemüht, Xerothermvegetation im Forstamtsbereich zu erhalten. Aufgrund fehlender Kenntnis über die Vorkommen im Distrikt I, die auch von der Waldbiotopkartierung mit einer Ausnahme nicht erfaßt wurden, unterblieben mögliche Schutzmaßnahmen.
Als Pflegemaßnahmen sollte für die Xerothermvegetation der Gehölzjungwuchs beseitigt, sowie beschattende Traufbäume entfernt und (Fichten-)Beständen aufgelichtet oder umgebaut werden. Darüber hinaus sollte eine Wiederherstellung eines Kontaktes zwischen den einzelnen kartierten Flächen durch entsprechende Auflichtung/Entfernung beschattender Bestände im Bereich der verbindenden Böschungen erfolgen.

2. Forstbezirk Villingen-Schwenningen
Im Stadtwald Villingen wurden Missenstandorte standörtlich, forstgeschichtlich und vegetationskundlich untersucht. Die Standorteinheiten der vernäßten Buntsandsteinhochlagen sind die wasserzügige/entwässerte Misse, die nasse Misse und die *Vaccinium uliginosum*-Misse. Als Bodentypen finden sich in Abhängigkeit vom Vernässungsgrad Pseudogley und Stagnogley. Die beiden ersten Standorteinheiten stellen Standorte des Preiselbeer-Fichten-Tannenwaldes (Vaccinio-Abietetum) verschiedener Subassoziationen dar, während die letzte Einheit als natürliche Vegetation einen Waldkiefern-Moorwald (Vaccinio uliginosi-Pinetum sylvestris) trägt. Mit zunehmender Vernässung

fällt die Tanne aus und die Fichte verliert an Vitalität, während die Kiefer zunehmend dominant wird. Entsprechend der Zunahme der Vernässung und des Lichtreichtums steigt die Anzahl von Rote Liste-Arten.
Seit Anfang des 19. Jahrunderts wurde von der Forstwirtschaft versucht, die stark devastierten und vernässten Flächen, verursacht durch umfangreiche, ungeregelte Holzentnahmen, Reutfeldwirtschaft und Waldweide, durch umfangreiche Entwässerung, sowie Fichten- und Kiefernanbau zu verbessern. Da die Flächen stark sturmgefährdet sind, wurde im 20. Jahrhundert auf stärker vernäßten Standorten versucht, die Tanne als bestandesstabilisierende und bodenpflegliche Baumart einzubringen. Die Auswirkungen dieser Maßnahmen hingen vom jeweiligen Standort ab: während die *Vaccinium uliginosum*-Missen sich trotz eines dichten Grabensystems nicht verbessern ließen, konnten große Teile der nassen Missen in die Standorteinheit entwässerte Misse überführt werden. Die heutige Forstwirtschaft führt weiterhin Entwässerungsmaßnahmen im Rahmen des Wegebaues und durch Öffnung alter Grabenanlagen durch. Lediglich auf der Standorteinheit *Vaccinium uliginosum*-Misse werden keine Meliorationen durchgeführt, diese Flächen wurden als Biotopschutzwald aus der geregelten forstwirtschaftlichen Nutzung ausgeschieden.
Als Standorte von Rote Liste-Arten sind weitgehend nur die Standorteinheiten nasse Misse und *Vaccinium uliginosum*-Misse anzusehen. Von den zahlreichen auf der Standortkarte von 1958 verzeichneten Missenstandorten erwiesen sich nur noch zwei Flächen (*Vaccinium uliginosum*-Misse) als aktuelle Wuchsorte von Rote Liste-Arten. Die forstliche Planung sieht für diese Flächen ausschließlich Pflegemaßnahmen vor, bei denen zur Verbesserung der Lichtverhältnisse in der Feldschicht verstärkt Fichten herausgezogen werden. Entwässerung, Düngung, Kompensationskalkungen und Wegebaumaßnahmen unterbleiben auf diesen Flächen. Alle Maßnahmen können vom Naturschutz befürwortet werden, da sie die Vorkommen von Rote Liste-Arten stabilisieren und fördern.
Von der Standorteinheit nasse Misse konnte aktuell nur noch eine Fläche des Stadtwaldes Villingen als geeigneter Standort für Rote Liste-Arten festgestellt werden. Die forstliche Planung sieht hier eine Erhöhung des Kiefernanteiles vor, was sich positiv auf das Lichtklima auswirken wird. Von Seiten des Naturschutzes ist jedoch zusätzlich eine Schließung der Entwässerungsgräben im zentralen Teil der Fläche zu fordern, damit eine natürliche Vernässung wieder eintreten kann.

3. Forstbezirk Kehl
Im Forstbezirk Kehl wurden Geschichte und aktuelle Situation der Wälder und ihrer Standorte in den Poldern Altenheim I und II untersucht, und deren zukünftige Entwicklung unter Berücksichtigung der Retentionsflutungen, ökologischen Flutungen und von Naturschutzinteressen prognostiziert. Ziel der Untersuchung ist es das historische und zukünftige Standortpotential für das Vorkommen von Rote Liste-Arten festzustellen, und forstwirtschaftliche Möglichkeiten und Grenzen aufzuzeigen solche Arten zu fördern.
Der "typische" Rhein-Hartholzauenwald im Poldergebiet ist erst Anfang dieses Jahrhunderts durch wasserbauliche (Tulla-Rheinkorrektion) und forstwirtschaftliche Maßnahmen (Mittelwaldwirtschaft, künstliche Einbringung von Hartholzauearten) entstanden. Ebenfalls durch forstwirtschaftliche Förderung konnten Rote Liste-Arten wie Ulme (*Ulmus minor*, *Ulmus laevis*) und Schwarzpappel (*Populus nigra*) ihre Anteile stark erhöhen. Auch die Stieleiche (*Quercus robur*) verdankt ihr Vorkommen weitgehend der künstlichen Einbringung durch die Forstwirtschaft. Niederwaldarten wie Silberweide (*Salix alba*) und Grauerle (*Alnus incana*) verloren ihre Bedeutung. Der Übergang zum Hochwald erfolgte sukzessive, wodurch Schwarzpappel und Eiche an Bedeutung verloren, während Hybridpappel, Esche und Bergahorn zunehmende Bedeutung erlangten. Seit den 70er Jahren fiel die Ulme durch das "Ulmensterben" weitgehend aus. Die Erhaltung der Schwarzpappel ist langfristig nicht möglich, da aufgrund der veränderten Standortbedingungen keine Verjüngung mehr stattfindet.
Die Durchführung von ökologischen Flutungen, gedacht als Anpassung der Tier- und Pflanzenwelt an die Retentionsflutungen, sind weitgehend wirkungslos, da hierdurch kaum bedeutende Grund-

wasserspiegelschwankungen und Überflutungen erreicht werden. Die Polder Altenheim können daher keine Aue-Ersatzfunktion übernehmen. Die meisten Standorte unterliegen keiner oder nur einer geringen Dynamik des Wasserregimes, wodurch insbesondere Pionierarten stark benachteiligt werden. Baumarten, die an ein relativ konstantes Wasserregime angepaßt sind, werden dagegen gefördert, können jedoch teilweise durch langanhaltende Retentionsflutungen gefährdet sein.

4. Forstbezirk Schönau/Schwarzwald
Im Forstbezirk Schönau wurde die Wald-Weide-Problematik untersucht. Das gesamte abwechslungs- und strukturreiche Landschaftsbild im Forstbezirk Schönau befindet sich seit Mitte des 19. Jahrhunderts im Wandel hin zu einer reinen Waldlandschaft. Diese Entwicklung ist weitgehend auf den Niedergang der Landwirtschaft zurückzuführen. So waren fast 50% der seit 1840 erfolgten Waldzugänge im Gemeindewald Schönenberg auf die Übernahme von laubholzreichen Sukzessionsflächen in den Waldverband zurückzuführen. Von der Forstwirtschaft aufgeforstete Flächen sind durch die Dominanz von Fichte oder Douglasie gekennzeichnet. Durch beide Vorgänge sind zahlreiche Standorte von Rote Liste-Arten zerstört worden.
Die Forstwirtschaft im Forstbezirk Schönau hat heute das Bestreben, möglichst naturnah zu arbeiten. Hierzu gehört unter anderem der Umbau instabiler, von Fichte oder Douglasie dominierter Bestände. Ein Verzicht auf die Fichte ist jedoch ökonomisch nicht möglich und ökologisch auch nicht nötig, denn diese Baumart ist heute ein fester, natürlicher Bestandteil der Wälder und damit der potentiellen natürlichen Vegetation im (Süd-)Schwarzwald geworden.
Standörtlich extreme Flächen werden weitgehend einer natürlichen bis naturnahen Dauerbestockung überlassen. Eingriffe erfolgen nur noch im Rahmen des Forstschutzes. Aufforstungen von Weidfeldern erfolgen im Forstbezirk Schönau von staatlicher Seite nicht mehr.
Ein bedeutender negativer Einfluß der Forstwirtschaft auf die Bestandesentwicklung von Pflanzenarten der Roten Liste im Bereich Schönau ist gegenwärtig nicht festzustellen. Dieser liegt vor allem in historischer Zeit, wo große Flächen von Weidfeldern gezielt aufgeforstet wurden. Jedoch muß in diesem Zusammenhang auch die damalige schlechte Situation der Landwirtschaft berücksichtigt werden. Aus der Sicht des botanischen Artenschutzes, der sich um die Erhaltung seltener Weidfeldarten wie *Antennaria dioica, Arnica montana* und *Carlina acaulis* ssp. *simplex* kümmert, ist die Existenz dieser Arten ohnehin nur gewährleistet, wenn eine extensive Beweidung fortgesetzt wird. Alle durch die "Verwaldung" betroffenen (Weideinspektion, Forstwirtschaft, Ministerium für Ländlichen Raum, Naturschutz, Fremdenverkehr, Gemeinden) sind sich einig, diesen Prozeß zum Stoppen zu bringen. Dies ist nur durch eine starke finanzielle Förderung der extensiven Beweidung der Weidfelder gewährleistet.

5. Forstbezirk Hechingen
Im Forstbezirk Hechingen wurde die Vegetation der Steilhänge des Albtraufes aufgenommen und kartiert. Die Bestände wurden in der Vergangenheit häufig als Mittelwälder bewirtschaftet. Ab 1900 erfolgte eine plenterwaldartige Behandlung der Wälder. Seit 1958 sind die Flächen als "Nichtwirtschaftswald" ausgewiesen.
In Abhängigkeit von Relief und Substrat lassen sich verschiedene Gesellschaftskomplexe unterscheiden. In steilen Oberhanglagen befinden sich nur unbestockte oder schwach bestockte (Calamagrostio-Pinetum) Gesellschaften, die besonders reich an Rote Liste-Arten sind. An den Mittelhängen befinden sich verschiedene Subassoziationen des Bergahorn-Eschen-Blockschutthangwaldes (Aceri-Fraxinetum), der im Unterhangbereich von einem Waldgersten-Buchenwald (Hordelymo-Fagetum) abgelöst wird. An wärmebegünstigten Mittelhängen sind Aceri-Tilietum-/Seslerio-Fagetum- und Aceri-Tilietum-/Carici-Fagetum-Vegetationskomplexe anzutreffen, die an Unterhängen durch das Hordelymo-Fagetum abgelöst werden. Während die Mittelhanggesellschaften noch eine Anzahl von Rote Liste-Arten enthalten, verfügen die Unterhanggesellschaften stabiler Standorte weitgehend über keine Rote Liste-Arten.
Die heutige forstwirtschaftliche Situation ist durch eine extensive, plenterwaldartige Nutzung der

Bestände gekennzeichnet. Bestände, die über Seilwinden nicht erreichbar sind, bleiben ungenutzt. Aufgrund fehlender oder extensiver Nutzung der Wälder hat die Forstwirtschaft gegenwärtig keinen negativen Einfluß auf die Bestände von Rote Liste-Arten im Traufbereich. Dagegen hat der starke Wildverbiß beispielsweise auf Tanne, Orchideen und Eibe einen negativen Einfluß, so daß ein erhöhter Rehwildabschuß gefordert werden muß.

6. Forstbezirk Bruchsal-Ost
Im Büchenauer Hardt bei Bruchsal wurden entwässerte Schwarzerlen-Bruchwälder mit *Ribes nigrum*, *Thelypteris palustris* und weiteren Rote Liste-Arten untersucht. Bis etwa 1940 besaßen die heute degradierten Standorte Niedermoortorf als Bodensubstrat. Eine Vegetationskartierung von OBERDORFER aus dem Jahre 1936 zeigt für diese Flächen eutraphente Schwarzerlen-Bruchwälder (Carici elongatae-Alnetum glutinosae), die als Niederwald bewirtschaftet wurden.
Zwischen 1940 und 1970 erfolgte dann durch lokale forstwirtschaftliche Entwässerungen, sowie durch regional und überregional wirksame Grundwasserspiegelabsenkungen (Flußregulierungen, Grundwasserentnahme, Straßenbau) eine Entwässerung der Niedermoortorfe. Dies bewirkte eine Mineralisation der organischen Substanz, so daß die Standortkartierung (1970) die Standorteinheit vererdetes Niedermoor kartierte.
Um 1970 wurden die am stärksten vernäßten Flächen mit Hybridpappel bestockt, während stärker entwässerte Bereiche sich zu Schwarzerlen-Eschen-Wälder (Pruno-Fraxineta) wandelten. In vielen Bereichen existieren jedoch noch Bruchwälder in unterschiedlichen Entwässerungsstadien, angezeigt durch verschieden starke Beteiligung von Alno-Ulmion-Arten und mesophilen Nitrophyten.
Die am stärksten vernäßten Bruchwälder enthalten die größte Anzahl von typischen Bruchwaldarten und die meisten Rote Liste-Arten. Eine Regeneration dieser Standorte ist aufgrund der irreversiblen Standortveränderungen nicht möglich. Jedoch kann eine Schließung vorhandener Gräben eine gewisse Wiedervernässung der Bestände bewirken, so daß nässemeidende Arten wieder zurückgedrängt werden und Bruchwaldarten sich wieder ausbreiten können. Pappelbestockte Flächen sollten durch Schwarzerlen-Heisterpflanzung in Schwarzerlen-Bestände umgewandelt werden.

Ebene D: Forstwirtschaftliche Maßnahmen und gefährdete Pflanzenarten

Die heutige (staatliche) Forstwirtschaft ist durch eine weitgehend standortgerechte Bewirtschaftungsweise gekennzeichnet. Die Aufgabe überholter Betriebsarten und Nebennutzungen, der Versuch, den Bodenzustand durch entsprechende Baumartenwahl günstig zu beeinflussen, und die zusätzlich wirksamen atmogenen Stickstoffeinträge bewirken eine zunehmende Verbesserung ehemals nährstoffarmer Standorte. Als Folge davon werden die heutigen Waldbestände unter anderem dunkler und der Boden nährstoffreicher. Diese Vorgänge führen zum Rückgang bestimmter Extremstandorte ("Standortnivellierung"), was gleichzeitig einen Rückgang vieler gefährdeter Pflanzenarten beinhaltet. Der Erhalt von Standorten gefährdeter Arten, entstanden durch historische Nutzungsformen, ist nur noch lokal und kleinflächig möglich.
Die Waldbewirtschaftung durch eine ordnungsgemäß arbeitende Forstwirtschaft erlaubt es normalerweise nicht, neue Standorte für gefährdete Arten entstehen zu lassen. Die Schaffung, Erhaltung und Pflege von Standorten gefährdeter Gefäßpflanzen im Waldbereich durch forstwirtschaftliche Maßnahmen ist zumeist auf waldbaulich schwierige Standorte angewiesen. Handelt es sich um von Natur aus extreme Standorte, so sind Eingriffe zumeist nicht notwendig (Ausnahme: Wildschutzmaßnahmen). Auf anthropogen extremen Standorten gefährdeter Arten sind regelmäßige Eingriffe zur Erhaltung dieser Arten durch die Forstwirtschaft notwendig und erwünscht.
Eine Erfassung möglicher und aktueller Vorkommen gefährdeter Arten ist dafür erforderlich. Die in Baden-Württemberg laufende Waldbiotopkartierung kann jedoch nur einen ersten Schritt bei der Erfassung entsprechender Flächen darstellen. Eine daran anschließende Kartierung muß eine flächendeckende Erfassung und Bewertung der Waldbestände durchführen. Die Ergebnisse sind in die Forsteinrichtungswerke und die dazugehörigen Kartenwerke zu integrieren.

Die heutige Forstwirtschaft ist aufgrund ihrer Vielfalt an Methoden zumeist auch in der Lage, ein bestimmtes forstwirtschaftliches Ziel zu erreichen, und Naturschutzanforderungen, hier speziell Anforderungen des botanischen Artenschutzes, zu erfüllen. Neben einer allgemeinen, "naturschutzkonformen" Waldbewirtschaftung sind jedoch für die Erhaltung oder die Schaffung von Standorten gefährdeter Arten Maßnahmen notwendig, die spezifisch auf die Ansprüche der zu fördernden Spezies sowie die individuelle Bestandessituation ausgerichtet sind.
Darüberhinaus sollten von der Forstwirtschaft (und der Gesetzgebung) innerhalb der aktuellen forstwirtschaftlichen Nutzfläche labile Standorte wie Auen oder Steilhänge und (kleinflächig) auch stabilere Standorte der natürlichen Dynamik mit regressiven und progressiven Phasen überlassen werden.
Eine wichtige Voraussetzung für die Berücksichtigung der Ansprüche gefährdeter Arten bei der Ausführung forstwirtschaftlicher Maßnahmen besteht in einer wesentlichen Verbesserung der Aus- und Fortbildung des Forstpersonals. Ohne eine solide Artenkenntnis und Wissen über deren Ansprüche an einen Standort ist ein autonomes Erkennen und Bewerten von potentiellen und aktuellen Wuchsorten gefährdeter Arten nicht möglich, und durchzuführende Maßnahmen zur Förderung entsprechender Arten bleiben unerkannt.

15. Literaturverzeichnis

ACKERMANN, W.; DURKA, W. (1995): SORT 3.2. Proramm zur Bearbeitung von Vegetationsaufnahmen und Artenlisten. Handbuch. 127 S. Ohne Ort.

ADE, U.; BAUMANN, B. & H.; WAHRENBURG, W. (1990): Naturnahe Lebensräume und Flora in Schönbuch und Gäu. 248 S. Remshalden.

ADLER, B. (1994): Wegebaumaßnahmen aus Sicht des Naturschutzes und der Forstwirtschaft sowie die Planung von Maschinenwegen unter Berücksichtigung von Naturschutzaspekten am Beispiel des Freiburger Stadtwaldes. Unveröffentlichte Diplomarbeit. Institut für Forstbenutzung und Forstliche Arbeitswissenschaften. 103 S. u. Anhang u. Beilagen. Freiburg i. Br.

ARBEITSKREIS FORSTLICHE LANDESPFLEGE (1993): Biotoppflege im Wald. Ein Leitfaden für die forstliche Praxis. 4. Aufl. 230 S. Kilda-Verlag. Greven.

AHLMER, W. (1989): Die Donau-Auen bei Osterhofen. Eine vegetationskundliche Bestandsaufnahme als Grundlage für den Naturschutz. -Hoppea 47: 403-503. Regensburg.

AICHMÜLLER, R. (1991): Aufbau reichgegliederter Waldränder. -AFZ 46: 707-708. München.

AMMER, U. (1991): Konsequenzen aus den Ergebnissen der Totholzforschung für die forstliche Praxis. -Forstw. Cbl. 110: 149-157. Hamburg u. Berlin.

ANDERSEN, A. N. (1989): How Important is Seed Predation to Recruitment in Stable Populations of Long-Lived Perennials? -Oecologia 81: 310-315. Berlin.

ANGRÜNER, F. (1989): Die Sandharlandener Heide. Ein Naturschutzgebiet in ganzjähriger Beobachtung. -Naturwiss. Zeitschr. f. Niederbayern 31: 5-18. Landshut.

ASPINWALL, N.; CHRISTIAN, T. (1992): Pollination Biology, Seed Production, and Population Structure in Queen-of-the-Prairie, *Filipendula rubra* (Rosaceae) at Botkin Fen, Missouri. -Am. J. Bot. 79: 488-494.

ATTENBERGER, J. (1964): Die Eiben im Wald von Paterzell. -Jb. Verein z. Schutz der Alpenpflanzen und -tiere 29: 61-68. Ohne Ort.

AUBERT, S. (1943): Sur la fructification chez *Daphne Cneorum* L. -Bull. Soc. Vaud. Sc. Nat. 58: 209-216. Lausanne.

AUGUSTIN, H. (1991): Die Waldgesellschaften des Oberpfälzer Waldes. -Hoppea 51: 5-314. Regensburg.

AVERDIECK, F.-R. (1971): Zur postglazialen Geschichte der Eibe (*Taxus baccata* L.) in Nordwestdeutschland. -Flora 160: 28-41. Jena.

AYMONIN, G. (1959): Essai d'une monographie écologique du *Daphne cneorum* L. -Rev.Gen. Bot. 66: 281-328 u. 1 Tafel.

BADISCHES MINISTERIUM DES INNERN (1889): Die Erhaltung und Verbesserung der Schwarzwaldweiden im Amtsbezirk Schönau. 234 S. u. 35 S. Textbeilage u. 1 Karte. Kalsruhe.

BÄRTELS, A. (1977): Gehölzkunde: *Taxus baccata*. -Deutsche Baumschule 10: 332-333.

BALGOOYEN, T. G.; MOE, L. M. (1973): Dispersal of Grass Fruits - An Example of Endornithochory. -Am. Midland Nat. 90: 454-455. Notre Dame (Indiana).

BARTHA, D. (1992): Die ausgestorbenen und gefährdeten Baum- und Straucharten Ungarns. -Folia dendrologica 19: 19-35.

BASTIAN, J. (1994): Die Großschmetterlinge der Naturschutzgebiete "Pferdstrieb" und "Pflege Schönau-Galgenbuckel" in den Sandhausener Dünen. -Beih. Veröff. Naturschutz Landsch.pfl. Bad.-Württ. 80: 187-210. Karlsruhe.

BAUER, J. J. (1991): Gemsen im Schwarzwald. -Die Pirsch 17: 25-29.

BAUMANN, B. & W. (1992): Ergänzungen zu Band 1 und 2 von Sebald, Seybold und Philippi: Die Farn- und Blütenpflanzen Baden-Württembergs. -Jh. Ges. Naturkde. Württ. 147: 59-74. Stuttgart.

BAUMANN, W. (1937): Immendingen. Geschichte eines ehemaligen reichsritterschaftlichen Fleckens. 335 S. Karlsruhe.

BAUMGARTNER, A. (1960): Gelände und Sonnenstrahlung als Standortfaktor am Gr. Falkenstein (Bayerischer Wald). -Forstwiss. Cbl. 79: 286-297. Hamburg u. Berlin.

BEHRE, K.-E. (1962): Pollen- und diatomeenanalytische Untersuchungen an letztinterglazialen Kieselgurlagern der Lüneburger Heide. -Flora 152: 325-370. Jena.

BEIRAT FÜR NATURSCHUTZ UND LANDSCHAFTSPFLEGE BEIM BMU (1995): Naturschutzforschung und -lehre: Situation und Forderungen. -Natur u. Landschaft 70: 5-10.

BENSE, G. (1988): Botanische Kartierung während der Vegetationsperiode 1988 auf der Gemarkung Trochtelfingen im Auftrag des Bund Naturschutz Alb-Neckar. 106 S. Unveröffentlichtes Manuskipt. Mössingen.

BERTOG, H. (1925): Kulturgeschichte über die Eibe. -Mitt. Dt. Dendrol. Ges. 28: 331-332.

BEUG, H.-J. (1964): Untersuchungen zur spät- und postglazialen Vegetationsgeschite im Gardaseegebiet unter besonderer Berücksichtigung der mediterranen Arten. -Flora 154: 401-444. Jena.

BIEDERBICK, K.-H. (1991): Untersuchungen zur reliefbedingten Variation von Vegetation und Standort. -Diss. Bot. 176. 189 S. Berlin und Stuttgart.

BIERZYCHUDEK, P. (1981): Pollinator Limitation of Plant Reproduktive Effort. -Am. Nat. 117: 838-840. Chicago.

BLUME, H.-P. (1968): Stauwasserböden. Vergleichende Untersuchungen über Entstehung und Standortseigenschaften von Waldböden mit und ohne Wasserstau und zugleich ein Beitrag zur Kenntnis der Böden Baden-Württembergs, Ostholsteins sowie der Dänischen Inseln. -Arbeiten der Universität Hohenheim (Landwirtschaftliche Hochschule), Bd. 42. 242 S. Verlag Eugen Ulmer. Stuttgart.

BOBBINK, R.; BIK, L.; WILLEMS, J.H. (1988): Effects of Nitrogen Fertilisation on Vegetation Structure and Dominance of *Brachypodium pinnatum* (L.) Beauv. in Chalk Grasslands. -Acta Bot. Neerl. 37: 231-242. Amsterdam.

BOGENRIEDER, A. (1989): Methoden zur Erfassung abiotischer Faktoren. S. 26-41. In: MÜHLENBERG, M. (1989): Freilandökologie. 2. Aufl. 431 S. UTB 595. Quelle & Meyer. Heidelberg und Wiesbaden.

BOGENSCHÜTZ, R. (1994): Vegetation der Traufflächen im Weißjura der Südwestalb im Forstamt Hechingen. Unveröffentlichte Diplomarbeit. Waldbauinstitut der Universität Freiburg. 63 S. u. 2 Tab.

BOGNER, W. (1968): Experimentelle Prüfung von Waldbodenpflanzen auf ihre Ansprüche an die Form der Stickstoff-Ernährung. -Mitt. Ver. Forstl. Standortkde. Forstpfl.züchtg. 18: 3-45. Stuttgart.

BOGON, K. (1990): Landschnecken. Biologie - Ökologie - Biotopschutz. 406 S. Augsburg.

BOND, W. J.; STOCK, W. D. (1989): The Cost of Leaving Home: Ants Disperse Myrmecochorous Seeds to Low Nutrient Sites. -Oecologia 81: 412-417. Berlin.

BORTZ, J.; LIENERT, G. A.; BOEHNKE, K. (1990): Verteilungsfreie Methoden in der Biostatistik. 939 S. Springer-Verlag. Berlin u.a.

BOSCH, R. (1981): Erfahrungen und Aussichten des Pappelanbaus im Forstbezirk Rastatt. -AFZ 36: 355-358. München.

BRADLER, E. (1931): Die Eibenschätze des Eichsfeldes. - Naturschutz 12: 227-229.

BRANDL, H. (1992): Entwicklungen und Tendenzen in der Forstgeschichte seit Ende des 18. Jahrhunderts. -Mitt. Forstl. Versuchs- u. Forschungsanstalt Bad.-Württ. 166. 46 S. Freiburg i. Br.

BRAUN-BLANQUET, J. (1964): Pflanzensoziologie. 3. Aufl. 865 S. Wien u. New York.

BRESINSKY, A. (1959): Die Vegetationsverhältnisse der weiteren Umgebung Augsburgs. -Ber. Nat.forsch. Ges. Augsb. 11. 234 S. Augsburg.

BRESINSKY, A. (1962): Wald und Heide vor den Toren Augsburgs. Zerfall berühmter Naturschutzgebiete. -Jb. Ver. Schutze Alpenpfl. u. -Tiere 27: 125-141. Ohne Ort.

BRESINSKY, A. (1965): Zur Kenntnis des circumalpinen Florenelementes im Vorland nördlich der Alpen. -Ber. Bay. Bot. Ges. 38: 5-67. München.

BRESINSKY, A. (1966): Naturschutzgebiet "Kissinger Heide". -Jb. Ver. Schutze Alpenpfl. und -Tiere 31: 165-171. Ohne Ort.

BREUNIG, T. (1994): Flora und Vegetation der Sandhausener Dünen "Pferdstrieb" und "Pflege Schönau-Galgenbuckel". -Beih. Veröff. Naturschutz Landsch.pfl. Bad.-Württ. 80: 29-95. Karlsruhe.

BRIEMLE, G. (1988): Ist eine Schafbeweidung von Magerrasen der Schwäbischen Alb notwendig? -Veröff. Naturschutz Landschaftspfl. Bad.-Württ. 63: 51-67. Karlsruhe.

BRIEMLE, G.; EICKHOFF, D.; WOLF, R. (1991): Mindestpflege und Mindestnutzung unterschiedlicher Grünlandtypen aus landschaftsökologischer und landeskultureller Sicht. -Beih. Veröff. Naturschutz Landsch.pfl. Bad.-Württ. 60. 160 S. Karlsruhe.

BRIEMLE, G.; ELLENBERG, H. (1994): Zur Mahdverträglichkeit von Grünlandpflanzen. Möglichkeiten der praktischen Anwendung von Zeigerwerten. -Natur u. Landschaft 69: 139-147.

BROCK, C. (1904): Ist die wildwachsende Eibe (*Taxus baccata* L.) als eine im deutschen Wald aussterbende Holzart zu betrachten? - AFJZ 80: 47-51. Frankfurt/Main.

BRÜLHART, A. (1983): Die Bedeutung von Entwässerungsmaßnahmen in der forstlichen Praxis.-Schweizerische Zeitschrift für Forstwesen 134: 771 - 775.

BRUNET, J. (1991): Die Vegetation der Erlenbruchwälder in Schonen (Südschweden). -Tuexenia 11: 269-291. Göttingen.

BRZOSKA, F. (1937): Ökologische Untersuchungen im v. Keudellschen Naturschutzgebiet Bellinchen a. d. O. und Umgebung unter besonderer Berücksichtigung der osmotischen Werte. -Beiträge zur Naturdenkmalpflege 16: 129-175. Neudamm.

BÜCKING, W. (1993): Möglichkeiten des Schutzes von Mooren und Missen durch Bann- und Schonwälder. S. 535-544. In: ZIMMERMANN, P. (Hrsg.) (1993): Missen im Landkreis Calw (2). Verbreitung der Missen. Fauna, Flora und Vegetation. Schutz und Entwicklung. -Beih. Veröff. Naturschutz Landschaftspfl. Bad.-Württ. 73. 566 S. Karlsruhe.

BÜHLER, A. (1922): Der Waldbau nach wissenschaftlicher Forschung und praktischer Erfahrung. Ein Hand- und Lehrbuch. Bd. 2. Verlag Eugen Ulmer. Stuttgart.

BÜRGER, R. (1988): Veränderungen der Bodenvegetation in Wald- und Forstgesellschaften des mittleren und südlichen Schwarzwaldes. -Projekt Europäisches Forschungszentrum für Maßnahmen zur Luftreinhaltung (PEF). Forschungsbericht KfK-PEF 52: 163 S. u. Anhang u. Beilage. Karlsruhe.

BUHR, H. (1964/1965): Bestimmungstabellen der Gallen (Zoo- und Phytocecidien) an Pflanzen Mittel- und Nordeuropas. Bd. 1 (1964), Bd. 2 (1965). 1572 S. u. 25 Tafeln. Jena.

BURCKHARDT, P. (1911): Anbauversuche mit der Eibe. -Forstwiss. Cbl. 33: 457-468. Hamburg u. Berlin.

BURSCHEL, P. (1975). Schalenwildbestände und Leistungsfähigkeit des Waldes als Problem der Forst- und Holzwirtschaft aus der Sicht des Waldbaus. -AFZ 30: 214-221. München.

BURSCHEL, P.; HUSS, J. (1987): Grundriß des Waldbaus. Ein Leitfaden für Studium und Praxis. 352 S. Verlag Paul Parey. Hamburg u. Berlin.

CAMPBELL, D. R. (1985): Pollinator Sharing and Seed Set of *Stellaria pubera*: Competition for Pollination. -Ecology 66: 544-553.

CARBIENER, R. (1974): Die linksrheinischen Naturräume und Waldungen der Schutzgebiete von Rhinau und Daubensand (Frankreich): eine pflanzensoziologische und landschaftsökologische Studie. -Natur- und Landschaftsschutzgebiete Baden-Württembergs 7: 438-535. Ludwigsburg.

CLAUSEN, W. (1974): Zur Geschichte und Vegetation ostholsteinischer Stockausschlagwälder. -Mitt. AG Geobot. Schl.-Holst. u. Hamburg 24. 125 S. Kiel.

CHRIST, H. (1912): Die Eiben von Pregassona (Über den größten Eibenbestand im Kt. Tessin). -Schweiz. Z. Forstwes. 63: 307-308.

COCH, T. (1995): Waldrandpflege. Grundlagen und Konzepte. 240 S. Neumann Verlag. Radebeul.

COCH, T.; EWALD, K. (1992): Auen als Lebensraum. S. 22-42. In: GALLUSSER, W. A.; SCHENKER, A. (Hrsg.) (1992): Die Auen am Oberrhein. Ausmaß und Perspektiven des Landschaftswandels am südlichen und mittleren Oberrhein seit 1800. Eine umweltdidaktische Aufarbeitung. 192 S. Birkhäuser Verlag. Basel u. a.

CONWENTZ, H. (1892): Die Eibe in Westpreussen, ein aussterbender Waldbaum. -Abhandl. z. Landeskunde Provinz Westpreußen 3. 67 S. Danzig.

CONWENTZ, H. (1895): Über einen untergegangenen Eibenhorst im Steller Moor bei Hannover. -Ber. Dt. Bot. Ges. 13: 402-409.

CONWENTZ, H. (1912): Mitteilungen übr die Eibe, besonders über die Dichtigkeit ihres Auftretens. -Bot. Jahrbücher f. System., Pfl.gesch. u. Pfl.geogr. 46: 46-50.

CONWENTZ, H. (1921): Über zwei subfossile Eibenhorste bei Christiansholm, Kreis Rendsburg. -Ber. Dt. Bot. Ges. 39: 384-390.

CRUDEN, R. W. (1977): Pollen-Ovule Ratios: A Conservative Indicator of Breeding Systems in Flowering Plants. -Evolution 31: 32-46.

CZARNETZKI, A. (1983): Zur Entwicklung des Menschen in Südwestdeutschland. S. 217-240. In: MÜLLER-BECK, H. (Hrsg.) (1983): Urgeschichte in Baden-Württemberg. 546 S. Stuttgart.

DIERSCHKE, H. (1968): Zur synsystematischen und syndynamischen Stellung einiger Calthion-Wiesen mit *Ranunculus auricomus* L. und *Primula elatior* (L.) Hill im Wümme-Gebiet. -Mitt. Flor.-soz. AG N.F. 13: 59-70. Todenmann/Rinteln.

DIERSCHKE, H. (1979): Laubwald-Gesellschaften im Bereich der Unteren Aller und Leine (Nordwest-Deutschland). -Documents phytosociologiques N.S. 4: 235-252. Lille.

DIERSCHKE, H. (1981): Schutz der letzten Reste europäischer Auenwälder. -Natur u. Landschaft 56: 303-304.

DIERßEN, B. & DIERßEN, K. (1984): Vegetation und Flora der Schwarzwaldmoore. -Beih. Veröff. Naturschutz Landschaftspfl. Bad.-Württ. 39. 512 S. Karlsruhe.

DIERßEN, K. (1983): Rote Liste der Pflanzengesellschaften Schleswig-Holsteins. -Schr.reihe Landesamt Natursch. u. Landschaftspfl. Schl.-Holst. 6. 159 S. u. 10 Tafeln. Kiel

DIERßEN, K. (1986): Einige grundsätzliche Überlegungen zur Regionalisierung Roter Listen gefährdeter Pflanzenarten. S. 75-84. In: Rote Listen von Pflanzengesellschaften, Biotopen und Arten. -Schr.Reihe Veg.kde. 18. 166 S. Bonn-Bad Godesberg.

DIETERICH, V. (1924): Waldbauliche Erhebungen in missigen Beständen des Schwarzwaldes (oberen Buntsandsteins). -AFJZ 100: 434 - 448. Frankfurt/Main.

DIETZ, P.; KNIGGE, W.; LÖFFLER, H. (1984): Walderschließung. Ein Lehrbuch für Studium und Praxis unter besonderer Berücksichtigung des Waldwegebaus. 426 S. Verlag Paul Parey. Hamburg u. Berlin.

DILGER, R.; SPÄTH, V. (1988): Konzeption natur- und landschaftsschutzwürdiger Gebiete der Rheinniederung des Reg.-Bez. Karlsruhe ("Rheinauenschutzgebietskonzeption"). -Materialien zum Integrierten Rheinprogramm 1. 2. Aufl., 178 S. u. 3 Karten. Karlsruhe.

DINTER, W. (1982): Waldgesellschaften der Niederrheinischen Sandplatten. -Diss. Bot. 64. 111 S. u. Anhang. Vaduz.

DIXON J. M. (1982): Biological Flora of the British Isles. *Sesleria albicans* Kit. ex Schultes (Jacq.) Wettst. -J. Ecol. 70: 667-684. Oxford.

DÖRING, U. (1987): Zur Feinstruktur amphibischer Erlenbruchwälder. Kleinstandörtliche Differenzierungen in der Bodenvegetation des Carici elongatae-Alnetum im Hannoverschen Wendland. -Tuexenia 7: 347-366. Göttingen.

DÖRING-MEDERAKE, U. (1991): Feuchtwälder im nordwestdeutschen Tiefland; Gliederung - Ökologie - Schutz. -Scripta Geobot. 19. 122 S. u. Anhang. Göttingen.

DOPF, K. (1934): Ein aussterbender Waldbaum. -AFJZ 110: 209-211. Frankfurt/Main.

DOUST, L. L. (1981): Population Dynamics and Local Specialization in a Clonal Perennial (*Ranunculus repens*). I. The Dynamics of Ramets in Contrasting Habitats. -J. Ecol. 69: 743-755. Oxford.

DRESCHER, W. (1987): Staatliches Forstamt Schönau im Schwarzwald. Gemeindewald-Forstamt mit naturnaher Mischbestandeswirtschaft im Mittelgebirge. -AFZ 42: 589-594. München.

DRESCHER, W. (1989): Der Wald im Belchengebiet. S. 481-536. In: LFU (Hrsg.) (1989): Der Belchen. Geschichtlich-naturkundliche Monographie des schönsten Schwarzwaldberges. -Natur- und Landschaftsschutzgebiete Bad.-Württ. 13: 1320 S. Karlsruhe.

DRING, M. J.; FROST, L. C. (1971): Studies of *Ranunculus ophioglossifolius* in Relation to its Conservation at the Badgeworth Nature Reserve, Gloucestershire, England. -Biol. Cons. 4: 48-56.

EBERT, G.; RENNWALD, E. (Hrsg.) (1991): Die Schmetterlinge Baden-Württembergs. Bd.1: Tagfalter I, 552 S; Bd. 2: Tagfalter II, 535 S. Stuttgart.

EBERT, G.; HIRNEISEN, N.; KRELL, F.-T.; MÖRTTER, R.; RATZEL, U.; SIEPE, A.; STEINER, A.; TRAUB, B. (1994): Die Schmetterlinge Baden-Württembergs. Bd. 4: Nachtfalter II. 535 S. Stuttgart.
EDER, R. (1982): Forstwirtschaft aus der Sicht des amtlichen Naturschutzes. -Laufener Seminarbeiträge 8: 35-42. Laufen/Salzach.
EDER, W. (1989): Bedeutung und Bewirtschaftung der Stockausschlagwälder im Binger Wald. -AFZ 44: 319-320. München.
EDLIN, H.L. (1965): A Modern Silva or a Discourse of Forest Trees; 13. Yew: *Taxus baccata* L. -Quart. Journal of Forestry 59.2: 113-121. London.
EGE, E. (1928): Die Geschichte des Dorfes Zimmerholz im Hegau. 132 S. Konstanz.
EGLOFF, T. (1983): Der Phosphor als primär limitierender Nährstoff in Streuwiesen (Molinion). -Ber. Geobot. Inst. ETH, Stiftung Rübel 50: 119-148. Zürich.
EICHENBERG, K. (1929): Deutschlands größter Eibenwald. -Mitt. Dt. Dendrol Ges. 41: 385-386.
ELLENBERG, H(EINZ) (1982): Vegetation Mitteleuropas mit den Alpen in ökologischer Sicht. 3. Aufl., 989 S. Verlag Eugen Ulmer. Stuttgart.
ELLENBERG, H(EINZ); KLÖTZLI, F. (1972): Waldgesellschaften und Waldstandorte der Schweiz. -Mittl. Schweiz. Anstalt Forstl. Versuchswesen 48: 587-930 u. 2 Beilagen. Zürich.
ELLENBERG, H(EINZ); WEBER, H. E.; DÜLL, R.; WIRTH, V.; WERNER, W.; PAULIßEN, D. (1991): Zeigerwerte von Pflanzen in Mitteleuropa. -Scripta Bot. 18. 248 S. Göttingen.
ELLENBERG, H(ERMANN) (1983): Gefährdung wildlebender Pflanzenarten in der Bundesrepublik Deutschland. Versuch einer ökologischen Betrachtung. -Forstarchiv 54: 127-133. Hannover.
ELLENBERG, H(ERMANN) (1985): Veränderungen der Flora Mitteleuropas unter dem Einfluss von Düngung und Immissionen. -Schweiz. Z. Forstwes. 136: 19-39.
ELLENBERG, H(ERMANN) (1986): Veränderungen von Artenspektren unter dem Einfluß von düngenden Immissionen und ihre Folgen. -AFZ 41: 466-467. München.
ELLENBERG, H(ERMANN) (1987): Fülle - Schwund - Schutz: Was will der Naturschutz eigentlich? Über Grenzen des Naturschutzes in Mitteleuropa unter den derzeitigen Rahmenbedingungen. -Verh. Ges. Ökologie 16: 449-459. Göttingen.
ELLENBERG, H(ERMANN) (1989): Eutrophierungsveränderungen der Waldvegetation: Folgen und Rückwirkungen durch Rehwildverbiß. -Verh. Ges. Ökologie 17: 425-435. Göttingen.
ERHARDT, A. (1991): Pollination of *Dianthus superbus* L. -Flora 185: 99-106. Jena.
ERZ, W. (1986): Ökologie oder Naturschutz? Überlegungen zur terminologischen Trennung und Zusammenführung. -Ber. ANL 10: 11-17. Laufen/Salzach.
ESKUCHE, U. (1978): Bodenwasserhaushalt von Wäldern in der Westfälischen Bucht und im Wesergebiet nördlich von Minden. -Schr.reihe Landesanstalt f. Wasser u. Abfall d. Landes Nordrhein-Westfalen 37. 63 S. u. Anhang.
ETTER, H. (1947): Über die Waldvegetation am SO-Rand des Schweizer Mittellandes. -Mittl. Schweiz. Anstalt Forstl. Versuchswesen 25: 141-210. Zürich.
FEARN, G. M. (1973): Biological Flora of the British Isles. *Hippocrepis comosa* L. -J. Ecol. 61: 915-926. Oxford.
FEUCHT, O. (1924): Neues von Mooren und Missen. -Silva 12: 297 - 298.
FINK, H. G.; VIBRANS, H.; VOLLMER, I. (1992): Synopse der Roten Listen Gefäßpflanzen. Übersicht der Roten Listen für Farn- und Blütenpflanzen der Bundesländer, der Bundesrepublik Deutschland (vor dem 3. Oktober 1990) sowie der ehemaligen Deutschen Demokratischen Republik. -Schr.Reihe Vegetationskde. 22. 262 S. Bonn-Bad Godesberg.
FIRBAS, F. (1952): Spät- und nacheiszeitliche Waldgeschichte Mitteleuropas nördlich der Alpen. 2 Bde. Gustav Fischer Verlag. Jena.
FISCHER, A. (1987): Untersuchungen zur Populationsdynamik am Beginn von Sekundärsukzessionen. -Diss. Bot. 110. 234 S. Berlin u. Stuttgart.
FISCHER, A. (1992): Welche Bedeutung haben Rote Listen für den Artenschutz im Wald? Eine kritische Würdigung. Forstwiss. Cbl. 111: 225-235. Hamburg u. Berlin.
FISCHER, G. (1954): Die Eibe (*Taxus baccata* L.) und ihr Vorkommen im Forstbezirk Wehingen. -Referendararbeit an der FD Tübingen. 37 S.
FISCHER, R. (1992): Blütenwunder als Folge eines Brandes im Schwarzföhrenforst. -Jb. Ver. Schutz Bergwelt 57: 131-174. Ohne Ort.
FRAHM, J.-P.; FREY, W. (1983): Moosflora. 522 S. Stuttgart.
FRANKE, A. (1990): Erhaltung forstlicher Gen-Ressourcen in Baden-Württemberg. -Mitt. Verein Forstl. Standortskunde und Forstpflanzenzüchtung 35: 79-84. Stuttgart.
FRENZEL, B. (1978): Die Vegetationsgeschichte von Süddeutschland im Eiszeitalter. S. 91-165. In: MÜLLER-BECK (Hrsg.) (1983): Urgeschichte in Baden-Württemberg. 546 S. Stuttgart.
FRIEND, D. T. C. (1961): A Simple Method of Measuring Integrated Light Values in the Field. -Ecology 42: 577-580.
FRITZ, W. (1978): Die Vegetation am Villinger "Tannhörnle" - ein Modell der hallstattlichen Vegetation am Westrand der Baar. -Schr. Ver. Gesch. Naturgesch. Baar 32: 36-60. Donaueschingen.
FÜLLEKRUG, E. (1968/69): Phänologische Diagramme von Glatthaferwiesen und Halbtrockenrasen. -Mitt. Flor.-soz. AG N.F. 13/14: 255-273.
FUKAREK, F. (1961): Die Vegetation des Darß und ihre Geschichte. -Pflanzensoziologie 12. 321 S., 28 Tafeln u. 2 Vegetationskarten. Jena.

FULDNER, R. (1990): Fremdländeranbau in Deutschland. -AFZ 45: 967-968. München.
GAGGERMEIER, H. (1991): Die Waldsteppenpflanze *Adenophora liliifolia* (L.) A. DC. in Bayern. Zur Kenntnis der Biologie, Ökologie, Verbreitung, Gefährdung und des Schutzes einer vom Aussterben bedrohten Wildpflanze. -Hoppea 50: 287-322. Regensburg.
GAßNER, G; GATTER, W.; KIRCHNER, H.; KÜNKELE, G.; NAU, G.; SCHILLING, F.; SCHMID, F. (1991): Stellungnahme der Naturschutzverbände zum Schutz der Flora und Fauna auf den Felsen der Schwäbischen Alb. 8 S. u. 7 S. Anlagen. Ohne Ort.
GAUCKLER, K. (1938): Steppenheide und Steppenheidewald der Fränkischen Alb in pflanzensoziologischer, ökologischer und geographischer Betrachtung. -Ber. Bay. Bot. Ges. 23: 5-134. München.
GAUCKLER, K. (1966): Der Amethystschwingel, neu für das Regensburger, Eichstätter und Erlanger Florengebiet. -Hoppea 20: 15-22. Regensburg.
GAUCKLER, K. (1970): Einstrahlungen der Alpenflora in die Fränkische Alb. -Jb. Ver. Schutze Alpenpfl. u. -Tiere 35: 36-46. Ohne Ort.
GAYER, E. (1931): Nadelholzwirtschaft in Buntsandsteinhochlagen des südlichen Schwarzwaldes. -AFJZ 107: 409 - 419. Frankfurt/Main.
GAYER, J. (1930): Die Eibe im Bankonyer Wald. -Mitt. Dt. Dendrol Ges. 42: 353-355.
GEYER, O. F.; GWINNER, M. (1991): Geologie von Baden-Württemberg. 4. Aufl., 482 S. E. Schweizerbart'sche Verlagsbuchhandlung. Stuttgart.
GÖTTLICH, K.; WERNER, J. (1968): Zur Flußgeschichte der Lauchert (mit Bemerkungen zur "13-m-Terrasse" der Donau). -Jber. u. Mitt. oberrh. geol. Ver. 50: 115-126. Stuttgart.
GÖTZ, V. (1977): Pflege von Wacholderheiden auf der Münsinger Alb. -Mitt. Ver. Forstl. Standortsk. u. Forstpflzüchtung 26: 49-54. Stuttgart.
GOLDBERG, D. E.; WERNER, P. A. (1983): The Effects of Size of Opening in Vegetation and Litter Cover on Seedling Establishment of Goldenrods (*Solidago* spp.). -Oecologia 60: 149-155. Berlin.
GÖRS, S. (1969): Die Vegetation des Landschaftsschutzgebietes Kreuzweiher im württembergischen Allgäu. -Veröff. Landesstelle Naturschutz u. Landschaftspfl. Bad.-Württ. 37: 7-61.
GRADMANN, R. (1936): Das Pflanzenleben der Schwäbischen Alb. Bd. 2. 3. Aufl. Stuttgart.
GRAMMEL, R. (1988): Holzernte und Holztransport: Grundlagen. 242 S. Verlag Paul Parey. Hamburg u. Berlin.
GREIG-SMITH, J.; SAGAR, G.R. (1981): Biological Causes of Local Rarity in *Carlina vulgaris*. S. 389-400. In: SYNGE, H. (ed.): The Biological Aspects of Rare Plant Conservation. Chichester.
GRIME, J. P. (1979): Plant Strategies and Vegetation Processes. 222 p. John Wiley & Sons. Chichester a.o.
GRIME, J. P.; HUNT, R. (1975): Relative Growth-Rate: Its Range and Adaptive Significance in a Local Flora. -J. Ecol. 63: 393-422. Oxford.
GRIME, J. P.; HODGSON, J. G.; HUNT, R. (1988): Comparative Plant Ecology. A Functional Approach to Common British Species. 697 p. Unwin Hyman. London.
GRIMME, A. (1958): Flora von Nordhessen, *Taxus baccata* L. S. 8-9. Kassel.
GROSCHOPF, P. (1961): Zur Flußgeschichte der Blau im Quartär. -Jber. u. Mitt. oberrh. geol. Ver. 43: 105-112. Stuttgart.
GROSS, H. (1933): Die Eibe in Ostpreußen. -Beih. Bot. Zentralblatt 50: 552-576.
GROSS, K. L. (1990): A Comparison of Methods for Estimating Seed Numbers in the Soil. -J. Ecol. 78: 1079-1093. Oxford.
GULSKI, M. (1985): Landschaftsökologische Untersuchungen im Hellbachtal (Kreis Herzogtum Lauenburg). -Mitt. AG Geobot. Schleswig-Holst. u. Hamburg 35. 109 S. u. Anhang. Kiel.
GUTHÖRL, V. (1991): Rehwildverbiß und Waldvegetation. -AFZ 46: 175-177. München.
HABBE, K. A. (1994): Das deutsche Alpenvorland. S. 439-475. In: LIEDTKE, H.; MARCINEK, J. (1994): Physische Geographie Deutschlands. 559 S. Justus Perthes Verlag. Gotha.
HÄCKEL, H. (1990): Meteorologie. 2. Aufl. 402 S. UTB 1338. Eugen Ulmer Verlag. Stuttgart.
HÄDRICH, F.; STAHR, K. (1989): Entwicklung, Eigenschaften und Verbreitung der Böden. S. 393-418. In: LFU (Hrsg.) (1989): Der Belchen. Geschichtlich-naturkundliche Monographie des schönsten Schwarzwaldberges. -Natur- und Landschaftsschutzgebiete Bad.-Württ. 13. 1320 S. Karlsruhe.
HÄRDTLE, W. (1989): Potentielle natürliche Vegetation. Ein Beitrag zur Kartierungsmethode am Beispiel der Topographischen Karte 1623 Owschlag. -Mitt. AG Geobot. Schleswig-Holst. u. Hamburg 40. 72 S. u. 1 Karte. Kiel.
HÄRDTLE, W. (1995): Vegetation und Standort der Laubwaldgesellschaften (Querco-Fagetea) im nördlichen Schleswig-Holstein. -Mitt. AG Geobot. Schleswig-Holst. u. Hamburg 48. 441 S. u. Tabellenband. Kiel.
HAEUPLER, H.; SCHÖNFELDER, P. (1988): Atlas der Farn- und Blütenpflanzen der Bundesrepublik Deutschland. 768 S. Stuttgart.
HAFNER, A. (1991): Missen im Landkreis Calw (1). Floristisch-faunistische Erhebungen im "Heselwasen". -Beih. Veröff. Naturschutz Landschaftspfl. Bad.-Württ. 62. 128 S. Karlsruhe.
HAGEN VON, E. (1994): Hummeln: bestimmen, ansiedeln, vermehren, schützen. 320 S. Naturbuch Verlag. Augsburg.
HAHN, W. (1968): Erläuterungen zu Blatt 7920 Leibertingen. 106 S. u. 1 Beilage. Stuttgart.
HAKES, W. (1987): Einfluß von Wiederbewaldungsvorgängen in Kalkmagerrasen auf die floristische Artenvielfalt und Möglichkeiten der Steuerung durch Pflegemaßnahmen. -Diss. Bot. 109. 151 S. Berlin u. Stuttgart.

HAMMEL, S. (1994): Thermophile Pechnelken-Saumgesellschaften (*Lychnis viscaria*-Säume) im Stromberg. -Jh. Ges. Naturkde. Württemberg 150: 77-92. Stuttgart.

HANTKE, R. (1984): Vermochten an nie vereisten Lagen des Randen (Kanton Schaffhausen und badische Grenzgebiete) jüngsttertiäre Florenrelikte die Eiszeiten zu überdauern? -Eclogae geol. Helv. 77: 707-719. Basel.

HARLFINGER, O. (1989): Witterung und Klima des Belchengebietes. S. 419-440. In: LFU (Hrsg.) (1989): Der Belchen. Geschichtlich-naturkundliche Monographie des schönsten Schwarzwaldberges. -Natur- und Landschaftsschutzgebiete Bad.-Württ. 13. 1320 S. Karlsruhe.

HARMS, K. H.; PHILIPPI, G.; SEYBOLD, S. (1983): Verschollene und gefährdete Pflanzen in Baden-Württemberg. Rote Liste der Farne und Blütenpflanzen (Pteridophyta et Spermatophyta). 2. Fassung. -Beih. Veröff. Naturschutz Landsch.pfl. Bad.-Württ. 32. 160 S. Karlsruhe.

HARPER, J. L. (1990): Population Biology of Plants. 892 p. 8 Edition. London a.o.

HARVEY, H. J.; MEREDITH, T. C. (1981): Ecological Studies of *Peucedanum palustre* and their Implications for Conservation Management at Wicken Fen, Cambridgeshire. In: SYNGE, H. (ed.): The Biological Aspects of Rare Plant Conservation. Chichester.

HASEL, K. (1985): Forstgeschichte. Ein Grundriß für Studium und Praxis. 258 S. Paul Parey Verlag. Hamburg u. Berlin.

HAUFF, R. (1965): Die Bodenvegetation älterer Fichtenbestände auf aufgeforsteten Schafweiden der Mittleren Alb. -Mitt. Ver. Forstl. Standortkde. Forstpfl.züchtg. 15: 39-43. Stuttgart.

HAUFF, R.; SEBALD, O. (1977): Erläuterungen zur vegetationskundlichen Karte 1:25000 Blatt 7818 Wehingen. 53 S. u. 5 Beilagen. Stuttgart.

HAUPT, R. (1984): Die Eibe in Thüringen. Verbreitung, Ökologie, Schutz. -Landschaftspflege und Naturschutz in Thüringen 21: 1-16.

HAYEN, H. (1960): Vorkommen der Eibe (*Taxus baccata* L.) in oldenburgischen Mooren. -Oldenburger Jahrbücker 59.2: 51-67.

HEGI, G. (1926): Illustrierte Flora von Mitteleuropa. Bd. 5, 2. Teil. München.

HEGI, G. (1961): Illustrierte Flora von Mitteleuropa. Bd. 4, 2. Aufl., 448 S. München.

HEGI, G. (1990): Illustrierte Flora von Mitteleuropa Bd. I, 2. Taxaceae. S. 127-134. Hamburg u. Berlin.

HEHER, C. (1906): Der Waldbau oder die Forstproduktenzucht. Bd. 1, 528 S., 5. Aufl. Leipzig u. Berlin.

HEINKEN, T. (1988): Bemerkenswerte Pflanzengesellschaften der Feuchtgebiete im Raum Eddesse-Plockhorst bei Peine (Ostniedersachsen). -Beitr. Naturk. Niedersachsens 41: 241-257. Osnabrück.

HENNINGSEN, D.; KATZUNG, G. (1992): Einführung in die Geologie Deutschlands. 4. Aufl., 228 S. u. 20 S. Anhang. Ferdinand Enke Verlag. Stuttgart.

HEUSON, R. (1947): Bodenkultur der Zukunft. 2. Aufl. 95 S. Siebeneicher Verlag. Berlin.

HILF, R. (1925): Die Eibenholzmonopole des 16. Jahrhunderts. -Vierteljahrsschrift für Sozial- und Wirtschaftsgeschichte 18: 183-191.

HÖLZER, A. (1978): Vegetations- und standortskundliche Untersuchungen am Kaiserberg bei Bruchsal. -Beitr. naturk. Forsch. SW-Dtschl. 37: 55-92. Karlsruhe.

HOFMANN, E. (1924): Pflanzenreste der Mondseer Pfahlbauten. -Österr. Sitzungsbericht Akad. Wissensch. S. 379-404. Wien.

HOFMANN, G. (1958): Die eibenreichen Waldgesellschaften Mitteldeutschlands. -Archiv f. Forstwesen 7: 502-588.

HOFMANN, J. (1970): Die Veränderung in der früheren und heutigen Verbreitung der Eiben in Böhmen von ökologischen Gesichtspunkten. -Preslia 42.2: 170-183.

HOFMEISTER, H. (1970): Pflanzengesellschaften der Weserniederung oberhalb Bremens. -Diss. Bot. 10. 116 S. u. Anhang. Lehre.

HOOPS, J. (1905): Waldbäume und Kulturpflanzen im germanischen Altertum. 689 S. Straßburg.

HUBER, B. (1993): Vom Altersklassenwald zum Plenterwald. -AFZ 48: 72-73. München.

HUBER, W. (1992): Thesen zum Felsenklettern. Konfliktmanagement Naturschutz und Freizeitgestaltung. 22 S. Kornwestheim.

HÜBNER, W. (1989): Die ökologischen Artengruppen nach Schönhar 1954/1988. -Mitt. Ver. Forstl. Standortkde. Forstpfl.züchtg. 34: 25-38. Stuttgart.

HÜGIN, G. (1979): Die Wälder im Naturschutzgebiet Buchswald bei Grenzach. Eine pflanzensoziologisch-bodenkundliche Untersuchung. -Natur- und Landschaftsschutzgebiete Baden-Württembergs 9: 147-155. Karlsruhe.

HÜGIN, G. (1990): Die Mooswälder der Freiburger Bucht. Wahrzeichen einer alten Kulturlandschaft gestern -heute ... und morgen? -Beih. Veröff. Naturschutz Landschaftspfl. Bad.-Würt. 29. 2. Aufl. 88 S. und 11 Beilagen. Karlsruhe.

HÜGIN, G.; HENRICHFREISE, A. (1992): Naturschutzbewertung der badischen Oberrheinaue. Vegetation und Wasserhaushalt des rheinnahen Waldes. -Schr.Reihe Vegetationskde. 24. 48 S. u. 2 Karten. Bonn-Bad Godesberg.

HUGHES, L.; WESTOBY, M. (1992): Fate of Seeds Adapted for Dispersal by Ants in Australian Sclerophyll Vegetation. -Ecology 73: 1285-1299.

HUSS, J. (1982): Forstwirtschaft unter Beachtung aller waldbaulichen und nutzungstechnischen Erfordernisse. -Laufener Seminarbeiträge 8: 20-34. Laufen/Salzach.

IMMER, A.; SCHMIDT, W.; MEIWES, K. J.; BEESE, F. (1993): Langzeitwirkungen von Kalkung und Düngung auf den chemischen Zustand im Oberboden, die Humusformen und die Bodenvegetation in einem Fichtenforst. -Forstw. Cbl. 112: 334-346. Hamburg u. Berlin.

JÄGER, H. (1994): Einführung in die Umweltgeschichte. 245 S. Wissenschaftliche Buchgesellschaft. Darmstadt.

JAHN, G. (1992): Zum Stande der Diskussion um die potentielle natürliche Vegetation. -Schriftenreihe Landesanst. Forstwirtschaft Nordrhein-Westfalen 4: 13-28.

JAHN, R. (1957): Forstliche Standortkartierung im Buntsandstein-Hochschwarzwald (Hornisgrindegebiet). -Mitt. Ver. Forstl. Standortkde. Forstpfl.züchtg. 6: 39-56. Stuttgart.

JAHN, S. (1952): Die Wald- und Forstgesellschaften des Hils-Berglandes (Forstamtsbezirk Wenzen). -Angew. Pflanzensoz. 5. 77 S. Stolzenau/Weser.

JANIESCH, P. (1978): Ökophysiologische Untersuchungen von Erlenbruchwäldern. I. Die edaphischen Faktoren. - Oecologia Plantarum 13: 43-57. Paris u. a.

JAUCH, E. (1987): Der Einfluss des Rehwildes auf die Waldvegetation in verschiedenen Forstrevieren Baden-Württembergs. Dissertation an der Universität Hohenheim. 187 S. Hohenheim.

JAUCH, E. (1991): Der Einfluß des Rehwildes auf die Waldvegetation. -AFZ 46: 168-171. München.

JEDICKE, E. (1990): Biotopverbund. Grundlagen und Maßnahmen einer neuen Naturschutzstrategie. 254 S. Eugen Ulmer Verlag. Stuttgart.

JEDICKE, E. (1995): Ressourcenschutz und Prozeßschutz. Diskussion notwendiger Ansätze zu einem ganzheitlichen Naturschutz. -Naturschutz und Landschaftsplanung 27: 125-133.

JEFFREY, D. W.; PIGOTT, C. D. (1973): The Response of Grasslands on Sugar-Limestone in Teesdale to Application of Phosphorus and Nitrogen. -J. Ecol. 61: 85-92. Oxford.

JENNERSTEN, O. (1984): Flower Visitation and Pollination Efficiency of Some North European Butterflies. -Oecologia 63: 80-89. Berlin.

KÄSTNER, A. (1989): Beiträge zur Wuchsformdifferenzierung und systematischen Gliederung von *Teucrium* L. IV. Wuchsformen und Verbreitung von Arten der Verwandtschaftskreise von *T. flavum* und *T. polium* sect. *Chamaedrys*. - Flora 183: 189-224. Jena.

KÄTZLER, W. (Bearb.) (1979): Regionale waldbauliche Übersicht und Richtlinien für die Südwestalb. -Hrsg. Ministerium f. Ern., Landw. u. Umwelt. 47 S. Stuttgart.

KAHLE, P. (1990): Das Eibenvorkommen im Zußdorfer Wald - Kartierung, Zustandserfassung, Pflegevorschläge. - Referendararbeit am Staatlichen Forstamt Ravensburg. 38 S.

KAISER, F. (1989): Waldgeschichte am Feldberg. Dargestellt am Beispiel des Stadtwaldes Todtnau. -AFZ 44: 22-25. München.

KAISER, T. (1991): Der Hainsternmieren-Erlenwald (Stellario nemori-Alnetum glutinosae (Kästner 1938) Lohm. 1957) im ostniedersächsischen Flachland. -Tuexenia 11: 345-354. Göttingen.

KAMPRATH, H. (1990): Forstliches Bewirtschaftungskonzept für die Geißklee-Kiefernwälder und die Orchideenwälder des Naturschutzgebietes "Ramberg-Rehletal". 45 S. Unveröffentlichte Landespflegearbeit. Ohne Ort.

KARIUS, K. (1992): Waldaufbau nach Alter und Baumarten in Baden-Württemberg. -Forst u. Holz 47: 371-375.

KARRON, J. D. (1987): The Pollination Ecology of Co-occurring Geographically Restricted and Widespread Species of *Astragalus* (Fabaceae). Biol. Cons. 39: 179-193.

KAUFMANN, E. (1989): Flora von Tuttlingen vor 150 Jahren und heute. -Tuttlinger Heimatblätter N.F. 52: 76-93. Tuttlingen.

KAULE, G. (1992): Arten- und Biotopschutz. 2. Aufl., 519 S. Eugen Ulmer Verlag. Stuttgart.

KAZDA, M.; VERBÜCHELN, G.; LUWE, M.; BRANS, S. (1992): Auswirkungen von Grundwasserabsenkungen auf Erlenbruchwälder am Niederrhein. -Natur u. Landschaft 67: 283-287.

KERSTING, G. (1991): Allmendweiden im Südschwarzwald - eine vergleichende Vegetationskartierung nach 30 Jahren. 117 S. Stuttgart.

KJELLSSON, G. (1985): Seed Fate in a Population of *Carex pilulifera* L. I. Seed Dispersal and Ant-Seed Mutualism. - Oecologia 67: 416-423. Berlin.

KLÖCK, W. (1990): Forstwirtschaft und Rote Listen. -AFZ 45: 969-972. München.

KLÖTZLI, F. (1965): Qualität und Quantität der Rehäsung in Wald- und Grünlandgesellschaften des nördlichen Schweizer Mittellandes. -Veröff. Geobot. Inst. ETH, Stiftung Rübel 38. 186 S. Zürich.

KLÖTZLI, F. (1976): Grenzen von Laubwäldern in Europa. -Ber. Deutsch. Bot. Ges. 89: 371-380.

KLUG, J. (1989): Ein hallstattzeitlicher Grabhügel in Gosheim, Kreis Tuttlingen. -Tuttlinger Heimatblätter 52: 106-111. Tuttlingen.

KLUMPP, R.; GÜRTH, P. (1988): Die Einbürgerung der Douglasie im Forstbezirk Sulzburg unter Karl Philipp (1897 bis 1910). -AFJZ 159: 12-19. Frankfurt/Main.

KNAPP, H. D. (1976): Zur Verbreitung einiger Waldorchideen in der DDR und angrenzenden Gebieten. -Hercynia N.F. 13: 30-77. Leipzig.

KNAPP, R. (1977): Dauerflächen-Untersuchungen über die Einwirkung von Haustieren und Wild während trockener und feuchter Zeiten in Mesobromion-Halbtrockenrasen in Hessen. -Mitt. Flor.-Soz. AG 19/20: 269-274. Todenmann/Göttingen.

KNAUS, W.; SCHRÖDER, W. (1975): Das Gamswild. Naturgeschichte - Verhalten - Ökologie - Hege und Jagd - Krankheiten. 3. Aufl., 232 S. Paul Parey Verlag. Hamburg u. Berlin.

KNÖRZER, K.-H. (1957): Die Pflanzengesellschaften der Wälder im nördlichen Rheinland zwischen Niers und Nieder-Rhein und experimentelle Untersuchungen über den Einfluß einer Baum-Arten auf ihre Krautschicht. 97 S. Düsseldorf.

KNOERZER, D.; KÜHNEL, U.; THEODOROPOULOS, K.; REIF, A. (1994): Zur Aus- und Verbreitung neophytischer Gehölze in Südwestdeutschland, mit besonderer Berücksichtigung der Douglasie (*Pseudotsuga menziesii*). 17 S. Unveröffentlichter Bericht. Freiburg i. Br.

KÖHLER, A. F. (1839): Tuttlingen. Beschreibung und Geschichte dieser Stadt und ihres Oberamts-Bezirks. Ein merkwürdiger Beitrag zur Vaterlandskunde. 212 S. Nachdruck als Jahrbuch 1965 der Tuttlinger Heimatblätter. Tuttlingen.

KÖHLER, W.; SCHACHTEL, G.; VOLESKE, P. (1992): Biostatistik. Eine Einführung in die Biometrie für Biologen und Agrarwissenschaftler. 255 S. Springer-Verlag. Berlin u.a.

KÖLLING, CHR. (1991): Stickstoffsättigung von Waldökosystemen. -AFZ 46: 513-517. München.

KOHLER, A. (1963): Zum pflanzengeographischen Verhalten der Robinie in Deutschland. -Beitr. naturk. Forsch. SW-Deutschl. 22: 3-18. Karlsruhe.

KORNECK, D. (1960): Der Amethyst-Schwingel (*Festuca amethystina* L. ssp. *eu-amethystina* [SAINT-YVES] KRAJINA var. *genuina* [SAINT-YVES] KRAJINA) im badischen Jura. -Mitt. bad. Landesver. Nat.kde. u. Nat.schutz N.F. 7: 481-483. Freiburg i. Br.

KORNECK, D. (1974): Xerothermvegetation in Rheinland-Pfalz und Nachbargebieten. -Schr.Reihe Vegetationskde. 7. 196 S. u. 149 Tab. Anhang. Bonn-Bad Godesberg.

KORNECK, D. (1984): Anmerkungen und Anregungen zur Abfassung von vegetationskundlichen Veröffentlichungen. -Tuexenia 4: 327-346. Göttingen.

KORNECK, D.; SUKOPP, H. (1988): Rote Liste der in der Bundesrepublik Deutschland ausgestorbenen, verschollenen und gefährdeten Farn- und Blütenpflanzen und ihre Auswertung für den Arten- und Biotopschutz. -Schr.Reihe Vegetationskde. 19. 210 S. Bonn-Bad Godesberg.

KORPEL, S.; PAULE, L. (1976): Das Eibenvorkommen in der Umgebung von Harmanec, Slowakei. -Archiv f. Naturschutz und Landschaftsforschung 10.2: 123-139.

KORSCHELT, P. (1897): Über die Eibe und deutsche Eibenstandorte. -Tharandter Forstl. Jahrbuch 1897: 107-171.

KRAMER, W. (1978): Erläuterungen zu den Standortskarten der Rheinauewaldungen zwischen Mannheim und Karlsruhe. Standortverhältnisse und waldbauliche Möglichkeiten. -Schr.Reihe Landesforstverwaltung Bad.-Württ. 65: 7-264. Stuttgart.

KRAUSE, W. (1940): Untersuchungen über die Ausbreitungsfähigkeit der Niedrigen Segge (*Carex humilis* Leyss.) in Mitteldeutschland. -Planta 31: 91-168.

KRAUSE, W. (1970): Lebende Zeugen nacheiszeitlicher Waldgeschichte in der Baar. -Schr. Ver. Gesch. Naturgesch. Baar 28: 232-259. Donaueschingen.

KRATOCHWIL, A. (1988): Zur Bestäubungsstrategie von *Pulsatilla vulgaris* Mill. -Flora 181: 261-324. Jena.

KREBS, H. (Hrsg.) (1993): Vor und nach der Jägerprüfung. 48. Aufl., 618 S. BLV Verlagsgesellschaft mbH. München.

KREIDLER, H. (1941): Die Schafweiden und Hardte im Kreise Tuttlingen. -Tuttlinger Heimatblätter 34: 13-19. Tuttlingen.

KROBOK, T. (1993): Oberflächliche Kompensationskalkung als Bodenschutzmaßnahme. -AFZ 48: 82-84. München.

KUCERA, L. (1971): Wundgewebe in der Eibe. -Viertelsjahresschrift Naturforsch. Ges. Zürich 116.4: 445-470.

KUHN, K. (1937): Die Pflanzengesellschaften im Neckargebiet der Schwäbischen Alb. -Württ. Landesstelle Naturschutz u. Ver. f. vaterl. Naturkunde Württ. 2: 340 S. Öhringen.

KUHN, N.; AMIET, R.; HUFSCHMID, N. (1987): Veränderungen in der Waldvegetation der Schweiz infolge Nährstoffanreicherungen aus der Atmosphäre. -AFJZ 158: 77-84. Frankfurt/Main.

KWASNITSCHKA, K. (1957): Fichtenwuchsstockung auf dem Buntsandstein des südlichen Ostschwarzwaldes. -Forstwiss. Cbl. 5/6: 133 - 159. Hamburg u. Berlin.

KWASNITSCHKA, K. (1970): Die Waldböden auf Buntsandstein im Baarschwarzwald. -Schr. Ver. Gesch. Nat.gesch. Baar 28: 199-231. Donaueschingen.

LACK, A. J. (1982): The Ecology of Flowers of Chalk Grassland and Their Insect Pollinators. -J. Ecol. 70: 773-790. Oxford.

LANDESANSTALT FÜR ÖKOLOGIE NORDRHEIN-WESTFALEN (1983): Artenhilfsprogramm Eibe. -Merkblätter zum Biotop- und Artenschutz 51. 4 S.

LANDESANSTALT FÜR UMWELTSCHUTZ BADEN-WÜRTTEMBERG (1983): Verschollene und gefährdete Pflanzen in Baden-Württemberg. -Beihefte zu den Veröff. für Naturschutz und Landespflege in B.-W. 32: 1-160.

LANDESANSTALT FÜR UMWELTSCHUTZ BADEN-WÜRTTEMBERG (1991): Flutungen der Polder Altenheim. -Materialien zum Integrierten Rheinprogramm, Bd. 3, Heft 1: Text, Heft 2: Anlagen. Karlsruhe.

LANDESANSTALT FÜR UMWELTSCHUTZ BADEN-WÜRTTEMBERG (1992): Potentielle natürliche Vegetation und Naturräumliche Einheiten als Orientierungsrahmen für ökologisch-planerische Aufgabenstellungen in Baden-Württemberg. -Untersuchungen zur Landschaftsplanung 21. 26 S. u. 1 Karte. Karlsruhe.

LANDESANSTALT FÜR UMWELTSCHUTZ BADEN-WÜRTTEMBERG (1993a): Ökologische Flutungen - Erste Erfolge in den Poldern Altenheim. -Der Oberrhein im Wandel, Heft 6, 2. Aufl., 8 S. Karlsruhe.

LANDESANSTALT FÜR UMWELTSCHUTZ BADEN-WÜRTTEMBERG (1993b): Veränderungen der Auelandschaft am Oberrhein. -Der Oberrhein im Wandel, Heft 9, 16 S. Karlsruhe.

LANDESANSTALT FÜR UMWELTSCHUTZ BADEN-WÜRTTEMBERG (1994): Grundsatzpapier: Auenschutz und Auenrenaturierung im Integrierten Rheinprogramm. -Materialien zum Integrierten Rheinprogramm, Bd. 4, 61 S. Karlsruhe.

LANDESJAGDGESETZ FÜR BADEN-WÜRTTEMBERG (LJG): Fassung vom 20. Dezember 1978. -Gesetzbl. f. Bad.-Württ. 1979 Nr. 1: 12-23. Stuttgart.

LANG, G. (1990): Die Vegetation des westlichen Bodenseegebietes. 2. Aufl., 462 S. Stuttgart u. New York.

LANG, G. (1994): Quartäre Vegetationsgeschichte Europas. Methoden und Ergebnisse. 462 S. Gustav Fischer Verlag. Jena u.a.

LANG, U. (1990): Naturschutzgebiet "Kirchheimer Wasen". Landkreis Ludwigsburg. Der letzte Auenwald am Neckar. - Beih. Veröff. Natursch. Landschaftspfl. Bad.-Württ. 55. 200 S. Karlsruhe.

LANG, W.; WOLFF, P. (Hrsg.) (1993): Flora der Pfalz. Verbreitungsatlas der Farn- und Blütenpflanzen für die Pfalz und ihre Randgebiete. -Veröff. d. Pfälzischen Ges. zur Förderung der Wissenschaften in Speyer 85. 444 S. Speyer.

LANGER, H. (1962): Beiträge zur Kenntnis der Waldgeschichte und Waldgesellschaften Süddeutschlands. -Ber. Nat.forsch. Ges. Augsb. 14. 120 S. Augsburg.

LARCHER, W. (1984): Ökologie der Pflanzen auf physiologischer Grundlage. 403 S. UTB 232. Eugen Ulmer Verlag. Stuttgart.

LARCHER, W.; HOLZNER, M.; PICHLER, J. (1989): Temperaturresistenz inneralpiner Trockenrasen. -Flora 183: 115-131. Jena.

LEMKE, E. (1902): Die Eibe in der Volkskunde. -Zeitschrift d. Vereins f. Volkskund 12: 25-38 und 187-198. Berlin.

LENZ, R.; HABER, W. (1990): Kritische Anmerkungen zur Forstdüngung aus landschaftsökologischer Sicht. -Natur u. Landschaft 65: 382 - 387.

LESER, H.; KLINK, H.-J. (Hrsg.) (1988): Handbuch und Kartieranleitung Geoökologische Karte 1:25 000 (GA GÖK 25). -Forschungen zur Deutschen Landeskunde, Bd. 228, 349 S. Trier.

LEUSCHNER, C. (1989): Zur Rolle von Wasserverfügbarkeit und Stickstoffangebot als limitierende Standortsfaktoren in verschiedenen basiphytischen Trockenrasen-Gesellschaften des Oberelsaß, Frankreich. -Phytocoenologia 18: 1-54. Berlin u. Stuttgart.

LEUTHOLD, C. (1980): Die ökologische und pflanzensoziologische Stellung der Eibe (*Taxus baccata*) in der Schweiz. - Veröff. Geobot. Inst. ETH, Stiftung Rübel 67. 217 S. Zürich.

LEVIN, D. A.; ANDERSON, W. W. (1970): Competition for Pollinators Between Simultaneously Flowering Species. -Am. Nat. 104: 455-467.

LINHARD, H. (1964): Die natürliche Vegetation im Mündungsbereich der Isar und ihre Standortsverhältnisse. -Sonderdruck aus: 24. Ber. Naturwiss. Ver. Landshut. 74 S. u. 56 S. Anhang u. 1 farb. Karte. München.

LITZELMANN, E.-M. (1959): Physiologie und Oekologie der Felsflurvegetation auf dem Isteiner Klotz. -Beitr. naturkdl. Forsch. SW-Deutschl. 18: 144-174.

LIZIUS, M. (1957): Eiben. -Jb. d. Vereins zm Schutze der Alpenpflanzen und -tiere 22: 39-41. Ohne Ort.

LÖTSCHERT, W.; GEORG, A. (1977): Mikroklima und Bodenwasserhaushalt im Jurineo-Koelerietum des Mainzer Sandes im Extremjahr 1976. -Mitt. Flor.-soz. AG N.F. 20: 275-282. Göttingen.

LÖTSCHERT, W.; GEORG, A. (1980): Zur Ökologie des Jurineo-Koelerietum des Mainzer Sandes. -Phytocoenologia 7: 252-270. Stuttgart u. Braunschweig.

LOHMEYER, W.; TRAUTMANN, W. (1974): Zur Kenntnis der Waldgesellschaften des Schutzgebietes "Taubergießen" - Erläuterungen zur Vegetationskarte. -Natur- und Landschaftsschutzgebiete Baden-Württembergs 7: 422-437. Ludwigsburg.

LOHMEYER, W. & SUKOPP, H. (1992): Agriophyten in der Vegetation Mitteleuropas. -Schr.Reihe Vegetationskde. 25. 185 S. Bonn-Bad Godesberg

LOHRMANN, R. (1930): Eine forstgeschichtliche Studie. Der Tuttlinger Stadtwald im Jahre 1794. -Silva 18: 392-394. Berlin.

LOHRMANN, R. (1933): Schafweiden und Hardte der Südwestalb. -Veröff. Staatl. Stelle Naturschutz Stuttg. 10: 5-35. Stuttgart.

LOHRMANNR. (1934): Der Tuttlinger Stadtwald gegen Ende des 18. Jahrhunderts. -Tuttlinger Heimatblätter 17: 25-28. Tuttlingen.

LOHRMANN, R. (1938): Die heutige Verbreitung der Eibe in Württemberg und Hohenzollern. -Veröffentlichungen Württ. Landesstelle für Naturschutz 15: 13-34.

LOHRMANN, R. (1949): Die Eibe, ein aussterbender Baum? -Blätter des schwäbischen Albvereins 55: 51-53. Weinsberg.

LOHRMANN, R. (1959): Reliktforchen im oberen Donautal. -Blätter des Schwäbischen Albvereins 65: 122-123.

LOUDA, S. M. (1982): Limitation of the Recruitment of the Shrub *Haplopappus squarrosus* (Asteraceae) by Flower- and Seed-Feeding Insects. -J. Ecol. 70: 43-53. Oxford.

LÜTH, M. (1990): Moosgesellschaften und Gesellschaftskomplexe auf Blockhalden im Südschwarzwald in der Umgebung Freiburgs. -Beih. Veröff. Naturschutz Landsch.pfl. Bad.-Württ. 58. 88 S. Karlsruhe.

LUFTENSTEINER, H. W. (1982): Untersuchungen zur Verbreitungsbiologie von Pflanzengesellschaften an vier Standorten in Niederösterreich. -Bibliotheca Botanica 135. 68 S. Stuttgart.

MADER, H.-J. (1990): Ökologische Aspekte des Waldwegebaues. -AFZ 45: 1184-1187. München.

MANTEL, K. (1990): Wald und Forst in der Geschichte. Ein Lehr- und Handbuch. 518 S. Verlag M. & H. Schaper. Alfeld-Hannover.

MANZ, E. (1994): Bedeutung der linksrheinischen Niederwälder für den Naturschutz. -AFZ 49: 1123-1125. München.

MARTIN, O. (1938): Ökologische Untersuchungen an den Alpen- und Wärmepflanzen des oberen Donautales. -Verh. Ver. Vaterl. Naturkde. Württ. 94: 95-162.

MARZELL, H. (1928): Die deutschen Bäume in der Volkskunde. -Mitt. Dt. Dendrol. Ges. 105-110.

MAYER, H. (1975): Schäden durch überhöhte Wildbestände - ein volkswirtschaftliches Problem. -AFZ 30: 40-46. München.
MAYER, H. (1992): Waldbau auf soziologisch-ökologischer Grundlage. 4. Aufl., 522 S. Stuttgart u.a.
MAYR, H. (1909): Waldbau auf naturgesetzlicher Grundlage. Ein Lehr- und Handbuch. Berlin.
MEILE, P. (1985): Ökologie der Gemse. 1.Teil: Habitat, Nahrung, Konkurrenz. -Wildbiologie für die Praxis/2 (Wildökologie) 2 (13): 1-7. Zürich.
MEILE, P. (1986): Ökologie der Gemse. 2. Teil: Winterökologie. -Wildbiologie für die Praxis/2 (Wildökologie): 2 (14): 1-9. Zürich.
MEINUNGER, L. (1992): Florenatlas der Moose und Gefäßpflanzen des Thüringer Waldes, der Rhön und angrenzender Gebiete. -Hausknechtia Beiheft 3/1. 2 Bde.: Textteil: 423 S. u. Kartenteil. Jena.
MERTZ, W. (1965): Eiben im Isarwinkel. -Natur u. Landschaft 40: 176-177. Mainz.
MEUSEL, H. (1939): Verbreitungskarten mitteldeutscher Leitpflanzen. 3. Reihe. -Hercynia N. F. 2: 315-354.
MINISTERIUM FÜR ERNÄHRUNG, LANDWIRTSCHAFT UND UMWELT (1979): Regionale waldbauliche Übersicht und Richtlinien für die Südwetalb. Bearbeitet von W. Kätzler. 47 S. Suttgart.
MINISTERIUM FÜR LÄNDLICHEN RAUM, ERNÄHRUNG, LANDWIRTSCHAFT UND FORSTEN (1989): Richtlinie Pflegliche Waldarbeit. 16 S. Stuttgart.
MINISTERIUM FÜR LÄNDLICHEN RAUM, ERNÄHRUNG, LANDWIRTSCHAFT UND FORSTEN (1993): Wald, Ökologie und Naturschutz. Leistungsbilanz und Ökologieprogramm der Landesforstverwaltung Baden-Württemberg. 128 S. Heilbronn.
MINISTERIUM FÜR UMWELT BADEN-WÜRTTEMBERG (Hrsg.) (1993): Biotope in Baden-Württemberg 8. 16 S. Karlsruhe.
MÖHLENBRUCH, N. (1990): Lehrreiche waldbauliche Einblicke in Slowenien. -AFZ 45: 391-395. München.
MÖLLER, H. (1970): Soziologisch-ökologische Untersuchungen in Erlenwäldern Holsteins. -Mitt. AG Flor. Schl.-Holst. u. Hamb. 19. 110 S. u. Anhang. Kiel.
MÖLLER, H. (1979): Das Chrysosplenio oppositifolii-Alnetum glutinosae (Meij. Drees 1936), eine neue Alno-Padion-Assoziation. -Mitt. Flor.-soz. AG 21: 167-180. Göttingen.
MÖLLER, H. (1992): Zur Verwendung des Medians bei Zeigerwertberechnungen nach Ellenberg. -Tuexenia 12: 25-28. Göttingen.
MÖSELER, B. M. (1989): Die Kalkmagerrasen der Eifel. -Decheniana, Beihefte 29. 79 S. Bonn.
MOOR, M. (1952): Die Fagion-Gesellschaften im Schweizer Jura. -Beiträge Geobot. Landesaufn. Schweiz 31. 201 S. Bern.
MOORE, R. P. (1973): Tetrazolium staining for assessing seed quality. S. 347-366. In: HEYDECKER, W. (Ed.) (1973): Seed Ecology. -Proceedings of the Nineteenth Easter School in Agricultural Science, University of Nottingham, 1972. London.
MÜHLENBERG, M. (1989): Freilandökologie. 2. Aufl., 431 S. UTB 595. Quelle & Meyer. Heidelberg u. Wiesbaden.
MÜHLHÄUßER, G. (1993): Standortskundliche und andere forstliche Grundlagen zur Abgrenzung von Missen. S. 19-24. In: ZIMMERMANN, P. (Hrsg.) (1993): Missen im Landkreis Calw (2). Verbreitung der Missen. Fauna, Flora und Vegetation. Schutz und Entwicklung. -Beih. Veröff. Naturschutz u. Landschaftspfl. Bad.-Württ. 73. 566 S. Karlsruhe.
MÜLLER, K. (1989): Die Landwirtschaft um den Belchen mit besonderer Berücksichtigung der Gemeinschaftsweiden. S. 441-470. In: LFU (Hrsg.) (1989): Der Belchen. Geschichtlich-naturkundliche Monographie des schönsten Schwarzwaldberges. -Natur- und Landschaftsschutzgebiete Bad.-Württ. 13. 1320 S. Karlsruhe.
MÜLLER, T. (1966): Die Wald-, Gebüsch-, Saum-, Trocken- und Halbtrockenrasengesellschaften des Spitzbergs. -Die Naturschutz- und Landschaftsschutzgebiete Baden-Württembergs 3: 278-475. Ludwigsburg.
MÜLLER, T. (1980): Der Scheidenkronwicken-Föhrenwald (Coronillo-Pinetum) und der Geißklee-Föhrenwald (Cytiso-Pinetum) auf der Schwäbischen Alb. -Phytocoenologia 7: 392-412. Stuttgart u. Braunschweig.
MÜLLER, T. (1989): Verband: Fagion sylvaticae. Textband S. 193-249. In: OBERDORFER, E. (Hrsg.) (1992): Süddeutsche Pflanzengesellschaften. Teil IV: Wälder und Gebüsche. 2. Aufl., A: Textband 282 S., B: Tabellenband 580 S. Jena u.a.
MÜLLER, T. (1990): Verband: Tilio platyphylli-Acerion pseudoplatani. Textband S. 173-192. In: OBERDORFER, E. (Hrsg.) (1992): Süddeutsche Pflanzengesellschaften. Teil IV: Wälder und Gebüsche. 2. Aufl., A: Textband 282 S., B: Tabellenband 580 S. Jena u.a.
MÜLLER, T. (1991): Ordnung: Quercetalia pubescenti-petraeae. Textband S. 119-137. In: OBERDORFER, E. (Hrsg.) (1992): Süddeutsche Pflanzengesellschaften. Teil IV: Wälder und Gebüsche. 2. Aufl., A: Textband 282 S., B: Tabellenband 580 S. Jena u.a.
MÜLLER, T.; OBERDORFER, E.; PHILIPPI, G. (1974): Die potentielle natürliche Vegetation von Baden-Württemberg. -Beih. Veröff. Landesstelle Naturschutz Landschaftspfl. Bad.-Württ. 6. 45 S. u. 1 Karte. Ludwigsburg.
MÜLLER-WESTERMEIER, G. (1990): Klimadaten der Bundesrepublik Deutschland Zeitraum 1951-1980 (Temperatur, Luftfeuchte, Niederschlag, Sonnenschein, Bewölkung). Offenbach a. M.
MUHLE, O. (1979): Rückgang von Eiben-Waldgesellschaften und Möglichkeiten ihrer Unterhaltung. S. 483-501. In: WILLMANNS, O; TÜXEN, R. (Hrsg.): Werden und Vergehen von Pflanzengesellschaften. - Ber. Intern. Vereinigung f. Vegetationskunde. Vaduz.
NAMVAR, K.; SPETHMANN, W. (1986): Die Eibe (*Taxus baccata* L.). -AFZ 41: 568-571. München.
NASSERY, H. (1971): Phosphate Absorption by Plants from Habitats of Different Phosphate Status. III. Phosphate Fractions in the Roots of Intact Plants. -New Phytol. 70: 949-951.
NAYLOR, E. L. (1985): Establishment and Peri-Establishment Mortality. S. 95-109. In: WHITE, J.: Studies on Plant Demography. A Festschrift for John L. Harper. 393 S. London.

NETTMANN, H.-K. (1991): Zur Notwendigkeit regionalisierter Untersuchungen für den zoologischen Arten- und Biotopschutz. S. 106-113. In: HENLE, K.; KAULE, G. (Hrsg.) (1991): Arten- und Biotopschutzforschung für Deutschland. Berichte aus der Ökologischen Forschung Bd. 4. 435 S. Jülich.

NILSSON, L. A. (1983): Processes of Isolation and Introgressive Interplay Between *Platanthera bifolia* (L.) Rich and *P. chlorantha* (Custer) Reichb. (Orchidaceae). -Bot. J. Linnean Soc. 87: 325-350.

NOWAK, B. (Hrsg.) (1990): Beiträge zur Kenntnis hessischer Pflanzengesellschaften. Ergebnisse der Pflanzensoziologischen Sonntagsexkursionen der Hessischen Botanischen Arbeitsgemeinschaft. -Bot. Ver. Naturschutz Hess., Beiheft 2, 207 S. u. Anhang. Frankfurt a.M.

OBERDORFER, E. (1936): Erläuterung zur Vegetationskundlichen Karte des Oberrheingebietes bei Bruchsal (Badisches Meßtischblatt Bruchsal 46 z. T. und Teile der angrenzenden Blätter). -Beitr. z. Naturdenkmalpflege 16: 41-126 u. 1 Farbkarte. Neudamm.

OBERDORFER, E. (1949): Die Pflanzengesellschaften der Wutachschlucht. -Beitr. naturkdl. Forsch. SW-Dtschl. 8: 22-60 u. 1 Karte. Karlsruhe.

OBERDORFER, E. (1957): Süddeutsche Pflanzengesellschaften. -Pflanzensoziologie 10. 564 S. Jena.

OBERDORFER, E. (1974/76a): Klasse Seslerietea variae. S. 194-203. In: OBERDORFER, E. (Hrsg.) (1978): Süddeutsche Pflanzengesellschaften. Teil II. 355 S. Stuttgart u.a.

OBERDORFER, E. (1974/76b): Klasse Nardo-Callunetea. S. 208-248. In: OBERDORFER, E. (Hrsg.) (1978): Süddeutsche Pflanzengesellschaften. Teil II. 355 S. Stuttgart u.a.

OBERDORFER, E. (1990): Pflanzensoziologische Exkursionsflora. 6. Aufl., 1050 S. Eugen Ulmer Verlag. Stuttgart.

OBERDORFER, E. (1983): Klasse Alnetea glutinosae. S. 24-32. In: OBERDORFER, E. (Hrsg.) (1992): Süddeutsche Pflanzengesellschaften. Teil IV: Wälder und Gebüsche. 2. Aufl. 2 Bde. Jena u.a.

OBERDORFER, E. (Hrsg.) (1992): Süddeutsche Pflanzengesellschaften. Teil IV: Wälder und Gebüsche. 2. Aufl. Tabellenband.580 S. Jena u.a.

OBERDORFER, E.; KORNECK, D. (1976): Klasse Festuco-Brometea. S. 86-180. In: OBERDORFER, E. (Hrsg.) (1978): Süddeutsche Pflanzengesellschaften. Teil II. 355 S. Stuttgart u.a.

OBERDORFER, E.; MÜLLER, T. (1983): Ordunung: Prunetalia spinosae. S. 82-106. In: OBERDORFER, E. (Hrsg.) (1992): Süddeutsche Pflanzengesellschaften. Teil IV: Wälder und Gebüsche. 2. Aufl. 2 Bde. Jena u.a.

OBLINGER, H. (1969): Die Verbreitung der Eibe (*Taxus baccata*) in Bayerisch-Schwaben. -Ber. Naturwiss. Ver. Schwaben 73: 63-86. Augsburg.

OLESEN, I; WARNCKE, E. (1992): Breeding System and Seasonal Variation in Seed Set in a Population of *Potentilla palustris*. -Nordic Journal of Botany 12: 373-380. Copenhagen.

PASSARGE, H. (1978): Die Wuchshöhe, ein wichtiges Strukturmerkmal der Vegetation. -Archiv für Naturschutz u. Landschaftsforschung 18: 31-41. Berlin.

PERRING, F. H.; WALTERS, S. M. (Ed.) (1976): Atlas of the British Flora. 2nd Ed., XXVI S u. 432 S. u. Folien. Wakefield.

PFADENHAUER, J.; LIEBERMANN, C. (1986): Eine geobotanische Dauerbeobachtungsfläche im Naturschutzgebiet Garchinger Haide. -Ber. Bay. Bot. Ges. 57: 99-110. München.

PFADENHAUER, J.; MAAS, D. (1987): Samenpotential in Niedermoorböden des Alpenvorlandes bei Grünlandnutzung unterschiedlicher Intensität. -Flora 179: 85-97. Jena.

PFARR, U.; SCHRAMMEL, J. (1991): Fichten-Totholz im Spannungsfeld zwischen Naturschutz und Forstschutz. -Forstwiss. Cbl. 110: 128-134. Hamburg u. Berlin.

PHILIPPI, G. (1970): Die Kiefernwälder der Schwetzinger Hardt (nordbadische Oberrheinebene). -Veröff. Landesstelle Naturschutz u. Landschaftspfl. Bad.-Würt. 38: 46-92. Ludwigsstadt.

PHILIPPI, G. (1989): Die Pflanzengesellschaften des Belchengebietes im Schwarzwald. S. 747-890. In: LFU (Hrsg.) (1989): Der Belchen. Geschichtlich-naturkundliche Monographie des schönsten Schwarzwaldberges. -Natur- und Landschaftsschutzgebiete Bad.-Württ. 13. 1320 S. Karlsruhe.

PHILIPPI, G.; SCHREINER, A. (1961): Botanisch-geologische Exkursion ins Donautal bei Immendingen und zum Höwenegg, am 15. Mai 1960. -Mitt. bad. Landesver. Naturkde. u. Naturschutz N.F. 8: 199-201.

PIETZARKA, U.; ROLOFF, A. (1993): Dynamische Waldrandgestaltung - Ein Modell zur Strukturverbesserung von Waldaußenrändern. -Natur u. Landschaft 68: 555-560.

PLACHTER, H. (1991): Naturschutz. 463 S. UTB 1563. Gustav Fischer Verlag. Stuttgart.

POSCHLOD, P. (1993): "Underground floristics" - keimfähige Diasporen im Boden als Beitrag zum floristischen Inventar einer Landschaft am Beispiel der Teichbodenflora. -Natur u. Landschaft 68: 155-159.

POSCHLOD, P.; JACKEL, A.-K. (1993): Untersuchungen zur Dynamik von generativen Diasporenbanken von Samenpflanzen in Kalkmagerrasen. I. Jahreszeitliche Dynamik des Diasporenregens und der Diasporenbank auf zwei Kalkmagerrasenstandorten der Schwäbischen Alb. -Flora 188: 49-71. Jena.

POTT, R. (1985): Vegetationsgeschichtliche und pflanzensoziologische Untersuchungen zur Niederwaldwirtschaft in Westfalen. -Abh. aus dem Westfäl. Mus. f. Naturkunde 47. 75 S. u. 5 Tab., 3 Abb. Anhang. Münster.

POTT, R. (1992): Die Pflanzengesellschaften Deutschlands. 427 S. Eugen Ulmer Verlag. Stuttgart.

POTT, R.; HÜPPE, J. (1991): Die Hudelandschaften Nordwestdeutschlands. -Abh. aus dem Westfäl. Mus. f. Naturkunde 53. 313 S. u. 4 Karten. Münster.

PRIEHÄUßER, G. (1958): Änderungen im Artenbestand der Flora auf den Rohhumusböden der Hochlagen des Bayerischen Waldes bei natürlicher Auflichtung und bei künstlicher Auflichtung mit Kalkung. -Ber. Bay. Bot. Ges. 32: 108-117. München.

QUANTZ, B. (1937): Eibenschutz in Hannover und Thüringen vor 70-75 Jahren. -Naturschutz. S. 76-79. Neudamm/ Berlin.

RAABE, E. W. (1987): Atlas der Flora Schleswig-Holsteins und Hamburgs. 654 S. Karl Wachholtz Verlag. Neumünster.

RATHS, U.; RIECKEN, U.; SSYMANK, A. (1995): Gefährdung von Lebensraumtypen in Deutschland und ihre Ursachen. Auswertung der Roten Liste gefährdeter Biotoptypen. -Natur u. Landschaft 70: 203-212.

REBHOLZ, E. (1924): Verschollene im Florenbestande des oberen Donautales und seiner Umgebung. -Tuttlinger Heimatblätter 1: 26-32. Tuttlingen.

REBHOLZ, E. (1926): Die Pflanzenwelt der Fridinger Alb mit Berücksichtigung ihres Schutzgebietes. -Veröff. Staatl. Stelle Natursch. b. Württ. Landesamt f. Denkmalpfl. 3: 42-110. Stuttgart.

REBHOLZ, E. (1939): Die Pflanzenwelt der Fridinger Alb im Wandel des Jahres. -Tuttlinger Heimatblätter 31: 4-8. Tuttlingen.

REHFUESS, K.E. (1990): Waldböden. Entwicklung, Eigenschaften und Nutzung. 2. Aufl., 294 S.Verlag Paul Parey. Hamburg u. Berlin.

REIF, A.; TECKELMANN, M.; SCHULZE, E.-D. (1985): Die Standortamplitude der Großen Brennessel (*Urtica dioica* L.) -eine Auswertung vegetationskundlicher Aufnahmen auf der Grundlage der Ellenbergschen Zeigerwerte. -Flora 176: 365-382. Jena.

REIF, A. (im Druck): Die Vegetation der Trockenaue am Oberrhein zwischen Müllheim und Breisach. -Ber. Naturforsch. Ges. Freiburg.

REMPHREY, W. R.; STEEVES, T. A.; NEAL, B. R. (1983): The Morphology and Growth of *Arctostaphylos uva-ursi* (Bearberry): an Architectural Analysis. -Can. J. Bot. 61: 2430-2450.

RICHERT, E.; REIF, A. (1992): Vegetation, Standorte und Pflege der Waldmäntel und Waldaußensäume im südwestlichen Mittelfranken, sowie Konzepte zur Neuanlage. -Ber. ANL 16: 123-160. Laufen/Salzach.

RIEMENSCHNEIDER, M. (1956): Vergleichende Vegetationsstudien über die Heidewiesen im Isarbereich. -Ber. Bay. Bot. Ges. 31: 75-120. München.

RODENWALDT, U. (1957): Die Waldgeschichte des Villinger Stadtwaldes (Schwarzwald-Baar). -AFJZ 128: 19-26. Frankfurt/Main.

RODENWALDT, U. (1962): Der Villinger Stadtwald. -Schriftenreihe der Stadt Villingen. 227 S. u. 2 Karten. Ring-Verlag. Villingen/Schwarzwald.

RODENWALDT, U. (1973): Waldbauliche Lehren aus der Windwurf-Katastrophe 1967. Eine reviergeschichtliche Studie. -AFJZ 144: 126-132. Frankfurt/Main.

RÖDEL, D. (1987): Vegetationsentwicklung nach Grundwasserabsenkungen. Dargestellt am Beispiel des Fuhrberger Feldes in Niedersachsen. -Landschaftsentwicklung und Umweltforschung. Schr.Reihe des Fachbereichs Landschaftsentwicklung der TU Berlin. Sonderheft S1. 245 S. u. Anhang. Berlin.

RÖHN, H. (1927): Giftwirkung der Eibe auf Wild. -Z. f. Forst- und Jagdwesen 59: 437-439.

RÖHRIG-SCHIERBAUM, A. (1993): Ein neues frühmerowingerzeitliches Kriegergrab bei Möhringen, Stadt Tuttlingen. -Tuttlinger Heimatblätter 56: 95-99. Tuttlingen.

RÖSCH, M. (1990): Veränderungen von Wirtschaft und Umwelt während Neolithikum und Bronzezeit am Bodensee. -Ber. Röm.-Germ. Kommissiom 71: 161-186. Mainz.

RÖSE, A. (1864): *Taxus baccata* L. in Thüringen. -Bot. Z. 22: 298-302. Berlin u. Leipzig.

RÖSLER, C. A. (1839): Flora von Tuttlingen und seiner Umgebung, bis Hohentwiel, Ludwigshafen und Werrenwag, beobachtet in den Sommern von 1833 bis 1838. S. 107-130. In: KÖHLER, F. A. (1839): Tuttlingen. Beschreibung und Geschichte dieser Stadt und ihres Oberamts-Bezirks. Ein merkwürdiger Beitrag zur Vaterlandskunde. 212 S. -Neudruck als Jahrbuch 1965 der Tuttlinger Heimatblätter.

ROHDE, U. (1994): Gefahren für Sandrasen und Binnendünen. -Beih. Veröff. Naturschutz Landsch.pfl. Bad.-Württ. 80: 349-352. Karlsruhe.

ROHDE, U.; BREUNIG, T.; BÜCHE, B.; KRÜSS, A.; LEIST, N.; RUSSELL, D.; VOIGT, K. (1994): Schutz- und Pflegemaßnahmen in den Naturschutzgebieten "Pferdstrieb" und "Pflege Schönau-Galgenbuckel". -Beih. Veröff. Naturschutz Landsch.pfl. Bad.-Württ. 80: 353-369. Karlsruhe.

ROSENKRANZ, F. (1934): Die Eibe in Niederösterreich. -Österr. Bot. Zeitschr. 83: 29-48.

ROSSKOPF, G. (1971): Pflanzengesellschaften der Taalmoore an der Schwarzen und Weißen Laaber im Oberpfälzer Jura. -Hoppea 28: 1-115 u. 7 Tab. Anhang. Regensburg.

RORISON, I. H. (1968): The Response to Phosphorus of Some Ecologically Distinct Plant Species. I. Growth Rates and Phosphorus Absorption. -New Phyt. 67: 913-923.

ROZSNYAY, Z. (1994): Mit den Bandkeramikern begann die Forstgeschichte Mitteleuropas. Durch Waldrodung, Waldweide, Acker- und Siedlungsbau entstand die Kulturlandschaft bereits im 6. Jahrtausend v. Chr. -Forst u. Holz 49: 227-230.

RUBNER, K. (1960): Die Pflanzengeographischen Grundlagen des Waldbaues. 5. Aufl. Radebeul/Berlin.

RÜCK, F.-X; OHNESORG, W. (1960): Die Eibe - ein aussterbender Waldbaum. -AFZ 15: 294-295. München.

RUNGE, F. (1954): Das natürliche Verbreitungsgebiet der Eibe in Westfalen. -Natur & Heimat 12: 115-118.

RUNGE, F. (1986): Die Pflanzengesellschaften Mitteleuropas. Eine kleine Übersicht. 8./9. Aufl., 291 S. Aschendorffsche Verlagsbuchhandlung. Münster.

RUTTE, E. (1981): Bayerns Erdgeschichte. Der geologische Führer durch Bayern. 266 S. Franz Ehrenwirth Verlag. München.
RUTTE, E. (1987): Rhein - Main - Donau. Wie - wann - warum sie wurden. Eine geologische Geschichte. 154 S. Jan Thorbecke Verlag. Sigmaringen.
RYSER, P. (1993): Influences of Neighbouring Plants on Seedling Establishment in Limestone Grassland. -J. Veg. Science 4: 195-202.
SACHS, L. (1993): Statistische Methoden: Planung und Auswertung. 7. Aufl. 312 S. Springer-Verlag. Berlin u.a.
SAMARJA-KORJONEN, K. (1991): *Taxus baccata* and Influence of Iron Age Man on the Vegetation in Aaland, SW-Finnland. -Ann. Bot. Fennici 28: 143-159.
SANDER, U. (1989): Flora und Vegetation des Denkershäuser Teiches und seiner Umgebung. -Gött. Naturk. Schr. 1: 189-240. Göttingen.
SATTLER, G. (1981): Die Waldköhlerei im Raum Immendingen. Der Schwarzwald, S. 68.
SAUTTER, R. (1994): Das Samenpotential des Bodens im Naturschutzgebiet "Pflege Schönau-Galgenbuckel". -Beih. Veröff. Naturschutz Landsch.pfl. Bad.-Württ. 80: 129-146. Karlsruhe.
SCHÄDEL, K. (1990): Erläuterungen zur Geologischen Karte 1:100000 C 7918 Albstadt. 85 S. Stuttgart.
SCHALCH, F. (1909): Erläuterungen zu Blatt 8017 Geisingen. -Geologische Spezialkarte von Baden. 80 S. Stuttgart.
SCHALL, B. (1988): Die Vegetation der Waldwege und ihre Korrelation zu den Waldgesellschaften in verschiedenen Landschaften Südwestdeutschlands mit einigen Vorschlägen zur Anlage und Pflege von Waldwegen. Ber. ANL 12: 105-140. Laufen/Salzach.
SCHALL, O. (1985): Die Kalk-Schlammteiche in Nordrhein-Westfalen - Flora, Vegetation und Bedeutung für den Naturschutz. -Decheniana 138: 38-59. Bonn.
SCHARFETTER (1938): Das Pflanzenleben der Ostalpen. 419 S. Wien.
SCHEEDER, T. (1994): Die Eibe (*Taxus baccata* L.). Hoffnung für ein fast verschwundenes Waldvolk. 124 S. IHW-Verlag. Eching.
SCHEFFER, F.; SCHACHTSCHABEL, P. (1984): Lehrbuch der Bodenkunde. 11. Aufl., 442 S. Ferdinand Enke Verlag. Suttgart.
SCHEMSKE, D. W.; WILLSON, M. F.; MELAMPY, M. N.; MILLER, L. J.; VERNER, L.; SCHEMSKE, K. M.; BEST, L. B. (1978): Flowering Ecology of Some Spring Woodland Herbs. -Ecology 59: 351-366.
SCHERZINGER, W. (1996): Naturschutz im Wald. Qualitätsziele einer dynamischen Waldentwicklung. 447 S. Verlag Eugen Ulmer. Stuttgart.
SCHIRMER, H.; VENT-SCHMIDT, V. (1979): Das Klima der Bundesrepublik Deutschland. Lieferung I: Mittlere Niederschlagshöhen für Monate und Jahr. Zeitraum: 1931-1960. 70 S. u. 16 Karten. Offenbach a. M.
SCHLAGETER, A. (1989a): Besiedlungsgeschichte im Umfeld des Belchen. Mit Anhang: Der Nonnenmattweiher. S. 87-125. In: LFU (Hrsg.) (1989): Der Belchen. Geschichtlich-naturkundliche Monographie des schönsten Schwarzwaldberges. -Natur- und Landschaftsschutzgebiete Bad.-Württ. 13. 1320 S. Karlsruhe.
SCHLAGETER, A. (1989b): Zur Geschichte des Berbaus im Umkreis des Belchen. S. 127-309. In: LFU (Hrsg.) (1989): Der Belchen. Geschichtlich-naturkundliche Monographie des schönsten Schwarzwaldberges. -Natur- und Landschaftsschutzgebiete Bad.-Württ. 13. 1320 S. Karlsruhe.
SCHLENKER, G.; MÜLLER, S. (1973): Erläuterungen zur Karte der Regionalen Gliederung von Baden-Württemberg I. Teil (Wuchsgebiete Neckarland und Schwäbische Alb). -Mitt. Ver. Forstl. Standortskde. Forstpfl.zücht. 23: 3-66. Stuttgart.
SCHLENKER, G.; MÜLLER, S. (1978): Erläuterungen zur Karte der Regionalen Gliederung von Baden-Württemberg III. Teil (Wuchsgebiet Schwarzwald). -Mitt. Ver. Standortkde. u. Forstpfl.züchtg. 26: 3-52. Stuttgart.
SCHLENKER, G.; MÜLLER, S. (1986): Erläuterungen zur Karte der Regionalen Gliederung von Baden-Württemberg IV. Teil (Wuchsgebiet Baar-Wutach). -Mitt. Ver. Standortkde. u. Forstpfl.züchtg. 32: 3-42. Stuttgart.
SCHLOß, S. (1991): Waldbiotope aus der Sicht der Naturschutzverwaltung. S.11-12. -Tagungsführer der Fachtagung "Waldbiotopkartierung - Ziele und erste Ergebnisse" vom 27.-28. August 1991. 25 S. u. Anhang. Freiburg i. Br.
SCHLÜTER, H. (1965): Vegetationskundliche Untersuchungen an Fichtenforsten im Mittleren Thüringer Wald. -Die Kulturpflanze 13: 55-99. Berlin.
SCHMID, E. (1936): Die Reliktföhrenwälder der Alpen. -Beitr. z. geobot. Landesaufn. d. Schweiz 21. 190 S. u. 2 Beilagen. Bern.
SCHMIDT, K. (1991): Synökologie von Wild und Waldvegetation. -AFZ 46: 162-165. München.
SCHMIDT, P. A. (1993): Gedanken zum Naturschutz im Wald. -Beitr. f. Forstwirtsch. u. Landsch.ökol. 27: 9-13.
SCHMIDT, W. (1992): Der Einfluß von Kalkungsmaßnahmen auf die Waldbodenvegetation. -Z. Ökologie u. Naturschutz 1: 79-88.
SCHMITT, G. (1990): Burgenführer der Schwäbischen Alb. Band 3: Donautal. Wandern und entdecken zwischen Sigmaringen und Tuttlingen. 368 S. u. 1 Karte. Biberach a.d.R.
SCHNARRENBERGER, K. (1907): Erläuterungen zu Blatt Weingarten (Nr. 52) der Geologischen Specialkarte des Großherzogtums Baden. 26 S. Heidelberg.
SCHÖNFELDER, P.; BRESINSKY, A. (Hrsg,) (1990): Verbreitungsatlas der Farn- und Blütenpflanzen Bayerns. 754 S. Stuttgart.
SCHÖNICHEN, W. (1931): Einige Bemerkungen über die Eibe. -Naturschutz 13: 29-33.
SCHÖNICHEN, W. (1933): Deutsche Waldbäume und Waldtypen. 208 S. Jena.

SCHORNICK, O.-K. (1990): Änderung der Bodenvegetation in Waldbeständen als Folge einer künstlichen Düngung (Fichtenforste des Luzulo-Abietetum und Galio-Abietetum im Oberen Buntsandstein des Nordschwarzwaldes). -Projekt Europäisches Forschungszentrum für Maßnahmen zur Luftreinhaltung (PEF). Forschungsbericht KfK-PEF 63. 175 S. u. Anhang u. Beilage. Karlsruhe.
SCHRAUTZER, J.; HÄRDTLE, W.; HEMPRICH, G.; WIEBE, C. (1991): Zur Synökologie und Systematik gestörter Erlenwälder im Gebiet der Bornhöveder Seenkette (Schleswig-Holstein). -Tuexenia 11: 293-307 u. 2 Tab. Göttingen.
SCHREINER, A. (1966): Erläuterungen zu Blatt 8118 Engen. 190 S. u. 2 Beilagen. Stuttgart.
SCHRÖDER, W.; ELSNER VON DER MALSBURG, I. (1982): Gams (*Rupicapra rupicapra*) und Gebirgswald: Vorschläge zur Jagd auf Gams in den Ammergauer Bergen. -Forstwiss. Cbl. 101: 80-92. Hamburg u. Berlin.
SCHRÖDER, W.; VON ELSNER-SCHACK, I; SCHRÖDER, J. (1983): Die Gemse. -Jb. Ver. Sch. Bergwelt 48: 33-70. Ohne Ort.
SCHUBERT, R. (1972a): Übersicht über die Pflanzengesellschaften des südlichen Teiles der DDR. III. Wälder. Teil 1. -Hercynia N. F. 9: 1-34. Leipzig.
SCHUBERT, R. (1972b): Übersicht über die Pflanzengesellschaften des südlichen Teiles der DDR. III. Wälder. Teil 3. -Hercynia N. F. 9: 197-228. Leipzig.
SCHÜTZ, J.-P. (1992): Die waldbaulichen Formen und die Grenzen der Plenterung mit Laubbaumarten. -Schweizerische Zeitschr. f. Forstwesen 143: 442-460.
SCHUHWERK, F. (1990): Relikte und Endemiten in Pflanzengesellschaften Bayerns - eine vorläufige Übersicht. -Ber. Bay. Bot. Ges. 61: 303-323. München.
SCHULTE, J. (1993): Naturschutz und Jagd. 324 S. Verlag Eugen Ulmer. Stuttgart.
SCHULZ-DOEPFNER, G. (1928): Die Eibenbogenzeit. -Bl. Naturkunde und Naturschutz 15: 29-36.
SCHULZ-KÜHNEL, U. (1982): Zum Verhältnis von Naturschutz und Jagd. -Praxis d. Naturwiss.-Biologie 31: 17-23.
SCHWABE-BRAUN, A. (1980): Eine pflanzensoziologische Modelluntersuchung als Grundlage für Naturschutz und Planung. Weidfeld-Vegetation im Schwarzwald: Geschichte der Nutzung - Gesellschaften und ihre Komplexe - Bewertung für den Naturschutz. -Urbs et Regio - Kasseler Schriften zur Geographie und Planung 18. 212 S. u. 16 Beilagen. Kassel.
SCHWEIKLE, V. (1971): Die Stellung der Stagnogleye in der Bodengesellschaft der Schwarzwaldhochfläche auf so-Sandstein. Diss. Hohenheim (Agrarwissenschaften). 101 S.
SCOTT, J. A. (1975): Flight Patterns Among Eleven Species of Diurnal Lepidoptera. -Ecology 56: 1367-1377.
SEBALD, O. (1961): Die Waldbodenvegetation der Buntsandstein-Standorte des Baar-Schwarzwaldes und ihr ökologischer Zeigerwert. -Mitt. Ver. Forstl. Standortkde. Forstpfl.züchtg. 11: 79 - 91. Stuttgart.
SEBALD, O. (1983): Erläuterungen zur vegetationskundlichen Karte 1:25000 Blatt 7919 Mühlheim a. d. Donau. 87 S. u. Beilage (Tabellen). Stuttgart.
SEBALD, O.; SEYBOLD, S.; PHILIPPI, G. (Hrsg.) (1990a): Die Farn- und Blütenpflanzen Baden-Württembergs. Bd. 1. 613 S. Stuttgart.
SEBALD, O.; SEYBOLD, S.; PHILIPPI, G. (Hrsg.) (1990b): Die Farn- und Blütenpflanzen Baden-Württembergs. Bd. 2. 442 S. Stuttgart.
SEBALD, O.; SEYBOLD, S; PHILIPPI, G. (Hrsg.) (1992a): Die Farn- und Blütenpflanzen Baden-Württembergs. Bd. 3. 483 S. Stuttgart.
SEBALD, O.; SEYBOLD, S.; PHILIPPI, G (Hrsg.) (1992b): Die Farn- und Blütenpflanzen Baden-Württembergs. Bd. 4, 362 S. Stuttgart.
SEGER, E. (1967): Standortskartierung im Baarschwarzwald und in der Baar. -Mitt. Ver. Forstl. Standortkde. Forstpfl.züchtg. 17: 52-68. Stuttgart.
SEIBERT, P. (1954): Die Wald- und Forstgesellschaften im Graf Görtzischen Forstamt Schlitz. -Angew. Pflanzensoz. 9. 63 S. Stolzenau/Weser.
SEIBERT, P. (1958): Die Pflanzengesellschaften im Naturschutzgebiet "Pupplinger Au". Pflanzensoziologische und bodenkundliche Untersuchungen als Grundlage für Maßnahmen von Wasser- und Forstwirtschaft. -Landschaftspflege und Vegetationskunde 1. 79 S. u. 2 Karten.
SEIBERT, P. (1962): Die Auevegetation an der Isar nördlich von München und ihre Beeinflussung durch den Menschen. -Landschaftspfl. u. Veg.kde. 3. 123 S. u. Anhang. München.
SEIBERT, P. (1974): Klasse Thlaspietea rotundifolii. S. 42-66. In: OBERDORFER, E. (Hrsg.) (1977): Süddeutsche Pflanzengesellschaften. Teil I. 2. Aufl. Stuttgart u.a.
SEIBERT, P. (1985): Klasse: Erico-Pinetea sylvestris. S. 42-52. In: OBERDORFER, E. (Hrsg.) (1992): Süddeutsche Pflanzengesellschaften. Teil IV: Wälder und Gebüsche. 2. Aufl. 2 Bde. Stuttgart u.a.
SEIBERT, P. (1987a): Der Eichen-Ulmen-Auwald (Querco-Ulmetum Issl. 24) in Süddeutschland. Seine regional, standörtlich und syndynamisch bedingte Gliederung und Stellung zu den Kontaktgesellschaften. -Natur u. Landschaft 62: 347-352.
SEIBERT, P. (1987b): Verband Alno-Ulmion. S. 139-156. In: OBERDORFER, E. (Hrsg.) (1992): Süddeutsche Pflanzengesellschaften. Teil IV: Wälder und Gebüsche. 2. Aufl. 2 Bde. Jena u.a.
SEIBERT, P. (1987c): Klasse: Salicetea purpureae. S. 15-23. In: OBERDORFER, E. (Hrsg.) (1992): Süddeutsche Pflanzengesellschaften. Teil IV: Wälder und Gebüsche. 2. Aufl. 2 Bde. Jena u.a.
SEMMELMANN, T. (1989): Vegetationskundliche Untersuchungen in den Poldern Altenheim I und II. Unveröffentlichtes Manuskript, LFU Bad.-Württ., 151 S. Karlsruhe.

SEYBOLD, S. (1980): Über die Größe von Populationen höherer Pflanzen. -Jh. Ges. Naturkde. Württ. 135: 252-254. Stuttgart.

SILVERTOWN, J. W. (1981): Seed Size, Life Span, and Germination Date as Coadapted Features of Plant Life History. -Am. Nat. 118: 860-864.

SIMON, A. (1994): Die Vegetation des Röhlinwaldes (Ostschwarzwald) unter besonderer Berücksichtigung der jüngeren Waldgeschichte. Unveröffentlichte Diplomarbeit. Waldbauinstitut der Universität Freiburg. 77 S. u. 4 Tabellen.

SLAVIK, B. (1990): Fytokartografické syntézy ČR. Phytocartographical syntheses of the ČR. Bd. 2. 179 S. Průhonice.

SMOLIS, M.; GERKEN, B. (1987): Zur Frage der Populationsgröße und der intrapopularen Mobilität von tagfliegenden Schmetterlingen, untersucht am Beispiel der Zygaenidenarten (Lepidoptera: Zygaenidae) eines Halbtrockenrasens. -Decheniana 140: 102-117. Bonn.

SOLINSKA-GÓRNICKA, B. (1987): Alder (*Alnus glutinosa*) carr in Poland. -Tuexenia 7: 329-346. Göttingen.

SOLMSDORF, H.; LOHMEYER, W.; MRASS, W. (1975): Ermittlung und Untersuchung der schutzwürdigen und naturnahen Bereiche entlang des Rheins (Schutzwürdige Bereiche im Rheintal). -Schr.Reihe Landespfl. Naturschutz 11. Textband 186 S. und Kartenband. Bonn-Bad Godesberg.

SOMMERHALDER, R. (1992): Natürliche Wälder der Waldföhre (*Pinus sylvestris*) in der Schweiz - eine pflanzensoziologische Analyse mit Hilfe eines vegetationskundlichen Informationssystems. -Mitt. Eidgen. Forsch.anst. f. Wald, Schnee u. Landschaft 67. 170 S. u. 4 Beilagen. Birmensdorf.

SPÄTH, V. (1992): Naturschutz im Wald. Leitfaden für Naturschützer, Waldbesitzer und Förster. Hrsg.: Naturschutzbund Deutschland (NABU), Landesverband Baden-Württemberg. 52 S. Kornwestheim.

SPAHL, H.; VOLK, H. (1983): Artenrückgang durch Forstwirtschaft? Kritische Anmerkungen zur Verbandspolitik des Naturschutzes. -AFZ 38: 1221-1225. München.

SPERBER, H. (1990): Gestaltung von Waldrändern. -AFZ 45: 958-960. München.

SPINDLER, K. (1977): Vor- und Frühgeschichte. S. 56-83. In: Der Schwarzwald-Baar-Kreis. Stuttgart u. Aalen.

SPITZ, W. (1930): Erläuterungen zu Blatt Möhringen (Nr. 122). Geolog. Spez. Kt. Baden. 107 S. Freiburg i. Br.

SPONEK, C. F., REICHSGRAF VON (1807): Über die Beschaffenheit, Entstehung und Cultivierung der Sümpfe (oder sogenannte Missen) in Gebirgsorten, mit vorzüglicher Hinsicht auf den Wirtembergischen und Badischen Antheil des Schwarzwaldes. -Neues Forst-Archiv 13: 118 - 132. Ulm.

STADT TUTTLINGEN (1988): Stadt Tuttlingen: Lebendige Vergangenheit. Falt-Prospekt. Tuttlingen.

STADT VILLINGEN-SCHWENNINGEN (o.J.): Der Stadtwald. -Villingen-Schwenningen informiert. 23 S. Villingen-Schwenningen.

STECKHAN, H. (1979): Ein Wald bekundet die Geschichte der Stader Geestlandschaft. 2. Teil: Die Vegetation des Braken. -Stader Jahrbuch NF 69: 46-95. Stade.

STEPHENSON, A. G. (1981): Flower and Fruit Abortion: Proximate Causes and Ultimate Functions. -Ann. Rev. Ecol. Syst. 12: 253-279.

STEPHENSON, A. G.; WINSOR, J. A. (1986): *Lotus corniculatus* Regulates Offspring Quality Through Selective Fruit Abortion. -Evolution 40: 453-458.

STRASBURGER, E. (Begr.) (1983): Lehrbuch der Botanik für Hochschulen. 32. Aufl., 1164 S. Stuttgart u. New York.

STRESEMANN, E. (Hrsg.) (1976): Exkursionsfauna. Für die Gebiete der DDR und der BRD. Bd. 1: 5. Aufl., 494 S.; Bd. 2/1: 4. Aufl., 504 S.; Bd. 2/2: 3. Aufl., 476 S. Berlin.

STROHWASSER, R. (1994): Gefährdungssituation von Strauch- und Zwergbirke sowie Heidelbeerblättriger Weide. -AFZ 49: 1122. München.

SUKOPP, H.; TRAUTMANN, W.; KORNECK, D. (1978): Auswertung der Roten Liste gefährdeter Farn- und Blütenpflanzen in der Bundesrepublik Deutschland für den Arten- und Biotopschutz. -Schr.Reihe Vegetationskde. 12. 138 S. Bonn-Bad Godesberg.

TAN, K. (1980): Studies in the Thymelaeaceae I: Germination, Seedlings, Fruits & Seeds. -Notes Royal Bot. Garden Edinb. 38: 149-164.

TAUX, K. (1981): Wald- und Forstgesellschaften des Rasteder Geestrandes. -Oldenburger Jahrbuch 81: 325-380 u. Anhang. Oldenburg.

THOMPSON, K.; GRIME, J. P. (1979): Seasonal Variation in the Seed Banks of Herbaceous Species in Ten Contrasting Habitats. -J. Ecol. 67: 893-921. Oxford.

THÜRACH, H. (1907): Erläuterungen zu Blatt Bruchsal (Nr. 46). -Geologische Spec.-Karte Großherzogtum Baden. 51 S. Heidelberg.

TRAUTMANN, W. (1973): Vegetationskarte der Bundesrepublik Deutschland 1 : 200000 -Potentielle natürliche Vegetation - Blatt CC 5502 Köln. -Schr.Reihe Vegetationskde. 6. 172 S. u. 1 Beilage. Bonn-Bad Godesberg.

TRAUTMANN, W. (1976): Veränderungen der Gehölzflora und Waldvegetation in jüngerer Zeit. -Schr.Reihe Vegetationskde. 10: 91-108. Bonn-Bad Godesberg.

TRAUTMANN, W. (1978): Wälder und Forste. S.260-266. In: OLSCHOWY, G. (Hrsg.) (1978): Natur- und Umweltschutz in der Bundesrepublik Deutschland. 926 S. Paul Parey Verlag. Hamburg u. Berlin.

TRAUTMANN, W.; LOHMEYER, N. (1960): Gehölzgesellschaften in der Fluß-Aue der mittleren Ems. -Mitt. Flor.-soz. AG N.F. 8: 227-247 u. Anhang.

TREPL, L. (1981): Ökologie und "ökologische" Weltanschauung. Zurück zur Natur - eine Konsequenz ökologischer Erkenntnisse? -Natur u. Landschaft 56: 71-75.

TSCHERMAK, L. (1949): Die Eibe im städtischen Forstamt Neusohl, Slowakei, das größte der bisher bekannten Eibenvorkommen in Europa. -Forstwiss. Cbl. 68: 4-11. Hamburg u. Berlin.

TÜXEN, R. (1956): Die heutige potentielle natürliche Vegetation als Gegenstand der Vegetationskartierung. -Angew. Pflanzensoz. 13: 5-42. Stolzenau/Weser.

TÜXEN, R. (1974): Das Lahrer Moor. Pflanzensoziologische Beschreibung eines emsländischen Naturschutzgebietes. -Mitt. Flor.-soz. AG N.F. 17: 39-68 u. Anhang. Todenmann/Göttingen.

UECKERMANN, E.; SCHOLZ, H. (1988): Wildäsungsflächen. Planung, Anlage, Pflege. 3. Aufl. 153 S. Verlag Paul Parey. Hamburg u. Berlin.

ULRICH, B. (1995): Der ökologische Bodenzustand - seine Veränderung in der Nacheiszeit, Ansprüche der Baumarten. -Forstarchiv 66: 117-127.

URBANSKA, K. M. (1992): Populationsbiologie der Pflanzen. 374 S. UTB 1631. Gustav Fischer Verlag. Stuttgart.

VERBÜCHELN, G.; KRECHEL, R.; WITTIG, R. (1990): Die erlenreichen Waldgesellschaften der Schwalm-Nette-Platten und ihrer Randgebiete. Mit einer Übersicht der niederrheinischen Erlenwälder. -Tuexenia 10: 419-432 und 1 Tab. im Anhang. Göttingen.

VERKAAR, H. J.; SCHENKEVELD, A. J.; HUIJRNINK, C.L. (1986): The Fate of *Scabiosa columbaria* (Dipsacaceae) Seeds in a Chalk Grassland. -Oikos 46: 159-162. Kopenhagen.

VETTER, A. (ohne Jahr): Geisingen. Eine Stadtgründung der Edelfreien von Wartenberg. 434 S. Herausgegeben von der Stadt Geisingen. Verlag des Südkuriers.

VÖLKL, W. (1991): Besiedlungsprozesse in kurzlebigen Habitaten: Die Biozönose von Waldlichtungen. -Natur u. Landschaft 66: 98-102.

VOGLER, C. (1903): Die Eibe in der Schweiz. -Jb. St. Galler Naturwis. Ges. 1903. 56 S.

VOLK, H. (1990a): Inwieweit gefährdet Forstwirtschaft schützenswerte Pflanzen? -AFZ 45: 147-148. München.

VOLK, H. (1990b): Ökologische Bestandsaufnahme in den Wäldern. -AFZ 45: 152-154. München.

VOLK, H. (1992): Ziele und erste Ergebnisse der Waldbiotopkartierung. -AFZ 47: 5-9. München.

VOLK, H. (1993): Vorläufige Grundsätze zur Abgrenzung von Missen als Waldbiotope. S. 25-32. In: ZIMMERMANN, P. (Hrsg.) (1993): Missen im Landkreis Calw (2). Verbreitung der Missen. Fauna, Flora und Vegetation. Schutz und Entwicklung. -Beih. Veröff. Naturschutz Landschaftspfl. Bad.-Württ. 73. 566 S. Karlsruhe.

VOLK, H. (1994): Wie naturnah sind die Auewälder am Oberrhein? Anthropogene Einflüsse seit 1800 im Hinblick auf den heutigen Zustand. -Naturschutz u. Landschaftsplanung 26: 25-31.

VOLK, H. (1995): Ein neues Schutzkonzept für die Rheinauewälder. -Badische Heimat, Heft 1: 27-47.

VOLK, H.; SCHÄFER, H. (1994): Überarbeitung der Roten Listen für Pflanzen und Vögel fällig. -Sonderdruck (8 S.) zur gekürzten Fassung aus AFZ 49: 1116-1120. München.

VOLK, H.; SCHLENSTEDT, J. (1991): Rote Listen und Forstwirtschaft. Der Wald - kein sicherer Schutz für gefährdete Pflanzen? -Forst u. Holz (Vorab-Sonderdruck) 46: 1-8.

VOLZ, K.-R. (1992): Über die Zumutbarkeit von Artenschutzprogrammen im Wald. -Forstw. Cbl. 111: 243-254. Hamburg u. Berlin.

WACKER, K. (1938): Blumenreiche Baar. S. 99-114. In: BUSSE, H. C. (Hrsg.) (1938): Die Baar. -Badische Heimat 25. 464 S. Freiburg i. Br.

WAGNER, G. (1959): Die Eibe in der Schweiz. -Jb. St. Galler Naturwiss. Ges. 1903. 56 S.

WALDGESETZ FÜR BADEN-WÜRTTEMBERG (LWaldG): Fassung vom 4. April 1985. -Gesetzbl. f. Bad.-Württ. 1985 Nr. 8: 106-129. Stuttgart.

WALENTOWSKI H.; RAAB, B.; ZAHLHEIMER, W. A. (1990): Vorläufige Rote Liste der in Bayern nachgewiesenen oder zu erwartenden Pflanzengesellschaften. I. Naturnahe Wälder und Gebüsche. -Ber. Bay. Bot. Ges., Beiheft zu Bd. 61. 62 S. München.

WALTER, H.; STRAKA, H. (1970): Arealkunde. Floristisch-historische Geobotanik. 478 S., 2. Aufl. Verlag Eugen Ulmer. Stuttgart.

WALTHER, K. (1987): Die natürliche und naturnahe Vegetation der Landschaften um Gorleben (Kreis Lüchow-Dannenberg, Niedersachsen) und ihre Gefährdung. -Tuexenia 7: 303-328. Göttingen.

WANGLER, F. (1990): Erstaufforstungen. -AFZ 45: 161-163. München.

WARNEKE, M. (1993): Die Flora und Vegetation des Naturschutzgebietes Sippenauer Moor im Landkreis Kehlheim. -Hoppea 54: 7-78. Regensburg.

WASNER, U. (1976): Eine Methode zur Mikroklimamessung im Freiland. Eichtabellen zur integrierten Lichtmengenmessung nach Friend. Zool. Jb. Syst. 103: 355-360.

WATT, W. B.; CHEW, F. S.; SNYDER, L. R. G.; WATT, A. G.; ROTHSCHILD, D. E. (1977): Population Structure of Pierid Butterflies. I. Numbers and Movements of Some Montane *Colias* Species. -Oecologia 27: 1-22. Berlin.

WECK, J. (1952): Ödlandaufforstung. Eine Einführung in die Technik der Wiederherstellung von verödeten Kahlflächen in den verschiedenen Klimazonen der Erde. Band 1: Einführung zum Ödlandproblem. Heiden - Weiden - Mageräcker der Ebenen und Mittelgebirge der gemäßigten Zone. 104 S. Fritz Haller Verlag. Berlin.

WIRTH, V. (1980): Flechtenflora. Ökologische Kennzeichnung und Bestimmung der Flechten Südwestdeutschlands und angrenzender Gebiete. 552 S. UTB 1062. Eugen Ulmer Verlag. Stuttgart.

WELLS, T. C. E. (1976): Biological Flora of the British Isles. *Hypochoeris maculata* L. -J. Ecol. 64: 757-774. Oxford.

WELLS, T. C. E.; BARLING, D. M. (1971): Biological Flora of the British Isles. *Pulsatilla vulgaris* Mill. (*Anemone pulsatilla* L.) -J. Ecol. 59: 275-292. Oxford.
WEIDENBACH, P. (1991): Walderneuerung auf Sturmwurfflächen. AFZ 46: 216-220. München.
WELTEN, M.; SUTTER, H. C. (1982): Verbreitungsatlas der Farn- und Blütenpflanzen der Schweiz. Bd. 1. Basel.
WESTHUS, W.; HAUPT, R. (1990): Zum Florenwanderl und Florenschatz in waldbestockten Naturschutzgebieten Thüringens. -Hercynia N. F. 27: 259-272. Leipzig.
WILDE, J. (1925/26): Die Eibe in der Pfalz. -Pollichia 2: 3-31. Bad Dürkheim.
WILLERDING, U. (1968): Beiträge zur Geschichte der Eibe (*Taxus baccata* L.). -Plesse-Archiv 3: 96-155. Göttingen.
WILMANNS, O. (1984): Ökologische Pflanzensoziologie. 3. Aufl., 372 S. UTB 269. Quelle & Meyer. Heidelberg.
WILMANNS, O. (1993): Ökologische Pflanzensoziologie. Eine Einführung in die Vegetation Mitteleuropas. 5. Aufl., 479 S. UTB 269. Quelle & Meyer. Heidelberg und Wiesbaden.
WILMANNS, O.; RUPP, S. (1966): Welche Faktoren bestimmen die Verbreitung alpiner Felsspaltenpflanzen auf der Schwäbischen Alb? -Veröf. Landesst. Nat.-Landsch.pfleg. B.-W. 34: 62-86. Ludwigsburg.
WINSKI, A. (1983): Die Waldgesellschaften der Ortenau und ihre Randstrukturen. -Ber. Naturforsch. Ges. Freiburg i. Br. 73: 77-137. Freiburg i. Br.
WITSCHEL, M. (1980): Seltene Pflanzengesellschaften auf Reliktstandorten der Baar und ihre Schutzwürdigkeit. -Schr. Ver. Gesch. Nat.gesch. Baar 33: 117-135. Donaueschingen.
WITSCHEL, M. (1982): Die Bedeutung der Waldränder an der Grenze Braunjura-Weißjura für das Überleben seltener Pflanzenarten, dargestellt am Beispiel der Geisinger Berge. -Schr. Ver. Gesch. Nat.gesch. Baar 34: 102-115. Donaueschingen.
WITSCHEL, M. (1984): Zur Ökologie, Verbreitung und Vergesellschaftung des Reckhölderle (*Daphne cneorum*) auf der Baar und im Hegau - gleichzeitig ein Beitrag zum Phänomen der Reliktföhrenwälder. -Schr. Ver. Gesch. Nat.gesch. Baar 35: 119-135. Donaueschingen.
WITSCHEL, M. (1986): Zur Ökologie, Verbreitung und Vergesellschaftung von *Daphne cneorum* L. in Baden-Württemberg, unter Berücksichtigung der zönologischen Verhältnisse in den anderen Teilarealen. -Jh. Ges. Naturkde. Württemberg 141: 157 - 200. Stuttgart.
WITSCHEL, M. (1991): Die *Trinia glauca*-reichen Trockenrasen in Deutschland und ihre Entwicklung seit 1880. -Ber. Bay. Bot. Ges. 62: 189-219. München.
WOHLFARTH, E. (1958): Vom Wachstum der Kiefer auf Stagnogleyböden des Buntsandsteins. -AFZ 13: 460-462. München.
WOLF, T. (1993): Die Missen im Landkreis Calw. S. 55-190. In: ZIMMERMANN, P. (Hrsg.) (1993): Missen im Landkreis Calw (2). Verbreitung der Missen. Fauna, Flora und Vegetation. Schutz und Entwicklung. -Beih. Veröff. Naturschutz u. Landschaftspfl. Bad.-Württ. 73. 566 S. Karlsruhe.
WÖRZ, A. (1954): Die Lepidopterenfauna von Württemberg. II. Microlepidoptera. Kleinschmetterlinge. 5. Fortsetzung. -Jh. Ver. vaterl. Naturkde. Württ. 109: 83-130. Stuttgart.
WOSCHÉE, R. (1993): Laubwaldgesellschaften der Donau-Niederterrasse östlich von Regensburg. -Hoppea 54: 103-190. Regensburg.
WRABER, T.; SKOBERNE, P. (1989): Rdeči seznam ogroženih praprotnic in semenk SR Slovenije (The Red Data List of Threatened Vascular Plants in Socialistic Republic of Slovenia). -Varstvo Narave 14-15: 1-429. Ljubljana.
WULF, M. (1992): Vegetationskundliche und ökologische Untersuchungen zum Vorkommen gefährdeter Pflanzenarten in Feuchtwäldern Nordwestdeutschlands. -Diss. Bot. 185. 247 S. u. Anhang. Berlin u. Stuttgart.
ZAHLHEIMER, W. A. (1979): Vegetationsstudien in den Donauauen zwischen Regensburg und Straubing als Grundlage für den Artenschutz. -Hoppea 38: 3-398. Regensburg.
ZERLE, A. (1989): Forstwirtschaft und Naturschutz - aus der Sicht der Staatsforstverwaltung. -Forstwiss. Cbl. 108: 334-342. Hamburg u. Berlin.
ZIMMERMANN, A. (1972): Pflanzenareale am Niederösterreichischen Alpenostrand und ihre florengeschichtliche Deutung. -Diss. Bot. 18. Lehre.
ZIMMERMANN,. P. (1990): Gefährdung der Quellmoore bei Bad Rippoldsau-Schapbach (Mittlerer Schwarzwald). -Carolinea 48: 103-108. Karlsruhe.
ZIMMERMANN, P. (Hrsg.) (1993): Missen im Landkreis Calw (2). Verbreitung der Missen. Fauna, Flora und Vegetation. Schutz und Entwicklung. -Beih. Veröff. Naturschutz u. Landschaftspfl. Bad.-Württ. 73. 566 S. Karlsruhe.
ZIMMERMANN, P. (1993): Das geplante Naturschutzgebiet "Hesel-, Brand- und Kohlmisse" - Schutz, Pflege und Entwicklung eines Waldmoores im Nordschwarzwald. -Beih. Veröff. Naturschutz u. Landschaftspfl. Bad.-Württ. 73: 549-563. Karlsruhe.
ZÖTTL, H. (1952): Zur Verbreitung des Schneeheide-Kiefernwaldes im bayerischen Alpenvorland. -Ber. Bay. Bot. Ges. 29: 92-95. München.
ZÓLYOMI, B. (1989): Indirekte Methode zur Feststellung des ökologischen Optimums und der ökologischen Amplitude von Pflanzenarten. -Flora 183: 349-357. Jena.
ZÓLYOMI, B.; BARÁTH, Z.; FEKETE, G.; JAKUCS, P.; KÁRPÁTI, L.; KÁRPÁTI, V.; KOVÁCS, M.; MÁTÉ, I. (1967): Einreihung von 1400 Arten der ungarischen Flora in ökologische Gruppen nach TWR-Zahlen. -Fragmenta Botanica Musei Historico-Naturalis Hungarici 4: 101-142. Budapest.

Schriften der Forstämter

Forsteinrichtungswerk des Forstamtes Bruchsal-Ost 1992.
Forsteinrichtungswerke des Forstamtes Kehl (Gemeindewald Neuried) 1882-1989.
Forsteinrichtungswerke des Forstamtes Tuttlingen 1870-1988.
Forsteinrichtungswerke des Forstamtes Schönau (Gemeindewald Schönenberg) 1870-1988.
Forsteinrichtungswerke des Forstamtes Villingen-Schwenningen (Stadtwald Villingen) 1837- 1991.
Erläuterungsband zur Standortskarte des Forstamtes Bruchsal-Ost. 1971.
Erläuterungsband zur Standortskarte der Rheinauewaldungen des Forstamtes Kehl. 1982/1983.
Erläuterungsband zur Standortskarte des Forstamtes Tuttlingen. 1960.
Erläuterungsband zur Standortskarte des Stadtwaldes Villingen-Schwenningen. 1958.
MÜHLHÄUßER, G. (1960): Zusatz zur Standortskartierung des Stadtwaldes Villingen-Schwenningen.
STAATLICHES FORSTAMT SCHÖNAU (1992a): Exkursionsführer. Multikopie. 5 Seiten. Schönau.
STAATLICHES FORSTAMT SCHÖNAU (1992b): Entwicklung der Landschaft im Stadtgebiet Zell i.W. Untersuchung im Auftrag des Stadtrats Zell i.W. Multikopie. 20 S. Schönau.

16. Kartenverzeichnis

BAYERISCHES GEOLOGISCHES LANDESAMT (Hrsg.) (1981): Geologische Karte von Bayern 1: 500000. 3. Aufl. München.

BROZ & VOSSLER (1783): Farbige Karte des Villinger Stadtwaldes aus dem Jahre 1783. Original im Generallandesarchiv Karlsruhe.

FORSTBETRIEBSKARTEN des Staatlichen Forstamtes Hechingen. 1:10000.

FORSTDIREKTION FREIBURG (1987): Forstkarte Nr. 1, Staatswald im Forstbezirk Tuttlingen, Gemeinde Tuttlingen, 1:10000. Freiburg.

FORSTDIREKTION FREIBURG (1990): Forstkarte Nr. 1, Stadtwald Villingen-Schwenningen, Gemeinde St. Georgen i. Schw., Unterkirnach und Villingen-Schwenningen, 1:10000. Freiburg.

FORSTLICHE VERSUCHS- UND FORSCHUNGSANSTALT BADEN-WÜRTTEMBERG (1958): Standortskarte des Städtischen Forstamt Villingen-Schwenningen, Distrikt I und II, 1:10000. Freiburg.

GEOLOGISCHES LANDESAMT BADEN-WÜRTTEMBERG (Hrsg.): Geologische Karte 1:25000 von Baden-Württemberg, Blatt 7916 Villingen im Schwarzwald. Reproduktion der Ausgabe von 1898. Stuttgart.

GEOLOGISCHES LANDESAMT BADEN-WÜRTTEMBERG (Hrsg.) (1966): Geologische Karte von Baden-Württemberg 1:25000, Blatt 8118 Engen. Stuttgart.

GEOLOGISCHES LANDESAMT BADEN-WÜRTTEMBERG (Hrsg.) (1968): Geologische Karte von Baden-Württemberg 1:25000, Blatt 7920 Leibertingen. Stuttgart.

GEOLOGISCHES LANDESAMT BADEN-WÜRTTEMBERG (Hrsg.) (1976): Geologische Karte 1:100000, C7918 Albstadt. Stuttgart.

GEOLOGISCHES LANDESAMT BADEN-WÜRTTEMBERG (Hrsg.) (1984): Geologische Karte 1:25000 von Baden-Württemberg, Blatt 8017 Geisingen.Reproduktion der Ausgabe von 1909. Stuttgart.

GEOLOGISCHES LANDESAMT BADEN-WÜRTTEMBERG (Hrsg.) (1985): Geologische Karte 1:25000 von Baden-Württemberg, Blatt 6917 Weingarten. Reproduktion der Ausgabe von 1907. Stuttgart.

GEOLOGISCHES LANDESAMT BADEN-WÜRTTEMBERG (Hrsg.) (1985): Geologische Karte 1:25000 von Baden-Württemberg, Blatt 8018 Tuttlingen. Reproduktion der Ausgabe von 1930. Stuttgart.

GEOLOGISCHES LANDESAMT BADEN-WÜRTTEMBERG (Hrsg.) (1987): Geologische Karte 1:25000 von Baden-Württemberg, Blatt 6817 Bruchsal. Reproduktion der Ausgabe von 1907. Stuttgart.

GEOLOGISCHES LANDESAMT BADEN-WÜRTTEMBERG (Hrsg.) (1990): Geologische Karte 1:100000 C 7718 Albstadt. Stuttgart.

GROSSHERZOGLICHE TOPOGRAPHISCHES BUREAU (1877): Blatt 120 Donaueschingen 1:25000 (heute: TK 8016 Donaueschingen).

GROSSHERZOGLICHE TOPOGRAPHISCHES BUREAU (1882): Blatt 122 Möhringen 1:25000 (heute: TK 8018 Tuttlingen).

GROSSHERZOGLICHE TOPOGRAPHISCHES BUREAU (vor 1900): Blatt 134 Engen 1:25000 (heute: TK 8118 Engen).

KOMMISION FÜR GESCHICHTLICHE LANDESKUNDE IN BADEN-WÜRTTEMBERG (Hrsg.) (1974): Historischer Atlas von Baden-Württemberg. Blatt IV, 18-19: Die Veränderung der Kulturlandschaft durch die Rheinkorrektion seit 1817. 2 Karten u. 1 Erläuterung von REINHARD, E., 11 S. Stuttgart.

LANDESVERMESSUNGSAMT BADEN-WÜRTTEMBERG (Hrsg.): Schmitt'sche Karte von Südwestdeutschland 1:57600. Blatt 19 Offenburg, Blatt 55 Hechingen, Blatt 56 Tuttlingen, Blatt 60 Trochtelfingen. Ausgabejahr 1797. Stuttgart.

LANDESVERMESSUNGSAMT BADEN-WÜRTTEMBERG (Hrsg.): Topographischer Atlas über das Großherzogtum Baden 1:50000. Blatt 26 Offenburg. Reproduktion der Ausgabe von 1843. Stuttgart.

LANDESVERMESSUNGSAMT BADEN-WÜRTTEMBERG (1942): Topographische Karte 1:25000, Blatt 8017 Geisingen. Stuttgart.

LANDESVERMESSUNGSAMT BADEN-WÜRTTEMBERG (1947): Topographische Karte 1:25000, Blatt 8018 Tuttlingen. Stuttgart.

LANDESVERMESSUNGSAMT BADEN-WÜRTTEMBERG (1951): Topographische Karte 1:25000, Blatt 7621 Trochtelfingen. Stuttgart.

LANDESVERMESSUNGSAMT BADEN-WÜRTTEMBERG (1984): Topographische Karte 1:25000, Blatt 8118 Engen. Stuttgart.

LANDESVERMESSUNGSAMT BADEN-WÜRTTEMBERG (1985): Topographische Karte 1:25000, Blatt 7418 Nagold. Stuttgart.

LANDESVERMESSUNGSAMT BADEN-WÜRTTEMBERG (1987): Topographische Karte 1:25000, Blatt 7513 Offenburg. Stuttgart.

LANDESVERMESSUNGSAMT BADEN-WÜRTTEMBERG (1988): Topographische Karte 1:25000, Blatt 8016 Donaueschingen. Stuttgart.

LANDESVERMESSUNGSAMT BADEN-WÜRTTEMBERG (1988): Topographische Karte 1:25000, Blatt 8017 Geisingen. Stuttgart.

LANDESVERMESSUNGSAMT BADEN-WÜRTTEMBERG (1988): Topographische Karte 1:25000, Blatt 8018 Tuttlingen. Stuttgart.

LANDESVERMESSUNGSAMT BADEN-WÜRTTEMBERG (1988): Topographische Karte 1:25000, Blatt 8019 Neuhausen ob Eck. Stuttgart.

LANDESVERMESSUNGSAMT BADEN-WÜRTTEMBERG (1988): Topographische Karte 1:25000, Blatt 8117 Blumberg. Stuttgart.

LANDESVERMESSUNGSAMT BADEN-WÜRTTEMBERG (1988): Topographische Karte 1:25000, Blatt 8416 Hohentangen am Hochrhein. Stuttgart.

LANDESVERMESSUNGSAMT BADEN-WÜRTTEMBERG (1989): Topographische Karte 1:25000, Blatt 7621 Trochtelfingen. Stuttgart.

LANDESVERMESSUNGSAMT BADEN-WÜRTTEMBERG (1989): Topographische Karte 1:25000, Blatt 7919 Mühlheim an der Donau. Stuttgart.

LANDESVERMESSUNGSAMT BADEN-WÜRTTEMBERG (1989): Topographische Karte 1:25000, Blatt 7920 Leibertingen. Stuttgart.

LANDESVERMESSUNGSAMT BADEN-WÜRTTEMBERG (1991): Topographische Karte 1:25000, Blatt 6817 Bruchsal. Stuttgart.

LANDESVERMESSUNGSAMT BADEN-WÜRTTEMBERG (1991): Topographische Karte 1:25000, Blatt 6917 Weingarten (Baden). Stuttgart.

LANDESVERMESSUNGSAMT BADEN-WÜRTTEMBERG (1992): Topographische Karte 1:25000, Blatt 7015 Rheinstetten. Stuttgart.

LANDESVERMESSUNGSAMT BADEN-WÜRTTEMBERG (1992): Topographische Karte 1:25000, Blatt 7313 Rheinau. Stuttgart.

LANDESVERMESSUNGSAMT BADEN-WÜRTTEMBERG (1992): Topographische Karte 1:25000, Blatt 7314 Bühl. Stuttgart.

LANDESVERMESSUNGSAMT BADEN-WÜRTTEMBERG (1992): Topographische Karte 1:25000, Blatt 7512 Neuried. Stuttgart.

LANDESVERMESSUNGSAMT BADEN-WÜRTTEMBERG (1992): Topographische Karte 1:25000, Blatt 7719 Balingen. Stuttgart.

LANDESVERMESSUNGSAMT BADEN-WÜRTTEMBERG (1992): Topographische Karte 1:25000, Blatt 7913 Freiburg im Breisgau -NO. Stuttgart.

LANDESVERMESSUNGSAMT BADEN-WÜRTTEMBERG (1992): Topographische Karte 1:25000, Blatt 8012 Freiburg im Breisgau -SW. Stuttgart.

LANDESVERMESSUNGSAMT BADEN-WÜRTTEMBERG (1993): Topographische Karte 1:25000, Blatt 7413 Appenweier. Stuttgart.

LANDESVERMESSUNGSAMT BADEN-WÜRTTEMBERG (1993): Topographische Karte 1:25000, Blatt 7612 Lahr/Schwarzwald-West. Stuttgart.

LANDESVERMESSUNGSAMT BADEN-WÜRTTEMBERG (1994): Topographische Karte 1:25000, Blatt 7916 Villingen-Schwenningen West. Stuttgart.

STAATLICHES FORSTAMT SCHÖNAU (1988): Forstkarte Gemeindewald Schönenberg. Gemeinde Schönenberg, 1 : 10000. Stand: 1.2.1988. Schönau.

STAATLICHES MUSEUM FÜR NATURKUNDE (Hrsg.) (1983): Vegetationskundliche Karte 1:25000 Blatt 7919 Mühlheim a. d. Donau. Stuttgart.

STAATLICHES MUSEUM FÜR NATURKUNDE (Hrsg.) (1977): Vegetationskundliche Karte 1:25000 Blatt 7818 Wehingen. Stuttgart.

17. Anhang

Liste der ausgewählten Rote Liste-Arten

Nomenklatur nach OBERDORFER (1990).
Auswahlkriterien: Arten welche in der Roten Liste der BRD (KORNECK & SUKOPP, 1988) durch den Verursacher Forstwirtschaft & Jagd gefährdet sind und zugleich in der Roten Liste Baden-Württembergs verzeichnet bzw. als "Schonungsbedürftig" eingetragen sind.
Die Zahlen in Klammern hinter den Artnamen geben die Gefährdungskategorien an. Erste Zahl: Rote Liste BRD 1977 (SUKOPP et al., 1978), zweite Zahl: Rote Liste BRD 1988 (KORNECK & SUKOPP, 1988), dritte Zahl: Rote Liste Baden-Württemberg (HARMS et al., 1983), vierte Zahl: Neuvorschlag nach SEBALD et al. (1990a,b; 1992a,b).
Gefährdungskategorien:
0: Art Ausgestorben/verschollen, 1: Art vom Aussterben bedroht, 2: Art stark gefährdet, 3: Art gefährdet, 4: Art potentiell gefährdet, 5: Art schonungsbedürftig nach Rote Liste Baden-Württemberg, -: Art nicht aufgeführt.

1. Aceras anthropophorum (2,2,2)
2. Ajuga pyramidalis (4,3,4)
3. Allium angulosum (3,3,3)
4. Allium carinatum ssp. carinatum (3,3,3)
5. Allium sphaerocephalon (-,3,3)
6. Allium suaveolens (3,3,3)
7. Alyssum montanum ssp. gmelinii (1,2,2)
8. Anacamptis pyramidalis (2,2,3)
9. Andromeda polifolia (3,3,3,2?)
10. Androsace septentrionalis (1,2,0)
11. Anemone sylvestris (3,3,3,2)
12. Antennaria dioica (3,3,2)
13. Arabis nemorensis (2,2,2)
14. Arctostaphylos uva-ursi (2,2,2)
15. Armeria elongata (3,3,2)
16. Arnica montana (3,3,2)
17. Asperula tinctoria (3,3,3)
18. Astragalus danicus (2,2,1,0)
19. Betula humilis (3,3,2)
20. Botrychium lunaria (-,3,2)
21. Botrychium matricariifolium (1,1,1)
22. Botrychium multifidum (1,1,0)
23. Botrychium simplex (0,0,0)
24. Calla palustris (3,3,1)
25. Campanula cervicaria (3,1,1)
26. Carex appropinquata (3,3,3)
27. Carex buxbaumii (2,2,2)
28. Carex capitata (0,0,0)
29. Carex cespitosa (3,3,3)
30. Carex chordorrhiza (2,2,2)
31. Carex davalliana (3,3,3)
32. Carex diandra (3,2,2)
33. Carex dioica (2,2,2)
34. Carex ericetorum (3,3,3)
35. Carex hartmanii (2,2,2)
36. Carex heleonastes (1,1,0)
37. Carex hostiana (3,3,3)
38. Carex lasiocarpa (3,3,3)
39. Carex limosa (1,2,2)
40. Carex pauciflora (-,3,3)
41. Carex praecox (3,3,3)
42. Carex pulicaris (3,2,3)
43. Carex supina (2,2,1)
44. Carlina acaulis ssp. simplex (-,3,5)
45. Chimaphila umbellata (2,1,1)
46. Cicendia filiformis (2,1,0)
47. Cirsium tuberosum (3,3,3)
48. Cnidium dubium (1,2,1)
49. Coeloglossum viride (3,3,1)
50. Corallorhiza trifida (3,3,5)
51. Cypripedium calceolus (2,2,3)
52. Dactylorhiza incarnata ssp. incarnata (3,3,3)
53. Dactylorhiza majalis (3,3,3)
54. Dactylorhiza sambucina (2,2,1)
55. Dactylorhiza traunsteineri (2,2,2)
56. Daphne cneorum (2,2,2)
57. Deschampsia media (1,1,1)
58. Dianthus segueri ssp. glaber (2,2,2)
59. Dianthus superbus ssp. superbus (3,3,3) et ssp. autumnalis (-,3,3)
60. Dictamnus albus (3,3,3)
61. Diphasium alpinum (2,2,2,3)
62. Diphasium complanatum (2,2,2,1?)
63. Diphasium issleri (2,2,1)
64. Diphasium tristachyum (2,2,0,1?)
65. Diphasium zeilleri (2,2,1)
66. Drosera anglica (2,2,2)
67. Drosera intermedia (3,3,2)
68. Drosera x obovata (nicht angeführt, 2,2)
69. Drosera rotundifolia (3,3,3)
70. Dryopteris cristata (2,2,2)
71. Elatine alsinastrum (1,1,2,1)
72. Empetrum nigrum s.str. (-,3,4)
73. Epipactis microphylla (4,3,4)
74. Epipactis palustris (3,3,3)
75. Epipogium aphyllum (3,2,2)
76. Equisetum x trachyodon (2,2,2)
77. Equisetum variegatum (2,2,2)
78. Eriophorum gracile (1,1,1)
79. Eriophorum latifolium (3,3,3)
80. Euphorbia palustris (2,3,3)
81. Euphorbia seguieriana (3,3,3)
82. Euphrasia micrantha (4,3,3)
83. Festuca duvalii (3,2,3)
84. Filago lutescens (2,2,2)
85. Filago pyramidata (0,2,2)
86. Filago vulgaris (2,2,2)
87. Fumana procumbens (2,2,2)
88. Galanthus nivalis (4,3,2)
89. Gentiana asclepiadea (3,3,3)
90. Gentiana campestris ssp. campestris (2,3,2)
91. Gentiana ciliata (3,3,5)
92. Gentiana cruciata (2,2,3)
93. Gentiana germanica (3,3,5)
94. Gentiana pneumonanthe (2,3,2)
95. Gentiana verna (3,3,3)
96. Gladiolus palustris (1,2,1)
97. Globularia punctata (4,3,3)
98. Goodyera repens (3,3,5)
99. Gymnadenia odoratissima (3,3,3)
100. Hammarbya paludosa (1,2,2)
101. Helianthemum canum (3,3,4)
102. Helichrysum arenarium (3,2,2)
103. Herminium monorchis (2,2,2)
104. Hieracium caespitosum (2,3,3)
105. Hieracium peleterianum (4,3,4)
106. Himantoglossum hircinum (2,2,2)
107. Hypochaeris maculata (3,3,2)
108. Illecebrum verticillatum (3,3,0,1)
109. Inula helvetica (0,2,2)
110. Inula hirta (3,3,3)
111. Iris sibirica (2,2,2)
112. Juncus subnodulosus (3,3,3)
113. Jurinea cyanoides (2,2,1)
114. Kochia laniflora (1,1,1)
115. Koeleria glauca (2,2,2)
116. Laserpitium prutenicum (2,2,2,1)
117. Lathyrus bauhinii (1,2,2)
118. Lathyrus palustris (3,3,2)

119. Lathyrus pannonicus ssp. collinus (1,2,2)
120. Ledum palustre (2,2,0)
121. Leucojum vernum (3,3,3)
122. Lilium bulbiferum (4,3,0)
123. Limodorum abortivum (1,2,1)
124. Linum leonii (1,2,2)
125. Linum perenne (1,1,0)
126. Linum tenuifolium (2,3,3)
127. Liparis loeselii (2,2,2)
128. Listera cordata (4,3,5)
129. Lycopodiella inundata (2,3,2)
130. Lycopodium clavatum (3,3,3)
131. Lysimachia thyrsiflora (3,3,3)
132. Malaxis monophyllos (2,2,1)
133. Matteuccia struthiopteris (3,3,3)
134. Melampyrum cristatum (-,3,3)
135. Menyanthes trifoliata (3,3,3)
136. Minuartia fastigiata (2,2,2)
137. Moenchia erecta (1,1,0)
138. Muscari botryoides (3,3,3)
139. Myosotis discolor (-,3,3)
140. Odontites lutea (3,3,3)
141. Oenanthe lachenalii (2,2,2)
142. Oenanthe peucedanifolia (1,2,0)
143. Onobrychis montana (4,3,3)
144. Ophioglossum vulgatum (2,2,3)
145. Ophrys apifera (2,2,3)
146. Ophrys holosericea (2,2,2)
147. Ophrys insectifera (2,3,3)
148. Ophrys sphegodes ssp. sphegodes (2,2,2) et ssp. litigiosa (1,1,1)
149. Orchis coriophora (1,1,1)
150. Orchis mascula (3,3,3)
151. Orchis militaris (3,3,5)
152. Orchis morio (2,2,2)
153. Orchis pallens (4,3,3)
154. Orchis palustris (1, var. elegans 0/var. pal.1, 1)
155. Orchis purpurea (3,3,3)
156. Orchis simia (2,2,2)
157. Orchis ustulata (2,2,2)
158. Orobanche alba (3,3,2)
159. Orobanche alsatica var. alsatica (2,2,2)
160. Orobanche elatior (3,3,3)
161. Orobanche lucorum (4,2,0)
162. Orobanche lutea (3,3,3)
163. Orobanche purpurea (3,3,2)
164. Orobanche rapum-genistae (3,3,2)
165. Orobanche teucrii (2,2,3)
166. Osmunda regalis (3,2,2)
167. Parnassia palustris (3,3,3,2?)
168. Peucedanum alsaticum (3,2,3,nicht gef.)
169. Peucedanum officinale (3,3,3)
170. Phyteuma orbiculare a) ssp. orbiculare (3,3,3) et ssp. tenerum (3,2,3)
171. Pilularia globulifera (1,2,1,3)
172. Pinguicula vulgaris (2,3,3)
173. Platanthera bifolia (3,3,5)
174. Platanthera chlorantha (-,3,3)
175. Polemonium caeruleum (3,3,3)
176. Polygala calcarea (4,3,4,1)
177. Polygala serpyllifolia (3,3,3)
178. Polystichum braunii (2,2,4,2)
179. Polystichum setiferum (3,3,4)
180. Populus nigra (-,3,3)
181. Potentilla alba (-,3,3,evt.2)
182. Potentilla arenaria (-,3,5)
183. Potentilla heptaphylla (-,3,5)
184. Potentilla rupestris (3,3,2)
185. Primula vulgaris (3,3,2)
186. Prunella laciniata (3,3,3)
187. Pseudorchis albida (2,2,2)
188. Pulsatilla vulgaris (3,3,3)
189. Pyrola chlorantha (3,3,2)
190. Ranunculus polyanthemos (-,2,-,2)
191. Rhinanthus glacialis (3,3,3)
192. Rhynchospora alba (3,3,3)
193. Rhynchospora fusca (2,2,2)
194. Ribes nigrum (3,3,3)
195. Rosa elliptica (4,3,3,2)
196. Rosa gallica (3,3,5,4)
197. Rosa jundzillii (3,3,3)
198. Rosa micrantha (3,3,3)
199. Rosa obtusifolia (3,3,3)
200. Salix starkeana (1,2,2)
201. Saxifraga hirculus (1,1,0)
202. Scabiosa canescens (3,3,3)
203. Scheuchzeria palustris (2,2,2)
204. Schoenus ferrugineus (-,3,3)
205. Schoenus nigricans (2,2,2)
206. Scorzonera humilis (3,3,3)
207. Scutellaria minor (2,3,2)
208. Sedum villosum (2,2,1)
209. Senecio helenites ssp. helenites (3,2,2)
210. Senecio paludosus (3,3,5)
211. Serratula tinctoria (3,3,3)
212. Seseli annuum (3,3,2)
213. Silene conica (2,2,2)
214. Silene otites (3,3,3)
215. Spiranthes aestivalis (1,1,1)
216. Spiranthes spiralis (2,2,1)
217. Staphylea pinnata (3,3,5)
218. Stipa capillata (2,2,3)
219. Stipa joannis agg. (2,2,3)
220. Swertia perennis (2,3,2)
221. Taraxacum palustre agg. (3,3,2)
222. Taxus baccata (-,3,3)
223. Tetragonolobus maritimus (3,3,3)
224. Thalictrum minus ssp. minus (3,3,3)
225. Thalictrum morisonii (4,3,2)
226. Thalictrum simplex ssp. galioides (1,2,2)
227. Thelypteris palustris (3,3,3)
228. Thesium alpinum (-,3,0,4)
229. Thesium linophyllon (3,3,2)
230. Thesium pyrenaicum (-,3,2,3)
231. Thesium rostratum (4,3,3,2)
232. Thymus serpyllum (3,2,3)
234. Trichophorum cespitosum ssp. cespitosum (-,3,5) et ssp. germanicum (-,2, 5)
235. Trifolium ochroleucon (-,3,3)
236. Trifolium scabrum (0,1,1)
237. Trifolium spadiceum (3,2,2)
238. Trifolium striatum (2,3,1,0)
239. Triglochin palustre (3,3,3)
240. Trinia glauca (2,2,4)
241. Trollius europaeus (-,3,3,evt. 2)
242. Ulmus minor (-,2,5,2)
243. Utricularia intermedia (2,2,2)
244. Utricularia ochroleuca (1,2,2)
245. Veronica austriaca (3,2,3)
246. Veronica longifolia (3,3,1)
247. Veronica prostrata ssp. scheereri (3,3,4)
248. Veronica spicata (3,3,2)
249. Vicia cassubica (3,3,0)
250. Vicia lathyroides (3,3,3)
251. Viola alba (4,3,5)
252. Viola elatior (2,2,3,2)
253. Viola persicifolia (2,2,2,0)
254. Viola pumila (1,1,2,1)
255. Viola rupestris (3,3,3,2)
256. Vitis sylvestris (1,1,1)
257. Wahlenbergia hederacea (1,2,1)

Mittlere Zeigerwerte ausgewählter Rote Liste-Arten

Bei Arten mit bimodaler Zeigerwertverteilung werden die Dichtewerte durch zwei Zahlenwerte wiedergegeben, vorausgesetzt es lag ausreichendes Aufnahmematerial vor.

Artname	Anzahl Aufnahmen	Mittlere L-Zahl	Mittlere F-Zahl	Mittler R-Zahl	Mittlere N-Zahl
Aceras anthropophorum	14	7,2	3,6	7,4	2,6
Allium angulosum	20	7,1	7,2	6,9	4,5
Allium carinatum	24	7,2	3,9	7,3	2,8
Allium suaveolens	12	7,3	7,2	7,6	2,7
Allium spharocephalon	139	7,9	2,7	7,3	2,1
Alyssum montanum ssp. gmelinii	139	7,9	2,7	6,3	2,1
Anacamptis pyramidalis	16	7,2	3,9	7,5	2,8
Andromeda polifolia	395	7,6	8,6	1,9	1,5
Androsace septentrionalis	4	7,9	2,6	4,8	1,9
Anemone sylvestris	9	6,9	3,7	7,3	3,4
Antennaria dioica	202	7,0	4,3	3,5/7,2	2,5
Anthemis tinctoria	73	7,5	3,5	7,3	3,4
Arctostaphylos uva-ursi	5	6,3	4,0	7,3	3,9
Armeria elongata	129	7,4	3,6	4,9	2,8
Arnica montana	192	6,9	5,0	3,5	2,6
Asperula tinctoria	87	6,7	3,8	7,5	2,8
Betula humilis	2	6,8	6,7	4,3	3,0
Botrychium lunaria	8	7,3	4,3	5,3	2,6
Botrychium matricariifolium	1	6,9	5,0	4,0	3,5
Calla palustris	73	6,5	8,8	5,1	4,4
Carex appropinquata	54	6,8	8,2	5,5	3,8
Carex buxbaumii	1	7,0	8,0	6,8	2,8
Carex cespitosa	7	6,9	7,9	5,5	3,6
Carex chordorrhiza	33	7,5	8,6	3,7	2,7
Carex davalliana	121	7,4	7,8	6,3	2,8
Carex diandra	21	7,5	8,8	4,6	3,2
Carex dioica	70	7,6	8,5	4,1	2,4
Carex ericetorum	29	6,9	3,6	5,6	2,6
Carex hartmanii	13	7,0	7,2	6,0	3,5
Carex hostiana	83	7,4	7,8	6,6	2,7
Carex lasiocarpa	198	7,7	8,8	4,0	2,8
Carex limosa	124	8,2	9,0	2,9	2,2
Carex pauciflora	156	7,7	8,6	1,9	1,4
Carex praecox	11	7,4	3,6	5,7	2,7
Carex pulicaris	92	7,4	7,8	5,1	2,6
Carex supina	5	7,4	3,0	5,6	2,3
Carlina acaulis ssp. simplex	239	7,2	3,8	7,0	2,8

Artname	Anzahl Aufnahmen	Mittler L-Zahl	Mittlere F-Zahl	Mittlere R-Zahl	Mittler N-Zahl
Chimaphila umbellata	15	6,3	4,0	5,4	2,9
Cicendia filiformis	2	7,4	7,5	3,4	2,7
Cirsium tuberosum	106	7,1	5,2	7,2	3,2
Cnidium dubium	5	7,0	6,4	5,2	3,7
Coeloglossum viride	11	7,4	4,5	5,3	2,6
Corallorhiza trifida	14	4,7	4,9	5,2	3,5
Dactylorhiza incarnata	21	7,3	7,7	6,5	3,0
Dactylorhiza majalis	117	6,9	7,2	5,3	3,6
Dactylorhiza traunsteineri	9	7,5	8,1	4,5	2,3
Daphne cneorum	216	7,0	3,6	7,5	2,5
Deschampsia media	14	7,3	7,1	7,3	4,0
Dianthus superbus ssp. superbus	29	6,6	5,3	5,4	3,4
Dictamnus albus	134	6,5	3,7	7,2	3,2
Diphasium alpinum	5	7,0	5,0	3,1	2,5
Diphasium complanatum	2	6,2	5,1	2,6	2,8
Diphasium zeilleri	2	6,2	4,5	1,9	2,2
Drosera anglica	76	8,0	9,0	3,9	2,1
Drosera intermedia	72	7,9	8,9	3,3	2,2
Drosera x obovata	2	8,1	8,8	4,6	2,3
Drosera rotundifolia	552	7,7	8,7	2,4	1,7
Dryopteris cristata	31	6,4	8,4	5,2	5,1
Elatine alsinastrum	35	7,4	8,1	4,9	5,1
Empetrum nigrum	76	7,2	7,7	2,1	1,8
Epipactis microphylla	1	4,2	4,7	7,2	5,1
Epipactis palustris	91	7,3	7,5	6,8	2,9
Epipogium aphyllum	5	4,2	5,1	5,2	4,1
Equisetum x trachyodon	15	7,3	7,2	7,3	3,8
Equisetum variegatum	59	7,5	7,6	7,4	3,4
Eriophorum latifolium	85	7,5	8,0	6,1	2,6
Euphorbia palustris	22	7,0	8,0	7,0	5,4
Euphorbia seguieriana	189	7,9	2,6	7,0	2,0
Festuca duvalii	47	8,0	2,5	7,0	1,9
Filago pyramidata	11	7,9	3,4	6,8	2,9
Filago vulgaris	12	7,8	3,3	6,5	2,8
Fumana procumbens	139	7,8	2,6	7,4	1,9

Artname	**Anzahl Aufnahmen**	**Mittlere L-Zahl**	**Mittlere F-Zahl**	**Mittlere R-Zahl**	**Mittlere N-Zahl**
Galanthus nivalis	1	6,1	6,8	6,8	6,5
Gentiana asclepiadea	26	7,1	7,6	6,2	2,9
Gentiana ciliata	205	7,2	3,7	7,2	2,6
Gentiana cruciata	11	7,0	3,8	7,3	2,8
Gentiana germanica	258	7,1	3,9	7,2	2,7
Gentiana pneumonanthe	23	7,5	8,0	4,5	2,4
Gentiana verna	7	7,2	3,9	7,1	2,6
Gladiolus palustris	20	7,1	4,0	7,5	2,5
Globularia punctata	231	7,4	3,3	7,5	2,4
Goodyera repens	13	6,1	4,3	5,2	3,1
Gymnadenia odoratissima	11	7,2	5,0	7,6	2,6
Helichrysum arenarium	158	7,8	2,9	6,1	2,2
Herminium monorchis	10	7,1	3,9	7,2	2,7
Hieracium caespitosum	1	7,1	3,5	7,6	2,3
Hieracium peleterianum	18	6,8	3,7	4,5	2,5
Himantoglossum hircinum	12	7,1	3,7	7,4	3,0
Hypochaeris maculata	41	7,1	3,8	6,9	2,6
Illecebrum verticillatum	3	7,4	8,8	4,2	4,4
Inula helvetica	7	6,9	4,7	7,5	4,3
Inula hirta	80	7,0	3,5	7,5	2,7
Iris sibirica	7	7,0	7,3	6,5	3,8
Juncus subnodulosus	82	7,1	7,7	7,0	4,4
Jurinea cyanoides	133	7,8	2,6	6,3	2,0
Kochia laniflora	56	8,0	2,6	6,8	1,9
Koeleria glauca	251	7,8	2,8	6,3	2,3
Laserpitium prutenicum	2	6,9	6,9	5,8	2,8
Lathyrus palustris	15	6,9	7,3	6,4	4,7
Linum leonii	6	7,3	3,4	7,5	2,5
Linum tenuifolium	158	7,5	3,1	7,6	2,4
Liparis loeselii	19	7,6	8,5	6,2	2,6
Listera cordata	9	4,7	5,8	3,2	3,1
Lycopodiella inundata	36	7,8	8,8	2,6	1,6
Lycopodium clavatum	12	6,6	4,8	2,8	2,7
Lysimachia thyrsiflora	180	7,0	8,8	5,3	4,5
Matteuccia struthiopteris	4	5,3	6,7	6,4	6,2

Artname	Anzahl Aufnahmen	Mittlere L-Zahl	Mittlere F-Zahl	Mittlere R-Zahl	Mittlere N-Zahl
Melampyrum cristatum	61	6,6	3,9	7,2	3,3
Menyanthes trifoliata	268	7,5	8,6	4,4	3,2
Minuartia fastigiata	22	7,9	2,6	7,5	2,0
Muscari botryoides	25	6,9	4,7	5,5	3,1
Odontites lutea	82	7,7	2,9	7,0	2,3
Oenanthe lachenalii	1	7,0	8,0	7,3	6,5
Onobrychis montana	47	7,1	3,6	7,7	2,6
Ophioglossum vulgatum	18	7,2	6,8	6,2	4,3
Ophrys apifera	29	7,2	3,7	7,5	2,7
Ophrys holosericea	23	7,3	3,9	7,5	2,8
Ophrys insectifera	147	7,1	3,7	7,3	2,7
Ophrys sphegodes	4	7,4	3,7	7,6	2,5
Orchis cariophora	1	7,0	4,7	6,9	2,6
Orchis mascula	50	6,9	4,0	6,8	3,0
Orchis militaris	47	7,1	3,7	7,6	2,9
Orchis morio	7	7,2	4,3	6,8	3,0
Orchis pallens	9	6,0	4,2	7,2	3,7
Orchis palustris	2	7,3	8,3	7,4	3,4
Orchis purpurea	21	7,0	3,8	7,3	2,9
Orchis ustulata	3	7,4	3,6	7,4	2,3
Orobanche alba	20	7,9	2,6	6,6	1,9
Orobanche elatior	1	7,3	3,5	7,7	2,9
Orobanche lutea	2	6,8	4,0	7,4	4,1
Orobanche purpurea	1	7,3	3,3	7,5	3,0
Orobanche rapum-genistae	6	6,3	4,9	2,9	3,1
Orobanche teucrii	44	7,6	3,1	7,6	2,3
Osmunda regalis	13	6,0	7,7	4,5	4,5
Parnassia palustris	252	7,4	7,6	5,4	2,6
Peucedanum alsaticum	7	7,0	3,8	7,7	3,5
Peucedanum officinale	10	6,9	4,0	7,6	3,3
Phyteuma orbiculare ssp. orbiculare	166	6,9	4,4	6,8	3,1
Pilularia globulifera	38	7,3	8,3	4,3	3,5
Pinguicula vulgaris	134	7,5	8,0	5,5	2,5
Platanthera bifolia	78	6,6	4,4	6,6	3,1
Platanthera chlorantha	85	6,3	4,8	6,7	3,6

Artname	Anzahl Aufnahmen	Mittlere L-Zahl	Mittlere F-Zahl	Mittlere R-Zahl	Mittlere N-Zahl
Polemonium caeruleum	1	6,8	7,3	6,8	4,8
Polygala calcarea	12	7,3	3,8	7,5	2,6
Polygala serpyllifolia	34	6,9	5,3	3,3	2,7
Polystichum setiferum	1	4,1	5,6	6,5	6,6
Populus nigra	33	6,6	6,4	7,2	5,0
Potentilla alba	22	6,7	3,9	6,0	3,1
Potentilla arenaria	151	7,7	2,7	7,1	2,1
Potentilla heptaphylla	164	7,3	3,4	7,0	2,6
Potentilla rupestris	2	7,3	3,1	6,3	2,2
Prunella laciniata	9	7,2	3,8	7,3	2,9
Pseudorchis albida	20	7,1	4,8	2,9	2,4
Pulsatilla vulgaris	430	7,3	3,4	7,3	2,5
Pyrola chlorantha	13	6,3	4,0	5,3	2,9
Ranunculus polyanthemos	45	6,9	4,0	6,9	3,0
Rhinanthus glacialis ssp. aristatus	43	7,3	3,9	7,3	2,7
Rhynchospora alba	247	7,9	8,9	2,9	1,9
Rhynchospora fusca	27	7,7	8,8	3,2	2,5
Ribes nigrum	430	3,8	7,5	6,1	5,7
Rosa gallica	10	6,5	3,9	7,1	3,3
Rosa jundzillii	4	6,8	3,8	7,2	3,5
Rosa micrantha	3	7,0	4,0	7,3	3,1
Rosa obtusifolia	2	6,6	4,0	7,4	4,3
Salix starkeana	10	7,1	4,8	4,6	2,9
Scabiosa canescens	86	7,3	3,1	7,0	2,5
Scheuchzeria palustris	180	8,2	9,0	2,5	1,7
Schoenus ferrugineus et intermedius	57	7,5	7,7	6,5	2,3
Schoenus nigricans	13	7,3	6,7	7,3	2,8
Scorzonera humilis	26	7,0	5,5	5,4	2,8
Scutellaria minor	13	6,8	7,7	4,2	3,2
Senecio helenites	3	6,1	5,2	5,8	3,9
Senecio paludosus	24	7,1	8,1	6,8	5,7
Serratula tinctoria	152	6,6	4,5/6,6	6,2	3,5
Seseli annuum	18	7,2	3,5	7,2	2,7
Silene conica	86	8,1	2,9	6,5	2,8
Silene otites	201	7,8	2,8	6,6	2,1

Anhang 2: Mittlere Zeigerwerte ausgewählter Rote-Liste-Arten

Artname	Anzahl Aufnahmen	Mittlere L-Zahl	Mittlere F-Zahl	Mittlere R-Zahl	Mittlere N-Zahl
Spiranthes aestivalis	13	7,4	7,9	6,6	2,5
Spiranthes spiralis	14	7,3	4,2	6,2	2,9
Stipa capillata	60	7,8	2,7	7,3	2,3
Stipa joannis	28	7,6	2,8	7,3	2,3
Swertia perennis	13	7,6	8,1	5,8	2,5
Taraxacum palustre agg.	20	7,1	6,9	6,7	4,1
Taxus baccata	12	5,1	4,7	7,0	4,7
Tetragonolobus maritimus	66	7,2	4,9	7,4	2,9
Thalictrum minus	32	7,0	3,3	7,6	2,7
Thalictrum simplex ssp. galioides	1	7,0	4,8	7,3	2,4
Thelypteris palustris	249	6,3	8,3	5,6	5,2
Thesium alpinum	1	7,2	3,8	4,2	2,6
Thesium linophyllon	65	7,4	3,2	7,3	2,4
Thesium pyrenaicum	134	7,1	4,2	5,4/7,3	2,8
Thesium rostratum	11	6,9	3,7	7,6	2,7
Thymus serpyllum	288	7,6	3,0	5,9	2,3
Trichophorum cespitosum ssp. cesp.	178	7,5	8,4	2,1	1,5
Trichophorum cespitosum ssp. germ.	55	7,2	7,5	1,8	1,6
Trifolium scabrum	11	7,9	3,3	7,2	2,7
Trifolium spadiceum	4	7,0	5,3	5,1	3,5
Trifolium striatum	44	7,3	3,7	5,8	3,2
Triglochin palustre	36	7,4	8,2	6,3	3,4
Trinia glauca	24	8,0	2,5	7,5	1,9
Trollius europaeus	63	6,9	5,6	5,3	3,7
Ulmus minor	90	5,8	4,8	7,2	5,0
Utricularia intermedia	6	8,0	11,0	6,0	1,9
Utricularia ochroleuca	19	7,5	11,1	2,9	1,5
Veronica longifolia	50	6,8	7,0	6,1	5,5
Veronica prostrata	6	7,6	2,9	6,6	2,3
Veronica spicata	27	7,4	3,2	5,9	2,6
Vicia cassubica	18	6,0	4,6	4,9	3,5
Vicia lathyroides	34	7,6	3,3	5,0	2,7
Viola elatior	1	7,1	7,2	7,0	4,1
Viola persicifolia	2	6,9	6,8	5,1	4,2
Viola pumila	1	7,0	7,1	7,0	4,4

Artname	Anzahl Aufnahmen	Mittlere L-Zahl	Mittlere F-Zahl	Mittlere R-Zahl	Mittlere N-Zahl
Viola rupestris	15	7,1	3,4	6,4	2,5
Wahlenbergia hederacea	10	7,2	7,8	4,0	2,8

Statistische Angaben zu Zeigerwerten von Rote Liste-Arten mit ≥50 Aufnahmen

Nomenklatur nach OBERDORFER (1990). Berechnungsmethode: Ungewichtete Mittelwerte, mehrfach in einer Aufnahme vorkommende Arten wurden nur einmal berücksichtigt. Anzahl: Anzahl ausgewerteter Vegetationsaufnahmen, Mittel: Arithmetischer Mittelwert, Min: Niedrigster Mittelwert aller Aufnahmen, Max: Höchster Mittelwert aller Aufnahmen, Stdabw.: Standardabweichung (n-1).

Allium sphaerocephalon

	Anzahl	Mittel	Min	Max	StdAbw.
Lichtzahl	139	7.90	6.10	8.60	0.32
Feuchtezahl	139	2.73	2.20	3.50	0.28
Reaktionszahl	139	7.33	5.20	8.10	0.62
N-Stickstoffzahl	139	2.11	1.20	3.90	0.51

Alyssum montanum ssp. gmelinii

	Anzahl	Mittel	Min	Max	StdAbw.
Lichtzahl	139	7.87	7.40	8.40	0.21
Feuchtezahl	139	2.65	2.20	3.20	0.19
Reaktionszahl	139	6.31	4.20	7.60	0.77
N-Stickstoffzahl	139	2.11	1.40	4.30	0.52

Andromeda polifolia

	Anzahl	Mittel	Min	Max	StdAbw.
Lichtzahl	395	7.58	6.20	8.50	0.47
Feuchtezahl	395	8.56	7.20	9.30	0.45
Reaktionszahl	395	1.87	1.00	5.30	0.70
N-Stickstoffzahl	395	1.53	1.00	2.90	0.40

Antennaria dioica

	Anzahl	Mittel	Min	Max	StdAbw.
Lichtzahl	202	7.02	5.80	7.60	0.29
Feuchtezahl	202	4.29	3.00	6.10	0.64
Reaktionszahl	202	4.75	2.30	7.70	1.65
N-Stickstoffzahl	202	2.54	1.80	3.20	0.29

Anthemis tinctoria

	Anzahl	Mittel	Min	Max	StdAbw.
Lichtzahl	73	7.47	5.70	8.50	0.40
Feuchtezahl	73	3.52	2.70	4.80	0.43
Reaktionszahl	73	7.25	5.60	8.10	0.45
N-Stickstoffzahl	73	3.42	2.00	5.80	0.77

Armeria elongata

	Anzahl	Mittel	Min	Max	StdAbw.
Lichtzahl	129	7.36	6.90	8.00	0.22
Feuchtezahl	129	3.60	2.20	5.30	0.52
Reaktionszahl	129	4.86	3.20	7.10	0.82
N-Stickstoffzahl	129	2.80	1.60	4.60	0.55

Arnica montana

	Anzahl	Mittel	Min	Max	StdAbw.
Lichtzahl	192	6.93	6.00	8.10	0.28
Feuchtezahl	192	5.01	3.90	8.10	0.64
Reaktionszahl	192	3.47	2.20	7.20	0.84
N-Stickstoffzahl	192	2.64	1.50	4.30	0.42

Asperula tinctoria

	Anzahl	Mittel	Min	Max	StdAbw.
Lichtzahl	87	6.69	5.40	7.30	0.42
Feuchtezahl	87	3.78	3.10	4.90	0.38
Reaktionszahl	87	7.53	6.20	8.00	0.29
N-Stickstoffzahl	87	2.82	2.30	3.60	0.33

Calla palustris

	Anzahl	Mittel	Min	Max	StdAbw.
Lichtzahl	73	6.50	5.60	7.50	0.46
Feuchtezahl	73	8.78	7.90	10.0	0.41
Reaktionszahl	73	5.08	4.00	6.60	0.59
N-Stickstoffzahl	73	4.39	3.00	6.30	0.76

Carex appropinquata

	Anzahl	Mittel	Min	Max	StdAbw.
Lichtzahl	54	6.76	5.50	7.60	0.57
Feuchtezahl	54	8.22	7.10	9.20	0.45
Reaktionszahl	54	5.49	3.30	8.00	1.14
N-Stickstoffzahl	54	3.76	2.30	5.60	1.04

Carex davalliana

	Anzahl	Mittel	Min	Max	StdAbw.
Lichtzahl	121	7.40	6.80	8.10	0.31
Feuchtezahl	121	7.82	6.20	8.80	0.54
Reaktionszahl	121	6.29	4.00	8.20	0.94
N-Stickstoffzahl	121	2.75	1.80	4.70	0.48

Carex dioica

	Anzahl	Mittel	Min	Max	StdAbw.
Lichtzahl	70	7.62	5.80	8.50	0.55
Feuchtezahl	70	8.46	7.20	9.20	0.44
Reaktionszahl	70	4.14	2.30	6.60	0.97
N-Stickstoffzahl	70	2.37	1.80	4.10	0.40

Carex hostiana

	Anzahl	Mittel	Min	Max	StdAbw.
Lichtzahl	83	7.40	6.90	8.20	0.31
Feuchtezahl	83	7.83	6.40	9.00	0.65
Reaktionszahl	83	6.59	4.70	7.80	0.71
N-Stickstoffzahl	83	2.74	1.90	4.50	0.49

Carex lasiocarpa

	Anzahl	Mittel	Min	Max	StdAbw.
Lichtzahl	198	7.65	6.00	9.00	0.57
Feuchtezahl	198	8.80	7.00	11.0	0.49
Reaktionszahl	198	3.96	1.70	7.60	1.27
N-Stickstoffzahl	198	2.83	1.40	5.80	0.97

Carex limosa

	Anzahl	Mittel	Min	Max	StdAbw.
Lichtzahl	124	8.20	6.90	9.00	0.44
Feuchtezahl	124	9.01	7.80	10.5	0.32
Reaktionszahl	124	2.93	1.60	5.60	0.83
N-Stickstoffzahl	124	2.19	1.20	3.60	0.52

Carex pauciflora

	Anzahl	Mittel	Min	Max	StdAbw.
Lichtzahl	156	7.68	6.20	8.60	0.38
Feuchtezahl	156	8.64	7.30	9.20	0.41
Reaktionszahl	156	1.86	1.00	4.70	0.81
N-Stickstoffzahl	156	1.40	1.00	2.70	0.39

Anhang 3: Mittlere Zeigerwerte Rote-Liste-Arten mit ≥50 Aufnahmen

Carex pulicaris

	Anzahl	Mittel	Min	Max	StdAbw.
Lichtzahl	92	7.38	6.60	8.10	0.29
Feuchtezahl	92	7.75	4.10	8.60	0.87
Reaktionszahl	92	5.09	3.20	7.20	1.09
N-Stickstoffzahl	92	2.57	1.80	3.30	0.38

Carlina acaulis ssp. simplex

	Anzahl	Mittel	Min	Max	StdAbw.
Lichtzahl	239	7.18	6.20	7.70	0.24
Feuchtezahl	239	3.75	3.10	5.00	0.44
Reaktionszahl	239	7.04	3.30	8.00	1.04
N-Stickstoffzahl	239	2.75	2.10	4.40	0.37

Cirsium tuberosum

	Anzahl	Mittel	Min	Max	StdAbw.
Lichtzahl	106	7.08	6.60	7.60	0.22
Feuchtezahl	106	5.24	3.50	8.00	1.40
Reaktionszahl	106	7.19	5.50	8.20	0.47
N-Stickstoffzahl	106	3.18	2.10	6.30	0.84

Dactylorhiza majalis

	Anzahl	Mittel	Min	Max	StdAbw.
Lichtzahl	117	6.93	5.00	7.80	0.42
Feuchtezahl	117	7.21	5.20	8.60	0.63
Reaktionszahl	117	5.31	3.10	7.70	0.83
N-Stickstoffzahl	117	3.61	1.80	5.70	0.86

Daphne cneorum

	Anzahl	Mittel	Min	Max	StdAbw.
Lichtzahl	216	7.03	5.60	7.90	0.37
Temperaturzahl	216	5.17	3.60	5.90	0.41
Kontinentalitätszahl	216	3.92	3.40	4.40	0.20
Feuchtezahl	216	3.58	2.80	4.60	0.41
Reaktionszahl	216	7.54	5.60	8.10	0.38
N-Stickstoffzahl	216	2,54	1.90	3.50	0.30

Dictamnus albus

	Anzahl	Mittel	Min	Max	StdAbw.
Lichtzahl	134	6.51	5.00	7.80	0.58
Feuchtezahl	134	3.66	2.70	4.60	0.43
Reaktionszahl	134	7.21	4.10	8.10	0.67
N-Stickstoffzahl	134	3.23	2.10	5.30	0.65

Drosera anglica

	Anzahl	Mittel	Min	Max	StdAbw.
Lichtzahl	76	8.01	7.30	8.60	0.33
Feuchtezahl	76	8.99	7.90	11.0	0.60
Reaktionszahl	76	3.94	1.50	7.40	1.43
N-Stickstoffzahl	76	2.10	1.10	2.80	0.36

Drosera intermedia

	Anzahl	Mittel	Min	Max	StdAbw.
Lichtzahl	72	7.88	7.20	8.50	0.33
Feuchtezahl	72	8.89	8.00	10.2	0.33
Reaktionszahl	72	3.26	2.00	5.70	0.87
N-Stickstoffzahl	72	2.24	1.50	3.80	0.64

Drosera rotundifolia

	Anzahl	Mittel	Min	Max	StdAbw.
Lichtzahl	552	7.70	6.30	8.60	0.38
Feuchtezahl	552	8.69	7.30	9.80	0.41
Reaktionszahl	552	2.40	1.00	6.30	0.99
N-Stickstoffzahl	552	1.67	1.00	3.80	0.48

Empetrum nigrum

	Anzahl	Mittel	Min	Max	StdAbw.
Lichtzahl	76	7.18	5.80	8.00	0.49
Feuchtezahl	76	7.70	4.50	9.00	0.87
Reaktionszahl	76	2.06	1.00	6.00	1.11
N-Stickstoffzahl	76	1.78	1.10	4.10	0.66

Epipactis palustris

	Anzahl	Mittel	Min	Max	StdAbw.
Lichtzahl	91	7.28	6.80	7.70	0.23
Feuchtezahl	91	7.50	4.50	8.70	0.91
Reaktionszahl	91	6.75	3.90	8.20	0.83
N-Stickstoffzahl	91	2.89	1.90	4.40	0.46

Equisetum variegatum

	Anzahl	Mittel	Min	Max	StdAbw.
Lichtzahl	59	7.46	6.10	8.20	0.34
Feuchtezahl	59	7.58	3.80	9.80	1.33
Reaktionszahl	59	7.40	5.50	8.20	0.55
N-Stickstoffzahl	59	3.37	2.10	5.50	0.77

Eriophorum latifolium

	Anzahl	Mittel	Min	Max	StdAbw.
Lichtzahl	85	7.46	6.80	8.10	0.30
Feuchtezahl	85	8.02	6.20	9.00	0.52
Reaktionszahl	85	6.13	3.20	8.20	1.14
N-Stickstoffzahl	85	2.64	1.80	4.40	0.47

Euphorbia seguieriana

	Anzahl	Mittel	Min	Max	StdAbw.
Lichtzahl	189	7.94	7.40	8.40	0.19
Feuchtezahl	189	2.64	2.10	4.00	0.25
Reaktionszahl	189	6.99	5.90	8.00	0.46
N-Stickstoffzahl	189	2.02	1.30	4.50	0.44

Fumana procumbens

	Anzahl	Mittel	Min	Max	StdAbw.
Lichtzahl	139	7.84	7.20	8.40	0.24
Feuchtezahl	139	2.61	2.00	3.30	0.25
Reaktionszahl	139	7.41	6.40	8.30	0.39
N-Stickstoffzahl	139	1.91	1.30	2.60	0.29

Gentiana ciliata

	Anzahl	Mittel	Min	Max	StdAbw.
Lichtzahl	205	7.16	6.20	7.60	0.19
Feuchtezahl	205	3.74	2.60	5.40	0.32
Reaktionszahl	205	7.24	5.90	7.90	0.34
N-Stickstoffzahl	205	2.75	2.10	4.40	0.32

Gentiana germanica

	Anzahl	Mittel	Min	Max	StdAbw.
Lichtzahl	258	7.12	6.10	7.40	0.16
Feuchtezahl	258	3.86	3.30	6.60	0.42
Reaktionszahl	258	7.19	4.40	8.00	0.56
N-Stickstoffzahl	258	2.71	2.20	3.80	0.24

Globularia punctata

	Anzahl	Mittel	Min	Max	StdAbw.
Lichtzahl	231	7.35	6.70	8.30	0.32
Feuchtezahl	231	3.29	2.20	4.10	0.42
Reaktionszahl	231	7.49	6.80	8.10	0.28
N-Stickstoffzahl	231	2.40	1.30	2.90	0.25

Helichrysum arenarium

	Anzahl	Mittel	Min	Max	StdAbw.
Lichtzahl	158	7.81	7.30	8.30	0.24
Feuchtezahl	158	2.92	2.00	8.60	0.93
Reaktionszahl	158	6.09	3.60	7.30	0.92
N-Stickstoffzahl	158	2.17	1.30	4.70	0.50

Inula hirta

	Anzahl	Mittel	Min	Max	StdAbw.
Lichtzahl	80	6.98	5.90	7.70	0.36
Feuchtezahl	80	3.50	2.70	4.80	0.42
Reaktionszahl	80	7.54	6.80	8.00	0.21
N-Stickstoffzahl	80	2.71	2.00	3.50	0.30

Juncus subnodulosus

	Anzahl	Mittel	Min	Max	StdAbw.
Lichtzahl	82	7.11	6.60	8.00	0.33
Feuchtezahl	82	7.73	5.80	10.6	0.94
Reaktionszahl	82	6.96	5.80	8.30	0.49
N-Stickstoffzahl	82	4.35	2.30	6.30	1.05

Jurinea cyanoides

	Anzahl	Mittel	Min	Max	StdAbw.
Lichtzahl	133	7.84	7.10	8.40	0.21
Feuchtezahl	133	2.60	2.20	3.20	0.17
Reaktionszahl	133	6.27	4.20	7.60	0.75
N-Stickstoffzahl	133	2.03	1.40	3.40	0.41

Kochia laniflora

	Anzahl	Mittel	Min	Max	StdAbw.
Lichtzahl	56	8.04	7.70	8.40	0.14
Feuchtezahl	56	2.57	2.20	3.30	0.21
Reaktionszahl	56	6.77	5.80	7.30	0.30
N-Stickstoffzahl	56	1.92	1.30	3.10	0.37

Koeleria glauca

	Anzahl	Mittel	Min	Max	StdAbw.
Lichtzahl	251	7.83	6.60	8.40	0.27
Feuchtezahl	251	2.78	2.20	3.80	0.29
Reaktionszahl	251	6.29	4.00	8.00	0.68
N-Stickstoffzahl	251	2.27	1.40	5.50	0.60

Linum tenuifolium

	Anzahl	Mittel	Min	Max	StdAbw.
Lichtzahl	158	7.47	6.80	8.10	0.28
Feuchtezahl	158	3.11	2.20	4.00	0.41
Reaktionszahl	158	7.63	7.20	8.10	0.20
N-Stickstoffzahl	158	2.38	1.70	3.00	0.30

Lysimachia thyrsiflora

	Anzahl	Mittel	Min	Max	StdAbw.
Lichtzahl	180	7.03	5.50	7.80	0.47
Feuchtezahl	180	8.80	7.20	9.90	0.47
Reaktionszahl	180	5.34	3.00	8.00	0.95
N-Stickstoffzahl	180	4.49	2.20	6.60	1.01

Melampyrum cristatum

	Anzahl	Mittel	Min	Max	StdAbw.
Lichtzahl	61	6.56	4.60	7.20	0.50
Feuchtezahl	61	3.93	3.30	6.10	0.46
Reaktionszahl	61	7.22	4.80	7.90	0.54
N-Stickstoffzahl	61	3.27	2.50	5.00	0.51

Menyanthes trifoliata

	Anzahl	Mittel	Min	Max	StdAbw.
Lichtzahl	268	7.49	6.00	8.60	0.54
Feuchtezahl	268	8.61	6.60	10.0	0.61
Reaktionszahl	268	4.35	1.70	7.70	1.33
N-Stickstoffzahl	268	3.18	1.50	6.30	1.07

Odontites lutea

	Anzahl	Mittel	Min	Max	StdAbw.
Lichtzahl	82	7.71	6.70	8.30	0.39
Feuchtezahl	82	2.88	2.30	4.10	0.40
Reaktionszahl	82	7.01	5.30	7.90	0.50
N-Stickstoffzahl	82	2.32	1.30	3.70	0.54

Ophrys insectifera

	Anzahl	Mittel	Min	Max	StdAbw.
Lichtzahl	147	7.11	6.00	7.50	0.17
Feuchtezahl	147	3.73	3.10	4.30	0.21
Reaktionszahl	147	7.30	6.50	7.90	0.27
N-Stickstoffzahl	147	2.66	2.30	3.80	0.22

Orchis mascula

	Anzahl	Mittel	Min	Max	StdAbw.
Lichtzahl	50	6.90	4.70	7.50	0.60
Feuchtezahl	50	4.00	2.80	5.00	0.49
Reaktionszahl	50	6.82	4.10	7.60	0.72
N-Stickstoffzahl	50	3.04	1.80	5.30	0.80

Parnassia palustris

	Anzahl	Mittel	Min	Max	StdAbw.
Lichtzahl	252	7.40	6.50	8.20	0.33
Feuchtezahl	252	7.59	3.40	9.00	1.28
Reaktionszahl	252	5.39	2.70	7.80	1.38
N-Stickstoffzahl	252	2.63	1.70	4.70	0.54

Phyteuma orbiculare

	Anzahl	Mittel	Min	Max	StdAbw.
Lichtzahl	166	6.93	5.80	7.60	0.28
Feuchtezahl	166	4.35	3.20	8.20	0.89
Reaktionszahl	166	6.83	3.60	8.10	1.04
N-Stickstoffzahl	166	3.14	2.30	5.90	0.75

Pinguicula vulgaris

	Anzahl	Mittel	Min	Max	StdAbw.
Lichtzahl	134	7.49	5.80	8.10	0.33
Feuchtezahl	134	7.95	5.50	9.80	0.57
Reaktionszahl	134	5.49	3.30	7.80	1.35
N-Stickstoffzahl	134	2.49	1.80	3.70	0.43

Platanthera bifolia

	Anzahl	Mittel	Min	Max	StdAbw.
Lichtzahl	78	6.55	3.70	7.60	0.95
Feuchtezahl	78	4.39	3.30	8.40	1.16
Reaktionszahl	78	6.62	3.80	8.00	1.14
N-Stickstoffzahl	78	3.06	2.10	5.60	0.81

Platanthera chlorantha

	Anzahl	Mittel	Min	Max	StdAbw.
Lichtzahl	85	6.33	4.00	7.50	1.05
Feuchtezahl	85	4.77	3.50	8.10	1.17
Reaktionszahl	85	6.71	3.90	7.90	0.88
N-Stickstoffzahl	85	3.64	2.20	6.20	1.28

Potentilla arenaria

	Anzahl	Mittel	Min	Max	StdAbw.
Lichtzahl	151	7.68	6.50	8.30	0.32
Feuchtezahl	151	2.73	1.80	3.50	0.29
Reaktionszahl	151	7.13	4.80	8.10	0.77
N-Stickstoffzahl	151	2.06	1.00	3.20	0.48

Potentilla heptaphylla

	Anzahl	Mittel	Min	Max	StdAbw.
Lichtzahl	164	7.25	6.40	7.90	0.25
Feuchtezahl	164	3.44	2.60	4.60	0.31
Reaktionszahl	164	7.48	5.40	8.00	0.34
N-Stickstoffzahl	164	2.57	2.00	3.70	0.26

Pulsatilla vulgaris

	Anzahl	Mittel	Min	Max	StdAbw.
Lichtzahl	430	7.26	6.30	8.20	0.29
Feuchtezahl	430	3.39	2.20	4.70	0.39
Reaktionszahl	430	7.25	3.30	8.10	0.57
N-Stickstoffzahl	430	2.52	1.50	3.50	0.30

Rhynchospora alba

	Anzahl	Mittel	Min	Max	StdAbw.
Lichtzahl	247	7.92	7.20	8.60	0.29
Feuchtezahl	247	8.86	8.00	11.0	0.34
Reaktionszahl	247	2.90	1.40	6.10	0.96
N-Stickstoffzahl	247	1.87	1.10	3.50	0.43

Ribes nigrum

	Anzahl	Mittel	Min	Max	StdAbw.
Lichtzahl	430	5.77	4.20	6.90	0.54
Temperaturzahl	430	5.28	4,80	6,00	0.16
Kontinentalitätszahl	430	3.74	2,90	5,00	0.27
Feuchtezahl	430	7.54	5.40	9.10	0.79
Reaktionszahl	430	6.13	4.40	7.20	0.52
N-Stickstoffzahl	430	5.74	3.30	7.20	0.50

Scabiosa canescens

	Anzahl	Mittel	Min	Max	StdAbw.
Lichtzahl	86	7.33	6.10	8.10	0.47
Feuchtezahl	86	3.14	2.50	4.90	0.48
Reaktionszahl	86	6.97	3.70	8.00	0.96
N-Stickstoffzahl	86	2.52	1.70	4.70	0.51

Scheuchzeria palustris

	Anzahl	Mittel	Min	Max	StdAbw.
Lichtzahl	180	8.21	7.30	9.00	0.36
Feuchtezahl	180	9.00	8.20	10.5	0.32
Reaktionszahl	180	2.50	1.40	4.50	0.58
N-Stickstoffzahl	180	1.73	1.10	2.80	0.39

Schoenus ferrugineus et intermedius

	Anzahl	Mittel	Min	Max	StdAbw.
Lichtzahl	57	7.48	6.90	8.20	0.32
Feuchtezahl	57	7.73	4.50	8.80	0.80
Reaktionszahl	57	6.47	3.70	8.60	1.05
N-Stickstoffzahl	57	2.48	1.80	3.60	0.38

Serratula tinctoria

	Anzahl	Mittel	Min	Max	StdAbw.
Lichtzahl	152	6.58	5.10	7.40	0.45
Feuchtezahl	147	5.11	3.50	8.00	1.15
Reaktionszahl	147	6.18	3.70	7.70	0.92
N-Stickstoffzahl	147	3.52	2.20	6.00	0.68

Silene conica

	Anzahl	Mittel	Min	Max	StdAbw.
Lichtzahl	86	8.09	7.70	8.60	0.19
Feuchtezahl	86	2.91	2.30	3.30	0.24
Reaktionszahl	86	6.50	5.10	7.40	0.49
N-Stickstoffzahl	86	2.79	1.50	4.10	0.63

Silene otites

	Anzahl	Mittel	Min	Max	StdAbw.
Lichtzahl	201	7.77	6.40	8.20	0.26
Feuchtezahl	201	2.76	2.00	3.90	0.31
Reaktionszahl	201	6.63	4.30	7.90	0.71
N-Stickstoffzahl	201	2.12	1.30	3.10	0.39

Stipa capillata

	Anzahl	Mittel	Min	Max	StdAbw.
Lichtzahl	60	7.79	7.40	8.10	0.18
Feuchtezahl	60	2.72	2.20	3.50	0.22
Reaktionszahl	60	7.27	5.80	8.10	0.52
N-Stickstoffzahl	60	2.25	1.50	4.70	0.48

Tetragonolobus maritimus

	Anzahl	Mittel	Min	Max	StdAbw.
Lichtzahl	66	7.18	6.70	7.60	0.15
Feuchtezahl	66	4.87	3.40	7.90	1.39
Reaktionszahl	66	7.41	6.60	7.90	0.26
N-Stickstoffzahl	66	2.89	2.20	5.40	0.62

Thelypteris palustris

	Anzahl	Mittel	Min	Max	StdAbw.
Lichtzahl	249	6.29	5.10	7.20	0.37
Feuchtezahl	249	8.29	7.00	9.20	0.42
Reaktionszahl	249	5.64	3.50	7.40	0.67
N-Stickstoffzahl	249	5.16	2.60	6.60	0.76

Thesium linophyllon

	Anzahl	Mittel	Min	Max	StdAbw.
Lichtzahl	65	7.37	6.80	8.00	0.28
Feuchtezahl	65	3.19	2.20	4.30	0.43
Reaktionszahl	65	7.28	5.10	7.90	0.56
N-Stickstoffzahl	65	2.42	1.80	3.20	0.35

Thesium pyrenaicum

	Anzahl	Mittel	Min	Max	StdAbw.
Lichtzahl	134	7.11	6.50	7.60	0.16
Feuchtezahl	134	4.21	3.20	7.40	0.70
Reaktionszahl	134	6.29	3.40	7.70	1.22
N-Stickstoffzahl	134	2.83	2.20	4.40	0.37

Thymus serpyllum

	Anzahl	Mittel	Min	Max	StdAbw.
Lichtzahl	288	7.61	5.50	8.20	0.43
Feuchtezahl	288	3.02	2.00	4.70	0.59
Reaktionszahl	288	5.91	3.00	7.80	1.07
N-Stickstoffzahl	288	2.33	1.30	4.60	0.70

Trichophorum cespitosum ssp. cespitosum

	Anzahl	Mittel	Min	Max	StdAbw.
Lichtzahl	178	7.52	6.10	8.50	0.46
Feuchtezahl	178	8.43	6.60	9.20	0.64
Reaktionszahl	178	2.06	1.00	5.40	1.24
N-Stickstoffzahl	178	1.53	1.00	3.10	0.54

Trichophorum cespitosum ssp. germanicum

	Anzahl	Mittel	Min	Max	StdAbw.
Lichtzahl	55	7.32	6.30	8.00	0.49
Feuchtezahl	55	7.54	5.70	9.00	0.98
Reaktionszahl	55	1.77	1.00	2.90	0.56
N-Stickstoffzahl	55	1.61	1.00	2.60	0.47

Trollius europaeus

	Anzahl	Mittel	Min	Max	StdAbw.
Lichtzahl	63	6.94	6.10	7.80	0.27
Feuchtezahl	63	5.59	4.30	7.80	1.01
Reaktionszahl	63	5.33	3.60	7.70	0.93
N-Stickstoffzahl	63	3.67	2.60	6.90	1.04

Veronica longifolia

	Anzahl	Mittel	Min	Max	StdAbw.
Lichtzahl	50	6.78	6.10	7.30	0.21
Feuchtezahl	50	6.98	5.30	8.70	0.77
Reaktionszahl	50	6.13	5.20	7.00	0.50
N-Stickstoffzahl	50	5.49	4.30	7.10	0.61

Fruktifikationsraten und Daten zu *Daphne cneorum*-Samen/-Früchte

Tab. 5: Fruktifikationsraten [%] von *Daphne cneorum* in Baden-Württemberg in den Jahren 1992 bis 1995 auf der Basis von Blütenständen. 1992: n=244 Blütenstände, 1993: n=335 Blütenstände, 1994: n=338 Blütenstände, 1995: n=413 Blütenstände.

Fruktifikationsrate [%]				
Klasse [%]\Jahr	1992	1993	1994	1995
0	21	23	42	47,9
0-10	30,7	34,6	42,3	56,4
11-20	18,0	17,6	17,5	14,3
21-30	8,6	10,5	12,7	7,0
31-40	12,7	10,2	11,8	8,0
41-50	8,2	9,0	6,2	6,3
51-60	5,3	4,8	4,7	2,7
61-70	2,9	4,8	3,0	3,4
71-80	2,5	3,3	1,5	1,2
81-90	5,3	1,5	1,5	0,5
91-100	5,7	3,9	0,6	0,2

Tab. 6: Einige Kennwerte von *Daphne cneorum*-Samen (-Früchten).

Masse [mg]	Früchte*	4,4	n≥300
	Samen	2,37	n=154
Maße [mm]	Länge	3,54	n=11
	Durchmesser	1,67	n=11
	Dicke Samenschale	0,067-0,080	-

* Angabe nach LUFTENSTEINER (1982: 21). Nach diesem Autor (a.a.O. S. 21) verteilen sich die Massenanteile der Frucht zu 42% auf das Verbreitungsmittel, zu 40% auf die Schutzhülle und zu 18% auf Embryo und Endosperm.

Tab. 7: Syntaxonomie von *Daphne cneorum* L. In der Bundesrepublik Deutschland

Spalten-Nummer			1111111111	2222222222333333	33	3344444	4	44445	555	5555	556666	6666667777	7777778888888
	1	2345	67890123456789	0123456789012345	67	8901234	5	67890	123	4567	890123	4567890123	4567890123456
Literatur-Quelle Nr.		11	1111 111111	1 1 1 111111				1111	111	1111	111111	1111111111	1111111111111
	9	9911	51111551111115	5255155545111111	55	5555555	5	51111	111	1111	111144	4444441188	8411111144444
	2	2255	85555885555558	8788587858555555	88	8887877	8	85555	555	5555	355566	6666665533	3655555566666
Daphne cneorum	+	2+1+	1+222AA111111A	A1BA1B+B131+1222	A3	ABMAABA	A	B21++	+++	11+1	1+++11	BAAABA++21	1A+++++13M31A
Baumschicht													
Pinus sylvestris B	.	4434	.233234333344+	3+A.+4+.B3232333	A.	3334344	.	.3222	333	2333	v333AA	AAA4334334	33334443BBAA.
Sorbus aria B	.	...+	..+1..+...+1..	......+....++.1.	..	.....A.	.	..+.+	+.1	1.+1	..1.+.	..+..+....	..+...+.AAAAA
Picea abies B	.	.+..	....	.+......+....+..	A.	++..+.A	A	.2322	222	....	......	.......+..	........+.+..
Fagus sylvatica B	.	.+..	....	.......A........	..	.....+.	.	.....	...	....	......	.....A...+	............A
Quercus robur B	.	++.+	.......+......	....+...........	..	....	.	.....	...	....	......	+.........	.........+.+.
Pinus uncinata B	.	....	....	....	..	....	.	.....	...	....	......	....	....
Quercus petraea B	.	....	.........1+.+.	....	..	....	.	.....	...	....	......	....	....
Fraxinus excelsior B	.	....	....	....	..	....	.	.....	...	....	......	.........+	............A
Strauchschicht/Gehölzverjüngung													
Juniperus communis S	2	+++.	.+..+A+++++11.	+.....+......+1.	.+	++.+++.	+	.+11.	++.	.1.1	1..1++	...+..+.1.	1..+1++1..A..
Juniperus communis K	.	....	....	....	..	....	.	.....	...	....	......	....	....
Viburnum lantana S	1	++++	.+111A.+1++22+	.+..1...+.111+1+	..	+..B.A.	.	.+11+	.+1	.+1.	...1..	.......+.+	...+...+.....
Viburnum lantana K	.	....	....	....	..	......A	.	.....	...	....	....+.	....	....
Amelanchier ovalis S	.	....	........+.....	.....+..........	..	....	.	.....	.+1	....	....+.	+.++++++.+	.+111+11.++1+
Sorbus aria S	+	...1	.1.11...+..++.	.+..2.....1.1+1+	..	..+....	.	.+...	.+.	.1..	+..1..	.......+.1	1..+++1......
Sorbus aria K	.	....	..+...........	.......+....+...	..	+..+..+	.	.....	..+	+.+.	..+...	++.1......	.+..+..+.....
Pinus sylvestris S	1	++.+	....	....	..	....	.	.....	...	....	......	........1.	....++.1.....
Pinus sylvestris K	.	....	...1+.........	.+.+............	..	....	.	.....	1+.	..11	..+1..	........+.	....+........
Lonicera xylosteum S	.	....	..1++...+1....	...........1+.++	..	...+.++	.	.1+++	.++	+...	..+...	.+.....++1	..+......+..+
Rhamnus catharticus S	2	+..1	.1.+......1...	......+...1.++1.	..	....	.	.....	..+	.+..	......	........++	....+.......+
Rhamnus catharticus K	.	....	....	....	..	....	.	.....	...	....	......	..++......	.+.......+...
Picea abies S	.	....	..+...........	.+.......+....+.	..	...+..A	.	..11.	.1.	+.+.	......	......+...	......+......
Picea abies K	.	....	....	..........+.....	..	....	.	...+1	+.1	....	......	.....+....	......+......
Cotoneaster integerrimus S	+	...+	....	....+..+........	..	....	.	.....	...	....	......	11+...+.1+	.+.+...+....+
Fagus sylvatica S	.	+...	.++....+..+...	....+......+..1.	..	..++.A+	.	.1.++	...	....	......	........v1	....
Fagus sylvatica K	.	....	....	+...............	..	....	.	.....	...	....	......	.+++A.....	.+.......++..
Crataegus monogyna S	+	++.+	..+....+......	....+.........+.	..	....	.	.+...	...	....	......	+.........	....
Pyrus pyraster S	.	+..+	.......++..+..	....+.+.........	..	....	.	.....	...	....	......	....	....
Corylus avellana S	3	2...	..........+...	....+...........	..	....	.	.....	...	....	......	1	...........+A
Pinus uncinata S	.	....	....	....	..	....	.	.....	...	....	......	....	....
Pinus uncinata K	.	....	....	....	..	....	.	.....	...	....	......	....	....
Sorbus aucuparia K	.	....	....	....	..	....	.	.....	...	....	......	....	....
Daphne mezereum S	.	....	..+...........	..............+.	..	....	.	.+.+.	...	....	......	....	....
Sorbus torminalis S	.	+.++	..........+...	....+...........	..	....	.	.....	...	....	......	....	....
Populus tremula S	.	....	....	.+.......+..+...	..	....	.	...+.	...	+...	......	....	....
Quercus robur S	1	+..+	....	....	..	....	.	.....	...	....	......	........+.	....
Quercus robur K	.	....	....	....	..	....	.	.....	...	....	......	.+..++....	....
Quercus pubescens x petraea B	.	....	........1..+1.	.....+..........	..	....	.	.....	...	....	......	....	....
Prunus spinosa S	+	1...	....	....	..	....	.	.....	...	....	......	....	....
Prunus spinosa K	.	....	....	.......+........	..	....	.	.....	...	....	......	....	....
Rosa rubiginosa S	.	....	....	....	..	....	.	.....	...	....	......	....	.+......1....
Rosa villosa S	.	....	....	....	..	....	.	.....	...	....	......	.......+..	...+...+....+
Rosa pimpinellifolia S	.	....	....	...+............	..	....	.	.....	...	..+.	...+..	....	....
DA Cytiso nigricantis-Quercetum roboris													
Prunus mahaleb S	2	....	....	....	..	....	.	.....	...	....	......	....	....
Cornus mas S	2	....	....	....	..	....	.	.....	...	....	......	....	....
Lithospermum purpurocaeruleum	+	....	....	....	..	....	.	.....	...	....	......	....	....
Subassoziation mit Dictamnus albus													
Dictamnus albus	2	....	....	....	..	....	.	.....	...	....	......	....	....
Clematis recta	2	....	....	....	..	....	.	.....	...	....	......	....	....
A Cytiso nigricantis-Pinetum													
Cytisus nigricans S	1	+++1	A1+.1..+.++21.	.++1+.+.11+1++.+	..	...AA.1	.	.....	...	....	......	311.+A....	.........+.11
Rhamnus saxatilis S	+	+.++	..+..+.11++21.	..A.+......+1+..	.+	+....A.	.	.....	...	....	......	....	....
Asperula tinctoria	.	1.+.	.........11+..	......+.........	..	....	.	.....	...	....	......	....	....
Thymus serpyllum	.	..++	........+...+.	....	..	....	.	.....	...	....	......	....	....
Rhamnus saxatilis K	.	....	....	....	..	....	.	.....	...	....	......	....	....
DA Cytiso-Pinetum gegen Coronillo-Pinetum													
Ligustrum vulgare S	3	2.++	.111++++2+.12.	.2..+...++12+12+	..	....	.	.+121	...	....	......	....	....
Ligustrum vulgare K	.	....	....	+.+....+........	..	....	.	.....	...	....	......	....	....
Berberis vulgaris S	+	1.1+	.1.1+++.+.++1.	......+....++.+.	..	+..+...	+	..+..	...	....	......	....+..+..	....
Berberis vulgaris K	.	....	....	+.......+.......	..	....	.	.....	...	....	......	....	....
Cornus sanguinea S	1	...+	.+..1...+..++.	.1..+......+..++	..	.....+.	.	..1..	...	....	......	....	....
Cornus sanguinea K	.	....	....	..+.............	..	....	.	.....	...	....	......	....	....
d Subassoziation mit Carex flacca													
Carex flacca	.	....	.+............	..112A.+11122222	..	11111+.	1	.21..	...	2212	......	.......+..	....
Gymnadenia conopsea	.	....	......+.+++...	1.+...+.+++11111	++	.+++1.1	+	+.++.	...	1111	......	....	....
Galium boreale	.	+...	....+.........	.1.1..+.1.1111.+	..	....	.	.....	...	+..1	......	....	....
Platanthera bifolia	.	....	........+.....	.........++11.+1	..	....	.	...+.	...	.+1.	......	....	.+...........
Stachys officinalis	.	.+.+	....	......+....11+11	..	....	+	.....	...	+1.+	......	...+...v+.	1+...........
Inula salicina	.	....	1	.......M...2212.	..	....	.	.....	...	.1+1	......	....	....
Tetragonolobus maritimus	.	....	....	....	..	....M..	+	.....	...	....	......	....	....
Tofieldia calyculata	.	....	....	....	..	....	.	.....	...	.+..	......	....	....
d Subassoziation mit Hylocomium splendens													
Hylocomium splendens	.	1...	..+...........	.1.........11...	..	21	.	42332	233	....	......	....	....
Rhytidiadelphus triquetrus	.	....	1.............	........1.......	..	....	.	11.21	.21	....	......	.........+	........3....
Maianthemum bifolium	.	....	....	....	..	....	.	.+.11	.++	....	......	....	....
Cypripedium calceolus	.	....	....	....	..	....	.	.11.+	...	....	......	....	....
Lonicera alpigena S	.	....	....+.........	...........+..+.	..	....	.	.+1++	...	....	......	1	....
Pyrola uniflora	.	....	....	....	..	....	.	.1..1	...	....	......	....	....
Neckera crispa	.	....	....	....	..	....	.	.....	.22	....	......	....2...v.	........12...
Cytisus supinus-Rasse des Frankenjura													
Cytisus supinus	+	211+	....	....	..	....	.	.....	...	....	......	....	....
Hierochloe australis	.	.1.+	....	....	..	....	.	.....	...	....	......	....	....
Cytisus ratisbonensis	.	.+..	....	....	..	....	.	.....	...	....	......	....	....
d Ausbildung mit Carex sempervirens													
Carex sempervirens	.	....	....	....	..	....	B	B....	...	....	......	....	....
A Coronillo vaginalis-Pinetum													
Coronilla vaginalis	.	....	....	....	..	....	.	1....	.1+	..+.	1+111A	....M112..	..1222321A1.A
DA Coronillo-Pinetum gegen Cytiso-Pinetum													
Thymus praecox	.	....	....	....	..	....	.	.....	++1	+1..	11+1MM	M1M1.1111+	11+21121...MM
Chrysanthemum adustum	.	..+.	..+.1.........	..........+++.+.	..	.....1.	.	...+.	11+	1111	.+1+++	1111111+1.	+1111111111..
Galium anisophyllum	.	....	....	........1.......	..	....	.	.....	++1	+...	....1.	.11.M.++.2	.1.+111..M1..
Rosa pendulina S	.	....	....	....	..	....	.	.....	.11	....	..+...	......+...	...+.11......
d Subassoziation mit Festuca pallens													
Sonnhanglage (nördlich der Donau)													
Schatthanglage (südlich der Donau)													
Festuca pallens	.	....	....	....	..	....	.	.....	...	....	......	1111.1+1+.	..1+1121A1.1.
Allium montanum	.	....	1.............	....	1.	....	.	.....	...	....	......	1A1..1.11+	.+1..+11.....
Dianthus gratianopolitanus	.	....	....	....	..	....	.	.....	...	....	......	.....111.1	...+1.11....M
Draba aizoides	.	....	....	....	..	....	.	.....	...	....	......	....1.+...	..+...+.1.1..
Sedum album	.	....	....	....	..	....	.	.....	...	....	......	.......1..	.1+....+..A..
Alyssum montanum	.	....	....	....	..	....	.	.....	...	....	......	.......1..	....++..1..1M
Kernera saxatilis	.	....	....	....	..	....	.	.....	...	....	......	....+.....	...+..+...1..
A Pulsatillo-Caricetum humilis													
Fumana procumbens	.	....	....	....	..	....	.	.....	...	....	......	....	....
Leontodon incanus	.	..1+	....	....	..	....	.	.....	...	....	......	11+11..+1+	+.+.+.+.1AMA.
Globularia punctata	.	+..+	....+11++.+.+1	..11+++..1+.+.+.	11	1M1.11.	.	.....	...	..+.	..++..	.......+..	...+...+.....
d Subassoziation mit Sesleria albicans													
Sesleria albicans	1	+222	13233.........	.3.B....AA333232	..	1.4..3.	A	32222	233	3322	323333	1M1AB14411	+M434423BM1BB
Rasse des Oberen Donautals													
Achnatherum calamagrostis	.	....	....	....	..	....	.	.....	...	....	......	....	....
d Variante mit Stipa pennata ssp. austriaca													
Stipa pennata ssp. austriaca	.	....	....	....	..	....	.	.....	...	....	......	....	....
Rasse mit Bromus erectus des Frankenjura und Lech- und Isartals													
d Subassoziation mit Sesleria albicans													
A,DA Xerobrometum, Montane Form, Schwäbische Oxytropis pilosa-Rasse													
Trinia glauca	.	....	....	....	..	....	.	.....	...	....	......	....	....
Dianthus carthusianorum	.	+..+	....	....	..	....	.	.....	...	....	......	....	....
Thesium linophyllon	.	..1.	...........+..	....	..	....	.	.....	...	....	......	....	....
Genista sagittalis	.	.+..	....	....	..	....	.	.....	...	....	......	11.M....1.	....
Koeleria macrantha	.	....	....	....	..	....	.	.....	...	....	......	....	....
A Mesobrometum													
Montan-präalpine Brachypodium rupestre-Rasse des Lechtales													
Brachypodium rupestre	.	....	....	....	..	....	.	.....	...	....	......	....	....
Hieracium hoppeanum	.	....	....	....	..	....	.	.....	...	....	......	....	....
d Subassoziation mit Carex humilis													
d Ausbildung mit Erica herbacea													
A Erico-Pinetum sylvestris													
Erica herbacea	.	....	....	....	..	....	.	.....	...	....	......	....	....

```
                  11111 111 11111111 111111111111111111111 11111111 1111 111111111 1111111111 111 11111 1 111111111 1111111111111122 222 222 2 2 2222222
8889 99999999900000 000 00111111 111122222222223333333 33344444 4444 455555555 5566666666 667 77777 7 777888888 8888999999999900 000 000 0 0 1111111
7890 12345678901234 567 89012345 678901234567890123456 78901234 5678 901234567 8901234567 890 12345 6 789012345 6789012345678901 234 567 8 9 0123456
1111 1111111  11111  11 111      111111111111111111111    1     1111 1 1111111         11        11 1 1111111                    1         1 1111111
4448 88888846644444 955 11188888 144444444444444444444 89969999 5555 595555555 9999999955 999 66544 1 444444455 5555555555555555 554     5 5 5555555
3363 33333369966666 211 21149999 366666666664444444444 91150111 5557 005555555 0000001100 333 00855 4 555555578 7777778888888888 886 --- 7 1 1181811

1AM1 +2+22+A11B331A +32 r++++1+1 21AAAAAAAA11+11AAB1+1 1r1++++1 +1++ +2+++++++ 121++++121 +++ 11111 + AA1111A1A 3ABAA3AAB33A33BB AA+ AM+ 1 + +1++111

..+. ...11......... ... ........ 3A....3.............. ........ ..3+ 2v....... +2.+33.21+ ++. ....A . ......... ................ .A. 43A . . .......
.... ....+........A ... ........ ..................... ........ .... +........ .........+ ... A.... + ......... ................ ... ... . . .......
.... ...........B.+ ... ........ ..................... ........ ..2v ........+ .......... .+3 ..... 3 ......... ................ ... ... . . .......
.... ...........+.B ... ........ ..................... ........ ...v ......... .1..+..... ... A.... . ......... ................ ... ... . . .......
.... .............. ... ........ ..................... ........ .... ......... .......... ... ..... . ......... ................ ... ... . . .......
.... .............. ... ........ ..................... ........ 3... ..2232223 .......... ... ..... . ......... ................ ... ... . . .......
.... .........+.... ... ........ ..................... ........ .... ......... .......... ... ..... . ......... ................ ... ... . . .......
.... .............. ... ........ ..................... ........ .... ......... .......... +++ ..... . ......... ................ ... ... . . .......

.... .........A.+.. +.+ +.+..... .B3......+.....+..... ....+2+. .... 32.....+. .......2.3 ... ..... . ....+...+ +.+..+.......... ... A+B . . .......
.... .............+ ... ........ .......+.........+... ........ .... ..++....r .......... ... ..... . ......... ..............+. ... +.. . . .......
.... .............. ... ........ ..................... .....+.. .... +........ .........+ .+1 ..... . ......... ................ ... ... . . .......
.+1. .1.......+A++1 ... ........ ..................... ........ .1.+ ......... ..+....... ... ++..A . ......... ............+..+ ... ... . . .......
.... .1.....++..... ... ........ ..................... ........ ...+ ......... .......... ... +.... . ......... ................ ... ... . . .......
.... .........A..+. ... ........ ..................... ........ .... ........+ .......... ... ..... + ...++.... ................ ... r.. . . .......
...+ ....1......... +.+ ........ ..................... .r...... .... ........1 ......+... 3.. ..... . ......... ................ ... ... . . .......
.... .............. ... ..+....+ ..+..+.+A.....+...... ........ .... ......... ..+....... ... ..... . ......... ....+.+++...++1. +.. r.. . . .......
.... .............. ... ........ ..................... ........ .... ......... .......... ..1 ..... . ......... ................ ... ... . . .......
.+.1 r......++A.+.. ... ........ ..................... ........ .... ......... .......... +++ ..... . ......... ................ ... ... . . .......
.... ...+.......... ... ........ ..................... ........ .... ......... .....+.... ... ..... . ......... ................ ... ... . . .......
.... ...1.......... ... ........ ..................... ........ .+.. ......+r+ .......... .+. ..... + ........+ ................ ... ++. . . .......
.... ...+.......+.. ... .......r ..................... ........ ..+. ......... .......... .+. .A.+. 1 ..+1.+1.. ............+... ... r+. . . .......
1+11 ..1+...+..1..1 ... ........ ..................... ........ ...+ ......... .......... ... ..... . ......... ................ ... ... . . .......
.... ...1.......... ... ........ ..................... ........ .... ......... .......... ... ..... . ......... ................ ... ... . . .......
.... ...+.......... ... ........ ..................... ........ .... ......... .......... ... ..+.. + ........+ ................ ... 1.. . . .......
.... .............. ... ........ ..................... ........ .... ......... .......... ... ...++ . ..+...... .............+.. ... .++ . . .......
.... .............. ... ........ ..................... ........ .... ......... .......... +.2 ..... . ......... ................ ... ... . . .......
.... .............. ... ........ ..................... ........ .... ......... .......... ... ..... . ......... ................ ... ... . . .......
.... ...2.......... ... ........ ..................... ........ .... ......... .......... ... ..... . ......... ................ ... ... . . .......
.... .............. ... ........ ..................... ........ 23.. .....++2. .......... ... ..... . ......... ................ ... ... . . .......
.... .............. ... ........ ..................... ........ .... ..111++1. .......... ... ..... . ......... ................ ... ... . . .......
.... .............. ... ........ ..................... ........ .++. ..+.+...r .......... ... ..... + ......... ................ ... +.. . . .......
.... .............. ... ........ ..................... ........ ...v ......... .......... ..+ ..... . ......... ................ ... ... . . .......
.... .............. ... ........ ..................... ........ .... ......... .......... ... ..... . ......... ................ ... ... . . .......
.... .............. ... ........ ..................... ........ .... ......... .......... ... ..... . ......... ................ ... ... . . .......
.... .............. ... ........ ..................... ........ .... ......... .......... ... ..... . ......... ................ ... ... . . .......
.... ...+.......... ... ........ ..................... ........ .... ......... .......... +.+ ..... . ......... ................ ... ... . . ...+...
.... .............. ... ........ ..................... ........ .... ......... .......... ... ..... . ......... ................ ... ... . . .......
.... ..1........... ... ........ ..................... ........ .... ......... .......... ..1 ..... . ......... ................ ... ... . . .......
.... .............. ... ........ ..................... ........ .... ......... .......... .+. ..... . ......... ......1+........ ... ... . . .......
.... ..........+... ... ........ ..................... ........ .... ......... .......... ... ..... . ......... ......+......... ... ... . . .......
.... .............. ... ........ ..................... ........ .... ......... .......... ... ..... . ......... ................ ... ... . . .......
.... .............. ... ........ ..................... ........ .... ......... .......... ... ..... . ......... ................ ... ... . . .......

.... .............. ... ........ ..................... ........ .... ......... .......... ... ..... . ......... ................ ... ... . . .......
.... .............. ... ........ ..................... ........ .... ......... .......... ... ..... . ......... ................ ... ... . . .......
.... .............. ... ........ ..................... ........ .... ......... .......... ... ..... . ......... ................ ... ... . . .......

.... .............. ... ........ ..................... ........ .... ......... .......... ... ..... . ......... ................ ... ... . . .......
.... .............. ... ........ ..................... ........ .... ......... .......... ... ..... . ......... ................ ... ... . . .......

.... 2..1.....++.A+ ... ........ +...3.......1........ ........ .... ......... .......... ... ..... . ......... .....+1BA1...... ... ... A . .......
.... .............. +.+ .1+..... ..................... ...1.... .1.. .1....... .+..++.... ... .+... . ....A.... ......+......... ... ... . . .......
.... .............. ... ........ ..................... ........ .... ......... ....1..... +.. ..... . ....1.... ................ ... ... 1 . .......
.... .............. ... ........ ..................... ....1... .... +........ +11....... ... ..... . ......... ................ ... ... . . .......
.... .............. ... ........ ..................... ........ .... .....+... ......r... ... ..... . ......... ..............+. ... ... . . .......

.... .............. ... ........ ..................... .+....+. .... ......... ......+..+ 222 ..... . ......... ................ ... ... . . .......
.... .............. ... ........ ..................... ........ .... ......... .......... 11. ....+ . ......... ................ ... ... . . .......
.... .............. +.. r++..... ..................... ...+..+. ...+ .+....... ....+..... 111 ..... . ......... ................ ... ... . . .......
.... .............. ... ........ ..................... ........ .... ......... ..+....+.. ... ..... . ......... ................ ... ... . . .......
.... .............+ ... ........ ..................... ........ .... ......... .......... ..+ ..... . ......... ................ ... ... . . .......
.... .............. ... ........ ..................... ........ .... ......... .......... ... .+..+ . ......... ................ ... ... . . .......

.... .............. ... r...1..r ....1...........+.... .1+3.+11 1... ++...12.. +++.1+1+1. 222 1.111 . ..11A1..1 1..11.....M111MM 1+1 ... . . .....11
.... .............. ... .1+..... ..................... .r.1+..+ .... +.++++r++ +.+1..+.1. ... +.++. . ..11..+.+ +..111.....++1+1 ... ... . . .......
.... .............. ... ..+..... ..................... .1.+1.1. 1+2+ +1..111++ .11..11121 +11 ...1. . ......... ................ ... ... . . .......
.... .............. ... ........ ..................... ........ .... ......... ....+..... .+. ..... . ......... .....+.......... ... ... . . .......
.... .............. ... ........ ..................... ........ .... ......... .+........ ... ..1.. . ..1+..... ................ ... ... . . .......
.... .............. ... ........ ..................... ........ .... ......... .......... ... ..1.. . ....1.... .........1...... ... ... . . .......
.... .............. ... r......+ ..................... 1+.v..+. .... ......... +.....+... .+. ..... . ..1...... ...1..........B. ... ... . . .......
.... .............. ... ........ ..................... ........ .... ..+++.2++ ........++ ... ..+1. . .....B11. ................ ... ... . . .......

.... ....2......... ... ........ 2.....23..1..2....... ........ +11. .+..112++ ........+. 2.+ .2..2 3 4.1.....2 ..2.2........... ... 55M . . .....1+
.... ...1.......... ... ........ ..........+..1....... ........ +.1. +++...2.+ ........1. 2.1 24212 2 1.113...2 ................ 4.. M.+ . . .......
.... .............. ... ........ ..................... ........ ..+. ......... .......... ... ..... + ......... ................ ... ... . . .......
.... .............. ... ........ ..................... ........ .... ......... .........+ ..+ ..... . ......... ................ ... ... . . .......
.... .............. ... ........ ..................... ........ .... ......... .......... ... ..... . ......... ................ ... ... . . .......
.... .............. ... ........ ..................... ........ .... ......... .......... ... ..... . ......... ................ ... ... . . .......
.... .............. ... ........ ..................... ........ .... ......... .......... ... ..... + ......... ................ ... ... . . .......

.... .............. ... ........ ..................... ........ .... ......... .......... ... ..... . ......... ................ ... ... . + 1++.+12
.... .............. .1. .++....+ ..................... ...+..r. .... .+....... .11..+.... +.+ ..... . ......... ................ ... ... . . .......
.... .............. ... ........ ..................... ........ .... ......... .......... ... ..... . ......... ................ ... ... . . .......

.... .............. ... ..1..... ..................... ........ 3.1. .12222212 .1..1...2+ ... ..BB. . [3334AAA1.] ................ ... ... . . .......

1... ...222+.+...A. ... ..1..... ..................... ...+...r ...+ ..11+1r1+ 11........ ... ..... . ......... ................ ... ... . . .......

...1 1.1111A.1MM... ... +1++111+ .A2AM.MMAABAAA3BBA1AA .+...r+1 .... ......... ......+... ... ..... . ......... ................ ... ... . . .......
+..+ 1..11111.1+11. ... ........ ..................... ........ .... ......... .......... ... ..... . A1.1+..1. 1.1............. ... ..M . . .......
.... ...21.M.....11 ... ........ ..................... ........ ..+. ..+.1+1+1 .......... ... ...1. . M1....... ................ ... ... . . .......
.... .............. ... ........ ..................... ........ .... ......... .......... ... ..... . ......... ................ ... ... . . .......


..1. +..+..1..BB.M. ... ........ ..................... ........ .... ......... .......... ... ..... . ......... ................ ... ... . . .......
..M. 2.1...1+.M.... ... .++..... ...A.11...A1A..A.M1M1 ........ .... ......... .......... ... ..... . .......1. .........1...... ... ... . . .......
...1 .....2..+M.... ... ........ ..................... ........ .... ......... .......... ... ..... . ......... ................ ... ... . . .......
.1.. ...+..M..1..+. ... ........ ..................... ........ .... ......... .......... ... ..... . ......... ................ ... ... . . .......
AM11 +..+.11.+...1. ... ........ .......1M1AA11......M ........ .... ......... .......... ... ..... . ......... ................ ... ... . . .......
.... .........11... ... ........ .1AA.11.11AAB.1BA11AB ........ .... ......... .......... ... ..... . ......... ................ ... ... . . .......
.... ....++1.....+. ... ........ ..................... ........ .... ......... .......... ... ..... . ......... ................ ... ... . . .......

[.... .............. 1.1 ...1....] ..................... ........ .... ......... .......... ... ..... . ......... ................ ... ... . . .......
[AA1. ...+1.+..++111 ..1 +21+114r] ..................... .....+.. .... 321.+..1+ ........+. ... ..... . ......... ................ ... ... . . .......
[.... .............. 112 r1+....1] .M1.................. ....3... .... .+....... .......r.. ... ..... . ......+1. 1..A11.11.M.1M1M ... ... . . .......
1112 +2+211133MB31M +23 ........ ......B......3....... .....2.. 222+ 1.3332322 ........1+ +.1 1AB.A 4 [A3A11MA13] ................ ... ... . . .......

.++1 ............+. ... ........ ..................... ........ .... ......... .......... ... ..... . ......... ................ ... ... . . .......

3BA2 .............. ... ........ ..................... ........ .... ......... .......... ... ..... . ......... ................ ... ... . . .......


.... .............. ... ........ [...A.1+1AA111AAAMAMA1] ........ .... ......... .......... ... ..... . ......... ................ ... ... . . .......
.... .............. ... ........ [.1.111+1++.+1..+1.11.] ........ .... ......... .......... ... ..... . ......... ................ ... ... . . .......
.... .............. ++2 ........ [...+1++.++...11.1....] ...1.... .... ......... .......... ... ..... . .+....... ....11.....11... .M+ ..+ . 1 .111+..
.... ..r........... ... ........ [+...AA1M.M...1A111.1.] ........ .... ......... .......... ... ..... . ......... .....M1......+.. ... ... . . .......
.... .............. ... ........ [.M.11M.M......111111.] .....r.. .... ......... .......... ... ..... . ......... ................ ... 1+. . 1 1+11+11
.... .............. ... ........ ..................... ........ .... ......... .......... ... ..... . ......... ................ ... ... . . .......

.... .............. ... 1..1+... ..................... [.+....1+] .33. ....1.+.. ......3... 333 ..... . ......... ................ ... ... . . .......
.... .............. ... 111.++1. ..................... [+.....1.] .... ......... ......r... ... ..... . ......... ................ ... ... . . .......

.... .............. ... r11..... ..................... ...+1233 [222+ 113342333 3131++2323] ..2 ..... . ......... ................ ... ... . . .......
```

Anhang 5: Vergesellschaftung von *Daphne cneorum* L.

Alluviale Rasse	
Gentiana clusii	. ...
Selaginella selaginoides	. ...
Listera ovata	. ...+++.+. .. ..+++1 ... .
Gypsophila repens	. ...
Dryas octopetala	. ...
Alnus incana S	. ...
d Subassoziation mit Globularia cordifolia	
Globularia cordifolia	. ...
d Subassoziation mit Molinia arundinacea	
DA Molinio-Pinetum	
Molinia arundinacea	. ...+... ....1....... .. ..1.... ....
Frangula alnus S	. ...+........+ .r.......+...++. .. ..+. . .+..+ ++. +.+. ..+... ....+....
Frangula alnus K	. ...+....... .. ..
Galium mollugo	. ...+......... ....
Rubus caesius	. ...
A,DA Laserpitio-Calamagrostietum variae	
Calamagrostis varia	. ...
Anemone narcissiflora	. ...+... .. ..
Knautia dipsacifolia	. ...1....... .. ..++.++ + ...+. .++ ....
A Asplenio-Piceetum	
Pyrola secunda	. ...+...... ....+.1+ .++ ....
Rhytidiadelphus loreus	. ...
Corallorhiza trifida	. ... .1.+. ... .
d Subassoziation mit Valeriana tripteris	
DA Koelerio-Seslerietum	
A,DA Arten der Mesobrometen, montan-präalpine Rasse	
Onobrychis viciifolia	. ...1.......+.. 1. +...... . ...
Onobrychis montana	. ... +1.1B1+ . +.... ... +.+. ..+... ....
Carlina acaulis ssp. simplex	. +... ..+.....+..... .....+........+. .1 .+1A+1. . 1.+.. ... ..+. .....+ ....
Anthyllis vulneraria	. ...1......+ .11..1.......... 1. 111.... . +.... ... .+....... 1
d Subassoziation mit Carex humilis	
AC/DA Gentiano-Koelerietum	
Cirsium acaule	. ...
Antennaria dioica	. ...
Subassoziation mit Potentilla erecta	
A,DA Geranio-Peucedanetum	
Peucedanum cervaria	. .+.. 1+..+....++++. ...++1...1.+.+.. .. 1...... 1 ..+.. ... . 11...A.... 1A...........
Hypericum montanum	. ...
A, DA Trifolio-Agrimonietum	
Trifolium medium	. ...1...+.......+ .. ..1 . .+.+. ... .
Agrimonia eupatoria	. ...+.. . ...
A,DA Viscario-Avenetum pratensis	
Avena pratensis	. ++.. ....
Poa angustifolia	. ...
Agrostis capillaris	. ...
Anthoxanthum odoratum	. ...
Phleum phleoides	. ...
Luzula campestris	. ...
Viola canina	. ...
Avena pubescens	. ...
Polygala vulgaris	. ...
Calluna vulgaris	. ...
Danthonia decumbens	. ...
Viscaria vulgaris	. ...
Östliche Cytisus-Rasse	
Carex ericetorum	. ...
Erico-Pinetea-Arten	
Polygala chamaebuxus	2 2222 .+1+.......... ....211.21 33 AAAA3AM M B.222 ... 2222 ..11.. ....
Epipactis atrorubens	. ...+ 1+++....++..+1 1+..+...11+++.+. 1. ..1.1+1 . +...+ 1++ .++1 .+++.. ......1+.. ..+1++.1.....
Thlaspi montanum	+ 1.21 1+11+......... .+.1...1.+11++.. .. ..1.... . +.... .1+ .++. ..1111 ..111.12.2 ..221111...+.
Carex ornithopoda	. ...+ .+.++...+..... 1.+1.1..1.1.1..+ .. .. .11+1 ..+ +.+. ..+... ....+.. ..++..+..+...
Festuca amethystina	. .... .11.1......... .1.....B.1.2+.+. .. .. 1.... ... +... ...+.. ....+.. ....
Rubus saxatilis	. ...1+..++..+.. .11...+.A.1.1+.. .. +..1.11 . .21++ ..+ .+.+ ..++.. ....1.++1......
Carex alba	. ...1.+.......1. .+....+.......+. .. .. .1.1. ... .+...+.....
Thesium rostratum	. .... .+..+11....... .1+......M....+. .. ..
Aquilegia atrata	. ...+........... .+......1....+.. .. ..+.. ...+.. ....
Gymnadenia odoratissima	. ...1. . ..... +.. .+.. ....
Viola collina	. .+1+ ....++.+. ....+.+......... .. ..
Präalpine Begleiter	
Buphthalmum salicifolium	+ 1++. 1.11.+1.+....1 +11+++.11111+.+1 11 +1111.. . 1.++. +.. 11+1 ..1+.. ...+1+.++. ....+..+
Carduus defloratus	+ .... 1.+.+......... ....++.+.. .. 1.1..1. 1 ...+. ++1 +1.. ..11.. ..+111++1+ +1+11+11.1111
Aster bellidiastrum	. .... 1...+........A .1..+.+.1.11.+.+ .. ..1.... 1 M+..+ 1+1 1+11 ..+.1. ....++. ......+......
Ranunculus oreophilus	. .... B+..+......... .+.B....1..+..+. .. 111..1. 1 A.+.. +.. .+1. ..++.. ....+.. ....+........
Ranunculus nemorosus	. .... .+............ .... 1....+1 . +.++. ... +... ....+..+......
Phyteuma orbiculare	. ...1..1. 1 1.... +.. +.++ ...+11 ....+
Gentiana lutea	. ...+........... .+.........11.+11 .. .. + .+.+. +.. +..+ ....+.. ...+..+.....1
Crepis alpestris	. ...1....... 1............... +. ....+. ....+.. ..++.++......
Anthyllis vulneraria ssp. alpestris	. ...+......... ....+...+ .. ..+.+. +.. .+.+ ....1 ......+......
Campanula cochleariifolia	. ... .1+ ....+.+..+1..1..
Gentiana verna	. ...
Ranunculus montanus	. ...
Scabiosa lucida	. ...
Thymus polytrichus	. ...
Hieracium humile	. ...+..... ....
Hieracium bupleuroides	. ...+...... ....
Hieracium piloselloides	. ...+... ....
Euphrasia salisburgensis	. ...1....
Primula farinosa	. ...
Festuco-Brometea-Arten	
Hippocrepis comosa	1 ++++ 1+11+.1++1+.+1 A+1M1++B11+++11+ 11 11A.1+. 1 1+..+ 1++ 1++1 +11111 111+11+111 +M+1+1++.11MM
Euphorbia cyparissias	+ +.++ 1.++++1.+.+1+1 1+11+1+111++++.+ M1 111M.M1 1 ..+.. +.. .+.. ...+.1 1111.1.+1+ +1..........1
Carex humilis	3 2222 32122A43123333 313A21+3BM122.21 33 33BB333 A ...1. ... 3323 332333 3333B31124 44232132AA.43
Rhytidium rugosum	3 .322 .2221222321225 223..4+...211221 34 2422311 . .1122 212 2122 1+22.1 4333.21212 ...2.11.33123
Helianthemum nummularium ssp. obscurum	. +.1+ 1++..M.11+++11 ...1+M.......++. A1 BMAA.MM . 1..+. ++. +.++ ..++11 A.M1.M+1.2 .M.+1+.+.M1AM
Lotus corniculatus	. +..+ 11.1++1.+..+.. +.11+1..111++++1 M. .11.M11 1 1.++. +++ +.++ .++1.1 1.111.+++. ...+...+.....
Prunella grandiflora	+ 1.++ 1.+..M.++..+.A A.1..1...B+..+.. M1 MA.MM11 1 M.++. ... .++. ..+... ....+.. ....+........
Scabiosa columbaria	. +..+ 1+.+...+++++1 ......+.11.++..+ A+ ..11111 1 1.++. .+. +.+. ...+1. ..11...+1+ +1+.+.1.+++1.
Teucrium montanum	+ +.2+ M+++.1A+++++1A M.M.+M...A.+1.+. 1A .BA..1. 1 1.... ... .1+1 1111.M ABA.1M2111 1A112122.A3AA
Pulsatilla vulgaris	+ ++++ A+++.+A11++11A 1++A+1+.A...+++. 1. 11A..1. 1 1.+.+ +++ 11++ ..+1.+ AAAA.1++2+ +1111+11.1...
Pimpinella saxifraga	. +..+ 1+.+.+..+...++ 1.++.1.+11.+.... 1. .1.111. + 1+... ++. .+.+ ...+.. ++.11...1. ...+++.......
Asperula cynanchica	. +..+ 1.+.+M...++.+M 1.1.+1+......++. M. .1M1MM. . M.... ..+ .+.+ ...+MM MMM.1M.+1+ +1.+..+......
Bromus erectus	. 1.1. 1.1.+A1....111 A.1A.B.1+..++.+. 11 A1.3M13 . ...
Sanguisorba minor	. +... ...1++1..+.+.. .+11...111+...+. 11 .111..1 1 .+..+ .+. +++. 1.+++1 .M....+.+. ...+.+.......
Brachypodium pinnatum	3 331+ B...+A.12+.+.1 A.111.+MA..11+11 .1 ..131A3 3 .11.1 .+. +..1 ...1.. MM........ ....+.+......
Briza media	. +... .....+........ ....+1...... 1. .1+11.. + 1.... ... .
Festuca ovina	. .... M....11......1 1.+1.M...1...... M1 M1.MM1A . 1.... ... . 11........ ....1.
Festuca guestfalica	. .+.+ .+111...21+11. .1..+.+...+111.1 .. ..++. 1+. 1+11 21.+11 ......+111 2.1.1111.....
Potentilla heptaphylla	+ 1+++ .+...1.1+..+.. 1.11+........... 1M 1M.11.. . ...
Galium verum	. 1.+. ....1. ....
Koeleria pyramidata	. ...+..... ...1.+.....++.. 1. 1+11111 . 1+... ... . +............
Centaurea scabiosa	. .... .++.....+.+.+. +.+..++....+.... 1+ .+.11++ + ...+. .+.. ....++.++..+. ....++.+.....
Polygala amarella	. .... 1...+........1 1+1.+1.111...++. .. 1...... + ... +.. ++.+ ..+... ...11++..+ ...+........1
Abietinella abietina	. ...+.1..+1...+. ....1+.1.1 .. ..1+1 ... ..+1 ...+.. ....1..........
Potentilla tabernaemontani	. +..1 ....+.....+1.. .... 11.1....2+ 1
Carex caryophyllea	. ...+.....+..... .... 1.... ... .
Salvia pratensis	. +... ....1 .... +. ....
Euphorbia verrucosa	2 1... 1.+........... .+.1....A+.+..+. .. 1...... 1 ....1..... ....
Plantago media	. ...+......... ..+............. 1. 1...... + ...
Chrysanthemum leucanthemum	. +... ....+.1....... ....1...... .. +11.1.. . 1.... ... .+.. ....
Homalothecium lutescens	2 ...+ ....+......11. ....2+.++1. .. ..+... .+1 .+.. ..++.. .....1..2+ 1..1+..1.....
Ranunculus bulbosus	. ...+ .... .A .1..... . ...+........ .+...........
Ctenidium molluscum	. ...3....1..+..1. .. ..+.+. 222 +1.. ....1V. ..1...1......
Gentiana germanica	. ...+.......1...++. .+ 1++.... + .+... ... .+.. ....
Ononis repens	. ... 1. ...A+.1 . 1.... ... .
Primula veris	. +... .+............ ....+..+.++. .. ..
Polygala comosa	. ...11....... ....+.++.. .. ..+. ... +... ...... 11........ ....
Thymus froelichianus	. ...M.......... M. ....
Centaurea jacea	. ...+........ 1............... .. ..
Festuca rupicola	. +.++ ....++... ......+......... .. ..
Medicago lupulina	. ...
Ophrys insectifera	. ...+....++ .. ..+. ... ..+. ....
Gentiana ciliata	. ...1.+..+. .. .. 1 1.... ... .
Veronica teucrium	+ ....+............ .. ..
Carlina vulgaris	. ...+... . ...
Linum tenuifolium	. ...1....+.. ..1...++........ .. ....+.. . ...
Campanula glomerata	. +... ....+.......... .. ...+... + ...
Aster linosyris	. +... ....+..+. ....
Anthyllis vulneraria ssp. vulneraria	. ...+ ..+.....+..... ....+..+.. .. ..
Scabiosa canescens	. ...+...+.. ....
Veronica spicata	. ...+++.. ....
Anacamptis pyramidalis	. ...
Gentiana cruciata	. ...
Helianthemum canum	. ... 22..AA ....
Seseli annuum	. +... ....

```
.... .............. ... ..1..... .................... +.....r. .... +.1111+++ ........1. ... ..... . ......... ................ ... ... . .......
.... .............. ... ........ .................... ........ .... ..11+.++1 .........+ ... ..... . ......... ................ ... ... . .......
.... .............. ... +...+22. .................... ......+. .+.. ....+...+ ........++ +.. ..1.. . +.+.....+ ..+.............+ +.. ... . .......
.... .............. ... ........ .................... ........ .... +.++..... .......... ... ..... . ......... ................ ... ... . .......
.... .............. ... ........ .................... ........ .... 1.++..... .........+ +.. ..... . ......... ................ ... ... . .......

.... .............. ... ........ .................... ........ .... 1.23+2.1. .......... ... ..... . ......... ................ ... ... . .......

.... ..........+.. ... ........ .................... ........ .... ......... 212.13.+12 122 ..... . ......... ................ ... ... . .......
.... .............. ... ........ .................... ........ .... ......... ....+.21.. 11+ ..... . ......... ................ ... ... . .......
.... .............. ... ........ .................... ........ .... ......... .......+.. ... ..... . ......... ................ ... ... . .......
.... .............. ... ........ .................... ........ ..1v ......... .......... ++2 ..... . ......... ................ ... ... . .......
.... .............. ... ........ .................... ........ .... ......... .......... .++ ..... . ......... ................ ... ... . .......
.... .............. ... ......1. .................... .12..2.2 .3.+ 2.++11.11 12+121+4.2 ... B.... . ......... ................ ... ... . .......
.... .............. ... ........ .................... ........ .... ......... .......... ... 1BAAB . ......... ................ ... ... . .......
.... 1............. ... ........ .........+.......... ........ ..2+ ......... .......... ... 11111 1 ....+11.. ................ ... ... . .......
.... .............. ... ........ .................... ........ .... ......... .......... ... ..... 1 ......... ................ ... M.. . .......
.... .............. ... ........ .................... ........ .... ......... .......... ... ..... + ......... ................ ... ... . .......
.... .............. ... ........ .................... ........ .... ......... .......... ... ..... + ......... ................ ... ... . .......

.... .............. ... ........ ...+11.1.........A... ........ .... ......... .......... ... ..... . ......... A11111...+.......+.. ... . .......
.... .............. +++ .+1..... ......1.....+....... ....+.r. ..+. ..+.+++++ ....+..... ... .+.+1 . 1+1+..+.1 111A++......+11+++ .+. .rr . .......
.... ......1....... ... ..+2.... .1...1.1.1..+1.11AAA. ........ .... ......... .......... ... ..... . ..+1...11 ++1111....M11A1. 1.. r1. . ....1.

.... .............. ... ..1..... .M.................. ...+.... .... ..1.+1+.+ .......... ... ..... . ......... ...........+.... ... ..+ . .......
.... .............. ... ........ .................... ........ .... ......... .......... ... ..... . ......... ................ ... MM. . .......

..+. 2.1........... ... ........ .................... ........ .... ......... .......... ... ..+1. . ...11.... .......1..1..... ... ... A .......
.... .............. ... ........ .................... ........ .... ......... .......... ... .+... . .......++. ................ ... ... 1 .......

.... .............. ... r....... +................... ........ .... ......... .....+.... +.. ..1.. . ........1 ....1........... ... ... 1 1++++..
.... .............. ... ........ .................... ........ .... ......... .......... ... ..... . ......... ................ ... ... + ++.....

.... .............. +.. ...2.... 1..................+.. ........ .... ......... .......... 1.. ..... . ......... ................ ..1 ... + 4334334
.... .............. .1. ........ .................... ........ .... ......... .......... .1. ..... . ......... ................ ..A ... 2 21231.2
.... .............. ... ........ .................... ........ .... ......... .......... ... ..... . ......... ................ ... ... 1 121113.
.... .............. ... ........ ........1........... ........ .... ......... .......... ... ..... . ......... ................ ... ... . 11+1+1.
.... .............. ... ........ .................... ........ .... ......... .......... ... ..... . ......... ................ ... ... 1 .2+11.+
.... .............. ... ........ .................... ........ .... ......... .......... ... ..... . ......... ................ ... ... + +++1+..
.... .............. ... r....... .................... ........ .... ......... .......... ... ..... . ......... ................ ... ... . 11+1+..
.... .............. ... ........ .................... ........ .... ......... .......... ... ..... . ......... ................ ... ... . +1++1..
.... .............. ... ........ .................... ........ ..1. ......... .......... ... ..... . ......... ................ ... ... + ++.+.+.
.... .............. ... ........ .................... ........ ..1. .....1+.. .......... ... ..... . ......... ................ ... ... . ..11.1.
.... .............. ... ........ .................... ........ .... ......... .......... ... ..... . ......... ................ ... ... . .+.+.2.
.... .............. ... ........ .................... ........ .... ......... .......... ... ..... . ......... ................ ... ... . ..++...

.... .............. ... ........ .................... 1....... .... ......... .......... ... ..... . ......... ................ ... ... . ...11+.

.... .............. +22 .++..... .................... +...1... 22++ ++2231122 +11+1...1. 2++ ..MM. . BA3A1AAAA AA3AAB....B3AMAM ... ... . .......
.... ...++..++...1. ... ........ .................... ........ ++++ +.+++..++ .......... ... +.++. + .......111 ..1..+..+........ ... ... + .......
...1 ..............+ .11 ........ .........1...1...... ........ .... ......... .......... ... ....1 . +.....11.. ...1......1.....1 ... ... . .......
.... ...+..1....... ... r..r.1. ......1....A........1 ........ ...v ......... .......... ..+ ..111 + .......11.. ...11........... ... 1.. . .......
.... .............. ... ........ .................... .2+..121 1++. ..222+123 ..221.311. ..+ .BB33 . 1......... ................ ... ... . .......
.... .............. ... ......+. .................... ........ ..+. ......... .......... ... 1+..1 . ......1.+ ................ ... ... . .......
.... .............. ... ........ .................... ..2....1 .2.. ......... ........1. .+1 .M..B . ......... ................ ... ... . .......
.... .............. ... ........ .................... .++....+ .... +.+1.++++ .++.1+.... ... ..... . ......... ..........A..... ... ... . ......1
.... .............. ... ........ .................... ......+. ..+. ...1++.+1+ ..+..1..1. +11 .1..+ . ......... ................ ... ... . .......
.... .............. ... ........ .................... ....r... .... .......... ........+1 ... ..... + ......... ................ ... ... . .......

.... ...11...11....+ +21 r++...r. .................... ..+1+1+1 ..++ +...1.+1+ 111.1+++11 ++. ..... . 11+..1111 A11AA111+11111+1 ... ... . .......
.1.1 1..112+11111++ .11 +...r... .................... ..++...+ ..++ .........+ ..+1+.+..+ ++. +.... 1 .....1+1. ...+..1..1....+. ... ... . .......
.... .............. ... ........ .................... ........ .... ..+.1..+1 .......... ... 11M11 1 A11A1BA1. ................ ... ... . .......
.... .............. ... ........ ........+........... ........ .... ......... .......... ... .1111 1 AM11.MA.1 ..........1..... ... ... . .......
.... .............. ... ........ .................... .+...++. ++1. ..1.1.2+1 .1+...1++. +.+ +.1.. . .......+.. ................ 1.. 1.. . .......
.... .............. ... ........ .................... ........ 1... ......... .....+.... ... ..11+ . 11..1...1 ..M.......1..... 1.. ... . .......
.... .......1...... ... ........ .................... ........ .... ......... .......... ... +.... . ...1...... ................ ... ... . .......
.... .............. ... .++..... .1..11.........1..... ........ .... ......... .......+.. ... ..... . ..+1...... ....+.....1..... ... ... . .......
.... +...+1........ ... ........ .................... ........ .... ......... .......... ... ....+ . ......... ................ ... ... . .......
.... ...........+. ... ........ .................... ........ .... ......... .......... ... ..... 1 ......... ................ ... ... . .......
.... .............. ... ........ .................... .+r..1.. .... ..++..... 1........+ ... ..... . ......... ................ ... ... . .......
.... .............. ... ........ .................... ........ .... ......+.++ .........+. ... ..... . ........1. 1..+........... ... ... . .......
.... .............. ... ........ .................... ........ .+.. ..+.+11.1 .......... ... ..... . ......... ................ ... ... . .......
++.. ......1..1.... ... ........ .................... ........ .... ..+..111+ .......... 1.. ..... . ......... ................ ... ... . .......
.++. ......1.....+. ... ........ .................... ........ .... ......... .......... ... ..... . ......... ................ ... ... . .......
.... .............. ... r....... .................... ........ .... ......... 2......... ... ..... . ......... ................ ... ... 1 .......
.... .............. ... ........ .................... ........ .... ...1.1.... .......... ... ..... . ......M.. ................ ... ... . .......
.... .............. ... ........ .................... ........ .... ..++..++. .......... ... ..... . ......... ................ ... ... . .......

1+11 +1.1+1+111AM11 121 r21+..+. .1..1111.A1A1A11.1++A .1.12++1 +++. +1+111+11 .1..1+++11 1+1 11111 . 1AA.111AM 11AAAAM1A1MMA1AM M.. 11+ . ..++...
...+ r.+...1++++.+1 +11 +1+.+rr1 v11M1M.A11111111M1111 .+..+.+r .... .+....... +++.+++++1 +.+ .1..1 . ......1..M1 1A...M+111M1...1 MMA MMM 1 1 +..+1.+1
1AB4 34543+.22A.3B3 222 .434+..3 ........3........... 1332+2.. .... 2211.2... .1......1.1 ... A.M.. . ....AAB3A 3B3B33B13A33B3A .... ... 3 .......
..22 432+32.11223.. 222 ........ 3443242322432342331.3 ...v.... ..+. ...+..... .......... ... 2.... . .4.2...2. 333323314.24.413 .3. ..M . .1..+..
..1. 2+2.....2A11.1 121 +1113..+ 23A1A3.3MM3A3ABA333A1 ...1...+ .... ..+...... ..1..+.... ... ..... . ..MM..11A1 MAA1.A.M1.AA.M.A BAB MMM 1 1 +1111+1
.... ..+....+...... ... r+.r..2. ..1...+11M+..1111.1.. .+...++. +.++ ++++1++11 .+11...+1. ... .+11+ + 1111111.M 1.1M111.11M1MMMM .1. 111 . .......
.... .............. .++ +111..12 1BA.MM.A........1A11+. .+.2..11 ++1+ 111122212 .11.+1...1 +.. .11A1 . A1A.AM111 MA3A.A.1A.AA.AAM AA1 BMA . .....+.
.... ..++1.111..M.. +11 .+...... 1.1.11+.1A1+11.11+111 ......+. .... ......... ..+1.r... ... .+.11 . 1+1.1.+11 11AMA1..++11+111 .+. 1M+ . .......
AAA2 121121M12MMAAA 121 .11..... .3.................. +.11.... .... ++++.++.. ...........r.. ... ..... . ..+1.AABB MB.BA.BA...A.+.A ... ... . .......
...+ ....2+.....+... .11 ..+....r 211..+111..1+..11+++. ...1.... .... ......... .......... ... ..... . ........B A31+....1....A.+.. .A. ++. . +.++..2
..M. ...11...1....1. +11 .1+1.... +.M1..MMM.M1M1MMMM11. .+.....r. ..++ ..+...+1.+ .++...+.... +.+ .++11 . 1111+11.1 11M11111111111111 1.. +11 . + +1+1+.+
.... .............. 221 32211+++ 2B.AB3.3BBAAA1BA1AB1B .3.3.... .... ......... .+....+..+ ... ..... . M......1M. MMMMMMMM11.MMMM1M M.. +1+ . .......
.... ..2........... +.. r.....+. 211+11.1A11111A111111 ....v... .... ......... .21.11++.. 2+. ..... . ..111....B 11.1BA13A1B1AAAA 33. MMB . .......1.
.... ..2........... +.+ ..1..... 1...B...1........... ....2... .... +........ +..+...... ... ..... . 1111......1 11...1.1++111111 +.1 +1M . .+..+..
.... .............. .++ .11+.++. .11..1.M1.....+..111.. ...1++.. .... +1.........+ 134122..1. ... B1.1A . .....31..M 1....A.1.1...A1.3 A.3 ..1 B 3 .....1.
.... ..............1. ... 222111.+ 1..................... ..+++.+1.. .+. +1++.+1... .+1...+r.+ 1.. ..+.. . ..+....11 111111....MMMM11 11. 11M . 1 .++1+1+
...1 ....11........ ... ........ .AA.MA1..1A1A1MMM1A1A ....211. .... .4........ 2....1...1 ... ..... . .........1M 1111A111...M1MMMM BAA ... A 2 +1.+122
.... .............. ... ........ 1...1.1..1............ ........ .... ......... .......... 1+. ..... . ..1.11..... ................ ... AMB . .......
.... .............. +.. ...+.+.+ 1..111.1...1++.111+. ........ .... ......... 1.......r.. ..+ ..... . .+..+..... 111.M111M111111M 111 11M . .......+.
.... .............. .+. .+1...r. 1M11.M1M.111111111.11 ...++++. .+.. .........+.1 .++...++.++ 11+ ..... . .1.+..1.....1 1..........1..... M1M M1M . + 1+11+1+
.... .............. +11 ....+... 2.....+..+......... ........ .... ......... .......... 1++ ..1.. . 1+.1....1 11..A..1..11M1M1 11. 13B . 1 1112211
..+. ........+...11 .1+ ........ ........A.......... ........ .... ......... .......... ... ..... . .+11+..... ++.+1+.+..1.+1A+ ++1 ... . .......
.... ...1.......... ... .......+ ..................+.1 +.....r. .... ......... .........+. ... .11. + ..1.11.. .........1...... ..1 ... . .......
.... ..+........... +22 ........ ..2.........11+22313211 ........ .... ......... .........1. ... ..... . .......11 .2.11...1....... ... ..M . ..+....
.... .++........... +11 r....... .11..M...11AA11A+1+.1 ++.....r .... ++....... 1......... ... ..... . ......... ................ ... M.1 . 1 +.++.++
.... .............. ..+ r++...2.. .A11.1.111..+1.111A+. 3...1..+. .... 1......... .1........ ... ..... . ......... .......11....M..1M. 11M .1M . .......
.... .............. ++1 r....... .1++11+1.++.+..1+++++ ........ .... ......... .+.+...... ... ..... . ......... ...+.+.....11..... +.1 ... + .1..++.
.... .............. +++ ........ .................... ........ .... ......... .......... ... ..... . ......... ................ ... ... . .......
.... .............. .11 ........ ..+.+1.1.....+..+.... .r...... .... ......... .+.2....+1 .+. 1111+ . ...11.1... ................ ... ... . .......
.... .............. +11 ........ ..................+1.. ..+...++. .... ....+...+. 1+........ ... ....+. . .1++.....+ .1.......+.+.1.1. .+1 ++M . .......
...2 ....21........ ... ........ ..................... ........ .... ......... .......... ... ..... . ......... ...........1.+.1. ... ... . .......
.... .............. ... ........ ............2....... ........ .... ......... 1......... ... 1.... . .........1. .......2....... ... ..1 . .....+.
.... .............. ... ........ ..1..1.1AA....+..+... ..+....+. .... ......... .......... ... ..... . ......... ...........+..1... 1.+ .1+ . ++..+++
.... .............. ... r....... .................... ........ .... ......... ........1. ... ..... 2 ......... ..1........A..... ... ... . .......
.... .............. ... ........ .................... ....+.+.. .... ......... ........... ... ..... . ....M..... ..1M1.........A+ ... ... . .......
.... .............. ... ........ .1..1..1............. ........ .... ......... ........+. ... ..... . 1..+........ 1..111...1..11. ... ... . .......
.... .......+...... ... ........ .................... ........ .... ........+. .......... ... +.... . ......... ................ ... ... . .......
.... .............. ... ........ .1.......1+....++.... ........ .... ......... .......+... ... ..... . ....+..+. .........+....... A.1 ... . .++++..
.... .............. ... ........ ...M..M1.A........... ........ .... ......... .......... ... ..... . ......... .......1......... ... ... . .......
.... .............. ... ....+... .................... ........ .... ......... .......... ... ..... . .........1. ...MM..1.....1.1 ... .1. . .......
.... .............. +++ ........ .................... ....+.... .... ........+ .......... +.. ..... . .+........ .......+++....+. ... ... . .......
.... .............. ... +....... .11......+.......+... ........ .... ......... ........+. ... ..... . ......... ................ ... ..1 . ...1.1.
.... .............. ... r....... .................... ........ .... ......r+ ......... ... ..... . ......... ...1.......1.... ..1 .11 . +..+.+.
.... .............. ... ........ .................... ....v... .... ......... ........r.. ... ...1. . ..+..1..... ................ ... ... . .......
.... .............. ... ........ .11..111........... ........ .... ......... .......... ... ..... . ..1...1.. ...+............ ... ... . .......
.... .............. ... +....+.r .................... .r...... .... ......... ........++ ... ..... . ......... ..............1... ..1 ... . .......
.... .............. ... ........ .................... ........ .... ......... .......... ... ..... . ......... ..1............ ... ... . .......
.... .............. ... ........ .................... ........ .... ......... .......... ... ..... . ......... .........1...... ... ... . .......
.... .............. 11. ........ .................... ........ .... ......... .......... ... ..... . ......... ...............1. +.. ... . .......
.... .............. ... ........ .................... ........ .... ......... .......... ... ..... . ......... ................ ... ... . .......
.... .............. ... ..1..... .................... ....1... .... +........ .......... ... ..... . ......... ................ ... ... . .......
.... .............. +.. ........ .................... ........ .... ......... .......... ... ..... . ......... ................ ... ... . .......
.... .............. ... .+...... .................... ........ .... ......... ..++..r... ... ..... . ......... ................ ... ... . .......
.... .............. ... ........ +....+.............. ........ .... ......... .......... ... ..... . ......... ................ ... ... . .......
.... .............. ... .++..... .................... ........ .... ......... .......... ... ..... . ......... ......1.....+.... ... ... . .......
.... .............. ... ........ .................... ........ .... ......... .......... ... ..... . ......... ................ ... ... . ......+.
```

Anhang 5: Vergesellschaftung von *Daphne cneorum* L.

Potentilla arenaria	. ...
Trifolio-Geranietea-Arten	
Anthericum ramosum	1 ++11 B+++1....+.11M 1+A.+++MA1+11+++ 11 11A1+11 A 1.+.. ..1 1++1 .111.1 M1A1311111 .1111111111MM
Thesium bavarum	+ .... 1+.+1..++..+++ 1.1.+..1..1++.1+ 11 1111M1. 1 +..+. .+1 1+.1 1+++.M 11111++1.2 +1+1++1+.1111
Viola hirta	+ 1++1 .11+1..+...+.+ .1+....+1.1+1+++ .+ 111+.1+ + .1+++ ..+ ++.+ ..+... 11.....+.. ....+.+......
Teucrium chamaedrys	1 1.11 M1++11..+++22M .+.M1.+M.11+.+.+ MA .....M1 . .+1++ +1. +.++ ..1+.. AAMM1.112. ..11.+11....M
Stachys recta	+ +.+1 ...++....++.+. +....+++.1.++.+. .1 .1...1. . ...++ +.+. ...+.. +.+++1++1. .++...+...+11
Aster amellus	1 ++11 M+..+11++++111 1.11+1++...1.+.+ .1 11.11.1 1 ..+.+ .+. +.+. ..+... AM........ ....+........
Vincetoxicum hirundinaria	+ ...+ ..1+......+11. ......+1..+1+..+ .1 ....+ +++ .++. ...+.. 1.1A1A+1+1 .1.+.+..11111
Geranium sanguineum	+ ...+ A+++.A.1.++1.+ 11..+1+A111.1+1+ .1 1...... 1 ..+.. .+. ..1+ ...... AA11.A+.+1 ....
Polygonatum odoratum	. .... 121111+..1+111 .2A...+1.1.+11.+ .1 +1..... . .+.+. 1++ ...+ ..+... +.11..+... ..+..........
Bupleurum falcatum	. ...+.+........1 .+1...11..++..+ .1 11.1+11 . ...+. .+. +++. ...+.. ++....+..1 ..+...+......
Seseli libanotis	. ...+ ..++1......... ....111+1+ .+ ....+ +.++ 1+.+11 ..1111+.11 ...+++.+.1..1
Laserpitium latifolium	+ .... 1.+.+......... .+.....++.11+..+ .. .. +.+.. .+. .+1+ ..+++. ....+.. ....+....
Origanum vulgare	2 +... ...11.......+1 .+....+11.+1..1. 11 ...1... . ...1..... ....
Peucedanum oreoselinum	+ 1.21 ....+111. ......+......... .. ..
Trifolium montanum	. +... .... 1 ....
Medicago falcata	. 1.+1 .... +....1.1........ M1 ...1..1 . ...
Hypericum perforatum	. ...+........... ....1.......+ .. .. +... ....
Coronilla coronata	2 ....B1..+11 .. .. +.1+ ....
Silene nutans	. ...+++.+. ......++........ .. ..1 ....
Galium glaucum	. .... 1..........1. ...1+..1........ .. .. 1.... ... .
Inula hirta	1 +.1+ ....++. ....
Trifolium rubens	. .... .1..+......... ......+M..1....+ .. ..1..... ....
Thalictrum minus	. ...+....+...... .. ..1....... ....
Coronilla varia	+ +... ....
Fragaria viridis	. +... ....+....... .. ...+.1. . ...
Inula conyza	. +.+. ....+.... ....
Querco-Fagetea-Arten	
Hepatica nobilis	+ .+.+ .+++1+........ .+1...+.1.+.1+++ .+ +.1+.11 . .2111 ... . 11..1..... ....
Convallaria majalis	. .... .+11+........+ .11...+.+1++11.+ .. ..1..A. . .11+1 ... .
Carex montana	. .... .1..+.1....... .1......M..1.1+. .. ....1.A 1 ..2+1 ... .
Chrysanthemum corymbosum	+ ++.1 .+.+.......+.1 ....1......+. .. .. + .+.++ ... .+.. ...... 1+........ ..+..........
Melica nutans	+ .... ..+1+......... .+......1.+.1+1. .. ..1 . .+1.+ ... .++.
Melittis melissophyllum	. ...+.1......... ..+...+...1++.+. .. ..++.1+ . .+.++ ... .
Anemone nemorosa	. .... .+++.......... .+......1..+..+. .. ..+1++ ... .
Epipactis helleborine	. ...+... ....+ . ..++. +++ ....
Cephalanthera rubra	. ...+.....+... ....++..+ .. ..++. ... .
Lathyrus vernus	. ...+........... ....+....+.. .. ..+.+ ... .+. ....
Galium sylvaticum	. ...+........... .+............+. .. ..+. ... .
Lilium martagon	. .... +............. .r.............. .. ..+.+ ... .
Molinio-Arrhenatheretea-Arten	
Achillea millefolium	. ...+....... ..+..+.......... 11 11.1... . ...
Knautia arvensis	. ...+.........+ +............... +. ....1.. . 1.... ... .
Lathyrus pratensis	. ... +.... ... .+..
Euphrasia rostkoviana	. ... .1 ...1..1 . M.... ... .
Plantago lanceolata	. ... 1. ......+ . ...+. ....
Leontodon hispidus	. ...1..
Vicia cracca	. ... +. ....
Cerastium arvense	. ...1 ....
Taraxacum officinale	. .... +............. ....
Veronica chamaedrys	. ...
Rhinanthus minor	. ... 1 ....
Festuca rubra	. ...
Tragopogon pratensis ssp. orientalis	. ...+............. .. ...1... . ...
Campanula persicifolia	. ...+......... ....+... . ...
Dactylis glomerata	. ...
Trifolium pratense	. ...
Molinietalia-Arten	
Molinia caerulea	. ...
Linum catharticum	. ...M ....M....... 1. 1...M.. . ...
Genista tinctoria	. ...+ ....+++.. ....1.1..11 .. ..
Cirsium tuberosum	. ... 1 ....
Carex tomentosa	. ...
Succisa pratensis	. ... + ...
Colchicum autumnale	. ...
Nardo-Callunetea-Arten	
Potentilla erecta	. ...
Galium pumilum	. ...1 ...1..+..1...... 1. .1...1. . ...1...... ....
Rhinanthus glacialis ssp. aristatus	. ...
Thesium pyrenaicum	. ...
Asplenietea-Arten	
Biscutella laevigata	. ...+..+.111+1.1
Valeriana tripteris	. ... +11 ....1.+1+v. ..+1++1+.1...
Asplenium ruta-muraria	. ...1..... ....1..
Saxifraga paniculata	. ...+.+..... ....1+...
Sedo-Scleranthetea-Arten	
Sedum acre	. ...
Arenaria serpyllifolia	. ...
Calamintha acinos	. ...
Begleiter	
Campanula rotundifolia	. +.+1 .+.++1+.+.++++ 1.1..1+..1...++. 11 1111111 . 1+.1. +++ .++. ..++11 ..11..1.+. 1..++.11..1..
Thymus pulegioides	+ .... ..+......++..1 ...M.1...M.....+ .M M.M.M.. . M.... ... +.+. ....+...M....
Hieracium pilosella	. ...+ .+.......+.+.. .... 1. ....+ ... +... ..+... ....+........
Hieracium murorum	. ...1.+.....+.. .. +.+..+. . .11+. .++ ..+. ....+.11++... ..+1.....1...
Solidago virgaurea	. .... 1...+......... ....+.1.++.+ .. +..+... + ..+.+ ..+ +..+ ..+... ....+...+.....
Melampyrum pratense	. ...+..A . ..++. ++. +... ..+... .....+.... ..+...+1.....
Platanthera chlorantha	. ...+++.1 .. ..+++1 ... 1+.+ ....
Fragaria vesca	. +... .+............ ....+..... .. ..1..... ....
Silene vulgaris	. ...+..... .. ..+. ....+.+ ......+......
Calamagrostis epigejos	. ...+......... .. ..
Agrostis stolonifera	. ...1..1 . ...
Melampyrum sylvaticum	. ...
Sonstige Kryptogamen	
Tortella tortuosa	. ...+.1..+....1. ...2.......+1.1+ .. ..+1. 211 +.1. ..11.. ....111 ...+1+111...1
Pleurozium schreberi	. 3..2 .... 22............+. .. ..4 . ..1.1 1.+ .+.. ....1.1 ..1....1.....
Dicranum scoparium	. ..+2 ..1.1.....++.. ....21.+.+1 .. .. .11+2 .11 1.+. ...... .2....23+ ..2.11.1.....
Scleropodium purum	. 3+11 .+............ ....+..... .. ....2.. . ..++. .11 ...+ ....2...... ....1...
Cladonia pyxidata	. ...1 ..+.......+... ....1.1 1.1...11.....
Dicranum polysetum	. ...33.2.... .1......1...
Entodon concinnus	. ...+1.......... .1........+.+... .. ..+.. ..+ ..+. ....+. ..1..1.......
Cladonia furcata	. ...1 ....+..... .. ..+... ....1. ....+.11.....
Cladonia furcata ssp. subrangiformis	. ...
Hypnum cupressiforme	. .+.1 ..+........... ....+. .. ..+.+. .+. ..+. ..+... ..2...+2. ...+.........
Tortella inclinata	. ...1 ....1..
Campylium chrysophyllum	. ...+........... ....+....+ .. ..+.. 1+1 ++.. ....+.. ...1.........
Rhacomitrium canescens	. ...
Cladonia arbuscula	. ...+.... .. ..+... ....1+.. ..1.1..1.....
Tortula ruralis	. ...2.
Cladonia rangiformis	. ...1. ....
Cladonia symphycarpa	. ...
Ditrichum flexicaule	. ...
Hypnum lacunosum	. ...3..
Plagiomnium undulatum	. ...+ ....
Cladonia convoluta	. ...
Toninia caeruleonigricans	. ...
Weisia controversa	. ...

Außerdem kommen vor(Artname Spalten-Nummer:Abundanz):
Abies alba S 51:+, 176:+; Acer campestre S 73:+; Acer platanoides S 92:1; Acer pseudoplatanus S 73:+; Acer pseudoplatanus K 44:+, 94:+, 175: 93:+; Arctostaphylos uva-ursi 167:1; Asplenium trichomanes 100:+; Astragalus glycyphyllos 172:+, 175:+; Astrantia major 147:+, 166:+; Athama 28:+; Bryum argenteum 131:1, 134:+; Bryophyten 114:2; Bryum caespiticium 62:1, 100:1, 125:1; Calamintha clinopodium 94:+; Calamintha sylvati Carex firma 152:1, 155:+; Carex panicea 138:+, 164:+, 166:+; Carex pilulifera 210:+; Centaurea montana 53:+, 176:1; Cephalanthera damasonium 207:r; Clematis vitalba 193:+; Corylus avellana K 28:+, 68:+, 207:r; Cotoneaster tomentosus S 24:+, 38:+; Crataegus monogyna K 27:+, 169:+; Digitalis lutea 195:1; Dorycnium germanicum 149:+, 167:1; Echium vulgare 108:1, 127:1; Equisetum arvense 170:+; Euphorbia amygdaloides 175:+ Fraxinus excelsior S 25:1, 73:+; Galium album 108:+; Gentiana acaulis 150:+; Gentiana utriculosa 152:1, 157:r; Geranium molle 11:+, 194:+; G 90:1, 95:1, 176:+; Helleborus foetidus 73:+; Hieracium sabaudum 16:+; Hieracium caespitosum 23:+; Hieracium glaucum 152:+, 156:+; Hieracium Hypericum maculatum 169:+; Hypochaeris maculata 160:+; Lactuca perennis 25:+, 65:+, 69:+; Lathyrus niger 5:+; Lichenen 114:+; Linum viscosum Lysimachia vulgaris 169:+; Malus sylvestris B 11:+; Melampyrum cristatum 2:1, 5:+; Melica ciliata 88:+, 90:1, 92:1; Mercurialis perennis 37: Ononis spinosa 31:+, 34:+, 153:+; Ophrys holosericea 108:+; Ophrys sphegodes agg. 109:1; Orchis militaris 108:r, 200:+; Orchis morio 215:+; Paris quadrifolia 170:+; Parnassia palustris 154:+, 155:+, 156:1; Peltigera rufescens 131:+, 132:1, 133:1; Picea abies B2 170:2; Pimpinella Plagiomnium affine 147:+, 170:+, 205:+; Plagiomnium rostratum 168:1, 169:+; Plagiothecium curvifolium 188:1; Plantago major 157:+; Poa compr Prunella vulgaris 165:1, 166:1, 209:+; Psora decipiens 127:+, 131:+, 135:1; Pteridium aquilinum 26:+, 148:v; Pulsatilla grandis 105:1; Pulsa Quercus petraea S 17:+; Quercus petraea x pubescens B cf. 83:A; Quercus rubra S 168:+; Quercus spec. K 116:+; Ranunculus acris 141:+, 158:+, 94:1; Rosa gallica S 2:+, 5:+; Rosa glauca S 88:+; Rosa glauca K 205:1; Rosa nitidula S 73:+, 93:1; Rosa rubiginosa K 192:+; Rosa spec. 1:+, Scorzonera austriaca 17:+, 24:+; Sedum sexangulare 126:1, 133:1; Selaginella helvetica 113:1; Senecio erucifolius 108:r, 193:+; Senecio jaco Squamarina cartilaginea 128:1, 130:1, 131:1; Symphytum officinale 168:+; Taraxacum erythrospermum 67:+, 135:+; Thesium spec. 160:1, 162:+; T Tilia platyphyllos B 86:+; Tilia platyphyllos S 1:+, 16:+; Tortula muralis 128:+; Trifolium alpestre 2:+, 5:2, 26:+; Trifolium repens 108:r, 156:+, 157:+; Valeriana saxatilis 152:+; Valeriana wallrothii 21:+, 28:+; Verbascum lychnitis 90:1, 127:+, 207:+; Verbascum nigrum cf. 112:r Viburnum opulus S 170:+; Viola reichenbachiana 170:+, 172:1; Viola rupestris 108:+, 143:r.

```
.... .............. ... .11..... ..................... ...1.... .... ......... .+........ ... ..... . ......... ................ ... ... . . .......

.111 +11211.121111. ++1 .1+..... ..........1A........1 ...2.... ...+ .....+.+. .+1+++.... ... 11111 . 11.AAM1A1 .++11..111BM..11 ... ... 1 . .......
+... ++.111.+2+.1+1 ... ........ ..................... ........ .... ......... .......... ... ++1.+ + 1.+11111M +11111...+111+++ ... ... . . .......
.... +.++.......... ... .+...... +..........+......... ..+++... +.+. .+....... .111+++... 1.+ .+.+1 . ..111.+.1 .+..+.++.111+.1+ ... ... . . ......+
.... ..2........... +12 ........ ..................... ........ .... ......... .......... ... 1..11 . .....MMM. .M....BMMM.B.... ..1 ... M . .......
+++1 +.1.....++.1.. ... ........ ..+.1+.1.1111.++11..+ ........ .... ......... .......... ... ..... . ......... ......+.++...... ... ..r . . .......
.... ..1....+...... .+. ........ ......+.......1..11.. ...1.... .... ......... .......... ... .+..+ . ...11.... .......1AA...111 ... ... . . .......
1111 21111.1+111M11 .++ ........ ..................... ........ .... ......... .......... ... ..1+. . ......... ..........+..... ... ... + . .......
.... .13.......1... ... ........ ..................... ........ .... ......... .......... ... .1..1 . ...1..... .......1.+1..... ... ... A . .......
..+. ..1....+.1.... ... ........ ..................... ...+.... ..++ .......+. .1..2v.... ... ..... . ......... .......A..A..... ... ... . . .......
.... ..1........... ... ........ ..................... ........ .... ......... .......... ... .+..1 . ....+.+.. ..1.11....+.1111 ... ... . . .......
+... ..12..+++....1 ... ........ ..................... ........ .... ......... .......... ... +1..1 . ......... ...............1 ... 1.. . . .......
.... .......+...... ... ........ ..................... ........ ...+ ......... ........2+ ... 1+A11 . ...1..... .........+...... ... ... . . .......
+... ........1....M ... ........ ....1...+............ ........ .... ......... .......... +.. ..... . ......... .1..1....1.1.... ... ... . 1 .......
.... .............. +1. r11..+.. ..................... 1.+1.... .... ......... .+..+1.... ... ..... . ......... ................ ... ... + . 12112..
.... .............. ... .11..... ...+.1.1.+..+..+..+.. 1....... .... .+..+.++1 +..+..+.1+ ... ...+. . ......... ................ ... ... . + 1....1.
.... .............. .+. ........ .......M............. ........ .... ......... .......... ... ..... . ......... ..........1.M.M. .1. ... . . .......
.... .+.+.......... .+. ........ .....+...1.+......+.. ........ .... ......... .......... +.. ..... . ......... .+.+..+........+ ... ... . . ..++...
.... .............. ... ........ ..................... ........ .... ......... .......... ... 3.... . ......... .........B...... ... ... . . .......
.... .+.....1..+... ... ........ ..................... ........ ...v ......... .......... ... ..... . ......... .......1........ ... ... 1 . .......
.... .............. ... ........ ..................... ........ .... ......... .......... ... ..... . 1........ .......1..1..... .1. 1.. . . .......
.... .............. +11 ........ ..................... ........ .... ......... .......... ... ..... . ......... ................ ... ... . . .......
.... .............. ... ........ ..................... ........ .... ......... .......... ... ..... . ......... ................ ... ... . . .......
.... ..1...1...1... ... ........ .....1............... ........ .... ......... .......... ... ..... . ......... ..........1..... ... ... . . .......
.... .............. ... ........ ..................... ........ .... ......... .......... ... ..... . ......... ................ ... ... . + .1111..
.... .............. ... ........ ..................... ........ .... ......... .......... ... ..... . ......... ..........+..... ... ... . . .......
.... .............. ... ........ ..................... ........ .... ......... .......... ... ..... . ......... .......+........ ... ... . . .......

.... ...1.......... ... ........ ..................... ........ ...+ ......... .......... ... .M..1 . ........1 ................ ... ... . . .......
.... .............. ... ........ ..................... ........ ...+ ........+ .1..1..... ... 111.+ . ......++1 ..........1..... ... ... . . .......
.... .............. ... ........ ..................... ........ .... ..+...1.. ........1. ... .AAA. . .....11.. ..........MM1.M. ... ... . . .......
.... .............. ... ........ ..................... ........ .... ......... .......... ... ...+. . ...1+.... .......+1.1..... ... ... . . .......
.... ...1....+..... ... ........ ..................... ........ .... ......... .........+ ..1 .1..+ + ......... ................ ... ... + . .......
.... ...1.......... ... ........ ..................... ........ .... ......... .......... ... +11+1 . ......... ..........1..... ... ... 1 . .......
.... .............. ... ........ ..................... ........ .... ......... .......... ... .11.. . ......... ................ ... ... . . .......
.... .............. ... ........ +.................... ........ .... ......... ....+..... ... ..... + ......... ................ ... ... . . .......
.... .............. ... ........ ..................... ........ .... ......... .......... ... ..... . ........1 ................ ... ... . . .......
.... .............. ... ........ ..................... ........ .... ......... .......... ... +1..1 . ......... ................ ... ... . . .......
.... .............. ... ........ ..................... ........ .... ......... .......... ... .1..1 . ......... ................ ... ... . . .......
.... .............. ... ........ ..................... ........ ...v ......... .......... ... ..... . ......... ................ ... ... . . .......

.... .............. ..+ +...+... ..1.M1.1.1.......1... ..r....+ .... .+....... ......r... +.. ..... . ......... 11.11.1...111111 1.1 M11 . 1 1+11+11
.... .............. .+. ........ ....1................ ........ .... ......... .......... ... ..... . ++1.....1 .+..11+..++11... +.1 ... . 1 +1+1+.1
.... .............. ... ........ ..................... .r...r.. .+.. +...+.+.+ +++++++..+ 12+ ..... . ......... ............1.1. ... ... . . .......
.... .............. ... ........ ................M.1.. ........ .... ..++..... .......... ... ..... . M1....... ...M.M...1..MMM. M.. 1.. . . .......
.... .............. ... +....... .11..M.1.......+..... ........ ..+. ....+.+.. .......... .+. ..... . ......... 1.............11. M.. 11+ . . .....1.
.... .............. ... .+...... .1................... ........ +.+. ..+.1..++ .......... ... ..... . ..MA+.... .1.........1+... ... 1M. . . +....1.
.... .............. ... +....... ..................... ......r. .... ......... +.++....+. .1+ ..... . ........+ ...+1.......1.... ... ... . . .......
.... .............. ... ........ .1...11..11.......M1M ........ .... ......... .......... ... ..... . ......... ................ ... ... . . +++++..
.... ........+..... ... r....... ..+...+1.......+..... ........ .... ......... .......... ... ..... . ......... ................ +.. ++1 . . .......
.... .............. ... ........ ....1................ ........ .... ......... .......... ... ..... . ......... ................ ... ... . + +1+++.+
.... .............. ... ........ ................1++.. ........ .... ......... .......... ... ..... . ......... ..............B. ... ... . . .......
.... .............. ... ........ ..................... ........ .... ......... .......... ..+ ..... . ......... ................ ... ... . + +.11...
.... .............. ... ........ ..................... ........ .... ......... .......... ... ..... . ..+...... .......+........ ... ... . . .......
.... .......+...... ... ........ ..................... ........ .... ......... .......... ... ..... . ......... ....1........... ... ... . . .......
.... .............. ... ........ ..................... ........ .... ......... .......... ++. ..... . ......... ................ ... ... . 1 ...+...
.... .............. ... ........ ..................... ........ ..+. ........+ ........+. ... ..... . ......... ........+....... ... 111 . . .......

.... .............. ... 2....... ..................... ........ 11.. ..++112++ .......... ... ..... . ......... ................ ... ... . . .......
.... .............. .++ .+++.... .11..1..+.MM..1...11M ....+.+. .... +.1..+++. ..++.+++1. +.. ...1. . ..1.1.11. MM.MMM...M..MMM. .1. +.M . . .......
.... .............. ... ........ ..................... ........ .... ......... ...1..+... ... ..... . ......... .........A...... ... ... A . ......1
.... .............. ... +....... ..................... ....+.+. .... ......... ...1..++.. ... ..... . ..1...... ................ ... ... . . .......
.... .............. ... .......+ ..................... .+....1. .... ......... ...+..+... .11 ..... . ......... ................ ... ... . . .......
.... .............. ... ........ ..................... .....r.. .... ......... .......... ... .111+ . ...1..... ................ ... ... . . .......
.... .............. ... ........ ..................... .r...... .... ......... ......r... .1+ ..... . ......... ................ +.. ... . . .......

.... .............. ... ........ ..................... ....+++. 121+ ++++11112 +++++++.1+ ++1 ..11. . ..1M+...1 ................ ... ... . . ++++++.
.... .......+1..... ... ........ ..................... ....1.+. .... ......... 1..1...... ..+ ..... . .......1. ....1.....11.... ... ... . + ++11+..
.... .............. ... ........ ..................... ........ +... .......1+ .....2.... ... ..... . 11A...... ................ ... ... . . .......
.... .............. ... r....... ..................... ........ .... ......... ......r... ... ..... . ......... ................ +.. ... . . .....1.

+..1 .1..+2..+..1++ ... .+1..... ..................... ........ .... ..++r+++r ........+. ... ..... . ......... ................ ... ... . . .......
.... ........1..... ... ........ ..................... ........ ...+ ......... .......... ... ..... . ......... ................ ... ... . . .......
..+. ......1......+ ... ........ ..1...1.....1..+...1. ........ .... ......... .......... ... ..... . ......... ................ ... ... . . .......
.... +.....1..1.... ... ........ ..................... ........ .... ......... .......... ... ..... . ......... ................ ... ... . . .......

.... .............. ... ........ .1.A..+.111...M+11+A. ........ .... ......... .......... ... ..... . ......... ................ ... ... . . .......
.... .............. ... ........ .MMM..+..1..1..111... ........ .... ......... .......... ... ..... . ......... ................ ... ... . . .......
.... .............. ... ........ ..11.1+.....1...1.1.. ........ .... ......... .......... ... ..... . ......... ................ ..M ... . . .......

.... .+.++..++..... +++ ........ ..1..11.1MM1.11.....1+ ........ +.++ ....+++.+ .+...+.... ..+ ..+.. + 1MM..111. 11MM11.11+11M1M1 11. MM1 . . +......
.... .......1...... 121 ........ ...............1..... ...2.... .... ......... .......... ... ..... . 1MMM..MM. .A.MMM.MMMAAMMAM MM. BMM 1 + +++++++
.... .............. ... ........ .11..++MM1..1.11.1... ........ ..+. ........r .......... ... ..... . ......... 1..11..11...1... .1. MAA . . .....+.
.... .............. ... ........ ..................... ........ ...+ ..+....1+ .......... ... ..... + ......... ................ ... ... . . .......
.... .............. ... ........ ..................... ........ ...+ ......... .......... ... ..1+. . ...+..... .............+.. +.. ... . . .......
.... .......+...... ... ........ ..................... ........ +++. .....++.+ .......... ... ..... . ......... .....1....1..... ... ... . . .......
.... .............. ... ........ ..................... ........ .... ......... .......... ... ..... . ......... ................ ... ... . . .......
.... .............. ... ........ +.................... ........ .... ......... .......... ... ..... . ...+....1 ................ ... A11 . . +......
.... ........+..... ... ........ ..............1....+. ........ .... ......... .......... ... ..... . ......... ................ ... ... . . .......
.... .............. ... r....... ..................... ........ .... ......... .......... 12+ ..... . ......... ................ ... ... . . .......
.... .............. ... ........ ..................... ........ ..1. ......... .......... ... ..... . ...1..... ................ ... A.. . . .......
.... .............. ... ........ ..................... ........ .... ..+++..1. .......... ... ..... . ......... ................ ... ... . . .......

.... .1.123..+..... +.. ........ ..........32.22111113 ...v1... .... 1..2+..+. ..+....... ... ..... 1 .......2. ...1...13....... ... ... . . .......
.... .............. ... ........ ..................... ........ ++2. 1.1+2+1++ .v......+1 ... ..... . ..3.....2 .11.1........... ... M++ . + 2+11++1
.... .2+.2......... ... ........ ..............1...... ........ .... ......... .......... ... ..... 2 ......... ................ ... M1+ . . .......
.... .............. ... ........ 1.................... ........ ..1. ......... ......v... 3.1 ....2 . ..1.1.... ................ ... ... . . ++.....
.... 21............ +.+ ........ ..........2122112...1 ........ .... +........ .......... ... ..... . .......1. ...1............ ... ... . . .......
.... ...........1.. ... ........ ..................... ........ ++1. ..+.1++++ vv........ ... ....1 . ......... ................ ... ... . . .......
.... .............. ... ........ ..........+3..1...... ........ .... .+....... 1......... ... ..... . ......... ................ ... ... . . .......
.... .............. +.. ........ ..1....1.1..1+.1....2 ........ .... ......... .......... ... ..... . ......... ...2............ ... ... . . .......
.... .............. ... ........ ..................... ........ .... ......... .......... ... ..... . ......... ................ ... .++ . . .......
.... .............. ... ........ ..................... ........ .... ......... .......... ... ..... 1 ......... ................ ... ... . . .......
..2. ......1....... ... ........ .11.....12..+1.2..... ........ .... 2........ ........+. ... ..... . ......... ................ ... ... . . .......
.... .............. ... ........ ..................... ........ .... ......... .......... ... ..... . ......... ..1............. ... ... . . .......
.... .............. ... ........ .12..1...2..2.123222. ........ .... ......... .......... ... ..... . ......... ................ ... ... . . .......
.... .............. ... ........ ...............1...+. ........ .... ......... .......... ... ..... . ......... ................ ... ... . . .......
.... .............2 ... ........ ..........+1..1112.2. ........ .... ......... .......... ... ..... . ......... ................ ... ... . . .......
.... .............. ... ........ ..........2.22v1111.1 ........ .... ......... .......... ... ..... . ......... ................ ... ... . . .......
.... .............. ... ........ ............322111+1. ........ .... 1........ .......... ... ..... . ......... ................ ... ... . . .......
.... .............. ... ........ ..........1.121.21.1. ...v.... .... 2........ .......... ... ..... . ......... ................ ... ... . . .......
.... .............. ... ........ ..........+..1..2.411 ...v.... .... ......... .......... ... ..... . ......... ................ ... MB. . . .......
.... .............. ... ........ ..................... ........ .... ......... .......... +.. ..... . ......... ................ ... ... . + +..++..
.... .............. ... ........ .11.....11........... ........ .... ......... .......... ... ..... . ......... ................ ... ... . . .......
.... .............. ... ........ ..........++...1...1. ........ .... ......... .......... ... ..... . ......... ................ ... ... . . .......
.... .............. ... ........ ..........11.1.....1. ........ .... ......... .......... ... ..... . ......... ................ ... ... . . .......
```

+; Ajuga genevensis 86:+, 192:+; Ajuga reptans 168:+; Amelanchier ovalis K 154:+, 157:+; Anthericum liliago 15:+, 16:+, 26:+; Arabis hirsuta 90:1,
ntha cretensis 62:1, 63:+; Betula pendula K 169:+; Betula pendula S 169:+; Biscutella laevigata ssp. kerneri 108:r, 142:r; Brachypodium sylvaticum
ca 15:+, 28:+; Calliergonella cuspidata 170:+; Campanula rapunculoides 37:1, 39:+, 94:+; Cardaminopsis arenosa 96:+; Carex digitata 84:1, 208:1;
198:+; Cetraria islandica 126:1, 132:1; Chrysanthemum vulgare 209:+; Cirsium arvense 169:1; Cirsium palustre 170:+; Cirsium vulgare 168:+, 169:+,
Crataegus spec. S 205:r; Crepis praemorsa 173:+, 179:+, 183:+; Deschampsia cespitosa 169:+, 170:+; Dicranum spec. 167:1; Dicranum spurium 154:+;
; Festuca arundinacea 108:r; Filipendula vulgaris 2:+, 108:r, 138:+; Flechte mit roten Pkten 132:+; Fraxinus excelsior K 93:r, 94:+, 101:+, 181:+;
oodyera repens 147:+, 151:+, 205:1; Gymnocarpium robertianum 122:1; Hedera helix S 1:+; Helianthemum nummularium ssp. grandiflor 72:1, 87:1, 88:1,
lachenalii 15:+; Hieracium pumilum 82:1; Hieracium spec. 153:1, 157:+; Hieracium umbellatum 18:+, 203:+; Homogyne alpina 147:1, 157:+;
166:1; Lithospermum officinale 170:+; Lophocolea bidentata 145:1, 168:+, 170:+; Lotus corniculatus ssp. hirsutus 110:1, 133:1, 136:1;
+, 172:+, 175:1; Monotropa hypopitys 24:+, 116:+; Mycelis muralis 76:+, 176:+; Neottia nidus-avis 47:+, 49:1; Odontites lutea 14:+, 17:+, 194:A;
Orchis pallens 29:+; Orchis ustulata 143:r, 161:+, 166:+; Orobanche gracilis 109:1, 110:+, 169:+; Orobanche spec. 166:+; Orobanche teucrii 192:+;
spec. 163:+; Pinguicula vulgaris 152:+, 155:+, 157:+; Pinus sylvestris T 205:A; Pinus uncinata B2 157:1; Plagiochila asplenoides 156:+, 176:+;
essa 130:1; Poa nemoralis 73:+; Poa pratensis 42:1, 205:1; Polygonatum multiflorum 150:2, 170:+; Populus tremula K 28:1; Potentilla alba 3:+;
tilla vernalis 215:+; Pulsatilla vulgaris var. oenipontana 77:+, 80:1, 81:1; Pyrola rotundifolia 48:+, 51:+; Quercus petraea K 194:+, 205:+;
161:1; Ranunculus polyanthemos 2:+, 4:+; Reseda lutea 108:r, 110:+; Rhinanthus alectorolophus 203:1, 204:A; Rhodobryum roseum 163:2; Rosa caninaS
206:+; Rubus idaeus 205:r; Rubus spec. 21:r; Salix appendiculata S 148:+; Salix spec. S 149:1, 166:+, 167:1; Salvia glutinosa 170:+;
baea 108:r, 116:+; Solorina saccata 16:+; Sorbus aucuparia B 51:+; Sorbus aucuparia S 51:+, 52:+, 148:v; Sorbus mougeotii S 91:1;
hlaspi perfoliatum 128:1, 136:1; Thuidium delicatulum 155:1, 169:+; Thuidium philibertii 170:+; Tilia cordata B 26:+; Tilia cordata S 168:+;
118:1, 206:M, 207:M; Trisetum flavescens 108:r; Turritis glabra 208:1; Ulmus glabra S 168:+; Vaccinium myrtillus 3:+; Vaccinium vitis-idaea 147:+,
; Veronica austriaca 129:1, 130:+; Veronica officinalis 147:+, 205:+, 215:+; Veronica prostrata ssp. scheereri 133:1; Viburnum opulus K 170:+;

Spalte 1:	**Cytiso nigricantis-Quercetum roboris**, Subassoziation mit *Dictamnus albus*
Spalte 2-50:	**Cytiso nigricantis-Pinetum**
Spalte 2-5:	Typische Subassoziation der Rasse des Frankenjura
Spalte 6-35:	Rasse der Hegaualb
Spalte 6-19:	Typische Subassoziation
Spalte 20-35:	Subassoziation mit *Carex flacca*
Spalte 36-50:	Rasse der Baaralb
Spalte 36-37:	Typische Subassoziation
Spalte 38-45:	Subassoziation mit *Carex flacca*
Spalte 45:	Ausbildung mit *Carex sempervirens*
Spalte 46-50:	Subassoziation mit *Hylocomium splendens*
Spalte 51-86:	**Coronillo vaginalis-Pinetum**
Spalte 51-53:	Subassoziation mit *Hylocomium splendens*
Spalte 54-57:	Subassoziation mit *Carex flacca*
Spalte 58-63:	Typische Subassoziation
Spalte 64-86:	Subassoziation mit *Festuca pallens*
Spalte 64-73:	Sonnhanglage nördlich der Donau
Spalte 74-86:	Schatthanglage südlich der Donau
Spalte 87-115:	**Pulsatillo-Caricetum humilis**
Spalte 87-104:	Subassoziation mit *Sesleria albicans* der Rasse des Oberen Donautals
Spalte 87-90:	Variante mit *Stipa pennata* ssp. *austriaca*
Spalte 91-104:	Typische Variante
Spalte 105-115:	*Bromus erectus*-Rasse des Frankenjura, Lech- und Isartals
Spalte 105-107:	Subassoziation mit *Sesleria albicans*
Spalte 108-115:	Typische Subassoziation
Spalte 116-136:	**Xerobrometum**, Montane Form, *Oxytropis pilosa*-Rasse
Spalte 137-144:	**Mesobrometum**, montan-präalpine *Brachypodium rupestre*-Rasse des Lechtals, Subassoziation mit *Carex humilis*, Ausbildung mit *Erica herbacea*
Spalte 145-167:	**Erico-Pinetum sylvestris**, Alluviale Rasse
Spalte 145-148:	Typische Subassoziation
Spalte 149-157:	Subassoziation mit *Globularia cordifolia*
Spalte 158-167:	Subassoziation mit *Molinia arundinacea*
Spalte 168-170:	**Molinio-Pinetum sylvestris**
Spalte 171-175:	**Laserpitio-Calamagrostietum variae**
Spalte 176:	**Asplenio-Piceetum**, Subassoziation mit *Valeriana tripteris*
Spalte 177-185:	**Koelerio-Seslerietum**
Spalte 186-204:	**Mesobrometum**, montan-präalpine Rasse der Südwestalb
Spalte 186-201:	Subassoziation mit *Carex humilis*
Spalte 202-204:	Typische Subassoziation
Spalte 205-207:	**Gentiano-Koelerietum**, Subassoziation mit *Potentilla erecta*
Spalte 208:	**Geranio-Peucedanetum cervariae**
Spalte 209:	**Trifolio-Agrimonietum eupatoriae**
Spalte 210-216:	**Viscario-Avenetum pratensis**, Östliche *Cytisus*-Rasse

Kopfzeilenliste zu Tab. 7 (in Anhang 5)

1 Spalten-Nummer (Spa), 2 Literatur-Quelle Nr. (Lit), 3 Aufnahmejahr (19..) (Au), 4 Aufnahmefläche [m²] (Auf), 5 Aufnahmeort (Au), 6 Meßtischblatt-Nr. (Meßt), 7 Meßtischblatt-Quadrant (M), 8 Geologie (Geol), 9 Höhe ü. NN [m] (Höh), 10 Exposition (Exp), 11 Inklination [°] (In), 12 Deckung Vegetation [%] (DV), 13 Deckung Baumschicht [%] (DB), 14 Deckung Strauchschicht [%] (DS), 15 Deckung Krautschicht [%] (DK), 16 Deckung Kryptogamen [%] (Dy), 17 Artzahl Phanerogamen (AP), 18 Artzahl Kryptogamen (AK), 19 Mittlere Lichtzahl (mL), 20 Mittlere Temperaturzahl (mT), 21 Mittlere Kontinentalitätszahl (mK), 22 Mittlere Feuchtezahl (mF), 23 Mittlere Reaktionszahl (mR), 24 Mittlere Stickstoffzahl (mN)

Abkürzungen:
Literatur-Quelle Nr.: siehe Kapitel 4.8, - (eigenes Aufnahmematerial)
Aufnahmeort: A (Lech-/Isartal der bayerischen Alpen), Ba (Baar), Do (Lech-/Isartal), FJ (Frankenjura), HR (Hochrheintal), Ju (Schwäbischer Jura).
Geologie: h (Talauenablagerungen), moδ (Oberer Muschelkalk δ, hier: Trigonodus-Dolomit), qha (Niederterrasse), WJ (Weißjura), wα (Weißjura α, Oxford-Mergel), wβ (Weißjura β, Oxford-Kalke), wγ (Weißjura γ, Kimmeridge-Mergel), wδ (Weißjura δ, Untere Felsenkalke), wδ/ε (Weißjura δ/ε, Untere und Obere Felsenkalke, zum Teil Dolomit- und Zuckerkornfazies), wζ1 (Weißjura ζ1, Liegende Bankkalke), wζ2 (Weißjura ζ2, Zementmergel), wζ2o (Weißjura ζ2o, Obere Zementmergel).
Meßtischblatt-Nr.: CH (Bei Eglisau (Schweiz) nahe der deutschen Grenze)
Sonstige: ? (Nicht ermittelbar), - (keine Angabe)

Spa	Lit	Au	Auf	Au	Meßt	M	Geol	Höh	Exp	In	DV	DB	DS	DK	Dy	AP	AK	mL	mT	mK	mF	mR	mN
1	92	37	100	FJ	7136	2	wζ3b	400	W	30	-	0	75	60	30	58	2	6.6	5.6	4.0	3.5	7.8	2.8
2	92	36	200	FJ	7136	2	wζ3b	400	E	5	-	75	25	80	50	74	3	7.0	5.6	4.2	3.4	7.8	2.6
3	92	36	200	FJ	6937	4	WJ	430	W	25	-	75	20	70	40	33	3	6.5	5.4	4.4	3.5	7.1	2.7
4	115	78	100	FJ	7136	2	wζ3b	390	SW	35	-	40	5	80	10	43	3	6.9	5.5	4.3	3.2	7.9	2.4
5	115	78	25	FJ	7136	2	wε/ζ	400	SW	20	-	50	10	80	10	66	7	6.8	5.6	4.2	3.3	7.7	2.5
6	58	83	12	Ju	8118	2	wζ2o	610	SW	20	95	0	-	95	5	38	1	7.1	5.1	3.9	3.5	7.7	2.7
7	115	64	100	Ju	8118	2	wζ2o	630	S	30	-	20	15	90	-	50	2	6.6	5.2	3.8	3.6	7.7	2.7
8	115	64	100	Ju	8118	2	wζ2	660	S	25	-	30	15	90	-	57	9	6.5	5.2	3.8	3.6	7.7	2.8
9	115	59	100	Ju	8118	2	wζ2	610	S	15	-	30	10	80	-	41	2	6.6	5.3	3.9	3.4	7.7	2.8
10	115	64	100	Ju	8118	2	wζ2	650	S	10	-	30	20	80	-	62	5	6.5	5.2	4.1	3.9	7.7	2.8
11	58	83	20	Ju	8118	4	wζ2o	530	S	10	100	70	-	60	25	35	1	7.1	5.5	4.2	3.2	7.7	2.6
12	58	83	12	Ju	8118	1	wζ1	600	SW	5	100	70	-	80	20	29	1	7.2	5.5	4.0	3.3	7.6	2.5
13	115	39	10	Ju	8181	4	wζ2o	-	-	-	-	-	-	-	-	26	3	6.8	5.5	4.3	3.4	8.0	2.5
14	115	39	10	Ju	8118	2	wζ2	-	-	-	-	-	-	-	-	46	2	7.1	5.6	4.0	3.5	7.7	2.6
15	115	31	150	HR	CH		qha	330	S	30	-	-	-	-	-	42	1	6.9	5.7	4.1	3.4	7.5	2.4
16	115	31	150	HR	CH		qha	340	S	35	-	-	-	-	-	48	4	6.7	5.6	4.0	3.5	7.5	2.6
17	115	64	100	Ju	8118	4	wζ2o	550	S	15	-	50	40	60	-	52	3	7.0	5.8	4.3	3.4	7.7	2.5
18	115	64	200	Ju	8118	4	wζ2o	540	S	10	-	50	50	60	-	46	4	6.9	5.6	4.2	3.1	7.6	2.4
19	58	83	16	Ju	8118	2	wζ2o	650	SW	30	100	10	-	65	80	42	1	7.1	5.4	4.0	3.5	7.5	2.5
20	58	83	25	Ju	8118	2	wζ2o	560	S	5	100	50	-	70	80	35	2	7.0	5.4	4.0	3.5	7.8	2.5
21	27	58	100	Ju	8118	2	wζ2	590	W	35	100	30	50	100	90	50	4	6.5	5.0	4.1	4.0	7.6	2.8
22	58	83	10	Ju	8118	2	wζ2o	640	SW	5	95	10	-	70	40	44	1	6.9	5.6	4.2	3.6	7.7	2.7
23	58	83	9	Ju	8118	2	wζ2o	560	NW	30	-	0	-	65	70	36	2	7.1	5.4	4.3	3.5	7.6	2.3
24	115	39	50	Ju	8118	4	wζ2o	-	-	-	-	-	-	-	-	42	0	6.9	5.4	4.2	3.5	7.7	2.5
25	58	83	20	Ju	8118	2	wζ2o	570	SE	15	100	60	-	70	60	38	1	7.3	5.7	4.2	3.3	7.7	2.6
26	157	35	200	HR	CH		qha	380	S	35	-	-	-	-	-	52	1	6.7	5.6	4.4	3.6	7.3	2.8
27	58	83	10	Ju	8118	2	wζ2	640	W	30	70	0	0	70	0	38	0	7.0	5.6	4.1	3.6	7.8	2.6
28	145	88	30	Ju	8118	2	wζ2o	-	W	35	-	25	-	75	5	58	2	6.5	5.0	3.9	4.1	7.7	3.0
29	58	83	30	Ju	8118	2	wζ2o	650	SW	8	-	50	-	60	30	46	2	6.9	5.3	3.8	3.8	7.5	2.3
30	115	64	100	Ju	8118	2	wζ2o	610	SW	25	100	30	20	100	-	49	5	6.6	5.2	3.8	3.8	7.8	2.8
31	115	64	50	Ju	8118	2	wζ2o	630	S	25	100	30	20	95	-	69	8	6.7	5.0	3.8	3.9	7.7	2.9
32	115	64	100	Ju	8118	2	wζ2o	610	SW	30	100	30	20	100	-	59	6	6.6	5.3	3.8	3.8	7.7	2.9
33	115	64	100	Ju	8118	2	wζ2	660	S	15	-	35	15	85	-	57	5	6.5	5.2	4.2	4.1	7.6	2.8
34	115	64	100	Ju	8118	2	wζ2	650	S	15	-	35	15	90	-	70	5	6.6	5.2	3.8	4.0	7.7	2.8
35	115	59	100	Ju	8118	2	wζ2o	660	S	20	100	30	20	90	-	51	5	6.6	5.1	3.9	3.9	7.6	2.8
36	58	83	-	Ju	8018	3	wα	700	SW	25	-	20	-	80	60	47	1	7.2	5.3	3.9	3.2	7.5	2.4
37	58	83	10	Ju	8018	3	wα	710	SW	10	-	0		85	75	43	1	7.0	5.4	4.0	3.2	7.8	2.7
38	58	83	20	Ju	8018	3	wα	720	WSW	10	95	60	-	80	20	51	1	7.0	5.1	4.1	3.7	7.7	2.7
39	58	83	20	Ju	8018	3	wα	710	SW	10	100	40	-	70	80	44	1	7.2	5.1	4.0	3.4	7.7	2.5
40	58	83	-	Ju	8018	3	wα	710	SW	15	-	40	-	80	30	43	1	6.7	5.0	3.7	3.7	7.6	2.7
41	57	78	100	Ju	8018	3	wα/β	710	S	5	100	70	35	100	15	54	1	6.8	5.1	4.1	3.8	7.4	3.0
42	58	83	12	Ju	8018	3	wα	690	S	5	100	35	-	90	65	42	2	7.1	5.3	3.9	3.6	7.7	2.5
43	57	78	100	Ju	8018	3	wα/β	700	S	5	-	80	40	80	15	55	2	6.7	5.1	3.8	3.7	7.4	2.8
44	57	78	100	Ju	8018	3	wα/β	710	S	2	-	90	15	80	70	46	3	6.4	5.2	3.9	3.8	7.2	3.1
45	58	83	-	Ju	8017	2	wβ	900	SW	10	-	15	-	95	0	49	0	7.0	5.0	3.9	3.9	7.7	2.7
46	58	83	-	Ju	8017	4	wα	740	NW	3	-	0	-	75	85	42	2	7.2	4.7	3.6	3.7	7.7	2.4
47	115	64	200	Ju	8118	2	wζ2	650	-	-	100	50	15	90	-	47	7	5.8	4.9	4.0	4.4	7.0	3.3
48	115	64	260	Ju	8118	2	wζ2	650	SW	10	100	40	40	90	-	51	9	6.1	5.0	3.8	4.2	7.3	3.4
49	115	59	250	Ju	8118	2	wζ2o	620	S	15	100	40	15	95	-	57	9	5.9	5.0	4.0	4.2	7.1	3.3
50	115	59	100	Ju	8118	2	wζ2o	620	S	10	100	40	20	100	-	41	6	5.6	5.2	4.0	4.3	7.1	3.3
51	115	67	100	Ju	7818	2	wβ	910	W	30	-	50	1	50	-	37	6	6.8	4.3	3.9	4.1	7.2	2.5
52	115	78	25	Ju	7919	4	wδ/ε	770	N	45	-	60	10	60	60	50	11	6.5	4.8	3.8	3.9	7.3	2.9
53	115	78	25	Ju	7919	2	wδ/ε	780	N	45	-	60	5	70	60	41	12	6.3	4.5	4.0	4.0	7.4	3.1
54	115	60	200	Ju	8017	4	wβ	830	SW	30	-	30	1	60	-	51	5	6.9	5.0	4.2	4.1	7.6	2.5
55	115	60	100	Ju	8017	4	wβ	810	SW	25	-	40	1	50	-	49	5	7.0	4.9	4.0	4.0	7.9	2.6
56	115	60	100	Ju	8018	4	wβ	720	S	20	-	40	1	60	-	49	6	7.0	4.9	4.0	3.7	8.0	2.5
57	115	60	100	Ju	8117	?	wβ	830	S	25	-	30	1	60	-	41	3	7.0	4.8	4.1	4.0	7.9	2.5
58	113	36	-	Ju	7719	3	wγ	990	-	25	-	0	-	-	-	15	1	7.2	5.3	4.0	3.0	8.0	2.0
59	115	62	12	Ju	7719	3	wβ	970	SW	30	-	-	0	50	-	16	1	7.1	5.3	3.9	3.0	8.0	2.1
60	115	63	100	Ju	7719	4	wβ	900	SW	35	-	40	5	50	-	40	4	7.0	4.9	4.1	3.7	7.8	2.6
61	115	68	200	Ju	7818	4	wβ	950	SW	45	-	40	1	60	-	44	6	7.0	5.0	4.0	3.4	8.0	2.5
62	146	85	14	Ju	7719	3	wγ	990	NW	40	-	15	-	80	5	25	2	7.3	4.6	3.7	3.6	8.1	2.5
63	146	85	12	Ju	7719	3	wγ	990	NW	30	-	5	-	80	<5	26	1	7.3	5.0	4.1	3.2	8.1	2.2
64	146	84	30	Ju	7919	3	wδ/ε	780	S	25	-	20	-	80	60	41	1	7.0	5.5	4.3	3.1	7.4	2.4
65	146	84	50	Ju	7919	3	wδ/ε	780	S	35	-	15	-	80	60	42	2	6.9	5.5	4.2	3.2	7.3	2.5
66	146	84	60	Ju	7919	4	wζM	740	W	25	-	20	-	70	70	38	2	7.1	5.2	4.0	3.1	7.7	2.4
67	146	84	60	Ju	7919	4	wζM	700	NW	50	-	70	-	50	90	41	3	7.0	5.2	3.8	3.5	7.5	2.4
68	146	84	60	Ju	7919	2	wδ/ε	650	SW	20	-	50	-	80	20	38	2	6.8	4.8	4.0	3.6	8.0	2.7
69	146	84	50	Ju	7919	2	wδ/ε	780	SSW	50	-	50	-	75	40	42	2	7.0	5.2	3.9	3.3	7.7	2.3
70	115	77	25	Ju	7919	4	wδ/ε	750	SE	50	-	50	5	60	5	42	5	7.0	5.1	3.9	3.4	7.7	2.3
71	115	77	100	Ju	7920	1	wδ/ε	760	W	25	-	30	5	80	10	49	8	7.2	4.8	3.8	3.3	7.9	2.4
72	183	90	70	Ju	7919	4	wδ	710	W	15	75	25	5	30	50	43	8	7.1	5.2	4.0	3.3	7.6	2.5
73	183	90	100	Ju	7919	4	wδ	740	SW	20	92	60	12	80	15	49	7	6.7	5.1	4.0	3.6	7.6	3.1
74	183	91	25	Ju	7920	1	wδ	790	SW	5	78	30	4	75	4	22	2	7.2	5.3	3.9	3.2	7.8	2.4
75	146	84	100	Ju	7920	1	wδ	780	SW	10	-	30	-	90	5	33	1	7.2	5.0	3.8	3.3	7.6	2.5
76	115	67	100	Ju	7920	1	wδ/ε	790	NW	45	-	40	5	80	10	37	7	6.8	5.3	3.8	3.3	7.6	2.5
77	115	67	100	Ju	7920	1	wδ/ε	760	W	30	100	50	5	90	5	49	5	7.0	4.8	3.9	3.6	7.8	2.4
78	115	67	100	Ju	7920	1	wδ/ε	760	W	50	100	60	5	90	5	40	5	7.3	5.0	4.0	3.3	7.9	2.3
79	115	78	100	Ju	7919	4	wδ/ε	790	N	40	-	50	5	80	5	34	3	7.2	5.0	4.0	3.3	7.7	2.4
80	115	78	100	Ju	7919	2	wδ/ε	790	N	50	-	50	10	80	5	49	6	7.2	4.5	3.9	3.6	7.7	2.4
81	115	78	100	Ju	7920	1	wδ/ε	800	NE	40	100	50	5	90	5	44	7	7.0	5.1	3.9	3.4	7.5	2.3
82	146	84	8	Ju	7920	1	wδ/ε	750	SW	60	-	30	0	70	50	20	3	7.3	5.0	3.7	3.2	7.8	2.4
83	146	84	40	Ju	7920	1	wδ	770	SW	45	-	40	-	55	80	35	4	6.6	4.9	3.7	3.4	7.7	2.6
84	146	86	20	Ju	7920	1	wδ	750	SW	40	-	15	-	60	70	31	3	7.0	4.5	3.5	3.5	7.9	2.4

85	146	84	50	Ju	7920	1	wδ	750	SW	5	-	20	-	80	50	23	2	7.1	5.3	4.0	3.0	7.9	2.3
86	146	84	50	Ju	7920	1	wδ	740	SW	15	-	20	-	70	60	37	2	6.9	5.2	3.7	3.5	7.7	2.6
87	143	86	10	Ju	7920	1	wδ/e	-	SW	60	65	0	-	65	0	19	0	7.2	4.8	3.9	3.0	8.0	2.1
88	143	86	10	Ju	7920	1	wδ/e	-	SW	45	50	0	-	50	0	22	0	7.5	5.0	4.0	3.0	7.9	2.2
89	146	84	50	Ju	7919	2	wζ1	670	S	60	-	5	-	35	30	24	2	7.6	5.3	4.1	2.8	7.9	2.3
90	183	91	20	Ju	7920	1	wδ	750	SSW	45	70	0	2	70	10	27	2	7.4	5.3	4.1	3.0	7.7	2.3
91	183	90	4	Ju	7920	2	wδ	600	SW	70	80	0	15	75	35	25	2	7.2	4.9	3.9	3.1	7.5	2.4
92	183	91	6	Ju	7920	1	wδ	790	SW	25	88	0	4	80	40	19	4	7.0	5.3	3.8	3.0	7.5	2.4
93	183	90	25	Ju	7919	4	wδ	750	SW	45	100	0	5	95	20	33	3	7.1	5.3	4.3	3.1	7.6	2.6
94	183	91	12	Ju	7919	2	wδ	620	W	35	85	4	10	75	20	44	3	6.7	5.1	3.9	3.5	7.7	2.7
95	183	91	20	Ju	7920	1	wδ	740	W	25	65	0	2	60	50	25	5	7.2	4.5	3.7	3.2	7.9	2.3
96	183	91	2	Ju	7920	1	wδ	740	-	0	50	0	0	25	40	19	3	7.6	4.9	3.6	3.0	7.7	2.1
97	146	84	50	Ju	7919	4	wζM	740	SW	70	-	0	0	15	5	26	1	7.5	4.4	3.7	3.1	8.0	2.1
98	69	78	100	Ju	7919	2	wδ/e	710	S	20	-	0	1	95	5	30	1	7.2	4.8	3.7	3.4	7.4	2.5
99	69	77	300	Ju	7920	1	wδ/e	680	SW	40	-	0	1	90	2	29	2	7.2	5.2	3.7	3.1	7.7	2.3
100	146	84	16	Ju	7920	2	wδ	740	SW	70	-	25	-	70	30	33	2	7.1	5.1	3.7	3.3	7.7	2.4
101	146	84	12	Ju	7920	1	wδ	750	SW	70	-	0	-	70	20	22	1	7.1	5.3	3.8	3.0	7.7	2.6
102	146	84	100	Ju	7920	1	wδ	770	S	40	-	20	-	80	40	25	2	6.9	5.1	4.0	3.2	7.6	2.4
103	146	84	25	Ju	7919	2	wδ/e	680	SW	50	50	0	-	50	0	27	0	7.4	4.8	3.7	3.3	8.0	2.3
104	146	84	80	Ju	7920	1	wδ	750	SW	50	-	30	-	50	15	26	1	7.0	4.9	3.8	3.4	7.8	2.4
105	92	37	25	FJ	7136	2	wζ3b	390	WSW	15	-	0	0	80	20	39	5	7.4	5.6	4.1	3.0	8.0	2.2
106	151	69	40	FJ	7136	2	wζ3b	-	W	50	-	0	-	-	-	45	2	7.3	5.6	4.2	3.1	7.8	2.5
107	151	69	20	FJ	7136	2	wζ3b	-	W	50	-	0	-	-	-	44	3	7.4	5.5	4.0	3.1	8.0	2.4
108	112	89	50	Do	7731	3	qha	-	-	0	65	0	-	-	-	55	-	7.3	5.4	3.8	3.9	7.5	2.9
109	111	65	-	Do	7731	2	qha	500	-	-	-	0	-	-	-	41	-	7.4	5.5	3.8	3.2	7.6	2.3
110	111	65	-	Do	7731	2	qha	500	-	-	-	0	-	-	-	48	-	7.3	5.4	4.0	3.3	7.4	2.3
111	84	86	4	Do	7631	3	qha	500	-	-	80	0	0	90	-	19	-	7.3	5.5	3.7	3.0	7.6	2.1
112	89	86	50	Do	7731	3	qha	500	-	0	50	0	0	-	-	17	-	7.4	5.1	3.9	3.8	7.4	2.8
113	89	90	10	Do	7731	4	qha	500	-	0	-	0	0	60	-	15	-	7.3	5.1	3.7	3.6	7.2	2.0
114	89	88	10	Do	7831	1	qha	500	-	0	90	0	0	-	-	16	-	7.3	4.7	3.9	3.7	7.7	2.4
115	89	88	20	Do	7331	3	qha	500	-	0	-	0	0	-	-	20	-	7.2	5.5	4.4	3.8	8.0	2.0
116	113	36	-	Ju	7621	?	wδ/e	-	-	-	-	-	-	-	-	26	3	6.8	5.4	4.2	3.5	6.9	2.7
117	146	85	16	Ju	7621	4	wδ	750	S	15	-	-	-	85	70	36	4	7.6	5.5	4.0	3.2	7.4	2.2
118	146	85	8	Ju	7621	4	wδ/e	730	S	15	-	-	-	80	80	37	6	7.5	5.7	4.1	3.3	7.5	2.5
119	146	85	10	Ju	7621	3	wδ/e	710	S	5	-	0	0	60	40	22	1	7.9	5.9	4.3	2.8	7.6	2.0
120	146	85	12	Ju	7621	4	wδ	720	SW	35	100	0	-	100	20	30	1	7.4	5.4	4.0	3.5	7.6	2.5
121	146	85	16	Ju	7621	3	wδ/e	710	S	5	-	0	0	95	70	42	2	7.6	5.7	4.1	3.0	7.3	2.3
122	146	85	8	Ju	7621	3	wδ/e	710	E	80	-	-	0	50	50	34	2	7.5	5.5	4.2	3.2	7.4	2.3
123	146	85	16	Ju	7621	3	wδ/e	710	S	5	-	0	0	95	70	36	2	7.5	5.7	4.3	3.2	7.6	2.5
124	146	85	8	Ju	7621	4	wδ	710	SW	20	-	0	0	70	50	30	4	7.6	5.7	3.8	2.9	7.4	2.0
125	146	85	16	Ju	7621	4	wδ	710	SW	35	-	0	-	75	50	35	5	7.7	5.7	3.8	3.2	7.4	2.2
126	144	90	12	Ju	7621	4	wδ/e	720	S	30	-	0	0	75	75	29	15	7.6	5.5	3.8	3.2	7.5	2.3
127	144	90	12	Ju	7621	4	wδ/e	720	W	35	-	0	0	80	50	28	10	7.6	5.6	4.0	2.9	7.5	2.2
128	144	90	8	Ju	7621	3	wδ/e	710	SE	50	-	0	0	70	70	32	10	7.7	5.6	3.8	3.0	7.5	2.0
129	144	90	6	Ju	7621	4	wδ/e	710	W	25	-	0	0	65	70	28	16	7.6	5.5	3.9	3.2	7.6	2.1
130	144	90	6	Ju	7621	4	wδ/e	710	SW	10	-	0	0	70	70	30	12	7.6	5.8	4.1	3.0	7.6	2.2
131	144	90	10	Ju	7621	3	wδ/e	720	S	5	-	0	-	65	60	36	14	7.6	5.6	3.9	3.1	7.5	2.2
132	144	90	8	Ju	7621	3	wδ/e	720	S	2	-	0	0	70	80	34	14	7.5	5.7	3.9	3.1	7.5	2.3
133	144	90	8	Ju	7621	3	wδ/e	720	S	5	-	0	0	75	85	40	9	7.7	5.7	3.9	3.0	7.4	2.2
134	144	90	12	Ju	7621	3	wδ/e	720	S	3	-	0	0	90	80	33	9	7.6	5.6	3.9	3.2	7.6	2.2
135	144	88	8	Ju	7621	3	wδ/e	720	S	2	-	0	0	45	25	34	9	7.7	5.6	4.1	3.0	7.3	2.2
136	144	89	20	Ju	7621	4	wδ/e	-	SW	10	-	0	0	50	70	26	8	7.7	5.6	3.8	3.2	7.6	2.2
137	89	88	10	Do	7831	1	h	530	-	-	60	0	0	-	-	14	-	7.5	5.0	4.2	3.8	7.6	1.9
138	91	90	-	Do	7731	2	h	500	-	-	-	0	-	-	-	31	-	7.0	5.3	4.0	4.2	7.7	2.6
139	91	90	-	Do	7731	2	h	500	-	-	-	0	0	-	-	14	-	6.8	5.1	4.3	3.5	7.9	2.6
140	165	59	-	Do	7431	3	qha	440	-	-	-	0	-	-	-	36	4	7.2	5.7	4.2	3.4	7.9	2.2
141	90	55	1	Do	7731	2	h	500	-	0	90	0	-	-	-	23	1	7.1	5.4	3.6	3.8	7.0	2.1
142	91	90	-	Do	7731	2	h	500	-	-	-	0	-	-	-	27	-	7.1	5.0	3.7	4.0	7.5	2.5
143	91	90	-	Do	7731	2	h	500	-	-	-	0	-	-	-	36	-	7.1	5.3	3.9	4.3	7.3	2.4
144	91	90	-	Do	7731	2	h	500	-	-	-	0	-	-	-	20	-	7.1	5.1	4.0	3.7	7.9	2.4
145	155	91	70	A	8433	4	qha	850	-	0	-	30	15	80	5	22	6	6.8	4.5	3.5	4.2	7.2	2.3
146	155	91	70	A	8433	4	qha	850	-	0	-	0	60	80	15	25	3	6.5	4.5	3.9	4.1	7.2	2.6
147	155	91	100	A	8433	4	qha	850	-	0	-	50	0	90	30	44	6	6.6	4.4	3.9	4.0	6.3	2.6
148	157	35	200	A	8430	1	qha	800	S	35	-	-	-	-	-	42	1	6.2	4.5	3.9	4.0	7.3	3.1
149	150	53	16	Do	8034	?	h	580	-	0	80	-	-	-	-	35	7	7.2	4.6	3.8	3.8	7.9	2.4
150	90	55	2	Do	7731	3	qha	-	-	-	-	-	-	-	-	32	3	7.0	5.3	4.3	3.5	7.4	2.4
151	155	91	80	A	8533	2	qha	870	-	0	-	15	0	70	1	50	3	7.1	3.8	3.8	4.2	7.4	2.4
152	155	91	90	A	8533	2	qha	870	-	0	-	15	0	65	3	39	3	7.3	3.6	3.6	4.5	8.0	2.3
153	155	91	100	A	8533	2	qha	860	-	0	-	30	0	95	5	46	4	7.0	3.9	3.7	4.4	7.4	2.8
154	155	91	70	A	8433	4	qha	850	-	0	-	10	5	70	5	40	4	7.2	4.2	3.7	4.0	7.5	2.2
155	155	91	100	A	8433	4	qha	850	-	0	-	25	3	85	10	52	5	7.2	4.1	3.7	4.4	7.4	2.3
156	155	91	200	A	8533	2	qha	860	-	0	-	25	10	95	3	47	5	7.0	3.8	3.8	4.5	7.5	2.4
157	155	91	100	A	8533	2	qha	860	-	0	-	30	10	90	3	65	4	6.9	4.0	3.8	4.5	7.2	2.7
158	90	55	4	Do	7731	2	h	500	-	-	90	-	-	-	-	28	4	7.1	5.2	4.0	4.0	7.3	2.3
159	90	55	-	Do	7731	2	h	500	-	-	-	-	-	-	-	41	1	6.7	5.4	4.1	3.6	7.5	2.5
160	90	57	25	Do	7731	1	h	500	-	0	-	0	0	-	-	39	1	6.8	5.2	4.1	3.9	7.6	2.5
161	90	55	2	Do	7731	2	h	500	-	-	-	-	-	-	-	27	-	6.9	5.2	3.6	4.2	7.6	2.6
162	90	55	-	Do	7731	2	h	500	-	0	-	-	-	-	-	35	-	6.5	5.0	3.9	4.0	7.5	2.8
163	90	55	-	Do	7731	2	h	500	-	-	-	-	-	-	-	33	2	6.9	5.1	4.2	3.8	7.3	2.5
164	91	90	-	Do	7731	2	h	500	-	-	-	-	-	-	-	42	-	7.1	5.3	3.7	4.3	7.4	2.5
165	91	90	-	Do	7731	2	h	500	-	-	-	-	-	-	-	26	-	7.1	5.2	3.8	4.1	7.6	2.4
166	150	53	25	Do	8034	?	qha	580	-	0	100	-	-	-	-	49	5	7.0	4.7	3.6	4.5	7.8	2.7
167	150	35	100	Do	8034	?	h	580	-	0	-	-	-	-	-	37	4	6.8	4.9	3.6	4.2	7.7	2.8
168	93	61	-	Do	7736	1	qha	460	-	-	-	-	-	-	-	54	5	6.7	5.2	4.0	4.3	7.4	3.5
169	93	61	-	Do	7736	1	qha	460	-	-	-	-	-	-	-	45	2	6.7	5.2	3.8	4.6	7.4	3.5
170	93	61	-	Do	7537	3	h	420	-	-	-	-	-	-	-	56	7	6.1	5.1	4.1	4.6	7.2	3.5
171	60	84	12	Ba	8117	3	wß	850	W	5	-	40	-	85	50	31	3	6.5	4.8	3.4	4.1	7.7	3.1
172	60	84	12	Ju	8118	2	wζ2	630	NW	10	-	10	-	60	80	44	2	6.2	4.9	3.8	4.0	7.6	3.2
173	58	83	-	Ju	8017	2	wß	810	E	30	-	5	-	85	15	45	1	6.6	5.0	3.5	4.3	7.6	2.8
174	145	86	20	Ju	8017	2	wß	810	E	45	85	0	0	85	-	45	1	6.7	4.7	3.7	4.2	7.6	2.6
175	145	87	20	Ju	8017	2	wζ2o	630	NW	20	100	-	-	90	50	49	4	6.3	4.9	3.8	4.1	7.7	3.2
176	114	61	100	Ju	7719	3	wα/ß	920	N	60	100	50	1	80	90	31	7	5.8	4.1	3.7	4.6	7.0	3.2
177	145	86	20	Ju	8017	4	wα	750	W	5	100	0	0	80	90	31	2	7.2	4.6	3.7	3.8	7.7	2.7
178	145	86	20	Ju	8017	4	wα	750	W	5	-	0	0	85	80	29	1	7.3	4.3	3.8	3.8	7.6	2.6
179	145	88	20	Ju	8017	2	wα	760	W	5	100	0	0	100	40	46	4	7.1	4.8	3.7	3.9	7.8	2.7
180	145	88	20	Ju	8017	2	wα/ß	900	W	35	100	0	0	95	30	45	2	7.1	4.8	3.8	4.0	7.9	2.7
181	145	87	20	Ju	8017	2	wα	810	S	40	100	0	-	95	60	38	2	6.8	5.1	3.7	3.7	7.8	3.0
182	145	88	16	Ju	8017	2	wα	820	SW	40	-	0	0	70	8	31	0	6.8	4.6	3.9	4.0	7.8	2.6
183	145	88	16	Ju	8017	2	wα	790	SW	40	80	0	0	80	0	44	0	6.9	4.8	3.9	3.8	7.9	2.6
184	57	78	20	Ju	8017	2	wα/ß	790	WSW	40	-	-	-	85	40	34	5	7.2	5.0	3.6	3.4	7.5	2.4
185	58	83	-	Ju	8018	1	wß	770	-	-	-	20	-	80	70	46	4	6.8	5.0	3.8	3.8	7.4	2.8
186	57	78	12	Ju	8018	3	wα/ß	700	SW	20	100	0	0	100	30	37	1	7.2	5.2	3.6	3.4	7.6	2.5
187	57	78	12	Ju	8018	3	wα/ß	700	SW	10	-	0	0	95	50	39	2	7.3	5.5	3.9	3.2	7.5	2.5
188	57	78	20	Ju	8018	3	wα/ß	710	SSW	10	100	0	0	100	60	29	6	7.2	5.2	3.9	3.3	7.6	2.5
189	57	78	20	Ju	8018	?	wα/ß	740	WSW	15	-	0	0	95	60	44	5	7.2	5.4	3.8	3.5	7.6	2.5
190	57	78	20	Ju	8018	3	wα/ß	710	SW	5	-	0	0	95	35	51	4	7.2	5.4	3.8	3.6	7.6	2.4
191	57	78	20	Ju	8018	3	wα/ß	720	S	5	-	0	-	95	30	39	1	7.2	5.4	3.7	3.4	7.4	2.5
192	58	83	9	Ju	8118	1	wζ2o	550	SW	20	90	0	-	70	60	36	2	7.1	5.7	4.1	3.1	7.5	2.5

193	58	83	12	Ju	8118	1	wζ2o	560	SW	40	90	0	-	90	5	36	2	7.2	5.7	4.2	3.0	7.6	2.4
194	58	83	16	Ju	8118	4	wζ2o	530	S	5	95	10	-	70	80	37	3	7.1	5.7	4.3	3.2	7.9	2.4
195	58	83	16	Ju	8118	2	wζ2o	640	SW	20	-	0	-	90	40	40	1	7.1	5.6	3.8	3.4	7.8	2.6
196	58	83	16	Ju	8018	4	wα	700	SW	5	100	0	0	100	15	48	1	7.3	5.2	3.9	3.5	7.5	2.5
197	58	83	16	Ju	8018	4	wα	700	SW	15	100	0	0	95	70	40	1	7.3	5.2	3.7	3.4	7.5	2.5
198	58	83	12	Ju	8018	4	wα	700	SW	10	100	0	0	95	60	49	0	7.0	5.2	3.9	3.7	7.5	2.7
199	58	83	16	Ju	8018	4	wα	710	S	5	95	0	0	80	70	45	1	7.2	5.3	3.9	3.4	7.7	2.3
200	58	83	16	Ju	8018	4	wα	720	SW	-	100	0	0	100	5	50	1	7.2	5.3	4.1	3.7	7.8	2.5
201	58	83	12	Ju	8018	4	wα	710	S	5	95	0	0	90	50	43	1	7.1	5.2	3.9	3.5	7.8	2.6
202	58	83	16	Ba	8016	4	moδ	770	S	-	100	0	0	90	70	40	1	7.1	5.3	3.9	3.8	7.2	3.0
203	58	83	10	Ba	8016	4	moδ	720	S	15	100	20	0	80	80	27	1	7.4	5.5	3.8	3.5	7.3	2.3
204	146	85	10	Ne	7418	2	moδ	515	S	5	-	0	0	95	30	27	?	7.4	5.6	3.8	3.6	7.4	2.6
205	-	92	70	Ju	7621	4	wδ/e	750	-	0	-	55	10	65	93	52	6	6.9	5.3	3.9	3.7	7.0	2.9
206	-	94	54	Ju	7621	4	wδ/e	745	-	0		40	2	60	98	41	5	7.3	5.3	3.9	3.6	7.1	2.8
207	-	94	64	Ju	7621	4	wδ/e	730	SW	35		5	15	90	6	45	8	7.3	5.3	3.9	3.6	7.5	2.9
208	57	78	4	HR	8416	2	qha	340	S	35	80	0	-	80	0	24	0	6.4	5.7	3.9	3.5	7.1	2.5
209	151	69	25	Do	7137	4	-	-	SW	15	-	0	0	-	-	35	3	7.2	5.7	3.9	3.8	6.5	2.7
210	151	69	12	Do	7137	4	-	-	-	-	-	0	0	-	-	37	3	7.0	5.6	3.7	3.8	5.7	2.7
211	151	69	15	Do	7137	4	-	-	N	25	-	0	0	-	-	35	4	7.1	5.7	3.7	3.7	6.0	2.5
212	158	71	15	Do	7137	4	-	-	W	10	100	0	0	100	-	37	1	7.2	5.7	3.9	3.6	6.0	2.4
213	151	69	15	Do	7137	4	-	-	W	10	-	0	0	-	-	42	3	7.1	5.6	3.8	3.7	5.6	2.5
214	158	71	15	Do	7137	4	-	-	N	25	100	0	0	100	-	32	2	7.1	5.7	4.0	3.6	6.2	2.5
215	151	69	20	Do	7136	4	-	-	N	10	-	0	0	-	-	40	2	7.3	5.4	3.6	3.7	6.1	2.5
216	151	69	20	Do	7137	4	-	-	S	3	-	0	0	-	-	24	2	7.2	5.6	4.0	3.6	7.0	2.2

Deutsche Bezeichnungen von im Text erwähnten wissenschaftlichen Artnamen (Gefäßpflanzen)

Deutsche und wissenschaftliche Namen nach OBERDORFER (1990).

Abies alba	Weißtanne
Acer platanoides	Spitz-Ahorn
Acer pseudoplatanus	Berg-Ahorn
Aconitum vulparia	Gelber Eisenhut
Adenophora lilifolia	Becherglocke
Agrimonia eupatoria	Gewöhnlicher Odermennig
Ajuga pyramidalis	Pyramiden-Günsel
Alliaria petiolata	Lauchhederich
Allium oleraceum	Roß-Lauch
Allium senescens ssp. montanum	Berg-Lauch
Allium ursinum	Bär-Lauch
Alnus glutinosa	Schwarz-Erle, Rot-Erle
Alnus incana	Grau-Erle
Andromeda polifolia	Rosmarinheide
Antennaria dioica	Gewöhnliches Katzenpfötchen
Anthericum liliago	Traubige Graslilie
Anthericum ramosum	Ästige Graslilie
Aquilegia vulgaris	Gewöhnliche Akelei
Arctostaphylos uva-ursi	Bärentraube
Armeria elongata	Sand-Grasnelke
Arnica montana	Arnika, Berg-Wohlverleih
Arthemisia absinthium	Wermut
Arum maculatum	Aronstab
Asplenium viride	Grüner Strichfarn
Aster amellus	Kalk-Aster
Aster bellidiastrum	Alpen-Maßliebchen
Aster linosyris	Gold-Aster
Aster tradescantii	Kleinblütige Aster
Astragalus glycyphyllos	Süßer Tragant, Bärenschote
Athyrium filix-femina	Wald-Frauenfarn
Betula humilis	Strauch-Birke
Betula nana	Zwerg-Birke
Betula pendula	Weiß-Birke, Hänge-Birke
Blechnum spicant	Rippenfarn
Botrychium lunaria	Echte Mondraute
Brachypodium pinnatum	Fieder-Zwenke
Buphthalmum salicifolium	Weidenblättriges Ochsenauge
Calamagrostis canescens	Sumpf-Reitgras
Calamagrostis varia	Buntes Reitgras
Calamintha clinopodium	Borstige Bergminze, Wirbeldost
Calluna vulgaris	Besenheide, Heidekraut
Caltha palustris	Sumpfdotterblume
Campanula cervicaria	Borstige Glockenblume
Cardamine amara	Bitteres Schaumkraut
Carduus defloratus	Alpen-Distel
Carex acutiformis	Sumpf-Segge
Carex alba	Weiße Segge
Carex curta	Grau-Segge
Carex demissa	Grün-Segge
Carex echinata	Igel-Segge, Stern-Segge
Carex elata	Steife Segge
Carex elongata	Walzen-Segge, Langährige Segge
Carex ericetorum	Heide-Segge
Carex flacca	Blau-Segge, Blaugrüne Segge
Carex fusca	Braune Segge
Carex humilis	Erd-Segge, Niedrige Segge
Carex limosa	Schlamm-Segge
Carex pauciflora	Wenigblütige Segge
Carex pulicaris	Floh-Segge

Carex rostrata	Schnabel-Segge
Carlina acaulis ssp. simplex	Silberdistel, Große Wetterdistel
Carpinus betulus	Weißbuche, Hainbuche
Centaurea montana	Berg-Flockenblume
Centaurium erythraea	Echtes Tausendgüldenkraut
Cephalanthera damasonium	Weißes Waldvöglein
Cephalanthera longifolia	Schwertblättriges Waldvöglein
Chelidonium majus	Schöllkraut
Chrysanthemum corymbosum	Straußblütige Wucherblume
Circaea lutetiana	Gewöhnliches Hexenkraut
Cirsium palustre	Sumpf-Kratzdistel
Cirsium tuberosum	Knollige Kratzdistel
Clematis vitalba	Gewöhnliche Waldrebe
Coeloglossum viride	Grüne Hohlzunge
Corallorhiza trifida	Korallenwurz
Cornus sanguinea	Roter Hartriegel
Coronilla coronata	Berg-Kronwicke
Coronilla emerus	Strauchwicke
Corylus avellana	Hasel
Corynephorus canescens	Silbergras
Cryptogamma crispa	Krauser Rollfarn
Cypripedium calceolus	Frauenschuh
Cytisus nigricans	Schwarzwerdender Geißklee
Dactylorhiza maculata	Geflecktes Knabenkraut
Dactylorhiza majalis	Breitblättriges Knabenkraut
Daphne cneorum	Steinröschen, Heideröschen
Daphne mezereum	Kellerhals
Deschampsia flexuosa	Geschlängelte Schmiele, Draht-Schmiele
Dianthus superbus	Pracht-Nelke
Dictamnus albus	Diptam
Digitalis grandiflora	Großblütiger Fingerhut
Digitalis lutea	Kleinblütiger Fingerhut
Diphasium spp.	Flachbärlappe
Drosera rotundifolia	Rundblättriger Sonnentau
Dryopteris carthusiana	Gewöhnlicher Dornfarn (Wurmfarn)
Dryopteris dilatata	Breitblättriger Dornfarn (Wurmfarn)
Elatine alsinastrum	Quirl-Tännel
Epilobium angustifolium	Wald-Weidenröschen
Epilobium palustre	Sumpf-Weidenröschen
Epipactis atrorubens	Rotbraune Stendelwurz (Sitter)
Epipogium aphyllum	Widerbart
Erigeron acris	Rauhes Berufskraut
Eriophorum angustifolium	Schmalblättriges Wollgras
Eriophorum vaginatum	Scheidiges Wollgras, Moor-Wollgras
Euphorbia amygdaloides	Mandelblättrige Wolfsmilch
Euphorbia seguieriana	Steppen-Wolfsmilch
Euphrasia nemorosa	Hain-Augentrost
Fagus sylvatica	Rotbuche
Festuca altissima	Wald-Schwingel
Festuca duvalii	Duval´s Schwingel
Festuca gigantea	Riesen-Schwingel
Fragaria moschata	Zimt-Erdbeere
Frangula alnus	Faulbaum
Fraxinus excelsior	Gewöhnliche Esche
Fumana procumbens	Zwerg-Sonnenröschen
Galeopsis tetrahit	Gewöhnlicher Hohlzahn
Galium aparine	Kletten-Labkreut, Kleblabkraut
Galium glaucum	Blaugrünes Labkraut
Galium lucidum	Glanz-Labkraut
Galium palustre	Sumpf-Labkraut
Gentiana campestris	Feld-Enzian
Gentiana ciliata	Gefranster Enzian
Gentiana lutea	Gelber Enzian
Geranium robertianum	Stinkender Storchschnabel, Ruprechtskraut

Geranium sanguineum	Blut-Storchschnabel
Geranium sylvaticum	Wald-Storchschnabel
Glechoma hederacea	Gundermann, Gundelrebe
Globularia punctata	Gewöhnliche Kugelblume
Glyceria maxima	Wasserschwaden
Gnaphalium sylvaticum	Wald-Ruhrkraut
Goodyera repens	Kriechstendel, Netzblatt
Gymnadenia conopsea	Mücken-Handwurz
Hedera helix	Efeu
Helichrysum arenarium	Sand-Strohblume
Heracleum sphondylium	Wiesen-Bärenklau
Hieracium murorum	Wald-Habichtskraut
Hieracium peleterianum	Peletier´s Habichtskraut
Himantoglossum hircinum	Riemenzunge, Bocksorchis
Hippophae rhamnoides	Sanddorn
Hottonia palustris	Wasserfeder
Humulus lupulus	Hopfen
Impatiens glandulifera	Indisches Springkraut
Impatiens noli-tangere	Rühr mich nicht an
Impatiens spp.	Springkraut
Inula conyza	Dürrwurz
Inula hirta	Rauher Alant
Inula salicina	Weiden-Alant
Iris pseudacorus	Gelbe Schwertlilie
Juncus squarrosus	Sparrige Binse
Juniperus communis	Gewöhnlicher Wacholder
Jurinea cyanoides	Silberscharte
Kochia laniflora	Sand-Radmelde
Koeleria glauca	Blaugraue Kammschmiele
Laserpitium latifolium	Breitblättriges Laserkraut
Lathyrus heterophyllus	Verschiedenblättrige Platterbse
Lilium martagon	Türkenbund
Listera cordata	Herz-Zweiblatt
Lunaria rediviva	Wildes Silberblatt
Lupinus polyphyllus	Vielblättrige Lupine
Luzula luzuloides	Weiße Hainsimse
Luzula pilosa	Behaarte Hainsimse
Lycopodium clavatum	Keulen-Bärlapp
Lycopus europaeus	Ufer-Wolfstrapp
Lysimachia thyrsiflora	Strauß-Gelbweiderich
Lysimachia vulgaris	Gewöhnlicher Gelbweiderich
Matteuccia struthiopteris	Straußfarn
Melampyrum cristatum	Kamm-Wachtelweizen
Molinia caerulea	Blaues Pfeifengras
Myricaria germanica	Deutsche Tamariske
Neottia nidus-avis	Nestwurz
Onobrychis montana	Berg-Esparsette
Ononis repens	Kriechende Hauhechel
Ophrys insectifera	Fliegen-Ragwurz
Orchis pallens	Blasses Knabenkraut
Origanum vulgare	Gewöhnlicher Dost, Wilder Majoran
Orobanche elatior	Große Sommerwurz
Orobanche teucrii	Gamander-Sommerwurz
Osmunda regalis	Königsfarn
Oxycoccus palustris	Gewöhnliche Moosbeere
Parnassia palustris	Sumpf-Herzblatt
Petasites albus	Weiße Pestwurz
Peucedanum alsaticum	Elsässer Haarstrang
Peucedanum cervaria	Hirsch-Haarstrang
Peucedanum officinale	Arznei-Haarstrang
Peucedanum palustre	Sumpf-Haarstrang
Phalaris arundinacea	Rohr-Glanzgras
Phragmites australis	Schilfrohr
Phyllitis scolopendrium	Hirschzunge

Phyteuma orbiculare	Kugel-Rapunzel (Teufelskralle)
Picea abies	Fichte, Rottanne
Pinguicula vulgaris	Gewöhnliches Fettkraut
Pinus rotundata	Spirke, Moor-Berg-Kiefer
Pinus sylvestris	Wald-Kiefer, Föhre, Forle, Forche
Poa trivialis	Gewöhnliches Rispengras
Polygala serpyllifolia	Quendel-Kreuzblume
Polygonatum odoratum	Salomonssiegel
Polygonatum verticillatum	Quirlblättrige Weißwurz
Polystichum braunii	Zarter Schildfarn
Polystichum setiferum	Borstiger Schildfarn
Populus alba	Silber-Pappel
Populus x canadensis	Kanadische Pappel, Hybrid-Pappel
Populus canescens	Grau-Pappel
Populus nigra	Schwarz-Pappel
Populus tremula	Zitter-Pappel
Potentilla arenaria	Sand-Fingerkraut
Potentilla heptaphylla	Rötliches Fingerkraut
Prenanthes purpurea	Hasenlattich
Primula elatior	Große Schlüsselblume
Primula veris	Arznei-Schlüsselblume
Prunus padus	Traubenkirsche
Prunus spinosa	Schlehe, Schwarzdorn
Pseudotsuga menziesii	Douglasie
Pulsatilla vulgaris	Gewöhnliche Küchenschelle
Pyrola rotundifolia	Rundblättriges Wintergrün
Pyrola secunda	Nickendes Wintergrün
Quercus petraea	Trauben-Eiche
Quercus pubescens	Flaum-Eiche
Quercus robur	Stiel-Eiche, Sommer-Eiche
Ranunculus aconitifolius	Eisenhutblättriger Hahnenfuß
Rhamnus catharticus	Echter Kreuzdorn
Rhamnus saxatilis	Felsen-Kreuzdorn
Rhynchospora alba	Weiße Schnabelbinse
Ribes nigrum	Schwarze Johannisbeere
Robinia pseudoacacia	Robinie, Falsche Akazie
Rosa arvensis	Kriechende Rose
Rosa corymbifera	Busch-Rose
Rosa pimpinellifolia	Bibernell-Rose
Rosa rubiginosa	Wein-Rose
Rubus caesius	Kratzbeere
Rubus corylifolius agg.	Haselblatt-Brombeeren
Rubus fruticosus agg.	Echten Brombeeren
Rubus idaeus	Himbeere
Rumes sanguineus	Hain-Ampfer
Salix alba	Silber-Weide
Salix caprea	Sal-Weide
Salix cinerea	Grauweide
Salix myrtilloides	Heidelbeer-Weide
Salix purpurea	Purpur-Weide
Salix x rubens	Rot-Weide, Fahl-Weide
Salix spp.	Weide
Salix triandra	Mandel-Weide
Salix viminalis	Korb-Weide
Sambucus ebulus	Zwerg-Holunder, Attich
Sanicula europaea	Wald-Sanikel
Scheuchzeria palustris	Blasenbinse
Scabiosa canescens	Wohlriechende Skabiose
Scutellaria galericulata	Sumpf-Helmkraut
Sedum album	Weiße Fetthenne (Mauerpfeffer)
Senecio paludosus	Sumpf-Greiskraut
Serratula tinctoria	Färber-Scharte
Seseli libanotis	Heilwurz
Sesleria albicans	Kalk-Blaugras

Silene conica	Kegelfrüchtiges Leimkraut
Solanum dulcamara	Bittersüßer Nachtschatten
Sorbus aria	Mehlbeerbaum
Stachys alpina	Alpen-Ziest
Stachys germanica	Deutscher Ziest
Stachys recta	Aufrechter Ziest
Stachys sylvatica	Wald-Ziest
Taxus baccata	Eibe
Teucrium montanum	Berg-Gamander
Thalictrum simplex	Einfache Wiesenraute
Thelypteris limbosperma	Berg-Lappenfarn
Thelypteris palustris	Sumpf-Lappenfarn
Thesium bavarum	Berg-Leinblatt (Bergflachs)
Thesium pyrenaicum	Wiesen-Leinblatt (Bergflachs)
Thlaspi montanum	Berg-Hellerkraut
Tilia cordata	Winter-Linde
Tilia platyphyllos	Sommer-Linde
Trichophorum cespitosum	Rasenbinse
Trichosporum cesp. germanicum	Rasenbinse
Trifolium alpestre	Hügel-Klee
Trifolium medium	Mittlerer Klee
Trifolium montanum	Berg-Klee
Trifolium rubens	Purpur-Klee
Trollius europaeus	Trollblume
Ulmus glabra	Berg-Ulme, Weißrüster
Ulmus laevis	Flatter-Ulme
Ulmus minor	Feld-Ulme, Rotrüster
Urtica dioica	Große Brennessel
Utricularia ochroleuca	Blaßgelber Wasserschlauch
Vaccinium myrtillus	Heidelbeere
Vaccinium uliginosum	Moorbeere, Rauschbeere
Vaccinium vitis-idaea	Preiselbeere
Valeriana dioica	Sumpf-Baldrian
Valerianella rimosa	Gefurchter Feldsalat
Veratrum album	Weißer Germer
Verbascum lychnitis	Mehlige Königskerze
Veronica longifolia	Langblättriger Ehrenpreis
Viburnum lantana	Wolliger Schneeball
Vicia cassubica	Kassuben-Wicke
Vicia dumetorum	Hecken-Wicke
Vincetoxicum hirundinaria	Schwalbenwurz
Viola rupestris	Sand-Veilchen
Viscaria vulgaris	Gewöhnliche Pechnelke

FSC
www.fsc.org
MIX
Papier | Fördert
gute Waldnutzung
FSC® C083411

Kolibri 360 GmbH
Ferdinand-Jühlke-Straße 7
99095 Erfurt, Deutschland
produktsicherheit@kolibri360.de